中国科学技术大学研究生教育创新计划项目经费支持

一流规划教材

研究生系列教材
信息科学

统计信号处理

STATISTICAL SIGNAL PROCESSING

第3版

叶中付　编著

中国科学技术大学出版社

内容简介

统计信号处理是对随机信号的统计分析与处理，为通信、雷达、声呐、自动控制等领域提供理论基础和技术支持工具.本书主要介绍统计信号处理的基本理论和方法，以及相关的预备知识.全书共分7章，依次为统计信号处理中的基本数学知识、随机信号与系统、噪声中的信号检测、非参量检测与稳健检测、信号估计理论、最佳线性滤波基本理论——波形估计和阵列信号处理.

本书是为信息科学技术领域高年级本科生和研究生的学习需求而编写的，也可供从事科研和技术开发的人员参考.

图书在版编目(CIP)数据

统计信号处理 / 叶中付编著. -- 3版. -- 合肥 ：中国科学技术大学出版社，2025.2. -- ISBN 978-7-312-05487-7

Ⅰ. TN911.72

中国国家版本馆CIP数据核字第202489U5S8号

统计信号处理

TONGJI XINHAO CHULI

出版 中国科学技术大学出版社
安徽省合肥市金寨路96号，230026
http://press.ustc.edu.cn
https://zgkxjsdxcbs.tmall.com

印刷 合肥市宏基印刷有限公司

发行 中国科学技术大学出版社

开本 787 mm×1092 mm 1/16

印张 21.25

字数 544千

版次 2009年1月第1版 2025年2月第3版

印次 2025年2月第4次印刷

定价 80.00元

第 3 版前言

教材《统计信号处理》第 2 版于 2013 年出版后，作者和课程主讲教师又经过了 11 年的教学实践，进一步积累了有益的教学经验和成果，也形成了完善教材的基本思路. 在中国科学技术大学研究生教材出版项目的支持下，作者对《统计信号处理》第 2 版进行了修订，主要包括：修订了文字表述，使其逻辑更加严谨；修订了数学符号表示，使其更加规范；修订了习题和计算机作业，使其更加有利于学生掌握知识点.

在本书的修订过程中，作者得到了中国科学技术大学信息科学技术学院和信号与信息处理专业课程组的大力支持和真诚帮助，徐旭副教授参加了全程讨论和修订工作，杨会超、王鹏宇、于润祥、黄心月、郭佳愉、施琦等研究生也参与了本次修订工作. 在本次修订过程中，还得到了家人的大力支持. 在此，作者向所有支持、关心、帮助本书出版的各位同志表示衷心的感谢.

诚恳地希望读者批评和指正.

叶中付

2024 年 10 月

第 2 版前言

本教材自2009年出版至今已4年有余，先后被评为普通高等教育“十一五”国家级规划教材、“十一五”国家重点图书、中国科学技术大学精品教材.作为衔接本科生和研究生教学的一本教材，在教学实践过程中，广大师生给予了良好评价并提出了宝贵意见和建议.为适应学科发展的需要，使该教材更加完善，对第1版内容作了部分修订：

1. 章节标题统一用中文表示；
2. 增加了正文中出现的重要术语的英文表述；
3. 修订了部分数学符号表示，使其更加规范；
4. 第4章和6.9节改动较大，内容更加充实严谨；
5. 第2章、第4章、第6章增加了计算机作业；
6. 修订了部分插图，使其更加直观明了；
7. 修订了部分文字表述，使其更加通顺.

在本书的修订过程中，采纳了读者的意见和建议，得到了信号统计处理研究室师生的帮助.徐旭讲师提出了很好的修改意见，胡南、曹圣红、鲍光照、黄磊、宫灿、张博、隗雪梅等研究生积极参与了本次修订工作.在本书修订过程中，还得到了家人的大力支持.在此，作者向所有支持、关心、帮助本书出版的同志表示衷心的感谢.

由于作者水平有限，本书中难免存在一些不足之处，敬请读者批评指正.

叶中付

2013 年 4 月

前　言

无论是在人类社会还是在自然界里,信息无处不在、无时不在.信号既是表现信息的形式,也是人类理解信息的桥梁.而获取信息是通过对信号的分析和处理来实现的,因此信号分析与处理十分重要,它已经成为一个专门的研究领域,理论和技术成果应用非常广泛.

对确定信号的分析与处理已在其他课程中介绍,本书则是论述对随机信号的分析与处理.由于对随机信号的分析与处理需要大量的统计理论,因此通常将对随机信号的分析与处理称为统计信号处理.

随机信号是普遍存在和千变万化的,对它的分析与处理的研究也是无穷无尽的.世界上许多大学、研究所和企业集中了一大批科研工作者和工程技术人员,他们把毕生的精力投入到统计信号处理理论和技术的研究、产品研发中去,极大地提高了人类的生活质量,增强了人类的认知能力,推动了社会的发展.读者只需稍加留心就会注意到国内外有大量的学术刊物、学术会议涉及统计信号处理.统计信号处理不但为通信、雷达、声呐、自动控制等领域提供理论基础和技术支持,而且还是天文学、地震学、气象学、生物物理学、医学、经济学研究与应用中的重要工具.

统计信号处理是在发展通信、雷达、声呐、自动控制等系统的过程中逐渐形成和发展起来的.对于这些系统的性能要求概括起来有两方面:一是系统能高效率地传输信息;二是可靠地传输信息.影响系统可靠性的原因主要有:系统内部存在的噪声,系统外部存在的干扰,传输过程中携带信息的信号的畸变.统计信号处理的基本任务就是提高系统的可靠性,主要内容包括信号与系统模型、信号检测理论、信号参量估计理论、信号波形估计理论.

本书是为高年级本科生和低年级研究生而写的,期望对他们现在的学习和将来的工作有所帮助.学习统计信号处理需要一些预备知识,包括概率论、随机过程、线性代数、信号与系统等.因此本书除了重点介绍统计信号处理的基本理论和方法外,还对所需预备知识作了概述并把阵列信号处理作为应用加以介绍.全书共分 7 章,依次为统计信号处理中的基本数学知识、随机信号与系统、噪声中的信号检测、非参量检测与稳健检测、信号估计理论、最佳线性滤波基本理论和阵列信号处理.

中国科学技术大学十分重视信号与信息处理学科的建设，在建校之初就把信号处理列入该学科的课程规划.沈凤麟先生从1980年起承担了“信号统计分析基础”课程的教学工作，具有丰富的教学经验，他先后编写了《信号统计分析基础》《信号统计分析与处理》两本教材.作者师从沈先生，先是做他的助教，然后跟随他一起讲授部分章节.沈先生对教学工作的敬业精神令人钦佩，作者从他身上学到了许多宝贵的东西.沈先生退休后，作者承担了主讲本科生“信号统计分析基础”课程的任务，还为研究生开设了“近代信号统计分析”课程.由于教改的需要，现已将两门课程合并为本硕贯通课程“信号统计分析”.经过十余年的教学与科研工作经验和成果的积累，作者对于统计信号处理有了一些心得体会.在电子工程与信息科学系的热情支持下，作者策划了这本书的写作并申报了普通高等教育“十一五”国家级规划教材，获得批准.这本书还列入了“十一五”国家重点图书和中国科学技术大学建校五十周年校庆精品教材目录.

在本书的策划和撰写过程中，得到了信号统计处理研究室许多同志的帮助.徐旭讲师不仅参与了第2章内容的写作，还参与了全书问题的讨论.刘超、彭建辉、张裕峰、戴继生、秦翰钦、贾红江、崔波、薛续磊、杜冰、祝佳、朱张勤、向利、李春辉、王翀等研究生积极参与资料的收集、文字的录入和问题的讨论.在本书的策划和撰写过程中，还得到了家人的理解和大力支持.此外，本书的完成还参考了很多文献和书籍.在此作者向所有支持、关心、帮助本书的同志表示衷心的感谢.

由于作者水平有限，书中难免存在错误和不足.作者真诚希望读者批评指正，并欢迎把意见反馈至：yezf@ustc.edu.cn.

叶中付

2008年10月

目　　录

第1章 统计信号处理中的基本数学知识

在对信号的分析与处理过程中常常需要用到一些数学基础知识，因此在本章中将对统计信号处理中可能用到的数学知识作简单的回顾.1.1节主要是对概率论内容的概述；1.2节主要介绍随机过程的基本内容；在1.3节中，线性代数的知识将是我们阐述的重点.需要特别说明的是：由于本书侧重于数学知识在统计信号处理中的应用，因此关于数学基础知识的阐述以基本概念和有用的结论为主，而命题的严格证明较少涉及，对此感兴趣的读者可以参阅有关参考文献.

1.1 概率论概要

自然界与人类社会的众多现象大致可分为两类，分别称为确定性现象与随机现象.

所谓**确定性现象**，即在一定条件下必然会出现某一结果(或发生某一事件)的现象.例如，纯净水在一个大气压下加热至100摄氏度时，必然沸腾；物体以10米/秒的速度做匀速直线运动1分钟，其走过的路程必为600米.这类确定性现象由确定的规律所控制.

所谓**随机现象**，即在一定条件下可能出现不同结果(或发生不同事件)，且不能准确预言究竟出现哪一种结果的现象.例如，相同条件下掷一枚硬币，可能正面向上，也可能反面向上，且在未掷之前无法准确预言究竟哪一面向上；二元数字通信系统发送的信号可能是"1"，也可能是"0"，接收机在接收之前无法准确预言接收结果是信号"1"，还是信号"0".这一类现象广泛存在于自然界与社会活动中，而概率论正是探索研究这类随机现象客观规律的一门学科.

本节首先介绍随机事件及其概率，并在此基础上分析随机变量的分布和数字特征，最后对现实中常用的多维随机变量作简单的概述.

1.1.1 随机事件及其概率

观察、研究随机现象的手段与过程称为试验.当试验满足下述条件时，称之为**随机试验**，简称**试验**，记为E.

(1) 试验可在相同条件下重复进行(可重复性)；

(2) 试验可能出现的结果不止一个，并明确知道所有可能的结果(可知性)；

(3) 每次试验总是恰好出现这些可能结果中的一个,但是在一次试验之前不能准确预言哪一种结果会出现(不确定性).

如:掷一颗骰子并观察出现的点数,从一批产品中任意抽取若干件来观察其中的次品数等都是随机试验.

概率论所要研究的是随机试验中出现的各种情况,为了方便研究,对试验的有关结果给出如下概念.

定义 1.1.1 某一随机试验中可能出现的每一结果称为该试验的一个**基本事件**(样本点),记为 ω.所有基本事件构成的集合称为该试验的**样本空间**,记为 Ω.由样本空间 Ω 中的若干基本事件构成的子集合称为该试验中的**随机事件**,简称为**事件**,记为 A, B, C, ….当属于事件 A 的某一基本事件发生时,称事件 A 发生.

特别地,样本空间 Ω 称为必然事件,空集合 $\varnothing$ 称为不可能事件.

我们在研究随机现象时,不仅需要知道可能会出现哪些事件,更重要且更具实践意义的是了解、研究各种事件发生可能性的大小并加以度量.我们把刻画事件 A 发生可能性大小的数量指标称为事件 A 的概率,记为 $P(A)$.下面给出计算 $P(A)$ 的三种主要方法.

定义 1.1.2 在观察某一随机事件 A 的随机试验中,随着随机试验次数 n 的增大,事件 A 发生的频率 $f_n(A)$ 会越来越稳定地在某一常数 p 附近摆动,这时就以常数 p 作为事件 A 的概率,称之为**统计概率**,即 $P(A)=p$.

古典概率是一类特殊的随机试验——古典概型中随机事件的概率.具有以下特征的随机试验称为**古典概型**:

(1) 每次试验的样本空间 Ω 只包含有限个基本事件,记为 $\omega_1, \omega_2, \cdots, \omega_n$;

(2) 各个基本事件出现的可能性相同,即基本事件的出现具有等可能性.

定义 1.1.3 对古典概型中的任一随机事件 A,以

$$P(A)=\frac{A\text{ 中的基本事件数}}{\Omega\text{ 中的基本事件总数}} \tag{1.1.1}$$

作为事件 A 的概率,称为**古典概率**.

同时,几何概率又是一类特殊的随机试验——几何概型中随机事件的概率.具有以下特征的随机试验称为**几何概型**:

(1) 随机试验可归结为在一个可度量的几何图形 Ω 中随机投点,以 $m(\Omega)$ 表示 Ω 的度量(如长度、面积、体积等),而事件 A 是指所投点落在 Ω 中的可度量图形 A 中;

(2) 事件 A 的概率与 A 的度量 $m(A)$ 成正比,而与 A 在 Ω 中的位置无关.

定义 1.1.4 对几何概型中的任一随机事件 A,以

$$P(A)=\frac{m(A)}{m(\Omega)} \tag{1.1.2}$$

作为事件 A 的概率,称为**几何概率**.

需要指出的是,随着概率论这门学科研究的深入和发展,产生了对随机事件概率高度科学概括的公理化定义.

定义 1.1.5 设随机试验 E 的样本空间为 Ω,对于随机试验 E 的每一随机事件 A,都赋予唯一确定的实数 $P(A)$.其中满足下列条件的集合函数 $P(\cdot)$ 称为事件 A 的**概率**:

(1) 非负性:对每一个事件 $A\subset\Omega$,都有 $P(A)\geqslant 0$;

(2) 规范性:$P(\Omega)=1$;

(3) 可列可加性：对任意互不相容的事件 $A_1,A_2,\cdots$，有 $P(\bigcup_{i=1}^{+\infty} A_i)=\sum_{i=1}^{+\infty} P(A_i)$.

定义 1.1.6　在概率论公理化结构中，称三元总体(Ω,F,P)为概率空间，其中 Ω 为样本空间，F 为事件域(事件的全体)，P 为概率.

在统计信号处理中，我们还经常用到条件概率.

定义 1.1.7　设 A 和 B 为任意两个随机事件，且 $P(B)>0$，称

$$P(A \mid B)=\frac{P(A \cap B)}{P(B)}=\frac{P(AB)}{P(B)} \tag{1.1.3}$$

为事件 B 发生条件下事件 A 发生的**条件概率**，也称 A 对 B 的概率.

由条件概率定义(1.1.3)式可知

$$P(AB)=P(B)P(A \mid B)\quad (P(B)>0)$$

类似地

$$P(AB)=P(A)P(B \mid A)\quad (P(A)>0)$$

以上两式可以称为概率的**乘法公式**.乘法公式还可以推广到任意有限事件的情况：

$$P(\bigcap_{i=1}^{n} A_i)=P(A_1)P(A_2 \mid A_1)P(A_3 \mid A_1A_2)\cdots P(A_n \mid A_1A_2\cdots A_{n-1}) \tag{1.1.4}$$

利用条件概率定义、乘法公式以及概率的可加性可以推导出两个十分有用的公式：全概率公式和贝叶斯公式.

定理 1.1.1　设某随机试验的样本空间 Ω 中的事件 $A_1,A_2,\cdots$(有限个或可列个)构成一个完备事件组，且 $P(A_i)>0(i=1,2,\cdots)$，则对任一事件 B，有

$$P(B)=\sum_{i} P(A_i)P(B \mid A_i) \tag{1.1.5}$$

称之为**全概率公式**.

定理 1.1.2　设某随机试验的样本空间 Ω 中的事件 $A_1,A_2,\cdots$(有限个或可列个) 构成一个完备事件组，且 $P(A_i)>0(i=1,2,\cdots)$，则对任一事件 B，且 $P(B)>0$，有

$$P(A_m \mid B)=\frac{P(A_m)P(B \mid A_m)}{\sum_{i} P(A_i)P(B \mid A_i)}\quad (m=1,2,\cdots) \tag{1.1.6}$$

称之为**贝叶斯公式**.

在本部分的最后，我们将简要介绍事件和试验的独立性.

定义 1.1.8　如果随机事件 A 与 B 满足关系

$$P(AB)=P(A)P(B) \tag{1.1.7}$$

则称事件 A 与 B 是**相互独立**的，简称 **A 与 B 独立**.

独立事件具有如下的重要性质：若事件 $A_1,A_2,\cdots,A_n$ 相互独立，则有

$$P(\bigcup_{i=1}^{n} A_i)=1-\prod_{i=1}^{n} P(\overline{A_i}) \tag{1.1.8}$$

其中，$\overline{A_i}$ 为 A_i 的对立事件.

定义 1.1.9　将一个试验重复进行 n 次，如果在每次试验中，任意事件出现的概率与其他各次试验结果无关，则称这 n 次试验是独立的，或称这 n 次试验是 n 次重复独立试验.

1.1.2　随机变量及其分布

在本部分，我们将引入随机变量的概念来表示随机事件.

定义 1.1.10 设某随机试验的样本空间为 $\Omega=\{\omega\}$，对于每一个样本点 $\omega\in\Omega$ 都有唯一的实数 $X(\omega)$ 与之对应，这样就得到一个定义在 Ω 上的单值实函数 $X=X(\omega)$. 如果对任意实数 x，“$X(\omega)\leqslant x$”都是一个随机事件并有其确定的概率，则称 $X=X(\omega)$ 为**随机变量**.

随机变量常用大写拉丁字母 X, Y, Z 或希腊字母 ξ, η, ζ 等表示，随机变量的取值常用小写字母 x, y, z, a, b, c 等表示.

由定义可见，随机变量的每一个取值都对应着随机试验样本空间中的一个样本点. 这样，引入随机变量之后，就将随机试验的结果数量化，从而把对随机试验以及其中随机事件的研究转化为对随机变量以及其取值的研究.

随机变量可分为两类：离散型随机变量和连续型随机变量.

如果随机变量 X 的全部可能取值为有限个或可列个，则称 X 为**离散型随机变量**. 设离散型随机变量 X 所有可能的取值为 $x_i\ (i=1,2,\cdots)$，X 取各个可能值的概率，即事件 $X=x_i$ 的概率为

$$P(X=x_i)=p_i\quad(i=1,2,\cdots)\tag{1.1.9}$$

我们称(1.1.9)式为离散型随机变量 X 的**概率分布**或**分布律**. 显然分布律也可以用表格的形式表示.

定义 1.1.11 设 X 是一个随机变量，对任意的实数 $x(-\infty<x<+\infty)$，令

$$F(x)=P(X\leqslant x)\tag{1.1.10}$$

则称 $F(x)$ 为随机变量 X 的**概率分布函数**，简称为**分布函数**. 它的定义域是 $(-\infty,+\infty)$，值域是 $[0,1]$.

如果对于随机变量 X 的分布函数 $F(x)$，存在一个非负可积函数 $f(x)\ (-\infty<x<+\infty)$，有

$$F(x)=\int_{-\infty}^{x}f(t)\mathrm{d}t\tag{1.1.11}$$

则称 X 为**连续型随机变量**，函数 $f(x)$ 为其**概率密度函数**.

对于离散型随机变量，最常见的为 0-1 分布和泊松分布等.

定义 1.1.12 当一个随机试验只有两个可能结果 A 与 $\bar{A}$ 时，随机变量

$$X=\begin{cases}0 & (\text{当 } \bar{A} \text{ 出现时})\\ 1 & (\text{当 } A \text{ 出现时})\end{cases}$$

X 表示在试验中事件 A 出现的次数，并设 $P(A)=p(0<p<1)$，则 X 的分布律为

$$P(X=k)=p^k(1-p)^{1-k}\quad(k=0,1)\tag{1.1.12}$$

这时称 X 服从参数为 p 的 **0-1 分布**，记为 $X\sim B(1,p)$.

在此基础上，独立重复 n 次试验，如果随机变量 X 的分布律为

$$P(X=k)=\binom{n}{k}p^k(1-p)^{n-k}\quad(k=0,1,\cdots,n)\tag{1.1.13}$$

这时称 X 服从参数为 n,p 的**二项分布**，记为 $X\sim B(n,p)$.

显然 0-1 分布是二项分布的特例.

定义 1.1.13 如果随机变量 X 的分布律为

$$P(X=k)=\frac{\lambda^k}{k!}\mathrm{e}^{-\lambda}\quad(k=0,1,2,\cdots)\tag{1.1.14}$$

其中 λ 为常数且 $\lambda>0$，则称 X 服从参数为 λ 的**泊松分布**，记为 $X\sim P(\lambda)$.

对于连续型随机变量,常见的分布有均匀分布和正态分布等.

定义 1.1.14　如果连续型随机变量 X 的概率密度函数为

$$f(x)=\begin{cases}\dfrac{1}{b-a} & (a\leqslant x\leqslant b)\\ 0 & (\text{其他})\end{cases} \tag{1.1.15}$$

其中 a 和 b 为常数,$-\infty<a<b<+\infty$,则称 X 在区间$[a,b]$上服从**均匀分布**,记为 $X\sim U(a,b)$.

定义 1.1.15　如果连续型随机变量 X 的概率密度函数为

$$f(x)=\frac{1}{\sqrt{2\pi}\sigma_X}\exp\left[-\frac{(x-m_X)^2}{2\sigma_X^2}\right]\quad(-\infty<x<+\infty) \tag{1.1.16}$$

其中 m_X和 σ_X为常数且 $\sigma_X>0$,则称 X 服从参数为 m_X和 σ_X的**正态分布**或**高斯分布**,记为 $X\sim N(m_X,\sigma_X^2)$.当 $m_X=0,\sigma_X^2=1$ 时,称 X 服从**标准正态分布**,记为 $X\sim N(0,1)$.

定义 1.1.16　如果连续型随机变量 X 的概率密度函数为

$$f(x)=\begin{cases}\dfrac{x}{\mu^2}\exp\left(-\dfrac{x^2}{2\mu^2}\right) & (x\geqslant 0)\\ 0 & (x<0)\end{cases} \tag{1.1.17}$$

其中 μ 为常数且 $\mu>0$,则称 X 服从参数为 μ 的**瑞利分布**,记为 $R(\mu)$.

定义 1.1.17　如果连续型随机变量 X 的概率密度函数为

$$f(x)=\begin{cases}\dfrac{1}{2^{\frac{n}{2}}\Gamma\left(\dfrac{n}{2}\right)}x^{\frac{n}{2}-1}\exp\left(-\dfrac{x}{2}\right) & (x>0)\\ 0 & (x\leqslant 0)\end{cases} \tag{1.1.18}$$

其中 n 为正整数,则称 X 服从自由度为 n 的**卡方分布**,记为 $\chi^2(n)$.

定义 1.1.18　如果连续型随机变量 X 的概率密度函数为

$$f(x)=\begin{cases}\dfrac{x}{\sigma^2}\exp\left(-\dfrac{x^2+v^2}{2\sigma^2}\right)\mathrm{I}_0\left(\dfrac{xv}{\sigma^2}\right) & (x\geqslant 0)\\ 0 & (x<0)\end{cases} \tag{1.1.19}$$

其中,σ 为常数且 $\sigma>0$,$\mathrm{I}_0(z)$是零阶第一类贝塞尔(Bessel)函数,则称 X 服从**莱斯分布**.

1.1.3　多维随机变量

在实际问题中,一些随机现象常常需要两个或两个以上的随机变量来描述,例如高频信号的中心频率、带宽、幅度、初相位等等.为此,我们需要引入多维随机变量(也可称为随机矢量)的概念.

定义 1.1.19　设某随机试验的样本空间为 $\Omega=\{\omega\}$,对于每一个样本点 $\omega\in\Omega$,$X_1=X_1(\omega)$,$X_2=X_2(\omega)$,…,$X_n=X_n(\omega)$是定义在同一个样本空间 Ω 上的 n 个随机变量,则$(X_1,X_2,\cdots,X_n)$称为 ***n* 维随机变量**,其矢量形式$[X_1,X_2,\cdots,X_n]^{\mathrm{T}}$也称为**随机矢量**.

本节我们主要讨论二维随机变量的情况,它的很多结论都可以推广到多维随机变量上.

定义 1.1.20　设(X,Y)是二维随机变量,对于任意实数 x 和 y,二元函数

$$F(x,y)=P(X\leqslant x,Y\leqslant y) \tag{1.1.20}$$

称为二维随机变量(X,Y)的**分布函数**,或称随机变量 X 和 Y 的**联合分布函数**,简称**联合**

分布.

除了分布函数,我们还将简单介绍边缘分布函数的概念.二维随机变量$(X,\ Y)$作为一个整体,具有分布函数$F(x,\ y)$.而X和Y都是随机变量,我们也可以对其中任何一个随机变量单独进行研究,即求随机变量X或Y的分布,这就是二维随机变量的**边缘分布函数**.它与二维变量的分布函数具有如下关系:

$$F_X(x) = P(X \leqslant x, Y < +\infty) = F(x, +\infty) \tag{1.1.21}$$

$$F_Y(y) = P(X < +\infty, Y \leqslant y) = F(+\infty, y) \tag{1.1.22}$$

同一维随机变量类似,二维随机变量也可以分为离散型和连续型两种形式.

定义 1.1.21 如果二维随机变量(X,Y)的所有可能取值都是有限对或可列无限多对,并且以确定的概率取各个不同的数对,则称(X,Y)为**二维离散型随机变量**.

若(X,Y)是一个二维离散型随机变量,当它的一切可能取值为$(x_i,y_j)(i,j=1,2,\cdots)$,则

$$P(X = x_i, Y = y_j) = p_{ij} \quad (i,j = 1,2,\cdots) \tag{1.1.23}$$

称为(X,Y)的分布律,或随机变量X和Y的**联合分布律**.

定义 1.1.22 设二维随机变量(X,Y)的分布函数是$F(x,y)$,如果存在非负函数$f(x,y)$,使得对任意实数x,y有

$$F(x,y) = \int_{-\infty}^{x}\int_{-\infty}^{y} f(u,v)\mathrm{d}u\mathrm{d}v \tag{1.1.24}$$

则称(X,Y)为**二维连续型随机变量**,称$f(x,y)$为二维连续型随机变量(X,Y)的概率密度函数,或随机变量X和Y的**联合概率密度函数**.

利用二维随机变量的分布函数与边缘分布函数,引入随机变量独立的概念.

定义 1.1.23 设$F(x,y)$是二维随机变量(X,Y)的分布函数,$F_X(x)$和$F_Y(y)$是其边缘分布函数,若对任意实数x和y,有

$$F(x,y) = F_X(x)F_Y(y) \tag{1.1.25}$$

则称随机变量X和Y是**统计独立**的.

此外,对于两个随机变量,我们也可以讨论它们的**条件分布**.对于两个离散随机变量X和Y,由条件概率的公式可得

$$P(X = x_i \mid Y = y_j) = \frac{P(X = x_i, Y = y_j)}{P(Y = y_j)} \tag{1.1.26}$$

上式被称为在$Y=y_j$条件下$X=x_i$的**条件分布律**,其中$P(Y=y_j)$表示**边缘分布律**.

由于连续型随机变量取任何数值的概率都是零,所以不能像离散型随机变量那样直接利用条件概率公式给出连续型随机变量的**条件概率密度函数**.因此,考虑采用极限的办法来解决:设y是定值,对任意$\Delta y>0$,$P(y-\Delta y<Y\leqslant y+\Delta y)>0$,若对任意实数$x$,极限$\lim\limits_{\Delta y\to 0}P(X\leqslant x \mid y-\Delta y<Y\leqslant y+\Delta y)$存在,则称此极限为在$Y=y$条件下$X$的**条件分布函数**,记为$P(X\leqslant x \mid Y=y)$.

1.1.4 随机变量的数字特征

在实用中,概率分布函数(或概率密度函数)往往很难获得,有时也仅仅需要随机变量的一些统计特征.下面以连续型随机变量为例,描述随机变量的数学期望、方差、相关系数等数

字特征.

定义 1.1.24　设随机变量 X 的概率密度函数为 $f(x)$，若 $\int_{-\infty}^{+\infty} xf(x)\mathrm{d}x$ 绝对收敛，则 X 的**数学期望**定义为

$$E\{X\} = \int_{-\infty}^{+\infty} xf(x)\mathrm{d}x \tag{1.1.27}$$

数学期望是在概率统计意义上的一种平均，称为**集合平均**，简称**集平均**，因此 $E\{X\}$ 又称为**均值**，习惯上用 m_X 表示 $E\{X\}$.

对于 n 维连续型随机变量 $\boldsymbol{X}=[X_1,X_2,\cdots,X_n]^{\mathrm{T}}$，它的均值矢量记为

$$E\{\boldsymbol{X}\} = [E\{X_1\},E\{X_2\},\cdots,E\{X_n\}]^{\mathrm{T}} = [m_{X_1},m_{X_2},\cdots,m_{X_n}]^{\mathrm{T}} = \boldsymbol{m}_X \tag{1.1.28}$$

数学期望具有如下一些基本的性质：

(1) C 为常数，有 $E\{C\}=C$；

(2) 对于常数 $c_i(i=1,2,\cdots,n)$，有

$$E\left\{\sum_{i=1}^{n} c_i X_i\right\} = \sum_{i=1}^{n} c_i E\{X_i\} \tag{1.1.29}$$

(3) 若 $X_i(i=1,2,\cdots,n)$ 彼此统计独立，有

$$E\{X_1X_2\cdots X_n\} = \prod_{i=1}^{n} E\{X_i\} \tag{1.1.30}$$

定义 1.1.25　设随机变量 X 的概率密度函数为 $f(x)$，若 $\int_{-\infty}^{+\infty}(x-E\{X\})^2 f(x)\mathrm{d}x$ 绝对收敛，则 X 的**方差**定义为

$$\begin{aligned}\mathrm{Var}\{X\} &= E\{[X-E\{X\}]^2\} \\ &= \int_{-\infty}^{+\infty}(x-E\{X\})^2 f(x)\mathrm{d}x = E\{X^2\}-(E\{X\})^2\end{aligned} \tag{1.1.31}$$

方差的大小反映了随机变量相对于其均值的离散程度，习惯上用 σ_X^2 表示 $\mathrm{Var}\{X\}$. 通常称 $\sqrt{\mathrm{Var}\{X\}}$ 为随机变量 X 的**标准差**或**均方差**.

方差具有如下一些基本的性质：

(1) C 为常数，有 $\mathrm{Var}\{C\}=0$；

(2) 对于常数 $c_i(i=1,2,\cdots,n)$，有

$$\mathrm{Var}\left\{\sum_{i=1}^{n} c_i X_i\right\} = \sum_{i=1}^{n}\sum_{j=1}^{n} c_i c_j E\{(X_i-E\{X_i\})(X_j-E\{X_j\})\} \tag{1.1.32}$$

(3) 若 $X_i(i=1,2,\cdots,n)$ 彼此统计独立，那么

$$\mathrm{Var}\left\{\sum_{i=1}^{n} c_i X_i\right\} = \sum_{i=1}^{n} c_i^2 \mathrm{Var}\{X_i\} \tag{1.1.33}$$

(4) C 为任意常数，有

$$E\{(X-C)^2\} \geqslant \mathrm{Var}\{X\} \tag{1.1.34}$$

定义 1.1.26　设 X 是连续型随机变量 X 的概率密度函数为 $f(x)$，则 X 的**特征函数**定义为

$$\varphi(\omega) = E\{\mathrm{e}^{\mathrm{j}\omega X}\} = \int_{-\infty}^{+\infty} \mathrm{e}^{\mathrm{j}\omega x} f(x)\mathrm{d}x \tag{1.1.35}$$

同理，我们可定义出多维随机变量 $(X_1,X_2,\cdots,X_n)$ 的特征函数

$$\varphi(\omega_1,\omega_2,\cdots,\omega_n) = E\{e^{j(\omega_1 X_1+\omega_2 X_2+\cdots+\omega_n X_n)}\} \tag{1.1.36}$$

特征函数是概率密度函数的**傅里叶变换**，它总是存在的.此外，已知随机变量的特征函数，我们还可以求出它的各阶矩，因此特征函数又被称为**矩生成函数**.

定义 1.1.27 给定一组随机变量 $X_1,X_2,\cdots,X_n$，则它们的 r **阶联合原点矩**($r=k_1+k_2+\cdots+k_n$)定义为

$$\begin{aligned}\mathrm{Mom}\{X_1^{k_1},X_2^{k_2},\cdots,X_n^{k_n}\} &= E\{X_1^{k_1}X_2^{k_2}\cdots X_n^{k_n}\}\\ &= (-j)^r\frac{\partial^r\varphi(\omega_1,\omega_2,\cdots,\omega_n)}{\partial\omega_1^{k_1}\partial\omega_2^{k_2}\cdots\partial\omega_n^{k_n}}\bigg|_{\omega_1=\omega_2=\cdots=\omega_n=0}\end{aligned} \tag{1.1.37}$$

其中，$\varphi(\omega_1,\omega_2,\cdots,\omega_n)$满足(1.1.36)式.

此外，我们还经常提到中心矩的概念，

$$E\{[X_1-E\{X_1\}]^{k_1}[X_2-E\{X_2\}]^{k_2}\cdots[X_n-E\{X_n\}]^{k_n}\} \tag{1.1.38}$$

被称为随机变量 $X_1,X_2,\cdots,X_n$的 r 阶**联合中心矩**.

特别地，对多维随机变量，它们的数学期望和方差仅仅反映了其各自的均值以及各自与均值的偏离程度.有时，还需要讨论它们之间的相互关联程度，下面引入的协方差和相关系数正是体现这一要求的数字特征.

对于一组随机变量 $X_1,X_2,\cdots,X_n$，X_i与X_j的**协方差**定义为

$$\begin{aligned}C_{ij} &= \mathrm{Cov}\{X_i,X_j\}\\ &= E\{(X_i-E\{X_i\})(X_j-E\{X_j\})\}\quad(i,j=1,2,\cdots,n)\end{aligned} \tag{1.1.39}$$

显然，$\mathrm{Var}\{X_i\}=C_{ii}$.

“归一化”的协方差，称为**相关系数**，其定义为

$$\begin{aligned}\rho_{X_iX_j} &= \frac{E\{(X_i-E\{X_i\})(X_j-E\{X_j\})\}}{\sqrt{E\{(X_i-E\{X_i\})^2\}}\cdot\sqrt{E\{(X_j-E\{X_j\})^2\}}}\\ &= \frac{C_{ij}}{\sqrt{\mathrm{Var}\{X_i\}}\cdot\sqrt{\mathrm{Var}\{X_j\}}}\end{aligned} \tag{1.1.40}$$

我们以二维随机变量(X,Y)为例讨论协方差和相关系数的性质：

(1) $\mathrm{Cov}\{X,Y\}=\mathrm{Cov}\{Y,X\}$；

(2) $\mathrm{Cov}\{aX,bY\}=ab\mathrm{Cov}\{X,Y\}$，其中 a 和 b 为常数；

(3) $\mathrm{Cov}\{X_1+X_2,Y\}=\mathrm{Cov}\{X_1,Y\}+\mathrm{Cov}\{X_2,Y\}$；

(4) $|\rho_{XY}|\leqslant 1$；

(5) $|\rho_{XY}|=1$ 的充分必要条件是 X 与 Y 有线性关系，$Y=aX+b$，其中 a 和 b 为常数，且

$$\rho_{XY}=\begin{cases}1 & (a>0)\\ -1 & (a<0)\end{cases}$$

特别地，若 $\rho_{XY}=0$，则称 X 与 Y 不相关；

(6) X,Y 不相关与下列条件等价：

$$\mathrm{Cov}\{X,Y\}=0$$

$$E\{XY\}=E\{X\}E\{Y\}$$

$$\mathrm{Var}\{X\pm Y\}=\mathrm{Var}\{X\}+\mathrm{Var}\{Y\}$$

(7) 若 X 与 Y 相互独立，则 X 与 Y 不相关.反之不一定成立.只有 X 与 Y 服从高斯分布时，统计独立和互不相关才是等价的.

更一般的，对于 n 维随机变量$(X_1,X_2,\cdots,X_n)$，其分布函数为

$$F(x_1,x_2,\cdots,x_n)=P(X_1\leqslant x_1,X_2\leqslant x_2,\cdots,X_n\leqslant x_n) \tag{1.1.41}$$

关于 X_i的边缘分布函数为

$$F_{X_i}(x_i)=P(X_1<+\infty,\cdots,X_{i-1}<+\infty,X_i\leqslant x_i,X_{i+1}<+\infty,\cdots,X_n<+\infty) \tag{1.1.42}$$

若对于所有 $x_1,x_2,\cdots,x_n$，有

$$F(x_1,x_2,\cdots,x_n)=F_{X_1}(x_1)F_{X_2}(x_2)\cdots F_{X_n}(x_n) \tag{1.1.43}$$

则称随机变量 $X_1,X_2,\cdots,X_n$是相互独立的.

1.1.5　高斯随机变量

实际中有许多随机变量，它们是由大量相互独立的随机因素共同作用所形成的，而其中每一个因素的单独作用都很微小. 由中心极限定理可知这类随机变量都(近似)服从高斯分布，因此高斯随机变量是一类常用的随机变量.

1. 一维高斯随机变量及其特征

一维高斯随机变量 X 的概率密度函数为

$$f(x)=\frac{1}{\sqrt{2\pi}\sigma_X}\exp\left[-\frac{(x-m_X)^2}{2\sigma_X^2}\right]\quad(-\infty<x<+\infty) \tag{1.1.44}$$

式中，m_X为 X 的均值，σ_X^2为 X 的方差.

如果 $m_X=0,\sigma_X^2=1$，则 X 服从标准正态分布，其概率密度函数为

$$f(x)=\frac{1}{\sqrt{2\pi}}\exp\left(-\frac{x^2}{2}\right)\quad(-\infty<x<+\infty) \tag{1.1.45}$$

对于一给定的 x，高斯随机变量 X 的分布函数为

$$\begin{aligned}F(x)&=P(X\leqslant x)\\&=\int_{-\infty}^{x}\frac{1}{\sqrt{2\pi}\sigma_X}\exp\left[-\frac{(u-m_X)^2}{2\sigma_X^2}\right]\mathrm{d}u\end{aligned} \tag{1.1.46a}$$

令$\dfrac{u-m_X}{\sigma_X}=t$，则

$$F(x)=\int_{-\infty}^{(x-m_X)/\sigma_X}\frac{1}{\sqrt{2\pi}}\exp\left(-\frac{t^2}{2}\right)\mathrm{d}t=\Phi\left(\frac{x-m_X}{\sigma_X}\right) \tag{1.1.46b}$$

其中 $\Phi(x)=\int_{-\infty}^{x}\frac{1}{\sqrt{2\pi}}\exp\left(-\frac{t^2}{2}\right)\mathrm{d}t$ 称为**概率积分函数**.

(1.1.44)式所表示的高斯随机变量 X 具有下列性质：

(1) X 的概率密度函数曲线具有单峰对称形式，并且在均值 m_X处有极大值 $\dfrac{1}{\sqrt{2\pi}\sigma_X}$，当 $x\to\pm\infty$时，概率密度函数的值趋于零. 均值反映了 X 的概率密度函数的最大值所在的位置信息，方差 σ_X^2反映了概率密度函数曲线的陡度，随着 σ_X^2的增大，曲线变得平坦. 随机变量 X 落在 $[m_X-3\sigma_X,m_X+3\sigma_X]$ 区间的概率 $P(m_X-3\sigma_X\leqslant X\leqslant m_X+3\sigma_X)=\dfrac{1}{\sqrt{2\pi}\sigma_X}\int_{m_X-3\sigma_X}^{m_X+3\sigma_X}\exp\left[-\frac{(x-m_X)^2}{2\sigma_X^2}\right]\mathrm{d}x\approx 99.7\%$.

(2) 高斯随机变量 X 的特征函数为

$$\varphi(\omega) = \exp\left(\mathrm{j}\omega m_X - \frac{1}{2}\omega^2\sigma_X^2\right) \tag{1.1.47}$$

(3) 高斯随机变量 X 的 n 阶中心矩

$$E\{(X - m_X)^n\} = \begin{cases} 0 & (n = 2k - 1) \\ 1 \cdot 3 \cdot \cdots \cdot (n-1)\sigma_X^n & (n = 2k) \end{cases} \quad (k = 1,2,\cdots) \tag{1.1.48}$$

2. 二维高斯随机变量及特征

设 X_1 和 X_2 分别是均值为 m_{X_1}、方差为 $\sigma_{X_1}^2$ 和均值为 m_{X_2}、方差为 $\sigma_{X_2}^2$ 的高斯随机变量,它们的相关系数为 $\rho_{X_1X_2}$,那么二维高斯随机变量 (X_1, X_2) 的概率密度函数为

$$f(x_1,x_2) = \frac{1}{2\pi\sigma_{X_1}\sigma_{X_2}\sqrt{1-\rho_{X_1X_2}^2}}\exp\left\{-\frac{1}{2(1-\rho_{X_1X_2}^2)}\left[\frac{(x_1-m_{X_1})^2}{\sigma_{X_1}^2} - \frac{2\rho_{X_1X_2}(x_1-m_{X_1})(x_2-m_{X_2})}{\sigma_{X_1}\sigma_{X_2}} + \frac{(x_2-m_{X_2})^2}{\sigma_{X_2}^2}\right]\right\} \tag{1.1.49}$$

可见,二维高斯随机变量的概率密度函数由 m_{X_1}, m_{X_2}, $\sigma_{X_1}^2$, $\sigma_{X_2}^2$, $\rho_{X_1X_2}$ 五个参数完全确定.

高斯随机变量 X_1 和 X_2 的**边缘概率密度函数**分别为

$$f_{X_1}(x_1) = \int_{-\infty}^{+\infty} f(x_1,x_2)\mathrm{d}x_2 = \frac{1}{\sqrt{2\pi}\sigma_{X_1}}\exp\left[-\frac{(x_1-m_{X_1})^2}{2\sigma_{X_1}^2}\right] \tag{1.1.50}$$

$$f_{X_2}(x_2) = \int_{-\infty}^{+\infty} f(x_1,x_2)\mathrm{d}x_1 = \frac{1}{\sqrt{2\pi}\sigma_{X_2}}\exp\left[-\frac{(x_2-m_{X_2})^2}{2\sigma_{X_2}^2}\right] \tag{1.1.51}$$

可见,当相关系数 $\rho_{X_1X_2} = 0$ 时,有 $f(x_1,x_2) = f_{X_1}(x_1)f_{X_2}(x_2)$,即两个高斯随机变量 X_1 和 X_2 互不相关就意味着它们统计独立.如果两个随机变量 X_1 和 X_2 的联合概率密度函数是高斯的,则 X_1 和 X_2 各自的概率密度函数也是高斯的.

可以证明,二维高斯随机变量的特征函数

$$\varphi(\omega_1,\omega_2) = \exp\left[\mathrm{j}(m_{X_1}\omega_1 + m_{X_2}\omega_2) - \frac{1}{2}(\sigma_{X_1}^2\omega_1^2 + 2\rho_{X_1X_2}\sigma_{X_1}\sigma_{X_2}\omega_1\omega_2 + \sigma_{X_2}^2\omega_2^2)\right] \tag{1.1.52}$$

3. 多维高斯随机变量的有关性质

设 $X_1, X_2, \cdots, X_n$ 组成 n 维高斯随机变量,令 $\boldsymbol{X} = [X_1, X_2, \cdots, X_n]^{\mathrm{T}}$,它的均值矢量为

$$\begin{aligned} \boldsymbol{m}_X &= [E\{X_1\}, E\{X_2\}, \cdots, E\{X_n\}]^{\mathrm{T}} \\ &= [m_{X_1}, m_{X_2}, \cdots, m_{X_n}]^{\mathrm{T}} \end{aligned} \tag{1.1.53}$$

它的协方差矩阵为

$$\boldsymbol{C}_X = \begin{bmatrix} C_{11} & C_{12} & \cdots & C_{1n} \\ C_{21} & C_{22} & \cdots & C_{2n} \\ \vdots & \vdots & & \vdots \\ C_{n1} & C_{n2} & \cdots & C_{nn} \end{bmatrix} \tag{1.1.54}$$

其中,C_{ij} 由(1.1.39)式给出.

n 维高斯随机变量的联合概率密度函数可以表示为

$$f(\boldsymbol{x}) = \frac{1}{(2\pi)^{\frac{n}{2}}|\boldsymbol{C}_X|^{\frac{1}{2}}}\exp\left[-\frac{(\boldsymbol{x}-\boldsymbol{m}_X)^{\mathrm{T}}\boldsymbol{C}_X^{-1}(\boldsymbol{x}-\boldsymbol{m}_X)}{2}\right] \tag{1.1.55}$$

n 维高斯随机变量的特征函数为

$$\varphi_X(\boldsymbol{\omega}) = \exp\left(\mathrm{j}\boldsymbol{m}_X^{\mathrm{T}}\boldsymbol{\omega} - \frac{\boldsymbol{\omega}^{\mathrm{T}}\boldsymbol{C}_X\boldsymbol{\omega}}{2}\right) \tag{1.1.56}$$

式中，$\boldsymbol{\omega} = [\omega_1, \omega_2, \cdots, \omega_n]^{\mathrm{T}}$.

n 维高斯随机变量具有以下性质：

(1) n 维高斯随机变量经过线性变换后仍然是高斯随机变量；

(2) n 维互不相关的高斯随机变量一定是彼此统计独立的.

由随机变量的数字特征的有关分析易知：一般的 n 个随机变量，若它们彼此统计独立，则必然互不相关，反之，则不一定成立；对于 n 个高斯随机变量，若它们互不相关，则必然是彼此统计独立的.这一性质对分析与处理高斯随机信号带来很大的方便.

1.1.6　随机变量函数的分布

1. 一维随机变量函数的分布

定理 1.1.3　设 X 是一个连续型随机变量，其概率密度函数为 $f(x)(-\infty<x<+\infty)$，又设 $g(x)$ 处处可导且有 $g'(x)>0$(或恒有 $g'(x)<0$)，则 $Y=g(X)$ 也是一个连续型随机变量，且其概率密度函数为

$$f(y) = \begin{cases} f(h(y))\,|\,h'(y)\,| & (\alpha < y < \beta) \\ 0 & (\text{其他}) \end{cases} \tag{1.1.57}$$

其中，$\alpha = \min\{g(-\infty), g(+\infty)\}$，$\beta = \max\{g(-\infty), g(+\infty)\}$，$h(y)$ 是 $g(x)$ 的反函数，$x = h(y)$.

特别地，若随机变量 $X \sim N(\mu, \sigma^2)$，令随机变量 $Y = \dfrac{X-\mu}{\sigma}$，则 $Y \sim N(0, 1)$.

2. 多维随机变量函数的分布

定理 1.1.4　设 $(X_1, X_2, \cdots, X_n)$ 是具有概率密度函数 $f(x_1, x_2, \cdots, x_n)$ 的连续型 n 维随机变量，假设

(1) $y_1 = g_1(x_1, x_2, \cdots, x_n), \cdots, y_n = g_n(x_1, x_2, \cdots, x_n)$ 是 n 维实数空间 $\mathbb{R}^n$ 到自身的一对一的映射，即存在定义在该变换值域上的逆变换：

$$x_1 = h_1(y_1, y_2, \cdots, y_n), \quad \cdots, \quad x_n = h_n(y_1, y_2, \cdots, y_n)$$

(2) 变换和它的逆变换都是连续的；

(3) 偏导数 $\dfrac{\partial h_i}{\partial y_j}(i = 1,2,\cdots,n; j = 1,2,\cdots,n)$ 存在且连续；

(4) 逆变换的雅可比行列式

$$J(y_1, y_2, \cdots, y_n) = \begin{vmatrix} \dfrac{\partial h_1}{\partial y_1} & \dfrac{\partial h_1}{\partial y_2} & \cdots & \dfrac{\partial h_1}{\partial y_n} \\ \dfrac{\partial h_2}{\partial y_1} & \dfrac{\partial h_2}{\partial y_2} & \cdots & \dfrac{\partial h_2}{\partial y_n} \\ \vdots & \vdots & & \vdots \\ \dfrac{\partial h_n}{\partial y_1} & \dfrac{\partial h_n}{\partial y_2} & \cdots & \dfrac{\partial h_n}{\partial y_n} \end{vmatrix} \neq 0$$

则 $(Y_1 = g_1(X_1, X_2, \cdots, X_n), \cdots, Y_n = g_n(X_1, X_2, \cdots, X_n))$ 具有概率密度函数

$$f(y_1,y_2,\cdots,y_n) = f(h_1(y_1,y_2,\cdots,y_n),\cdots,h_n(y_1,y_2,\cdots,y_n))\,|J| \quad (1.1.58)$$

在本小节最后，我们将列出一些关于多维随机变量函数经常用到的结论.

(1) 若 $X_i \sim N(\mu_i,\sigma_i^2)(i=1,2,\cdots,n)$ 且相互独立，则随机变量 $Z = \sum_{i=1}^{n} c_i X_i \sim N\left(\sum_{i=1}^{n} c_i\mu_i, \sum_{i=1}^{n} c_i^2\sigma_i^2\right)$，其中 $c_i(i=1,2,\cdots,n)$ 为任意常数.

(2) 若 $X_i \sim N(0,1)(i=1,2,\cdots,n)$ 且相互独立，则 $Z = \sum_{i=1}^{n} X_i^2$ 服从自由度为 n 的卡方分布

$$f(z) = \begin{cases} \dfrac{1}{2^{\frac{n}{2}}\Gamma\left(\dfrac{n}{2}\right)} z^{\frac{n}{2}-1}\mathrm{e}^{-\frac{z}{2}} & (z>0) \\ 0 & (z\leqslant 0) \end{cases} \quad (1.1.59)$$

若 $X_i \sim N(\mu,1)(i=1,2,\cdots,n)$ 且相互独立，则 $Z = \sum_{i=1}^{n} X_i^2$ 服从自由度为 n 的非中心卡方分布

$$f(z) = \begin{cases} \dfrac{1}{2}\left(\dfrac{z}{\lambda}\right)^{\frac{n-2}{4}} \mathrm{e}^{-\frac{(z+\lambda)}{2}} \mathrm{I}_{\frac{n}{2}-1}(\sqrt{\lambda z}) & (z>0) \\ 0 & (z\leqslant 0) \end{cases} \quad (1.1.60)$$

式中，$\lambda = n\mu^2$ 为非中心参量，$\mathrm{I}_{\frac{n}{2}-1}(\cdot)$ 为 $\dfrac{n}{2}-1$ 阶第一类贝塞尔函数.

(3) 若随机变量 X 和 Y 相互独立且都服从 $N(0,\sigma^2)$，则 $Z = \sqrt{X^2+Y^2}$ 服从参数为 σ 的瑞利分布

$$f(z) = \begin{cases} \dfrac{z}{\sigma^2}\mathrm{e}^{-\frac{z^2}{2\sigma^2}} & (z\geqslant 0) \\ 0 & (z<0) \end{cases} \quad (1.1.61)$$

1.1.7 复随机变量

上述的讨论是针对实随机变量的，在实际中我们还经常用到复随机变量.这里首先定义复随机变量为

$$Z = X_1 + \mathrm{j}X_2 \quad (1.1.62)$$

其中，X_1 和 X_2 为实随机变量.这样一个复随机变量的概率密度函数可以定义为如下的联合概率密度函数：

$$f(z) = f(x_1,x_2) \quad (1.1.63)$$

一个复随机变量的均值为

$$m_Z = E\{Z\} = E\{X_1+\mathrm{j}X_2\} = \int_{-\infty}^{+\infty}\int_{-\infty}^{+\infty}(x_1+\mathrm{j}x_2)f(x_1,x_2)\mathrm{d}x_1\mathrm{d}x_2 \quad (1.1.64)$$

或者，定义 $\mathrm{d}z = \mathrm{d}x_1\mathrm{d}x_2$ 作为复 z 平面上的无穷小区域，有

$$m_Z = E\{Z\} = \int_{(z)} zf(z)\mathrm{d}z \quad (1.1.65)$$

且

$$E\{|Z|^2\} = \int_{-\infty}^{+\infty}\int_{-\infty}^{+\infty} |x_1 + \mathrm{j}x_2|^2 f(x_1,x_2)\mathrm{d}x_1\mathrm{d}x_2 = E\{X_1^2\} + E\{X_2^2\} \tag{1.1.66}$$

则复随机变量的方差为

$$\sigma_Z^2 = E\{|Z - m_Z|^2\} = \sigma_{X_1}^2 + \sigma_{X_2}^2 = E\{|Z|^2\} - |m_Z|^2 \tag{1.1.67}$$

对于两个复随机变量，$W = U_1 + \mathrm{j}U_2, Z = X_1 + \mathrm{j}X_2$，其联合概率密度函数为

$$f(w,z) = f(u_1,u_2,x_1,x_2) \tag{1.1.68}$$

其协方差定义为

$$C_{WZ} = E\{(W - m_W)(Z - m_Z)^*\} \tag{1.1.69}$$

相关系数为

$$\rho_{WZ} = \frac{C_{WZ}}{\sigma_W\sigma_Z} \tag{1.1.70}$$

一般情况下相关系数为复值.

对于复随机矢量 $\boldsymbol{W}$ 和 $\boldsymbol{Z}$,我们定义协方差矩阵和互协方差矩阵为

$$\boldsymbol{C}_Z = E\{(\boldsymbol{Z} - \boldsymbol{m}_Z)(\boldsymbol{Z} - \boldsymbol{m}_Z)^{\mathrm{H}}\} \tag{1.1.71}$$

$$\boldsymbol{C}_{WZ} = E\{(\boldsymbol{W} - \boldsymbol{m}_W)(\boldsymbol{Z} - \boldsymbol{m}_Z)^{\mathrm{H}}\} \tag{1.1.72}$$

特别地,对 n 维复高斯随机矢量 $\boldsymbol{Z}$,若其均值矢量和协方差矩阵用 $\boldsymbol{m}_Z$ 和 $\boldsymbol{C}_Z$ 表示,则复高斯随机矢量的概率密度函数为

$$f(\boldsymbol{z}) = \frac{1}{\pi^n |\boldsymbol{C}_Z|}\exp[-(\boldsymbol{z} - \boldsymbol{m}_Z)^{\mathrm{H}}\boldsymbol{C}_Z^{-1}(\boldsymbol{z} - \boldsymbol{m}_Z)] \tag{1.1.73}$$

复高斯随机矢量的特征函数由下式给出

$$\varphi(\boldsymbol{\omega}) = \exp\left(\mathrm{jRe}\{\boldsymbol{\omega}^{\mathrm{H}}\boldsymbol{m}_Z\} - \frac{\boldsymbol{\omega}^{\mathrm{H}}\boldsymbol{C}_Z\boldsymbol{\omega}}{4}\right) \tag{1.1.74}$$

其中,Re{ · }表示复数的取实部算子.

1.2　随机过程基础

在概率论概要中,我们引入了“随机变量”的概念.随机变量对应着随机试验的结果,这种结果或呈离散取值的特性,或呈连续取值的特性,相应的随机变量亦有离散随机变量及连续随机变量.

在自然界中还存在着另一类随机现象,与这类随机现象相联系的随机事件不能用一般的单维或多维随机变量去描述.如：

用 $x(t)$表示 t 时刻以前某通信站接到的呼唤次数,显然,对于某个固定的 t 而言,$x(t)$是一个随机变量,但 $x(t)$这类随机变量将随着 t 的变化而变化.这里,所涉及的是必须用一簇与 t 有关的无限维随机变量才能描述的随机现象.

把电网电压看作是随时间变化而变化的随机变量 $V(t)$,它也涉及一种必须用一簇与 t 有关的无限维的随机变量才能描述的随机现象.

雷达接收机的噪声输出也是一种必须用无限维的随机变量才能描述的随机现象,不妨

用 $n(t)$去描述这种随机现象.对于一台具体的雷达接收机来说,每次测到的接收机输出的噪声电压各不相同,可以用 $n_1(t), n_2(t), n_3(t), \cdots$代表,$n_i(t)(i=1,2,\cdots)$称为样本函数,而由样本函数的全体所构成的集合则称为随机过程$\{n(t)\}$,随机过程中的每一样本函数又称为随机过程的一个实现.

用随机过程才能描述的随机现象,其每做一次随机试验,随机试验的结果应是某一个随机实现,每一次随机试验之前,其试验结果究竟属于哪一种随机实现,事先不能预测.

在数学上,随机过程可以定义如下.

定义 1.2.1 设 $T \subset \mathbb{R}$, T 是实数集合,有穷或无穷,可列或不可列.对于每一个 $t \in T$, $x_t(\omega)$为一随机变量,其中 ω 代表某概率空间(Ω, F, P)的元素,则$\{x_t(\omega),\ t \in T\}$称为**随机过程**.通常将$\{x_t(\omega),\ t \in T\}$简记为$\{x(t)\}(t \in T)$.

在本节,我们首先简要讨论平稳与非平稳随机过程的概念,在此基础上研究随机过程的主要统计特征,并以高斯随机过程为例,简要讨论它的性质和应用.

1.2.1 平稳与非平稳随机过程

如定义 1.2.1 所述,随机过程是必须用一簇与 t 有关的随机变量才能描述的随机现象的数学概括,一般记为$\{x(t)\},\ t \in T$.

当 $t=t_1$ 时,随机过程$\{x(t)\}$退化为随机变量 x_{t_1},其概率密度函数 $f(x_{t_1})$记为 $f(x_1;\ t_1)$.

当 $t=t_1$ 和 t_2 时,随机过程$\{x(t)\}$退化为随机变量 x_{t_1} 和 x_{t_2},相应的二维随机变量的概率密度函数 $f(x_{t_1}, x_{t_2})$记为 $f(x_1, x_2;\ t_1, t_2)$.

…… ……

当 $t=t_1, t_2, \cdots, t_n$时,随机过程$\{x(t)\}$退化为随机变量 $x_{t_1}, x_{t_2}, \cdots, x_{t_n}$,相应的 n 维随机变量的概率密度函数记为$f(x_1, x_2, \cdots, x_n;\ t_1, t_2, \cdots, t_n)$.

显然,一般来说,对于一个具体的随机过程$\{x(t)\}$, $t_{i+1}-t_i(i=0, \pm 1, \pm 2, \cdots)$愈小、$n$ 愈大,则 $f(x_1, x_2, \cdots, x_n;\ t_1, t_2, \cdots, t_n)$对于$\{x(t)\}$的概率特性的描绘就愈详尽.

$\{x(t)\}$所确定的 n 维概率密度函数为$f(x_1, x_2, \cdots, x_n;\ t_1, t_2, \cdots, t_n)$,其中 $t_i(i=1, 2, \cdots, n)$为任意取定的 n 个时刻,如果对任意值 τ,满足

$$f(x_1, x_2, \cdots, x_n;\ t_1, t_2, \cdots, t_n) = f(x_1, x_2, \cdots, x_n;\ t_1+\tau, t_2+\tau, \cdots, t_n+\tau) \tag{1.2.1}$$

那么,称$\{x(t)\}$为**严格平稳随机过程**,又可称为**强平稳随机过程**或**狭义平稳随机过程**.

当 $E\{x^2(t)\}<+\infty$ 时,由$\{x(t)\}$在任意两个时刻 $t_1, t_2(t_2>t_1)$所确定的随机变量为 $x(t_1)$和 $x(t_2)$,如果将上述时刻移动任意值 τ,满足

$$E\{x(t)\} = E\{x(t+\tau)\} \tag{1.2.2}$$

$$E\{x(t_1)x(t_2)\} = E\{x(t_1+\tau)x(t_2+\tau)\} \tag{1.2.3}$$

那么,称$\{x(t)\}$为**宽平稳随机过程**,又称为**弱平稳随机过程**或**广义平稳随机过程**,简称平稳随机过程.其中,(1.2.2)式表示$\{x(t)\}$的一阶矩具有时移不变性,(1.2.3)式表示$\{x(t)\}$的二阶矩具有时移不变性.

显然,当 $E\{x^2(t)\}<+\infty$时,严格平稳随机过程必然是广义平稳的,但是广义平稳随机过程不一定是严格平稳的.

与平稳随机过程相对的是非平稳随机过程，凡是不具有平稳随机过程所具有的概率特性的随机过程即为非平稳随机过程. 应该说，非平稳随机过程是自然界中存在的较之平稳随机过程更具有广泛意义的一种随机过程，而平稳随机过程往往只是非平稳随机过程的一种近似处理或特殊情况. 当非平稳随机过程的概率特性随时间变化比较缓慢时，在一段时间内可近似作为平稳随机过程来处理.

有一类过程，其本质是随机过程，但是其表示形式却类似确定过程，这类过程称为**准随机过程**. 如：$\left\{x(t)=\sum_{k=0}^{K}\xi_k t^k\right\}$，其中 $\xi_k(k=0,1,\cdots,K)$ 为随机变量；又例如：$\{x(t)=A\sin(\omega_0 t+\theta)\}$，其中 A,θ 为随机变量.

定义随机过程 $\{x(t)\}$ 的 n 阶增量为

$$\Delta^n x(t)=x(t)-\binom{n}{1}x(t-\tau)+\binom{n}{2}x(t-2\tau)+\cdots+(-1)^n x(t-n\tau) \tag{1.2.4}$$

当 $n=1$ 时

$$\Delta x(t)=x(t)-x(t-\tau) \tag{1.2.5}$$

平稳随机过程的增量亦是平稳随机过程，但反之不一定成立. 如：$\{x(t)=\xi_0+\xi_1 t\}$，其中 ξ_0 和 ξ_1 为随机变量. 它的一阶增量 $\{\Delta x(t)=(\xi_0+\xi_1 t)-[\xi_0+\xi_1(t-\tau)]=\xi_1\tau\}$ 是平稳随机过程，但 $\{x(t)\}$ 本身不是平稳的.

在不少的实际问题中，可能会涉及同时存在的一个以上的随机过程，其中最简单的情况是同时存在两个随机过程 $\{x(t)\}$，$\{y(t)\}$，可以用以下的 $n+m$ 维随机变量的概率密度函数去描述它们：

$$f(x_1,x_2,\cdots,x_n;\ t_1,t_2,\cdots,t_n;\ y_1,y_2,\cdots,y_m;\ t_1',t_2',\cdots,t_m')$$

显然，n,m 愈大，这种描述将愈精细. 如果对于 n 和 m 取自然数中的任意值，有

$$\begin{aligned}&f(x_1,x_2,\cdots,x_n;\ t_1,t_2,\cdots,t_n;\ y_1,y_2,\cdots,y_m;\ t_1',t_2',\cdots,t_m')\\&\quad=f(x_1,x_2,\cdots,x_n;\ t_1,t_2,\cdots,t_n)\cdot f(y_1,y_2,\cdots,y_m;\ t_1',t_2',\cdots,t_m')\end{aligned}$$

那么 $\{x(t)\}$ 和 $\{y(t)\}$ 彼此统计独立.

如果多个随机过程的联合概率密度函数与时间起点无关，则称它们为**联合平稳的随机过程**.

如同复随机变量一样，复随机过程的引入在信号的统计分析中也是必要的. **复随机过程**表示为 $\{z(t)=x(t)+\mathrm{j}y(t)\}$，其中 $\{x(t)\}$ 和 $\{y(t)\}$ 为实随机过程. 因此，在 $t_i(i=1,2,\cdots,n)$ 时刻，由 $\{z(t)\}$ 所确定的 $2n$ 维随机变量，其相应的概率密度函数可用 $f(x_1,x_2,\cdots,x_n;\ y_1,y_2,\cdots,y_n;\ t_1,t_2,\cdots,t_n)$ 表示.

1.2.2　随机过程的统计特征与维纳-辛钦定理

1. 随机过程的统计特征

对于随机过程而言，常用的统计特征有均值函数、方差函数、自相关函数及相关系数等，它们是由随机变量的相应数字特征推广而来. 为了更好地说明随机过程的统计特征，首先引入集平均和时间平均的概念.

与概率论一样，所谓集平均是指随机过程的各类统计特征是随机过程的集合均值. 此

外,我们经常用到的还有**随机过程的时间均值**.时间均值是对于随机过程的每一个实现而言的.随机过程$\{x(t)\}$的某一个实现$x^{(k)}(t)$,其相应的各类时间均值定义如下:

时间平均均值为

$$\langle x^{(k)}(t)\rangle = \lim_{T\to+\infty}\frac{1}{2T}\int_{-T}^{T}x^{(k)}(t)\mathrm{d}t \tag{1.2.6}$$

时间平均二阶矩为

$$\langle [x^{(k)}(t)]^2\rangle = \lim_{T\to+\infty}\frac{1}{2T}\int_{-T}^{T}[x^{(k)}(t)]^2\mathrm{d}t \tag{1.2.7}$$

时间平均自相关函数为

$$\langle x^{(k)}(t)x^{(k)}(t-\tau)\rangle = \lim_{T\to+\infty}\frac{1}{2T}\int_{-T}^{T}x^{(k)}(t)x^{(k)}(t-\tau)\mathrm{d}t \tag{1.2.8}$$

当然,时间平均统计特征的概念亦适用于随机过程$\{x(t)\}$和$\{y(t)\}$,**时间平均互相关函数**为

$$\langle x^{(k)}(t)y^{(k)}(t-\tau)\rangle = \lim_{T\to+\infty}\frac{1}{2T}\int_{-T}^{T}x^{(k)}(t)y^{(k)}(t-\tau)\mathrm{d}t \tag{1.2.9}$$

基于上述表达式,还可以得到其他各种不同的时间平均统计特征.

根据随机过程的时间平均统计特征的定义,一般情况下,随机过程的各类统计特征的时间平均不等于集平均,对平稳随机过程亦然.若随机过程$\{x(t)\}$的某一个实现$x^{(k)}(t)=A_k$,A_k为随机变量A的相应取值,随机变量A的概率密度函数为$f(A)$,则对于$x^{(k)}(t)$而言,其时间平均均值为A_k,而集平均均值则为

$$\int Af(A)\mathrm{d}A = m_A \tag{1.2.10}$$

因此,对于这样的随机过程而言,一般来说,$E\{x(t)\}\neq\langle x(t)\rangle$.

各态历经随机过程的定义为:平稳随机过程的所有各类集平均统计特征,以概率1等于由任意实现得到的相应的时间平均统计特征.

具有各态历经性的随机过程给研究分析随机过程的各类集平均统计特征带来了极大的方便,这时,只要根据随机过程的某一个实现的相应的时间平均统计特征就可以求得集平均统计特征.

利用集平均,我们可以定义如下的随机过程统计特征:

随机过程的**均值函数**为

$$E\{x(t)\}=\int_{-\infty}^{+\infty}xf(x;\ t)\mathrm{d}x = m_x(t) \tag{1.2.11}$$

随机过程的**方差函数**为

$$\begin{aligned}\mathrm{Var}\{x(t)\} &= E\{[x(t)-m_x(t)]^2\}\\ &=\int_{-\infty}^{+\infty}[x-m_x(t)]^2f(x;\ t)\mathrm{d}x\\ &=\sigma_x^2(t)\end{aligned} \tag{1.2.12}$$

随机过程的**自相关函数**为

$$\begin{aligned}E\{x(t_1)x(t_2)\} &= \int_{-\infty}^{+\infty}\int_{-\infty}^{+\infty}x_1x_2f(x_1,x_2;\ t_1,t_2)\mathrm{d}x_1\mathrm{d}x_2\\ &= R_x(t_1,t_2)\end{aligned} \tag{1.2.13}$$

以上定义的随机过程的均值函数、方差函数、自相关函数是集平均意义下的均值函数、

方差函数与自相关函数.自相关函数可简称为相关函数.

显然,随机过程$\{x(t)\}$的自相关函数满足对称性,即

$$R_x(t_1,t_2)=R_x(t_2,t_1) \tag{1.2.14}$$

对于非平稳随机过程而言,随机过程的均值函数、方差函数及自相关函数都是时间的函数,其中,$R_x(t_1,t_2)$还可记为$R_x(t=t_1,t_1-t_2=\tau)=R_x(t=t_1,\tau)$,即可用$R_x(t,\tau)$表示非平稳随机过程的自相关函数.

对于严格平稳随机过程而言,由于

$$f(x_1;\ t)=f(x_1;\ t+\tau)=f(x_1) \tag{1.2.15}$$

$$f(x_1,x_2;\ t_1,t_2)=f(x_1,x_2;\ t_1-t_2=\tau)=f(x_1,x_2;\ \tau) \tag{1.2.16}$$

因此,随机过程的均值函数$m_x(t)$退化为与t无关的常量m_x,自相关函数$R_x(t_1,t_2)$退化为只与$\tau=t_1-t_2$有关而与t_1无关的$R_x(\tau)$.显然自相关函数$R_x(\tau)$具有对称性.

对于广义平稳随机过程而言,根据其定义,均值函数应是与t无关的常量,自相关函数应是$t_1-t_2=\tau$的函数,而与t_1无关.

除了自相关函数外,还经常用到相关系数.随机过程的**相关系数**为

$$\rho_x(t_1,t_2)=\frac{E\{[x(t_1)-m_x(t_1)][x(t_2)-m_x(t_2)]\}}{\sqrt{\sigma_x^2(t_1)}\sqrt{\sigma_x^2(t_2)}} \tag{1.2.17}$$

对于平稳随机过程而言,$R_x(t_1,t_2)=R_x(\tau),\tau=t_1-t_2,m_x(t_1)=m_x(t_2)=m_x$,$\sigma_x^2(t_1)=\sigma_x^2(t_2)=\sigma_x^2$,则得

$$\rho_x(\tau)=\frac{R_x(\tau)-m_x^2}{\sigma_x^2} \tag{1.2.18}$$

若有两个随机过程$\{x(t)\}$和$\{y(t)\}$,定义前者对于后者的**互相关函数**为

$$R_{xy}(t_1,t_2)=E\{x(t_1)y(t_2)\}=\int_{-\infty}^{+\infty}\int_{-\infty}^{+\infty}x_1y_2f(x_1,y_2;\ t_1,t_2)\mathrm{d}x_1\mathrm{d}y_2 \tag{1.2.19}$$

而后者对于前者的互相关函数为

$$R_{yx}(t_1,t_2)=E\{y(t_1)x(t_2)\}=\int_{-\infty}^{+\infty}\int_{-\infty}^{+\infty}y_1x_2f(y_1,x_2;\ t_1,t_2)\mathrm{d}y_1\mathrm{d}x_2 \tag{1.2.20}$$

显然,两个随机过程的互相关函数不具有对称性,即

$$R_{xy}(t_1,t_2)\neq R_{xy}(t_2,t_1),\quad R_{yx}(t_1,t_2)\neq R_{yx}(t_2,t_1) \tag{1.2.21}$$

如果两个随机过程的互相关函数满足

$$\begin{cases}R_{xy}(t_1,t_2)=R_{xy}(t_1-t_2=\tau)=R_{xy}(\tau)\\ R_{yx}(t_1,t_2)=R_{yx}(t_1-t_2=\tau)=R_{yx}(\tau)\end{cases} \tag{1.2.22}$$

那么,它们是联合广义平稳的.

除了自相关函数外,还经常用到协方差函数.随机过程的**协方差函数**的定义为

$$\begin{aligned}C_x(t_1,t_2)&=E\{[x(t_1)-m_x(t_1)][x(t_2)-m_x(t_2)]\}\\&=R_x(t_1,t_2)-m_x(t_1)m_x(t_2)\end{aligned} \tag{1.2.23}$$

显然,协方差函数亦具有对称性.

对于平稳随机过程而言

$$C_x(t_1,t_2)=C_x(t_1-t_2)=C_x(\tau)=R_x(\tau)-m_x^2 \tag{1.2.24}$$

当$m_x=0$时

$$C_x(\tau)=R_x(\tau) \tag{1.2.25}$$

另外,当$t_1=t_2=t$时,由(1.2.23)式得到

$$C_x(t,t) = \mathrm{Var}\{x(t)\} \tag{1.2.26}$$

对于随机过程$\{x(t)\}$和$\{y(t)\}$，其**互协方差函数**的定义为

$$\begin{aligned} C_{xy}(t_1,t_2) &= E\{[x(t_1) - m_x(t_1)][y(t_2) - m_y(t_2)]\} \\ &= R_{xy}(t_1,t_2) - m_x(t_1)m_y(t_2) \end{aligned} \tag{1.2.27a}$$

$$\begin{aligned} C_{yx}(t_1,t_2) &= E\{[y(t_1) - m_y(t_1)][x(t_2) - m_x(t_2)]\} \\ &= R_{yx}(t_1,t_2) - m_y(t_1)m_x(t_2) \end{aligned} \tag{1.2.27b}$$

显见，互协方差函数不具有对称性.

对于平稳随机过程而言，$m_x(t_1)$和$m_y(t_2)$均为常数，分别记为m_x和m_y，则

$$C_{xy}(t_1,t_2) = C_{xy}(t_1 - t_2) = R_{xy}(\tau) - m_x m_y \tag{1.2.28a}$$

$$C_{yx}(t_1,t_2) = C_{yx}(t_1 - t_2) = R_{yx}(\tau) - m_y m_x \tag{1.2.28b}$$

在信号处理中，我们还经常用到复随机过程. 复随机过程$\{z(t) = x(t) + \mathrm{j}y(t)\}$，其中，$\{x(t)\}$和$\{y(t)\}$都是实随机过程. 复随机过程的均值函数定义为

$$m_z(t) = E\{z(t)\} = E\{x(t) + \mathrm{j}y(t)\} = m_x(t) + \mathrm{j}m_y(t) \tag{1.2.29}$$

复随机过程的方差函数定义为

$$\begin{aligned} \mathrm{Var}\{z(t)\} &= E\{|z(t) - m_z(t)|^2\} \\ &= E\{[z(t) - m_z(t)][z(t) - m_z(t)]^*\} \\ &= \mathrm{Var}\{x(t)\} + \mathrm{Var}\{y(t)\} \end{aligned} \tag{1.2.30}$$

复随机过程的自相关函数定义为

$$\begin{aligned} R_z(t_1,t_2) &= E\{z(t_1)z^*(t_2)\} \\ &= R_x(t_1,t_2) + R_y(t_1,t_2) + \mathrm{j}[R_{yx}(t_1,t_2) - R_{xy}(t_1,t_2)] \end{aligned} \tag{1.2.31}$$

复随机过程$\{z(t)\}$的自相关函数不具有对称性.

若$\{z(t)\}$是平稳复随机过程，其自相关函数为

$$\begin{aligned} R_z(t_1,t_2) &= R_z(t_1 - t_2) = R_z(\tau) \\ &= R_x(\tau) + R_y(\tau) + \mathrm{j}[R_{yx}(\tau) - R_{xy}(\tau)] \end{aligned} \tag{1.2.32}$$

复随机过程的协方差函数定义为

$$\begin{aligned} C_z(t_1,t_2) &= E\{[z(t_1) - m_z(t_1)][z(t_2) - m_z(t_2)]^*\} \\ &= R_z(t_1,t_2) - m_z(t_1)m_z^*(t_2) \end{aligned} \tag{1.2.33}$$

两个复随机过程$\{z_1(t)\}$和$\{z_2(t)\}$的互协方差函数定义为

$$\begin{aligned} C_{z_1z_2}(t_1,t_2) &= E\{[z_1(t_1) - m_{z_1}(t_1)][z_2(t_2) - m_{z_2}(t_2)]^*\} \\ &= R_{z_1z_2}(t_1,t_2) - m_{z_1}(t_1)m_{z_2}^*(t_2) \end{aligned} \tag{1.2.34}$$

若$\{z(t)\}$是平稳复随机过程，$\{z_1(t)\}$的$\{z_2(t)\}$是联合平稳复随机过程，有

$$C_z(t_1,t_2) = C_z(t_1 - t_2) = C_z(\tau) = R_z(\tau) - |m_z|^2 \tag{1.2.35}$$

$$C_{z_1z_2}(t_1,t_2) = C_{z_1z_2}(t_1 - t_2) = C_{z_1z_2}(\tau) = R_{z_1z_2}(\tau) - m_{z_1}m_{z_2}^* \tag{1.2.36}$$

随机序列$\{x(n)\}$可看作是一般随机过程$\{x(t)\}$的一种特殊的情况，当t为离散取值时的随机过程即为随机序列$\{x(n)\}(n=0,\pm1,\pm2,\cdots)$. 以上所有一般随机过程的有关统计特征定义同样适用于随机序列.

2. 维纳-辛钦定理

平稳随机过程是平稳随机信号的数学表示，平稳随机信号的功率谱密度函数是由确定信号的能量谱密度函数及功率谱密度函数引申而来. 首先回顾实确定信号$s(t)$的谱密度函

数概念.

实确定信号 $s(t)$ 如果满足 $E=\int_{-\infty}^{+\infty}s^2(t)\mathrm{d}t<+\infty$，则 $s(t)$ 称为**能量信号**，对于能量信号，以下关系成立：

$$\begin{cases}F_s(\omega)=\int_{-\infty}^{+\infty}s(t)\mathrm{e}^{-\mathrm{j}\omega t}\mathrm{d}t\\ s(t)=\dfrac{1}{2\pi}\int_{-\infty}^{+\infty}F_s(\omega)\mathrm{e}^{\mathrm{j}\omega t}\mathrm{d}\omega\end{cases}\tag{1.2.37}$$

那么，信号能量为

$$\begin{aligned}E=\int_{-\infty}^{+\infty}s^2(t)\mathrm{d}t&=\int_{-\infty}^{+\infty}s(t)\left[\frac{1}{2\pi}\int_{-\infty}^{+\infty}F_s(\omega)\mathrm{e}^{\mathrm{j}\omega t}\mathrm{d}\omega\right]\mathrm{d}t\\&=\frac{1}{2\pi}\int_{-\infty}^{+\infty}F_s(\omega)\left[\int_{-\infty}^{+\infty}s(t)\mathrm{e}^{\mathrm{j}\omega t}\mathrm{d}t\right]\mathrm{d}\omega\\&=\frac{1}{2\pi}\int_{-\infty}^{+\infty}F_s(\omega)F_s(-\omega)\mathrm{d}\omega\end{aligned}\tag{1.2.38}$$

由于 $F_s(-\omega)=F_s^*(\omega)$，则

$$E=\frac{1}{2\pi}\int_{-\infty}^{+\infty}|F_s(\omega)|^2\mathrm{d}\omega\tag{1.2.39}$$

$|F_s(\omega)|^2$ 表示信号 $s(t)$ 中以角频率 ω 为中心的单位带宽所具有的能量，称为能量信号 $s(t)$ 的**能量谱密度函数**，简称**能量谱密度**.

还有一种确定信号，这种信号虽然不满足 $\int_{-\infty}^{+\infty}s^2(t)\mathrm{d}t<+\infty$，但满足 $P=\lim\limits_{T\to+\infty}\dfrac{1}{T}\int_{-T/2}^{T/2}s^2(t)\mathrm{d}t<+\infty$，这种确定信号称为**功率信号**.

首先定义

$$s_T(t)=\begin{cases}s(t)&(|t|\leqslant T/2)\\0&(|t|>T/2)\end{cases}\tag{1.2.40}$$

因此，信号的功率

$$\begin{aligned}P&=\lim_{T\to+\infty}\frac{1}{T}\int_{-T/2}^{T/2}s^2(t)\mathrm{d}t=\lim_{T\to+\infty}\frac{1}{T}\int_{-\infty}^{+\infty}s_T^2(t)\mathrm{d}t\\&=\lim_{T\to+\infty}\frac{1}{2\pi T}\int_{-\infty}^{+\infty}|F_{s_T}(\omega)|^2\mathrm{d}\omega\end{aligned}\tag{1.2.41}$$

式中

$$F_{s_T}(\omega)=\int_{-\infty}^{+\infty}s_T(t)\mathrm{e}^{-\mathrm{j}\omega t}\mathrm{d}t\tag{1.2.42}$$

最后可得

$$P=\frac{1}{2\pi}\int_{-\infty}^{+\infty}\lim_{T\to+\infty}\frac{|F_{s_T}(\omega)|^2}{T}\mathrm{d}\omega\tag{1.2.43}$$

定义

$$S_s(\omega)=\lim_{T\to+\infty}\frac{|F_{s_T}(\omega)|^2}{T}\tag{1.2.44}$$

为功率信号 $s(t)$ 的**功率谱密度函数**，简称**功率谱密度**，它表示功率信号 $s(t)$ 中以角频率 ω 为中心的单位带宽内所具有的功率.

对于平稳随机信号$\{x(t)\}$而言，它的每一个实现 $x^{(k)}(t)$，一般来说，不满足能量信号的要求，但却能满足功率信号的要求，因此，对于 $x^{(k)}(t)$，以下关系成立：

$$X_T^{(k)}(\omega) = \int_{-\infty}^{+\infty} x_T^{(k)}(t)e^{-j\omega t}dt \tag{1.2.45}$$

其中，$x_T^{(k)}(t) = \begin{cases} x^{(k)}(t) & (|t| \leqslant T/2) \\ 0 & (|t| > T/2) \end{cases}$.

$x^{(k)}(t)$的功率谱密度函数为

$$S_x^{(k)}(\omega) = \lim_{T\to+\infty} \frac{1}{T}|X_T^{(k)}(\omega)|^2 \tag{1.2.46}$$

而

$$\frac{1}{2\pi}\int_{-\infty}^{+\infty} S_x^{(k)}(\omega)d\omega = \lim_{T\to+\infty} \frac{1}{T}\int_{-T/2}^{T/2}[x^{(k)}(t)]^2dt \tag{1.2.47}$$

是 $x^{(k)}(t)$的平均功率.

由于 $x^{(k)}(t)$ 是$\{x(t)\}$ 的一个实现，因此 $S_x^{(k)}(\omega)$ 亦将随着不同的实现而变化. 对于平稳随机信号来说，其最终定义的功率谱密度函数应该为

$$S_x(\omega) = E\{S_x^{(k)}(\omega)\}$$

而

$$\begin{aligned} S_x(\omega) &= E\{S_x^{(k)}(\omega)\} = E\left\{\lim_{T\to+\infty} \frac{1}{T}|X_T^{(k)}(\omega)|^2\right\} \\ &= E\left\{\lim_{T\to+\infty} \frac{1}{T}\int_{-T/2}^{T/2}\int_{-T/2}^{T/2} x^{(k)}(t_1)[x^{(k)}(t_2)]^* e^{-j\omega(t_1-t_2)}dt_2dt_1\right\} \\ &= \lim_{T\to+\infty} \frac{1}{T}\int_{-T/2}^{T/2}\int_{-T/2}^{T/2} R_x(t_1,t_2)e^{-j\omega(t_1-t_2)}dt_2dt_1 \end{aligned} \tag{1.2.48}$$

显见，随机信号的功率谱密度函数 $S_x(\omega)\geqslant 0$.

对于平稳随机信号

$$S_x(\omega) = \lim_{T\to+\infty} \frac{1}{T}\int_{-T/2}^{T/2}\int_{-T/2}^{T/2} R_x(t_1 - t_2)e^{-j\omega(t_1-t_2)}dt_2dt_1 \tag{1.2.49}$$

令 $\tau_1 = t_1 - t_2, \tau_2 = t_1 + t_2$，则

$$S_x(\omega) = \lim_{T\to+\infty} \frac{1}{T}\iint_{\diamond} R_x(\tau_1)e^{-j\omega\tau_1}|J|d\tau_2d\tau_1 \tag{1.2.50}$$

式中，J 为雅可比行列式

$$J = \begin{vmatrix} \dfrac{\partial t_1}{\partial \tau_1} & \dfrac{\partial t_2}{\partial \tau_1} \\ \dfrac{\partial t_1}{\partial \tau_2} & \dfrac{\partial t_2}{\partial \tau_2} \end{vmatrix} = \begin{vmatrix} \dfrac{1}{2} & -\dfrac{1}{2} \\ \dfrac{1}{2} & \dfrac{1}{2} \end{vmatrix} = \frac{1}{2}$$

$\diamond$是(τ_1,τ_2)的积分区域，它是由(t_1,t_2)的正方形积分区域确定的，如图 1.1 所示.

进一步，有

$$\begin{aligned} S_x(\omega) &= \lim_{T\to+\infty} \frac{1}{2T}\left[\int_{-T}^{0} R_x(\tau_1)e^{-j\omega\tau_1}\int_{-T-\tau_1}^{T+\tau_1}d\tau_2d\tau_1 + \int_{0}^{T} R_x(\tau_1)e^{-j\omega\tau_1}\int_{-T+\tau_1}^{T-\tau_1}d\tau_2d\tau_1\right] \\ &= \lim_{T\to+\infty} \frac{1}{2T}\left[\int_{-T}^{0} 2(T+\tau_1)R_x(\tau_1)e^{-j\omega\tau_1}d\tau_1 + \int_{0}^{T} 2(T-\tau_1)R_x(\tau_1)e^{-j\omega\tau_1}d\tau_1\right] \\ &= \lim_{T\to+\infty} \frac{1}{T}\int_{-T}^{T}(T-|\tau_1|)R_x(\tau_1)e^{-j\omega\tau_1}d\tau_1 \end{aligned}$$

$$= \lim_{T\to+\infty}\int_{-T}^{T}\left(1-\frac{|\tau_1|}{T}\right)R_x(\tau_1)\mathrm{e}^{-\mathrm{j}\omega\tau_1}\mathrm{d}\tau_1$$

$$= \int_{-\infty}^{+\infty}R_x(\tau_1)\mathrm{e}^{-\mathrm{j}\omega\tau_1}\mathrm{d}\tau_1$$

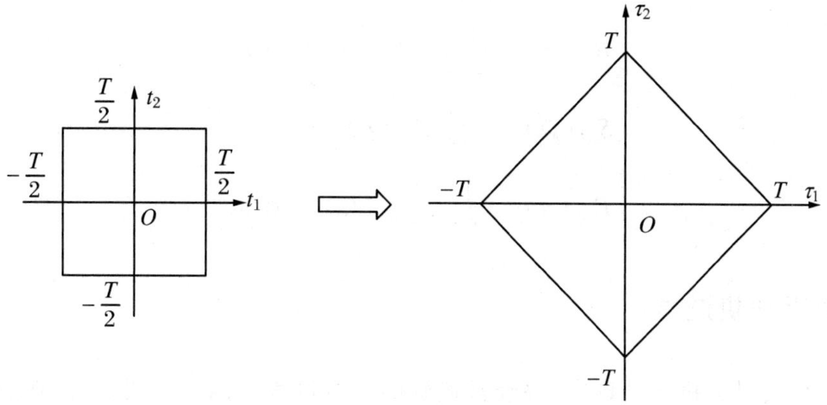

图 1.1　积分区域变换

所以

$$S_x(\omega) = \int_{-\infty}^{+\infty}R_x(\tau)\mathrm{e}^{-\mathrm{j}\omega\tau}\mathrm{d}\tau \tag{1.2.51}$$

上式表明,平稳随机信号的功率谱密度函数是其自相关函数的傅里叶变换,而

$$R_x(\tau) = \frac{1}{2\pi}\int_{-\infty}^{+\infty}S_x(\omega)\mathrm{e}^{\mathrm{j}\omega\tau}\mathrm{d}\omega \tag{1.2.52}$$

因此,平稳随机信号的功率谱密度函数和自相关函数互为傅里叶变换,此即著名的**维纳-辛钦定理**.

(1.2.51)式及(1.2.52)式成立的条件是

$$\int_{-\infty}^{+\infty}S_x(\omega)\mathrm{d}\omega < +\infty, \quad \int_{-\infty}^{+\infty}|R_x(\tau)|\mathrm{d}\tau < +\infty$$

对于实平稳随机信号$\{x(t)\}$,$R_x(\tau)$是实偶函数.由此很容易证明,$S_x(\omega)=S_x(-\omega)$.

对于复平稳随机信号$\{z(t)=x(t)+\mathrm{j}y(t)\}$.运用同样的分析方法,可以证明以下关系成立:

$$S_z(\omega) = \int_{-\infty}^{+\infty}R_z(\tau)\mathrm{e}^{-\mathrm{j}\omega\tau}\mathrm{d}\tau \tag{1.2.53a}$$

$$R_z(\tau) = \frac{1}{2\pi}\int_{-\infty}^{+\infty}S_z(\omega)\mathrm{e}^{\mathrm{j}\omega\tau}\mathrm{d}\omega \tag{1.2.53b}$$

式中,$R_z(\tau) = E\{z(t)z^*(t-\tau)\}$.

同理可证,复平稳随机信号的功率谱密度函数亦是大于等于零的实数.但它与实平稳随机信号不同的是:功率谱密度函数不再是偶函数.

对于平稳随机序列$\{x(n)\}$,以下傅里叶变换对成立:

$$S_x(\Omega) = \sum_{n=-\infty}^{+\infty}R_x(n)\mathrm{e}^{-\mathrm{j}\Omega n} \tag{1.2.54a}$$

$$R_x(n) = \frac{1}{2\pi}\int_{0}^{2\pi}S_x(\Omega)\mathrm{e}^{\mathrm{j}\Omega n}\mathrm{d}\Omega \tag{1.2.54b}$$

(1.2.54b)式中 Ω 的积分上下限 2π,0 为标称角频率.

两个联合平稳的随机信号$\{x(t)\}$和$\{y(t)\}$以及随机序列$\{x(n)\}$和$\{y(n)\}$的互相关函数与其**互功率谱密度函数**也构成傅里叶变换对.

$$S_{xy}(\omega)=\int_{-\infty}^{+\infty}R_{xy}(\tau)\mathrm{e}^{-\mathrm{j}\omega\tau}\mathrm{d}\tau \tag{1.2.55a}$$

$$R_{xy}(\tau)=\frac{1}{2\pi}\int_{-\infty}^{+\infty}S_{xy}(\omega)\mathrm{e}^{\mathrm{j}\omega\tau}\mathrm{d}\omega \tag{1.2.55b}$$

$$S_{xy}(\Omega)=\sum_{n=-\infty}^{+\infty}R_{xy}(n)\mathrm{e}^{-\mathrm{j}\Omega n} \tag{1.2.56a}$$

$$R_{xy}(n)=\frac{1}{2\pi}\int_{0}^{2\pi}S_{xy}(\Omega)\mathrm{e}^{\mathrm{j}\Omega n}\mathrm{d}\Omega \tag{1.2.56b}$$

1.2.3 高斯随机过程

在信号的统计分析与处理中,最经常遇到的随机过程是高斯随机过程.在一定的条件下,大量统计独立的随机变量 x_i之和 $z_n=\sum_{i=1}^{n}x_i$,当 $n\to+\infty$时,z_n的分布趋于高斯分布.根据这一定理,由无数微观粒子的不规则运动产生的热噪声、散弹噪声等属于高斯随机过程.而许多干扰,如云雨杂波、地物杂波等也往往近似为高斯随机过程.在高斯假设的前提下,往往可以得到随机信号分析与处理的解析解.因此,深入全面地介绍高斯随机过程及其有关统计特征十分必要.

高斯随机过程的定义如下.

在任意时刻 $t_1,t_2,\cdots,t_n(n=1,2,\cdots)$,由随机过程$\{x(t)\}$所形成的 n 维随机变量,其概率密度函数 $f(x_1,x_2,\cdots,x_n;\ t_1,t_2,\cdots,t_n)$ 为

$$f(x_1,x_2,\cdots,x_n;\ t_1,t_2,\cdots,t_n)=\frac{1}{(2\pi)^{\frac{n}{2}}\,|\boldsymbol{C}_x|^{\frac{1}{2}}}\exp\left[-\frac{1}{2}(\boldsymbol{x}-\boldsymbol{m}_x)^{\mathrm{T}}\boldsymbol{C}_x^{-1}(\boldsymbol{x}-\boldsymbol{m}_x)\right] \tag{1.2.57}$$

其中,$\boldsymbol{x}=[x_1,x_2,\cdots,x_n]^{\mathrm{T}}$,$\boldsymbol{m}_x=E\{\boldsymbol{x}\}=[E\{x_1\},E\{x_2\},\cdots,E\{x_n\}]^{\mathrm{T}}$,$\boldsymbol{C}_x=E\{(\boldsymbol{x}-\boldsymbol{m}_x)(\boldsymbol{x}-\boldsymbol{m}_x)^{\mathrm{T}}\}$,这时称随机过程$\{x(t)\}$为高斯随机过程,简称高斯过程.

高斯随机过程具有以下性质:

(1) 对于高斯随机过程来说,如果知道了 $\boldsymbol{m}_x$ 及 $\boldsymbol{C}_x$,那么随机过程的概率特性也就确定了;

(2) 若高斯随机过程是广义平稳的,那么它一定是严格平稳的;

(3) 一个高斯随机过程经过任意线性变换(如线性相加、线性放大、微分、积分等等),其输出仍然是高斯随机过程.

1.2.4 随机过程的积分微分特性

在本书中,我们还可能会用到随机过程积分和微分的特性,下面给出它们的定义和一些基本性质.

随机过程$\{x(t)\}$的**可微性**定义如下:随机过程$\{x(t)\}$在时刻 t 处满足下述关系:

$$\lim_{T\to 0} E\left\{\left[\frac{x(t+T)-x(t)}{T}-x'(t)\right]^2\right\}=0 \tag{1.2.58}$$

则称在 t 时刻$\{x(t)\}$可微，$\{x'(t)\}$为其导数.

$\{x'(t)\}$具有如下的数字特征：

$$E\{x'(t)\}=m'_x(t) \tag{1.2.59}$$

$$R_{x'}(t_1,t_2)=\frac{\partial^2 R_x(t_1,t_2)}{\partial t_1 \partial t_2} \tag{1.2.60}$$

特别地，对平稳随机过程$\{x(t)\}$，其导数$\{x'(t)\}$满足

$$E\{x'(t)\}=0$$

$$R_{x'}(t_1,t_2)=R_{x'}(\tau)=\lim_{T\to 0}\frac{1}{T^2}R_{x_T}(\tau)$$

其中，$R_{x_T}(\tau)=2R_x(\tau)-R_x(\tau-T)-R_x(\tau+T)$.

将上式中的 $R_x(\tau-T)$及 $R_x(\tau+T)$按泰勒级数展开，忽略三次以上的微分项，可得 $R_{x'}(\tau)=-R''_x(\tau)$.

此外，我们有时也会用到随机过程$\{x(t)\}$的 n 阶导数$\{x^{(n)}(t)\}$（在这里，我们假定每一步都必须满足均方可微的要求）. 根据均方可微的规则，可以推得

$$R_{x^{(n)}}(t_1,t_2)=\frac{\partial^{2n}R_x(t_1,t_2)}{\partial t_1^{(n)}\partial t_2^{(n)}} \tag{1.2.61}$$

若$\{x(t)\}$为平稳随机过程，那么 $R_{x^{(n)}}(\tau)=(-1)^n R_x^{(2n)}(\tau)$.

随机过程的**均方积分**定义如下：已知随机过程$\{x(t)\}$，且

$$x_n(t)=\sum_{k=1}^{n}x(t'_k)(t_k-t_{k-1})=\sum_{k=1}^{n}x(t'_k)\Delta t_k$$

其中，$\Delta t_k=t_k-t_{k-1}$，是在$[a,\ b]$内划分的微小区间，$t_{k-1}<t'_k<t_k$.

如果存在随机过程的样本函数的定积分 $\int_a^b x(t)\mathrm{d}t$ 满足

$$\lim_{\substack{\Delta t_k\to 0\\ n\to+\infty}} E\left\{\left[\sum_{k=1}^{n}x(t'_k)\Delta t_k-\int_a^b x(t)\mathrm{d}t\right]^2\right\}=0 \tag{1.2.62}$$

那么 $\left\{\int_a^b x(t)\mathrm{d}t\right\}$ 即为随机过程 $\{x(t)\}$ 在区间$[a,b]$上的均方积分.

1.3　线性代数导论

1.3.1　矩阵的概念和基本运算

在本小节中，我们首先引入矩阵的概念并介绍其基本运算方法.

定义 1.3.1　设$\mathbb{F}$是复数集合$\mathbb{C}$的一个非空子集，若$\mathbb{F}$中的任意两个数 a,b 的和$a+b$，差 $a-b$，积 ab，商 a/b（b 不等于 0）仍在$\mathbb{F}$中，则称$\mathbb{F}$为一个**数域**，我们常用$\mathbb{R}$表示实数域，$\mathbb{C}$表示复数域.

定义 1.3.2 设 $\boldsymbol{A}$ 是复数域$\mathbb{C}$中的 $m\times n$ 个数 $a_{ij}(i=1,2,\cdots,m;\ j=1,2,\cdots,n)$ 所组成的数集,若规定了其中各个数之间的相对位置并排成 m 行 n 列的数表

$$\boldsymbol{A}=\begin{bmatrix} a_{11} & a_{12} & \cdots & a_{1n} \\ a_{21} & a_{22} & \cdots & a_{2n} \\ \vdots & \vdots & & \vdots \\ a_{m1} & a_{m2} & \cdots & a_{mn} \end{bmatrix} \tag{1.3.1}$$

则称数集 $\boldsymbol{A}$ 为复数域$\mathbb{C}$上的 m 行 n 列**矩阵**,简称为 $m\times n$ 矩阵,记为 $\boldsymbol{A}=[a_{ij}]=(a_{ij})_{m\times n}$,其中数 $a_{ij}(i=1,2,\cdots,m;\ j=1,2,\cdots,n)$ 称为矩阵 $\boldsymbol{A}$ 的第 i 行第 j 列**元素**.数域$\mathbb{C}$(或$\mathbb{R}$)上的全体 $m\times n$ 矩阵的集合记为$\mathbb{C}^{m\times n}$(或$\mathbb{R}^{m\times n}$).

定义 1.3.3 若 $\boldsymbol{A},\boldsymbol{B}\in\mathbb{C}^{m\times n}$,并且它们的对应元素相等,即

$$a_{ij}=b_{ij}\quad (i=1,2,\cdots,m;\ j=1,2,\cdots,n)$$

则称矩阵 $\boldsymbol{A}$ 与矩阵 $\boldsymbol{B}$ 相等,记作 $\boldsymbol{A}=\boldsymbol{B}$.

定义 1.3.4 设 $\boldsymbol{A}\in\mathbb{C}^{m\times n}$,把矩阵 $\boldsymbol{A}$ 的第 $i(i=1,2,\cdots,m)$ 行作为新矩阵 $\boldsymbol{B}$ 的第 i 列,则称 $\boldsymbol{B}$ 是 $\boldsymbol{A}$ 的**转置矩阵**,记作 $\boldsymbol{B}=\boldsymbol{A}^{\mathrm{T}}$.显然,$\boldsymbol{A}^{\mathrm{T}}\in\mathbb{C}^{n\times m}$,$(\boldsymbol{A}^{\mathrm{T}})^{\mathrm{T}}=\boldsymbol{A}$.

定义 1.3.5 设 $\boldsymbol{A}\in\mathbb{C}^{m\times n}$,把矩阵 $\boldsymbol{A}$ 的每个元素 a_{ij} 换成其共轭 a_{ij}^* 得到新矩阵 $\boldsymbol{B}$,则称 $\boldsymbol{B}$ 是 $\boldsymbol{A}$ 的**共轭矩阵**,记作 $\boldsymbol{B}=\boldsymbol{A}^*$.显然,$\boldsymbol{A}^*\in\mathbb{C}^{m\times n}$,$(\boldsymbol{A}^*)^*=\boldsymbol{A}$.

定义 1.3.6 设 $\boldsymbol{A}\in\mathbb{C}^{m\times n}$,把矩阵 $\boldsymbol{A}$ 的第 $i(i=1,2,\cdots,m)$ 行的共轭作为新矩阵 $\boldsymbol{B}$ 的第 i 列,则称 $\boldsymbol{B}$ 是 $\boldsymbol{A}$ 的**共轭转置矩阵**,记作 $\boldsymbol{B}=\boldsymbol{A}^{\mathrm{H}}$.显然,$\boldsymbol{A}^{\mathrm{H}}\in\mathbb{C}^{n\times m}$,$(\boldsymbol{A}^{\mathrm{H}})^{\mathrm{H}}=\boldsymbol{A}$.

定义 1.3.7 若 $\boldsymbol{A},\boldsymbol{B}\in\mathbb{C}^{m\times n}$,$\boldsymbol{A}$ 与 $\boldsymbol{B}$ 的和(差)矩阵 $\boldsymbol{C}=[a_{ij}\pm b_{ij}]$,记作 $\boldsymbol{C}=\boldsymbol{A}\pm\boldsymbol{B}$.显然,$\boldsymbol{A}\pm\boldsymbol{B}\in\mathbb{C}^{m\times n}$.

定义 1.3.8 设 $\boldsymbol{A}\in\mathbb{C}^{m\times s}$,$\boldsymbol{B}\in\mathbb{C}^{s\times n}$,由 $\boldsymbol{A}$ 与 $\boldsymbol{B}$ 的元素按规则 $\sum\limits_{k=1}^{s}a_{ik}b_{kj}$ 所确定的数记为 c_{ij},则新矩阵 $\boldsymbol{C}=[c_{ij}]$ 称为矩阵 $\boldsymbol{A}$ 与 $\boldsymbol{B}$ 的**乘积**,记为 $\boldsymbol{C}=\boldsymbol{AB}$.显然,$\boldsymbol{AB}\in\mathbb{C}^{m\times n}$.

矩阵乘法具有如下运算性质:

设 $\boldsymbol{A},\boldsymbol{B},\boldsymbol{C}$ 是矩阵,k 是数,并且运算都是可行的,则

(1) 结合律

$$(\boldsymbol{AB})\boldsymbol{C}=\boldsymbol{A}(\boldsymbol{BC}) \tag{1.3.2}$$

$$(k\boldsymbol{B})\boldsymbol{C}=k(\boldsymbol{BC}) \tag{1.3.3}$$

(2) 分配律

$$\boldsymbol{A}(\boldsymbol{B}+\boldsymbol{C})=\boldsymbol{AB}+\boldsymbol{AC} \tag{1.3.4}$$

$$(\boldsymbol{A}+\boldsymbol{B})\boldsymbol{C}=\boldsymbol{AC}+\boldsymbol{BC} \tag{1.3.5}$$

(3) 转置律

$$(\boldsymbol{AB})^{\mathrm{T}}=\boldsymbol{B}^{\mathrm{T}}\boldsymbol{A}^{\mathrm{T}} \tag{1.3.6}$$

矩阵的初等变换也是我们经常用到的矩阵操作,它主要包括:位置变换,即互换矩阵的第 i 行(列)与第 j 行(列);数乘变换,即用非零数 k 乘矩阵的第 i 行(列).

定义 1.3.9 $A=[a_{ij}]\in\mathbb{C}^{n\times n}$ 的所有对角元素之和称为 $\boldsymbol{A}$ 的迹,记为 $\mathrm{tr}(\boldsymbol{A})$.$\mathrm{tr}(\boldsymbol{A})=a_{11}+a_{22}+\cdots+a_{nn}$.

定义 1.3.10 设 $\boldsymbol{A}=[a_{ij}]\in\mathbb{C}^{n\times n}$,则称 $\boldsymbol{A}$ 为 n 阶**方阵**.符号

$$\det\{\boldsymbol{A}\} = |\boldsymbol{A}| = \begin{vmatrix} a_{11} & a_{12} & \cdots & a_{1n} \\ a_{21} & a_{22} & \cdots & a_{2n} \\ \vdots & \vdots & & \vdots \\ a_{n1} & a_{n2} & \cdots & a_{nn} \end{vmatrix} \tag{1.3.7}$$

表示关于矩阵 $\boldsymbol{A}$ 的 n^2 个元素的一种特定代数运算,称为矩阵 $\boldsymbol{A}$ 的**行列式**,其中 n 称为行列式的阶.

定义 1.3.11　$\boldsymbol{A} \in \mathbb{C}^{n\times n}$,把 $\boldsymbol{A}$ 中元素 a_{ij}所在的第 i 行和第 j 列划去后,留下来的 $n-1$ 阶方阵称为元素 a_{ij}的**余子矩阵**,记为$\boldsymbol{A}(i,j)$,并且称 $\mathrm{cof}(\boldsymbol{A}_{ij}) = \det\{\boldsymbol{A}(i,\ j)\}$ 为元素 a_{ij} 的**余子式**,$(-1)^{i+j}\det\{A(i,\ j)\}$ 称为元素 a_{ij} 的**代数余子式**,记为 $\boldsymbol{A}_{ij}$.

行列式具体的运算法则是

当 $n=1$ 时

$$\det\{\boldsymbol{A}\} = a_{11} \tag{1.3.8}$$

当 $n>1$ 时

$$\det\{\boldsymbol{A}\} = a_{11}\boldsymbol{A}_{11} + a_{21}\boldsymbol{A}_{21} + \cdots + a_{n1}\boldsymbol{A}_{n1} = \sum_{k=1}^{n} a_{k1}\boldsymbol{A}_{k1} \tag{1.3.9}$$

其中,$\boldsymbol{A}_{k1}$ 是 a_{k1}的代数余子式($k=1,2,\cdots,n$).

特别地,当 $\det\{\boldsymbol{A}\} = 0$ 时,$\boldsymbol{A}$ 称为**奇异(退化)方阵**,否则称为**非奇异(非退化)方阵**,也称**正则矩阵**.

n 阶行列式的性质:

(1) 转置变换不改变行列式的值,即 $\det\{\boldsymbol{A}^{\mathrm{T}}\} = \det\{\boldsymbol{A}\}$;

(2) 位置变换仅改变行列式的符号,即两行(列)互换,行列式的值变号.

定理 1.3.1　数乘变换改变行列式的值,并且

(1) 若方阵 $\boldsymbol{A}=[\boldsymbol{a}_1,\cdots,\boldsymbol{a}_i,\cdots,\boldsymbol{a}_n]$,方阵 $\boldsymbol{B}=[\boldsymbol{a}_1,\cdots,k\boldsymbol{a}_i,\cdots,\boldsymbol{a}_n]$,其中,列矢量 $\boldsymbol{a}_i\in\mathbb{C}^{n\times 1}(i=1,2,\cdots,n)$,$k\in\mathbb{C}$,则

$$\det\{\boldsymbol{B}\} = k\det\{\boldsymbol{A}\} \tag{1.3.10}$$

(2) 若用数 k 乘以方阵 $\boldsymbol{A}$,则

$$\det\{k\boldsymbol{A}\} = k^n\det\{\boldsymbol{A}\} \tag{1.3.11}$$

定理 1.3.2　设 $\boldsymbol{A}$ 和 $\boldsymbol{B}$ 都是 n 阶方阵,则

$$\det\{\boldsymbol{AB}\} = \det\{\boldsymbol{A}\}\det\{\boldsymbol{B}\} \tag{1.3.12}$$

引入矩阵子式的概念,对于矩阵 $\boldsymbol{A}\in\mathbb{C}^{m\times n}$,其 k 行、k 列相交的元素所组成的矩阵的行列式称为 $\boldsymbol{A}$ 的 k 阶子式.

定义 1.3.12　设矩阵 $\boldsymbol{A}\in\mathbb{C}^{m\times n}$有一个 k 阶子式不等于零,而所有 $k+1$ 阶子式(若存在)都等于零,则称正整数 k 为矩阵 $\boldsymbol{A}$ 的秩,记为 $\mathrm{rank}\{\boldsymbol{A}\}=k$.若 $k=m$,则称 $\boldsymbol{A}$ 为**行满秩矩阵**;若 $k=n$,则称 $\boldsymbol{A}$ 为**列满秩矩阵**.行满秩矩阵和列满秩矩阵统称为满秩矩阵.

定义 1.3.13　设厄米特矩阵 $\boldsymbol{A}\in\mathbb{C}^{n\times n}$,如果对于任意的非零列矢量 $\boldsymbol{x}\in\mathbb{C}^n$,有

(1) 当 $\boldsymbol{x}^{\mathrm{H}}\boldsymbol{A}\boldsymbol{x}>0$ 时,称矩阵 $\boldsymbol{A}$ 为**正定矩阵**;

(2) 当 $\boldsymbol{x}^{\mathrm{H}}\boldsymbol{A}\boldsymbol{x}\geqslant 0$ 时,称矩阵 $\boldsymbol{A}$ 为**半正定(非负定)矩阵**;

(3) 当 $\boldsymbol{x}^{\mathrm{H}}\boldsymbol{A}\boldsymbol{x}<0$ 时,称矩阵 $\boldsymbol{A}$ 为**负定矩阵**.

定义 1.3.14　设 $\boldsymbol{A}$ 和 $\boldsymbol{B}$ 都是 n 阶方阵,则

(1) 当方阵 $\boldsymbol{C}=\boldsymbol{A}-\boldsymbol{B}$ 为正定矩阵时,称矩阵 $\boldsymbol{A}>\boldsymbol{B}$;

(2) 当方阵 $\boldsymbol{C} = \boldsymbol{A} - \boldsymbol{B}$ 为半正定矩阵时,称矩阵 $\boldsymbol{A} \geqslant \boldsymbol{B}$;

(3) 当方阵 $\boldsymbol{C} = \boldsymbol{A} - \boldsymbol{B}$ 为负定矩阵时,称矩阵 $\boldsymbol{A} < \boldsymbol{B}$.

定义 1.3.15 如果矩阵 $\boldsymbol{A} \in \mathbb{C}^{m\times n}$ 的某个函数 $\|\boldsymbol{A}\|$ 满足下列性质:

(1) $\boldsymbol{A}$ 为非零矩阵时, $\|\boldsymbol{A}\| > 0$;$\boldsymbol{A}$ 为零矩阵时, $\|\boldsymbol{A}\| = 0$;

(2) 对于任意复数 c 有 $\|c\boldsymbol{A}\| = |c| \|\boldsymbol{A}\|$;

(3) $\|\boldsymbol{A}+\boldsymbol{B}\| \leqslant \|\boldsymbol{A}\| + \|\boldsymbol{B}\|$;

(4) $\|\boldsymbol{AB}\| \leqslant \|\boldsymbol{A}\| \|\boldsymbol{B}\|$,

则称 $\|\boldsymbol{A}\|$ 是$\mathbb{C}^{m\times n}$上的一个矩阵**范数**.

常用的矩阵范数有:

(1) Frobenius 范数: $\|\boldsymbol{A}\|_{\mathrm{F}} = \left(\sum_{i=1}^{m}\sum_{j=1}^{n} |a_{ij}|^2\right)^{1/2}$;

(2) 行和范数: $\|\boldsymbol{A}\|_{\mathrm{row}} = \max\limits_{1\leqslant i\leqslant m}\left\{\sum_{j=1}^{n} |a_{ij}|\right\}$;

(3) 列和范数: $\|\boldsymbol{A}\|_{\mathrm{col}} = \max\limits_{1\leqslant j\leqslant n}\left\{\sum_{i=1}^{m} |a_{ij}|\right\}$.

定义 1.3.16 对于同型矩阵 $\boldsymbol{A},\boldsymbol{B} \in \mathbb{C}^{m\times n}$, 定义

$$\langle \boldsymbol{A},\boldsymbol{B}\rangle = \mathrm{tr}\{\boldsymbol{A}\boldsymbol{B}^{\mathrm{H}} + \boldsymbol{B}\boldsymbol{A}^{\mathrm{H}}\}/2 \tag{1.3.13}$$

为矩阵的**内积**.

定理 1.3.3 设 $\boldsymbol{A} \in \mathbb{C}^{m\times n}, \boldsymbol{B} \in \mathbb{C}^{n\times l}$, $\boldsymbol{A}\boldsymbol{A}^{\mathrm{T}}$ 可逆,则

$$\boldsymbol{B}^{\mathrm{T}}\boldsymbol{B} \geqslant (\boldsymbol{AB})^{\mathrm{T}}(\boldsymbol{A}\boldsymbol{A}^{\mathrm{T}})^{-1}(\boldsymbol{AB}) \tag{1.3.14}$$

等号成立的充要条件是存在 $\boldsymbol{C} \in \mathbb{C}^{m\times l}$,使得 $\boldsymbol{B} = \boldsymbol{A}^{\mathrm{T}}\boldsymbol{C}$.

(1.3.14)式是矩阵型的施瓦兹不等式.

1.3.2 特殊矩阵

定义 1.3.17 设 $\boldsymbol{A} \in \mathbb{R}^{n\times n}$, 如果 $\boldsymbol{A}$ 在主对角线上的元素全为 1 而其他元素全为 0,则称 $\boldsymbol{A}$ 为 n 阶**单位矩阵**,通常用 $\boldsymbol{I}$ 表示;如果 $\boldsymbol{A}$ 在交叉对角线上的元素全为 1 而其他元素全为 0,则称 $\boldsymbol{A}$ 为 n 阶**反向单位矩阵**,通常用 $\boldsymbol{J}$ 表示.

定义 1.3.18 设 $\boldsymbol{A} \in \mathbb{C}^{n\times n}$, 若满足 $\boldsymbol{A}^{\mathrm{T}} = \boldsymbol{A}$,则称 $\boldsymbol{A}$ 为**对称矩阵**;若满足 $\boldsymbol{A}^{\mathrm{T}} = -\boldsymbol{A}$,则称 $\boldsymbol{A}$ 为**反对称矩阵**;若满足 $\boldsymbol{A}^{\mathrm{H}} = \boldsymbol{A}$, 则称 $\boldsymbol{A}$ 为**共轭对称矩阵**,也称为**厄米特矩阵**(Hermitian matrix);若满足 $\boldsymbol{A}^{\mathrm{H}} = -\boldsymbol{A}$,则称 $\boldsymbol{A}$ 为**反厄米特矩阵**.

定义 1.3.19 设 $\boldsymbol{A} \in \mathbb{C}^{m\times n}$, 矩阵

$$\boldsymbol{A} = \begin{bmatrix} 1 & 1 & \cdots & 1 \\ x_1 & x_2 & \cdots & x_n \\ x_1^2 & x_2^2 & \cdots & x_n^2 \\ \vdots & \vdots & & \vdots \\ x_1^{m-1} & x_2^{m-1} & \cdots & x_n^{m-1} \end{bmatrix} \tag{1.3.15}$$

称为**范德蒙矩阵**(Vandermonde matrix),记为 $\boldsymbol{V}$,其中第 $j(j=1,2,\cdots,n)$列是比值为 x_j 的等比序列.

定理 1.3.4 若范德蒙矩阵 $\boldsymbol{V} \in \mathbb{C}^{n\times n}$, 其行列式

$$\det\{\boldsymbol{V}\} = \prod_{j>i}(x_j - x_i) \equiv \prod_{i=1}^{n}\prod_{j=i+1}^{n}(x_j - x_i) \tag{1.3.16}$$

定义 1.3.20　设 $\boldsymbol{A}\in\mathbb{C}^{(n+1)\times(n+1)}$，如果满足 $a_{ij}=a_{i+j-2}(i,j=1,2,\cdots,n+1)$. 矩阵

$$\boldsymbol{A}=\begin{bmatrix} a_0 & a_1 & a_2 & \cdots & a_n \\ a_1 & a_2 & a_3 & \cdots & a_{n+1} \\ a_2 & a_3 & a_4 & \cdots & a_{n+2} \\ \vdots & \vdots & \vdots & & \vdots \\ a_n & a_{n+1} & a_{n+2} & \cdots & a_{2n} \end{bmatrix} \tag{1.3.17}$$

称为**汉克矩阵**(Hankel matrix). 汉克矩阵是对称矩阵，完全由其第 1 行和第 $n+1$ 行的 $2n+1$ 个元素确定.

定理 1.3.5　非奇异矩阵 $\boldsymbol{H}\in\mathbb{C}^{n\times n}$ 为汉克矩阵的充分必要条件是存在 $n\times n$ 阶矩阵

$$\boldsymbol{C}=\begin{bmatrix} 0 & 1 & 0 & \cdots & 0 \\ \vdots & \ddots & \ddots & \ddots & \vdots \\ \vdots & & \ddots & \ddots & 0 \\ 0 & \cdots & \cdots & 0 & 1 \\ p_0 & p_1 & \cdots & p_{n-2} & p_{n-1} \end{bmatrix} \tag{1.3.18}$$

使得

$$\boldsymbol{CH}=\boldsymbol{HC}^{\mathrm{T}} \tag{1.3.19}$$

定义 1.3.21　设 $\boldsymbol{T}=[t_{ij}]\in\mathbb{C}^{n\times n}$，如果满足 $t_{ij}=t_{j-i}(i,j=1,2,\cdots,n)$，矩阵

$$\boldsymbol{T}=\begin{bmatrix} t_0 & t_1 & t_2 & \cdots & t_{n-1} \\ t_{-1} & t_0 & t_1 & \cdots & t_{n-2} \\ t_{-2} & t_{-1} & t_0 & \cdots & t_{n-3} \\ \vdots & \vdots & \vdots & \ddots & \vdots \\ t_{-n+1} & t_{-n+2} & t_{-n+3} & \cdots & t_0 \end{bmatrix} \tag{1.3.20}$$

称为**托普利兹矩阵**(Toeplitz matrix)，其中 $\boldsymbol{T}$ 完全由其第 1 行和第 1 列的 $2n-1$ 个元素确定. 托普利兹矩阵沿平行主对角线的每一对角线上的元素是相等的，是关于交叉对角线对称的. 显然，

$$\boldsymbol{JT}^{\mathrm{T}}\boldsymbol{J}=\boldsymbol{T} \tag{1.3.21}$$

其中，$\boldsymbol{J}$ 为反向单位矩阵.

简单的托普利兹矩阵有

$$\boldsymbol{F}=\begin{bmatrix} 0 & 1 & \cdots & 0 \\ 0 & \ddots & \ddots & \vdots \\ \vdots & \ddots & \ddots & 1 \\ 0 & \cdots & 0 & 0 \end{bmatrix}\in\mathbb{R}^{n\times n},\quad \boldsymbol{B}=\begin{bmatrix} 0 & 0 & \cdots & 0 \\ 1 & \ddots & \ddots & \vdots \\ \vdots & \ddots & \ddots & 0 \\ 0 & \cdots & 1 & 0 \end{bmatrix}\in\mathbb{R}^{n\times n} \tag{1.3.22}$$

因它们作用于标准基 $\{\boldsymbol{e}_1,\boldsymbol{e}_2,\cdots,\boldsymbol{e}_n\}$（见定义 1.3.30）时所产生的直观影响，故分别称为**前向移位矩阵**(forward shift matrix)和**后向移位矩阵**(backward shift matrix).

定理 1.3.6　$\boldsymbol{T}\in\mathbb{C}^{n\times n}$ 为托普利兹矩阵的充分必要条件是 $\boldsymbol{T}$ 可以表示为

$$\boldsymbol{T}=\sum_{k=1}^{n-1}t_{-k}\boldsymbol{B}^k+\sum_{k=0}^{n-1}t_k\boldsymbol{F}^k \tag{1.3.23}$$

其中，$\boldsymbol{F}$ 和 $\boldsymbol{B}$ 由(1.3.22)式给定.

定理 1.3.7　非奇异矩阵 $\boldsymbol{T}\in\mathbb{C}^{n\times n}$ 为托普利兹矩阵的充分必要条件是存在 $n\times n$ 阶

矩阵

$$C^{(1)} = \begin{bmatrix} p_{n-1} & p_{n-2} & \cdots & p_1 & p_0 \\ 1 & 0 & \cdots & \cdots & 0 \\ \vdots & \vdots & \ddots & & \vdots \\ 0 & 0 & \cdots & 0 & 0 \\ 0 & 0 & \cdots & 1 & 0 \end{bmatrix} \tag{1.3.24}$$

$$C^{(2)} = \begin{bmatrix} 0 & 0 & \cdots & 0 & p_0 \\ 1 & 0 & \cdots & 0 & p_1 \\ \vdots & \vdots & \ddots & \vdots & \vdots \\ 0 & 0 & \cdots & 0 & p_{n-2} \\ 0 & \cdots & 0 & 1 & p_{n-1} \end{bmatrix} \tag{1.3.25}$$

使得

$$C^{(1)} T = T C^{(2)} \tag{1.3.26}$$

定理 1.3.8 若 $\boldsymbol{H} \in \mathbb{C}^{n \times n}$ 是汉克矩阵，则 $\boldsymbol{JH}$ 和 $\boldsymbol{HJ}$ 是托普利兹矩阵. 若 $\boldsymbol{T} \in \mathbb{C}^{n \times n}$ 是托普利兹矩阵，则 $\boldsymbol{JT}$ 和 $\boldsymbol{TJ}$ 是汉克矩阵. 其中 $\boldsymbol{J}$ 是反向单位矩阵.

定义 1.3.22 $\boldsymbol{A} \in \mathbb{C}^{n \times n}$，如果满足条件 $\boldsymbol{A}^{\mathrm{H}}\boldsymbol{A} = \boldsymbol{A}\boldsymbol{A}^{\mathrm{H}}$，则称 $\boldsymbol{A}$ 为**正规矩阵**；如果满足条件 $\boldsymbol{A}^{\mathrm{H}}\boldsymbol{A} = \boldsymbol{A}\boldsymbol{A}^{\mathrm{H}} = \boldsymbol{I}$，则称 $\boldsymbol{A}$ 为**酉矩阵**；如果满足条件 $\boldsymbol{A}^{\mathrm{T}}\boldsymbol{A} = \boldsymbol{A}\boldsymbol{A}^{\mathrm{T}} = \boldsymbol{I}$，则称 $\boldsymbol{A}$ 为**正交矩阵**.

1.3.3 矩阵的逆

定义 1.3.23 对于矩阵 $\boldsymbol{A} \in \mathbb{C}^{n \times n}$，若 $\det\{\boldsymbol{A}\} \neq 0$，则必存在唯一的同阶方阵 $\boldsymbol{B}$ 使得

$$\boldsymbol{AB} = \boldsymbol{BA} = \boldsymbol{I} \tag{1.3.27}$$

称 $\boldsymbol{B}$ 是 $\boldsymbol{A}$ 的**逆矩阵**，记为 $\boldsymbol{A}^{-1}$. 但当 $\boldsymbol{A}$ 不是方阵或者 $\boldsymbol{A}$ 是方阵但 $\det\{\boldsymbol{A}\} = 0$ 时，则上述的逆矩阵就不存在.

定理 1.3.9 逆矩阵的性质：

(1) $(\boldsymbol{A}^{-1})^{-1} = \boldsymbol{A}$；

(2) 若 $\boldsymbol{A} = k\boldsymbol{I}(k \neq 0)$，则 $\boldsymbol{A}^{-1} = k^{-1}\boldsymbol{I}$；

(3) 若 $\boldsymbol{A}, \boldsymbol{B}$ 都是 n 阶可逆方阵，则 $\boldsymbol{AB}$ 也是可逆矩阵，且 $(\boldsymbol{AB})^{-1} = \boldsymbol{B}^{-1}\boldsymbol{A}^{-1}$.

定理 1.3.10 (Sherman-Morrison 公式)设 $\boldsymbol{A}$ 是一个 $n \times n$ 的可逆矩阵，并且 $\boldsymbol{x}$ 和 $\boldsymbol{y}$ 是两个 $n \times 1$ 矢量. 若 $(\boldsymbol{A} + \boldsymbol{xy}^{\mathrm{H}})$ 可逆，则

$$(\boldsymbol{A} + \boldsymbol{xy}^{\mathrm{H}})^{-1} = \boldsymbol{A}^{-1} - \frac{\boldsymbol{A}^{-1}\boldsymbol{xy}^{\mathrm{H}}\boldsymbol{A}^{-1}}{1 + \boldsymbol{y}^{\mathrm{H}}\boldsymbol{A}^{-1}\boldsymbol{x}} \tag{1.3.28}$$

上式可推广为矩阵之和的求逆公式：

$$\begin{aligned} (\boldsymbol{A} + \boldsymbol{UBV})^{-1} &= \boldsymbol{A}^{-1} - \boldsymbol{A}^{-1}\boldsymbol{UB}(\boldsymbol{B} + \boldsymbol{BVA}^{-1}\boldsymbol{UB})^{-1}\boldsymbol{BVA}^{-1} \\ &= \boldsymbol{A}^{-1} - \boldsymbol{A}^{-1}\boldsymbol{U}(\boldsymbol{I} + \boldsymbol{BVA}^{-1}\boldsymbol{U})^{-1}\boldsymbol{BVA}^{-1} \\ &= \boldsymbol{A}^{-1} - \boldsymbol{A}^{-1}\boldsymbol{UBVA}^{-1}(\boldsymbol{I} + \boldsymbol{UBVA}^{-1})^{-1} \end{aligned} \tag{1.3.29}$$

或

$$(\boldsymbol{A} - \boldsymbol{UV})^{-1} = \boldsymbol{A}^{-1} + \boldsymbol{A}^{-1}\boldsymbol{U}(\boldsymbol{I} - \boldsymbol{VA}^{-1}\boldsymbol{U})^{-1}\boldsymbol{VA}^{-1} \tag{1.3.30}$$

分块矩阵的几种求逆公式：

(1) 矩阵 $\boldsymbol{A}$ 可逆时，为

$$\begin{bmatrix} A & U \\ V & D \end{bmatrix}^{-1} = \begin{bmatrix} A^{-1} + A^{-1}U(D - VA^{-1}U)^{-1}VA^{-1} & -A^{-1}U(D - VA^{-1}U)^{-1} \\ -(D - VA^{-1}U)^{-1}VA^{-1} & (D - VA^{-1}U)^{-1} \end{bmatrix} \tag{1.3.31}$$

(2) 矩阵 A 和 D 可逆时,为

$$\begin{bmatrix} A & U \\ V & D \end{bmatrix}^{-1} = \begin{bmatrix} (A - UD^{-1}V)^{-1} & -A^{-1}U(D - VA^{-1}U)^{-1} \\ -D^{-1}V(A - UD^{-1}V)^{-1} & (D - VA^{-1}U)^{-1} \end{bmatrix} \tag{1.3.32}$$

(3) 矩阵 A 和 D 可逆时,为

$$\begin{bmatrix} A & U \\ V & D \end{bmatrix}^{-1} = \begin{bmatrix} (A - UD^{-1}V)^{-1} & -(A - UD^{-1}V)^{-1}UD^{-1} \\ -(D - VA^{-1}U)^{-1}VA^{-1} & (D - VA^{-1}U)^{-1} \end{bmatrix} \tag{1.3.33}$$

或

$$\begin{bmatrix} A & U \\ V & D \end{bmatrix}^{-1} = \begin{bmatrix} (A - UD^{-1}V)^{-1} & -(V - DU^{-1}A)^{-1} \\ (U - AV^{-1}D)^{-1} & (D - VA^{-1}U)^{-1} \end{bmatrix} \tag{1.3.34}$$

定义 1.3.24　如果 $A \in \mathbb{C}^{m\times n}$, $G \in \mathbb{C}^{n\times m}$ 满足 Penrose-Moore 方程

$$AGA = A,\quad GAG = G,\quad (AG)^{\mathrm{H}} = AG,\quad (GA)^{\mathrm{H}} = GA \tag{1.3.35}$$

的全部或一部分,则称 G 为 A 的**广义逆矩阵**.其中满足第一个条件的广义逆矩阵记作 A^{-};满足全部四个条件的广义逆矩阵记作 $A^{\dagger}$.

对于任意 $A \in \mathbb{C}^{m\times n}$,满足(1.3.35)式条件的广义逆矩阵 $A^{\dagger}$ 是唯一存在的,其性质如下:

(1) $(A^{\dagger})^{\dagger} = A$;

(2) $(A^{\mathrm{H}})^{\dagger} = (A^{\dagger})^{\mathrm{H}}$;

(3) $(A^{\mathrm{T}})^{\dagger} = (A^{\dagger})^{\mathrm{T}}$;

(4) $A^{\dagger} = (A^{\mathrm{H}}A)^{\dagger}A^{\mathrm{H}} = A^{\mathrm{H}}(AA^{\mathrm{H}})^{\dagger}$.

$A^{\dagger}$ 的计算一般需要用到矩阵的分解.设 $A \in \mathbb{C}^{m\times n}$, $\mathrm{rank}\{A\} = r$, A 的最大秩分解为 $A = BC$,其中 $B \in \mathbb{C}^{m\times r}$, $C \in \mathbb{C}^{r\times n}$,且 $\mathrm{rank}\{B\} = \mathrm{rank}\{C\} = \mathrm{rank}\{A\} = r$,则有

$$A^{\dagger} = C^{\mathrm{H}}(CC^{\mathrm{H}})^{-1}(B^{\mathrm{H}}B)^{-1}B^{\mathrm{H}} \tag{1.3.36}$$

特别是

(1) 当 $A \in \mathbb{C}^{m\times n}$, $\mathrm{rank}\{A\} = m$ 时,则

$$A^{\dagger} = A^{\mathrm{H}}(AA^{\mathrm{H}})^{-1} \tag{1.3.37}$$

(2) 当 $A \in \mathbb{C}^{m\times n}$, $\mathrm{rank}\{A\} = n$ 时,则

$$A^{\dagger} = (A^{\mathrm{H}}A)^{-1}A^{\mathrm{H}} \tag{1.3.38}$$

1.3.4　矩阵分解

所谓矩阵分解,就是通过线性变换,将某个给定或已知的矩阵分解为两个或三个矩阵标准型的乘积.常用的矩阵分解方法主要有特征值分解(EVD)、奇异值分解(SVD)、Cholesky 分解、LU 分解、QR 分解等.

1. 特征值分解

定义 1.3.25　设 $A \in \mathbb{C}^{n\times n}$,如果存在数 λ 和 n 维非零列矢量 x,使得

$$Ax = \lambda x \tag{1.3.39}$$

则称 λ 是矩阵 A 的**特征值**, x 是 A 的属于特征值 λ 的**特征矢量**.

特征值与特征矢量的性质:

(1) 若 $\boldsymbol{A}$ 是实对称矩阵或厄米特矩阵,则其所有特征值都是实数.

(2) 对一个 $n\times n$ 矩阵 $\boldsymbol{A}$:

① 若 λ 是 $\boldsymbol{A}$ 的特征值,则 λ 也是 $\boldsymbol{A}^{\mathrm{T}}$ 的特征值.

② 若 λ 是 $\boldsymbol{A}$ 的特征值,则 λ^* 是 $\boldsymbol{A}^{\mathrm{H}}$ 的特征值.

③ 若 λ 是 $\boldsymbol{A}$ 的特征值,则 $\lambda+\sigma^2$ 是 $\boldsymbol{A}+\sigma^2\boldsymbol{I}$ 的特征值.

④ 若 λ 是 $\boldsymbol{A}$ 的非零特征值,则 $1/\lambda$ 是逆矩阵 $\boldsymbol{A}^{-1}$ 的特征值.

(3) 若 $\boldsymbol{A}$ 是实正交矩阵,则其所有特征值为 1 或者 -1.

(4) 不同特征值 $\lambda_1,\lambda_2,\cdots,\lambda_n$ 对应的特征矢量 $\boldsymbol{u}_1,\boldsymbol{u}_2,\cdots,\boldsymbol{u}_n$ 线性无关.

(5) 特征值与秩的关系:

① 若 $n\times n$ 矩阵 $\boldsymbol{A}$ 有 k 个非零特征值,则 $\operatorname{rank}\{\boldsymbol{A}\}=k$.

② 若 $n\times n$ 矩阵 $\boldsymbol{A}$ 只有一个零特征值,则 $\operatorname{rank}\{\boldsymbol{A}\}=n-1$.

③ 若 $\operatorname{rank}\{\boldsymbol{A}-\lambda\boldsymbol{I}\}\leqslant n-1$,则 λ 是矩阵 $\boldsymbol{A}$ 的特征值.

(6) 对于一个厄米特矩阵 $\boldsymbol{A}$,当且仅当它的所有特征值都为正(或者非负)值时,它是正定(或半正定)的.

(7) 若 $\boldsymbol{A}$ 的特征值不相同,则一定存在一个矩阵 $\boldsymbol{S}$,使 $\boldsymbol{S}^{-1}\boldsymbol{A}\boldsymbol{S}=\boldsymbol{D}$(对角矩阵),$\boldsymbol{D}$ 的对角元素是矩阵 $\boldsymbol{A}$ 的特征值.

(8) 一个 $n\times n$ 矩阵 $\boldsymbol{A}=[a_{ij}]$ 的最大特征值以该矩阵的列元素之和的最大值为界,即

$$\lambda_{\max}\leqslant\max_i\left\{\sum_{j=1}^{n}a_{ij}\right\}\tag{1.3.40}$$

(9) 若 $\lambda_1,\lambda_2,\cdots,\lambda_n$ 是 $n\times n$ 矩阵 $\boldsymbol{A}$ 的特征值,$\boldsymbol{u}_1,\boldsymbol{u}_2,\cdots,\boldsymbol{u}_n$ 分别是与特征值对应的特征矢量,则

$$\boldsymbol{A}=\boldsymbol{E}\boldsymbol{\Lambda}\boldsymbol{E}^{-1}=\boldsymbol{E}\boldsymbol{\Lambda}\boldsymbol{E}^{H}\tag{1.3.41}$$

其中,$\boldsymbol{E}=[\boldsymbol{u}_1,\boldsymbol{u}_2,\cdots,\boldsymbol{u}_n]$,$\boldsymbol{\Lambda}=\operatorname{diag}\{\lambda_1,\lambda_2,\cdots,\lambda_n\}$.

定理 1.3.11 设 $\lambda_1,\lambda_2,\cdots,\lambda_n$ 是 n 阶方阵 $\boldsymbol{A}$ 的 n 个特征值,则

$$\sum_{i=1}^{n}\lambda_i=\sum_{i=1}^{n}a_{ii}=\operatorname{tr}\{\boldsymbol{A}\}\tag{1.3.42}$$

$$\prod_{i=1}^{n}\lambda_i=\lambda_1\lambda_2\cdots\lambda_n=\det\{\boldsymbol{A}\}\tag{1.3.43}$$

推论 1.3.1 n 阶方阵 $\boldsymbol{A}$ 可逆等价于 $\boldsymbol{A}$ 的 n 个特征值全不为零.

定理 1.3.12 设 λ 是 $\boldsymbol{A}$ 的特征值,f 是一个多项式,则 $f(\lambda)=a_0+a_1\lambda+\cdots+a_m\lambda^m$ 是方阵 $f(\boldsymbol{A})=a_0\boldsymbol{I}+a_1\boldsymbol{A}+\cdots+a_m\boldsymbol{A}^m$ 的一个特征值.

2. 奇异值分解

定义 1.3.26 设 $\boldsymbol{A}\in\mathbb{C}^{m\times n}$,$\lambda_i$ 为 $\boldsymbol{A}^{\mathrm{H}}\boldsymbol{A}$ 的特征值,则称 $\sigma_i=\lambda_i^{1/2}(i=1,2,\cdots,n)$ 为 $\boldsymbol{A}$ 的**奇异值**.

定理 1.3.13 设 $\boldsymbol{A}\in\mathbb{C}^{m\times n}$,$\sigma_1\geqslant\sigma_2\geqslant\cdots\geqslant\sigma_r>0$ 为矩阵 A 的奇异值,则存在酉矩阵 $\boldsymbol{U}\in\mathbb{C}^{m\times m}$ 和 $\boldsymbol{V}\in\mathbb{C}^{n\times n}$,使得

$$\boldsymbol{A}=\boldsymbol{U}\boldsymbol{\Sigma}\boldsymbol{V}^{\mathrm{H}}\tag{1.3.44}$$

式中,$\boldsymbol{\Sigma}=\begin{bmatrix}\boldsymbol{\Sigma}_1 & \boldsymbol{0}\\ \boldsymbol{0} & \boldsymbol{0}\end{bmatrix}$,且 $\boldsymbol{\Sigma}_1=\operatorname{diag}\{\delta_1,\delta_2,\cdots,\delta_r\}$,其对角元素 δ_i 为复数,且 $|\delta_i|=\sigma_i$,其

中 $r=\text{rank}\{\boldsymbol{A}\}$.

性质：令矩阵 $\boldsymbol{A}$ 为 $m\times n$ 矩阵，并且 $r=\text{rank}\{\boldsymbol{A}\}$，$p=\min\{m,n\}$. 设矩阵 $\boldsymbol{A}$ 的奇异值排列为

$$\sigma_{\max}=\sigma_1\geqslant\sigma_2\geqslant\cdots\geqslant\sigma_{p-1}\geqslant\sigma_p=\sigma_{\min}\geqslant 0 \tag{1.3.45}$$

矩阵的各种变形与奇异值的变化有以下关系：

(1) 矩阵 $\boldsymbol{A}$ 的共轭转置 $\boldsymbol{A}^{\mathrm{H}}$ 的奇异值分解为

$$\boldsymbol{A}^{\mathrm{H}}=\boldsymbol{V}\boldsymbol{\Sigma}^{\mathrm{H}}\boldsymbol{U}^{\mathrm{H}} \tag{1.3.46}$$

即矩阵 $\boldsymbol{A}$ 和 $\boldsymbol{A}^{\mathrm{H}}$ 具有完全相同的奇异值.

(2) $\boldsymbol{P}$ 和 $\boldsymbol{Q}$ 分别为 $m\times m$ 和 $n\times n$ 酉矩阵时，$\boldsymbol{PAQ}^{\mathrm{H}}$ 的奇异值分解由

$$\boldsymbol{PAQ}^{\mathrm{H}}=\widetilde{\boldsymbol{U}}\boldsymbol{\Sigma}\widetilde{\boldsymbol{V}}^{\mathrm{H}} \tag{1.3.47}$$

给出，其中，$\widetilde{\boldsymbol{U}}=\boldsymbol{PU}$，$\widetilde{\boldsymbol{V}}=\boldsymbol{QV}$. 也就是说，矩阵 $\boldsymbol{PAQ}^{\mathrm{H}}$ 与 $\boldsymbol{A}$ 具有相同的奇异值，即奇异值具有酉不变性，但奇异矢量不同.

(3) $\boldsymbol{A}^{\mathrm{H}}\boldsymbol{A}$，$\boldsymbol{AA}^{\mathrm{H}}$ 的奇异值分解分别为

$$\boldsymbol{A}^{\mathrm{H}}\boldsymbol{A}=\boldsymbol{V}\boldsymbol{\Sigma}^{\mathrm{H}}\boldsymbol{\Sigma}\boldsymbol{V}^{\mathrm{H}},\quad \boldsymbol{AA}^{\mathrm{H}}=\boldsymbol{U}\boldsymbol{\Sigma}\boldsymbol{\Sigma}^{\mathrm{H}}\boldsymbol{U}^{\mathrm{H}} \tag{1.3.48}$$

其中

$$\boldsymbol{\Sigma}^{\mathrm{H}}\boldsymbol{\Sigma}=\text{diag}\{\sigma_1^2,\sigma_2^2,\cdots,\sigma_r^2,\overbrace{0,\cdots,0}^{n-r\text{个}}\} \tag{1.3.49}$$

$$\boldsymbol{\Sigma}\boldsymbol{\Sigma}^{\mathrm{H}}=\text{diag}\{\sigma_1^2,\sigma_2^2,\cdots,\sigma_r^2,\overbrace{0,\cdots,0}^{m-r\text{个}}\} \tag{1.3.50}$$

注：$\boldsymbol{A}^{\mathrm{H}}\boldsymbol{A}$ 和 $\boldsymbol{AA}^{\mathrm{H}}$ 均为厄米特矩阵，厄米特矩阵的奇异值分解与特征值分解是一致的.

(4) $m\times n$ 矩阵 $\boldsymbol{A}$ 的奇异值分解与 $n\times m$ 维 Moore - Penrose 广义逆矩阵 $\boldsymbol{A}^{\dagger}$ 之间存在下列关系：

$$\boldsymbol{A}^{\dagger}=\boldsymbol{V}\boldsymbol{\Sigma}^{\dagger}\boldsymbol{U}^{\mathrm{H}} \tag{1.3.51}$$

其中，$\boldsymbol{\Sigma}^{\dagger}=\begin{bmatrix}\boldsymbol{\Sigma}_1^{-1} & \boldsymbol{0}\\ \boldsymbol{0} & \boldsymbol{0}\end{bmatrix}$.

(5) 矩阵 $\boldsymbol{A}$ 的谱范数为 $\boldsymbol{A}$ 的最大奇异值，即

$$\|\boldsymbol{A}\|_{\text{spec}}=\sigma_{\max} \tag{1.3.52}$$

(6) 若 $m\geqslant n$，则对于矩阵 $\boldsymbol{A}$，有

$$\begin{aligned}\sigma_{\min}(\boldsymbol{A})&=\min_{\boldsymbol{x}\neq\boldsymbol{0}}\left\{\left(\frac{\boldsymbol{x}^{\mathrm{H}}\boldsymbol{A}^{\mathrm{H}}\boldsymbol{A}\boldsymbol{x}}{\boldsymbol{x}^{\mathrm{H}}\boldsymbol{x}}\right)^{1/2}\right\}\\&=\min_{\boldsymbol{x}^{\mathrm{H}}\boldsymbol{x}=1\quad \boldsymbol{x}\in\mathbb{C}^{n\times 1}}\{(\boldsymbol{x}^{\mathrm{H}}\boldsymbol{A}^{\mathrm{H}}\boldsymbol{A}\boldsymbol{x})^{1/2}\}\end{aligned} \tag{1.3.53}$$

(7) 若 $m\geqslant n$，则对于矩阵 $\boldsymbol{A}$，有

$$\begin{aligned}\sigma_{\max}(\boldsymbol{A})&=\max_{\boldsymbol{x}\neq\boldsymbol{0}}\left\{\left(\frac{\boldsymbol{x}^{\mathrm{H}}\boldsymbol{A}^{\mathrm{H}}\boldsymbol{A}\boldsymbol{x}}{\boldsymbol{x}^{\mathrm{H}}\boldsymbol{x}}\right)^{1/2}\right\}\\&=\max_{\boldsymbol{x}^{\mathrm{H}}\boldsymbol{x}=1\quad \boldsymbol{x}\in\mathbb{C}^{n\times 1}}\{(\boldsymbol{x}^{\mathrm{H}}\boldsymbol{A}^{\mathrm{H}}\boldsymbol{A}\boldsymbol{x})^{1/2}\}\end{aligned} \tag{1.3.54}$$

(8) 若 $\boldsymbol{A}$ 和 $\boldsymbol{B}$ 均为 $m\times n$ 矩阵，则对于 $1\leqslant i,j\leqslant p$，$i+j\leqslant p+1$，有

$$\sigma_{i+j-1}(\boldsymbol{A}+\boldsymbol{B})\leqslant\sigma_i(\boldsymbol{A})+\sigma_j(\boldsymbol{B}) \tag{1.3.55}$$

其中，$\sigma_i(\boldsymbol{A})$ 表示矩阵 $\boldsymbol{A}$ 的第 i 个大奇异值. 特别地，当 $j=1$ 时，$\sigma_i(\boldsymbol{A}+\boldsymbol{B})\leqslant\sigma_i(\boldsymbol{A})+\sigma_1(\boldsymbol{B})(i=1,2,\cdots,p)$ 成立.

(9) 对于 $m\times n$ 矩阵 $\boldsymbol{A}$ 和 $\boldsymbol{B}$，有

$$\sigma_{\max}(\boldsymbol{A}+\boldsymbol{B}) \leqslant \sigma_{\max}(\boldsymbol{A})+\sigma_{\max}(\boldsymbol{B}) \tag{1.3.56}$$

3. Cholesky 分解

设 $\boldsymbol{A}\in\mathbb{C}^{n\times n}$ 是正定矩阵，$\boldsymbol{A}=\boldsymbol{G}\boldsymbol{G}^{\mathrm{H}}$ 称为矩阵 $\boldsymbol{A}$ 的 Cholesky 分解，其中 $\boldsymbol{G}\in\mathbb{C}^{n\times n}$ 是一个具有正对角线元素的下三角矩阵，即

$$\boldsymbol{G}=\begin{bmatrix} g_{11} & 0 & \cdots & 0 \\ g_{21} & g_{22} & \cdots & 0 \\ \vdots & \vdots & & \vdots \\ g_{n1} & g_{n2} & \cdots & g_{nn} \end{bmatrix} \tag{1.3.57}$$

定理 1.3.14 若 $\boldsymbol{A}\in\mathbb{C}^{n\times n}$ 是正定矩阵，则 Cholesky 分解 $\boldsymbol{A}=\boldsymbol{G}\boldsymbol{G}^{\mathrm{H}}$ 是唯一的.

4. LU 分解

设 $\boldsymbol{A}\in\mathbb{C}^{m\times n}$，则 $\boldsymbol{A}=\boldsymbol{L}\boldsymbol{U}$ 称为矩阵的 LU 分解. 其中，$\boldsymbol{L}$ 为 $m\times m$ 单位下三角矩阵(对角线为 1 的下三角矩阵)，$\boldsymbol{U}$ 是 $\boldsymbol{A}$ 的 $m\times n$ 上阶梯型矩阵.

定理 1.3.15 如果 $\boldsymbol{A}\in\mathbb{C}^{n\times n}$ 非奇异，并且其 LU 分解存在，则 $\boldsymbol{A}$ 的 LU 分解是唯一的，且 $\det\{\boldsymbol{A}\}=u_{11}u_{22}\cdots u_{nn}$.

5. QR 分解

定理 1.3.16 若 $\boldsymbol{A}\in\mathbb{C}^{m\times n}$，且 $m\geqslant n$，则存在列正交的矩阵 $\boldsymbol{Q}\in\mathbb{C}^{m\times n}$ 和上三角矩阵 $\boldsymbol{R}\in\mathbb{C}^{n\times n}$ 使得 $\boldsymbol{A}=\boldsymbol{Q}\boldsymbol{R}$. 当 $m=n$ 时，$\boldsymbol{Q}$ 是正交矩阵. 若 A 是非奇异的 $n\times n$ 矩阵，则 $\boldsymbol{R}$ 的所有对角线元素均为正，并且 $\boldsymbol{Q}$ 和 $\boldsymbol{R}$ 二者是唯一的.

1.3.5 子空间

所有 n 维复矢量的集合构成 n 维复矢量空间 $\mathbb{C}^n$，$m(m\leqslant n)$ 个 n 维复矢量的子集合构成 $\mathbb{C}^n$ 内的一个矢量子空间.

定义 1.3.27 若 $S=\{\boldsymbol{u}_1,\boldsymbol{u}_2,\cdots,\boldsymbol{u}_m\}$ 是矢量空间 V 的矢量子集合，则 $\boldsymbol{u}_1,\boldsymbol{u}_2,\cdots,\boldsymbol{u}_m$ 的所有线性组合的集合 W 称为由 $\boldsymbol{u}_1,\boldsymbol{u}_2,\cdots,\boldsymbol{u}_m$ 张成的**子空间**，为

$$\begin{aligned} W &= \mathrm{Span}\{\boldsymbol{u}_1,\boldsymbol{u}_2,\cdots,\boldsymbol{u}_m\} \\ &= \{\boldsymbol{u}:\boldsymbol{u}=a_1\boldsymbol{u}_1+a_2\boldsymbol{u}_2+\cdots+a_m\boldsymbol{u}_m\} \end{aligned} \tag{1.3.58}$$

V 本身是 V 的一个子空间；只由零矢量构成的矢量集合也是 V 的一个子空间，称为零子空间. V 和零子空间称为 V 的平凡子空间；不是平凡的子空间称为 V 的真子空间.

定理 1.3.17 令 $S=\{\boldsymbol{u}_1,\boldsymbol{u}_2,\cdots,\boldsymbol{u}_m\}$ 是矢量空间 V 的一个集合，且 $W=\mathrm{Span}\{\boldsymbol{u}_1,\boldsymbol{u}_2,\cdots,\boldsymbol{u}_m\}$ 是由 S 的 m 个列矢量张成的子空间.

(1) 在 S 内，若有某个矢量(例如 $\boldsymbol{u}_k$)是其他矢量的线性组合，则从 S 中删去矢量 $\boldsymbol{u}_k$ 后，其他矢量张成的子空间仍为 W.

(2) 若 W 为非平凡子空间，则在 S 内一定存在某个由线性无关的矢量组成的子集合，它张成子空间 W.

定义 1.3.28 若 W 是由矢量集合 $S=\{\boldsymbol{u}_1,\boldsymbol{u}_2,\cdots,\boldsymbol{u}_m\}$ 张成的子空间，则 S 内的最大线性无关矢量组称为 W 的一组**基**.

定义 1.3.29 子空间 W 的任何一组基的矢量个数称为 W 的维数，用符号 $\dim(W)$ 表示. 若 W 的任何一组基都不是由有限个线性无关的矢量组成时，则称 W 是无限维矢量子空间.

定义 1.3.30　$\{\boldsymbol{e}_1,\boldsymbol{e}_2,\cdots,\boldsymbol{e}_n\}$ 是$\mathbb{R}^n$ 上的一组基矢量,其中

$$\boldsymbol{e}_1=[1,0,\cdots,0]^{\mathrm{T}},\quad \boldsymbol{e}_2=[0,1,\cdots,0]^{\mathrm{T}},\quad \cdots,\quad \boldsymbol{e}_n=[0,0,\cdots,1]^{\mathrm{T}} \tag{1.3.59}$$

任一矢量 $\boldsymbol{x}=[x_1,x_2,\cdots,x_n]^{\mathrm{T}}\in\mathbb{R}^n$ 可以用矢量 $\boldsymbol{e}_i$表示为$\boldsymbol{x}=\sum_{i=1}^{n}x_i\boldsymbol{e}_i$,我们称$\{\boldsymbol{e}_1,\boldsymbol{e}_2,\cdots,\boldsymbol{e}_n\}$ 为$\mathbb{R}^n$ 上的**标准基**.

定理 1.3.18　令 $B=\{\boldsymbol{b}_1,\boldsymbol{b}_2,\cdots,\boldsymbol{b}_n\}$ 是n 维矢量子空间W 的一组基,则对于 W 中的任何一个矢量 $\boldsymbol{x}$,都存在一组唯一的标量 $c_1,c_2,\cdots,c_n$,使得 $\boldsymbol{x}$ 可以表示为

$$\boldsymbol{x}=c_1\boldsymbol{b}_1+c_2\boldsymbol{b}_2+\cdots+c_n\boldsymbol{b}_n \tag{1.3.60}$$

定义 1.3.31　若某一矢量与子空间 W 的所有矢量都正交,则称该矢量正交于子空间 W.若$\forall\,\boldsymbol{a}_i\in W_i$, $\boldsymbol{a}_j\in W_j(i\neq j)$,恒有 $\boldsymbol{a}_i\perp\boldsymbol{a}_j$,则称子空间 W_i, W_j 为**正交子空间**,记作 $W_i\perp W_j(i\neq j)$.

特别地,与子空间 W 正交的所有矢量的集合组成的子空间,称为 W 的**正交补空间**,记作 $W^{\perp}$,即

$$W^{\perp}=\{\boldsymbol{x}\mid \boldsymbol{x}^{\mathrm{T}}\boldsymbol{y}=0,\forall\,\boldsymbol{y}\in W\} \tag{1.3.61}$$

1.3.6　梯度分析

1. 实矢量的梯度算子

$n\times1$ 实矢量 $\boldsymbol{x}$ 的梯度算子定义为

$$\nabla_{\boldsymbol{x}}=\left[\frac{\partial}{\partial x_1},\frac{\partial}{\partial x_2},\cdots,\frac{\partial}{\partial x_n}\right]^{\mathrm{T}}=\frac{\partial}{\partial\boldsymbol{x}} \tag{1.3.62}$$

$$\nabla_{\boldsymbol{x}^{\mathrm{T}}}=\left[\frac{\partial}{\partial x_1},\frac{\partial}{\partial x_2},\cdots,\frac{\partial}{\partial x_n}\right]=\frac{\partial}{\partial\boldsymbol{x}^{\mathrm{T}}} \tag{1.3.63}$$

对于 $n\times1$ 实矢量 $\boldsymbol{x}$,有一实标量函数 $f(\boldsymbol{x})$,则 $f(\boldsymbol{x})$相对于 $\boldsymbol{x}$ 和$\boldsymbol{x}^{\mathrm{T}}$ 的梯度分别为

$$\nabla_{\boldsymbol{x}}f(\boldsymbol{x})=\frac{\partial f(\boldsymbol{x})}{\partial\boldsymbol{x}}=\left[\frac{\partial f(\boldsymbol{x})}{\partial x_1},\frac{\partial f(\boldsymbol{x})}{\partial x_2},\cdots,\frac{\partial f(\boldsymbol{x})}{\partial x_n}\right]^{\mathrm{T}} \tag{1.3.64}$$

$$\nabla_{\boldsymbol{x}^{\mathrm{T}}}f(\boldsymbol{x})=\frac{\partial f(\boldsymbol{x})}{\partial\boldsymbol{x}^{\mathrm{T}}}=\left[\frac{\partial f(\boldsymbol{x})}{\partial x_1},\frac{\partial f(\boldsymbol{x})}{\partial x_2},\cdots,\frac{\partial f(\boldsymbol{x})}{\partial x_n}\right] \tag{1.3.65}$$

从梯度的定义式可以看出:

(1) 一个以矢量为变元的标量函数的梯度为一个矢量;

(2) 梯度的每个分量给出了标量函数在该分量方向上的变化率.

梯度矢量反映了当变元增大时函数 f 的最大增大率.

对于 $n\times1$ 实矢量 $\boldsymbol{x}$,有一实矢量函数 $\boldsymbol{f}(\boldsymbol{x})=[f_1(\boldsymbol{x}),f_2(\boldsymbol{x}),\cdots,f_m(\boldsymbol{x})]$,则 $\boldsymbol{f}(\boldsymbol{x})$相对于 $\boldsymbol{x}$ 的梯度定义为

$$\nabla_{\boldsymbol{x}}\boldsymbol{f}(\boldsymbol{x})=\frac{\partial\boldsymbol{f}(\boldsymbol{x})}{\partial\boldsymbol{x}}=\begin{bmatrix}\dfrac{\partial f_1(\boldsymbol{x})}{\partial x_1} & \dfrac{\partial f_2(\boldsymbol{x})}{\partial x_1} & \cdots & \dfrac{\partial f_m(\boldsymbol{x})}{\partial x_1}\\ \dfrac{\partial f_1(\boldsymbol{x})}{\partial x_2} & \dfrac{\partial f_2(\boldsymbol{x})}{\partial x_2} & \cdots & \dfrac{\partial f_m(\boldsymbol{x})}{\partial x_2}\\ \vdots & \vdots & & \vdots\\ \dfrac{\partial f_1(\boldsymbol{x})}{\partial x_n} & \dfrac{\partial f_2(\boldsymbol{x})}{\partial x_n} & \cdots & \dfrac{\partial f_m(\boldsymbol{x})}{\partial x_n}\end{bmatrix} \tag{1.3.66}$$

2. 实矩阵的梯度算子

对于 $m\times n$ 实矩阵 $\boldsymbol{A}$，有一实值函数 $f(\boldsymbol{A})$，则 $f(\boldsymbol{A})$ 相对于 $\boldsymbol{A}$ 的梯度(简称梯度矩阵)为

$$\nabla_{A} f(\boldsymbol{A}) = \frac{\partial f(\boldsymbol{A})}{\partial \boldsymbol{A}} = \begin{bmatrix} \frac{\partial f(\boldsymbol{A})}{\partial a_{11}} & \frac{\partial f(\boldsymbol{A})}{\partial a_{12}} & \cdots & \frac{\partial f(\boldsymbol{A})}{\partial a_{1n}} \\ \frac{\partial f(\boldsymbol{A})}{\partial a_{21}} & \frac{\partial f(\boldsymbol{A})}{\partial a_{22}} & \cdots & \frac{\partial f(\boldsymbol{A})}{\partial a_{2n}} \\ \vdots & \vdots & & \vdots \\ \frac{\partial f(\boldsymbol{A})}{\partial a_{m1}} & \frac{\partial f(\boldsymbol{A})}{\partial a_{m2}} & \cdots & \frac{\partial f(\boldsymbol{A})}{\partial a_{mn}} \end{bmatrix} \tag{1.3.67}$$

式中，a_{ij} 是矩阵 $\boldsymbol{A}$ 的第 i 行、第 j 列元素.

3. 迹函数的梯度矩阵

(1) 单个矩阵的迹的梯度矩阵

对于 $m\times m$ 矩阵 $\boldsymbol{W}$，有

$$\frac{\partial \operatorname{tr}\{\boldsymbol{W}\}}{\partial \boldsymbol{W}} = \boldsymbol{I}_m \tag{1.3.68}$$

对于 $m\times m$ 可逆矩阵 $\boldsymbol{W}$，有

$$\frac{\partial \operatorname{tr}\{\boldsymbol{W}^{-1}\}}{\partial \boldsymbol{W}} = -(\boldsymbol{W}^{-2})^{\mathrm{T}} \tag{1.3.69}$$

对于两个列矢量的外积，有

$$\frac{\partial \operatorname{tr}\{\boldsymbol{x}\boldsymbol{y}^{\mathrm{T}}\}}{\partial \boldsymbol{x}} = \frac{\partial \operatorname{tr}\{\boldsymbol{y}\boldsymbol{x}^{\mathrm{T}}\}}{\partial \boldsymbol{x}} = \boldsymbol{y} \tag{1.3.70}$$

(2) 两个矩阵乘积的迹的梯度

对于 $\boldsymbol{W}\in\mathbb{R}^{m\times n}$，$\boldsymbol{A}\in\mathbb{R}^{n\times m}$，有

$$\frac{\partial \operatorname{tr}\{\boldsymbol{W}\boldsymbol{A}\}}{\partial \boldsymbol{W}} = \frac{\partial \operatorname{tr}\{\boldsymbol{A}\boldsymbol{W}\}}{\partial \boldsymbol{W}} = \boldsymbol{A}^{\mathrm{T}} \tag{1.3.71}$$

特别地，当 $\boldsymbol{W}$ 为对称矩阵时，有

$$\frac{\partial \operatorname{tr}\{\boldsymbol{W}\boldsymbol{A}\}}{\partial \boldsymbol{W}} = \frac{\partial \operatorname{tr}\{\boldsymbol{A}\boldsymbol{W}\}}{\partial \boldsymbol{W}} = \boldsymbol{A} + \boldsymbol{A}^{\mathrm{T}} - \operatorname{diag}\{\boldsymbol{A}\} \tag{1.3.72}$$

对于 $\boldsymbol{W}\in\mathbb{R}^{m\times n}$，$\boldsymbol{A}\in\mathbb{R}^{m\times n}$，有

$$\frac{\partial \operatorname{tr}\{\boldsymbol{W}^{\mathrm{T}}\boldsymbol{A}\}}{\partial \boldsymbol{W}} = \frac{\partial \operatorname{tr}\{\boldsymbol{A}\boldsymbol{W}^{\mathrm{T}}\}}{\partial \boldsymbol{W}} = \boldsymbol{A} \tag{1.3.73}$$

对于 $\boldsymbol{W}\in\mathbb{R}^{m\times n}$，有

$$\frac{\partial \operatorname{tr}\{\boldsymbol{W}\boldsymbol{W}^{\mathrm{T}}\}}{\partial \boldsymbol{W}} = \frac{\partial \operatorname{tr}\{\boldsymbol{W}^{\mathrm{T}}\boldsymbol{W}\}}{\partial \boldsymbol{W}} = 2\boldsymbol{W} \tag{1.3.74}$$

对于 $\boldsymbol{W}\in\mathbb{R}^{m\times m}$，有

$$\frac{\partial \operatorname{tr}\{\boldsymbol{W}^2\}}{\partial \boldsymbol{W}} = \frac{\partial \operatorname{tr}\{\boldsymbol{W}\boldsymbol{W}\}}{\partial \boldsymbol{W}} = 2\boldsymbol{W}^{\mathrm{T}} \tag{1.3.75}$$

对于 $\boldsymbol{W},\boldsymbol{A}\in\mathbb{R}^{m\times m}$ 且 $\boldsymbol{W}$ 非奇异，有

$$\frac{\partial \operatorname{tr}\{\boldsymbol{A}\boldsymbol{W}^{-1}\}}{\partial \boldsymbol{W}} = -(\boldsymbol{W}^{-1}\boldsymbol{A}\boldsymbol{W}^{-1})^{\mathrm{T}} \tag{1.3.76}$$

(3) 三个矩阵乘积的迹的梯度

对于 $\boldsymbol{W}\in\mathbb{R}^{m\times n},\boldsymbol{A}\in\mathbb{R}^{m\times m}$,有

$$\frac{\partial \mathrm{tr}\{\boldsymbol{W}^{\mathrm{T}}\boldsymbol{A}\boldsymbol{W}\}}{\partial \boldsymbol{W}}=(\boldsymbol{A}+\boldsymbol{A}^{\mathrm{T}})\boldsymbol{W} \tag{1.3.77}$$

特别地,当 $\boldsymbol{A}$ 为对称矩阵时,有

$$\frac{\partial \mathrm{tr}\{\boldsymbol{W}^{\mathrm{T}}\boldsymbol{A}\boldsymbol{W}\}}{\partial \boldsymbol{W}}=2\boldsymbol{A}\boldsymbol{W} \tag{1.3.78}$$

对于 $\boldsymbol{W}\in\mathbb{R}^{m\times n},\boldsymbol{A}\in\mathbb{R}^{n\times n}$,有

$$\frac{\partial \mathrm{tr}\{\boldsymbol{W}\boldsymbol{A}\boldsymbol{W}^{\mathrm{T}}\}}{\partial \boldsymbol{W}}=\boldsymbol{W}(\boldsymbol{A}+\boldsymbol{A}^{\mathrm{T}}) \tag{1.3.79}$$

特别地,当 $\boldsymbol{A}$ 为对称矩阵时,有

$$\frac{\partial \mathrm{tr}\{\boldsymbol{W}\boldsymbol{A}\boldsymbol{W}^{\mathrm{T}}\}}{\partial \boldsymbol{W}}=2\boldsymbol{W}\boldsymbol{A} \tag{1.3.80}$$

对于 $\boldsymbol{W},\boldsymbol{A},\boldsymbol{B}\in\mathbb{R}^{m\times m}$ 且 $\boldsymbol{W}$ 非奇异,有

$$\frac{\partial \mathrm{tr}\{\boldsymbol{A}\boldsymbol{W}^{-1}\boldsymbol{B}\}}{\partial \boldsymbol{W}}=-(\boldsymbol{W}^{-1}\boldsymbol{B}\boldsymbol{A}\boldsymbol{W}^{-1})^{\mathrm{T}} \tag{1.3.81}$$

(4) 四个矩阵乘积的迹的梯度

对于 $\boldsymbol{W}\in\mathbb{R}^{m\times n},\boldsymbol{A}\in\mathbb{R}^{p\times m}$,有

$$\frac{\partial \mathrm{tr}\{\boldsymbol{A}\boldsymbol{W}\boldsymbol{W}^{\mathrm{T}}\boldsymbol{A}^{\mathrm{T}}\}}{\partial \boldsymbol{W}}=2\boldsymbol{A}^{\mathrm{T}}\boldsymbol{A}\boldsymbol{W} \tag{1.3.82}$$

对于 $\boldsymbol{W}\in\mathbb{R}^{m\times n},\boldsymbol{A}\in\mathbb{R}^{p\times n}$,有

$$\frac{\partial \mathrm{tr}\{\boldsymbol{A}\boldsymbol{W}^{\mathrm{T}}\boldsymbol{W}\boldsymbol{A}^{\mathrm{T}}\}}{\partial \boldsymbol{W}}=2\boldsymbol{W}\boldsymbol{A}^{\mathrm{T}}\boldsymbol{A} \tag{1.3.83}$$

对于 $\boldsymbol{W}\in\mathbb{R}^{m\times n},\boldsymbol{A}\in\mathbb{R}^{p\times m},\boldsymbol{B}\in\mathbb{R}^{m\times p}$,有

$$\frac{\partial \mathrm{tr}\{\boldsymbol{A}\boldsymbol{W}\boldsymbol{W}^{\mathrm{T}}\boldsymbol{B}\}}{\partial \boldsymbol{W}}=(\boldsymbol{B}\boldsymbol{A}+\boldsymbol{A}^{\mathrm{T}}\boldsymbol{B}^{\mathrm{T}})\boldsymbol{W} \tag{1.3.84}$$

对于 $\boldsymbol{W}\in\mathbb{R}^{m\times n},\boldsymbol{A}\in\mathbb{R}^{p\times n},\boldsymbol{B}\in\mathbb{R}^{n\times p}$,有

$$\frac{\partial \mathrm{tr}\{\boldsymbol{A}\boldsymbol{W}^{\mathrm{T}}\boldsymbol{W}\boldsymbol{B}\}}{\partial \boldsymbol{W}}=\boldsymbol{W}(\boldsymbol{B}\boldsymbol{A}+\boldsymbol{A}^{\mathrm{T}}\boldsymbol{B}^{\mathrm{T}}) \tag{1.3.85}$$

对于 $\boldsymbol{W}\in\mathbb{R}^{m\times n},\boldsymbol{A}\in\mathbb{R}^{n\times n},\boldsymbol{B}\in\mathbb{R}^{m\times m}$时,有

$$\frac{\partial \mathrm{tr}\{\boldsymbol{W}\boldsymbol{A}\boldsymbol{W}^{\mathrm{T}}\boldsymbol{B}\}}{\partial \boldsymbol{W}}=\boldsymbol{B}\boldsymbol{W}\boldsymbol{A}+\boldsymbol{B}^{\mathrm{T}}\boldsymbol{W}\boldsymbol{A}^{\mathrm{T}} \tag{1.3.86}$$

对于 $\boldsymbol{W}\in\mathbb{R}^{m\times n}$和$\boldsymbol{A},\boldsymbol{B}\in\mathbb{R}^{n\times m}$,有

$$\frac{\partial \mathrm{tr}\{\boldsymbol{W}\boldsymbol{A}\boldsymbol{W}\boldsymbol{B}\}}{\partial \boldsymbol{W}}=\boldsymbol{B}^{\mathrm{T}}\boldsymbol{W}^{\mathrm{T}}\boldsymbol{A}^{\mathrm{T}}+\boldsymbol{A}^{\mathrm{T}}\boldsymbol{W}^{\mathrm{T}}\boldsymbol{B}^{\mathrm{T}} \tag{1.3.87}$$

4. 行列式的梯度矩阵

若矩阵 $\boldsymbol{W}$ 的元素 w_{ij} 相互独立,有

$$\frac{\partial \boldsymbol{W}}{\partial w_{ij}}=\boldsymbol{E}_{ij}=\boldsymbol{e}_i\boldsymbol{e}_j^{\mathrm{T}} \tag{1.3.88}$$

其中,$\boldsymbol{E}_{ij}$是一个除(i,j)元素为1外其余元素均为0的矩阵;$\boldsymbol{e}_i$ 为(1.3.59)式给出的标准基,其第 i 个元素为1,其余元素全部为0.

若矩阵 $\boldsymbol{W}$ 为对称矩阵,有

$$\frac{\partial \boldsymbol{W}}{\partial w_{ij}}=\boldsymbol{E}_{ij}+\boldsymbol{E}_{ji}-\delta_{ij}\boldsymbol{E}_{ij} \tag{1.3.89}$$

其中，$\delta_{ij}=\begin{cases}1 & (i=j)\\ 0 & (i\neq j)\end{cases}$.

记 $n\times n$ 矩阵 $\boldsymbol{W}$ 中元素 w_{ij} 的余子式为 $\mathrm{cof}(\boldsymbol{W}_{ij})$，则有 $\det\{\boldsymbol{W}\}=\sum_{j=1}^{n}w_{ij}\mathrm{cof}(\boldsymbol{W}_{ij})$ $(i=1,2,\cdots,n)$. 此时有

$$\frac{\partial\det\{\boldsymbol{W}\}}{\partial w_{ij}}=\mathrm{cof}(\boldsymbol{W}_{ij})\quad(\boldsymbol{W}\text{ 的元素相互独立})\tag{1.3.90}$$

$$\begin{aligned}\frac{\partial\det\{\boldsymbol{W}\}}{\partial w_{ij}}&=\mathrm{cof}(\boldsymbol{W}_{ij})+\mathrm{cof}(\boldsymbol{W}_{ji})-\delta_{ij}\mathrm{cof}(\boldsymbol{W}_{ij})\\&=(1-\delta_{ij})\mathrm{cof}(\boldsymbol{W}_{ij})+\mathrm{cof}(\boldsymbol{W}_{ji})\quad(\boldsymbol{W}\text{ 为对称矩阵})\end{aligned}\tag{1.3.91}$$

令 $i,j=1,2,\cdots,n$，写成矩阵形式，有

$$\frac{\partial\det\{\boldsymbol{W}\}}{\partial\boldsymbol{W}}=(\boldsymbol{W}^{\#})^{\mathrm{T}}=\det\{\boldsymbol{W}\}(\boldsymbol{W}^{-1})^{\mathrm{T}}\quad(\boldsymbol{W}\text{ 的元素相互独立})\tag{1.3.92}$$

$$\begin{aligned}\frac{\partial\det\{\boldsymbol{W}\}}{\partial\boldsymbol{W}}&=2\boldsymbol{W}^{\#}-\mathrm{diag}\{\boldsymbol{W}^{\#}\}\\&=\det\{\boldsymbol{W}\}(2\boldsymbol{W}^{-1}-\mathrm{diag}\{\boldsymbol{W}^{-1}\})\quad(\boldsymbol{W}\text{ 为对称矩阵})\end{aligned}\tag{1.3.93}$$

其中，$\boldsymbol{W}^{\#}$ 是 $\boldsymbol{W}$ 的伴随矩阵，$\boldsymbol{W}^{-1}=\boldsymbol{W}^{\#}/\det\{\boldsymbol{W}\}$.

若 $\boldsymbol{W}$ 为非奇异矩阵，有

$$\frac{\partial}{\partial\boldsymbol{W}}\log(\det\{\boldsymbol{W}\})=\frac{1}{\det\{\boldsymbol{W}\}}\frac{\partial\det\{\boldsymbol{W}\}}{\partial\boldsymbol{W}}\tag{1.3.94}$$

将(1.3.92)式和(1.3.93)式的结果代入(1.3.94)式，可得

$$\frac{\partial}{\partial\boldsymbol{W}}\log(\det\{\boldsymbol{W}\})=(\boldsymbol{W}^{-1})^{\mathrm{T}}\quad(\boldsymbol{W}\text{ 的元素相互独立})\tag{1.3.95}$$

$$\frac{\partial}{\partial\boldsymbol{W}}\log(\det\{\boldsymbol{W}\})=2\boldsymbol{W}^{-1}-\mathrm{diag}\{\boldsymbol{W}^{-1}\}\quad(\boldsymbol{W}\text{ 为对称矩阵})\tag{1.3.96}$$

行列式梯度其他性质还有：

(1) 满秩矩阵的行列式的梯度

$$\frac{\partial\det\{\boldsymbol{W}^{-1}\}}{\partial\boldsymbol{W}}=-\det{}^{-1}\{\boldsymbol{W}\}(\boldsymbol{W}^{-1})^{\mathrm{T}}\tag{1.3.97}$$

(2) 两个矩阵乘积的行列式的梯度

$$\frac{\partial\det\{\boldsymbol{W}\boldsymbol{W}^{\mathrm{T}}\}}{\partial\boldsymbol{W}}=2\det\{\boldsymbol{W}\boldsymbol{W}^{\mathrm{T}}\}(\boldsymbol{W}\boldsymbol{W}^{\mathrm{T}})^{-1}\boldsymbol{W},\quad\mathrm{rank}\{\boldsymbol{W}_{m\times n}\}=m\tag{1.3.98}$$

$$\frac{\partial\det\{\boldsymbol{W}^{\mathrm{T}}\boldsymbol{W}\}}{\partial\boldsymbol{W}}=2\det\{\boldsymbol{W}^{\mathrm{T}}\boldsymbol{W}\}\boldsymbol{W}(\boldsymbol{W}^{\mathrm{T}}\boldsymbol{W})^{-1},\quad\mathrm{rank}\{\boldsymbol{W}_{m\times n}\}=n\tag{1.3.99}$$

$$\frac{\partial\det\{\boldsymbol{W}^{2}\}}{\partial\boldsymbol{W}}=2\det{}^{2}\{\boldsymbol{W}\}(\boldsymbol{W}^{-1})^{\mathrm{T}},\quad\mathrm{rank}\{\boldsymbol{W}_{m\times m}\}=m\tag{1.3.100}$$

(3) 三个矩阵乘积的行列式的梯度

$$\frac{\partial\det\{\boldsymbol{AWB}\}}{\partial\boldsymbol{W}}=\det\{\boldsymbol{AWB}\}\boldsymbol{A}^{\mathrm{T}}(\boldsymbol{B}^{\mathrm{T}}\boldsymbol{W}^{\mathrm{T}}\boldsymbol{A}^{\mathrm{T}})^{-1}\boldsymbol{B}^{\mathrm{T}}\tag{1.3.101}$$

$$\frac{\partial\det\{\boldsymbol{W}^{\mathrm{T}}\boldsymbol{AW}\}}{\partial\boldsymbol{W}}=2\boldsymbol{AW}(\boldsymbol{W}^{\mathrm{T}}\boldsymbol{AW})^{-1},\quad\det\{\boldsymbol{W}^{\mathrm{T}}\boldsymbol{AW}\}>0\tag{1.3.102}$$

$$\frac{\partial\det\{\boldsymbol{WAW}^{\mathrm{T}}\}}{\partial\boldsymbol{W}}=[(\boldsymbol{WAW}^{\mathrm{T}})^{-1}]^{\mathrm{T}}\boldsymbol{W}(\boldsymbol{A}^{\mathrm{T}}+\boldsymbol{A})$$

$$= 2(\boldsymbol{WAW}^{\mathrm{T}})^{-1}\boldsymbol{WA} \quad (\boldsymbol{A}\text{ 为对称矩阵}) \tag{1.3.103}$$

5. 复矢量函数的梯度

首先引入复数求导的定义，若 $f(w)$是复数 w 的函数，其中 $w = w_{\mathrm{r}} + \mathrm{j}w_{\mathrm{i}}, w^{*} = w_{\mathrm{r}} - \mathrm{j}w_{\mathrm{i}}$，则 $f(w)$对 w 求导定义如下：

$$\frac{\mathrm{d}f(w)}{\mathrm{d}w} = \frac{1}{2}\left[\frac{\partial f(w)}{\partial w_{\mathrm{r}}} - \mathrm{j}\frac{\partial f(w)}{\partial w_{\mathrm{i}}}\right] \tag{1.3.104}$$

$$\frac{\mathrm{d}f(w)}{\mathrm{d}w^{*}} = \frac{1}{2}\left[\frac{\partial f(w)}{\partial w_{\mathrm{r}}} + \mathrm{j}\frac{\partial f(w)}{\partial w_{\mathrm{i}}}\right] \tag{1.3.105}$$

那么，目标函数 $f(\boldsymbol{w})$ 相对于复列矢量 $\boldsymbol{w}$ 的梯度定义为

$$\frac{\partial f(\boldsymbol{w})}{\partial \boldsymbol{w}} = \nabla_{\boldsymbol{w}} f(\boldsymbol{w}) = \left[\frac{\partial f(\boldsymbol{w})}{\partial w_1}, \frac{\partial f(\boldsymbol{w})}{\partial w_2}, \cdots, \frac{\partial f(\boldsymbol{w})}{\partial w_n}\right]^{\mathrm{T}} \tag{1.3.106}$$

而目标函数 $f(\boldsymbol{w})$相对于共轭复列矢量 $\boldsymbol{w}^{*}$ 的梯度常简称为共轭梯度（矢量），定义为

$$\frac{\partial f(\boldsymbol{w})}{\partial \boldsymbol{w}^{*}} = \nabla_{\boldsymbol{w}^{*}} f(\boldsymbol{w}) = \left[\frac{\partial f(\boldsymbol{w})}{\partial w_1^{*}}, \frac{\partial f(\boldsymbol{w})}{\partial w_2^{*}}, \cdots, \frac{\partial f(\boldsymbol{w})}{\partial w_n^{*}}\right]^{\mathrm{T}} \tag{1.3.107}$$

若 $\boldsymbol{f}(\boldsymbol{w}) = [f_1(\boldsymbol{w}), f_2(\boldsymbol{w}), \cdots, f_m(\boldsymbol{w})]$ 为一 $1\times m$ 复行矢量函数，则 $\boldsymbol{f}(\boldsymbol{w})$相对于复列矢量 $\boldsymbol{w}$ 的梯度为一 $n\times m$ 矩阵，并定义为

$$\frac{\partial \boldsymbol{f}(\boldsymbol{w})}{\partial \boldsymbol{w}} = \begin{bmatrix} \dfrac{\partial f_1(\boldsymbol{w})}{\partial w_1} & \dfrac{\partial f_2(\boldsymbol{w})}{\partial w_1} & \cdots & \dfrac{\partial f_m(\boldsymbol{w})}{\partial w_1} \\ \dfrac{\partial f_1(\boldsymbol{w})}{\partial w_2} & \dfrac{\partial f_2(\boldsymbol{w})}{\partial w_2} & \cdots & \dfrac{\partial f_m(\boldsymbol{w})}{\partial w_2} \\ \vdots & \vdots & & \vdots \\ \dfrac{\partial f_1(\boldsymbol{w})}{\partial w_n} & \dfrac{\partial f_2(\boldsymbol{w})}{\partial w_n} & \cdots & \dfrac{\partial f_m(\boldsymbol{w})}{\partial w_n} \end{bmatrix} \tag{1.3.108}$$

类似地，行矢量函数 $\boldsymbol{f}(\boldsymbol{w})$相对于共轭复列矢量 $\boldsymbol{w}^{*}$ 的梯度称为共轭梯度矩阵，定义为

$$\frac{\partial \boldsymbol{f}(\boldsymbol{w})}{\partial \boldsymbol{w}^{*}} = \begin{bmatrix} \dfrac{\partial f_1(\boldsymbol{w})}{\partial w_1^{*}} & \dfrac{\partial f_2(\boldsymbol{w})}{\partial w_1^{*}} & \cdots & \dfrac{\partial f_m(\boldsymbol{w})}{\partial w_1^{*}} \\ \dfrac{\partial f_1(\boldsymbol{w})}{\partial w_2^{*}} & \dfrac{\partial f_2(\boldsymbol{w})}{\partial w_2^{*}} & \cdots & \dfrac{\partial f_m(\boldsymbol{w})}{\partial w_2^{*}} \\ \vdots & \vdots & & \vdots \\ \dfrac{\partial f_1(\boldsymbol{w})}{\partial w_n^{*}} & \dfrac{\partial f_2(\boldsymbol{w})}{\partial w_n^{*}} & \cdots & \dfrac{\partial f_m(\boldsymbol{w})}{\partial w_n^{*}} \end{bmatrix} \tag{1.3.109}$$

易得

$$\frac{\partial \boldsymbol{w}^{\mathrm{T}}}{\partial \boldsymbol{w}} = \frac{\partial \boldsymbol{w}^{\mathrm{H}}}{\partial \boldsymbol{w}^{*}} = \boldsymbol{I} \tag{1.3.110}$$

$$\frac{\partial \boldsymbol{w}^{\mathrm{T}}}{\partial \boldsymbol{w}^{*}} = \frac{\partial \boldsymbol{w}^{\mathrm{H}}}{\partial \boldsymbol{w}} = \boldsymbol{0} \tag{1.3.111}$$

其中，$\boldsymbol{I}$ 和 $\boldsymbol{0}$ 分别为单位矩阵和零矩阵.

由以上两式可得：任何一个复矢量 $\boldsymbol{w}$ 和它的共轭矢量 $\boldsymbol{w}^{*}$ 都可以当作两个独立的复变元处理，即在求梯度的过程中，复矢量 $\boldsymbol{w}$ 相对于其共轭矢量 $\boldsymbol{w}^{*}$ 可视为一常数；反之，$\boldsymbol{w}^{*}$ 相对于 $\boldsymbol{w}$ 也可视为一常数.

定理 1.3.19　令 $f(\boldsymbol{w})$是复矢量 $\boldsymbol{w}$ 的实值函数.通过将 $\boldsymbol{w}$ 和 $\boldsymbol{w}^{*}$ 视为独立的变元，实目

标函数 $f(\boldsymbol{w})$的曲率方向由共轭梯度矢量$\nabla_{\boldsymbol{w}^*} f(\boldsymbol{w})$给出(曲率方向就是函数最大变化率方向).

常用标量函数的共轭梯度公式:

(1) 若 $f(\boldsymbol{x})=c$ 为常数,则共轭梯度

$$\frac{\partial c}{\partial \boldsymbol{x}^*}=\mathbf{0} \tag{1.3.112}$$

(2) 若 $n\times 1$ 矢量 $\boldsymbol{a}$ 为与 $\boldsymbol{x}$ 无关的常数矢量,则

$$\frac{\partial \boldsymbol{a}^{\mathrm{H}}\boldsymbol{x}}{\partial \boldsymbol{x}^*}=\mathbf{0},\quad \frac{\partial \boldsymbol{x}^{\mathrm{H}}\boldsymbol{a}}{\partial \boldsymbol{x}^*}=\boldsymbol{a} \tag{1.3.113}$$

(3) 若 $\boldsymbol{A}$ 是一个与矢量 $\boldsymbol{x}$, $\boldsymbol{y}$ 无关的矩阵,则

$$\frac{\partial \boldsymbol{x}^{\mathrm{H}}\boldsymbol{A}\boldsymbol{x}}{\partial \boldsymbol{x}}=\boldsymbol{A}^{\mathrm{T}}\boldsymbol{x}^*,\quad \frac{\partial \boldsymbol{x}^{\mathrm{H}}\boldsymbol{A}\boldsymbol{x}}{\partial \boldsymbol{x}^*}=\boldsymbol{A}\boldsymbol{x} \tag{1.3.114}$$

$$\frac{\partial \boldsymbol{x}^{H}\boldsymbol{A}\boldsymbol{y}}{\partial \boldsymbol{A}}=\boldsymbol{x}^*\boldsymbol{y}^{\mathrm{T}},\quad \frac{\partial \boldsymbol{x}^{\mathrm{H}}\boldsymbol{A}\boldsymbol{x}}{\partial \boldsymbol{A}}=\boldsymbol{x}^*\boldsymbol{x}^{\mathrm{T}} \tag{1.3.115}$$

(4) 迹函数的共轭梯度公式

$$\frac{\partial \mathrm{tr}\,\{\boldsymbol{x}^{\mathrm{H}}\boldsymbol{y}\}}{\partial \boldsymbol{x}^*}=\frac{\partial \mathrm{tr}\,\{\boldsymbol{y}\boldsymbol{x}^{\mathrm{H}}\}}{\partial \boldsymbol{x}^*}=\boldsymbol{y} \tag{1.3.116}$$

$$\frac{\partial \mathrm{tr}\,\{\boldsymbol{B}\boldsymbol{A}^{\mathrm{H}}\}}{\partial \boldsymbol{A}^*}=\frac{\partial \mathrm{tr}\,\{\boldsymbol{A}^{\mathrm{H}}\boldsymbol{B}\}}{\partial \boldsymbol{A}^*}=\boldsymbol{B} \tag{1.3.117}$$

$$\frac{\partial \mathrm{tr}\,\{\boldsymbol{A}^{\mathrm{H}}\}}{\partial \boldsymbol{A}^*}=\boldsymbol{I},\quad \frac{\partial \mathrm{tr}\,\{\boldsymbol{A}\}}{\partial \boldsymbol{A}^*}=\mathbf{0} \tag{1.3.118}$$

$$\frac{\partial \mathrm{tr}\,\{\boldsymbol{A}^{\mathrm{H}}\boldsymbol{W}\boldsymbol{A}\}}{\partial \boldsymbol{A}^*}=\boldsymbol{W}\boldsymbol{A},\quad \frac{\partial \mathrm{tr}\,\{\boldsymbol{A}\boldsymbol{W}\boldsymbol{A}^{\mathrm{H}}\}}{\partial \boldsymbol{A}^*}=\boldsymbol{A}\boldsymbol{W} \tag{1.3.119}$$

参 考 文 献

[1] 刘舒强. 概率论与数理统计[M]. 天津:天津大学出版社,2003.

[2] 陈希孺. 概率论与数理统计[M]. 北京:科学出版社,2000.

[3] 骆先南,周勇. 概率论与数理统计[M]. 北京:科学出版社,2006.

[4] 田铮,秦超英,金子,等. 随机过程与应用[M]. 北京:科学出版社,2007.

[5] 刘次华. 随机过程及其应用[M]. 北京:高等教育出版社,2004.

[6] 方兆本,缪柏其. 随机过程[M]. 合肥:中国科学技术大学出版社,1993.

[7] 张贤达. 矩阵分析与应用[M]. 北京:清华大学出版社,2004.

[8] 陈景良,陈向晖. 特殊矩阵[M]. 北京:清华大学出版社,2001.

[9] 包研科,于清江,柴岩,等. 线性代数教程[M]. 沈阳:东北大学出版社,2003.

[10] 陈龙玄,钟立敏. 线性代数简明教程[M]. 合肥:中国科学技术大学出版社,1997.

第 2 章　随机信号与系统

随机信号(Stochastic Signals)通过线性系统(Linear Systems)的分析是信号进行统计处理的基础.由于随机信号不能像确定信号(Deterministic Signals)那样用明确的数学表达式来描述,只能用概率统计的方法进行描述,因此,研究随机信号通过线性系统的输出,也只能从分析系统输出的统计特征入手.直接获取系统输出的概率分布一般比较困难,但在许多实际应用中,如果知道了系统输出的一些统计特征(如均值、相关函数、功率谱密度函数等)往往就能解决问题.本章首先介绍信号与系统的基本概念、分类和特点;然后分别从连续系统、离散系统两方面分析随机信号通过线性时不变系统的统计特征,重点介绍系统输出的一阶、二阶统计特征;在此基础上,介绍平稳随机序列的三种参数模型和分析方法;介绍随机信号通过线性时变系统的一阶、二阶输出统计特征;最后给出随机信号通过非线性系统的几种常用分析方法.

2.1　信号与系统概述

2.1.1　信号及其分类

信号是信息的表现形式,通常反映为随若干变量变化而变化的某种物理量.在数学上,信号一般可以表示成单个或多个自变量的函数.如:电信号可以看作是电流或电压随时间变化的函数,语音信号可以看作是声压随时间变化的函数,而图像信号可以看作是像素灰度随坐标位置变化的函数.自变量可以是时间,也可以是距离、高度、温度等,为了表述方便,这里将这些变量都统称为时间,这样信号就可以理解为随时间变化的函数,称为时间信号,简称信号.

根据信号的函数特点及其频谱分布特性,一般对信号进行如下分类:

1. 确定信号与随机信号

根据信号变化规律是否可预知,可以将信号分为确定信号和随机信号.能够用确定的数学表达式来描述变化规律的信号称为确定信号,如我们熟知的正弦信号、指数信号等.对于这类信号,给定一个时刻,就有一个确定的值与之对应.而对于随机信号,其变化规律是不可预知的,不能用明确的数学表达式进行描述,只能用随机过程表述,因此也是不可重现的,如接收机内部的热噪声、地震波信号等.对于这类信号,即使在相同的条件下,每次观测到的信号(称为样本函数)也是不同的,只能通过概率统计的方法,分析多次观测得到的样本函数才能掌握它们的变化规律.还有一些信号,其本质是随机信号,但信号的表现形式却类似确定信号,如随机相位信号 $s(t)=A\cos(\omega t+\theta)$,其表征信号的参数 A 和 ω 是常量,但参数 θ 是随机变量,每次观测到的样本函数均是正弦波,但观测之前具体是什么相位的正弦波不可预测,因此该信号也是随机信号.更进一步,如果由随机信号所确定的任意维概率密度函数都满足时延不变性,该随机信号又称为严格平稳随机信号;如果仅有一阶和二阶统计量满足时延不变性,则称之为广义平稳随机信号;不具有上述特性的随机信号则称为非平稳随机信号.此外,随机信号还可以根据分布特性分为高斯信号与非高斯信号等.

由于信号在传输过程中一般会受到周围环境的各种干扰及系统内部热噪声的影响,实际系统输出的信号多为随机信号,或者是确定信号与随机信号的叠加.

2. 连续信号与离散信号

根据函数自变量的取值是否连续,可以将信号分为连续信号和离散信号.除了若干个不连续点外,在自变量范围内的任何时刻都能连续取值的信号称为连续信号,如正弦信号、单位阶跃信号等.连续信号的函数值既可以是连续的也可以是离散的,函数值连续取值的信号称为模拟信号,而只能取特定离散值的称为量化信号.离散信号的自变量只能在一些规定的离散时刻才能取值,而在其他时刻则没有定义.离散信号可以由连续信号经过抽样后得到,也有些信号本身就是离散信号,如国家按年度统计的国民生产总值、股票交易数据、公司按月统计的销售额等.如果离散信号的函数值可连续取值,则称为抽样信号,若只能取离散值,则称为数字信号或时间序列.

3. 周期信号与非周期信号

根据信号按一定间隔是否周期重复,可以将信号分为周期信号与非周期信号.如果信号 $s(t)$ 按一定的时间间隔 T 周而复始的变化,即

$$s(t)=s(t+kT)\quad(k=0,\ \pm1,\ \pm2,\ \cdots)\tag{2.1.1}$$

则称信号 $s(t)$ 为周期信号,T 为信号的周期,如正弦信号 $A\cos(\omega t+\theta)$ 就是一个周期为 $2\pi/\omega$ 的周期信号.而非周期信号,如指数信号,则不具有这种周而复始变化的特性.

4. 能量信号与功率信号

根据信号的能量或功率是否为有限值,可以将信号分为能量信号与功率信号.信号的能量和平均功率分别为

$$E=\int_{-\infty}^{+\infty}s^2(t)\,\mathrm{d}t\tag{2.1.2}$$

$$P=\lim_{T\to+\infty}\frac{1}{T}\int_{-T/2}^{T/2}s^2(t)\,\mathrm{d}t\tag{2.1.3}$$

满足能量 $E<+\infty$ 的信号称为能量信号;不满足能量有限,但满足平均功率 $P<+\infty$ 的信号称为功率信号.能量信号的平均功率为零,周期信号一般都是功率信号,而非周期信号则可能是能量信号,也可能是功率信号.

5. 基带信号与高频带通信号

以上是从信号的时间域对信号进行分类.根据信号频谱的分布特性,也可以将信号分为基带信号与高频带通信号.频谱主要集中在零值附近的信号称为基带信号.如果信号的频谱主要集中在以 $\pm\omega_0$ 为中心频率、带宽为 $\Delta\omega$ 的范围内,则该信号称为高频带通信号.根据带宽 $\Delta\omega$ 相对载波 ω_0 的比例关系,又可进一步将信号进行划分.一般将该比例在 1% 以内的信

号称为窄带信号，常规的通信、雷达等系统中涉及的信号大多为窄带信号；该比例在 1%～20%之间的信号称为宽带信号；超过 20%的称为超宽带信号.

通常高频窄带信号可表示为如下形式：

$$s(t) = a(t)\cos[\omega_0 t + \theta(t)] \tag{2.1.4}$$

式中，$a(t)$和 $\theta(t)$为幅度和相位，它们相对于载波变化缓慢，均为基带慢变信号. 为了便于分析和处理问题，通常又将上式表示成复信号的形式：

$$\widetilde{s}(t) = a(t)\mathrm{e}^{\mathrm{j}[\omega_0 t+\theta(t)]} = \widetilde{a}(t)\mathrm{e}^{\mathrm{j}\omega_0 t} \tag{2.1.5}$$

其中

$$\begin{aligned}\widetilde{a}(t) &= a(t)\mathrm{e}^{\mathrm{j}\theta(t)} = a(t)\cos\theta(t) + \mathrm{j}a(t)\sin\theta(t)\\ &= s_I(t) + \mathrm{j}s_Q(t)\end{aligned} \tag{2.1.6}$$

称为信号 $s(t)$的复包络，$s_I(t)$和 $s_Q(t)$称为信号 $s(t)$的两个正交分量.

对于任意实信号 $s(t)(-\infty<t<+\infty)$，其复表示为

$$\widetilde{s}(t) = s(t) + \mathrm{j}\hat{s}(t) \quad (-\infty < t < +\infty) \tag{2.1.7}$$

其中，$\hat{s}(t) = s(t) * \dfrac{1}{\pi t} = \dfrac{1}{\pi}\displaystyle\int_{-\infty}^{+\infty}\dfrac{s(\tau)}{t-\tau}\mathrm{d}\tau$ 为$s(t)$的希尔伯特变换. $\widetilde{s}(t)$也称为 $s(t)$的解析信号或信号预包络.

2.1.2　系统及其分类

系统一般定义为由若干个相互联系的事物组成的具有特定功能的整体，它是一个应用非常广泛的概念. 在信号处理领域，系统可以看作是能够导致任何一种信号变换的过程. 对于任何一个系统，不管其内部结构如何，都存在一个输入信号和一个经过系统变换而与输入信号相关联的输出信号，或者是多个输入信号和多个与之相关联的输出信号，前者称为单输入单输出系统，后者则称为多输入多输出系统，如图 2.1 所示.

(a) 单输入单输出系统　　(b) 多输入多输出系统

图 2.1　系统示意图

根据系统处理的信号形式的不同及具有的某些性质，可以将系统分为如下几类：

1. 连续系统与离散系统

如果系统的输入和输出均为连续的信号，称这样的系统为连续系统. 输入和输出均为离散信号的系统称为离散系统. 由两者混合组成的系统则称为混合系统.

2. 记忆系统与无记忆系统

若某一时刻系统的输出只与该时刻系统的输入有关，称这样的系统为无记忆系统. 反之，若某一时刻系统的输出还与其他时刻的输入有关，则称为记忆系统. 常见的无记忆系统有电阻器、检波器、限幅器等，记忆系统有积分器、累积器、平滑器等.

3. 线性系统与非线性系统

能同时满足齐次性和叠加性的系统称为线性系统. 其中的齐次性是指，当输入被扩大 k

倍后，系统的输出也相应地被扩大 k 倍；叠加性是指，当有多个输入之和作用于系统时，系统的输出等于各个输入单独作用于系统的输出之和. 也就是说，对于线性系统，如果输入 $x_1(t)$ 对应的系统输出为 $y_1(t)$，输入 $x_2(t)$ 对应的系统输出为 $y_2(t)$，则输入 $k_1x_1(t)+k_2x_2(t)$ 对应的系统输出为 $k_1y_1(t)+k_2y_2(t)$. 不满足该性质的系统就称为非线性系统.

4. 时变系统与时不变系统

如果系统的输出与输入的起始作用时间无关，当输入被延时，系统的输出仅作相应的延时而波形不变，这样的系统称为时不变系统. 对于时不变系统，如果输入 $x(t)$ 延时到 $x(t-t_0)$，系统输出则从 $y(t)$ 延时到 $y(t-t_0)$. 系统的输出波形与输入的起始作用时间有关的系统就称为时变系统.

5. 稳定系统与不稳定系统

如果对有界的输入，系统的输出也有界，这样的系统为稳定系统. 如果系统对有界输入的输出是无限值，则为不稳定系统. 显然，只有稳定系统才具有实际应用价值.

6. 因果系统与非因果系统

系统的输出与输入是相关的，如果系统在任一时刻的输出只与该时刻及该时刻以前的输入有关，而与该时刻以后的输入无关，称这样的系统为因果系统. 如果输出还与当前时刻以后的输入有关，则这样的系统称为非因果系统. 根据定义，所有的无记忆系统都是因果系统. 记忆系统则可能是因果系统，如积分器、累积器等；也可能是非因果系统，如平滑器和一些事后分析系统等.

7. 可逆系统与不可逆系统

如果对不同的输入系统能产生不同的输出，根据系统的输出能唯一确定输入，称这样的系统为可逆系统. 根据输出不能唯一确定输入的系统称为不可逆系统. 对于任何可逆系统，均存在一个该系统的逆系统，将它与原系统级联后，能恢复出原系统的输入. 可逆系统在实际中有着很多非常重要的应用，其中最典型的就是通信系统中的一些处理器件，如发送端的编码器、调制器等都是可逆系统，其对应的逆系统为接收端的解码器、解调器.

8. 最小相移系统与非最小相移系统

以上是根据系统的时域特性对系统进行分类. 如果从系统的频域特征或复频域特征上看，一个系统是因果稳定的线性时不变系统，则要求连续系统的所有极点必须位于 S 平面的虚轴左侧，或者离散系统的所有极点必须位于 Z 平面的单位圆内，而对系统的零点没有限制. 在此基础上，根据系统零点的分布情况，如果系统的所有零点也都位于 S 平面的虚轴左侧或者 Z 平面的单位圆内，则称该因果稳定的线性时不变系统为最小相移系统，否则，只要有一个零点位于 S 平面的虚轴右侧或者 Z 平面的单位圆外，就称为非最小相移系统. 可见，最小相移系统一定存在逆系统，而且该逆系统既是因果稳定系统，也是最小相移系统.

此外，根据输入信号、系统和输出信号之间的关系，如果已知一个输入信号，将其通过一个已知的系统来寻求输出信号，一般称之为滤波；如果已知一个输入信号，根据其通过一个系统的输出信号来寻求系统传输函数，称之为系统辨识；如果根据一个已知系统的输出信号来恢复出系统的输入信号，则称之为逆滤波.

2.2　随机信号通过线性时不变系统

上节中我们讨论了信号与系统的一些概念、分类和特点，有关确定信号通过线性系统的分析已经在信号与系统的相关课程中作了介绍．而实际应用中的信号大多是随机信号，这里我们利用信号与系统、随机过程等课程中的相关知识，分析随机信号通过线性时不变系统的概率特性，重点介绍系统输出的一阶、二阶概率特性．

考虑随机信号$\{x(t)\}$通过一个连续线性时不变系统，系统的冲激响应为$h(t)$，输出为随机信号$\{y(t)\}$，如图 2.2 所示．

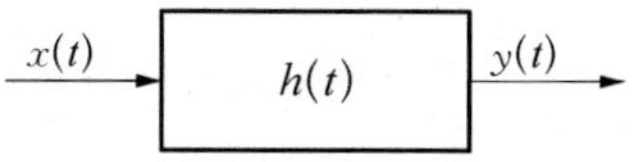

图 2.2　随机信号通过线性时不变系统示意图

由于随机信号$\{x(t)\}$可以看作是大量样本函数的集合，每个样本函数 $x(t)$对应每次试验的结果，均为确定的时间函数．当样本函数 $x(t)$通过系统时，其输出 $y(t)$与输入 $x(t)$之间存在如下卷积关系：

$$y(t) = x(t) * h(t) = \int_{-\infty}^{+\infty} h(\tau)x(t-\tau)\mathrm{d}\tau \tag{2.2.1}$$

其中，$*$ 为卷积算子．如果 $x(t)$，$h(t)$绝对可积，即系统是稳定的，且它们的傅里叶变换分别为 $X(\omega)$，$H(\mathrm{j}\omega)$，则 $y(t)$的傅里叶变换 $Y(\omega)$满足如下等式：

$$Y(\omega) = H(\mathrm{j}\omega)X(\omega) \tag{2.2.2}$$

其中，$H(\mathrm{j}\omega)$又称为线性时不变线性系统的传输函数，它与系统的冲激响应 $h(t)$构成傅里叶变换对，关系如下：

$$H(\mathrm{j}\omega) = \int_{-\infty}^{+\infty} h(t)\mathrm{e}^{-\mathrm{j}\omega t}\mathrm{d}t \tag{2.2.3}$$

$$h(t) = \frac{1}{2\pi}\int_{-\infty}^{+\infty} H(\mathrm{j}\omega)\mathrm{e}^{\mathrm{j}\omega t}\mathrm{d}\omega \tag{2.2.4}$$

这样，对于$\{x(t)\}$的一系列样本函数 $x(t)$，系统输出端就会得到一系列新的样本函数 $y(t)$，这些样本函数就构成随机信号$\{y(t)\}$．

2.2.1　系统输出的均值

根据(2.2.1)式，系统输出$\{y(t)\}$的均值可表示为

$$\begin{aligned} m_y(t) &= E\{y(t)\} = \int_{-\infty}^{+\infty} h(\tau)E\{x(t-\tau)\}\mathrm{d}\tau \\ &= \int_{-\infty}^{+\infty} h(\tau)m_x(t-\tau)\mathrm{d}\tau \end{aligned} \tag{2.2.5}$$

当输入$\{x(t)\}$广义平稳时，$m_x(t) = m_x$，则

$$m_y(t) = m_x\int_{-\infty}^{+\infty} h(\tau)\mathrm{d}\tau = m_x H(0) = m_y \tag{2.2.6}$$

可见，此时输出均值也与时间无关．

2.2.2 系统输出的自相关函数和功率谱密度函数

根据(2.2.1)式,系统输出$\{y(t)\}$的自相关函数可表示为

$$\begin{aligned}R_y(t_1,\ t_2) &= E\{y(t_1)y(t_2)\}\\ &= \int_{-\infty}^{+\infty}\int_{-\infty}^{+\infty} h(\tau_1)h(\tau_2)E\{x(t_1-\tau_1)x(t_2-\tau_2)\}\mathrm{d}\tau_1\mathrm{d}\tau_2\\ &= \int_{-\infty}^{+\infty}\int_{-\infty}^{+\infty} h(\tau_1)h(\tau_2)R_x(t_1-\tau_1,\ t_2-\tau_2)\mathrm{d}\tau_1\mathrm{d}\tau_2\end{aligned} \tag{2.2.7}$$

当输入$\{x(t)\}$广义平稳时,$R_x(t_1,\ t_2)=R_x(t_1-t_2)=R_x(\tau)$,则

$$R_y(t_1,\ t_2) = \int_{-\infty}^{+\infty}\int_{-\infty}^{+\infty} h(\tau_1)h(\tau_2)R_x(\tau-\tau_1+\tau_2)\mathrm{d}\tau_1\mathrm{d}\tau_2 = R_y(\tau) \tag{2.2.8}$$

此时输出$\{y(t)\}$的均方值,即平均功率为

$$\begin{aligned}E\{y^2(t)\} = R_y(0) &= \int_{-\infty}^{+\infty}\int_{-\infty}^{+\infty} h(\tau_1)h(\tau_2)R_x(-\tau_1+\tau_2)\mathrm{d}\tau_1\mathrm{d}\tau_2\\ &\leqslant \int_{-\infty}^{+\infty}\int_{-\infty}^{+\infty} |\, h(\tau_1)h(\tau_2)R_x(-\tau_1+\tau_2)\,|\,\mathrm{d}\tau_1\mathrm{d}\tau_2\\ &\leqslant R_x(0)\int_{-\infty}^{+\infty}\int_{-\infty}^{+\infty} |\, h(\tau_1)h(\tau_2)\,|\,\mathrm{d}\tau_1\mathrm{d}\tau_2\\ &= R_x(0)\left(\int_{-\infty}^{+\infty} |\, h(\tau)\,|\,\mathrm{d}\tau\right)^2 < +\infty\end{aligned} \tag{2.2.9}$$

(2.2.6)式、(2.2.8)式以及(2.2.9)式表明:如果广义平稳随机信号$\{x(t)\}$通过线性时不变系统,则输出随机信号也广义平稳.进一步地,根据维纳-辛钦定理,即广义平稳随机信号的功率谱密度函数与自相关函数是一组傅里叶变换对,对(2.2.8)式两边进行傅里叶变换,可得输出$\{y(t)\}$的功率谱密度函数,为

$$\begin{aligned}S_y(\omega) &= \int_{-\infty}^{+\infty} R_y(\tau)\mathrm{e}^{-\mathrm{j}\omega\tau}\mathrm{d}\tau\\ &= \int_{-\infty}^{+\infty}\int_{-\infty}^{+\infty}\int_{-\infty}^{+\infty} h(\tau_1)h(\tau_2)R_x(\tau-\tau_1+\tau_2)\mathrm{e}^{-\mathrm{j}\omega\tau}\mathrm{d}\tau_1\mathrm{d}\tau_2\mathrm{d}\tau\\ &= \int_{-\infty}^{+\infty}\int_{-\infty}^{+\infty} h(\tau_2)\mathrm{e}^{-\mathrm{j}\omega\tau}\int_{-\infty}^{+\infty} h(\tau_1)R_x(\tau-\tau_1+\tau_2)\mathrm{d}\tau_1\mathrm{d}\tau\mathrm{d}\tau_2\end{aligned} \tag{2.2.10}$$

定义$R_1(t)=R_x(t)*h(t)$,则$R_1(t)$的傅里叶变换为$H(\mathrm{j}\omega)S_x(\omega)$,(2.2.10)式可进一步表示为

$$\begin{aligned}S_y(\omega) &= \int_{-\infty}^{+\infty} h(\tau_2)\int_{-\infty}^{+\infty} R_1(\tau+\tau_2)\mathrm{e}^{-\mathrm{j}\omega\tau}\mathrm{d}\tau\mathrm{d}\tau_2\\ &= \int_{-\infty}^{+\infty} h(\tau_2)H(\mathrm{j}\omega)S_x(\omega)\mathrm{e}^{\mathrm{j}\omega\tau_2}\mathrm{d}\tau_2\\ &= H(-\mathrm{j}\omega)H(\mathrm{j}\omega)S_x(\omega) = |\, H(\mathrm{j}\omega)\,|^2 S_x(\omega)\end{aligned} \tag{2.2.11}$$

其中,$S_x(\omega)=\int_{-\infty}^{+\infty} R_x(\tau)\mathrm{e}^{-\mathrm{j}\omega\tau}\mathrm{d}\tau$ 为广义平稳输入$\{x(t)\}$的功率谱密度函数.(2.2.11)式表明,广义平稳随机信号通过线性时不变系统,输出功率谱密度函数等于输入功率谱密度函数乘以系统传输函数模的平方.可见,输出功率谱密度函数只与系统传输函数的幅频特性有关,而与系统传输函数的相频特性无关.

2.2.3　系统输入与输出的互相关函数和互功率谱密度函数

根据(2.2.1)式,系统输入$\{x(t)\}$与输出$\{y(t)\}$之间的互相关函数可表示为

$$R_{xy}(t_1, t_2) = E\{x(t_1)y(t_2)\} = \int_{-\infty}^{+\infty} h(\tau_2)E\{x(t_1)x(t_2 - \tau_2)\}d\tau_2$$

$$= \int_{-\infty}^{+\infty} h(\tau_2)R_x(t_1, t_2 - \tau_2)d\tau_2 \tag{2.2.12}$$

$$R_{yx}(t_1, t_2) = E\{y(t_1)x(t_2)\} = \int_{-\infty}^{+\infty} h(\tau_1)E\{x(t_1 - \tau_1)x(t_2)\}d\tau_1$$

$$= \int_{-\infty}^{+\infty} h(\tau_1)R_x(t_1 - \tau_1, t_2)d\tau_1 \tag{2.2.13}$$

当输入$\{x(t)\}$广义平稳时,$R_x(t_1, t_2) = R_x(t_1 - t_2) = R_x(\tau)$,则

$$R_{xy}(t_1, t_2) = \int_{-\infty}^{+\infty} h(\tau_2)R_x(\tau + \tau_2)d\tau_2 = R_{xy}(\tau) \tag{2.2.14}$$

$$R_{yx}(t_1, t_2) = \int_{-\infty}^{+\infty} h(\tau_1)R_x(\tau - \tau_1)d\tau_1 = R_{yx}(\tau) = R_{xy}(-\tau) \tag{2.2.15}$$

上式表明,广义平稳随机信号通过线性时不变系统,其输入与输出联合广义平稳.同样,对以上等式两边进行傅里叶变换,可得输入与输出之间的互功率谱密度函数,为

$$S_{xy}(\omega) = \int_{-\infty}^{+\infty} R_{xy}(\tau)e^{-j\omega\tau}d\tau = \int_{-\infty}^{+\infty}\int_{-\infty}^{+\infty} h(\tau_2)R_x(\tau + \tau_2)e^{-j\omega\tau}d\tau_2 d\tau$$

$$= H(-j\omega)S_x(\omega) \tag{2.2.16}$$

$$S_{yx}(\omega) = \int_{-\infty}^{+\infty} R_{yx}(\tau)e^{-j\omega\tau}d\tau = \int_{-\infty}^{+\infty}\int_{-\infty}^{+\infty} h(\tau_1)R_x(\tau - \tau_1)e^{-j\omega\tau}d\tau_1 d\tau$$

$$= H(j\omega)S_x(\omega) \tag{2.2.17}$$

结合(2.2.11)式,有如下关系式成立:

$$S_y(\omega) = H(-j\omega)H(j\omega)S_x(\omega) = H(-j\omega)S_{yx}(\omega) = H(j\omega)S_{xy}(\omega) \tag{2.2.18}$$

综上所述,当广义平稳随机信号$\{x(t)\}$通过线性时不变系统,系统输出广义平稳,且输出与输入联合广义平稳.系统输入、输出之间的统计关系如图 2.3 所示.

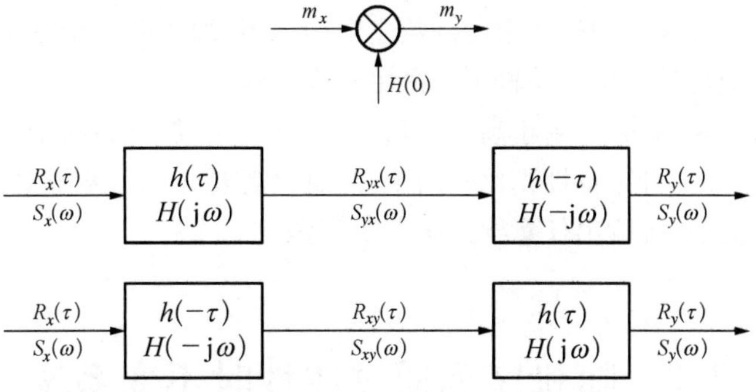

图 2.3　广义平稳随机信号通过线性时不变系统示意图

上述分析虽然基于物理不可实现的线性时不变系统,但是当广义平稳随机信号通过物理可实现的线性时不变系统时,相关结论仍然成立,只是此时 $h(t) = 0(t < 0)$.而当系统输

入$\{x(t)\}$只从 $t=0$ 时刻开始加入，即 $x(t)=0(t<0)$，结论就有所不同了．此时输出$\{y(t)\}$的均值、相关函数分别为

$$m_y(t)=E\{y(t)\}=\int_{-\infty}^{t}h(\tau)E\{x(t-\tau)\}\mathrm{d}\tau=m_x\int_{-\infty}^{t}h(\tau)\mathrm{d}\tau \tag{2.2.19}$$

$$\begin{aligned}R_y(t_1,t_2)&=E\{y(t_1)y(t_2)\}\\&=\int_{-\infty}^{t_1}\int_{-\infty}^{t_2}h(\tau_1)h(\tau_2)E\{x(t_1-\tau_1)x(t_2-\tau_2)\}\mathrm{d}\tau_1\mathrm{d}\tau_2\\&=\int_{-\infty}^{t_1}\int_{-\infty}^{t_2}h(\tau_1)h(\tau_2)R_x(\tau-\tau_1+\tau_2)\mathrm{d}\tau_1\mathrm{d}\tau_2\end{aligned} \tag{2.2.20}$$

$$\begin{aligned}R_{xy}(t_1,t_2)&=E\{x(t_1)y(t_2)\}=\int_{-\infty}^{t_2}h(\tau_2)E\{x(t_1)x(t_2-\tau_2)\}\mathrm{d}\tau_2\\&=\int_{-\infty}^{t_2}h(\tau_2)R_x(\tau+\tau_2)\mathrm{d}\tau_2\end{aligned} \tag{2.2.21}$$

$$\begin{aligned}R_{yx}(t_1,t_2)&=E\{y(t_1)x(t_2)\}=\int_{-\infty}^{t_1}h(\tau_1)E\{x(t_1-\tau_1)x(t_2)\}\mathrm{d}\tau_1\\&=\int_{-\infty}^{t_1}h(\tau_1)R_x(\tau-\tau_1)\mathrm{d}\tau_1\end{aligned} \tag{2.2.22}$$

根据上述各式，尽管输入$\{x(t)\}$广义平稳，但输出$\{y(t)\}$的均值不再是常数，而与时间 t 有关，自相关函数与时间差值 τ 以及时间 t_1 和 t_2 都有关，说明系统输出不再是平稳的；输入$\{x(t)\}$与输出$\{y(t)\}$的互相关函数也与时间差值 τ 以及时间 t_2 有关，说明系统的输入输出不再是联合平稳的．

2.2.4 系统输出的概率密度函数

以上仅从系统输出的均值、相关函数及相应的功率谱密度函数分析了随机信号通过线性时不变系统后的概率特性，但若希望知道更多的概率特性，就需要知道系统输出的概率密度函数．根据系统输出与输入的积分关系(2.2.1)式，可将其写成求和的形式以便分析：

$$y(t)=\int_{-\infty}^{+\infty}h(\tau)x(t-\tau)\mathrm{d}\tau=\sum_{i=-\infty}^{+\infty}h(\tau_i)x(t-\tau_i)\Delta\tau_i \tag{2.2.23}$$

其中，$\Delta\tau_i=\tau_{i+1}-\tau_i$ 足够小．可见，系统输出是输入的线性组合，利用随机变量的线性变换的概率密度函数与随机变量的概率密度函数之间的关系(即相差一个雅可比行列式系数，见(1.1.57)式)，原则上可计算出系统输出的概率密度函数．

如果系统输入是高斯信号，由于高斯变量的线性组合仍然是高斯变量，系统输出也是高斯信号．描述高斯信号的分布特性则比较简单，此时只需要计算出系统输出的均值和相应的协方差函数，就可得到系统输出任意维的概率密度函数．

2.3 随机序列通过线性时不变系统

随机序列$\{x(n)\}$通过一个冲激响应为 $h(n)$的离散线性时不变系统，输出为随机序列

$\{y(n)\}$. 由于随机序列$\{x(n)\}$同样可以看作是大量样本序列的集合，每个样本序列 $x(n)$ 对应每次试验的结果，视为确定的时间序列. 当样本序列 $x(n)$通过系统时，其输出 $y(n)$与输入 $x(n)$之间存在如下卷积关系：

$$y(n) = x(n) * h(n) = \sum_{k=-\infty}^{+\infty} h(k)x(n-k) \tag{2.3.1}$$

如果 $x(n)$，$h(n)$绝对可和，且傅里叶变换分别为 $X(\Omega)$，$H(\mathrm{j}\Omega)$，则 $y(n)$的傅里叶变换 $Y(\Omega)$满足如下等式：

$$Y(\Omega) = H(\mathrm{j}\Omega)X(\Omega) \tag{2.3.2}$$

其中，系统传输函数 $H(\mathrm{j}\Omega)$与冲激响应 $h(n)$构成傅里叶变换对，满足如下关系：

$$H(\mathrm{j}\Omega) = \sum_{n=-\infty}^{+\infty} h(n)\mathrm{e}^{-\mathrm{j}\Omega n} \tag{2.3.3}$$

$$h(n) = \frac{1}{2\pi}\int_{-\pi}^{\pi} H(\mathrm{j}\Omega)\mathrm{e}^{\mathrm{j}\Omega n}\,\mathrm{d}\Omega \tag{2.3.4}$$

对于$\{x(n)\}$的一系列样本序列 $x(n)$，系统输出端就会得到一系列新的样本序列 $y(n)$，这些样本序列就构成随机序列$\{y(n)\}$. 此外，在(2.3.1)式中，当系统是物理可实现的线性时不变系统时，$h(k) = 0(k < 0)$.

2.3.1　系统输出的均值

根据(2.3.1)式，系统输出$\{y(n)\}$的均值可表示为

$$\begin{aligned} m_y(n) = E\{y(n)\} &= \sum_{k=-\infty}^{+\infty} h(k)E\{x(n-k)\} \\ &= \sum_{k=-\infty}^{+\infty} h(k)m_x(n-k) \end{aligned} \tag{2.3.5}$$

当输入$\{x(n)\}$广义平稳时，$m_x(n) = m_x$，则

$$m_y(n) = m_x\sum_{k=-\infty}^{+\infty} h(k) = m_xH(0) = m_y \tag{2.3.6}$$

此时输出均值与时间无关.

2.3.2　系统输出的自相关函数和功率谱密度函数

根据(2.3.1)式，系统输出$\{y(n)\}$的自相关函数可表示为

$$\begin{aligned} R_y(n_1, n_2) &= E\{y(n_1)y(n_2)\} \\ &= \sum_{k_1=-\infty}^{+\infty}\sum_{k_2=-\infty}^{+\infty} h(k_1)h(k_2)E\{x(n_1-k_1)x(n_2-k_2)\} \\ &= \sum_{k_1=-\infty}^{+\infty}\sum_{k_2=-\infty}^{+\infty} h(k_1)h(k_2)R_x(n_1-k_1, n_2-k_2) \end{aligned} \tag{2.3.7}$$

当输入$\{x(n)\}$广义平稳时，$R_x(n_1,n_2) = R_x(n_1-n_2) = R_x(m)$，则

$$R_y(n_1, n_2) = \sum_{k_1=-\infty}^{+\infty}\sum_{k_2=-\infty}^{+\infty} h(k_1)h(k_2)R_x(m-k_1+k_2) = R_y(m) \tag{2.3.8}$$

此时输出$\{y(n)\}$的均方值,即平均功率为

$$
\begin{aligned}
E\{y^2(n)\} = R_y(0) &= \sum_{k_1=-\infty}^{+\infty}\sum_{k_2=-\infty}^{+\infty} h(k_1)h(k_2)R_x(-k_1+k_2) \\
&\leqslant \sum_{k_1=-\infty}^{+\infty}\sum_{k_2=-\infty}^{+\infty} | h(k_1)h(k_2)R_x(-k_1+k_2) | \\
&\leqslant R_x(0)\sum_{k_1=-\infty}^{+\infty}\sum_{k_2=-\infty}^{+\infty} | h(k_1)h(k_2) | \\
&= R_x(0)\Big(\sum_{k_1=-\infty}^{+\infty} | h(k_1) |\Big)^2 < +\infty
\end{aligned}
\tag{2.3.9}
$$

由(2.3.6)式、(2.3.8)式及(2.3.9)式,我们可得如下结论:当广义平稳随机序列$\{x(n)\}$从$-\infty$时刻开始就加入到线性时不变系统,其输出随机序列也广义平稳.同样,利用维纳-辛钦定理,即广义平稳随机序列的功率谱密度函数与自相关函数是一组傅里叶变换对,对(2.3.8)式两边进行傅里叶变换,可得输出$\{y(n)\}$的功率谱密度函数,为

$$
\begin{aligned}
S_y(\Omega) &= \sum_{m=-\infty}^{+\infty} R_y(m)\mathrm{e}^{-\mathrm{j}\Omega m} \\
&= \sum_{m=-\infty}^{+\infty}\sum_{k_1=-\infty}^{+\infty}\sum_{k_2=-\infty}^{+\infty} h(k_1)h(k_2)R_x(m-k_1+k_2)\mathrm{e}^{-\mathrm{j}\Omega m} \\
&= \sum_{m=-\infty}^{+\infty}\sum_{k_2=-\infty}^{+\infty} h(k_2)\mathrm{e}^{-\mathrm{j}\Omega m}\sum_{k_1=-\infty}^{+\infty} h(k_1)R_x(m+k_2-k_1) \\
&= \sum_{k_2=-\infty}^{+\infty} h(k_2)\sum_{m=-\infty}^{+\infty} \mathrm{e}^{-\mathrm{j}\Omega m}R_1(m+k_2) \\
&= \sum_{k_2=-\infty}^{+\infty} h(k_2)H(\mathrm{j}\Omega)S_x(\Omega)\mathrm{e}^{\mathrm{j}\Omega k_2} \\
&= H(\mathrm{j}\Omega)S_x(\Omega)H(-\mathrm{j}\Omega) = | H(\mathrm{j}\Omega) |^2 S_x(\Omega)
\end{aligned}
\tag{2.3.10}
$$

其中,$R_1(n) = R_x(n) * h(n)$,$S_x(\Omega) = \sum_{m=-\infty}^{+\infty} R_x(m)\mathrm{e}^{-\mathrm{j}\Omega m}$为广义平稳输入$\{x(n)\}$的功率谱密度函数.可见,输出功率谱密度函数只与系统传输函数的幅频特性有关,而与系统传输函数的相频特性无关.

2.3.3 系统输入与输出的互相关函数和互功率谱密度函数

根据(2.3.1)式,系统输入$\{x(n)\}$与输出$\{y(n)\}$之间的互相关函数可表示为

$$
\begin{aligned}
R_{xy}(n_1, n_2) = E\{x(n_1)y(n_2)\} &= \sum_{k_2=-\infty}^{+\infty} h(k_2)E\{x(n_1)x(n_2-k_2)\} \\
&= \sum_{k_2=-\infty}^{+\infty} h(k_2)R_x(n_1, n_2-k_2)
\end{aligned}
\tag{2.3.11}
$$

$$
R_{yx}(n_1, n_2) = E\{y(n_1)x(n_2)\} = \sum_{k_1=-\infty}^{+\infty} h(k_1)E\{x(n_1-k_1)x(n_2)\}
$$

$$= \sum_{k_1=-\infty}^{+\infty} h(k_1) R_x(n_1 - k_1, n_2) \tag{2.3.12}$$

当输入$\{x(n)\}$广义平稳时，$R_x(n_1, n_2) = R_x(n_1 - n_2) = R_x(m)$，则

$$R_{xy}(n_1, n_2) = \sum_{k_2=-\infty}^{+\infty} h(k_2) R_x(m + k_2) = R_{xy}(m) \tag{2.3.13}$$

$$R_{yx}(n_1, n_2) = \sum_{k_1=-\infty}^{+\infty} h(k_1) R_x(m - k_1) = R_{yx}(m) = R_{xy}(-m) \tag{2.3.14}$$

对以上等式两边进行傅里叶变换，可得输入与输出之间的互功率谱密度函数，为

$$\begin{aligned} S_{xy}(\Omega) &= \sum_{m=-\infty}^{+\infty} R_{xy}(m) e^{-j\Omega m} = \sum_{m=-\infty}^{+\infty} \sum_{k_2=-\infty}^{+\infty} h(k_2) R_x(m + k_2) e^{-j\Omega m} \\ &= H(-j\Omega) S_x(\Omega) \end{aligned} \tag{2.3.15}$$

$$\begin{aligned} S_{yx}(\Omega) &= \sum_{m=-\infty}^{+\infty} R_{yx}(m) e^{-j\Omega m} = \sum_{m=-\infty}^{+\infty} \sum_{k_1=-\infty}^{+\infty} h(k_1) R_x(m - k_1) e^{-j\Omega m} \\ &= H(j\Omega) S_x(\Omega) \end{aligned} \tag{2.3.16}$$

结合(2.3.10)式，有如下关系式成立：

$$S_y(\Omega) = H(-j\Omega) H(j\Omega) S_x(\Omega) = H(-j\Omega) S_{yx}(\Omega) = H(j\Omega) S_{xy}(\Omega) \tag{2.3.17}$$

综上所述，我们可以得到与连续随机信号相类似的结论：当广义平稳随机序列$\{x(n)\}$从$-\infty$时刻开始就加入到线性时不变系统，则系统输出广义平稳，且输出与输入联合广义平稳．系统输入、输出之间的统计关系也可参照图 2.3 所示．但是，如果广义平稳随机序列$\{x(n)\}$是从 $n=0$ 时刻开始加入系统，即 $x(n)=0(n<0)$，此时系统输出不再平稳．

2.4　白噪声通过线性时不变系统

白噪声是实际应用中最常遇见的一种噪声，它是一种广义平稳的随机信号，其特殊的概率特性使它在线性系统的分析中起着非常重要的作用．白噪声$\{n(t)\}$的均值为零，功率谱密度函数均匀分布在无限宽的频带范围内，即

$$S_n(\omega) = \frac{N_0}{2} \quad (-\infty < \omega < +\infty) \tag{2.4.1}$$

其中，N_0为常数．白噪声的“白”字是借用了光学中白光的概念，白光的光谱覆盖了所有可见光的频率．不具有上述均匀功率谱的噪声称为色噪声．

对于零均值白噪声，协方差函数与自相关函数相等，因此常用自相关函数代替协方差函数．

根据维纳-辛钦定理，我们可以进一步得到白噪声的自相关函数以及相关系数，分别为

$$R_n(\tau) = \frac{1}{2\pi} \int_{-\infty}^{+\infty} S_n(\omega) e^{j\omega\tau} d\omega = \frac{N_0}{4\pi} \int_{-\infty}^{+\infty} e^{j\omega\tau} d\omega = \frac{N_0}{2} \delta(\tau) \tag{2.4.2}$$

$$\rho_n(\tau) = \frac{R_n(\tau)}{R_n(0)} = \begin{cases} 1 & (\tau = 0) \\ 0 & (\tau \neq 0) \end{cases} \tag{2.4.3}$$

(2.4.3)式表明，白噪声在两个不同时刻的样本都是不相关的，且平均功率 $R_n(0)$ 无限大. 然而，上述定义的白噪声只是一种理想化的噪声模型，在实际中是不可能存在的. 因为实际系统的带宽总是有限的，有限带宽系统中白噪声的平均功率不可能是无限大的. 通常情况下，只要平稳随机信号的功率谱密度函数在比系统带宽大得多的频率范围内近似均匀分布，就可以将其视为白噪声，这种白噪声通常又被称为带限白噪声.

2.4.1 系统输出的一般特征及等效噪声带宽

作为一种特殊的广义平稳随机信号，白噪声通过线性时不变系统后的输出同样具有 2.2 节中所列举的一系列统计特征. 根据(2.2.5)～(2.2.17)式，我们可得如下结论：

$$m_y = m_n\int_{-\infty}^{+\infty} h(\tau)\mathrm{d}\tau = m_n H(0) = 0 \tag{2.4.4}$$

$$\begin{aligned} R_y(\tau) &= \frac{N_0}{2}\int_{-\infty}^{+\infty}\int_{-\infty}^{+\infty} h(\tau_1)h(\tau_2)\delta(\tau-\tau_1+\tau_2)\mathrm{d}\tau_1\mathrm{d}\tau_2 \\ &= \frac{N_0}{2}\int_{-\infty}^{+\infty} h(\tau_2)h(\tau+\tau_2)\mathrm{d}\tau_2 \end{aligned} \tag{2.4.5}$$

$$S_y(\omega) = \frac{N_0}{2}\mid H(\mathrm{j}\omega)\mid^2 \tag{2.4.6}$$

$$\begin{aligned} R_{ny}(\tau) &= \frac{N_0}{2}\int_{-\infty}^{+\infty} h(\tau_2)\delta(\tau+\tau_2)\mathrm{d}\tau_2 \\ &= \frac{N_0}{2}h(-\tau) = R_{yn}(-\tau) \end{aligned} \tag{2.4.7}$$

$$S_{ny}(\omega) = \frac{N_0}{2}H(-\mathrm{j}\omega) = S_{yn}(-\omega) \tag{2.4.8}$$

由(2.4.6)式可知，白噪声通过线性时不变系统后，输出一般不再具有均匀分布的功率谱密度函数，而是由系统的幅频响应来决定，输出一般是色噪声. 此时，输出噪声的平均功率为

$$\begin{aligned} R_y(0) &= \frac{N_0}{2}\int_{-\infty}^{+\infty} h^2(\tau)\mathrm{d}\tau = \frac{N_0}{4\pi}\int_{-\infty}^{+\infty}\mid H(\mathrm{j}\omega)\mid^2\mathrm{d}\omega \\ &= \frac{N_0}{2\pi}\int_{0}^{+\infty}\mid H(\mathrm{j}\omega)\mid^2\mathrm{d}\omega \end{aligned} \tag{2.4.9}$$

上式中利用了实际系统的冲激响应一般为实函数的性质.

在实际应用中，为了便于计算系统的输出噪声功率，人们引入了等效噪声带宽的概念. 用一个具有矩形幅频响应的理想系统来替代实际系统，当白噪声激励这个理想系统时，输出噪声的功率谱密度函数在通带范围内均匀分布. 若输出噪声的平均功率等于实际系统输出的平均功率，且理想系统 $H_e(\mathrm{j}\omega)$ 在通带范围内的幅频值等于实际系统幅频响应的最大值，则理想系统的带宽 $\Delta\omega_e$ 就定义为实际系统的等效噪声带宽，如图 2.4 所示. 此时输出噪声的平均功率为

$$R_y(0) = \frac{N_0}{2\pi}\int_{0}^{+\infty}\mid H_e(\mathrm{j}\omega)\mid^2\mathrm{d}\omega = \frac{N_0}{2\pi}\Delta\omega_e\mid H(\mathrm{j}\omega)\mid^2_{\max}$$

$$= \frac{N_0}{2\pi}\int_0^{+\infty} |H(\mathrm{j}\omega)|^2 \mathrm{d}\omega \tag{2.4.10}$$

解得

$$\Delta\omega_e = \frac{1}{|H(\mathrm{j}\omega)|_{\max}^2}\int_0^{+\infty} |H(\mathrm{j}\omega)|^2 \mathrm{d}\omega \tag{2.4.11}$$

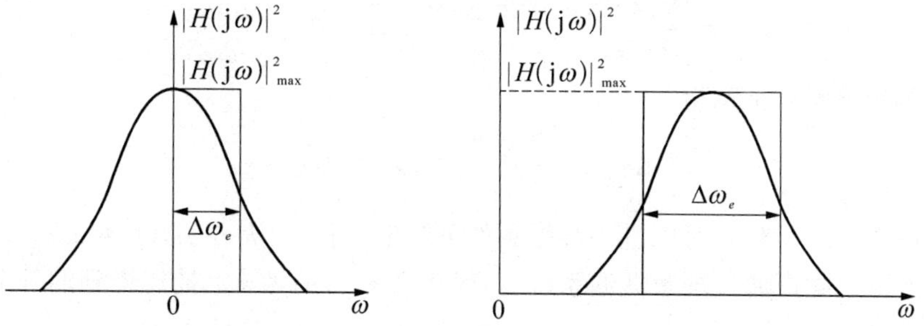

(a) 低通系统　　(b) 带通系统

图 2.4　系统的等效噪声带宽

此外，根据(2.4.5)式和(2.4.6)式，我们可以通过用白噪声激励一个线性时不变系统的方法，来产生具有特定二阶统计特征的平稳随机信号，这是个信号建模问题. 但由于系统输出的功率谱密度函数只提供了系统的幅频信息，缺少相频信息，我们只能据此得到最小相移系统. 反过来，如果知道了平稳随机信号的二阶统计特征，将其激励一个线性时不变系统来产生一个白噪声信号，则称之为对随机信号进行预白化. 由(2.4.7)式和(2.4.8)式，我们还可以看到：系统输出与输入之间的互相关函数(或互功率谱密度函数)等于系统的冲激响应(或传输函数)乘上一个常数. 也就是说，当白噪声激励一个未知的线性时不变系统时，可以通过估计系统输出与白噪声之间的互相关函数(或互功率谱密度函数)来估计系统的冲激响应(或传输函数)，这是一个系统辨识问题.

2.4.2　白噪声通过理想低通系统

图 2.5 所示为一个理想的低通系统，系统的幅频响应为

$$|H(\mathrm{j}\omega)| = \begin{cases} A & (|\omega| \leqslant \Delta\omega) \\ 0 & (|\omega| > \Delta\omega) \end{cases} \tag{2.4.12}$$

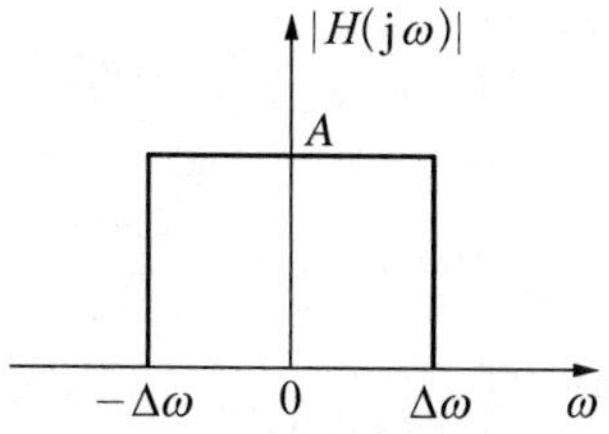

图 2.5　理想低通系统

当白噪声通过该系统时，输出的功率谱密度函数和自相关函数可以分别表示为

$$S_y(\omega)=\begin{cases}\dfrac{N_0A^2}{2} & (|\omega|\leqslant\Delta\omega)\\ 0 & (|\omega|>\Delta\omega)\end{cases} \tag{2.4.13}$$

$$R_y(\tau)=\frac{N_0A^2}{2}\cdot\frac{1}{2\pi}\int_{-\Delta\omega}^{\Delta\omega}e^{j\omega\tau}d\omega=\frac{N_0A^2}{2\pi}\int_0^{\Delta\omega}\cos\omega\tau d\omega$$

$$=\frac{N_0A^2\Delta\omega}{2\pi}\cdot\frac{\sin\Delta\omega\tau}{\Delta\omega\tau}=R_y(0)\cdot\frac{\sin\Delta\omega\tau}{\Delta\omega\tau} \tag{2.4.14}$$

此时,系统的等效噪声带宽为

$$\Delta\omega_e=\frac{1}{A^2}\int_0^{\Delta\omega}A^2d\omega=\Delta\omega \tag{2.4.15}$$

此外,根据(2.4.14)式可以进一步得到如下结论:当 $\tau=k\pi/\Delta\omega(k=\pm1,\pm2,\cdots)$ 时,$R_y(\tau)=0$,即白噪声通过理想低通系统后,输出在 $\pi/\Delta\omega$ 间隔上抽样得到的各个样本是互不相关的.

2.4.3 白噪声通过理想带通系统

图 2.6 所示为一个理想的带通系统,系统的幅频响应为

$$|H(j\omega)|=\begin{cases}A & \left(|\omega\pm\omega_0|\leqslant\dfrac{\Delta\omega}{2}\right)\\ 0 & \left(|\omega\pm\omega_0|>\dfrac{\Delta\omega}{2}\right)\end{cases} \tag{2.4.16}$$

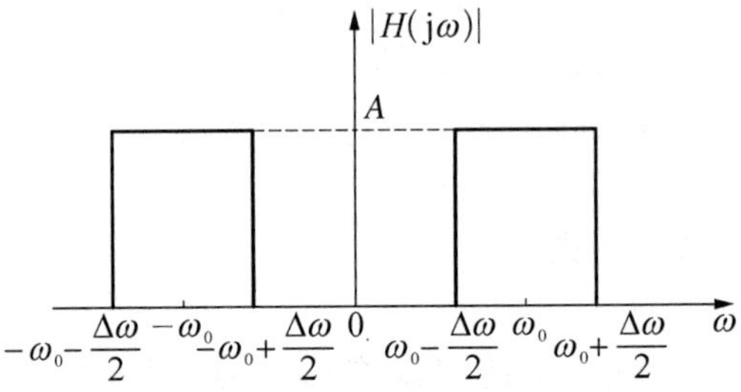

图 2.6　理想带通系统

当白噪声通过该系统,输出的功率谱密度函数和自相关函数可以分别表示为

$$S_y(\omega)=\begin{cases}\dfrac{N_0A^2}{2} & \left(|\omega\pm\omega_0|\leqslant\dfrac{\Delta\omega}{2}\right)\\ 0 & \left(|\omega\pm\omega_0|>\dfrac{\Delta\omega}{2}\right)\end{cases} \tag{2.4.17}$$

$$R_y(\tau)=\frac{N_0A^2}{2\pi}\int_{\omega_0-\frac{\Delta\omega}{2}}^{\omega_0+\frac{\Delta\omega}{2}}\cos\omega\tau d\omega$$

$$=\frac{N_0A^2}{2\pi\tau}\sin\left(\omega_0+\frac{\Delta\omega}{2}\right)\tau-\frac{N_0A^2}{2\pi\tau}\sin\left(\omega_0-\frac{\Delta\omega}{2}\right)\tau$$

$$= \frac{N_0 A^2}{\pi\tau} \sin \frac{\Delta\omega\tau}{2} \cos \omega_0 \tau$$

$$= \frac{N_0 A^2 \Delta\omega}{2\pi} \cdot \frac{\sin \frac{\Delta\omega\tau}{2}}{\frac{\Delta\omega\tau}{2}} \cos \omega_0 \tau$$

$$= R_y(0) \cdot \frac{\sin \frac{\Delta\omega\tau}{2}}{\frac{\Delta\omega\tau}{2}} \cos \omega_0 \tau \tag{2.4.18}$$

此时,系统的等效噪声带宽为

$$\Delta\omega_e = \frac{1}{A^2} \int_{\omega_0 - \frac{\Delta\omega}{2}}^{\omega_0 + \frac{\Delta\omega}{2}} A^2 \mathrm{d}\omega = \Delta\omega \tag{2.4.19}$$

当 $\omega_0 = 0$ 时,(2.4.18)式就退化为(2.4.14)式(带宽定义不同相差一个系数 2).(2.4.18)式还可以看成由包含 $\Delta\omega\tau$ 和包含 $\omega_0\tau$ 的两部分组成,当 $\Delta\omega \ll \omega_0$ 时,前者为慢变函数,后者为快变函数.当 $\tau = 2k\pi/\Delta\omega(k = \pm 1, \pm 2, \cdots)$时,$R_y(\tau) = 0$,输出在 $2\pi/\Delta\omega$ 间隔上抽样得到的各个样本是互不相关的.

2.4.4　白噪声通过具有高斯频率特性的带通系统

由多级单调谐中频放大器级联构成的系统,其幅频特性近似具有高斯特性.图 2.7 所示的是一个具有高斯频率特性的带通系统,系统的幅频响应为

$$|H(\mathrm{j}\omega)| = \begin{cases} A\exp\left[-\dfrac{(\omega - \omega_0)^2}{2\beta^2}\right] & (\omega > 0) \\ A\exp\left[-\dfrac{(\omega + \omega_0)^2}{2\beta^2}\right] & (\omega < 0) \end{cases} \tag{2.4.20}$$

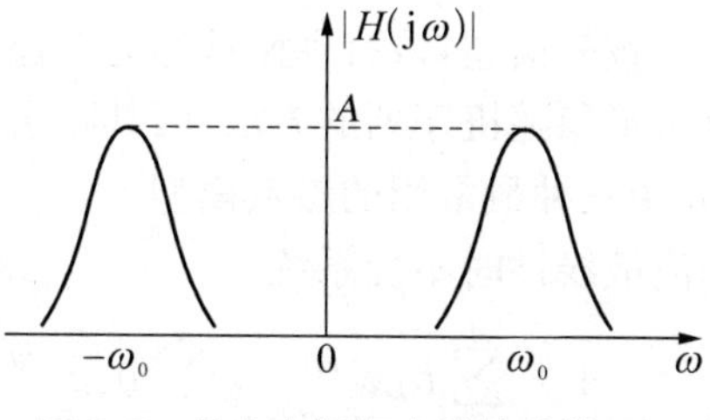

图 2.7　具有高斯频率特性的带通系统

当白噪声通过该系统,输出的功率谱密度函数为

$$S_y(\omega) = \begin{cases} \dfrac{N_0 A^2}{2}\exp\left[-\dfrac{(\omega - \omega_0)^2}{\beta^2}\right] & (\omega > 0) \\ \dfrac{N_0 A^2}{2}\exp\left[-\dfrac{(\omega + \omega_0)^2}{\beta^2}\right] & (\omega < 0) \end{cases} \tag{2.4.21}$$

当 β^2 足够小时,可以将 $S_y(\omega)$看作是如下基带信号 $s_1(\tau)$经过上变频后的带通信号:

$$s_1(\tau) = \frac{1}{2\pi}\int_{-\infty}^{+\infty} N_0 A^2 \exp\left(-\frac{\omega^2}{\beta^2}\right) e^{j\omega\tau} d\omega \tag{2.4.22}$$

此时,输出的自相关函数可表示为

$$R_y(\tau) = s_1(\tau)\cos\omega_0\tau = \frac{N_0 A^2}{2\pi}\int_{-\infty}^{+\infty} \exp\left(-\frac{\omega^2}{\beta^2}\right) e^{j\omega\tau} d\omega \cos\omega_0\tau \tag{2.4.23}$$

利用 $\exp(-a^2t^2)$ 与 $\frac{\sqrt{\pi}}{a}\exp\left(-\frac{\omega^2}{4a^2}\right)$ 为一对傅里叶变换对,取 $\frac{\beta}{2}=a$,则

$$R_y(\tau) = \frac{N_0 A^2 \beta}{2\sqrt{\pi}} \exp\left(-\frac{\beta^2\tau^2}{4}\right)\cos\omega_0\tau \tag{2.4.24}$$

此时,系统的等效噪声带宽为

$$\Delta\omega_e = \frac{1}{A^2}\int_0^{+\infty} A^2 \exp\left[-\frac{(\omega-\omega_0)^2}{\beta^2}\right] d\omega = \sqrt{\pi}\beta \tag{2.4.25}$$

2.5 白噪声序列和平稳随机序列的参数模型

与连续的白噪声相对应,白噪声序列 $\{w(n)\}$ 是具有如下统计特征的零均值广义平稳随机序列:

$$R_w(m) = \sigma_w^2\delta(m) \tag{2.5.1}$$

$$S_w(\Omega) = \sigma_w^2 \quad (-\pi \leqslant \Omega \leqslant \pi) \tag{2.5.2}$$

当白噪声序列通过离散线性时不变系统时,根据前面章节中的结论,输出噪声序列是广义平稳的,且与输入序列联合平稳,其具体统计特征可参照(2.4.4)~(2.4.8)式.与连续的白噪声相类似,我们也可以用白噪声序列激励一个离散的最小相移线性系统进行信号建模,产生具有特定二阶统计特征的平稳随机序列.在实际应用中,为了便于对问题的分析和处理,线性时不变系统的传输函数通常用一个有限阶数的有理函数来近似表示.相应地,系统的输出序列也就可以用有限个参数来描述,该有理函数称为平稳随机序列的参数模型.这种通过建立合适的参数模型来分析平稳随机序列的方法,因其频谱分辨率高,已成为现代谱分析中的一种重要方法.这里只介绍三种最常用的参数模型.

考虑具有如下有限阶数的离散线性时不变系统

$$H(j\Omega) = \frac{1+\sum_{k=1}^{q} b_k e^{-j\Omega k}}{1+\sum_{k=1}^{p} a_k e^{-j\Omega k}} = \frac{\sum_{k=0}^{q} b_k e^{-j\Omega k}}{\sum_{k=0}^{p} a_k e^{-j\Omega k}} \tag{2.5.3}$$

其中,$a_0 = b_0 = 1$,其他参数由输出序列 $\{y(n)\}$ 的二阶统计特征(自相关函数或功率谱密度函数)决定.写成 Z 变换的形式

$$H(z) = \frac{1+\sum_{k=1}^{q} b_k z^{-k}}{1+\sum_{k=1}^{p} a_k z^{-k}} = \frac{\prod_{k=1}^{q}(1-\beta_k z^{-1})}{\prod_{k=1}^{p}(1-\alpha_k z^{-1})} \tag{2.5.4}$$

其中，α_k 和β_k 分别为系统的极点和零点，为保证系统的因果稳定性，这里要求$|\alpha_k|<1$.

2.5.1　自回归滑动平均模型

如果系数 $a_1,a_2,\cdots,a_p$ 和$b_1,b_2,\cdots,b_q$ 不全为零，且$a_p\neq0,b_q\neq0$时，此时系统既存在零点也存在极点. 当白噪声序列$\{w(n)\}$激励上述系统后，系统输出$\{y(n)\}$与输入$\{w(n)\}$之间的关系可由如下差分方程表示：

$$\begin{aligned}y(n)&=-a_1y(n-1)-a_2y(n-2)-\cdots-a_py(n-p)\\&\quad+w(n)+b_1w(n-1)+b_2w(n-2)+\cdots+b_qw(n-q)\\&=\sum_{k=0}^{q}b_kw(n-k)-\sum_{k=1}^{p}a_ky(n-k)\end{aligned}\tag{2.5.5}$$

称(2.5.5)式为平稳随机序列$\{y(n)\}$的 ***p* 阶自回归 *q* 阶滑动平均模型**(AutoRegressive Moving Average Model, ARMA)，记为 ARMA(p, q). 由该模型表征的平稳随机序列$\{y(n)\}$，也即系统输出的功率谱密度函数和自相关函数分别为

$$S_y(\Omega)=\sigma_w^2\frac{\left|\sum\limits_{k=0}^{q}b_k\mathrm{e}^{-\mathrm{j}\Omega k}\right|^2}{\left|\sum\limits_{k=0}^{p}a_k\mathrm{e}^{-\mathrm{j}\Omega k}\right|^2}\tag{2.5.6}$$

$$\begin{aligned}R_y(m)&=R_y(n_1-n_2)=E\left\{\left[\sum_{k=0}^{q}b_kw(n_1-k)-\sum_{k=1}^{p}a_ky(n_1-k)\right]y(n_2)\right\}\\&=\sum_{k=0}^{q}b_kR_{wy}(m-k)-\sum_{k=1}^{p}a_kR_y(m-k)\\&=\sum_{k=0}^{q}b_k\sigma_w^2h(k-m)-\sum_{k=1}^{p}a_kR_y(m-k)\end{aligned}\tag{2.5.7}$$

上式利用了 2.3.3 节中的结论

$$R_{wy}(m)=\sum_{k=-\infty}^{+\infty}h(k)R_w(m+k)=\sigma_w^2h(-m)\tag{2.5.8}$$

其中，系统的冲激响应 $h(n)$可根据(2.5.3)式或(2.5.4)式经反变换获得，为

$$h(n)=\begin{cases}-\sum\limits_{k=1}^{p}a_kh(n-k)+b_n & (0\leqslant n\leqslant q)\\-\sum\limits_{k=1}^{p}a_kh(n-k) & (n>q)\\0 & (n<0)\end{cases}\tag{2.5.9}$$

2.5.2　自回归模型

当系数 $b_1,b_2,\cdots,b_q$ 均为零且$a_p\neq0$ 时，系统为全极点系统，其传输函数和冲激响应分别为

$$H(\mathrm{j}\Omega)=\frac{1}{1+\sum_{k=1}^{p}a_k\mathrm{e}^{-\mathrm{j}\Omega k}}=\frac{1}{\sum_{k=0}^{p}a_k\mathrm{e}^{-\mathrm{j}\Omega k}} \tag{2.5.10}$$

$$h(n)=\begin{cases}-\sum_{k=1}^{p}a_kh(n-k)+\delta(n) & (n\geqslant 0)\\ 0 & (n<0)\end{cases} \tag{2.5.11}$$

此时系统输出$\{y(n)\}$仅与白噪声序列$\{w(n)\}$的当前值和$\{y(n)\}$的 p 个过去值有关,即

$$y(n)=w(n)-\sum_{k=1}^{p}a_ky(n-k) \tag{2.5.12}$$

称(2.5.12)式为平稳随机序列$\{y(n)\}$的 **p 阶自回归模型**(AutoRegressive Model, AR),记为 AR(p).可见,AR(p)模型是由 ARMA(p, q)模型经过 $q=0$ 退化而来.相应地,由该模型表征的平稳随机序列$\{y(n)\}$,即系统输出的功率谱密度函数和自相关函数可表示为

$$S_y(\Omega)=\frac{\sigma_w^2}{\left|\sum_{k=0}^{p}a_k\mathrm{e}^{-\mathrm{j}\Omega k}\right|^2} \tag{2.5.13}$$

$$\begin{aligned}R_y(m)&=R_y(n_1-n_2)=E\left\{\left[w(n_1)-\sum_{k=1}^{p}a_ky(n_1-k)\right]y(n_2)\right\}\\&=R_{wy}(m)-\sum_{k=1}^{p}a_kR_y(m-k)\\&=\sigma_w^2h(-m)-\sum_{k=1}^{p}a_kR_y(m-k)\end{aligned} \tag{2.5.14}$$

2.5.3 滑动平均模型

当系数 $a_1,a_2,\cdots,a_p$ 均为零且 $b_q\neq 0$ 时,系统为全零点系统,其传输函数和冲激响应分别为

$$H(\mathrm{j}\Omega)=1+\sum_{k=1}^{q}b_k\mathrm{e}^{-\mathrm{j}\Omega k}=\sum_{k=0}^{q}b_k\mathrm{e}^{-\mathrm{j}\Omega k} \tag{2.5.15}$$

$$h(n)=\begin{cases}b_n & (0\leqslant n\leqslant q)\\ 0 & (n<0\text{ 或 }n>q)\end{cases} \tag{2.5.16}$$

此时,$\{y(n)\}$仅与白噪声序列$\{w(n)\}$的当前值和 q 个过去值有关,即

$$y(n)=w(n)+\sum_{k=1}^{q}b_kw(n-k)=\sum_{k=0}^{q}b_kw(n-k) \tag{2.5.17}$$

称(2.5.17)式为平稳随机序列$\{y(n)\}$的 **q 阶滑动平均模型**(Moving Average Model, MA),记为 MA(q).同样,MA(q)模型可以看作是由 ARMA(p, q)模型经过 $p=0$ 退化而来,相应地,由该模型表征的平稳随机序列$\{y(n)\}$,即系统输出的功率谱密度函数和自相关函数可分别表示为

$$S_y(\Omega)=\sigma_w^2\left|\sum_{k=0}^{q}b_k\mathrm{e}^{-\mathrm{j}\Omega k}\right|^2 \tag{2.5.18}$$

$$
\begin{aligned}
R_y(m) &= R_y(n_1 - n_2) = E\left\{\left[\sum_{k=0}^{q} b_k w(n_1 - k)\right] y(n_2)\right\} \\
&= \sum_{k=0}^{q} b_k R_{wy}(m-k) = \sum_{k=0}^{q} b_k \sigma_w^2 h(k-m)
\end{aligned} \tag{2.5.19}
$$

2.5.4　三种模型间的联系

在上文中，我们提到 AR 模型和 MA 模型是 ARMA 模型分别在不同条件下的特例，除此之外，这三种模型之间还可以相互等价. 下面我们就以 MA 模型为例，证明一个有限阶的 MA(q)模型可以等价于一个无穷阶的 AR 模型.

对(2.5.17)式两边取 Z 变换，并利用(2.5.4)式，可得

$$
Y(z) = H(z)W(z) = \prod_{k=1}^{q}(1-\beta_k z^{-1})W(z) \tag{2.5.20}
$$

其中，$Y(z)$ 和 $W(z)$ 分别为 $y(n)$ 和 $w(n)$ 的 Z 变换. 若系统 $H(z)$ 具有可逆性，即其零点 $|\beta_k|<1$，序列$\{w(n)\}$ 可以看成是序列$\{y(n)\}$ 激励其逆系统 H_{inv} 的输出，即

$$
W(z) = H_{\text{inv}} Y(z) = \frac{Y(z)}{\prod_{k=1}^{q}(1-\beta_k z^{-1})} \tag{2.5.21}
$$

利用系统的稳定性条件和下面的公式：

$$
\frac{1}{1-\beta_k z^{-1}} = \sum_{i=0}^{+\infty} \beta_k^i z^{-i} = 1 + \sum_{i=1}^{+\infty} \beta_k^i z^{-i} \tag{2.5.22}
$$

将其代入(2.5.21)式，得到

$$
W(z) = \prod_{k=1}^{q}\left(1 + \sum_{i=1}^{+\infty} \beta_k^i z^{-i}\right) Y(z) = \left(1 + \sum_{i=1}^{+\infty} \varepsilon_i z^{-i}\right) Y(z) \tag{2.5.23}
$$

两边进行反变换，得到

$$
y(n) = w(n) - \sum_{i=1}^{+\infty} \varepsilon_i y(n-i) \tag{2.5.24}
$$

比较(2.5.24)式与(2.5.12)式，两者在形式上完全一致，这就证明，一个可逆的有限阶 MA 模型可以等价于一个无穷阶的 AR 模型. 同样，可以用类似的分析方法得到如下结论：一个可逆的有限阶 MA 模型或 ARMA 模型可以等价于一个无穷阶的 AR 模型，一个稳定的有限阶 AR 模型或 ARMA 模型也可以等价于一个无穷阶的 MA 模型.

2.6　随机信号通过线性时变系统

前面几节讨论的都是随机信号通过线性时不变系统的输出特征. 而当随机信号通过的是线性时变系统时，此时系统的输出与输入的起始作用时间有关，输出与输入之间的关系可以表示为

$$
y(t) = \int_{-\infty}^{+\infty} h(t, \tau) x(\tau) \mathrm{d}\tau \tag{2.6.1}
$$

其中，$h(t,\tau)$为时变系统的冲激响应，τ 表示系统输入端出现冲激的时刻，t 表示响应出现的时刻.当该系统为因果系统时，有 $h(t,\tau)=0(t<\tau)$.

采用类似的分析方法，可得系统输出的一阶、二阶统计特征，分别为

$$m_y(t)=E\{y(t)\}=\int_{-\infty}^{+\infty}h(t,\tau)E\{x(\tau)\}\mathrm{d}\tau=\int_{-\infty}^{+\infty}h(t,\tau)m_x(\tau)\mathrm{d}\tau \tag{2.6.2}$$

$$\begin{aligned}R_y(t_1,t_2)&=E\{y(t_1)y(t_2)\}\\&=\int_{-\infty}^{+\infty}\int_{-\infty}^{+\infty}h(t_1,\tau_1)h(t_2,\tau_2)E\{x(\tau_1)x(\tau_2)\}\mathrm{d}\tau_1\mathrm{d}\tau_2\\&=\int_{-\infty}^{+\infty}\int_{-\infty}^{+\infty}h(t_1,\tau_1)h(t_2,\tau_2)R_x(\tau_1,\tau_2)\mathrm{d}\tau_1\mathrm{d}\tau_2\end{aligned} \tag{2.6.3}$$

$$\begin{aligned}R_{xy}(t_1,t_2)&=E\{x(t_1)y(t_2)\}=\int_{-\infty}^{+\infty}h(t_2,\tau_2)E\{x(t_1)x(\tau_2)\}\mathrm{d}\tau_2\\&=\int_{-\infty}^{+\infty}h(t_2,\tau_2)R_x(t_1,\tau_2)\mathrm{d}\tau_2\end{aligned} \tag{2.6.4}$$

$$\begin{aligned}R_{yx}(t_1,t_2)&=E\{y(t_1)x(t_2)\}=\int_{-\infty}^{+\infty}h(t_1,\tau_1)E\{x(\tau_1)x(t_2)\}\mathrm{d}\tau_1\\&=\int_{-\infty}^{+\infty}h(t_1,\tau_1)R_x(\tau_1,t_2)\mathrm{d}\tau_1\end{aligned} \tag{2.6.5}$$

以冲激响应 $h(t,\tau)=f(t)\delta(t-\tau)$ 的幅度调制系统为例，假设一广义平稳的随机信号$\{x(t)\}$ 通过该线性时变系统，此时系统的输出 $y(t)=f(t)x(t)$，则其一阶、二阶统计特征分别为

$$m_y(t)=E\{y(t)\}=f(t)m_x \tag{2.6.6}$$

$$R_y(t_1,t_2)=E\{y(t_1)y(t_2)\}=f(t_1)f(t_2)R_x(t_1-t_2) \tag{2.6.7}$$

$$R_{xy}(t_1,t_2)=E\{x(t_1)y(t_2)\}=f(t_2)R_x(t_1-t_2) \tag{2.6.8}$$

$$R_{yx}(t_1,t_2)=E\{y(t_1)x(t_2)\}=f(t_1)R_x(t_1-t_2) \tag{2.6.9}$$

可见，即使输入$\{x(t)\}$广义平稳，输出$\{y(t)\}$的均值也不再是常数，而与时间 t 有关，且自相关函数与时间 t_1和 t_2都有关，系统输出不再广义平稳.输入与输出互相关函数也与时间 t_2 或 t_1 有关，输入与输出不再联合广义平稳.

2.7 随机信号通过非线性系统

除了线性系统外，实际应用中还会遇到各种各样的非线性系统.非线性系统又分为无记忆的系统和有记忆的系统，由于有记忆的非线性系统讨论起来十分复杂，本节只讨论无记忆的非线性系统.此时系统的输出只与同一时刻的输入值有关，而与输入的过去或未来值无关.常见的无记忆非线性系统有检波器、限幅器等.与线性系统不同，研究随机信号通过非线性系统输出的一阶、二阶统计特征，除了要知道输入的一阶、二阶统计特征外，还需要知道输入的其他统计特征.为非线性系统寻找一种具有一般性的分析方法比较困难，本节仅对几种较为成熟的非线性系统分析方法作一些讨论，并假定非线性系统的输入 $x(t)$与输出 $y(t)$满足如下非线性变换函数：

$$y(t) = g[x(t)] \tag{2.7.1}$$

2.7.1 直接计算法

所谓直接计算法，是指根据无记忆非线性变换函数 $g(\cdot)$ 及输入 $\{x(t)\}$ 的有关统计特征直接计算输出 $\{y(t)\}$ 的统计特征. 根据定义，输出 $\{y(t)\}$ 的均值、n 阶原点矩及自相关函数可分别表示为

$$m_y(t) = E\{y(t)\} = \int_{-\infty}^{+\infty} g(x) f_x(x;t)\mathrm{d}x \tag{2.7.2}$$

$$E\{y^n(t)\} = \int_{-\infty}^{+\infty} g^n(x) f_x(x;t)\mathrm{d}x \tag{2.7.3}$$

$$\begin{aligned} R_y(t_1, t_2) &= E\{y(t_1)y(t_2)\} \\ &= \int_{-\infty}^{+\infty}\int_{-\infty}^{+\infty} g(x_1)g(x_2)f_x(x_1, x_2; t_1, t_2)\mathrm{d}x_1\mathrm{d}x_2 \end{aligned} \tag{2.7.4}$$

式中，$x = x(t)$，$x_1 = x(t_1)$，$x_2 = x(t_2)$，$f_x(x;t)$ 和 $f_x(x_1, x_2; t_1, t_2)$ 分别为输入 $\{x(t)\}$ 的一维和二维概率密度函数.

当输入 $\{x(t)\}$ 严格平稳，此时上面各式可进一步表示为

$$m_y(t) = \int_{-\infty}^{+\infty} g(x) f_x(x)\mathrm{d}x = m_y \tag{2.7.5}$$

$$E\{y^n(t)\} = \int_{-\infty}^{+\infty} g^n(x) f_x(x)\mathrm{d}x \tag{2.7.6}$$

$$\begin{aligned} R_y(t_1, t_2) &= \int_{-\infty}^{+\infty}\int_{-\infty}^{+\infty} g(x_1)g(x_2)f_x(x_1, x_2; t_1 - t_2)\mathrm{d}x_1\mathrm{d}x_2 \\ &= R_y(t_1 - t_2) = R_y(\tau) \end{aligned} \tag{2.7.7}$$

由此，若已知输入 $\{x(t)\}$ 的概率密度函数，可计算出输出 $\{y(t)\}$ 的均值和自相关函数，输出的功率谱密度函数 $S_y(\omega)$ 则通过自相关函数的傅里叶变换得到. 但由于这种方法要计算二重积分，因此只适用于概率密度函数和非线性变换函数比较简单的情况.

现在以一个简单随机信号通过一个简单非线性系统加以说明.

零均值平稳高斯信号 $\{x(t)\}$ 输入到单向检波器，即 $g(x) = \begin{cases} bx & (x \geqslant 0,\ b > 0) \\ 0 & (x < 0) \end{cases}$，分析输出 $\{y(t)\}$ 的均值、自相关函数及功率谱密度函数.

零均值平稳高斯信号的一维和二维概率密度函数分别为

$$f_x(x) = \frac{1}{\sqrt{2\pi\sigma_x^2}}\exp\left(-\frac{x^2}{2\sigma_x^2}\right) \tag{2.7.8}$$

$$f_x(x_1, x_2, \tau) = \frac{1}{2\pi\sigma_x^2\sqrt{1-\rho_x^2(\tau)}}\exp\left\{-\frac{x_1^2 + x_2^2 - 2\rho_x(\tau)x_1x_2}{2\sigma_x^2[1-\rho_x^2(\tau)]}\right\} \tag{2.7.9}$$

由(2.7.5)式可得

$$m_y = \frac{b}{\sqrt{2\pi\sigma_x^2}}\int_0^{+\infty} x\exp\left(-\frac{x^2}{2\sigma_x^2}\right)\mathrm{d}x = \frac{b\sigma_x}{\sqrt{2\pi}} \tag{2.7.10}$$

由(2.7.7)式可得

$$R_y(\tau)=\int_0^{+\infty}\int_0^{+\infty}\frac{b^2x_1x_2}{2\pi\sigma_x^2\sqrt{1-\rho_x^2(\tau)}}\exp\left\{-\frac{x_1^2+x_2^2-2\rho_x(\tau)x_1x_2}{2\sigma_x^2[1-\rho_x^2(\tau)]}\right\}\mathrm{d}x_1\mathrm{d}x_2 \tag{2.7.11}$$

令 $z_1=\dfrac{x_1}{\sqrt{2\sigma_x^2[1-\rho_x^2(\tau)]}}$，$z_2=\dfrac{x_2}{\sqrt{2\sigma_x^2[1-\rho_x^2(\tau)]}}$，$R_y(\tau)$进一步表示为

$$R_y(\tau)=\frac{2b^2\sigma_x^2[1-\rho_x^2(\tau)]^{3/2}}{\pi}\int_0^{+\infty}\int_0^{+\infty}z_1z_2\exp[-z_1^2-z_2^2+2\rho_x(\tau)z_1z_2]\mathrm{d}z_1\mathrm{d}z_2 \tag{2.7.12}$$

利用如下定积分和相关系数公式：

$$\int_0^{+\infty}\int_0^{+\infty}xy\exp(-x^2-y^2-2xy\cos\phi)\mathrm{d}x\mathrm{d}y=\frac{1}{4\sin^2\phi}\left(1-\frac{\pi}{2}\cot\phi\right)$$

$$|\rho_x(\tau)|\leqslant 1$$

并令 $-\rho_x(\tau)=\cos\phi$，$R_y(\tau)$可进一步表示为

$$R_y(\tau)=\frac{b^2\sigma_x^2}{2\pi}\left\{\sqrt{1-\rho_x^2(\tau)}+\frac{\pi}{2}\rho_x(\tau)\right\} \tag{2.7.13}$$

当 $-1\leqslant\gamma\leqslant 1$ 时，有

$$\sqrt{1-\gamma^2}=1-\frac{\gamma^2}{2}-\frac{\gamma^4}{2\times 4}-\frac{\gamma^6}{2\times 4\times 6}+\cdots$$

则自相关函数展开为

$$R_y(\tau)=\frac{b^2\sigma_x^2}{2\pi}\left[1+\frac{\pi}{2}\rho_x(\tau)-\frac{1}{2}\rho_x^2(\tau)-\frac{1}{8}\rho_x^4(\tau)+\cdots\right] \tag{2.7.14}$$

考虑到 $|\rho_x(\tau)|\leqslant 1$，其高次幂项的值很小，可将(2.7.14)式作近似处理，得到

$$R_y(\tau)\approx\frac{b^2\sigma_x^2}{2\pi}+\frac{b^2\sigma_x^2}{4}\rho_x(\tau)-\frac{b^2\sigma_x^2}{4\pi}\rho_x^2(\tau) \tag{2.7.15}$$

利用 $\rho_x(\tau)=\dfrac{R_x(\tau)}{\sigma_x^2(\tau)}$，最后得到

$$R_y(\tau)\approx\frac{b^2\sigma_x^2}{2\pi}+\frac{b^2}{4}R_x(\tau)-\frac{b^2}{4\pi\sigma_x^2}R_x^2(\tau) \tag{2.7.16}$$

对上式作傅里叶变换，得到输出功率谱密度函数

$$S_y(\omega)\approx b^2\sigma_x^2\delta(\omega)+\frac{b^2}{4}S_x(\omega)-\frac{b^2}{4\pi\sigma_x^2}[S_x(\omega)*S_x(\omega)] \tag{2.7.17}$$

2.7.2 特征函数法

对确定信号的分析可以在时域进行，也可以在变换域进行. 同样，对随机信号的分析也可以在时域和变换域进行. 上文已经介绍了在时域中的随机信号分析，下面就其在变换域中的分析进行讨论.

假设非线性变换 $g(x)$的傅里叶变换存在，即

$$G(\mathrm{j}\omega)=\int_{-\infty}^{+\infty}g(x)\mathrm{e}^{-\mathrm{j}\omega x}\mathrm{d}x \tag{2.7.18}$$

称 $G(\mathrm{j}\omega)$为非线性系统 $g(x)$对应的传输函数. 根据随机变量一维和二维特征函数的定义

$$C_x(\omega)=E\{\mathrm{e}^{\mathrm{j}\omega x}\} \tag{2.7.19}$$

$$C_x(\omega_1,\ \omega_2)=E\{\mathrm{e}^{\mathrm{j}(\omega_1x_1+\omega_2x_2)}\} \tag{2.7.20}$$

系统输出的均值和自相关函数可表示为

$$\begin{aligned}m_y(t)&=\int_{-\infty}^{+\infty}g(x)f_x(x;t)\mathrm{d}x=\frac{1}{2\pi}\int_{-\infty}^{+\infty}\int_{-\infty}^{+\infty}G(\mathrm{j}\omega)f_x(x;t)\mathrm{e}^{\mathrm{j}\omega x}\mathrm{d}x\mathrm{d}\omega\\&=\frac{1}{2\pi}\int_{-\infty}^{+\infty}G(\mathrm{j}\omega)C_x(\omega)\mathrm{d}\omega\end{aligned} \tag{2.7.21}$$

$$\begin{aligned}R_y(t_1,\ t_2)&=\int_{-\infty}^{+\infty}\int_{-\infty}^{+\infty}g(x_1)g(x_2)f_x(x_1,\ x_2;t_1,\ t_2)\mathrm{d}x_1\mathrm{d}x_2\\&=\left(\frac{1}{2\pi}\right)^2\int_{-\infty}^{+\infty}\int_{-\infty}^{+\infty}G(\mathrm{j}\omega_1)G(\mathrm{j}\omega_2)E\{\mathrm{e}^{\mathrm{j}(\omega_1x_1+\omega_2x_2)}\}\mathrm{d}\omega_1\mathrm{d}\omega_2\\&=\left(\frac{1}{2\pi}\right)^2\int_{-\infty}^{+\infty}\int_{-\infty}^{+\infty}G(\mathrm{j}\omega_1)G(\mathrm{j}\omega_2)C_x(\omega_1,\ \omega_2)\mathrm{d}\omega_1\mathrm{d}\omega_2\end{aligned} \tag{2.7.22}$$

若考虑输入$\{x(t)\}$是零均值单位方差的高斯平稳信号,其一维、二维特征函数为

$$C_x(\omega)=\exp\left(-\frac{\omega^2}{2}\right)$$

$$C_x(\omega_1,\ \omega_2)=\exp\left\{-\frac{1}{2}[\omega_1^2+\omega_2^2+2\omega_1\omega_2R_x(\tau)]\right\}$$

将其代入(2.7.21) 式和(2.7.22) 式,并利用指数展开公式 $\mathrm{e}^x=\sum_{k=0}^{+\infty}\frac{x^k}{k!}$,可进一步得到如下的结论:

$$m_y=\frac{1}{2\pi}\int_{-\infty}^{+\infty}G(\mathrm{j}\omega)\exp\left(-\frac{\omega^2}{2}\right)\mathrm{d}\omega \tag{2.7.23}$$

$$\begin{aligned}R_y(\tau)&=\left(\frac{1}{2\pi}\right)^2\int_{-\infty}^{+\infty}\int_{-\infty}^{+\infty}G(\mathrm{j}\omega_1)G(\mathrm{j}\omega_2)\exp\left\{-\frac{1}{2}[\omega_1^2+\omega_2^2+2\omega_1\omega_2R_x(\tau)]\right\}\mathrm{d}\omega_1\mathrm{d}\omega_2\\&=\left(\frac{1}{2\pi}\right)^2\int_{-\infty}^{+\infty}\int_{-\infty}^{+\infty}G(\mathrm{j}\omega_1)G(\mathrm{j}\omega_2)\exp\left(-\frac{\omega_1^2+\omega_2^2}{2}\right)\left[\sum_{k=0}^{+\infty}\frac{R_x^k(\tau)}{k!}(-\omega_1\omega_2)^k\right]\mathrm{d}\omega_1\mathrm{d}\omega_2\\&=\sum_{k=0}^{+\infty}\frac{(-1)^kR_x^k(\tau)}{k!(2\pi)^2}\left[\int_{-\infty}^{+\infty}G(\mathrm{j}\omega)\omega^k\exp\left(-\frac{\omega^2}{2}\right)\mathrm{d}\omega\right]^2\end{aligned} \tag{2.7.24}$$

2.7.3　普赖斯定理

当输入的特征函数和非线性变换函数比较复杂时,直接利用特征函数法中的公式计算自相关函数有时比较困难. 现在针对输入为平稳高斯随机信号进行分析.

假定输入$\{x(t)\}$为平稳高斯随机信号,均值为 μ,方差为 σ_x^2,相关系数为 $\rho_x(\tau)$. 其二维概率密度函数和特征函数分别为

$$f_x(x_1,\ x_2;\tau)=\frac{1}{2\pi\sigma_x^2\sqrt{1-\rho_x^2(\tau)}}$$

$$\cdot \exp\left\{-\frac{(x_1-\mu)^2+(x_2-\mu)^2-2\rho_x(\tau)(x_1-\mu)(x_2-\mu)}{2\sigma_x^2[1-\rho_x^2(\tau)]}\right\} \tag{2.7.25}$$

$$C_x(\omega_1,\ \omega_2)=\exp[\mathrm{j}\mu(\omega_1+\omega_2)]\exp\left\{-\frac{\sigma_x^2}{2}[\omega_1^2+\omega_2^2+2\omega_1\omega_2\rho_x(\tau)]\right\} \tag{2.7.26}$$

对(2.7.26)式两边求导,得到

$$\begin{aligned}\frac{\partial^k C_x}{\partial\rho_x^k(\tau)}&=(-1)^k\sigma_x^{2k}\omega_1^k\omega_2^k\exp[\mathrm{j}\mu(\omega_1+\omega_2)]\exp\left\{-\frac{\sigma_x^2}{2}[\omega_1^2+\omega_2^2+2\omega_1\omega_2\rho_x(\tau)]\right\}\\&=(-1)^k\sigma_x^{2k}\omega_1^k\omega_2^k C_x(\omega_1,\ \omega_2)\end{aligned} \tag{2.7.27}$$

将(2.7.26)式代入(2.7.22)式,并对两边求导,得到

$$\begin{aligned}\frac{\partial^k R_y(\tau)}{\partial\rho_x^k(\tau)}&=\frac{\partial^k}{\partial\rho_x^k(\tau)}\left\{\frac{1}{4\pi^2}\int_{-\infty}^{+\infty}\int_{-\infty}^{+\infty}G(\mathrm{j}\omega_1)G(\mathrm{j}\omega_2)\exp[\mathrm{j}\mu(\omega_1+\omega_2)]\right.\\&\quad\left.\cdot\exp\left\{-\frac{\sigma_x^2}{2}\left[\omega_1^2+\omega_2^2+2\omega_1\omega_2\rho_x(\tau)\right]\right\}\mathrm{d}\omega_1\mathrm{d}\omega_2\right\}\\&=\frac{(-1)^k\sigma_x^{2k}}{4\pi^2}\int_{-\infty}^{+\infty}\int_{-\infty}^{+\infty}\omega_1^k\omega_2^k G(\mathrm{j}\omega_1)G(\mathrm{j}\omega_2)\exp[\mathrm{j}\mu(\omega_1+\omega_2)]\\&\quad\cdot\exp\left\{-\frac{\sigma_x^2}{2}[\omega_1^2+\omega_2^2+2\omega_1\omega_2\rho_x(\tau)]\right\}\mathrm{d}\omega_1\mathrm{d}\omega_2\\&=\frac{(-1)^k\sigma_x^{2k}}{4\pi^2}\int_{-\infty}^{+\infty}\int_{-\infty}^{+\infty}\omega_1^k\omega_2^k G(\mathrm{j}\omega_1)G(\mathrm{j}\omega_2)C_x(\omega_1,\ \omega_2)\mathrm{d}\omega_1\mathrm{d}\omega_2\end{aligned} \tag{2.7.28}$$

更进一步,因为

$$g^{(k)}(x)=\frac{\partial^k g(x)}{\partial x^k}=\frac{\partial^k}{\partial x^k}\left[\frac{1}{2\pi}\int_{-\infty}^{+\infty}G(\mathrm{j}\omega)\mathrm{e}^{\mathrm{j}\omega x}\mathrm{d}\omega\right]=\frac{\mathrm{j}^k}{2\pi}\int_{-\infty}^{+\infty}\omega^k G(\mathrm{j}\omega)\mathrm{e}^{\mathrm{j}\omega x}\mathrm{d}\omega \tag{2.7.29}$$

(2.7.28)式可进一步表示为另一形式,即

$$\begin{aligned}\frac{\partial^k R_y(\tau)}{\partial\rho_x^k(\tau)}&=\frac{(-1)^k\sigma_x^{2k}}{4\pi^2}\int_{-\infty}^{+\infty}\int_{-\infty}^{+\infty}\omega_1^k\omega_2^k G(\mathrm{j}\omega_1)G(\mathrm{j}\omega_2)\\&\quad\cdot\int_{-\infty}^{+\infty}\int_{-\infty}^{+\infty}f_x(x_1,\ x_2;\tau)\mathrm{e}^{\mathrm{j}(\omega_1x_1+\omega_2x_2)}\mathrm{d}x_1\mathrm{d}x_2\mathrm{d}\omega_1\mathrm{d}\omega_2\\&=\sigma_x^{2k}\int_{-\infty}^{+\infty}\int_{-\infty}^{+\infty}g^{(k)}(x_1)g^{(k)}(x_2)f_x(x_1,\ x_2;\tau)\mathrm{d}x_1\mathrm{d}x_2\end{aligned} \tag{2.7.30}$$

(2.7.28)式及(2.7.30)式构成了**普赖斯定理**.基于普赖斯定理,形成如下的"导数计算法",即求解 $R_y(\tau)$ 相当于求解由(2.7.28)式或(2.7.30)式表示的微分方程,该方程的起始条件可由下式得到

$$\left.\frac{\partial^r R_y(\tau)}{\partial\rho_x^r(\tau)}\right|_{\rho_x(\tau)=0}=\sigma_x^{2r}m_r^2\quad(r=0,\ 1,\ \cdots,\ k-1) \tag{2.7.31}$$

式中, $m_r=\dfrac{1}{\sqrt{2\pi\sigma_x^2}}\displaystyle\int_{-\infty}^{+\infty}g^{(r)}(x)\exp\left[-\frac{(x-\mu)^2}{2\sigma_x^2}\right]\mathrm{d}x$.

由普赖斯定理导出的"导数计算法"解决某些问题是很方便的,它特别适用于非线性变换函数 $g(x)$ 经多次求导后能得到 δ 函数的情况,但前提是输入必须是平稳高斯随机信号.

现在以平稳高斯随机信号通过一个简单非线性系统加以说明.

零均值平稳高斯信号$\{x(t)\}$输入到理想硬限幅器,即 $g(x)=\begin{cases}1 & (x\geqslant 0)\\ -1 & (x<0)\end{cases}$,分析输出$\{y(t)\}$的自相关函数.

因为 $g^{(1)}(x)=2\delta(x)$,利用(2.7.30)式可得到

$$\begin{aligned}\frac{\partial R_y(\tau)}{\partial \rho_x(\tau)} &= \int_{-\infty}^{+\infty}\int_{-\infty}^{+\infty}\frac{4\delta(x_1)\delta(x_2)}{2\pi\sqrt{1-\rho_x^2(\tau)}}\exp\left\{-\frac{x_1^2+x_2^2-2x_1x_2\rho_x(\tau)}{2\sigma_x^2[1-\rho_x^2(\tau)]}\right\}\mathrm{d}x_1\mathrm{d}x_2\\ &= \frac{2}{\pi\sqrt{1-\rho_x^2(\tau)}}\end{aligned} \tag{2.7.32}$$

对上式求积分,可得到 $R_y(\tau)$为

$$R_y(\tau)=\frac{2}{\pi}\int_{-\infty}^{+\infty}\frac{\mathrm{d}\rho_x(\tau)}{\sqrt{1-\rho_x^2(\tau)}}=\frac{2}{\pi}\arcsin\rho_x(\tau)+C_1 \tag{2.7.33}$$

根据(2.7.31)式求边界条件,为

$$\begin{aligned}R_y(\tau)\big|_{\rho_x(\tau)=0} &= \frac{1}{2\pi\sigma_x^2}\left[\int_{-\infty}^{+\infty}g(x)\exp\left(-\frac{x^2}{2\sigma_x^2}\right)\mathrm{d}x\right]^2\\ &= \frac{1}{2\pi\sigma_x^2}\left[\int_{0}^{+\infty}\exp\left(-\frac{x^2}{2\sigma_x^2}\right)\mathrm{d}x-\int_{-\infty}^{0}\exp\left(-\frac{x^2}{2\sigma_x^2}\right)\mathrm{d}x\right]^2\\ &= 0\end{aligned} \tag{2.7.34}$$

将(2.7.34)式代入(2.7.33)式,求得 $C_1=0$,最终 $R_y(\tau)$ 为

$$R_y(\tau)=\frac{2}{\pi}\arcsin\rho_x(\tau) \tag{2.7.35}$$

2.7.4　级数展开法

不论是直接计算法还是特征函数法,在积分不易计算时都可以采用把非线性变换函数作级数展开的方法来近似求解.假定非线性变换函数 $g(x)$可以在 $x=0$ 附近进行泰勒级数展开,即

$$g(x)=\sum_{k=0}^{+\infty}\frac{g^{(k)}(0)}{k!}x^k=\sum_{k=0}^{+\infty}a_kx^k \tag{2.7.36}$$

根据需要,可将(2.7.36)式的 $g(x)$近似表示为有限项之和,即

$$g(x)=\sum_{k=0}^{n}a_kx^k \tag{2.7.37}$$

此时输出的均值可表示为

$$m_y(t)=E\{y(t)\}=\sum_{k=0}^{n}a_kE\{x^k(t)\} \tag{2.7.38}$$

输出的自相关函数为

$$R_y(t_1,t_2)=E\{y(t_1)y(t_2)\}=\sum_{k=0}^{n}\sum_{l=0}^{n}a_ka_lE\{x^k(t_1)x^l(t_2)\} \tag{2.7.39}$$

可见,采用级数展开法,输出的均值和自相关函数可以直接表示为输入各阶矩的线性组合.但当级数展开的项超过三个时,计算就会显得十分复杂.

现在以一个简单随机信号通过一个简单非线性系统加以说明.

零均值平稳高斯信号$\{x(t)\}$输入到一指数系统，即 $g(x)=b^x(b>0)$，分析输出$\{y(t)\}$的自相关函数.

因为 $g^{(k)}(x)=g(x)(\ln b)^k$，对 $g(x)$作泰勒级数展开，可得

$$g(x)=\sum_{k=0}^{+\infty}\frac{g^{(k)}(0)}{k!}x^k=\sum_{k=0}^{+\infty}\frac{(\ln b)^k}{k!}x^k \tag{2.7.40}$$

根据(2.7.39)式，可得

$$R_y(\tau)=\sum_{k=0}^{n}\sum_{l=0}^{n}\frac{(\ln b)^k}{k!}\frac{(\ln b)^l}{l!}\cdot\int_{-\infty}^{+\infty}\int_{-\infty}^{+\infty}\frac{x_1^k x_2^l}{2\pi\sigma_x^2\sqrt{1-\rho_x^2(\tau)}}\exp\left\{-\frac{x_1^2+x_2^2-2\rho_x(\tau)x_1x_2}{2\sigma_x^2[1-\rho_x^2(\tau)]}\right\}dx_1dx_2 \tag{2.7.41}$$

如果只考虑 $g(x)$泰勒级数展开的前三项，即

$$g(x)\approx 1+(\ln b)x+\frac{(\ln b)^2}{2}x^2\triangleq b_0+b_1x+b_2x^2 \tag{2.7.42}$$

利用零均值高斯变量 x 的矩特性：

$$E\{x^n\}=\begin{cases}1\cdot 3\cdot\cdots\cdot(n-1)\sigma_x^n & (n=2m)\\ 0 & (n=2m-1)\end{cases}\quad(m=1,2,\cdots) \tag{2.7.43}$$

$$E\{x_1x_2x_3x_4\}=E\{x_1x_2\}E\{x_3x_4\}+E\{x_1x_3\}E\{x_2x_4\}+E\{x_1x_4\}E\{x_2x_3\} \tag{2.7.44}$$

则(2.7.41)式可近似表示为

$$\begin{aligned}R_y(\tau)&\approx\sum_{k=0}^{2}\sum_{l=0}^{2}b_kb_lE\{x^k(t_1)x^l(t_2)\}\\&=b_0^2+b_0b_2E\{x^2(t_2)\}+b_1^2E\{x(t_1)x(t_2)\}\\&\quad+b_0b_2E\{x^2(t_1)\}+b_2^2E\{x^2(t_1)x^2(t_2)\}\\&=b_0^2+2b_0b_2\sigma_x^2+b_1^2\sigma_x^2\rho_x(\tau)+b_2^2\sigma_x^4+2b_2^2\sigma_x^4\rho_x^2(\tau)\end{aligned} \tag{2.7.45}$$

代入 b_0、b_1 和 b_2，最后得到

$$R_y(\tau)=1+(\ln b)^2\sigma_x^2+(\ln b)^2\sigma_x^2\rho_x(\tau)+\frac{(\ln b)^4}{4}\sigma_x^4+\frac{(\ln b)^4}{2}\sigma_x^4\rho_x^2(\tau) \tag{2.7.46}$$

小　结

本章首先介绍了信号与系统的基本概念、分类和特点；其次分别从时间域和频域分析了平稳随机信号通过线性时不变系统后，系统输出与输入的一阶、二阶统计特征之间的关系，得到了一系列的结论；然后将其应用到对白噪声这种特殊的随机信号通过线性系统后的分析，给出了等效噪声带宽的概念；紧接着利用相同的方法分析了随机序列通过线性时不变系

统后的特征，得到了类似的一些结论；并在其基础上，引入了通过建立随机序列参数模型来分析平稳随机序列统计特征的方法，介绍了 ARMA、AR、MA 三种模型的概念及其之间的联系；随后介绍了随机信号通过线性时变系统的一阶、二阶输出统计特征；最后针对无记忆的非线性系统，给出了随机信号通过系统后的几种较为成熟的分析方法.

针对非平稳随机信号以及有记忆的非线性等更复杂的系统的处理，限于篇幅没有涉及，感兴趣的读者可查阅相关的文献和书籍.

习　题

2-1　自相关函数为 $R_x(\tau)=2e^{-4|\tau|}$ 的平稳随机信号 $\{x(t)\}$ 通过冲激响应为 $h(t)=3e^{-3t}u(t)$ 的线性系统，输出为 $\{y(t)\}$，求

(1) $\{y(t)\}$ 的自相关函数 $R_y(\tau)$；

(2) $\{x(t)\}$ 与 $\{y(t)\}$ 的互相关函数 $R_{xy}(\tau)$ 和 $R_{yx}(\tau)$ 及其在 $\tau=0$，$\tau=1$ 时的值.

2-2　平稳随机信号 $\{x(t)\}$ 通过传输函数为 $H(j\omega)$ 的线性时不变系统，输出为 $\{y(t)\}$，证明 $S_y(\omega)=H^*(j\omega)S_{yx}(\omega)$.

2-3　积分器是一个线性系统，其冲激响应为 $h(t)=\int_{t-T}^{t}\delta(u)du\ (0\leqslant t\leqslant T)$，功率谱密度函数为 $S_x(f)$ 的平稳随机信号 $\{x(t)\}$ 通过该系统后的输出为 $y(t)=\int_{t-T}^{t}x(u)du$，求 $\{y(t)\}$ 的功率谱密度函数 $S_y(f)$ 以及 $\{x(t)\}$ 与 $\{y(t)\}$ 的互功率谱密度函数 $S_{yx}(f)$.

2-4　平稳随机信号 $\{x(t)\}$ 通过图 2.8 所示的系统后的输出为 $\{y(t)\}$，证明 $\{y(t)\}$ 的功率谱密度函数为 $S_y(\omega)=2S_x(\omega)(1+\cos\omega T)$.

2-5　设 $\{x(t)\}$ 与 $\{y(t)\}$ 为联合平稳随机信号，通过图 2.9 的调制系统后，输出为 $\{z(t)\}$.

(1) 求 $\{z(t)\}$ 的自相关函数；

(2) 当 $R_x(\tau)=R_y(\tau)$，$R_{xy}(\tau)=0$ 时，证明 $R_z(\tau)=R_x(\tau)\cos\omega\tau$.

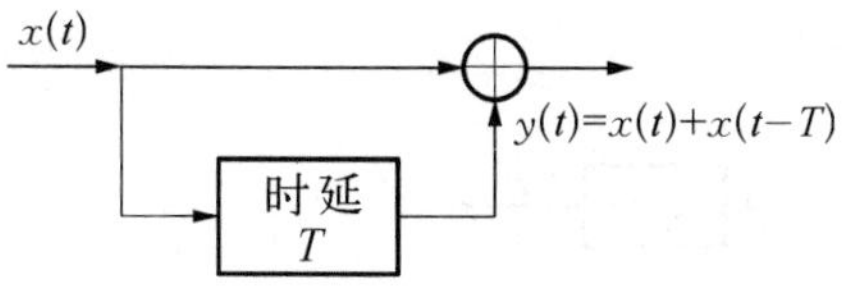

图 2.8

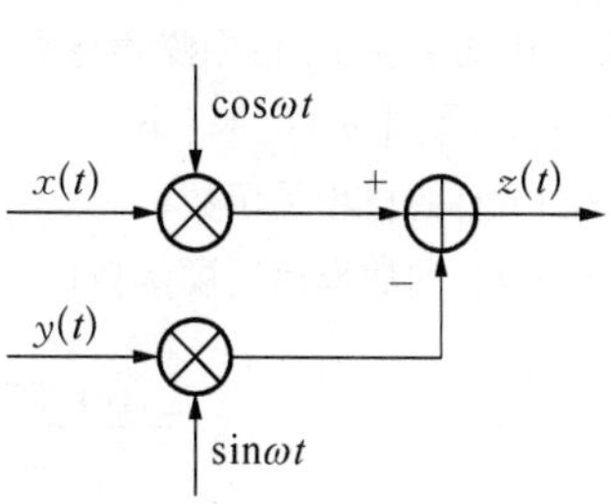

图 2.9

2-6　如图 2.10 所示为串联线性时不变系统，输入 $\{x(t)\}$ 为广义平稳随机信号，第一个系统的输出为 $\{y(t)\}$，第二个系统的输出为 $\{z(t)\}$.

(1) 求 $\{z(t)\}$ 和 $\{y(t)\}$ 的互相关函数 $R_{yz}(\tau)$；

(2) 证明 $\{z(t)\}$ 的功率谱密度函数 $S_z(f)=|H_1(f)|^2|H_2(f)|^2S_x(f)$，其中 $H_1(f)$，$H_2(f)$ 分别为 $h_1(t)$，$h_2(t)$ 的傅里叶变换.

2-7　假设线性系统如图 2.11 所示，输入端 $\{x_1(t)\}$ 与 $\{x_2(t)\}$ 为联合广义平稳随机信号，输出分别为

$\{y_1(t)\}$和$\{y_2(t)\}$.

(1) 求输出端互相关函数 $R_{y_1y_2}(\tau)$与输入端互相关函数 $R_{x_1x_2}(\tau)$的关系式；

(2) 若 $\{x(t) = x_1(t) + x_2(t)\}$，作用到冲激响应为 $h(t)$ 的线性时不变系统，输出为$\{y(t)\}$，求$\{y(t)\}$的均值、自相关函数以及功率谱密度函数.

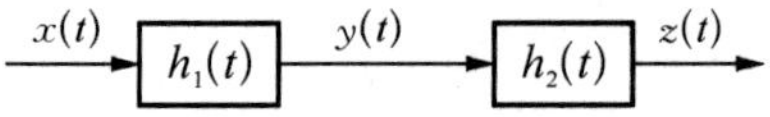

图 2.10

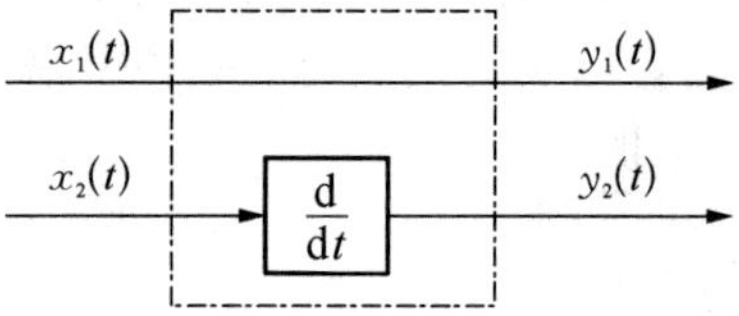

图 2.11

2-8 零均值平稳随机信号 $x(t)$ 通过冲激响应为 $h(t) = a\mathrm{e}^{-at}(t \geqslant 0)$ 的线性滤波器，证明

(1) 滤波器输出的功率谱密度函数为 $\dfrac{a^2}{a^2 + \omega^2}S_x(\omega)$；

(2) 如果滤波器的冲激响应是指数形式的一段：$h(t) = \begin{cases} a\mathrm{e}^{-at} & (0 \leqslant t \leqslant T) \\ 0 & (\text{其他}) \end{cases}$，则输出的功率谱密度函数为$\dfrac{a^2}{a^2 + \omega^2}(1 - 2\mathrm{e}^{-aT}\cos \omega T + \mathrm{e}^{-2aT})S_x(\omega)$.

2-9 均值为 0、方差为 σ_n^2 的白噪声系列$\{n(k)\}$ 通过冲激响应为 $h(k) = \begin{cases} 1 & (k = 0,1,2,3) \\ 0 & (\text{其他}) \end{cases}$ 的线性时不变系统，输出为$\{y(k)\}$，求

(1) $\{y(k)\}$的均值；

(2) $\{y(k)\}$与$\{n(k)\}$的互相关函数；

(3) $\{y(k)\}$的自相关函数.

2-10 线性时不变系统输入$\{x(n)\}$与输出$\{y(n)\}$的关系为 $y(n) = ay(n-1) + bx(n)$，其中 a，b 为常数，这是一个一阶 AR 模型，若$\{x(n)\}$ 是功率谱密度函数为 $S_x(\Omega) = 1$ 的平稳随机信号，求

(1) $\{y(n)\}$的自相关函数；

(2) $\{y(n)\}$的功率谱密度函数.

2-11 均值为 0、方差为 σ_x^2 的白噪声序列$\{x(n)\}$ 通过图 2.12 的离散系统，其中 $h_1(n) = a^n u(n)$，$h_2(n) = b^n u(n)$ 且 $|a| < 1$，$|b| < 1$，输出为$\{z(n)\}$，求

(1) $\{z(n)\}$的自相关函数；

(2) $\{z(n)\}$的功率谱密度函数.

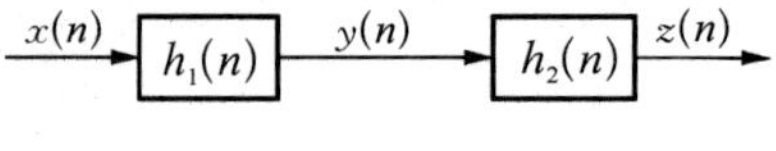

图 2.12

2-12 均值为 0、方差为 σ_x^2 的白噪声序列$\{x(n)\}$ 先通过一个平均器，其输出$\{y(n)\}$ 与$\{x(n)\}$ 的关系为 $y(n) = \dfrac{1}{2}[x(n) + x(n-1)]$，$\{y(n)\}$ 再通过一个差分器，其输出$\{z(n)\}$ 与$\{y(n)\}$ 的关系为 $z(n) = y(n) - y(n-1)$，求$\{z(n)\}$ 的均值 m_z、方差 σ_z^2、自相关函数 $R_z(k)$ 以及其功率谱密度函数 $S_z(\omega)$.

2-13 功率谱密度函数为 $N_0/2$ 的白噪声输入到如图 2.13 所示的滤波器，求滤波器输出端测得的总噪声功率.

2-14　将 $R(\tau)=(N_0/2)\delta(\tau)$ 的白噪声 $\{x(t)\}$ 输入到如图 2.14 所示的低通滤波器，输出为 $\{y(t)\}$. 求 $\{y(t)\}$ 的功率谱密度函数 $S_y(\omega)$，并证明 $\{y(t)\}$ 的自相关函数可以表示为

$$R_y(\tau_1-\tau_3)=\frac{R_y(\tau_1-\tau_2)R_y(\tau_2-\tau_3)}{R_y(0)}\quad(\tau_1>\tau_2>\tau_3)$$

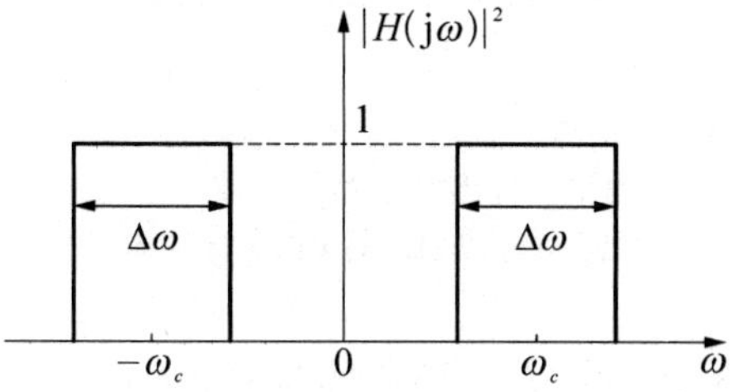

图 2.13

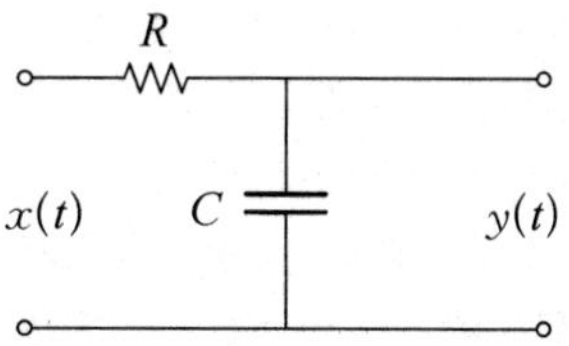

图 2.14

2-15　功率谱密度函数为 $S_x(\omega)=N_0/2$ 的白噪声 $\{x(t)\}$ 通过线性时不变系统 $H(\mathrm{j}\omega)$，输出为 $\{y(t)\}$，现用一个传输函数为

$$H_c(\mathrm{j}\omega)=\begin{cases}H(\mathrm{j}\omega) & (|\omega|\leqslant\Omega_0)\\ 0 & (|\omega|>\Omega_0)\end{cases}$$

的等效系统取代原系统，输出为 $\{y_c(t)\}$.

(1) 求 Ω_0，使得 $E\{y_c^2(t)\}=E\{y^2(t)\}$；

(2) 当 $H(\mathrm{j}\omega)=\dfrac{\beta}{2+\mathrm{j}\omega}$ 时，计算噪声带宽.

2-16　线性时不变系统输入 $\{x(n)\}$ 与输出 $\{y(n)\}$ 的关系为

$$y(n)=x(n)+b_1y(n-1)+b_2y(n-2)$$

这是一个二阶 AR 模型，$\{x(n)\}$ 是均值为 0、方差为 σ_x^2 的白噪声序列.

(1) 求使 $\{y(n)\}$ 平稳的条件；

(2) 证明 $\{y(n)\}$ 的功率谱密度函数为

$$S_y(\Omega)=\sigma_x^2[1+b_1^2+b_2^2-2b_1(1-b_2)\cos\Omega-2b_2\cos 2\Omega]^{-1};$$

(3) 求 $\{y(n)\}$ 的自相关函数.

2-17　线性时不变系统输入 $\{x(n)\}$ 与输出 $\{y(n)\}$ 的关系为

$$y(n)=x(n)+a_1x(n-1)+a_2x(n-2)$$

这是一个二阶 MA 模型，若 $\{x(n)\}$ 的功率谱密度函数为 $S_x(\Omega)=\sigma_x^2$，求 $\{y(n)\}$ 的自相关函数和功率谱密度函数.

2-18　非线性无记忆系统的输入 $\{x(t)\}$ 与输出 $\{y(t)\}$ 的关系为 $y=\exp\left(-\dfrac{x^2}{2a^2}\right)$，若 $\{x(t)\}$ 是均值为 0、功率谱密度函数为 $N_0/2$ 的平稳高斯白噪声，求 $\{y(t)\}$ 的均值与自相关函数.

2-19　均值为 0、方差为 σ_x^2 的平稳高斯信号 $\{x(t)\}$ 输入到非线性系统

$$g(x)=\begin{cases}ax & (x\geqslant 0)\\ 0 & (x<0)\end{cases}$$

求输出 $\{y(t)\}$ 的自相关函数.

计算机作业

2-1　假设某一余弦信号为 $s(t)=\cos(160\pi t)$，采样间隔为 $\Delta t=0.001$ s，采样点数 $N=512$.

(1) 通过直接求解法求该余弦信号的功率谱密度函数,并绘出该信号的功率谱密度函数波形;

(2) 求该余弦信号的时间自相关函数,并绘出自相关函数波形;

(3) 利用自相关函数和功率谱密度函数的关系求该余弦信号的功率谱密度函数,并绘出该信号的功率谱密度函数波形.

2-2 假定有以下两个ARMA模型:$x(n)=0.6x(n-1)+w(n)-0.9w(n-1)$和$x(n)=1.4x(n-1)-0.6x(n-2)+w(n)-0.8w(n-1)$.

(1) 计算$m=1,2,3$时自相关函数$R_x(m)$的值;

(2) 对每个信号都生成100个样本,利用ARMA模型估计出滤波器的系数.

2-3 分别给出一个最小相移系统和最大相移系统的传输函数,利用MATLAB观察其零极点的分布情况,分别设计低通、高通和带通滤波器.

2-4 将平稳白噪声输入上题设计的滤波器,观察输出波形,并利用MATLAB绘出输出频谱图.

参 考 文 献

[1] 奥本海姆.信号与系统[M].杭州:浙江科学技术出版社,1991.

[2] 徐守时,谭勇,郭武.信号与系统:理论、方法和应用[M].2版.合肥:中国科学技术大学出版社,2010.

[3] 景占荣,羊彦.信号检测与估计[M].北京:化学工业出版社,2004.

[4] 赵光宙.信号分析与处理[M].2版.北京:机械工业出版社,2006.

[5] 华容.信号分析与处理[M].北京:高等教育出版社,2004.

[6] 朱华,黄辉宁,李永庆,等.随机信号分析[M].北京:北京理工大学出版社,1990.

[7] 李在铭,李晓峰,周宁,等.随机信号分析[M].成都:电子科技大学出版社,2004.

[8] 沈凤麟,钱玉美.信号统计分析基础[M].合肥:中国科学技术大学出版社,1989.

[9] 沈凤麟,叶中付,钱玉美.信号统计分析与处理[M].合肥:中国科学技术大学出版社,2001.

[10] 印勇.随机信号分析[M].北京:中国物资出版社,2000.

[11] 章潜五.随机信号分析[M].西安:西北电讯工程学院出版社,1986.

[12] 赵淑清,郑薇.随机信号分析[M].哈尔滨:哈尔滨工业大学出版社,1999.

[13] 杨福生.随机信号分析[M].北京:清华大学出版社,1990.

[14] 王永德,王军.随机信号分析基础[M].2版.北京:电子工业出版社,2003.

[15] 张玲华,郑宝玉.随机信号处理[M].北京:清华大学出版社,2003.

第3章　噪声中的信号检测

3.1　引　　言

在现实中，人们常常要根据观测数据（统称为观测信号，也称接收信号）对其产生的原因作出判决，如根据雷达接收机所获得的观测信号判定某区域内是否存在飞机等目标，根据气象台所获得的观测数据预测某地区次日的天气（晴、阴、雨、雪、雾等）. 对这些可能的判决结果的陈述称为假设. 基于观测信号在几个假设中选取一个的判决称为**假设检验**（Hypothesis Testing）. 假设检验是处理信号检测问题的理论基础.

由于信号在产生、传输及接收过程中不可避免地存在着干扰和噪声，一次获得的观测信号是随机过程的一个样本函数，这就使基于观测信号的判决产生了不确定性. 产生错误判决的根本原因在于：几种不同的"原因"往往导致同样的观测信号.

对于一般信号检测问题，接收端的观测者判断发送端发送信号的类别，应基于事先具备的关于发送信号的知识以及对观测信号的分析. 这种观测者事先具备的知识，称为**先验知识**；而在对观测信号分析后重新形成的关于发送信号的知识，称为**后验知识**.

本章先从信号检测模型入手，介绍几种统计判决准则及其判决规则，并将它们推广到较复杂的情况；然后将它们应用于平稳高斯白噪声中的确知信号检测，推导出最佳接收机；随后讨论平稳高斯色噪声中的确知信号检测；最后分析平稳高斯白噪声中的随机参量信号检测.

3.2　信号检测模型

最简单的信号检测问题是根据观测信号在两种假设中作出哪一个为真的判决，这类问题称为二元信号检测或二元假设检验问题. 这里先从二元信号检测问题入手讨论信号检测概念模型.

信号检测概念模型由信源、概率转移机构、观测空间、统计判决准则和判决规则几部分组成，如图 3.1 所示.

信源是产生信号的装置，信号是假设的表现形式. 对于二元信号检测，在任意时刻信源只产生两种信号中的一种. 概率转移机构将信源产生的每种信号按一定的概率关系映射到

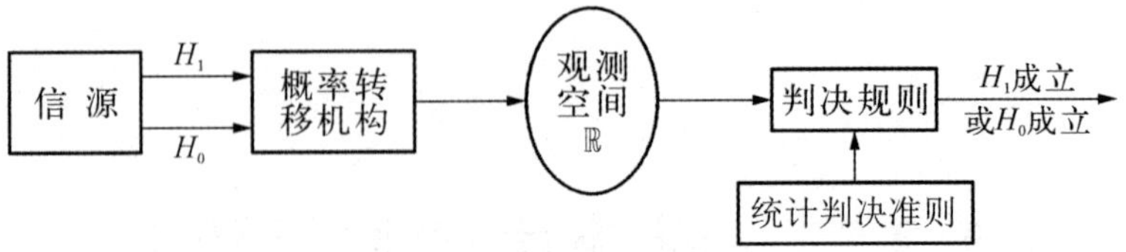

图 3.1　信号检测概念模型

观测空间.由于信源产生的信号经传输在到达接收机的过程中受到干扰和噪声的影响,所以接收机获得的观测信号是随机的,观测信号的集合构成观测空间.对于随机观测信号的判决需要在统计的意义上衡量,作出判决的理论依据称为统计判决准则.基于选定的统计判决准则并利用观测信号的先验知识对观测信号作出判决的执行机构称为判决规则.

为了表示的简洁,将随机信号$\{x(t)\}$简记为$x(t)$.

对于二元信号检测问题,可以用如下的二元假设检验模型描述观测信号:

$$\begin{aligned} H_0:&\quad x(t)=s_0(t)+n(t) \\ H_1:&\quad x(t)=s_1(t)+n(t) \end{aligned}\qquad (0\leqslant t\leqslant T) \tag{3.2.1}$$

其中,$x(t)$是接收机获得的观测信号,$s_0(t)$和$s_1(t)$是信源产生的两种信号,$n(t)$是接收机收到或引入的噪声(干扰归入噪声),$0\leqslant t\leqslant T$是观测时间间隔.在$0\leqslant t\leqslant T$内,信源产生的是$s_0(t)$或$s_1(t)$,用假设0表示信源产生的信号为$s_0(t)$,记为H_0,用假设1表示信源产生的信号为$s_1(t)$,记为H_1.在假设H_0为真时,观测信号为$x(t)=s_0(t)+n(t)$;在假设H_1为真时,观测信号为$x(t)=s_1(t)+n(t)$.

从假设检验的观点出发,二元信号检测是由观测时间$0\leqslant t\leqslant T$内获得的观测信号$x(t)$判断信源产生的是信号$s_0(t)$还是信号$s_1(t)$,归结为判决H_0为真还是H_1为真的问题,因此称它为**二元假设检验**(Binary Hypothesis Testing).对于更一般的情况,若信源产生的信号有$M(M>2)$种,对应的多元信号检测称为***M* 元假设检验**(M-ary Hypothesis Testing).若由观测时间$0\leqslant t\leqslant T$内获得的观测信号$x(t)$的全部进行判决,称为连续信号的检测;若由观测时间$0\leqslant t\leqslant T$内获得的观测信号$x(t)$的采样值来进行判决,称为离散信号的检测.在离散信号的检测中,若仅用一个观测样本,称为**单样本检测**;若用多个观测样本,称为**多样本检测**.显然,单样本检测的观测空间是一维的,使用N个观测样本的多样本检测的观测空间是N维的.

在模型(3.2.1)式中,若接收机噪声$n(t)$的概率分布已知,待检测信号$s_0(t)$和$s_1(t)$是确知信号,称为二元**简单假设检验**(Simple Hypothesis Testing);若$s_0(t)$或$s_1(t)$中包含某些随机参量,称为二元**复合假设检验**(Composite Hypothesis Testing).同理,可以表述M元简单假设检验和M元复合假设检验.

作出判决的理论依据是统计判决准则,判决规则是基于选定的统计判决准则并利用观测信号的先验知识对观测信号作出判决的执行机构.判决本质上是对观测空间的划分.下面以二元简单假设检验为前提,介绍几种基本的统计判决准则,推导出相应的判决规则.

3.3　统计判决准则

3.3.1　几个基本概念

对于二元假设检验问题，观测信号是在 H_0 为真或是在 H_1 为真的情况下获得的，作出判决只能是以下四种情况之一：① 实际是 H_0 为真，判决为 H_0；② 实际是 H_0 为真，判决为 H_1；③ 实际是 H_1 为真，判决为 H_0；④ 实际是 H_1 为真，判决为 H_1. 其中，①和④是正确判决，②和③是错误判决.

通常，称 H_0 为真但判决为 H_1 为第一类错误判决，其判决概率称为第一类错误概率，用 $P(D_1|H_0)$ 表示；称 H_1 为真但判决为 H_0 为第二类错误判决，其判决概率称为第二类错误概率，用 $P(D_0|H_1)$ 表示. 类似地，H_0 为真也判决为 H_0 的判决概率用 $P(D_0|H_0)$ 表示；H_1 为真也判决为 H_1 的判决概率用 $P(D_1|H_1)$ 表示.

雷达信号检测的基本任务是判决有无目标，它是一种最简单又最常遇到的二元假设检验问题，可用如下的二元假设检验模型描述观测信号：

$$\begin{aligned} H_0:&\quad x(t) = n(t) \\ H_1:&\quad x(t) = s(t) + n(t) \end{aligned} \qquad (0 \leqslant t \leqslant T) \tag{3.3.1}$$

其中，$s(t)$ 是目标回波信号，$n(t)$ 为接收机噪声. 此时，第一类错误判决是把“无目标”判决为“有目标”，又称为虚警，其判决概率又称为虚警概率，用 P_{fa} 或 α 表示；第二类错误判决是把“有目标”判决为“无目标”，又称为漏警，其判决概率又称为漏警概率，用 β 表示；把“有目标”判决为“有目标”的判决概率称为检测概率或发现概率，用 P_{D} 表示，$P_{\mathrm{D}} = 1 - \beta$.

若对在时间 $[0,\ T]$ 内的观测信号 $x(t)$ 采样获得一个样本 $x = s + n$，进一步假定目标回波信号 $s = 1$，噪声 n 是服从 $N(0,\ 1)$ 的高斯随机变量，则(3.3.1)式变为

$$\begin{aligned} H_0:&\quad x = n \\ H_1:&\quad x = 1 + n \end{aligned} \tag{3.3.2}$$

当 H_0 为真时，观测样本 x 服从 $N(0,1)$ 分布，其概率密度函数（Probability Density Function，PDF）用 $f(x|H_0)$ 表示；当 H_1 为真时，x 服从 $N(1,1)$ 分布，其 PDF 用 $f(x|H_1)$ 表示. $f(x|H_0)$ 和 $f(x|H_1)$ 如图 3.2 所示. 根据单个样本值 x，很难确定它是由哪个 PDF 产生的. 然而，如果 $x > 1/2$，$f(x|H_1) > f(x|H_0)$，一个合理的判决就是判 H_1 为真，因为此时观测到的样本更有可能是由 H_1 为真时产生的. 因此可以将观测信号的一个样本与 1/2 比较进行判决，后者称为判决门限（简称门限）.

图 3.2 给出了两种类型的错误概率. 这两类错误在某种程度上是不可避免的，但相互之间可以折中. 为此，只需要改变门限，如图 3.3 所示. 很显然，减少第一类错误概率是以增加第二类错误概率为代价的，两类错误概率不能同时减少. 在最佳检测器的设计中，只能依据选择的统计判决准则确定合适的判决门限. 下面以基于单观测样本的简单二元假设检验为例介绍几种常见的统计判决准则.

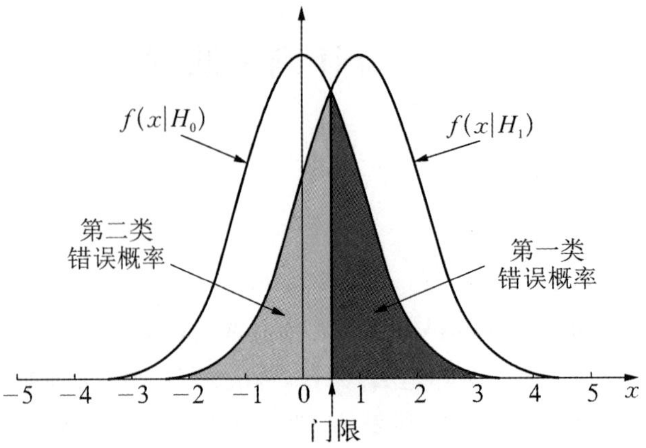

图 3.2　两类错误概率

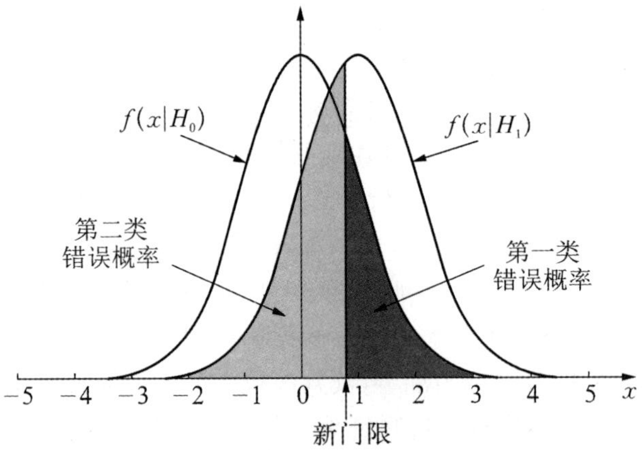

图 3.3　通过调整门限来折中考虑两类错误概率

3.3.2　最大后验概率准则

在二元信号检测问题中，对于观测样本 x，计算其由 H_0 和 H_1 产生的概率 $P(H_0|x)$ 和 $P(H_1|x)$（称为**后验概率**），由于 $P(H_i|x)(i=0,1)$ 度量了 x 由 $H_i(i=0,1)$ 产生的可能性大小，一种直观上合理的统计判决准则是选择较大后验概率所对应的假设，这就是**最大后验概率准则**(Maximum A Posteriori Probability Criterion，MAP).

依据最大后验概率准则，若

$$P(H_0 \mid x) > P(H_1 \mid x) \tag{3.3.3a}$$

则判决 H_0 为真，若

$$P(H_0 \mid x) < P(H_1 \mid x) \tag{3.3.3b}$$

则判决 H_1 为真，若

$$P(H_0 \mid x) = P(H_1 \mid x) \tag{3.3.3c}$$

可以判决 H_1 为真，也可以判决 H_0 为真，通常判决 H_1 为真. 为方便起见，(3.3.3a)～(3.3.3c)

式简记为

$$\frac{P(H_1 \mid x)}{P(H_0 \mid x)} \underset{H_0}{\overset{H_1}{\gtrless}} 1 \tag{3.3.4}$$

对于 $i=0,1$，由于 $P(H_i \mid x \leqslant X \leqslant x+\Delta)=\frac{P(H_i)P(x \leqslant X \leqslant x+\Delta \mid H_i)}{P(x \leqslant X \leqslant x+\Delta)}$，取极限 $\Delta \to 0$，得

$$P(H_i \mid x)=\frac{P(H_i)f(x \mid H_i)}{f(x)} \tag{3.3.5}$$

将(3.3.5)式代入(3.3.4)式，推导出最大后验概率准则的判决规则，为

$$\frac{f(x \mid H_1)}{f(x \mid H_0)} \underset{H_0}{\overset{H_1}{\gtrless}} \frac{P(H_0)}{P(H_1)}=\text{th} \tag{3.3.6}$$

其中，$f(x \mid H_i)(i=0,1)$称为观测样本 x 的**似然函数**(Likelihood Function)；$P(H_0)$和$P(H_1)$分别为 H_0 和 H_1 发生的概率(称为**先验概率**)；th 是判决门限. 当$\frac{f(x \mid H_1)}{f(x \mid H_0)} \geqslant \text{th}$ 时判决 H_1 为真；当$\frac{f(x \mid H_1)}{f(x \mid H_0)}<\text{th}$ 时，判决 H_0 为真.

似然函数的含义是：在观测样本值给定的条件下，$f(x \mid H_i)$是以 H_i 为变元的函数. 似然函数从表达形式来看与条件概率密度函数 $f(x \mid H_i)(i=0,1)$相同，但条件概率密度函数的含义是在 $H_i(i=0,1)$给定的条件下，以 x 为变元的函数.

3.3.3　最小错误概率准则

在二元通信系统中，第一类错误判决和第二类错误判决对通信系统的影响是相同的. 平均错误概率越小，通信质量越高. 因此**最小错误概率准则**(Minimum Error Probability Criterion, MEP)是通信系统中最常用的准则.

由图 3.3 可知，调节判决门限可以改变第一类错误概率和第二类错误概率的大小. 若基于单观测样本的判决门限为 th′，则二元假设检验的平均错误概率为

$$\begin{aligned}\bar{P}_{\mathrm{e}} &= P(H_0)P(D_1 \mid H_0)+P(H_1)P(D_0 \mid H_1)\\ &= P(H_0)\int_{\text{th}'}^{+\infty} f(x \mid H_0)\mathrm{d}x+P(H_1)\int_{-\infty}^{\text{th}'} f(x \mid H_1)\mathrm{d}x\end{aligned} \tag{3.3.7}$$

最小错误概率准则就是寻找合适的判决门限 th′，使平均错误判决概率 $\bar{P}_{\mathrm{e}}$ 达到最小.

令 $\bar{P}_{\mathrm{e}}$关于 th′的导数为 0 即可求出使 $\bar{P}_{\mathrm{e}}$ 达到最小值的 th′，即

$$\frac{\mathrm{d}\bar{P}_{\mathrm{e}}}{\mathrm{d}\,\text{th}'}=-P(H_0)f(\text{th}' \mid H_0)+P(H_1)f(\text{th}' \mid H_1)=0$$

得到

$$\frac{f(\text{th}' \mid H_1)}{f(\text{th}' \mid H_0)}=\frac{P(H_0)}{P(H_1)} \tag{3.3.8}$$

参照图 3.2，显然 $x<\text{th}'$ 判决 H_0 为真，$x \geqslant \text{th}'$ 判决 H_1 为真. 于是最小错误概率准则下的判决规则为

$$\frac{f(x \mid H_1)}{f(x \mid H_0)} \underset{H_0}{\overset{H_1}{\gtrless}} \frac{P(H_0)}{P(H_1)}=\text{th} \tag{3.3.9}$$

将(3.3.9)式与(3.3.6)式比较,可见最小错误概率准则下的判决规则和最大后验概率准则下的判决规则相同.

如果先验概率 $P(H_0)$和 $P(H_1)$相等,那么判决规则为

$$\frac{f(x \mid H_1)}{f(x \mid H_0)} \underset{H_0}{\overset{H_1}{\gtrless}} 1 \tag{3.3.10}$$

(3.3.10)式也是**最大似然准则**(Maximum Likelihood Function Criterion,ML)及其判决规则.

下面给出一个例子.

例 3.1 考虑上述的二元通信系统,其单观测样本的二元假设检验为

$$H_0: \quad x = -A + n$$
$$H_1: \quad x = A + n$$

其中,$A > 0$,n 是均值为0、方差为 σ^2 的高斯噪声,$P(H_1) = P(H_0) = 1/2$. 求基于最小错误概率准则进行判决的判决规则和最小错误概率.

解 根据题意,可以写出观测样本的似然函数

$$f(x \mid H_0) = \frac{1}{\sqrt{2\pi\sigma^2}} \exp\left[-\frac{(x+A)^2}{2\sigma^2}\right]$$

$$f(x \mid H_1) = \frac{1}{\sqrt{2\pi\sigma^2}} \exp\left[-\frac{(x-A)^2}{2\sigma^2}\right]$$

则由(3.3.9)式可得判决规则,为

$$\frac{\dfrac{1}{\sqrt{2\pi\sigma^2}} \exp\left[-\dfrac{(x-A)^2}{2\sigma^2}\right]}{\dfrac{1}{\sqrt{2\pi\sigma^2}} \exp\left[-\dfrac{(x+A)^2}{2\sigma^2}\right]} \underset{H_0}{\overset{H_1}{\gtrless}} \frac{P(H_0)}{P(H_1)} = 1$$

取对数化简后,可得判决规则,为

$$x \underset{H_0}{\overset{H_1}{\gtrless}} 0$$

再由(3.3.7)式,可得

$$\begin{aligned} \bar{P}_e &= \frac{1}{2}[P(D_1 \mid H_0) + P(D_0 \mid H_1)] \\ &= \frac{1}{2}[P(x \geqslant 0 \mid H_0) + P(x < 0 \mid H_1)] \\ &= \frac{1}{2}\left\{\left[1 - \Phi\left(\frac{A}{\sigma}\right)\right] + \Phi\left(-\frac{A}{\sigma}\right)\right\} \end{aligned}$$

其中,$\Phi(x) = \int_{-\infty}^{x} \frac{1}{\sqrt{2\pi}} e^{-x^2/2} dx$,由于 $\Phi(-x) = 1 - \Phi(x)$,最终有

$$\bar{P}_e = \Phi\left(-\frac{A}{\sigma}\right)$$

可见,错误概率随电平信噪比 A/σ 的增加而单调递减.

3.3.4　贝叶斯准则

实际上，作出判决是要付出代价(或承担风险)的. 不同的判决所付出的代价是不同的，错误判决的代价理应大于正确判决的代价. 很自然，希望作出判决时所付出的平均代价最小，这就是**贝叶斯准则**(Bayes' Criterion)，或称为**贝叶斯平均代价最小准则**.

实际是 $H_j(j=0,1)$为真而判决 $H_i(i=0,1)$所付出的代价为 $C_{ij}(i,j=0,1)$，若判决门限为 th′，则作出判决付出的平均代价为

$$\begin{aligned}\bar{C} &= P(H_0)[C_{00}P(D_0 | H_0) + C_{10}P(D_1 | H_0)] \\ &\quad + P(H_1)[C_{01}P(D_0 | H_1) + C_{11}P(D_1 | H_1)]\end{aligned} \tag{3.3.11}$$

其中

$$P(D_0 | H_0) = \int_{-\infty}^{\text{th}'} f(x | H_0)\,\mathrm{d}x \tag{3.3.12a}$$

$$P(D_1 | H_0) = \int_{\text{th}'}^{+\infty} f(x | H_0)\,\mathrm{d}x = 1 - \int_{-\infty}^{\text{th}'} f(x | H_0)\,\mathrm{d}x \tag{3.3.12b}$$

$$P(D_0 | H_1) = \int_{-\infty}^{\text{th}'} f(x | H_1)\,\mathrm{d}x \tag{3.3.12c}$$

$$P(D_1 | H_1) = \int_{\text{th}'}^{+\infty} f(x | H_1)\,\mathrm{d}x = 1 - \int_{-\infty}^{\text{th}'} f(x | H_1)\,\mathrm{d}x \tag{3.3.12d}$$

贝叶斯准则就是寻找合适的判决门限 th′，使付出的平均代价 $\bar{C}$ 达到最小.

将(3.3.12a)～(3.3.12d)式代入(3.3.11)式，有

$$\begin{aligned}\bar{C} &= P(H_0)C_{10} + P(H_1)C_{11} + \int_{-\infty}^{\text{th}'} \Big[P(H_1)(C_{01} - C_{11})f(x \mid H_1) \\ &\quad - P(H_0)(C_{10} - C_{00})f(x \mid H_0)\Big]\mathrm{d}x\end{aligned} \tag{3.3.13}$$

令对 $\bar{C}$ 关于 th′的导数为 0 可求出使 $\bar{C}$ 达到最小值的 th′，即

$$\frac{\mathrm{d}\bar{C}}{\mathrm{d}\text{th}'} = [P(H_1)(C_{01} - C_{11})f(\text{th}' | H_1) - P(H_0)(C_{10} - C_{00})f(\text{th}' | H_0)] = 0$$

得到

$$\frac{f(\text{th}' | H_1)}{f(\text{th}' | H_0)} = \frac{P(H_0)(C_{10} - C_{00})}{P(H_1)(C_{01} - C_{11})} \tag{3.3.14}$$

由于错误判决的代价大于正确判决的代价，即

$$C_{10} - C_{00} > 0, \quad C_{01} - C_{11} > 0 \tag{3.3.15}$$

参照图 3.2，显然 $x<\text{th}'$判决 H_0 为真，$x\geqslant\text{th}'$判决 H_1 为真. 于是贝叶斯准则下的判决规则为

$$\frac{f(x | H_1)}{f(x | H_0)} \underset{H_0}{\overset{H_1}{\gtrless}} \frac{P(H_0)(C_{10} - C_{00})}{P(H_1)(C_{01} - C_{11})} = \text{th} \tag{3.3.16}$$

将(3.3.16)式与(3.3.6)式、(3.3.9)式比较，可见最大后验概率准则和最小错误概率准则下的判决规则都是贝叶斯准则在 $C_{00}=C_{11}=0, C_{10}=C_{01}=1$ 时的特例.

3.3.5　极小极大准则

贝叶斯准则要求已知先验概率和各种代价. 在仅仅知道代价 $C_{ij}(i,j=0,1)$而先验概率

$P(H_i)(i=0,1)$未知的情况下，就不能直接采用.一种思路是：使平均代价的最大值控制在可以接受的水平并且越小越好，把导致平均代价取得最大值所对应的概率当作先验概率使用，然后基于贝叶斯准则进行判决，保证了先验概率取任何值时所付出的平均代价都不大于该最大值，这就是**极小极大准则**(Minimax Criterion).

如果先验概率 $P(H_0)$取确定值 p，则(3.3.16)式的贝叶斯准则的判决规则为

$$\frac{f(x|H_1)}{f(x|H_0)} \underset{H_0}{\overset{H_1}{\gtrless}} \frac{p(C_{10}-C_{00})}{(1-p)(C_{01}-C_{11})} = \text{th} \tag{3.3.17}$$

显然，判决门限 th 是 p 的函数，由(3.3.14)式可知判决门限 th′也是 p 的函数，于是(3.3.12a)～(3.3.12d)式可以表示为

$$P(D_1 \mid H_0) = \int_{\text{th}'}^{+\infty} f(x \mid H_0)\mathrm{d}x = \alpha(p) \tag{3.3.18a}$$

$$P(D_0|H_0) = 1-\alpha(p) \tag{3.3.18b}$$

$$P(D_0 \mid H_1) = \int_{-\infty}^{\text{th}'} f(x \mid H_1)\mathrm{d}x = \beta(p) \tag{3.3.18c}$$

$$P(D_1|H_1) = 1-\beta(p) \tag{3.3.18d}$$

将(3.3.18a)～(3.3.18d)式代入(3.3.11) 式，对于给定的 p 值，贝叶斯平均代价为

$$\begin{aligned}\overline{C}_{\min}(p) &= p\{C_{00}[1-\alpha(p)]+C_{10}\alpha(p)\}+(1-p)\{C_{01}\beta(p)+C_{11}[1-\beta(p)]\}\\ &= C_{00}p+C_{11}(1-p)+(C_{10}-C_{00})\alpha(p)p+(C_{01}-C_{11})\beta(p)(1-p)\end{aligned} \tag{3.3.19}$$

当 p 在[0,1]内取值时，基于贝叶斯准则的最小平均代价 $\overline{C}_{\min}(p)$如图 3.4 中的曲线 A 所示.

当先验概率 p 未知时，可以根据经验推测一个值 p_1，这时的基于贝叶斯准则的判决规则为

$$\frac{f(x|H_1)}{f(x|H_0)} \underset{H_0}{\overset{H_1}{\gtrless}} \frac{p_1(C_{10}-C_{00})}{(1-p_1)(C_{01}-C_{11})} = \text{th}_1 \tag{3.3.20}$$

显然，判决门限 th_1 是 p_1 的函数，由(3.3.14)式可知判决门限 th_1'也是 p_1 的函数，于是(3.3.12a)～(3.3.12d)式可以表示为

$$P(D_1 \mid H_0) = \int_{\text{th}_1'}^{+\infty} f(x \mid H_0)\mathrm{d}x = \alpha(p_1) \tag{3.3.21a}$$

$$P(D_0|H_0) = 1-\alpha(p_1) \tag{3.3.21b}$$

$$P(D_0 \mid H_1) = \int_{-\infty}^{\text{th}_1'} f(x \mid H_1)\mathrm{d}x = \beta(p_1) \tag{3.3.21c}$$

$$P(D_1|H_1) = 1-\beta(p_1) \tag{3.3.21d}$$

将(3.3.21a)～(3.3.21d)式代入(3.3.11) 式，把先验概率 p 推测为 p_1，基于贝叶斯准则所付出的平均代价为

$$\begin{aligned}\overline{C}(p,p_1) &= p\{C_{00}[1-\alpha(p_1)]+C_{10}\alpha(p_1)\}+(1-p)\{C_{01}\beta(p_1)+C_{11}[1-\beta(p_1)]\}\\ &= C_{00}p+C_{11}(1-p)+(C_{10}-C_{00})\alpha(p_1)p+(C_{01}-C_{11})\beta(p_1)(1-p)\end{aligned} \tag{3.3.22}$$

令

$$(C_{10}-C_{00})\alpha(p_1)=A(p_1) \tag{3.3.23}$$

$$(C_{01}-C_{11})\beta(p_1)=B(p_1) \tag{3.3.24}$$

则(3.3.22)式可以写为

$$\overline{C}(p,p_1)=[C_{00}-C_{11}+A(p_1)-B(p_1)]p+B(p_1)+C_{11} \tag{3.3.25}$$

显然,平均代价 $\overline{C}(p,p_1)$与真实先验概率 p 之间为线性关系,当 p 在$[0,1]$内取值时,基于贝叶斯准则的平均代价如图 3.4 中的直线 B 所示.

对于先验概率的推测值 p_1,当真实先验概率 $p=p_1$ 时,直线 $\overline{C}(p,p_1)$与贝叶斯最小平均代价曲线 $\overline{C}_{\min}(p)$在 $p=p_1$ 点相切,说明先验概率的推测值 p_1 等于真实的先验概率 p 时所付出的平均代价 $\overline{C}(p,p_1)$最小,为 $\overline{C}_{\min}(p_1)$;当先验概率的推测值 p_1 不等于真实的先验概率 p 时,所付出的平均代价 $\overline{C}(p,p_1)$总是大于贝叶斯最小平均代价 $\overline{C}_{\min}(p)$,在某些情况下(如 $p=p_2$),$\overline{C}(p_2,p_1)$非常大,远远大于 $\overline{C}_{\min}(p_2)$,这种很大的平均代价是我们不能接受的.

基于极小极大准则,我们希望尽可能降低平均代价 $\overline{C}(p,p_1)$的最大值.由于 $\overline{C}(p,p_1)$与真实先验概率 p 之间为线性关系,当 $\overline{C}(p,p_1)$为一条水平直线时,平均代价的最大值最小.令对 $\overline{C}(p,p_1)$关于 p 的导数为 0 时的 p_1 作为先验概率的推断值,记为 p_0,即

$$\left.\frac{\partial\overline{C}(p,p_1)}{\partial p}\right|_{p_1=p_0}=0 \tag{3.3.26}$$

当 p 在$[0,1]$内取值时,基于极小极大准则的平均代价 $\overline{C}(p,p_0)$如图 3.4 中的直线 C 所示,记为 $\overline{C}_{\mathrm{minmax}}(p)$.

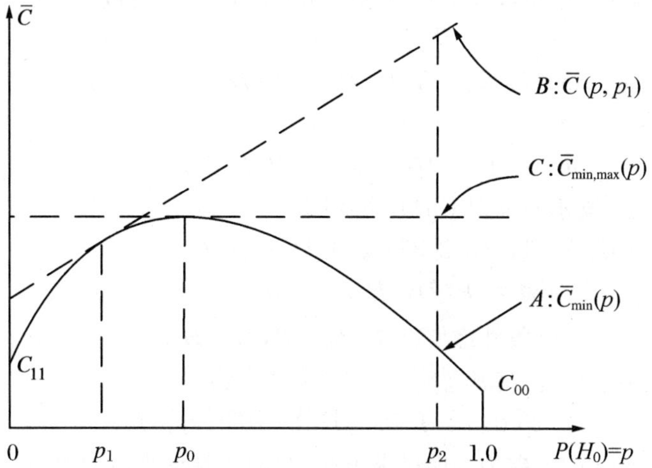

图 3.4　风险函数与先验概率的关系曲线

A:$\overline{C}_{\min}$与 p 的关系曲线;B:$\overline{C}(p,p_1)$;C:$\overline{C}_{\mathrm{minmax}}(p)$

极小极大准则还可以通过贝叶斯准则来说明.在先验概率 p 未知的情况下,选择使贝叶斯平均代价 $\overline{C}_{\min}(p)$取得最大值的先验概率 p_0 作为推测的先验概率来设计贝叶斯检验,这时最保险,不管真实的先验概率 p 值是多少,平均代价 $\overline{C}(p,p_0)$总不会超过 $\overline{C}_{\min}(p_0)$.令对 $\overline{C}_{\min}(p)$关于 p 的导数为 0 时的 p 作为先验概率的推断值,记为 p_0,即

$$\left.\frac{\mathrm{d}\overline{C}_{\min}(p)}{\mathrm{d}p}\right|_{p=p_0}=0 \tag{3.3.27}$$

因此基于极小极大准则的判决规则为

$$\frac{f(x|H_1)}{f(x|H_0)} \underset{H_0}{\overset{H_1}{\gtrless}} \frac{p_0(C_{10}-C_{00})}{(1-p_0)(C_{01}-C_{11})} \tag{3.3.28}$$

下面讨论极小极大准则下的先验概率的推测值 p_0 的求解问题.通过(3.3.26)式或(3.3.27)式,可得

$$C_{00}-C_{11}+A(p_0)-B(p_0)=0 \tag{3.3.29}$$

将(3.3.23) 式和 (3.3.24)式代入上式,进一步有

$$C_{10}\alpha(p_0)+C_{00}[1-\alpha(p_0)]=C_{01}\beta(p_0)+C_{11}[1-\beta(p_0)] \tag{3.3.30}$$

该方程称为极小极大方程.这一方程左边是 H_0 为真时的平均判决代价,右边是 H_1 为真时的平均判决代价.因此,极小极大解 p_0 即是使这两种假设下的平均判决代价相等的先验概率.

3.3.6 纽曼-皮尔逊准则

在实施前面的统计判决准则时,或者需要知道先验概率,或者需要知道判决代价,或者两者都需要知道.但在雷达、声呐等应用中,先验概率和代价都是难以确定的.因此需要寻找其他统计判决准则处理这类问题.通常希望虚警概率尽可能小,而检测概率尽可能大.在保证虚警概率 P_{fa}小于等于某一给定值 α_0 的约束条件下,使检测概率 P_D 最大,这种准则称为**纽曼-皮尔逊准则**(Neyman-Pearson Criterion,NP).

由图 3.3 可知,当约束条件取等号时,即 $P_{fa}=\alpha_0$,P_D 取得极大值.因此纽曼-皮尔逊准则可以表示如下:

$$\max P(D_1 \mid H_1) \quad \text{s.t.} \quad P(D_1 \mid H_0)=\alpha_0 \tag{3.3.31}$$

或

$$\min P(D_0 \mid H_1) \quad \text{s.t.} \quad P(D_1 \mid H_0)=\alpha_0 \tag{3.3.32}$$

下面推导出纽曼-皮尔逊准则下的判决规则.

采用拉格朗日乘数法,可将(3.3.32)式构成目标函数

$$\mathcal{L}(\text{th})=P(D_0|H_1)+\mu[P(D_1|H_0)-\alpha_0] \tag{3.3.33}$$

其中,μ 是待定系数,由约束条件虚警概率 $P_{fa}=P(D_1|H_0)=\alpha_0$ 确定.由于常数项 $\mu\alpha_0$ 不影响目标函数的极值点位置,将其忽略,(3.3.33)式变为

$$\mathcal{L}(\text{th})=P(D_0|H_1)+\mu P(D_1|H_0) \tag{3.3.34}$$

令对$\mathcal{L}(\text{th})$关于 th 的导数为 0 即可求出使$\mathcal{L}(\text{th})$达到最小值的 th,即

$$\frac{\mathrm{d}\mathcal{L}(\text{th})}{\mathrm{d}\text{th}}=0 \tag{3.3.35}$$

直接求解(3.3.35)式可以导出纽曼-皮尔逊准则的判决规则.

还可以采用与贝叶斯准则类比的方法来推导纽曼-皮尔逊准则的判决规则.对于平均代价(3.3.11)式,若代价 C_{ij} 和先验概率 $P(H_i)$满足

$$\begin{cases} C_{00}=C_{11}=0 \\ P(H_1)C_{01}=1 \\ P(H_0)C_{10}=\mu \end{cases} \tag{3.3.36}$$

则由(3.3.11)式,得到

$$\overline{C}=P(D_0|H_1)+\mu P(D_1|H_0) \tag{3.3.37}$$

(3.3.37)式的平均代价与(3.3.34)式的目标函数相同.

将(3.3.36)式的条件代入(3.3.16)式的贝叶斯准则下的判决规则,可得纽曼-皮尔逊准则的判决规则,为

$$\frac{f(x|H_1)}{f(x|H_0)}\underset{H_0}{\overset{H_1}{\gtrless}}\mu=\text{th} \tag{3.3.38}$$

其中,门限 th 可由虚警概率 P_{fa} 的给定值 α_0 确定,因为$\int_{\text{th}'}^{+\infty}f(x|H_0)\text{d}x=\alpha_0$,$\text{th}=\dfrac{f(\text{th}'|H_1)}{f(\text{th}'|H_0)}$是 th′ 的函数.可见纽曼-皮尔逊准则的判决规则与先验概率和代价无关,只与虚警概率的给定值 α_0 有关.

显然,纽曼-皮尔逊准则的判决规则也是贝叶斯准则下的判决规则的特例.

例 3.2　对于单观测样本的雷达检测问题,二元假设检验为

$$H_0:\quad x=n$$

$$H_1:\quad x=1+n$$

其中,n 是均值为 0、方差为 1 的高斯噪声,虚警概率的约束条件分别为 $\alpha_0=10^{-3}$ 和 0.5.求纽曼-皮尔逊准则的判决规则和检测概率.

解　根据题意,写出观测样本的似然函数

$$H_0:\quad f(x|H_0)=\frac{1}{\sqrt{2\pi}}\exp\left(-\frac{x^2}{2}\right)$$

$$H_1:\quad f(x|H_1)=\frac{1}{\sqrt{2\pi}}\exp\left[-\frac{(x-1)^2}{2}\right]$$

则有

$$\frac{f(x|H_1)}{f(x|H_0)}=\exp\left(x-\frac{1}{2}\right)$$

由(3.3.38)式得到纽曼-皮尔逊准则下的判决规则为

$$\frac{f(x|H_1)}{f(x|H_0)}\underset{H_0}{\overset{H_1}{\gtrless}}\text{th}$$

即

$$x\underset{H_0}{\overset{H_1}{\gtrless}}\ln(\text{th})+\frac{1}{2}$$

令 $\text{th}'=\ln(\text{th})+\dfrac{1}{2}$,则判决规则化为

$$x\underset{H_0}{\overset{H_1}{\gtrless}}\text{th}'$$

当虚警概率约束条件为

$$\alpha_0=P(D_1|H_0)=\int_{\text{th}'}^{+\infty}f(x|H_0)\text{d}x=\int_{\text{th}'}^{+\infty}\frac{1}{\sqrt{2\pi}}\exp\left(-\frac{x^2}{2}\right)\text{d}x=10^{-3}$$

查表得 $\text{th}'=3$. 于是判决规则为

$$x \underset{H_0}{\overset{H_1}{\gtrless}} 3$$

检测概率为

$$P_{\mathrm{D}} = P(D_1 \mid H_1) = \int_3^{+\infty} \frac{1}{\sqrt{2\pi}} \exp\left[-\frac{(x-1)^2}{2}\right] \mathrm{d}x = 0.023$$

当虚警概率约束条件为

$$\alpha_0 = \int_{\mathrm{th}'}^{+\infty} \frac{1}{\sqrt{2\pi}} \exp\left(-\frac{x^2}{2}\right) \mathrm{d}x = 0.5$$

查表得 $\mathrm{th}'=0$.

于是判决规则为

$$x \underset{H_0}{\overset{H_1}{\gtrless}} 0$$

检测概率为

$$P_{\mathrm{D}} = P(D_1 \mid H_1) = \int_0^{+\infty} \frac{1}{\sqrt{2\pi}} \exp\left[-\frac{(x-1)^2}{2}\right] \mathrm{d}x = 0.84$$

需要说明的是,在单样本二元假设检验中,虚警概率 P_{fa} 与检测概率 P_{D} 相互确定,还无法显示纽曼-皮尔逊准则的特点.

3.3.7 似然比检验

上面介绍的几种统计判决准则下的判决规则都具有如下形式:

$$\frac{f(x \mid H_1)}{f(x \mid H_0)} \underset{H_0}{\overset{H_1}{\gtrless}} \mathrm{th} \tag{3.3.39}$$

其中判决门限 th 由具体的统计判决准则来确定.不等式左边是两个似然函数之比,称为**似然比**(Likelihood Ratio),通常用 $\lambda(x)$表示,即

$$\lambda(x) = \frac{f(x \mid H_1)}{f(x \mid H_0)} \tag{3.3.40}$$

于是,(3.3.39)式的判决规则可以写成如下的**似然比检验**(Likelihood Ratio Testing, LRT)

$$\lambda(x) \underset{H_0}{\overset{H_1}{\gtrless}} \mathrm{th} \tag{3.3.41}$$

其中,对于最大后验概率准则/最小错误概率准则,$\mathrm{th} = P(H_0)/P(H_1)$;对于贝叶斯平均风险最小准则,$\mathrm{th} = \dfrac{P(H_0)(C_{10} - C_{00})}{P(H_1)(C_{01} - C_{11})}$;对于极小极大准则,$\mathrm{th} = \dfrac{p_0(C_{10} - C_{00})}{(1 - p_0)(C_{01} - C_{11})}$;对于纽曼-皮尔逊准则,th 由给定的虚警概率确定.$\lambda(x)$称为**检验统计量**(Test Statistic),仅是观测样本的函数,是一个随机变量,且不含任何未知参量.值得注意的是检验统计量不唯一.为了区分,在本教材中以观测样本的其他函数作为检验统计量时的门限用 th'表示,似然比门限用 th 表示.

似然比 $\lambda(x)$在很多情况下具有指数函数的形式.因为自然对数是单调的增函数,且似然比 $\lambda(x)$和似然比检测门限 th 是非负的,所以(3.3.41)式的判决规则可等价为如下的对

数似然比检验：

$$\ln \lambda(x) \underset{H_0}{\overset{H_1}{\gtrless}} \ln \text{th} \tag{3.3.42}$$

这种形式的判决规则往往会给计算和分析带来很大方便.

3.4　统计判决准则的推广

3.4.1　M 元假设检验

前面所讨论的各种统计判决准则都是针对二元假设检验问题的. 在实际中,如 $M(M>2)$元数字通信系统,发射机发出 M 种可能的信号,接收机要从观测信号中判别含有哪一种发射信号,这就是一个 M 元假设检验问题(也称多元假设检验). 模式识别、信号侦测、天气预报等都涉及 M 元假设检验. 考虑到贝叶斯准则的普适性,我们重点分析 M 元假设下的贝叶斯准则,然后推广到其他准则.

1. M 元假设下的贝叶斯检验

对于多元信号检测问题,M 种假设为 $H_j\ (j=0,1,\cdots,M-1)$,它们的先验概率为 $P(H_j)(j=0,1,\cdots,M-1)$,判决代价为 $C_{ij}(i,j=0,1,\cdots,M-1)$,进行判决所付出的平均代价为

$$\bar{C} = \sum_{i=0}^{M-1}\sum_{j=0}^{M-1} C_{ij}P(D_i \mid H_j)P(H_j) \tag{3.4.1}$$

其中

$$P(D_i \mid H_j) = \int_{\mathbb{R}_i} f(x \mid H_j)\mathrm{d}x \tag{3.4.2}$$

是实际 H_j 为真而判决为 H_i 的概率. 将观测空间$\mathbb{R}$ 分割为 M 个子空间 $\mathbb{R}_i(i=0,1,\cdots,M-1)$,即$\mathbb{R}_0\cup\mathbb{R}_1\cup\cdots\cup\mathbb{R}_{M-1}=\mathbb{R}$,且$\mathbb{R}_i\cap\mathbb{R}_j=\varnothing(i\neq j)$. 若观测样本 x 落在$\mathbb{R}_i(i=0,1,\cdots,M-1)$区间内,则判决 $H_i(i=0,1,\cdots,M-1)$为真,M 元假设下的贝叶斯准则就是通过将观测空间$\mathbb{R}$ 合理分割为 M 个子空间使平均代价 $\bar{C}$ 最小的准则.

现在将(3.4.2)式代入(3.4.1)式,把 $i=j$ 和 $i\neq j$ 的项分开,有

$$\begin{aligned}\bar{C} &= \sum_{i=0}^{M-1}\sum_{j=0}^{M-1} P(H_j)C_{ij}\int_{\mathbb{R}_i} f(x \mid H_j)\mathrm{d}x \\ &= \sum_{i=0}^{M-1} P(H_i)C_{ii}\int_{\mathbb{R}_i} f(x \mid H_i)\mathrm{d}x + \sum_{i=0}^{M-1}\sum_{\substack{j=0\\ j\neq i}}^{M-1} P(H_j)C_{ij}\int_{\mathbb{R}_i} f(x \mid H_j)\mathrm{d}x\end{aligned} \tag{3.4.3}$$

由于 $\mathbb{R}_i=\mathbb{R}-\bigcup\limits_{j=0,\ j\neq i}^{M-1}\mathbb{R}_j$,上式中

$$\int_{\mathbb{R}_i} f(x \mid H_i)\mathrm{d}x = 1 - \int_{\bigcup\limits_{\substack{j=0\\ j\neq i}}^{M-1}\mathbb{R}_j} f(x \mid H_i)\mathrm{d}x \tag{3.4.4}$$

将(3.4.4)式代入(3.4.3)式中,得到

$$\begin{aligned}\bar{C} = &\sum_{i=0}^{M-1} P(H_i)C_{ii} - \sum_{i=0}^{M-1} P(H_i)C_{ii}\int_{\bigcup\limits_{\substack{j=0\\j\neq i}}^{M-1}\mathbb{R}_j} f(x \mid H_i)\mathrm{d}x \\ &+ \sum_{i=0}^{M-1}\sum_{\substack{j=0\\j\neq i}}^{M-1} P(H_j)C_{ij}\int_{\mathbb{R}_i} f(x \mid H_j)\mathrm{d}x\end{aligned} \tag{3.4.5}$$

不妨将上式中等式右边第二项中的 i 与 j 互换,经推导可得

$$\begin{aligned}\bar{C} &= \sum_{i=0}^{M-1} P(H_i)C_{ii} - \sum_{i=0}^{M-1}\sum_{\substack{j=0\\j\neq i}}^{M-1} P(H_j)C_{jj}\int_{\mathbb{R}_i} f(x \mid H_j)\mathrm{d}x \\ &\quad+ \sum_{i=0}^{M-1}\sum_{\substack{j=0\\j\neq i}}^{M-1} P(H_j)C_{ij}\int_{\mathbb{R}_i} f(x \mid H_j)\mathrm{d}x \\ &= \sum_{i=0}^{M-1} P(H_i)C_{ii} + \sum_{i=0}^{M-1}\sum_{\substack{j=0\\j\neq i}}^{M-1}\int_{\mathbb{R}_i} P(H_j)(C_{ij} - C_{jj})f(x \mid H_j)\mathrm{d}x\end{aligned} \tag{3.4.6}$$

由(3.4.6)式可知,第一项求和表达式是常数,不影响平均代价 $\bar{C}$ 的极值点,平均代价 $\bar{C}$ 的大小只与判决空间$\mathbb{R}_i$的划分有关.因此,平均代价最小准则要求判决空间$\mathbb{R}_i$的划分应使 $\sum\limits_{i=0}^{M-1}\sum\limits_{\substack{j=0\\j\neq i}}^{M-1}\int_{\mathbb{R}_i} P(H_j)(C_{ij} - C_{jj})f(x \mid H_j)\mathrm{d}x$ 为最小.

观测空间的划分可按以下原则实施.对于每个观测样本 x,计算以下函数值:

$$I_i(x) = \sum_{\substack{j=0\\j\neq i}}^{M-1} P(H_j)(C_{ij} - C_{jj})f(x \mid H_j) \quad (i = 0,1,\cdots,M-1) \tag{3.4.7}$$

然后比较 $I_i(x)(i = 0,1,\cdots,M-1)$ 的大小,若 $i = i'$ 时,$I_i(x)$ 为最小,那么 x 应划归$\mathbb{R}_{i'}$.如此反复进行,最终构成的$\mathbb{R}_i(i = 0,1,\cdots,M-1)$就能保证(3.4.7)式在所有可能的$\mathbb{R}$划分中使平均代价具有最小值.

若已得到使平均代价为最小的判决区域 $\mathbb{R}_i(i = 0,1,\cdots,M-1)$,则相应的判决规则为

$$x \in \mathbb{R}_i \quad (\text{判决为 } H_i) \tag{3.4.8}$$

实际实施判决时,可采用以下等效判决规则.对于得到的观测样本 x,分别计算 $I_i(x)$ $(i = 0,1,\cdots,M-1)$,$I_i(x)$ 称为样本的示性函数,若

$$I_i(x) \leqslant I_k(x) \quad (k = 0,1,\cdots,M-1,\ k \neq i,\ \text{判决为 } H_i) \tag{3.4.9}$$

这就是 M 元假设下的贝叶斯准则的判决规则.

最小错误概率准则和最大后验概率准则可看作是 $C_{ii} = 0$,$C_{ij} = 1(i \neq j,\ i,\ j = 0,1,\cdots,M-1)$时贝叶斯准则的特例,此时示性函数和判决规则分别为

$$I_i(x) = \sum_{\substack{j=0\\j\neq i}}^{M-1} P(H_j)f(x \mid H_j) \tag{3.4.10}$$

$$I_i(x) \leqslant I_k(x) \quad (k = 0,1,\cdots,M-1,\ k \neq i,\ \text{判决为 } H_i) \tag{3.4.11}$$

2. *M 元假设检验的似然比判决规则*

实际中,计算示性函数 $I_i(x)$ 较为复杂,直接采用以上判决规则不太方便,可以将上述规则转化为“似然比”判决规则.

基于(3.4.7)式,可将(3.4.9)式的判决规则转化为如下判决规则:

$$I_i(x) - I_k(x) \leqslant 0 \quad (k = 0, 1, \cdots, M-1, k \neq i, \text{判决为 } H_i) \tag{3.4.12}$$

将(3.4.7)式代入以上判决规则,在 $C_{ij} = C_{kj}(j=0,1,\cdots,M-1,j\neq i,j\neq k)$ 的条件下,得到

$$\begin{aligned} I_i(x) - I_k(x) &= P(H_k)(C_{ik} - C_{kk})f(x \mid H_k) - P(H_i)(C_{ki} - C_{ii})f(x \mid H_i) \\ &\leqslant 0 \quad (k = 0, 1, \cdots, M-1, k \neq i, \text{判决为 } H_i) \end{aligned}$$

移项后,得到以下判决规则:

$$\lambda(x) = \frac{f(x \mid H_i)}{f(x \mid H_k)} \geqslant \frac{(C_{ik} - C_{kk})P(H_k)}{(C_{ki} - C_{ii})P(H_i)} \quad (k = 0, 1, \cdots, M-1, k \neq i, \text{判决为 } H_i) \tag{3.4.13}$$

(3.4.13)式即为贝叶斯准则的判决规则的等效“似然比”判决规则.

同样,可以得到最小错误概率准则/最大后验概率准则下的似然比判决规则:

$$\lambda(x) = \frac{f(x \mid H_i)}{f(x \mid H_k)} \geqslant \frac{P(H_k)}{P(H_i)} \quad (k = 0, 1, \cdots, M-1, k \neq i, \text{判决为 } H_i) \tag{3.4.14}$$

3.4.2 多样本假设检验

由例3.1可知增加信噪比可以提高检测器检测性能.而如何增加信噪比将是下面要讨论的问题.

原则上,增加信噪比可以从两方面进行.一方面应适当地增强信号,而这在实际中往往受到许多因素的限制,如对于雷达系统来说,雷达接收信号的信噪比与发射信号的强弱有关,而发射信号功率的提高往往受到器件和生存能力等因素的限制;生物医学信号本身的强弱则受实际信号源固有的限制,并非可以任意改变其强弱.另一方面,应通过各种可能的途径与处理方法,尽量地减弱观测样本中的噪声.

对于一些系统(例如雷达),接收机收到的是一组脉冲串信号,每一个脉冲中的信号是相关的或相干的.可以把每一个脉冲信号的样本组织起来进行信号检测.在信噪比给定的前提下,通过增加观测样本数使得检验统计量中的信噪比增强,来提高信号检测性能.把增加观测样本数导致信噪比增强的效应称为“累积”效应.通过“累积”来提高信噪比的方法在各类信号检测问题中获得了广泛的应用.

对在时间$[0, T]$内的观测信号进行N次采样,则有

$$\begin{aligned} H_0:\quad x_i &= A_0 + n_i \\ H_1:\quad x_i &= A_1 + n_i \end{aligned} \quad (i = 1, 2, \cdots, N) \tag{3.4.15}$$

N个观测样本$x_1, x_2, \cdots, x_N$的矢量形式为$\boldsymbol{x} = [x_1, x_2, \cdots, x_N]^{\mathrm{T}}$.

与前面的单样本推导过程类似,可以得到多样本下的似然比判决规则

$$\lambda(\boldsymbol{x}) = \frac{f(\boldsymbol{x} \mid H_1)}{f(\boldsymbol{x} \mid H_0)} \underset{H_0}{\overset{H_1}{\gtrless}} \mathrm{th} \tag{3.4.16}$$

其中,$f(\boldsymbol{x} \mid H_i) = f(x_1, x_2, \cdots, x_N \mid H_i)(i = 0, 1)$为样本的似然函数.在$N$维观测空间中,判决规则表现为将它分割为两个区域$\mathbb{R}_0^N$和$\mathbb{R}_1^N$.当样本矢量$\boldsymbol{x}$落在$\mathbb{R}_0^N$区域里,$\lambda(\boldsymbol{x}) < \mathrm{th}$,判决为$H_0$;反之,$\boldsymbol{x}$落在$\mathbb{R}_1^N$区域里,$\lambda(\boldsymbol{x}) \geqslant \mathrm{th}$,判决为$H_1$.这两个区域被判决面$D$隔开.判决面的方程式为

$$\lambda(\boldsymbol{x}) = \mathrm{th} \tag{3.4.17}$$

选择的统计判决准则不同,th 取值也会不同.因此判决面的位置视不同的准则而异,图 3.5 给出了双样本检测下二维观测空间的判决区域划分的示意图.

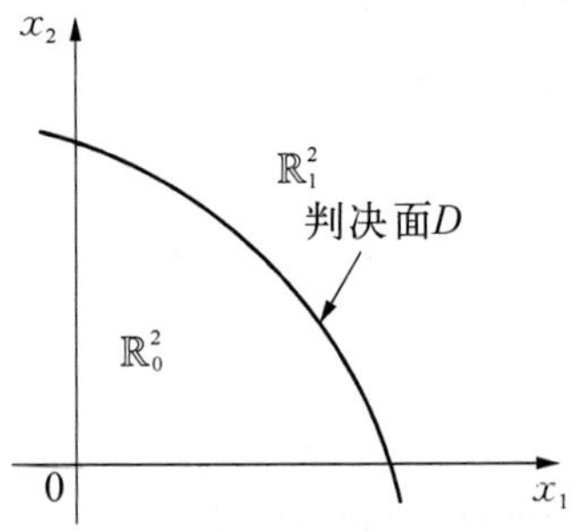

图 3.5 二维观测空间判决区域的划分示意图

1. 贝叶斯准则

当先验概率和代价都已知时,可以采用贝叶斯准则进行判决.

与单样本检测类似,基于多样本的贝叶斯准则的判决规则为

$$\lambda(\boldsymbol{x}) = \frac{f(\boldsymbol{x} \mid H_1)}{f(\boldsymbol{x} \mid H_0)} \underset{H_0}{\overset{H_1}{\gtrless}} \frac{P(H_0)(C_{10} - C_{00})}{P(H_1)(C_{01} - C_{11})} = \text{th} \tag{3.4.18}$$

2. 极小极大准则

当代价函数已知而先验概率未知时,采用极小极大准则进行判决.

先计算贝叶斯代价函数 $\bar{C}_{\min}(p)$随 p 变化的曲线,找到使 $\bar{C}_{\min}(p)$达到最大值的 p_0. 将 p_0作为未知的先验概率 $P(H_0)$的推测值,然后再采用贝叶斯准则判决.

与单样本检测类似,两类错误概率可以表示为

$$\alpha(p_0) = P(D_1 \mid H_0) = \int_{\mathbb{R}_1^N(p_0)} f(\boldsymbol{x} \mid H_0)\mathrm{d}\boldsymbol{x} \tag{3.4.19}$$

$$\beta(p_0) = P(D_0 \mid H_1) = \int_{\mathbb{R}_0^N(p_0)} f(\boldsymbol{x} \mid H_1)\mathrm{d}\boldsymbol{x} \tag{3.4.20}$$

将 H_0为真和 H_1为真的判决代价分别记为 C_0和 C_1,则

$$C_0 = C_{00}[1 - \alpha(p_0)] + C_{10}\alpha(p_0) \tag{3.4.21}$$

$$C_1 = C_{11}[1 - \beta(p_0)] + C_{01}\beta(p_0) \tag{3.4.22}$$

如前所述,当这两类代价相等时,极小极大准则取得判决门限 th(p_0),即判决门限由以下方程的解 p_0决定:

$$C_{00}[1 - \alpha(p_0)] + C_{10}\alpha(p_0) = C_{01}[1 - \beta(p_0)] + C_{10}\beta(p_0) \tag{3.4.23}$$

一旦 p_0确定以后,通过贝叶斯准则的判决规则就可得到极小极大准则的判决规则,并可计算极小极大代价 $\bar{C}_{\min}(p_0)$.

3. 纽曼-皮尔逊准则

当先验概率和代价均未知时,采用纽曼-皮尔逊准则进行判决.

纽曼-皮尔逊准则要求虚警概率 P_{fa}在小于等于恒定值的条件下,选择判决面 D 的位置,使检测概率 P_{D}达到最大值,或者使漏警概率 $\beta = 1 - P_{\mathrm{D}}$ 达到最小值. 应当注意到,在 N 维观测空间中,有一系列判决面可以满足虚警概率 P_{fa} 的约束条件,但原则上每个判决面所对应的检测概率 P_{D} 是不同的,要从众多的判决面中找出一个使检测概率 P_{D} 达到最大值($\beta = 1 - P_{\mathrm{D}}$ 达到最小值) 的判决面 D. 这个判决面可以通过拉格朗日乘数法求出. 参照(3.3.34)式,目标函数为

$$\begin{aligned}
\mathcal{L}(D) &= \beta(D) + \mu \cdot \alpha(D) \\
&= \int_{\mathbb{R}_0^N(D)} f(\boldsymbol{x} \mid H_1)\mathrm{d}\boldsymbol{x} + \mu\int_{\mathbb{R}_1^N(D)} f(\boldsymbol{x} \mid H_0)\mathrm{d}\boldsymbol{x} \\
&= \int_{\mathbb{R}_0^N(D)} [f(\boldsymbol{x} \mid H_1) - \mu f(\boldsymbol{x} \mid H_0)]\mathrm{d}\boldsymbol{x} + \mu
\end{aligned} \tag{3.4.24}$$

其中，μ 是待定系数. 选择 D 的位置，使积分中的被积函数为负数，则 $\mathcal{L}(D)$ 可达到最小值. 即，落入 $\mathbb{R}_0^N$ 区域的 $\boldsymbol{x}$ 应该满足条件：

$$f(\boldsymbol{x} \mid H_1) < \mu f(\boldsymbol{x} \mid H_0) \tag{3.4.25}$$

换言之，判决规则为

$$\lambda(\boldsymbol{x}) = \frac{f(\boldsymbol{x} \mid H_1)}{f(\boldsymbol{x} \mid H_0)} \underset{H_0}{\overset{H_1}{\gtrless}} \mu \tag{3.4.26}$$

可见似然比判决门限 th $=\mu$，而最佳判决面的方程式为

$$\lambda(\boldsymbol{x}) = \frac{f(\boldsymbol{x} \mid H_1)}{f(\boldsymbol{x} \mid H_0)} = \mu \tag{3.4.27}$$

其中 μ 的值由以下方程决定：

$$P(D_1 \mid H_0) = \int_{\mu}^{+\infty} f(\lambda(\boldsymbol{x}) \mid H_0) \mathrm{d}\lambda = \alpha_0 \tag{3.4.28}$$

现在讨论贝叶斯准则的判决规则和其他准则的判决规则之间的关系. 当 $P(H_0)C_{10} = \mu$，$P(H_1)C_{01} = 1$ 且 $C_{00} = C_{11} = 0$ 时，纽曼-皮尔逊准则的判决规则和贝叶斯准则的判决规则等价. 极小极大准则的判决规则可以看作先验概率未知时的贝叶斯准则的判决规则. 最小错误概率准则和最大后验概率准则的判决规则是 $C_{00} = C_{11} = 0, C_{10} = C_{01} = 1$ 时的贝叶斯准则的判决规则.

下面以最小错误概率准则为例分析多样本检测的性能.

对在时间 $[0, T]$ 内的观测信号进行 N 次采样

$$\begin{aligned} H_0:&\quad x_i = A_0 + n_i \\ H_1:&\quad x_i = A_1 + n_i \end{aligned} \quad (i = 1, 2, \cdots, N) \tag{3.4.29}$$

假定 $P(H_0) = P(H_1) = 1/2$（这在多数通信系统中都是合理的），$n_i (i=1, 2, \cdots, N)$ 是均值为 0、方差为 σ^2 的独立同分布高斯噪声. 那么观测样本矢量的似然函数为

$$f(\boldsymbol{x} \mid H_0) = \prod_{i=1}^{N} f(x_i \mid H_0) = \frac{1}{(2\pi\sigma^2)^{N/2}} \exp\left[-\frac{1}{2\sigma^2} \sum_{i=1}^{N} (x_i - A_0)^2\right]$$

$$f(\boldsymbol{x} \mid H_1) = \prod_{i=1}^{N} f(x_i \mid H_1) = \frac{1}{(2\pi\sigma^2)^{N/2}} \exp\left[-\frac{1}{2\sigma^2} \sum_{i=1}^{N} (x_i - A_1)^2\right]$$

由似然比可得判决规则

$$\frac{\dfrac{1}{(2\pi\sigma^2)^{N/2}} \exp\left[-\dfrac{1}{2\sigma^2} \sum\limits_{i=1}^{N} (x_i - A_1)^2\right]}{\dfrac{1}{(2\pi\sigma^2)^{N/2}} \exp\left[-\dfrac{1}{2\sigma^2} \sum\limits_{i=1}^{N} (x_i - A_0)^2\right]} \underset{H_0}{\overset{H_1}{\gtrless}} \frac{P(H_0)}{P(H_1)} = 1$$

假定 $A_1 > A_0$，取对数化简后可得判决规则为

$$\bar{x} = \frac{1}{N} \sum_{i=1}^{N} x_i \underset{H_0}{\overset{H_1}{\gtrless}} \frac{A_1 + A_0}{2} \tag{3.4.30}$$

其中，检验统计量 $\bar{x}$ 为观测样本的均值，并且注意到 $\bar{x}$ 在两种假设下的分布分别为

$$\bar{x} \mid H_1 \sim N\left(A_1, \frac{\sigma^2}{N}\right), \quad \bar{x} \mid H_0 \sim N\left(A_0, \frac{\sigma^2}{N}\right)$$

由(3.3.7)式，可得

$$\begin{aligned}\bar{P}_e &= \frac{1}{2}[P(D_1 \mid H_0) + P(D_0 \mid H_1)] \\ &= \frac{1}{2}\left[P\left(\bar{x} \geqslant \frac{A_1 + A_0}{2} \middle| H_0\right) + P\left(\bar{x} < \frac{A_1 + A_0}{2} \middle| H_1\right)\right] \\ &= \frac{1}{2}\left\{\left[1 - \Phi\left[\frac{(A_1 - A_0)}{2\sqrt{\sigma^2/N}}\right]\right] + \Phi\left[\frac{(A_0 - A_1)}{2\sqrt{\sigma^2/N}}\right]\right\}\end{aligned}$$

其中，$\Phi(x) = \int_{-\infty}^{x} \frac{1}{\sqrt{2\pi}} e^{-t^2/2} dt$，由于 $\Phi(-x) = 1 - \Phi(x)$，有

$$\bar{P}_e = 1 - \Phi\left(\sqrt{\frac{N(A_0 - A_1)^2}{4\sigma^2}}\right) \tag{3.4.31}$$

由上式可见，当采样数 N 增加时，平均错误概率减小. 取 $A_0 = 0$、$A_1 = 1$，$n_i \sim N(0,1)$，N 取 1 和 16，单样本检验统计量 x 和多样本检验统计量 $\bar{x}$ 的概率密度函数如图 3.6 所示. 由图可见，同样的判决门限，采用多样本检测比用单样本检测性能好，虚警概率和漏警概率都显著降低.

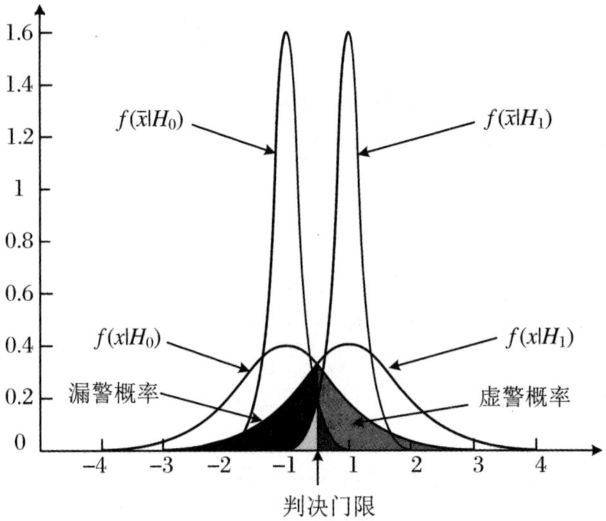

图 3.6　采用 16 个观测样本与单观测样本时的判决性能比较

例 3.3　四元假设检验问题：

$$\begin{aligned} H_0&: \quad x_i = -2 + n_i \\ H_1&: \quad x_i = -1 + n_i \\ H_2&: \quad x_i = 1 + n_i \\ H_3&: \quad x_i = 2 + n_i \end{aligned} \qquad (i = 1, 2, \cdots, N)$$

其中，$n_i (i = 1, 2, \cdots, N)$ 是均值为 0、方差为 σ^2 的独立同分布平稳高斯噪声，各种假设出现的概率彼此相等. 求基于样本 $\boldsymbol{x} = [x_1, x_2, \cdots, x_N]^{\mathrm{T}}$ 采用最小错误概率准则的判决规则.

解　(1) 根据给定的条件可知，观测样本 $\boldsymbol{x}$ 的似然函数为

$$f(\boldsymbol{x} \mid H_k) = \left(\frac{1}{2\pi\sigma^2}\right)^{N/2} \exp\left[-\frac{1}{2\sigma^2}\sum_{i=1}^{N}(x_i - m_k)^2\right]$$

式中，$k=0, 1, 2, 3$，$m_0=-2$，$m_1=-1$，$m_2=1$，$m_3=2$.

(2) 根据似然比判决规则，若

$$\frac{f(\boldsymbol{x} \mid H_k)}{f(\boldsymbol{x} \mid H_j)} \geqslant 1 \quad (j=0,1,2,3,\ j \neq k，判决为 H_k)$$

以上判决规则相当于

$$f(\boldsymbol{x} \mid H_k) \geqslant f(\boldsymbol{x} \mid H_j) \quad (j=0,1,2,3,\ j \neq k，判决为 H_k)$$

也即选择使 $\exp\left[-\frac{1}{2\sigma^2}\sum_{i=1}^{N}(x_i-m_k)^2\right]$ 最大的 k，判决 $\boldsymbol{x} \in H_k$.

展开 $\exp\left[-\frac{1}{2\sigma^2}\sum_{i=1}^{N}(x_i-m_k)^2\right]$，可得

$$\exp\left[-\frac{1}{2\sigma^2}\sum_{i=1}^{N}(x_i-m_k)^2\right]=\exp\left\{-\frac{1}{2\sigma^2}\left[\sum_{i=1}^{N}x_i^2-2\sum_{i=1}^{N}x_i m_k+Nm_k^2\right]\right\}$$

当 $\boldsymbol{x}$ 一定时，k 使上式最大相当于使 $2\sum_{i=1}^{N}x_i m_k - Nm_k^2$ 最大.因此，得到一个观测样本矢量 $\boldsymbol{x}$ 以后，可比较以下各个函数的值：

$$\frac{2}{N}m_0\sum_{i=1}^{N}x_i - m_0^2 = -\frac{4}{N}\sum_{i=1}^{N}x_i - 4$$

$$\frac{2}{N}m_1\sum_{i=1}^{N}x_i - m_1^2 = -\frac{2}{N}\sum_{i=1}^{N}x_i - 1$$

$$\frac{2}{N}m_2\sum_{i=1}^{N}x_i - m_2^2 = \frac{2}{N}\sum_{i=1}^{N}x_i - 1$$

$$\frac{2}{N}m_3\sum_{i=1}^{N}x_i - m_3^2 = \frac{4}{N}\sum_{i=1}^{N}x_i - 4$$

若 $k=0$ 时，函数 $f(\boldsymbol{x} \mid H_0)$ 具有最大值，则要同时满足 $-\frac{4}{N}\sum_{i=1}^{N}x_i-4 \geqslant -\frac{2}{N}\sum_{i=1}^{N}x_i-1$，$-\frac{4}{N}\sum_{i=1}^{N}x_i-4 \geqslant \frac{2}{N}\sum_{i=1}^{N}x_i-1$，$-\frac{4}{N}\sum_{i=1}^{N}x_i-4 \geqslant \frac{4}{N}\sum_{i=1}^{N}x_i-4$. 由此可得

$$\frac{1}{N}\sum_{i=1}^{N}x_i \leqslant -1.5 \quad (判决为 H_0)$$

若 $k=1$ 时，函数 $f(x \mid H_1)$ 具有最大值，采用类似分析方法可得

$$-1.5 < \frac{1}{N}\sum_{i=1}^{N}x_i \leqslant 0 \quad (判决为 H_1)$$

若 $k=2$ 时，函数 $f(x \mid H_2)$ 具有最大值，可得

$$0 < \frac{1}{N}\sum_{i=1}^{N}x_i \leqslant 1.5 \quad (判决为 H_2)$$

若 $k=3$ 时，函数 $f(x \mid H_3)$ 具有最大值，可得

$$\frac{1}{N}\sum_{i=1}^{N}x_i > 1.5 \quad (判决为 H_3)$$

综上所述，可采用 $\bar{x}=\frac{1}{N}\sum_{i=1}^{N}x_i$ 作为检验统计量，相应的判决规则为：当 $\bar{x} \leqslant -1.5$，判

决为 H_0；当 $-1.5<\bar{x}\leqslant 0$，判决为 H_1；当 $0<\bar{x}\leqslant 1.5$，判决为 H_2；当 $\bar{x}>1.5$，判决为 H_3.

从上面的分析，我们已经看到了多样本假设检验能够显著改善信号检测的质量.但是，在多样本假设检验中，关键是获得多样本的似然函数.对于平稳高斯白噪声中的确定信号检测，由于样本之间的独立性，可以直接写出多样本的似然函数；对于平稳高斯色噪声中的确定信号检测，由于样本之间的非独立性，多样本的似然函数比较复杂，这个问题将在后面讨论；对于平稳非高斯噪声中的信号检测，写出多样本的似然函数更加困难，已经超出了本教材的范围，感兴趣的读者可以参考有关文献.

3.4.3 序贯检测

前面介绍的多样本假设检验中，在时间 $[0,T]$ 内获得的总样本数 $N(N=T/\Delta t,\Delta t$ 是采样周期)是固定的.然而，人们在 20 世纪 40 年代就认识到，样本数不必预先固定，可以根据信号检测情况来决定是否继续采样，此时样本数是一个随机变量.从获得的第一个样本开始进行单样本假设检验，若能作出明确判决检验结束；否则获得下一个样本并进行多样本假设检验，直至能作出判决为止.这种逐次获得的样本称为**序贯样本**，利用序贯样本进行假设检验的方法称为**序贯检测**(Sequential Detection).由于 Wold 对序贯检测作出的贡献，序贯检测也称为 Wold 检验.

下面以纽曼-皮尔逊准则下的二元假设检验为例讨论序贯检测，然后进一步讨论分批序贯检测.分析方法同样适用于多元假设检验或其他准则.

1. 基于纽曼-皮尔逊准则的二元序贯检测

将纽曼-皮尔逊准则的约束条件由 $P_{\mathrm{fa}}\leqslant\alpha_0$ 修改为 $P_{\mathrm{fa}}\leqslant\alpha_0$ 和 $1-P_{\mathrm{D}}\leqslant\beta_0$，此时称为修正的纽曼-皮尔逊准则，单样本 x 对应的似然比判决规则可写为

$$\begin{cases}\lambda(x)\geqslant \mathrm{th}_1 & (\text{判决为 } H_1)\\ \lambda(x)\leqslant \mathrm{th}_0 & (\text{判决为 } H_0)\\ \mathrm{th}_0<\lambda(x)<\mathrm{th}_1 & (\text{不能判决})\end{cases}\tag{3.4.32}$$

其中，th_0 和 th_1 由虚警概率的给定值 α_0 和漏警概率的给定值 β_0 决定，且 $\mathrm{th}_0<\mathrm{th}_1$.

若在样本矢量 $\boldsymbol{x}_{i-1}=[x_1,x_2,\cdots,x_{i-1}]^{\mathrm{T}}(i=2,3,\cdots)$ 时不能作出判决，对于序贯样本矢量 $\boldsymbol{x}_i$，序贯检测的似然比判决规则为

$$\begin{cases}\lambda(\boldsymbol{x}_i)\geqslant \mathrm{th}_1 & (\text{判决为 } H_1)\\ \lambda(\boldsymbol{x}_i)\leqslant \mathrm{th}_0 & (\text{判决为 } H_0)\\ \mathrm{th}_0<\lambda(\boldsymbol{x}_i)<\mathrm{th}_1 & (\text{接收下一个样本并重新判决})\end{cases}\tag{3.4.33}$$

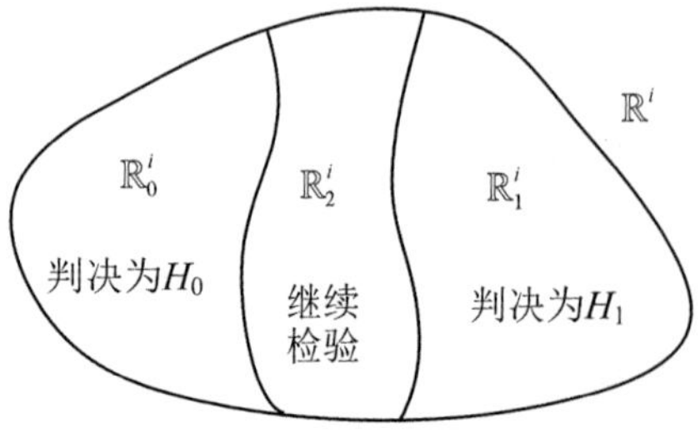

图 3.7 序贯检测的判决域示意图

序贯检测的判决域把观测空间 $\mathbb{R}^i$ 分割为如图 3.7 所示的 $\mathbb{R}_0^i$、$\mathbb{R}_1^i$ 和 $\mathbb{R}_2^i$ 三个区域.若第 i 次观测的样本矢量 $\boldsymbol{x}_i$ 落在 $\mathbb{R}_0^i$ 区域，则判决 H_0 为真；若落在 $\mathbb{R}_1^i$ 区域，判决 H_1 为真；若落在 $\mathbb{R}_2^i$ 区域，则表明所得数据不足以判决，要继续获得新样本并重新判决，直到 $\boldsymbol{x}_i$ 落在 $\mathbb{R}_0^i$ 或者 $\mathbb{R}_1^i$ 区域内能够作出判决为止.

序贯检测的关键问题之一是根据虚警概率的

给定值 α_0 和漏警概率的给定值 β_0 确定检测门限 th_0 及 th_1.

严格计算 th_0 及 th_1 应按照以下思路进行.

令 $\lambda(\boldsymbol{x}_i)=\dfrac{f(\boldsymbol{x}_i\mid H_1)}{f(\boldsymbol{x}_i\mid H_0)}$,$\lambda(\boldsymbol{x}_i)$ 是序贯样本数为 i 时的似然函数比.因此,二元序贯检测的虚警概率和漏警概率分别为

$$\begin{aligned}\alpha_0 &= P(\lambda(\boldsymbol{x}_1)\geqslant \mathrm{th}_1\mid H_0)+P((\mathrm{th}_0<\lambda(\boldsymbol{x}_1)<\mathrm{th}_1,\ \lambda(\boldsymbol{x}_2)\geqslant \mathrm{th}_1)\mid H_0)\\ &\quad + P((\mathrm{th}_0<\lambda(\boldsymbol{x}_1)<\mathrm{th}_1,\ \mathrm{th}_0<\lambda(\boldsymbol{x}_2)<\mathrm{th}_1,\ \lambda(\boldsymbol{x}_3)\geqslant \mathrm{th}_1)\mid H_0)+\cdots\end{aligned}\tag{3.4.34}$$

$$\begin{aligned}\beta_0 &= P((\lambda(\boldsymbol{x}_1)\leqslant \mathrm{th}_0)\mid H_1)+P((\mathrm{th}_0<\lambda(\boldsymbol{x}_1)<\mathrm{th}_1,\ \lambda(\boldsymbol{x}_2)\leqslant \mathrm{th}_0)\mid H_1)\\ &\quad + P((\mathrm{th}_0<\lambda(\boldsymbol{x}_1)<\mathrm{th}_1,\ \mathrm{th}_0<\lambda(\boldsymbol{x}_2)<\mathrm{th}_1,\ \lambda(\boldsymbol{x}_3)\leqslant \mathrm{th}_0)\mid H_1)+\cdots\end{aligned}\tag{3.4.35}$$

从原则上来说,检测门限 th_0 与 th_1 应通过(3.4.34)式与(3.4.35)式的联合求解才可精确地确定.显见,这种计算方法在实际上是不可行的,故可用以下方法近似计算.

由于

$$\alpha_0 = P(D_1\mid H_0)=\int_{\mathbb{R}_1^i} f(\boldsymbol{x}_i\mid H_0)\mathrm{d}\boldsymbol{x}_i \tag{3.4.36}$$

$$1-\beta_0 = P(D_1\mid H_1)=\int_{\mathbb{R}_1^i} f(\boldsymbol{x}_i\mid H_1)\mathrm{d}\boldsymbol{x}_i \tag{3.4.37}$$

又

$$\lambda(\boldsymbol{x}_i)=\frac{f(\boldsymbol{x}_i\mid H_1)}{f(\boldsymbol{x}_i\mid H_0)} \tag{3.4.38}$$

则

$$1-\beta_0=\int_{\mathbb{R}_1^i}\lambda(\boldsymbol{x}_i)f(\boldsymbol{x}_i\mid H_0)\mathrm{d}\boldsymbol{x}_i\geqslant \mathrm{th}_1\int_{\mathbb{R}_1^i} f(\boldsymbol{x}_i\mid H_0)\mathrm{d}\boldsymbol{x}_i=\mathrm{th}_1\alpha_0 \tag{3.4.39}$$

于是,有

$$\mathrm{th}_1\leqslant\frac{1-\beta_0}{\alpha_0} \tag{3.4.40}$$

用同样的方法,可以确定门限 th_0

$$\mathrm{th}_0\geqslant\frac{\beta_0}{1-\alpha_0} \tag{3.4.41}$$

如果序贯样本 $x_1,\ x_2,\ \cdots,\ x_i$ 是统计独立的,那么,似然比

$$\begin{aligned}\lambda(\boldsymbol{x}_i) &= \frac{f(x_1,\ x_2,\ \cdots,\ x_i\mid H_1)}{f(x_1,\ x_2,\ \cdots,\ x_i\mid H_0)}=\prod_{j=1}^{i}\frac{f(x_j\mid H_1)}{f(x_j\mid H_0)}\\ &= \frac{f(x_i\mid H_1)}{f(x_i\mid H_0)}\prod_{j=1}^{i-1}\frac{f(x_j\mid H_1)}{f(x_j\mid H_0)}=\lambda(x_i)\lambda(\boldsymbol{x}_{i-1})\end{aligned}\tag{3.4.42}$$

(3.4.42)式两边取对数,可得对数似然比的递推公式:

$$\ln\lambda(\boldsymbol{x}_i)=\ln\lambda(\boldsymbol{x}_{i-1})+\ln\lambda(x_i) \tag{3.4.43}$$

由于在样本矢量 $\boldsymbol{x}_{i-1}$ 时不能作出判决,而在 $\boldsymbol{x}_i$ 时恰好作出判决,假设(3.4.43)式中增量 $\ln\lambda(x_i)$ 比较小,则可认为 $\ln\lambda(\boldsymbol{x}_i)$ 刚刚达到门限.因此,(3.4.40)式和(3.4.41)式中的不等式可以近似用等式代替,即

$$\mathrm{th}_1 \approx \frac{1-\beta_0}{\alpha_0} \quad 或 \quad \ln \mathrm{th}_1 \approx \ln\left(\frac{1-\beta_0}{\alpha_0}\right) \tag{3.4.44}$$

$$\mathrm{th}_0 \approx \frac{\beta_0}{1-\alpha_0} \quad 或 \quad \ln \mathrm{th}_0 \approx \ln\left(\frac{\beta_0}{1-\alpha_0}\right) \tag{3.4.45}$$

则对数似然比判决规则可以表示为

$$\begin{cases} \ln \lambda(\boldsymbol{x}_i) \geqslant \ln\left(\dfrac{1-\beta_0}{\alpha_0}\right) & (判决为 H_1) \\ \ln \lambda(\boldsymbol{x}_i) \leqslant \ln\left(\dfrac{\beta_0}{1-\alpha_0}\right) & (判决为 H_0) \\ \ln\left(\dfrac{\beta_0}{1-\alpha_0}\right) < \ln \lambda(\boldsymbol{x}_i) < \ln\left(\dfrac{1-\beta_0}{\alpha_0}\right) & (接收下一个样本并重新判决) \end{cases} \tag{3.4.46}$$

对于序贯检测来说,结束判决可能随机地发生在 $i=1,2,\cdots$ 的任何时刻,因此分析结束判决所需的平均样本数十分必要.

若到第 $i=N$ 个样本时结束判决,即只存在 $\ln \lambda(\boldsymbol{x}_N) \leqslant \ln \mathrm{th}_0$ 或 $\ln \lambda(\boldsymbol{x}_N) \geqslant \ln \mathrm{th}_1$. 此时的虚警概率和漏警概率分别为

$$P(D_1 \mid H_0, N) = P(\ln \lambda(\boldsymbol{x}_N) \geqslant \ln \mathrm{th}_1 \mid H_0, N) \tag{3.4.47}$$

$$P(D_0 \mid H_1, N) = P(\ln \lambda(\boldsymbol{x}_N) \leqslant \ln \mathrm{th}_0 \mid H_1, N) \tag{3.4.48}$$

对数似然比 $\ln \lambda(\boldsymbol{x}_N)$ 是一个随机变量.为了便于分析,通常认为 N 个样本 $x_1, x_2, \cdots, x_N$ 是独立分布且样本数 $N \gg 1$. 由于 $\ln \lambda(x_N)$ 相对于 $\ln \lambda(\boldsymbol{x}_{N-1})$ 很小,则可认为 $\ln \lambda(\boldsymbol{x}_N)$ 刚刚达到门限,因此可近似认为 $\ln \lambda(\boldsymbol{x}_N)$ 取 $\ln \mathrm{th}_0$ 或 $\ln \mathrm{th}_1$. 在 H_1 为真的条件下, $\ln \lambda(\boldsymbol{x}_N)$ 的均值为

$$\begin{aligned} E\{\ln \lambda(\boldsymbol{x}_N) \mid H_1\} &\approx P(D_1 \mid H_1)\ln \mathrm{th}_1 + P(D_0 \mid H_1)\ln \mathrm{th}_0 \\ &= (1-\beta_0)\ln \mathrm{th}_1 + \beta_0 \ln \mathrm{th}_0 \end{aligned} \tag{3.4.49}$$

在 H_0 为真的条件下, $\ln \lambda(\boldsymbol{x}_N)$ 的均值为

$$\begin{aligned} E\{\ln \lambda(\boldsymbol{x}_N) \mid H_0\} &\approx P(D_1 \mid H_0)\ln \mathrm{th}_1 + P(D_0 \mid H_0)\ln \mathrm{th}_0 \\ &= \alpha_0 \ln \mathrm{th}_1 + (1-\alpha_0)\ln \mathrm{th}_0 \end{aligned} \tag{3.4.50}$$

而

$$\ln \lambda(\boldsymbol{x}_N) = \ln \prod_{j=1}^{N} \lambda(x_j) = \sum_{j=1}^{N} \ln \lambda(x_j)$$

进一步假设 N 与 $\lambda(x)$ 统计独立,那么

$$E\{\ln \lambda(\boldsymbol{x}_N) \mid H_1\} \approx E\{N \mid H_1\} E\{\ln \lambda(x) \mid H_1\}$$

其中, $\lambda(x)$ 是任意一个样本的似然比.因而

$$E\{N \mid H_1\} = \frac{E\{\ln \lambda(\boldsymbol{x}_N) \mid H_1\}}{E\{\ln \lambda(x) \mid H_1\}} \tag{3.4.51}$$

将(3.4.49)式代入(3.4.51)式,则在 H_1 为真的条件下,所需的平均取样数为

$$E\{N \mid H_1\} \approx \frac{(1-\beta_0)\ln \mathrm{th}_1 + \beta_0 \ln \mathrm{th}_0}{E\{\ln \lambda(x) \mid H_1\}} \tag{3.4.52}$$

类似地,在 H_0 为真的条件下,所需的平均取样数为

$$E\{N \mid H_0\} \approx \frac{\alpha_0 \ln \mathrm{th}_1 + (1-\alpha_0)\ln \mathrm{th}_0}{E\{\ln \lambda(x) \mid H_0\}} \tag{3.4.53}$$

最终求得结束判决所需的平均取样数为

$$E\{N\}=E\{N\mid H_0\}P(H_0)+E\{N\mid H_1\}P(H_1)$$
$$=\frac{\alpha_0\ln \mathrm{th}_1+(1-\alpha_0)\ln \mathrm{th}_0}{E\{\ln\lambda(x)\mid H_0\}}P(H_0)+\frac{(1-\beta_0)\ln \mathrm{th}_1+\beta_0\ln \mathrm{th}_0}{E\{\ln\lambda(x)\mid H_1\}}P(H_1) \tag{3.4.54}$$

可以证明，当序贯样本数趋于无穷时必然导致判决的结束．而在实际应用中，这是无法接受的．通常情况下，判决前确定一个序贯样本数上限 $N_{\max}$，当取样数达到 $N_{\max}$ 仍然不能作出判决时，就按单门限强制作出判决，这种序贯检测称为截断的序贯检测．

例 3.4　二元假设检验

$$\begin{aligned}H_0:&\quad x_i=n_i\\H_1:&\quad x_i=0.7+n_i\end{aligned}\qquad(i=1,\ 2,\ \cdots)$$

其中，$n_i(i=1,\ 2,\ \cdots)$ 是均值为0、方差为1的平稳高斯白噪声．先验概率 $P(H_1)=P(H_0)$，虚警概率和漏警概率约束为 $\alpha_0=\beta_0=0.05$．采用序贯检测，求结束判决所需的平均样本数．

解　根据给出的条件，单观测样本对数似然比为

$$\ln\lambda(x)=0.7(x-0.35)$$

因此，

$$E\{\ln\lambda(x)\mid H_0\}=\int_{-\infty}^{+\infty}0.7(x-0.35)\cdot\frac{1}{\sqrt{2\pi}}\exp\left(-\frac{x^2}{2}\right)\mathrm{d}x=-0.245$$

$$E\{\ln\lambda(x)\mid H_1\}=\int_{-\infty}^{+\infty}0.7(x-0.35)\cdot\frac{1}{\sqrt{2\pi}}\exp\left[-\frac{(x-2)^2}{2}\right]\mathrm{d}x=0.245$$

由(3.4.44)式和(3.4.45)式，可得

$$\ln \mathrm{th}_1\approx 2.944,\quad \ln \mathrm{th}_0\approx -2.944$$

由(3.4.52)式和(3.4.53)式，可得在 H_1 和 H_0 为真的条件下所需的平均取样数分别为

$$E\{N\mid H_1\}\approx\frac{\alpha_0\ln \mathrm{th}_1+(1-\alpha_0)\ln \mathrm{th}_0}{E\{\ln\lambda(x)\mid H_0\}}=10.81$$

$$E\{N\mid H_0\}\approx\frac{(1-\beta_0)\ln \mathrm{th}_1+\beta_0\ln \mathrm{th}_0}{E\{\ln\lambda(x)\mid H_1\}}\approx 10.81$$

由(3.4.54)式可得结束判决所需的平均样本数，为

$$E\{N\}=(10.81+10.81)\times 0.5=10.81$$

可见，结束判决所需的平均样本数为11.

2．分批序贯检测

与固定样本数的检测相比，序贯检测的突出优点是高样本效率，一般情况下可节省样本50%以上．序贯检测的缺点是，在检测的每一步都要重新调整检验统计量，在作出判决之前还必须存储用过的样本．于是有人提出了一种分批获得固定样本的折中方案：从获得的第一批样本开始进行多样本假设检验，若能作出明确判决则检验结束；否则获得下一批样本并重新进行多样本假设检验，直至能作出判决为止．这种逐次利用固定数目样本进行假设检验的方法称为**分批序贯检测**（Memoryless Grouped-data Sequential Detection），它可以在保持高样本效率的同时，大大简化检测过程．

若每批观测样本数固定为 N_0，第 k 批观测样本记为 $\boldsymbol{x}_k=[x_{(k-1)N_0+1},x_{(k-1)N_0+2},\cdots,x_{kN_0}]^{\mathrm{T}}(k=1,2,\cdots)$，那么分批序贯检测的似然比判决规则为

$$\begin{cases} \lambda(\boldsymbol{x}_k) \geqslant \mathrm{th}_1 & (\text{判决为 } H_1) \\ \lambda(\boldsymbol{x}_k) \leqslant \mathrm{th}_0 & (\text{判决为 } H_0) \\ \mathrm{th}_0 < \lambda(\boldsymbol{x}_k) < \mathrm{th}_1 & (\text{舍弃该批样本,接收下一批样本并重新判决}) \end{cases} \tag{3.4.55}$$

其中,th_0 和 th_1 由虚警概率的给定值 α_0 和漏警概率的给定值 β_0 决定.

令

$$p = P\{\lambda(\boldsymbol{x}_k) \geqslant \mathrm{th}_1 \mid H_0\}, \quad q = P\{\lambda(\boldsymbol{x}_k) \leqslant \mathrm{th}_0 \mid H_0\} \quad (r = 1 - p - q) \tag{3.4.56}$$

$$p' = P\{\lambda(\boldsymbol{x}_k) \geqslant \mathrm{th}_1 \mid H_1\}, \quad q' = P\{\lambda(\boldsymbol{x}_k) \leqslant \mathrm{th}_0 \mid H_1\} \quad (r' = 1 - p' - q') \tag{3.4.57}$$

当 H_0 为真时,根据第 1 批样本判决为 H_1 的概率为 p,根据第 2 批样本判决为 H_1 的概率为 rp,根据第 3 批样本判决为 H_1 的概率为 r^2p,依此类推,那么虚警概率的给定值 α_0 和判决所用的平均样本数分别表示为

$$\alpha_0 = p + rp + r^2p + \cdots = p/(1 - r) \tag{3.4.58}$$

$$\begin{aligned} E\{N \mid H_0\} &= N_0(1 - r) + 2N_0r(1 - r) + 3N_0r^2(1 - r) + \cdots \\ &= N_0\sum_{k=1}^{+\infty} kr^{k-1}(1 - r) = N_0/(1 - r) \end{aligned} \tag{3.4.59}$$

同理,当 H_1 为真时,漏警概率的给定值 β_0 和判决所用的平均样本数分别表示为

$$\beta_0 = q' + r'q' + r'^2q' + \cdots = q'/(1 - r') \tag{3.4.60}$$

$$E\{N \mid H_1\} = N_0/(1 - r') \tag{3.4.61}$$

最终,求得结束判决所需的平均样本数为

$$\begin{aligned} E\{N\} &= E\{N \mid H_0\}P(H_0) + E\{N \mid H_1\}P(H_1) \\ &= [N_0/(1 - r)]P(H_0) + [N_0/(1 - r')]P(H_1) \end{aligned} \tag{3.4.62}$$

依据(3.4.58)式和(3.4.60)式,由虚警概率的给定值 α_0 和漏警概率的给定值 β_0 可确定判决门限 th_1 和 th_0,再由(3.4.62)式可确定结束判决所需的平均样本数.一般情况下,要确定使平均样本数达到最小时的 N_0 是比较复杂的.

现在考虑一种特殊情况,假设信号检测模型为

$$\begin{aligned} H_0: x_i &= n_i \\ H_1: x_i &= A + n_i \end{aligned} \quad (i = 1, 2, \cdots)$$

其中,$A > 0$,n_i 服从 $N(0, \sigma^2)$ 分布且相互独立,$\alpha_0 = \beta_0$.

每批 N_0 个观测样本数的似然函数分别为

$$f(\boldsymbol{x}_k \mid H_0) = \prod_{i=(k-1)N_0+1}^{kN_0} f(x_i \mid H_0) = \frac{1}{(2\pi\sigma^2)^{N_0/2}}\exp\left(-\frac{1}{2\sigma^2}\sum_{i=(k-1)N_0+1}^{kN_0} x_i^2\right) \tag{3.4.63}$$

$$f(\boldsymbol{x}_k \mid H_1) = \prod_{i=(k-1)N_0+1}^{kN_0} f(x_i \mid H_1) = \frac{1}{(2\pi\sigma^2)^{N_0/2}}\exp\left[-\frac{1}{2\sigma^2}\sum_{i=(k-1)N_0+1}^{kN_0} (x_i - A)^2\right] \tag{3.4.64}$$

似然比判决规则为

$$\lambda(\boldsymbol{x}_k) = \frac{f(\boldsymbol{x}_k \mid H_1)}{f(\boldsymbol{x}_k \mid H_0)} \begin{cases} \geqslant \mathrm{th}_1 & (\text{判决为 } H_1) \\ \leqslant \mathrm{th}_0 & (\text{判决为 } H_0) \\ \text{其他} & (\text{舍弃该批样本,接收下一批样本并重新判决}) \end{cases} \tag{3.4.65}$$

令 $i' = i - (k-1)N_0$，并取对数化简后可得

$$\bar{x} = \frac{1}{N_0}\sum_{i'=1}^{N_0} x_{i'+(k-1)N_0}\begin{cases}\geqslant \dfrac{A}{2} + \dfrac{\sigma^2}{N_0 A}\ln \mathrm{th}_1 = \mathrm{th}_1' & (\text{判决为 } H_1) \\ \leqslant \dfrac{A}{2} + \dfrac{\sigma^2}{N_0 A}\ln \mathrm{th}_0 = \mathrm{th}_0' & (\text{判决为 } H_0) \\ \text{其他} & (\text{舍弃该批样本，接收下一批样本并重新判决})\end{cases} \tag{3.4.66}$$

其中，检验统计量 $\bar{x}$ 为 N_0 个观测样本的均值，并且注意到 $\bar{x}$ 在两种假设下的分布分别为

$$\bar{x} \mid H_0 \sim N\left(0, \frac{\sigma^2}{N_0}\right), \quad \bar{x} \mid H_1 \sim N\left(A, \frac{\sigma^2}{N_0}\right)$$

当 $\alpha_0 = \beta_0$ 时，由图 3.6 可以推出 $\mathrm{th}_0' = \dfrac{A}{2} - \delta$，$\mathrm{th}_1' = \dfrac{A}{2} + \delta$，$\delta > 0$，$p' = q$，$q' = p$，于是

$$p = P\left(\bar{x} \geqslant \frac{A}{2} + \delta \mid H_0\right) = 1 - \Phi\left(\frac{A + 2\delta}{2\sqrt{\sigma^2/N_0}}\right) \tag{3.4.67}$$

$$q = P\left(\bar{x} \leqslant \frac{A}{2} - \delta \mid H_0\right) = \Phi\left(\frac{A - 2\delta}{2\sqrt{\sigma^2/N_0}}\right) \tag{3.4.68}$$

依据(3.4.58)式可以求出

$$\alpha_0 = \frac{p}{1-r} = \frac{p}{p+q} = \frac{1 - \Phi\left(\dfrac{A + 2\delta}{2\sqrt{\sigma^2/N_0}}\right)}{1 - \Phi\left(\dfrac{A + 2\delta}{2\sqrt{\sigma^2/N_0}}\right) + \Phi\left(\dfrac{A - 2\delta}{2\sqrt{\sigma^2/N_0}}\right)} \tag{3.4.69}$$

从而可以解出 δ，它是含有 N_0 的函数．由(3.4.62)式，得到 $E\{N\}$，它只含有唯一未知数 N_0，N_0 的估计量 $\hat{N}_0$ 由下式决定：

$$\hat{N}_0 = \arg\min_{N_0}\{E\{N\}\} \tag{3.4.70}$$

3.4.4　复合假设检验

在很多情况下，除了由于噪声对观测样本的影响使判决产生了不确定性以外，被检测信号的一些参量还可能是随机的，如通信、雷达系统中广泛使用的正弦信号 $s(t) = A\sin(\omega t + \theta)$ 的幅度 A、频率 ω 和相位 θ 都可能是随机变量，我们称这类信号为随机参量信号．对于噪声中随机参量信号的检测，与假设相联系的信号样本的似然函数 $f(\boldsymbol{x} \mid H_i)$ 是与一个或几个随机参量有关的函数．我们把这种包含随机参量的信号检测称为复合假设检验，而前面各节介绍的不含随机参量的信号检测称为简单假设检验．显然，复合假设检验更具普遍意义．

1. 二元复合假设检验

设 $\boldsymbol{\Phi} = [\phi_1, \phi_2, \cdots, \phi_m]^{\mathrm{T}}$ 和 $\boldsymbol{\Theta} = [\theta_1, \theta_2, \cdots, \theta_n]^{\mathrm{T}}$ 分别是与假设 H_0 和 H_1 有关的随机参量矢量，它们的先验概率密度函数分别为 $f_0(\boldsymbol{\Phi})$ 和 $f_1(\boldsymbol{\Theta})$；进一步考虑各类代价也是随机参量矢量 $\boldsymbol{\Phi}$ 或 $\boldsymbol{\Theta}$ 的函数，分别记为 $C_{00}(\boldsymbol{\Phi})$，$C_{10}(\boldsymbol{\Phi})$，$C_{11}(\boldsymbol{\Theta})$，$C_{01}(\boldsymbol{\Theta})$；先验概率为 $P(H_0)$ 和 $P(H_1)$．现在首先分析基于多样本贝叶斯准则的二元复合假设检验问题．

依据(3.3.13)式，判决的平均代价为

$$\bar{C} = P(H_0)\int_{(\boldsymbol{\Phi})}[C_{00}(\boldsymbol{\Phi})P(D_0 \mid \boldsymbol{\Phi}, H_0) + C_{10}(\boldsymbol{\Phi})P(D_1 \mid \boldsymbol{\Phi}, H_0)]f_0(\boldsymbol{\Phi})\mathrm{d}\boldsymbol{\Phi}$$

$$
\begin{aligned}
&+P(H_1)\int_{(\boldsymbol{\Theta})}[C_{01}(\boldsymbol{\Theta})P(D_0\,|\,\boldsymbol{\Theta},H_1)+C_{11}(\boldsymbol{\Theta})P(D_1\,|\,\boldsymbol{\Theta},H_1)]f_1(\boldsymbol{\Theta})\mathrm{d}\boldsymbol{\Theta}\\
&=P(H_0)\int_{(\boldsymbol{\Phi})}C_{10}(\boldsymbol{\Phi})f_0(\boldsymbol{\Phi})\mathrm{d}\boldsymbol{\Phi}+P(H_1)\int_{(\boldsymbol{\Theta})}C_{11}(\boldsymbol{\Theta})f_1(\boldsymbol{\Theta})\mathrm{d}\boldsymbol{\Theta}\\
&+\int_{\mathbb{R}_1^N}\int_{(\boldsymbol{\Phi})}P(H_0)[C_{10}(\boldsymbol{\Phi})-C_{00}(\boldsymbol{\Phi})]f(\boldsymbol{x}\,|\,\boldsymbol{\Phi},H_0)f_0(\boldsymbol{\Phi})\mathrm{d}\boldsymbol{\Phi}\mathrm{d}\boldsymbol{x}\\
&-\int_{\mathbb{R}_1^N}\int_{(\boldsymbol{\Theta})}P(H_1)[C_{01}(\boldsymbol{\Theta})-C_{11}(\boldsymbol{\Theta})]f(\boldsymbol{x}\,|\,\boldsymbol{\Theta},H_1)f_1(\boldsymbol{\Theta})\mathrm{d}\boldsymbol{\Theta}\mathrm{d}\boldsymbol{x}
\end{aligned}\tag{3.4.71}
$$

与3.3节推导判决规则的思路类似，可以得到如下的基于多样本贝叶斯准则的二元复合假设检验的判决规则

$$
\lambda(\boldsymbol{x})=\frac{\int_{(\boldsymbol{\Theta})}[C_{01}(\boldsymbol{\Theta})-C_{11}(\boldsymbol{\Theta})]f(\boldsymbol{x}\mid\boldsymbol{\Theta},\ H_1)f_1(\boldsymbol{\Theta})\mathrm{d}\boldsymbol{\Theta}}{\int_{(\boldsymbol{\Phi})}[C_{10}(\boldsymbol{\Phi})-C_{00}(\boldsymbol{\Phi})]f(\boldsymbol{x}\mid\boldsymbol{\Phi},\ H_0)f_0(\boldsymbol{\Phi})\mathrm{d}\boldsymbol{\Phi}}\underset{H_0}{\overset{H_1}{\gtrless}}\frac{P(H_0)}{P(H_1)}=\mathrm{th}\tag{3.4.72}
$$

若各类代价与随机参量矢量 $\boldsymbol{\Phi}$ 和 $\boldsymbol{\Theta}$ 无关，那么(3.4.72)式经过整理就退化为

$$
\lambda(\boldsymbol{x})=\frac{\int_{(\boldsymbol{\Theta})}f(\boldsymbol{x}\mid\boldsymbol{\Theta},\ H_1)f_1(\boldsymbol{\Theta})\mathrm{d}\boldsymbol{\Theta}}{\int_{(\boldsymbol{\Phi})}f(\boldsymbol{x}\mid\boldsymbol{\Phi},\ H_0)f_0(\boldsymbol{\Phi})\mathrm{d}\boldsymbol{\Phi}}\underset{H_0}{\overset{H_1}{\gtrless}}\frac{(C_{10}-C_{00})P(H_0)}{(C_{01}-C_{11})P(H_1)}=\mathrm{th}\tag{3.4.73}
$$

它也是一个似然比检测问题.与简单假设检验不同，它是统计平均似然函数的比.因此，这种似然比称为平均似然比.

在雷达信号检测等一些问题中，H_1代表包含随机参量的信号存在的情况，H_0假设代表不存在信号仅存在噪声的情况，即 H_1是复合假设、H_0是简单假设.因此(3.4.73)式的判决规则就进一步退化为

$$
\lambda(\boldsymbol{x})=\frac{\int_{(\boldsymbol{\Theta})}f(\boldsymbol{x}\mid\boldsymbol{\Theta},\ H_1)f_1(\boldsymbol{\Theta})\mathrm{d}\boldsymbol{\Theta}}{f(\boldsymbol{x}\mid H_0)}\underset{H_0}{\overset{H_1}{\gtrless}}\frac{(C_{10}-C_{00})P(H_0)}{(C_{01}-C_{11})P(H_1)}=\mathrm{th}\tag{3.4.74}
$$

若 H_1假设中的信号也不包含随机参量，则二元复合假设检验就完全退化为二元简单假设检验问题了.

与简单假设类似，其他准则下的二元复合假设检验判决规则也可以通过和贝叶斯准则类比的方法得到.

令(3.4.73)式中 $C_{00}=C_{11}=0,C_{10}=C_{01}=1$，则可得到基于多样本最小错误概率准则和最大后验概率准则的二元复合假设检验的判决规则：

$$
\lambda(\boldsymbol{x})=\frac{\int_{(\boldsymbol{\Theta})}f(\boldsymbol{x}\mid\boldsymbol{\Theta},\ H_1)f_1(\boldsymbol{\Theta})\mathrm{d}\boldsymbol{\Theta}}{\int_{(\boldsymbol{\Phi})}f(\boldsymbol{x}\mid\boldsymbol{\Phi},\ H_0)f_0(\boldsymbol{\Phi})\mathrm{d}\boldsymbol{\Phi}}\underset{H_0}{\overset{H_1}{\gtrless}}\frac{P(H_0)}{P(H_1)}\tag{3.4.75}
$$

令(3.4.73)式中 $C_{00}=C_{11}=0,P(H_1)C_{01}=1,P(H_0)C_{10}=\mathrm{th}$，则可得到基于多样本纽曼-皮尔逊准则的二元复合假设检验的判决规则：

$$
\lambda(\boldsymbol{x})=\frac{\int_{(\boldsymbol{\Theta})}f(\boldsymbol{x}\mid\boldsymbol{\Theta},\ H_1)f_1(\boldsymbol{\Theta})\mathrm{d}\boldsymbol{\Theta}}{\int_{(\boldsymbol{\Phi})}f(\boldsymbol{x}\mid\boldsymbol{\Phi},\ H_0)f_0(\boldsymbol{\Phi})\mathrm{d}\boldsymbol{\Phi}}\underset{H_0}{\overset{H_1}{\gtrless}}\mathrm{th}\tag{3.4.76}
$$

其中 th 由给定的虚警概率 P_{fa}确定.

2. *M 元复合假设检验*

上面讨论了二元复合假设检验问题,现在以贝叶斯准则为例来讨论基于多样本的 M 元($M>2$)复合假设检验问题.

M 种假设$H_0, H_1, \cdots, H_{M-1}$ 的先验概率分别为 $P(H_0), P(H_1), \cdots, P(H_{M-1})$,并且 H_i 中的信号仅包含概率密度函数为$f(\boldsymbol{\Theta}_i)$的随机矢量 $\boldsymbol{\Theta}_i(i=0,1,\cdots,M-1)$,判决代价函数为 $C_{ij}(\boldsymbol{\Theta}_j)(i,j=0,1,\cdots,M-1)$. 那么进行统计判决所承担的平均代价为

$$\begin{aligned}\bar{C} &= \sum_{i=0}^{M-1}\sum_{j=0}^{M-1}\int_{(\boldsymbol{\Theta}_j)} C_{ij}(\boldsymbol{\Theta}_j)P(D_i \mid \boldsymbol{\Theta}_j, H_j)f(\boldsymbol{\Theta}_j)\mathrm{d}\boldsymbol{\Theta}_j P(H_j) \\ &= \sum_{i=0}^{M-1}\sum_{j=0}^{M-1}P(H_j)\int_{(\boldsymbol{\Theta}_j)}\left[\int_{\mathbb{R}_i^N} f(\boldsymbol{x} \mid \boldsymbol{\Theta}_j, H_j)C_{ij}(\boldsymbol{\Theta}_j)\mathrm{d}\boldsymbol{x}\right]f(\boldsymbol{\Theta}_j)\mathrm{d}\boldsymbol{\Theta}_j \end{aligned} \tag{3.4.77}$$

其中,$\mathbb{R}_i^N(i=0,1,\cdots,M-1)$是分割$N$维观测空间的子空间,满足 $\bigcup_{i=0}^{M-1}\mathbb{R}_i^N=\mathbb{R}^N$ 和 $\mathbb{R}_i^N \cap \mathbb{R}_j^N=\varnothing\ (i\neq j)$,当 $\boldsymbol{x}\in\mathbb{R}_i^N$时判决$H_i$ 为真.

类似 3.4.1 小节中的分析,可得 M 元贝叶斯复合假设检验的判决规则,为

$$I_i(\boldsymbol{x}) \leqslant I_k(\boldsymbol{x}) \quad (k=0,1,\cdots,M-1,\ k\neq i,\ \text{判决为}\ H_i) \tag{3.4.78}$$

其中

$$I_i(\boldsymbol{x}) = \sum_{\substack{j=0\\ j\neq i}}^{M-1}P(H_j)\int_{(\boldsymbol{\Theta}_j)} f(\boldsymbol{x} \mid \boldsymbol{\Theta}_j, H_j)[C_{ij}(\boldsymbol{\Theta}_j)-C_{jj}(\boldsymbol{\Theta}_j)]f(\boldsymbol{\Theta}_j)\mathrm{d}\boldsymbol{\Theta}_j \tag{3.4.79}$$

在 $C_{ij}(\boldsymbol{\Theta}_j)=C_{kj}(\boldsymbol{\Theta}_j)(j=0,1,\cdots M-1, j\neq i, j\neq k)$的条件下,由(3.4.78)式和(3.4.79)式可得如下的判决规则:

$$\frac{\int_{(\boldsymbol{\Theta}_i)} f(\boldsymbol{x} \mid \boldsymbol{\Theta}_i, H_i)[C_{ki}(\boldsymbol{\Theta}_i)-C_{ii}(\boldsymbol{\Theta}_i)]f(\boldsymbol{\Theta}_i)\mathrm{d}\boldsymbol{\Theta}_i}{\int_{(\boldsymbol{\Theta}_k)} f(\boldsymbol{x} \mid \boldsymbol{\Theta}_k, H_k)[C_{ik}(\boldsymbol{\Theta}_k)-C_{kk}(\boldsymbol{\Theta}_k)]f(\boldsymbol{\Theta}_k)\mathrm{d}\boldsymbol{\Theta}_k} \geqslant \frac{P(H_j)}{P(H_i)}$$

$$(k=0,1,\cdots,M-1,\ k\neq i,\ \text{判决为}\ H_i) \tag{3.4.80}$$

若各类代价与信号随机参量矢量无关,分别为 $C_{ik}(i,k=0,1,\cdots,M-1)$,那么(3.4.80)式经整理就退化为如下的平均似然比判决规则

$$\frac{\int_{(\boldsymbol{\Theta}_i)} f(\boldsymbol{x} \mid \boldsymbol{\Theta}_i, H_i)f(\boldsymbol{\Theta}_i)\mathrm{d}\boldsymbol{\Theta}_i}{\int_{(\boldsymbol{\Theta}_k)} f(\boldsymbol{x} \mid \boldsymbol{\Theta}_k, H_k)f(\boldsymbol{\Theta}_k)\mathrm{d}\boldsymbol{\Theta}_k} \geqslant \frac{(C_{ik}-C_{kk})P(H_k)}{(C_{ki}-C_{ii})P(H_i)}$$

$$(k=0,1,\cdots,M-1,\ k\neq i,\ \text{判决为}\ H_i) \tag{3.4.81}$$

对于其他准则下的 M 元复合假设检验问题,同样可以通过和贝叶斯准则类比的方法得到相应的判决规则,这里不再给出. 此外还可以将序贯检测应用于复合假设检验问题中,形成复合序贯检测理论,限于篇幅,本书也不再介绍了.

3.4.5　分集技术与多检测器检测数据融合

通过多观测样本可以提高信号检测的性能. 这种把在不同时间上观测样本组合起来进行信号检测的技术称为时间分集技术,由单接收机(也称检测器)即可完成检测任务. 进一步

拓宽思路,可以发展出其他的分集技术,包括频率分集技术、极化分集技术、空间分集技术等.利用不同载波频率上的观测样本组合起来进行信号检测的技术称为频率分集;利用不同极化上的观测样本组合起来进行信号检测的技术称为极化分集;利用不同空间位置上的观测样本组合起来进行信号检测的技术称为空间分集.原则上,频率分集技术、极化分集技术、空间分集技术需要多接收机完成检测任务.同时间分集技术一样,频率分集、极化分集、空间分集都可以等效为多样本,同样可以提高信号检测的性能.

在分集技术中,当由多检测器获得的观测样本是独立同分布的,前面介绍的各种统计判决准则才能被直接采用来完成信号检测.我们将在第 7 章以空间分集为例介绍阵列信号处理的基本理论和技术.然而一般情况下,多检测器的性能存在明显差异,这就需要新的多检测器检测理论与技术,多检测器数据融合理论与技术应运而生.

多检测器数据融合具有以下优点:① 由于多检测器同时工作,即使部分检测器失效、受到干扰或失去对目标的覆盖,仍能获得足够的目标信息,从而极大地提高了整个检测系统的可靠性.② 多检测器系统的时空覆盖区域相对单检测器显著扩大.③ 可提高对目标的分辨能力.④ 可提高对新目标的发现速度.⑤ 便于增加测量维数(除目标的空间和时间信息外,还可增加目标的运动信息、目标特征等).因此,多检测器数据融合具有更好的检测性能,能够更好地对付日益复杂的信号环境.

多检测器数据融合有以下几种基本的结构类型:

(1) 集中式融合:所有检测器将观测数据直接送到融合处理中心进行判决.这种方式的优点是充分利用了得到的观测数据,可以使融合中心的检测性能达到最佳.其缺点是数据传输要求传输信道的带宽较宽,要求中心的计算速度高,存储容量大,融合处理比较复杂.

(2) 分布式融合:每个检测器根据各自的观测数据作出判决,然后将结果送给融合中心,根据某种优化性能指标和称为**融合律**的判决规则,由融合中心作出最终的判决.分布式融合的优点是融合中心处理数据量较少,从而可降低对系统数据通信的要求,而且融合处理比较简单.其缺点是中心只能利用各检测器输出的判决结果.

(3) 混合式融合:它是由集中式融合和分布式融合混合形成的结构,混合式兼有两者的优点,但其融合处理也比较复杂.

与单检测器相比,影响多检测器检测性能的众多因素有:

(1) 多检测器的不同组网方式.

(2) 合理反馈信息的利用.当多检测器将数据(或判决结果)传给融合中心后,融合中心将某些信息再反馈给各检测器.这样,各检测器就可接收到其他检测器的一些信息,从而改进其自身的判决,然后再将新的判决传给中心.合理的反馈可提高整个系统的检测性能.

(3) 同步与非同步的工作模式.在多检测器的数据融合过程中,多检测器可以是同步工作,也可以是非同步工作.所谓同步工作是指各检测器在约好的时间内同时将判决送给中心,而非同步工作是指各检测器一作出判决就立即将判决结果送给中心,然后继续收集新的观测数据作下一次判决.

(4) 不同特性的检测器(相异检测器)在数据融合中的权重考虑.由于各检测器的性能各异,其可靠性也不完全相同,因此各检测器的判决送到中心后,中心对各检测器的判决加以不同的权重后再作出判决.由于系统的传输率有一定的限制,有的情况下可以只传输那些可靠性较大、性能较好的检测器的判决结果,这样有可能降低整个系统的错判概率.

(5) 自适应数据融合.与单个传感器相比,多检测器检测往往用于十分复杂的环境,因此自适应数据融合将是一个十分重要的影响融合性能(包括检测性能)的因素.

(6) 融合律的选择.随着传感器的增加,可供选择的融合律的个数增加极快(当传感器个数为 3 时,融合律的个数为 $2^{2^3}=256$,当传感器个数再增加 1 时,融合律的个数为 $2^{2^4}=65\,536$),用穷举的办法求最优的融合律是不可行的.常见的融合律有“与融合律”“或融合律”等.目前,对于最优融合律的选择,仍是十分有意义的研究课题.

这里仅仅介绍了多检测器数据融合的基本概念,更多的内容已经超出了本书的范围,感兴趣的读者可以查阅相关资料.

3.5　平稳高斯白噪声中确知信号的检测

前面各节介绍了进行噪声中的信号检测所必需的基础理论知识.本节将这些理论知识应用于加性平稳高斯白噪声中的确知信号的检测.加性平稳高斯白噪声中的确知信号的检测是实际中最简单的一类信号检测问题,可以用简单假设检验的方法来处理.依据似然比检验,我们可以推导出被称为相关接收机的最佳接收机.基于最大输出信噪比准则,我们还可推导出另一种被称为匹配滤波器的最佳接收机.

3.5.1　最佳接收机

在 3.3 节中介绍的各种统计判决准则具有相同的检验统计量——观测样本的似然比.因此,以观测样本的似然比作为检验统计量的各种最佳检测器具有类似的组成.

以二元通信系统为例讨论最佳接收机的推导过程,其结论易推广到其他系统.

二元假设检验为

$$\begin{aligned} H_0:&\quad x(t)=s_0(t)+n(t) \\ H_1:&\quad x(t)=s_1(t)+n(t) \end{aligned} \qquad (0\leqslant t\leqslant T) \tag{3.5.1}$$

其中,$s_0(t)$和 $s_1(t)$是确知信号,$n(t)$是均值为 0、功率谱密度为 $N_0/2$ 的平稳高斯白噪声.在时间$[0,\ T]$内对观测信号进行采样,获得如下的 N 个观测样本:

$$\begin{aligned} H_0:&\quad x_k=s_{0k}+n_k \\ H_1:&\quad x_k=s_{1k}+n_k \end{aligned} \qquad (k=1,\ 2,\ \cdots,\ N) \tag{3.5.2}$$

其中,x_k、n_k、s_{0k}和 s_{1k}分别代表观测信号 $x(t)$、噪声 $n(t)$、信号 $s_0(t)$和 $s_1(t)$在 $t=t_k$时刻的采样值.N 个观测样本的矢量记为 $\boldsymbol{x}=[x_1,\ x_2,\ \cdots,\ x_N]^{\mathrm{T}}$,其似然比检验为

$$\lambda(\boldsymbol{x})=\frac{f(x_1,\ x_2,\ \cdots,\ x_N\mid H_1)}{f(x_1,\ x_2,\ \cdots,\ x_N\mid H_0)}\underset{H_0}{\overset{H_1}{\gtrless}}\mathrm{th} \tag{3.5.3}$$

其中,判决门限 th 由具体的判决准则确定.

实际的平稳高斯白噪声是零均值的,并且是有限带宽的,它的功率谱密度函数可表示为

$$S_n(\omega)=\begin{cases} N_0/2 & (|\omega|\leqslant\Omega) \\ 0 & (|\omega|>\Omega) \end{cases} \tag{3.5.4}$$

由维纳-辛钦定理可知其自相关函数为

$$R_n(\tau)=\frac{1}{2\pi}\int_{-\Omega}^{\Omega}\frac{N_0}{2}\mathrm{e}^{\mathrm{j}\omega\tau}\mathrm{d}\omega=\frac{N_0\Omega}{2\pi}\cdot\frac{\sin\Omega\tau}{\Omega\tau}\tag{3.5.5}$$

有限带宽高斯白噪声的功率谱密度函数和自相关函数如图 3.8 所示.

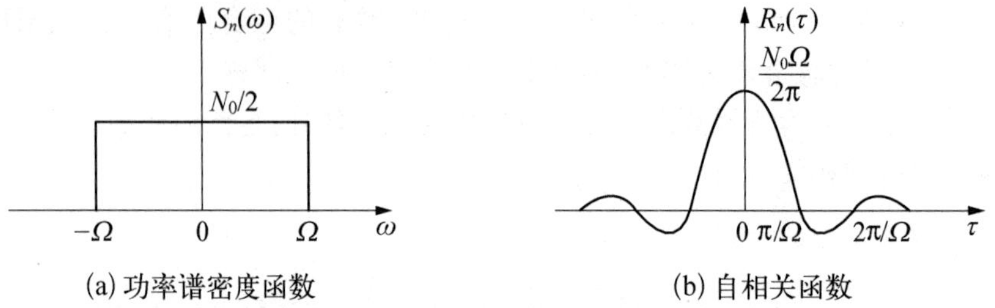

图 3.8　有限带宽高斯白噪声的功率谱密度函数和自相关函数

由(3.5.5)式的自相关函数可知，当采样间隔为 $\tau=k\pi/\Omega(k=\pm1,\pm2,\cdots)$ 时，$R_n(\tau)=0$，所得的各个样本 n_k 互不相关(对高斯过程来说是统计独立). 考虑到此时获得的信号样本 s_{0k} 和 s_{1k} 都是确定量，因此观测信号的各个样本 x_k 也统计独立. 显然观测时间 T、采样间隔 $\Delta t=\pi/\Omega$ 和统计独立样本数 N 之间满足以下关系：

$$N=T/\Delta t=\Omega T/\pi\tag{3.5.6}$$

当按采样间隔 $\Delta t=\pi/\Omega$ 对观测信号 $x(t)$ 采样，所获得的 N 个统计独立样本组成的矢量 $\boldsymbol{x}=[x_1,x_2,\cdots,x_N]^{\mathrm{T}}$ 的似然比检验进一步可以表示为

$$\lambda(\boldsymbol{x})=\frac{f(\boldsymbol{x}\mid H_1)}{f(\boldsymbol{x}\mid H_0)}=\frac{\prod_{k=1}^{N}f(x_k\mid H_1)}{\prod_{k=1}^{N}f(x_k\mid H_0)}\underset{H_0}{\overset{H_1}{\gtrless}}\mathrm{th}\tag{3.5.7}$$

对于高斯随机变量 $x_k=s_{ik}+n_k(k=1,2,\cdots,N;i=0,1)$，在 $H_i(i=0,1)$ 为真的条件下，它的均值和方差分别为

$$E\{x_k\mid H_i\}=E\{s_{ik}+n_k\}=s_{ik}\quad(i=0,1)\tag{3.5.8}$$

$$\mathrm{Var}\{x_k\mid H_i\}=E\{(x_k-E\{x_k\})^2\}=E\{n_k^2\}=\sigma_n^2\quad(i=0,1)\tag{3.5.9}$$

其中，σ_n^2 是噪声样本的方差，为

$$\sigma_n^2=R_n(0)=\frac{N_0\Omega}{2\pi}=\frac{N_0}{2\Delta t}\tag{3.5.10}$$

于是，观测样本 x_k 的似然函数为

$$f(x_k\mid H_i)=\frac{1}{\sqrt{2\pi}\sigma_n}\exp\left[-\frac{(x_k-s_{ik})^2}{2\sigma_n^2}\right]\quad(i=0,1)\tag{3.5.11}$$

观测样本矢量 $\boldsymbol{x}$ 的似然函数为

$$f(\boldsymbol{x}\mid H_i)=\prod_{k=1}^{N}f(x_k\mid H_i)=\left(\frac{1}{2\pi\sigma_n^2}\right)^{N/2}\exp\left[-\sum_{k=1}^{N}\frac{(x_k-s_{ik})^2}{2\sigma_n^2}\right]\quad(i=0,1)\tag{3.5.12}$$

将(3.5.12)式代入(3.5.7)式并做适当运算，似然比检验为

$$\lambda(\boldsymbol{x})=\frac{\exp\left[-\sum_{k=1}^{N}\frac{(x_k-s_{1k})^2}{2\sigma_n^2}\right]}{\exp\left[-\sum_{k=1}^{N}\frac{(x_k-s_{0k})^2}{2\sigma_n^2}\right]}\underset{H_0}{\overset{H_1}{\gtrless}}\mathrm{th}\tag{3.5.13}$$

取对数并化简后,可得判决规则为

$$\boldsymbol{x}^{\mathrm{T}}(\boldsymbol{s}_1-\boldsymbol{s}_0)\underset{H_0}{\overset{H_1}{\gtrless}}\sigma_n^2\ln \mathrm{th}+\frac{1}{2}(\boldsymbol{s}_1^{\mathrm{T}}\boldsymbol{s}_1-\boldsymbol{s}_0^{\mathrm{T}}\boldsymbol{s}_0)=\mathrm{th}' \tag{3.5.14}$$

其中,$\boldsymbol{s}_1=[s_{11}, s_{12}, \cdots, s_{1N}]^{\mathrm{T}}$, $\boldsymbol{s}_0=[s_{01}, s_{02}, \cdots, s_{0N}]^{\mathrm{T}}$.

(3.5.14)式所表述的判决规则可由图3.9(a)给出的判决器框图实现.该判决器就是检测平稳高斯白噪声中的确知信号的**最佳接收机**(Optimum Receiver).由于最佳接收机首先将观测信号样本 $\boldsymbol{x}$ 与确知信号样本 $\boldsymbol{s}_1$ 和 $\boldsymbol{s}_0$ 分别进行相关运算,因此又称之为**相关接收机**(Correlation Receiver).图3.9(a)的最佳接收机使用了2个相关运算,显得复杂,也没必要,可进一步简化.简化后的最佳接收机如图3.9(b),这种最佳接收机可以由计算机或其他数字处理器完成.

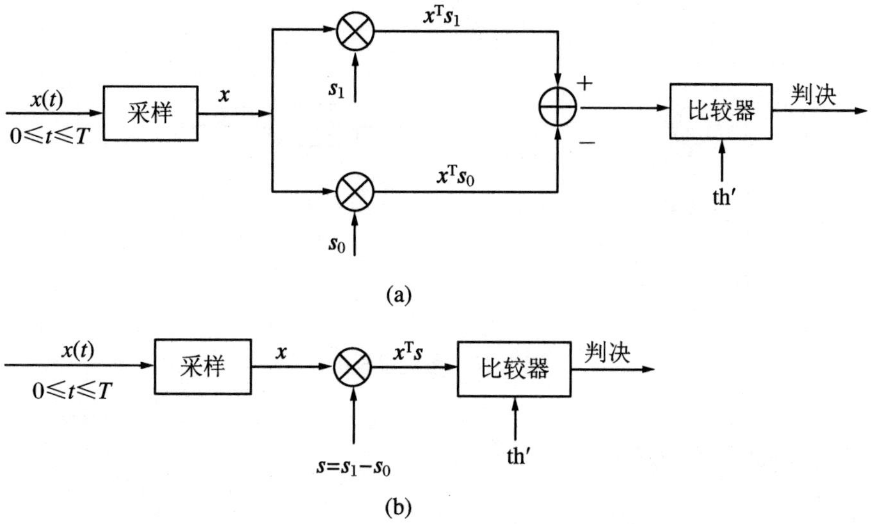

图3.9 相关接收机

尽管可以通过数字处理设备实现最佳接收机,但还有许多系统仍采用模拟技术,因此我们还要推导出适合于连续信号检测的最佳接收机.

为了得到连续观测信号 $x(t)$ 在 H_0 和 H_1 为真的条件下的似然函数,在保持 $T=N\Delta t$ 不变的条件下,令采样周期 $\Delta t\to 0$(相当于带宽 $\Omega\to+\infty$ 和采样数 $N\to+\infty$),这时带限白噪声变为白噪声.于是,(3.5.12)式中的求和可用积分号代替;另一方面,由于(3.5.10)式,连续观测信号 $x(t)$ 的似然函数具有如下形式:

$$f(x(t)\mid H_i)=F\exp\left\{-\frac{1}{N_0}\int_0^T[x(t)-s_i(t)]^2\mathrm{d}t\right\}\quad(i=0,1) \tag{3.5.15}$$

其中 F 为常数.因此,连续观测信号的似然比检验为

$$\lambda(x(t))=\frac{\exp\left\{-\frac{1}{N_0}\int_0^T[x(t)-s_1(t)]^2\mathrm{d}t\right\}}{\exp\left\{-\frac{1}{N_0}\int_0^T[x(t)-s_0(t)]^2\mathrm{d}t\right\}}\underset{H_0}{\overset{H_1}{\gtrless}}\mathrm{th}$$

对上式两边取对数,化简后得到如下判决规则:

$$\int_0^T[s_1(t)-s_0(t)]x(t)\mathrm{d}t\underset{H_0}{\overset{H_1}{\gtrless}}\mathrm{th}' \tag{3.5.16}$$

其中，$th' = \frac{N_0}{2}\ln th + \frac{1}{2}\int_0^T [s_1^2(t) - s_0^2(t)]dt$.

(3.5.16)式所表述的判决规则可由图 3.10(a)给出判决器实现.该判决器就是检测高斯白噪声中确知连续信号的最佳接收机.简化后的最佳接收机如图 3.10(b)所示.

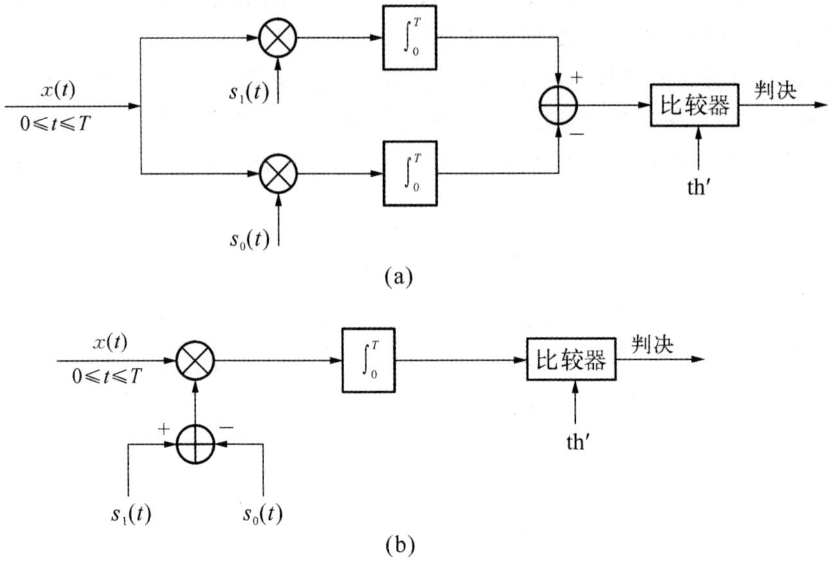

图 3.10　相关接收机

3.5.2　通信接收机的性能

基于图 3.10 的相关接收机，我们分析二元通信系统的性能.通信接收机性能通常用平均错误概率来衡量.采用最小错误概率准则，由(3.5.16)式可得判决规则

$$G = \int_0^T [s_1(t) - s_0(t)]x(t)dt + \frac{1}{2}\int_0^T [s_0^2(t) - s_1^2(t)]dt \underset{H_0}{\overset{H_1}{\gtrless}} \frac{N_0}{2}\ln\left[\frac{P(H_0)}{P(H_1)}\right] \tag{3.5.17}$$

其中，G 为检验统计量.用 $f(G|H_1)$和 $f(G|H_0)$分别表示在 H_1和 H_0为真的条件下 G 的条件概率密度函数，则第一类错误概率和第二类错误概率分别为

$$P(D_1 \mid H_0) = \int_{th_0}^{+\infty} f(G \mid H_0)dG \tag{3.5.18}$$

$$P(D_0 \mid H_1) = \int_{-\infty}^{th_0} f(G \mid H_1)dG \tag{3.5.19}$$

其中，$th_0 = \frac{N_0}{2}\ln\left[\frac{P(H_0)}{P(H_1)}\right]$.

下面求 $f(G|H_1)$和 $f(G|H_0)$.由于 $s_0(t)$和 $s_1(t)$是确知信号，$x(t)$是平稳高斯信号，则(3.5.17)式中的检验统计量 G 是高斯随机变量.因此，只要计算在 $H_i(i=0,1)$为真的条件下 G 的均值和方差就可以确定相应的条件概率密度函数.

在 H_0为真的条件下，$x(t) = s_0(t) + n(t)$，G 的均值和方差分别为

$$E\{G \mid H_0\} = E\left\{\int_0^T [s_1(t) - s_0(t)][s_0(t) + n(t)]\mathrm{d}t + \frac{1}{2}\int_0^T [s_0^2(t) - s_1^2(t)]\mathrm{d}t\right\}$$
$$= \int_0^T s_1(t)s_0(t)\mathrm{d}t - \frac{1}{2}\int_0^T [s_0^2(t) + s_1^2(t)]\mathrm{d}t$$
$$= -\frac{1}{2}\int_0^T [s_0(t) - s_1(t)]^2\mathrm{d}t \tag{3.5.20}$$

$$\mathrm{Var}\{G \mid H_0\} = E\{[G - E\{G \mid H_0\}]^2 \mid H_0\}$$
$$= \int_0^T\int_0^T E\{n(t)n(\tau)\}[s_0(t) - s_1(t)][s_0(\tau) - s_1(\tau)]\mathrm{d}t\mathrm{d}\tau$$
$$= \frac{N_0}{2}\int_0^T [s_0(t) - s_1(t)]^2\mathrm{d}t \tag{3.5.21}$$

同理，在 H_1 为真的条件下，G 的均值和方差分别为

$$E\{G \mid H_1\} = \frac{1}{2}\int_0^T [s_0(t) - s_1(t)]^2\mathrm{d}t \tag{3.5.22}$$

$$\mathrm{Var}\{G \mid H_1\} = \mathrm{Var}\{G \mid H_0\} = \frac{N_0}{2}\int_0^T [s_0(t) - s_1(t)]^2\mathrm{d}t \tag{3.5.23}$$

为了便于表达，引入以下几个参数：

$$E = \frac{1}{2}\left[\int_0^T s_0^2(t)\mathrm{d}t + \int_0^T s_1^2(t)\mathrm{d}t\right] = \frac{1}{2}(E_0 + E_1) \tag{3.5.24}$$

其中，E_0 和 E_1 分别表示信号 $s_0(t)$ 和 $s_1(t)$ 的能量，E 表示信号 $s_0(t)$ 和 $s_1(t)$ 的平均能量.

$$\rho = \frac{1}{E}\int_0^T s_0(t)s_1(t)\mathrm{d}t \tag{3.5.25}$$

ρ 表示 $s_0(t)$ 和 $s_1(t)$ 的时间互相关系数，由于 $\int_0^T [s_0(t) \pm s_1(t)]^2\mathrm{d}t \geqslant 0$，则有 $|\rho| \leqslant 1$.

将(3.5.24)式和(3.5.25)式代入(3.5.20)式、(3.5.21)式、(3.5.22)式和(3.5.23)式，则

$$E\{G \mid H_0\} = -E(1-\rho) \tag{3.5.26}$$
$$E\{G \mid H_1\} = E(1-\rho) \tag{3.5.27}$$
$$\mathrm{Var}\{G \mid H_1\} = \mathrm{Var}\{G \mid H_0\} = N_0E(1-\rho) \tag{3.5.28}$$

因此，在 H_0 和 H_1 为真时，G 的条件概率密度函数分别为

$$f(G \mid H_0) = \left[\frac{1}{2\pi N_0E(1-\rho)}\right]^{1/2}\exp\left\{-\frac{[G + E(1-\rho)]^2}{2N_0E(1-\rho)}\right\} \tag{3.5.29}$$

$$f(G \mid H_1) = \left[\frac{1}{2\pi N_0E(1-\rho)}\right]^{1/2}\exp\left\{-\frac{[G - E(1-\rho)]^2}{2N_0E(1-\rho)}\right\} \tag{3.5.30}$$

将(3.5.29)式和(3.5.30)式分别代入(3.5.18)式和(3.5.19)式，并对被积函数归一化，得到

$$P(D_1 \mid H_0) = \int_{\beta+\alpha/2}^{+\infty} \frac{1}{\sqrt{2\pi}}\exp\left(-\frac{x^2}{2}\right)\mathrm{d}x = 1 - \Phi\left(\beta + \frac{\alpha}{2}\right) \tag{3.5.31}$$

$$P(D_0 \mid H_1) = \int_{-\infty}^{\beta-\alpha/2} \frac{1}{\sqrt{2\pi}}\exp\left(-\frac{x^2}{2}\right)\mathrm{d}x = \Phi\left(\beta - \frac{\alpha}{2}\right) \tag{3.5.32}$$

其中，$\beta = 1/\alpha \ln[P(H_0)/P(H_1)]$，$\alpha = 2\sqrt{(1-\rho)E/N_0}$，$\Phi(x) = \int_{-\infty}^{x} \frac{1}{\sqrt{2\pi}} e^{-t^2/2} dt$.

通常假定二元通信系统的先验概率相等，即 $P(H_0) = P(H_1) = \frac{1}{2}$. 这时 $\beta = 0$，则二元通信系统的平均错误概率为

$$\bar{P}_e = P(H_0)P(D_1 \mid H_0) + P(H_1)P(D_0 \mid H_1) = \int_{\alpha/2}^{+\infty} \frac{1}{\sqrt{2\pi}} \exp\left(-\frac{x^2}{2}\right) dx$$

$$= 1 - \Phi(\sqrt{(1-\rho)E/N_0}) \tag{3.5.33}$$

(3.5.33)式说明，在加性平稳高斯白噪声中检测确知信号的相关接收机，其性能取决于信号平均能量 E、白噪声功率谱密度 $N_0/2$、信号 $s_0(t)$ 和 $s_1(t)$ 的时间互相关系数 ρ 三个参数. 固定 ρ 后，平均错误概率 $\bar{P}_e$ 随着 E/N_0（信噪比）的增大而减小；固定 E/N_0 后，平均错误概率 $\bar{P}_e$ 随着 ρ 的减小而减小. ρ 取 -1 时平均错误概率 $\bar{P}_e$ 达到最小，此时，

$$\bar{P}_e = 1 - \Phi(\sqrt{2E/N_0}) \tag{3.5.34}$$

$\rho = -1$ 所对应的两种发射信号满足 $s_0(t) = -s_1(t)$，具备这个条件的二元通信系统称为最佳二元通信系统或理想二元通信系统. 最佳二元通信系统与信号波形无关.

下面将上述结果应用于三种实用的二元通信系统中.

1. 相干相移键控系统

相干相移键控系统（Coherent Phase Shift Keying System, CPSK）在时间 $[0, T]$ 内发射的信号是

$$\begin{cases} s_0(t) = A\sin \omega_c t \\ s_1(t) = A\sin(\omega_c t + \pi) = -A\sin \omega_c t \end{cases} \quad (0 \leqslant t \leqslant T) \tag{3.5.35}$$

之一，$s_0(t)$ 和 $s_1(t)$ 的能量相等、先验概率相等、相位相差 π，即 $E = E_0 = E_1$，$P(H_0) = P(H_1)$，$s_0(t) = -s_1(t)$，$\rho = -1$，则由(3.5.16)式可得判决规则：

$$\int_0^T x(t)s_1(t)dt \underset{H_0}{\overset{H_1}{\gtrless}} 0 \tag{3.5.36}$$

它的最佳接收机可以用一个相关器来实现，如图 3.11 所示.

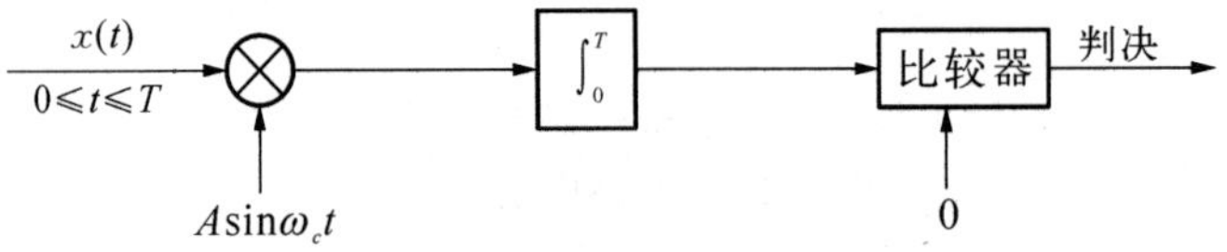

图 3.11　CPSK 接收机

由(3.5.33)式可得平均错误概率，为

$$\bar{P}_e = \int_{\sqrt{2E/N_0}}^{+\infty} \frac{1}{\sqrt{2\pi}} \exp\left(-\frac{x^2}{2}\right) dx = 1 - \Phi(\sqrt{2E/N_0}) \tag{3.5.37}$$

2. 相干频移键控系统

相干频移键控系统（Coherent Frequency Shift Keying System, CFSK）在时间 $[0, T]$ 内发射的信号是

$$\begin{cases} s_0(t) = A\sin\omega_0 t \\ s_1(t) = A\sin\omega_1 t \end{cases} \quad (0 \leqslant t \leqslant T) \tag{3.5.38}$$

之一,其中频率满足 $\omega_1 - \omega_0 = n\pi/T$ 和 $\omega_1 + \omega_0 = m\pi/T$,$m$ 和 n 是整数,$s_0(t)$和 $s_1(t)$的能量相等、先验概率相等、相位相参,即 $E = E_0 = E_1$,$P(H_0) = P(H_1)$,$\rho = 0$,则由(3.5.16)式可得判决规则:

$$\int_0^T [s_1(t) - s_0(t)]x(t)\mathrm{d}t \underset{H_0}{\overset{H_1}{\gtrless}} 0 \tag{3.5.39}$$

它的最佳接收机如图 3.10 所示,只是判决门限等于 0.

由(3.5.33)式可得平均错误概率,为

$$\bar{P}_e = \int_{\sqrt{E/N_0}}^{+\infty} \frac{1}{\sqrt{2\pi}} \exp\left(-\frac{x^2}{2}\right)\mathrm{d}x = 1 - \Phi(\sqrt{E/N_0}) \tag{3.5.40}$$

CFSK 系统和 CPSK 系统的性能曲线如图 3.12 所示.由图可见,在相同的 $\bar{P}_e$ 下 CFSK 系统所需的信噪比比 CPSK 系统高 3 dB.

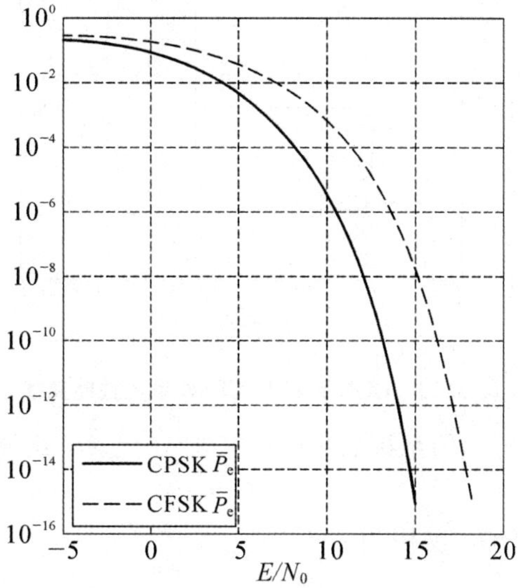

图 3.12 CPSK 系统与 CFSK 系统性能曲线

3. 开关载波键控系统

开关载波键控系统(On-Off Carrier Keyed System, OOK)在时间$[0, T]$内发射的信号是

$$\begin{cases} s_0(t) = 0 \\ s_1(t) = A\sin\omega_c t \end{cases} \quad (0 \leqslant t \leqslant T) \tag{3.5.41}$$

之一.无信号视为一种特殊信号,$s_0(t)$和 $s_1(t)$的先验概率相等,即 $P(H_0) = P(H_1)$,那么 $E = E_1/2$,$\rho = 0$,由(3.5.16)式可得判决规则:

$$\int_0^T x(t)s_1(t)\mathrm{d}t \underset{H_0}{\overset{H_1}{\gtrless}} \frac{1}{2}E_1 \tag{3.5.42}$$

OOK 系统的最佳接收机也只要用一个相关器实现,其框图同图 3.11.所不同的是 OOK 系统的判决门限 $\mathrm{th}' = \frac{1}{2}E_1$.

由(3.5.33)式可得平均错误概率,为

$$\bar{P}_e = \int_{\sqrt{E_1/2N_0}}^{+\infty} \frac{1}{\sqrt{2\pi}} \exp\left(-\frac{x^2}{2}\right) dx = 1 - \Phi(\sqrt{E_1/2N_0}) \tag{3.5.43}$$

若平均信号能量相等,OOK 系统和 CFSK 系统的性能相同.此时它所需的信噪比也比 CPSK 系统高 3 dB.但是如果限制 OOK 系统信号幅度不高于 CFSK 系统的信号 $s_1(t)$,$s_0(t)$的幅度,那么 OOK 系统的性能比相应的 CFSK 系统差.当 CFSK 中信号能量和 OOK 中的信号能量相等,在相同的平均错误概率下 OOK 系统所需的信噪比比 CFSK 系统高 3 dB.这两个系统的平均错误概率随 E_1/N_0 变化的曲线如图 3.13 所示.

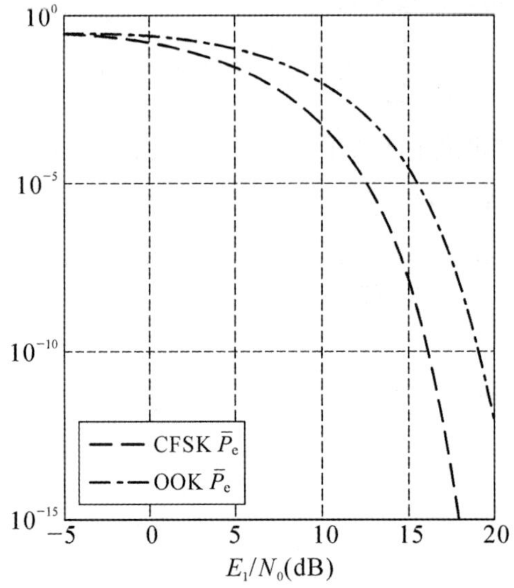

图 3.13　OOK 系统与 CFSK 系统性能曲线

可以将上述的三种二元通信系统的分析推广到 M 元通信系统.

3.5.3　雷达系统的最佳接收机性能

在雷达系统中,两种假设分别为

$$\begin{aligned} H_0:&\quad x(t) = n(t) \\ H_1:&\quad x(t) = s(t) + n(t) \end{aligned} \qquad (0 \leqslant t \leqslant T) \tag{3.5.44}$$

其中,$n(t)$是零均值、功率谱密度为 $N_0/2$ 的平稳高斯白噪声.

这种情况与 OOK 的通信系统类似.因此,由(3.5.16)式,判决规则为

$$\int_0^T s(t)x(t)dt \underset{H_0}{\overset{H_1}{\gtrless}} \text{th}' \tag{3.5.45}$$

其中,$\text{th}' = \frac{N_0}{2}\ln \text{th} + \frac{1}{2}\int_0^T s^2(t)dt$.最佳接收机的组成同图 3.11 相似,只是用$s(t)$代替了 $A\sin \omega_c t$.根据纽曼-皮尔逊准则,门限 th$'$由给定的虚警概率确定.

为了计算接收机性能,令检验统计量为

$$G = \int_0^T s(t)x(t)dt \tag{3.5.46}$$

显然，G 为高斯随机变量，它在两种假设下的均值和方差分别为

$$E\{G \mid H_0\} = 0$$

$$E\{G \mid H_1\} = \int_0^T s^2(t)\,\mathrm{d}t = E_1$$

$$\mathrm{Var}\{G \mid H_0\} = \mathrm{Var}\{G \mid H_1\} = N_0 E_1/2$$

因此，在两种假设下，检验统计量的概率密度函数为

$$f(G \mid H_0) = \frac{1}{\sqrt{\pi N_0 E_1}}\exp\left(-\frac{G^2}{N_0 E_1}\right) \tag{3.5.47}$$

$$f(G \mid H_1) = \frac{1}{\sqrt{\pi N_0 E_1}}\exp\left[-\frac{(G - E_1)^2}{N_0 E_1}\right] \tag{3.5.48}$$

于是，虚警概率为

$$P_{\mathrm{fa}} = \int_{\mathrm{th}'}^{+\infty} f(G \mid H_0)\mathrm{d}G = \int_{\mathrm{th}'}^{+\infty} \frac{1}{\sqrt{\pi N_0 E_1}}\exp\left(-\frac{G^2}{N_0 E_1}\right)\mathrm{d}G$$

$$= \int_{\eta}^{+\infty} \frac{1}{\sqrt{2\pi}}\exp\left(-\frac{x^2}{2}\right)\mathrm{d}x = 1 - \Phi(\eta) \tag{3.5.49}$$

式中，$\eta = \mathrm{th}'\sqrt{2/(N_0 E_1)}$. 对于给定的虚警概率 $P_{\mathrm{fa}} = \alpha_0$，由上式可以确定 η 的值

$$\eta = \Phi^{-1}(1 - \alpha_0) \tag{3.5.50}$$

检测概率为

$$P_{\mathrm{D}} = \int_{\mathrm{th}'}^{+\infty} f(G \mid H_1)\mathrm{d}G$$

$$= \int_{\mathrm{th}'}^{+\infty} \frac{1}{\sqrt{\pi N_0 E_1}}\exp\left[-\frac{(G - E_1)^2}{N_0 E_1}\right]\mathrm{d}G$$

$$= \int_{\eta-\sqrt{2E_1/N_0}}^{+\infty} \frac{1}{\sqrt{2\pi}}\exp\left(-\frac{x^2}{2}\right)\mathrm{d}x$$

$$= 1 - \Phi(\eta - \sqrt{2E_1/N_0}) \tag{3.5.51}$$

由上式可知，在给定虚警概率 α_0 下，检测概率 P_{D} 与信号能量 E_1 及白噪声功率谱密度 $N_0/2$ 有关，而与信号 $s(t)$ 的波形无关. 图 3.14 给出了系统检测概率 P_{D} 在不同信噪比 $\sqrt{2E_1/N_0}$ 下随虚警概率 α 变化而变化的曲线，通常称之为**检测系统工作特性曲线**或**接收机工作特性曲线**(Receiver Operating Characteristic Curve，ROC). 可以证明：曲线上任意一点的切线的斜率等于该点对应参数下(检测概率、虚警概率、信噪比)的似然比判决门限.

3.5.4　匹配滤波器

对于任意的加性广义平稳白噪声中确知信号的检测，基于最大输出信噪比准则，我们可以推导出另一种最佳接收机——**匹配滤波器**(Matched Filter，MF).

1. 匹配滤波器的频域特性

设线性滤波器的实输入信号为

$$x(t) = s(t) + n(t) \quad (0 \leqslant t \leqslant T) \tag{3.5.52}$$

其中，$s(t)$ 是实确知信号，$n(t)$ 是功率谱密度为 $N_0/2$ 的实广义平稳白噪声.

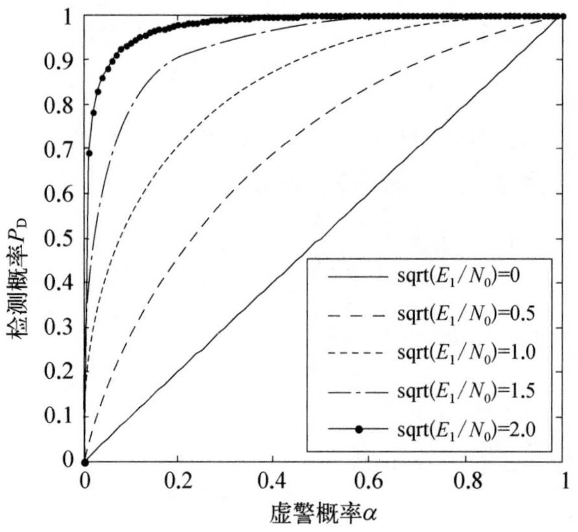

图 3.14　接收机工作特性

将观测信号输入到一个冲激响应为 $h(t)$的线性时不变系统，按照叠加原理，系统的输出为

$$y(t) = s_o(t) + n_o(t) \tag{3.5.53}$$

其中，$s_o(t)$是线性系统对应于确知信号 $s(t)$的输出，$n_o(t)$是线性系统对应于输入噪声 $n(t)$的输出. 定义系统输出的信噪比为

$$\mathrm{SNR_o} = \frac{s_o^2(t)}{E\{n_o^2(t)\}} \tag{3.5.54}$$

广义平稳白噪声通过传输函数为 $H(\mathrm{j}\omega)$的线性时不变线系统，其输出 $n_o(t)$亦是广义平稳随机过程. 由(2.4.9)式可知，$n_o(t)$的平均功率为

$$E\{n_o^2(t)\} = \frac{1}{2\pi}\int_{-\infty}^{+\infty}\frac{N_0}{2}\mid H(\mathrm{j}\omega)\mid^2\mathrm{d}\omega \tag{3.5.55}$$

进一步假定在 $t = t_0$时刻输出信号达到峰值，因此(3.5.54)式为

$$\mathrm{SNR_o} = \frac{s_o^2(t_0)}{\dfrac{1}{2\pi}\displaystyle\int_{-\infty}^{+\infty}\frac{N_0}{2}\mid H(\mathrm{j}\omega)\mid^2\mathrm{d}\omega} \tag{3.5.56}$$

而

$$s_o(t_0) = \frac{1}{2\pi}\int_{-\infty}^{+\infty}S(\omega)H(\mathrm{j}\omega)\mathrm{e}^{\mathrm{j}\omega t_0}\mathrm{d}\omega \tag{3.5.57}$$

其中，$S(\omega)$为确知信号 $s(t)$的傅里叶变换，即 $S(\omega)=\mathcal{F}\{s(t)\}$.

将(3.5.57)式代入(3.5.56)式，得

$$\mathrm{SNR_o} = \frac{\left|\dfrac{1}{2\pi}\displaystyle\int_{-\infty}^{+\infty}S(\omega)H(\mathrm{j}\omega)\mathrm{e}^{\mathrm{j}\omega t_0}\mathrm{d}\omega\right|^2}{\dfrac{N_0}{4\pi}\displaystyle\int_{-\infty}^{+\infty}\mid H(\mathrm{j}\omega)\mid^2\mathrm{d}\omega} \tag{3.5.58}$$

利用施瓦兹不等式，可求出线性时不变系统传输函数 $H(\mathrm{j}\omega)$及相应的输出最大信噪比.

施瓦兹不等式是指，对于任意复函数 $F(t)$ 及 $Q(t)$，以下不等式成立：

$$\left|\int_{-\infty}^{+\infty} F(t)Q(t)\mathrm{d}t\right|^2 \leqslant \int_{-\infty}^{+\infty}\left|F(t)\right|^2\mathrm{d}t \cdot \int_{-\infty}^{+\infty}|Q(t)|^2\mathrm{d}t$$

只有当 $F(t) = CQ^*(t)$，C 为任意常数，上式等式才成立.

对(3.5.58)式的分子，$S(\omega)\mathrm{e}^{\mathrm{j}\omega t_0}$ 相当于 $Q(t)$，$H(\mathrm{j}\omega)$ 相当于 $F(t)$，则

$$\left|\frac{1}{2\pi}\int_{-\infty}^{+\infty} S(\omega)H(\mathrm{j}\omega)\mathrm{e}^{\mathrm{j}\omega t_0}\mathrm{d}\omega\right|^2 \leqslant \left(\frac{1}{2\pi}\right)^2\int_{-\infty}^{+\infty}|S(\omega)|^2\mathrm{d}\omega\int_{-\infty}^{+\infty}|H(\mathrm{j}\omega)|^2\mathrm{d}\omega \tag{3.5.59}$$

将(3.5.59)式代入(3.5.58)式，得到

$$\mathrm{SNR_o} \leqslant \frac{\left(\dfrac{1}{2\pi}\right)^2\displaystyle\int_{-\infty}^{+\infty}|S(\omega)|^2\mathrm{d}\omega\int_{-\infty}^{+\infty}|H(\mathrm{j}\omega)|^2\mathrm{d}\omega}{\dfrac{N_0}{4\pi}\displaystyle\int_{-\infty}^{+\infty}|H(\mathrm{j}\omega)|^2\mathrm{d}\omega} \tag{3.5.60}$$

化简后得到

$$\mathrm{SNR_o} \leqslant \frac{\dfrac{1}{2\pi}\displaystyle\int_{-\infty}^{+\infty}|S(\omega)|^2\mathrm{d}\omega}{N_0/2} = \frac{2E}{N_0} \tag{3.5.61}$$

其中，$E = \dfrac{1}{2\pi}\displaystyle\int_{-\infty}^{+\infty}|S(\omega)|^2\mathrm{d}\omega$ 是确知信号 $s(t)$ 的能量.

(3.5.61)式表明，线性时不变系统的输出信噪比不可能超过输入信噪比 $E/(N_0/2)$.

当系统传输函数为

$$H(\mathrm{j}\omega) = CS^*(\omega)\mathrm{e}^{-\mathrm{j}\omega t_0} \tag{3.5.62}$$

(3.5.61)式中的等号成立，系统输出达到最大信噪比 $E/(N_0/2)$. 式中 C 为常数，它反映线性滤波器的放大量，通常取 $C = 1$. 由于线性时不变系统的幅频特性等于信号的幅频特性，即 $|H(\mathrm{j}\omega)| = |S(\mathrm{j}\omega)|$，因此，称该系统为匹配滤波器.

2. 匹配滤波器的时域特性

对(3.5.62)式(令 $C=1$)作傅里叶反变换，可得到如下匹配滤波器的冲激响应 $h(t)$.

$$h(t) = \mathcal{F}^{-1}\{H(\mathrm{j}\omega)\} = \frac{1}{2\pi}\int_{-\infty}^{+\infty} S^*(\omega)\mathrm{e}^{\mathrm{j}\omega(t-t_0)}\mathrm{d}\omega = s^*(t_0 - t) \tag{3.5.63}$$

对于实信号 $s(t)$，则

$$h(t) = s(t_0 - t) \tag{3.5.64}$$

此时 $h(t)$ 与 $s(t)$ 关于 $t = t_0/2$ 是对称的，如图 3.15 所示.

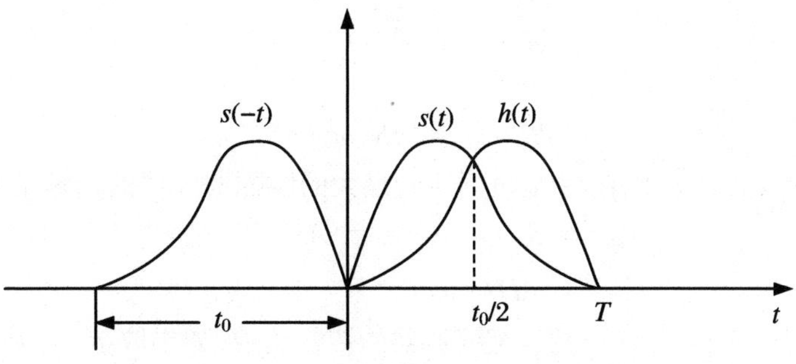

图 3.15　匹配滤波器的冲激响应

3. 匹配滤波器的有关性质

匹配滤波器具有以下特性:

(1) 在所有的线性滤波器中,匹配滤波器的输出信噪比最大,$\mathrm{SNR}_{\mathrm{omax}} = E/(N_0/2)$.它只与信号能量 E 和白噪声的功率谱密度 $N_0/2$ 有关,而与输入信号的形状及白噪声的概率分布特性无关.

(2) 匹配滤波器的幅频特性与输入信号的幅频特性一致,而它的相频特性与输入信号的相频特性相反,并有一附加相位项,即

$$\begin{cases} |H(\mathrm{j}\omega)| = |S(\omega)| \\ \varphi_h(\omega) = -\varphi_s(\omega) - \omega t_0 \end{cases} \tag{3.5.65}$$

其中,$S(\omega) = |S(\omega)|\mathrm{e}^{\mathrm{j}\varphi_s(\omega)}$,$H(\mathrm{j}\omega) = |H(\mathrm{j}\omega)|\mathrm{e}^{\mathrm{j}\varphi_h(\omega)}$.可证:当 $t = t_0$ 时,滤波器输出信号的各个频率成分全部同相,从而使输出信号瞬时功率达到最大.

(3) 关于输出信噪比达到最大的时刻 t_0 的选取问题.设匹配滤波器是物理可实现的,它满足

$$h(t) = \begin{cases} s(t_0 - t) & (t \geqslant 0) \\ 0 & (t < 0) \end{cases} \tag{3.5.66}$$

令 $t' = t_0 - t$,于是

$$h(t_0 - t') = \begin{cases} s(t') & (t' \leqslant t_0) \\ 0 & (t' > t_0) \end{cases} \tag{3.5.67}$$

如果信号 $s(t)$ 持续时间为 T,即

$$s(t) = 0 \quad (t \geqslant T) \tag{3.5.68}$$

比较(3.5.67)式和(3.5.68)式,可知

$$t_0 \geqslant T \tag{3.5.69}$$

通常希望观测时间越短越好,因此,选取 $t_0 = T$ 作为最大输出信噪比时刻,这样可以把信号能量全部用上.

如果选择 t_0 在信号结束之前,即 $t_0 < T$,那么给出的匹配滤波器将是物理不可实现的.如果用一个物理可实现的滤波器去逼近它,这时的滤波器就不是最佳的.如果在 t_0 时刻信号已经变得很小,就可以用截至 t_0 时刻的信号来设计匹配滤波器,这种滤波器称为准最佳滤波器.

(4) 匹配滤波器对波形相同而幅度和时延参量不同的信号具有适应性.

设确知信号 $s(t)$ 的频谱是 $S(\omega)$,对应匹配滤波器的传输函数由(3.5.62)式表示.另一个时延信号

$$s_1(t) = As(t - \tau) \tag{3.5.70}$$

它的频谱是

$$S_1(\omega) = AS(\omega)\mathrm{e}^{-\mathrm{j}\omega\tau} \tag{3.5.71}$$

对 $s_1(t)$ 信号,使输出信噪比在 $t = t_0'$ 时刻达到最大的匹配滤波器的传输函数是

$$\begin{aligned} H_1(\mathrm{j}\omega) &= S_1^*(\omega)\mathrm{e}^{-\mathrm{j}\omega t_0'} = AS^*(\omega)\mathrm{e}^{-\mathrm{j}\omega(t_0' - \tau)} \\ &= AH(\mathrm{j}\omega)\mathrm{e}^{-\mathrm{j}\omega(t_0' - t_0 - \tau)} \end{aligned} \tag{3.5.72}$$

其中,$H(\mathrm{j}\omega)$ 是对应于信号 $s(t)$ 的匹配滤波器的传输函数.如果取 $t_0' = t_0 + \tau$,那么

$$H_1(\mathrm{j}\omega) = AH(\mathrm{j}\omega) \tag{3.5.73}$$

对于匹配滤波器而言，A 并不影响匹配滤波器的基本性质. 可见，与 $s(t)$ 匹配的滤波器对 $s_1(t) = As(t-\tau)$ 同样匹配.

(5) 匹配滤波器对频移信号不再匹配.

设 $s_1(t)$是 $s(t)$的频移信号，即有 $S_1(\omega) = S(\omega+\omega_0)$，$\omega_0$为频移参数. 则对应信号 $s_1(t)$的匹配滤波器的传输函数为

$$H_1(\mathrm{j}\omega) = S_1^*(\omega)\mathrm{e}^{-\mathrm{j}\omega t_0} = S^*(\omega+\omega_0)\mathrm{e}^{-\mathrm{j}\omega t_0}$$

显然，当 $\omega_0 \neq 0$ 时，$H_1(\mathrm{j}\omega) \neq CS^*(\omega)\mathrm{e}^{-\mathrm{j}\omega t_0}$，与原信号 $s(t)$匹配滤波器的传输函数 $H(\mathrm{j}\omega)$的频率特性是不同的，即匹配滤波器对频移信号不再匹配.

(6) 匹配滤波器的输出信号是输入信号的时间自相关函数.

与 $s(t)$，$0 \leqslant t \leqslant T$ 匹配的滤波器的冲激响应为 $h(t) = s(t_0 - t)$，不妨假定 $t_0 = T$，匹配滤波器的输出信号

$$\begin{aligned} s_o(t) &= \int_0^T h(\tau)s(t-\tau)\mathrm{d}\tau = \int_0^T s(T-\tau)s(t-\tau)\mathrm{d}\tau \\ &= R_s(T-t) \end{aligned} \tag{3.5.74}$$

其中，$R_s(\tau) = \int_0^T s(t)s(t-\tau)\mathrm{d}t$ 为输入信号$s(t)$的时间自相关函数.

(7) 匹配滤波器和相关器的等效性.

在检测加性平稳高斯白噪声中的确知信号时，观测信号 $x(t)$ $(0 \leqslant t \leqslant T)$ 通过与确知信号 $s(t)$ $(0 \leqslant t \leqslant T)$ 匹配的滤波器 $h(t) = s(T-t)$ 时，其输出 $y(t)$ 在 $t = T$ 时刻的值恰好等于 $x(t)$ 与 $s(t)$ 的相关，即 $y(t=T) = \int_0^T x(t)s(t)\mathrm{d}t$. 因此相关器和匹配滤波器在 $t = T$ 时刻是等价的，可用匹配滤波器替代相关器，如图 3.16 所示. 但当 $t \neq T$ 时相关器和匹配滤波器的输出一般不相等.

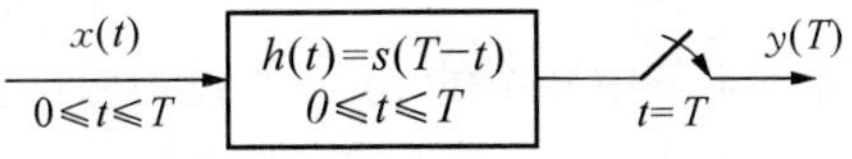

图 3.16　用匹配滤波器实现相关器

例 3.5　求白噪声中单个射频脉冲信号的匹配滤波器.

解　单个射频脉冲信号的表达式为

$$s(t) = Ag(t)\cos\omega_0 t, \quad g(t) = \begin{cases} 1 & (0 \leqslant t \leqslant T) \\ 0 & (\text{其他}) \end{cases}$$

由(3.5.62)式，不难求出匹配滤波器的传输函数为

$$H(\mathrm{j}\omega) = A\left[\frac{\mathrm{e}^{-\mathrm{j}\omega_0 T} - \mathrm{e}^{-\mathrm{j}\omega T}}{2\mathrm{j}(\omega-\omega_0)} + \frac{\mathrm{e}^{\mathrm{j}\omega_0 T} - \mathrm{e}^{-\mathrm{j}\omega T}}{2\mathrm{j}(\omega+\omega_0)}\right]$$

由(3.5.61)式知，滤波器输出最大信噪比为

$$\mathrm{SNR}_{\mathrm{omax}} = \frac{2E}{N_0} = \frac{A^2 T}{N_0}$$

由于器件的限制，工程上很难精确地实现射频脉冲匹配滤波器，只能近似实现. 下面给出一种近似方法来求这种匹配滤波器.

当 $\omega > 0$ 时，该式右边第一项远大于第二项，可近似为

$$H(\mathrm{j}\omega)=\frac{A}{2\mathrm{j}(\omega-\omega_0)}(\mathrm{e}^{-\mathrm{j}\omega_0 T}-\mathrm{e}^{-\mathrm{j}\omega T})$$

由上式可知滤波器由两部分级联而成:第一部分 $A/[2\mathrm{j}(\omega-\omega_0)]$可用选择性很高的谐振放大器实现;第二部分$(\mathrm{e}^{-\mathrm{j}\omega_0 T}-\mathrm{e}^{-\mathrm{j}\omega T})$可用延迟器和减法器实现.匹配滤波器的框图如图 3.17 所示.

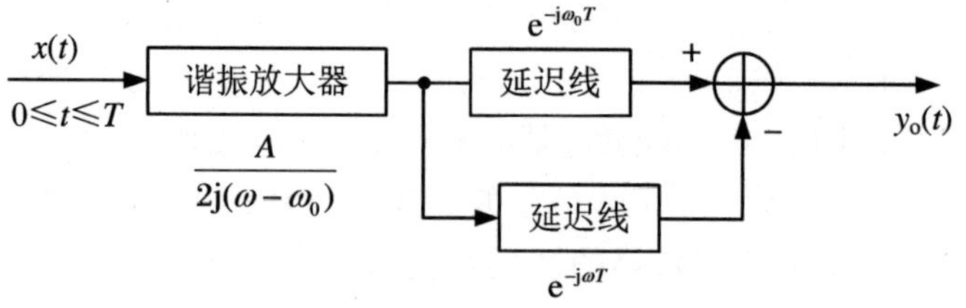

图 3.17　单个射频脉冲信号的匹配滤波器框图

3.5.5　*M* 元通信系统

前面讨论了二元通信系统的最佳接收问题.现在,考虑一个 M 元通信系统,设发射机发出 M 种可能的实信号 $s_i(t)$ $(i=0,1,\cdots,M-1)$,接收机在时间$[0,T]$内,要根据观测信号波形 $x(t)$进行判决.这是一个 M 元假设检验问题,描述如下:

$$H_i: x(t)=s_i(t)+n(t)\quad(0\leqslant t\leqslant T;\ i=0,1,\cdots,M-1)\qquad(3.5.75)$$

其中,$n(t)$是均值为 0、功率谱密度为 $N_0/2$ 的平稳高斯白噪声,各信号先验概率相等、能量相等且正交,即 $P(H_0)=P(H_1)=\cdots=P(H_{M-1})=1/M$,$E_0=E_1=\cdots=E_{M-1}=E$ 以及

$$\rho_{ij}=\frac{1}{E}\int_0^T s_i(t)s_j(t)\mathrm{d}t=\delta_{ij},\quad \delta_{ij}=\begin{cases}1 & (i=j)\\ 0 & (i\neq j)\end{cases}\qquad(3.5.76)$$

采用最小错误概率准则,则由 3.4 节中介绍的 M 元假设检验可得其判决规则,为

$$\frac{f(x(t)\mid H_i)}{f(x(t)\mid H_j)}\geqslant 1\quad(j=0,1,\cdots,M-1,\ j\neq i,\ \text{判决为}\ H_i)\qquad(3.5.77)$$

和 3.5.1 小节中介绍的二元最佳接收机类似,上式可以化简为

$$\int_0^T s_i(t)x(t)\mathrm{d}t\geqslant\int_0^T s_j(t)x(t)\mathrm{d}t\quad(j=0,1,\cdots,M-1,\ j\neq i,\ \text{判决为}\ H_i)$$
$$(3.5.78)$$

则相应的最佳接收机可以用图 3.18 中的相关接收机实现.由于相关器和匹配滤波器在 $t=T$ 时刻具有等价性,最佳接收机中的相关器可用匹配滤波器替代,见图 3.19.

下面基于图 3.18 分析 M 元通信系统的检测性能.

选择图 3.18 中第 i 个相关器输出作为检验统计量

$$G_i=\int_0^T x(t)s_i(t)\mathrm{d}t\quad(i=0,1,\cdots,M-1)\qquad(3.5.79)$$

首先要确定 G_i在各种假设下的概率密度函数.由于 G_i是高斯随机变量,因此它的概率密度函数由均值和方差确定.

当 H_j为真时,G_i的均值、方差分别为

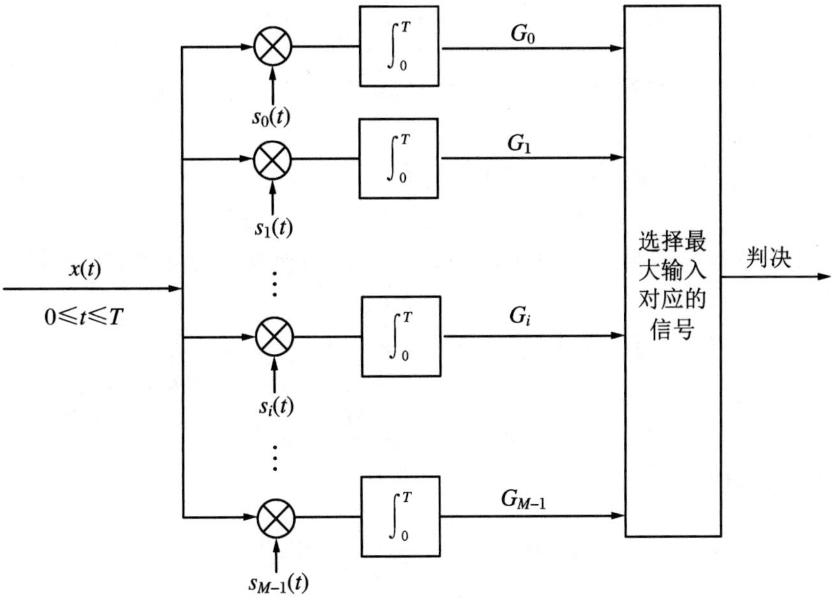

图 3.18　*M* 元系统的相关接收机

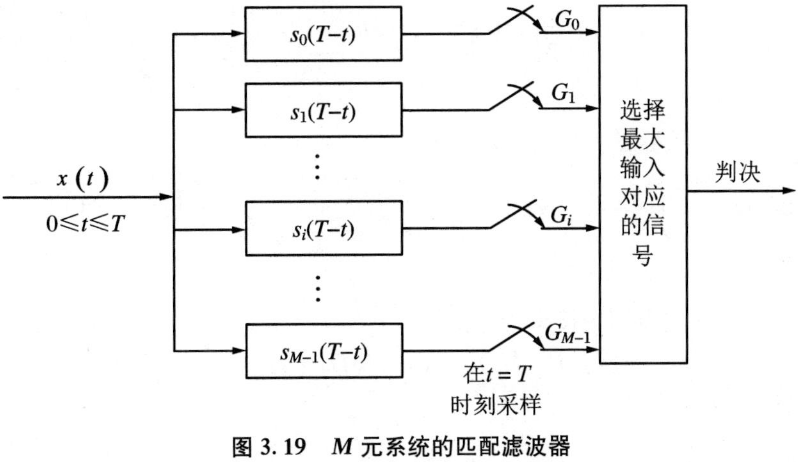

图 3.19　*M* 元系统的匹配滤波器

$$E\{G_i \mid H_j\} = E \cdot \delta_{ij} \tag{3.5.80}$$

$$\mathrm{Var}\{G_i \mid H_j\} = \frac{N_0 E}{2} = \sigma^2 \tag{3.5.81}$$

进一步考虑到各信号的正交性，G_k 和 G_l 的协方差为

$$E\{G_k G_l \mid H_j\} = 0 \quad (k \neq l) \tag{3.5.82}$$

这说明各个相关器的输出互不相关. 对于高斯随机变量而言，也即彼此独立. 因此，当 H_i 为真和 H_j 为真时 G_i 的概率密度函数分别为

$$f(G_i \mid H_i) = \frac{1}{\sqrt{2\pi}\sigma}\exp\left[-\frac{(G_i - E)^2}{2\sigma^2}\right] \tag{3.5.83}$$

$$f(G_i \mid H_j) = \frac{1}{\sqrt{2\pi}\sigma}\exp\left(-\frac{G_i^2}{2\sigma^2}\right) \quad (i \neq j) \tag{3.5.84}$$

在 H_j 为真、$G_j = g$ 的条件下，对于任意 $i(i \neq j)$，$G_i < G_j$ 都成立，则判决为 H_j，正确判决的条件概率为

$$P(D_j \mid G_j = g, H_j) = P(G_0 < g, \cdots, G_{j-1} < g, G_{j+1} < g, \cdots, G_{M-1} < g \mid G_j = g, H_j)$$

(3.5.80)～(3.5.82)式表明：相关器输出 $G_i(i \neq j)$ 是独立同分布的，概率密度函数均为(3.5.84)式，上式简化为

$$\begin{aligned} P(D_j \mid G_j = g, H_j) &= [P(G_i < g \mid G_j = g, H_j)]^{M-1} \\ &= \left[\int_{-\infty}^{g} \frac{1}{\sqrt{2\pi}\sigma}\exp\left(-\frac{G^2}{2\sigma^2}\right)\mathrm{d}G\right]^{M-1} \quad (i \neq j) \end{aligned}$$

令 $G/\sigma = u$，上式进一步简化为

$$P(D_j \mid G_j = g, H_j) = \left[\int_{-\infty}^{g/\sigma} \frac{1}{\sqrt{2\pi}}\exp\left(-\frac{u^2}{2}\right)\mathrm{d}u\right]^{M-1} \tag{3.5.85}$$

由于 $P(D_j \mid H_j) = \int_{-\infty}^{+\infty} P(D_j \mid G_j = g, H_j) f(g \mid H_j)\mathrm{d}g$，根据(3.5.83)式，正确判决概率为

$$P(D_j \mid H_j) = \int_{-\infty}^{+\infty}\left(\int_{-\infty}^{g/\sigma} \frac{1}{\sqrt{2\pi}}\exp\left(-\frac{u^2}{2}\right)\mathrm{d}u\right)^{M-1} \cdot \frac{1}{\sqrt{2\pi}\sigma}\exp\left[-\frac{(g-E)^2}{2\sigma^2}\right]\mathrm{d}g \tag{3.5.86}$$

令 $(g-E)/\sigma = z$，并代入 $\sigma^2 = N_0 E/2$，于是

$$P(D_j \mid H_j) = \int_{-\infty}^{+\infty} \frac{1}{\sqrt{2\pi}}\exp\left(-\frac{z^2}{2}\right)\left(\int_{-\infty}^{z+\sqrt{2E/N_0}} \frac{1}{\sqrt{2\pi}}\exp\left(-\frac{u^2}{2}\right)\mathrm{d}u\right)^{M-1}\mathrm{d}z \tag{3.5.87}$$

那么，在 H_j 为真时的错误判决概率为

$$P_\mathrm{e}(H_j) = 1 - P(D_j \mid H_j) \tag{3.5.88}$$

因此，平均错误概率为

$$\begin{aligned} \bar{P}_\mathrm{e} &= \sum_{j=0}^{M-1} P_\mathrm{e}(H_j)P(H_j) = P_\mathrm{e}(H_j) \\ &= 1 - \int_{-\infty}^{+\infty} \frac{1}{\sqrt{2\pi}}\exp\left(-\frac{z^2}{2}\right)\left(\int_{-\infty}^{z+\sqrt{2E/N_0}} \frac{1}{\sqrt{2\pi}}\exp\left(-\frac{u^2}{2}\right)\mathrm{d}u\right)^{M-1}\mathrm{d}z \end{aligned} \tag{3.5.89}$$

(3.5.89)式说明，M 元通信系统的性能取决于信号平均能量 E、白噪声功率谱密度 $N_0/2$ 和信号元数 M 三个参量. (3.5.89) 式的内积分是概率，其值小于 1. 固定信噪比 $2E/N_0$，随着 M 的增大，(3.5.89) 式的内积分以 $M-1$ 次方快速减小，导致平均错误概率 $\bar{P}_\mathrm{e}$ 快速增加. 这是由于 M 增大后各个信号之间的差别减小了. 固定信号元数 M，随着信噪比 $2E/N_0$ 的增大，(3.5.89) 式的内积分增大，导致平均错误概率 $\bar{P}_\mathrm{e}$ 减小. 若要平均错误概率 $\bar{P}_\mathrm{e}$ 保持不变，信号元数 M 和信噪比 $2E/N_0$ 的改变是同方向的.

3.5.6　确知信号的分集接收

前面以多样本为代表的时间分集为例，指出采用各类分集技术可以改善信号检测的性能.

现在考虑一个基于空间分集的多站雷达系统，位于空间不同位置的 M 部特性一致的雷达接收机在时间 $[0, T]$ 内观测信号，记为 $x_1(t)$，$x_2(t)$，…，$x_M(t)$，这可以描述如下：

$$\begin{aligned} H_0:&\quad x_i(t) = n_i(t) \\ H_1:&\quad x_i(t) = s_i(t) + n_i(t) \end{aligned} \qquad (0 \leqslant t \leqslant T;\ i = 1, 2, \cdots, M) \tag{3.5.90}$$

在时间 $[0, T]$ 内，第 i 部雷达接收机的观测信号中可能有已知的目标回波信号 $s_i(t)$，也可能没有目标回波信号 $s_i(t)$. 第 i 部雷达接收机的内部噪声用 $n_i(t)$ 表示，通常为零均值、功率谱密度为 $N_0/2$ 的平稳高斯随机过程，各部雷达的内部噪声是独立同分布的. 根据这 M 部雷达接收机观测信号 $x_i(t)(i = 1, 2, \cdots, M)$ 进行判决，以确定目标是否存在.

令 $\boldsymbol{x}(t) = [x_1(t), x_2(t), \cdots, x_M(t)]^{\mathrm{T}}$，则它的似然比为

$$\begin{aligned} \lambda(\boldsymbol{x}(t)) &= \frac{f(x_1(t), x_2(t), \cdots, x_M(t) \mid H_1)}{f(x_1(t), x_2(t), \cdots, x_M(t) \mid H_0)} \\ &= \prod_{i=1}^{M} \frac{f(x_i(t) \mid H_1)}{f(x_i(t) \mid H_0)} = \prod_{i=1}^{M} \lambda(x_i(t)) \end{aligned} \tag{3.5.91}$$

直接引用 3.5.1 节中介绍的连续信号的似然比检验结果，可得

$$\lambda(x_i(t)) = \frac{f(x_i(t) \mid H_1)}{f(x_i(t) \mid H_0)} = \exp\left(-\frac{E_i}{N_0}\right) \cdot \exp\left[\frac{2}{N_0}\int_0^T x_i(t) s_i(t) \mathrm{d}t\right] \tag{3.5.92}$$

其中，$E_i = \int_0^T s_i^2(t) \mathrm{d}t$ 是第 i 部雷达接收机的目标回波信号 $s_i(t)$ 的能量. 则 M 部雷达接收机观测信号的似然比为

$$\lambda(\boldsymbol{x}(t)) = \prod_{i=1}^{M} \exp\left(-\frac{E_i}{N_0}\right) \cdot \prod_{i=1}^{M} \exp\left[\frac{2}{N_0}\int_0^T x_i(t) s_i(t) \mathrm{d}t\right] \tag{3.5.93}$$

利用对数似然比，则判决规则为

$$-\frac{1}{N_0}\sum_{i=1}^{M} E_i + \frac{2}{N_0}\sum_{i=1}^{M}\int_0^T x_i(t) s_i(t) \mathrm{d}t \underset{H_0}{\overset{H_1}{\gtrless}} \ln \mathrm{th}$$

这里 th 由给定的准则确定. 对上式加以整理，则判决规则可以表示为

$$\sum_{i=1}^{M}\int_0^T x_i(t) s_i(t) \mathrm{d}t \underset{H_0}{\overset{H_1}{\gtrless}} \mathrm{th}' \tag{3.5.94}$$

其中，$\mathrm{th}' = \dfrac{N_0}{2}\ln \mathrm{th} + \dfrac{1}{2}\sum_{i=1}^{M} E_i$.

最佳接收机由 M 路相关器组成，如图 3.20 所示.

依据(3.5.94)式给出的判决规则，计算图 3.20 中的接收机的性能. 检验统计量为

$$G = \sum_{i=1}^{M}\int_0^T x_i(t) s_i(t) \mathrm{d}t \tag{3.5.95}$$

它是高斯随机变量. 在 H_0 和 H_1 为真时，G 的均值和方差分别为

$$E\{G \mid H_1\} = E\left\{\sum_{i=1}^{M}\int_0^T [s_i(t)+n_i(t)]s_i(t)\mathrm{d}t\right\} = \sum_{i=1}^{M} E_i = E_T \tag{3.5.96}$$

$$E\{G \mid H_0\} = E\left\{\sum_{i=1}^{M}\int_0^T n_i(t)s_i(t)\mathrm{d}t\right\} = 0 \tag{3.5.97}$$

$$\mathrm{Var}\{G \mid H_1\} = \mathrm{Var}\{G \mid H_0\} = E_T N_0/2 \tag{3.5.98}$$

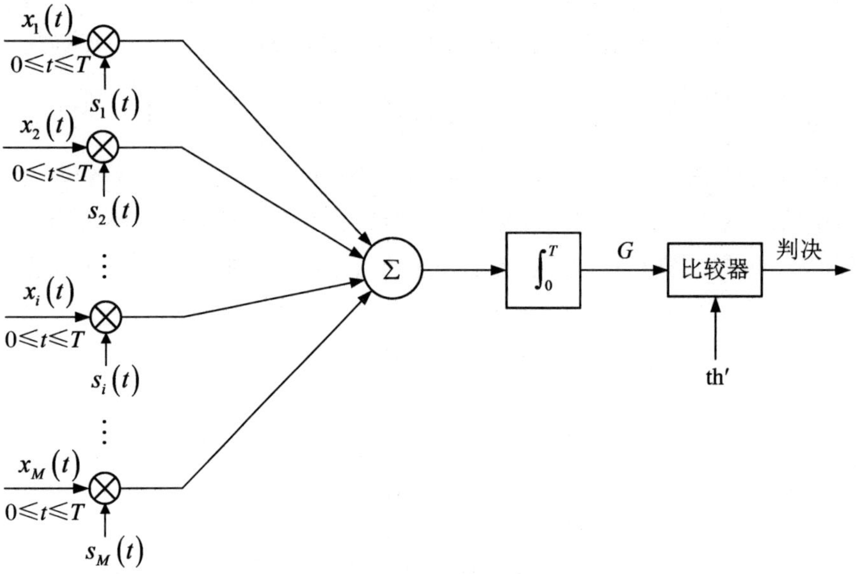

图 3.20　M 路相关接收机

于是，在 H_0 和 H_1 为真时 G 的条件概率密度函数分别为

$$f(G \mid H_1) = \frac{1}{\sqrt{\pi N_0 E_T}}\exp\left[-\frac{(G-E_T)^2}{N_0 E_T}\right] \tag{3.5.99}$$

$$f(G \mid H_0) = \frac{1}{\sqrt{\pi N_0 E_T}}\exp\left(-\frac{G^2}{N_0 E_T}\right) \tag{3.5.100}$$

此时，虚警概率和检测概率分别为

$$P_{\mathrm{fa}} = \int_{\mathrm{th}'}^{+\infty} f(G \mid H_0)\mathrm{d}G = \int_{\eta}^{+\infty}\frac{1}{\sqrt{2\pi}}\exp\left(-\frac{x^2}{2}\right)\mathrm{d}x \tag{3.5.101}$$

$$P_{\mathrm{D}} = \int_{\mathrm{th}'}^{+\infty} f(G \mid H_1)\mathrm{d}G = \int_{\eta-\sqrt{2E_T/N_0}}^{+\infty}\frac{1}{\sqrt{2\pi}}\exp\left(-\frac{x^2}{2}\right)\mathrm{d}x \tag{3.5.102}$$

其中，$\eta = \mathrm{th}' \cdot \sqrt{2/(N_0 E_T)}$．由给定虚警概率 $P_{\mathrm{fa}} = \alpha_0$，根据(3.5.101)式，可以确定 η 的值．

进一步假设各部雷达接收机的目标回波信号能量相等，$E_T = ME_1$，此时将(3.5.101)式和(3.5.102)式与(3.5.49)式和(3.5.51)式表示的接收机检测性能相比较，在相同的虚警概率 P_{fa} 下，只要用 $E_T = ME_1$ 代替 E_1，就可以得到 M 部雷达接收机的检测概率．(3.5.102)式表明，检测概率随着信噪比 $2E_T/N_0$ 的提高而提高，每当空间分集数 M 增加一倍，信噪比 $2E_T/N_0$ 就提高 3 dB．图 3.21 给出了 $E_1/N_0 = 0.5$ 时不同分集数对应的 ROC 曲线．

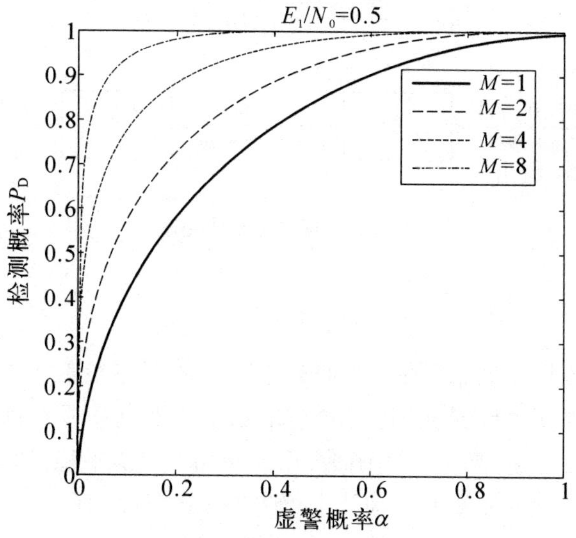

图 3.21　不同分级数下的接收机性能曲线

3.6　平稳高斯色噪声中确知信号的检测

前面已讨论了平稳高斯白噪声中确知信号的检测问题，得到了相关接收机和匹配滤波器．而实际中还会经常碰到平稳高斯色噪声，本节将讨论平稳高斯色噪声中确知信号的检测问题．

对于平稳高斯色噪声中的确知信号检测也有基于似然比的判决规则和最大输出信噪比准则两类方法．由于均匀时间间隔采样所得的各样本不再是独立的，因此必须先通过预处理消除样本间的相关性，然后用基于似然比的判决规则检测信号．预处理平稳高斯色噪声主要有两种方法：一是采用“预白化”的方法，让接收信号通过白化滤波器，使加性色噪声变成白噪声；二是卡亨南-洛维展开，把获得的独立展开系数作为样本．根据最大输出信噪比准则，可以推出适合于平稳色噪声中确知信号检测的广义匹配滤波器．下面分别加以介绍．

3.6.1　预白化方法

平稳高斯色噪声中的确知信号检测仍用 $x(t) = s(t) + n(t)$ 描述，其通过冲激响应为 $h_1(t)$ 的**白化滤波器**(Whitening Filter，WF) 后的输出为 $s_1(t) + n_1(t)$，其中，$s_1(t) = s(t) * h_1(t)$，$n_1(t) = n(t) * h_1(t)$，$n_1(t)$已经变成平稳高斯白噪声．这时平稳高斯色噪声中确知信号 $s(t)$的检测问题就转化为平稳高斯白噪声中确知信号 $s_1(t)$的检测问题，可用相关接收机或匹配滤波器完成．整个检测过程可以用图 3.22 所示的滤波器表示．

现在考虑如何构造白化滤波器 $h_1(t)$．若噪声的功率谱密度 $S_n(\omega)$满足佩利-维纳(Paley-Wiener)条件，即

$$\int_{-\infty}^{+\infty} \frac{|\ln S_n(\omega)|}{1+\omega^2} \mathrm{d}\omega < +\infty \tag{3.6.1}$$

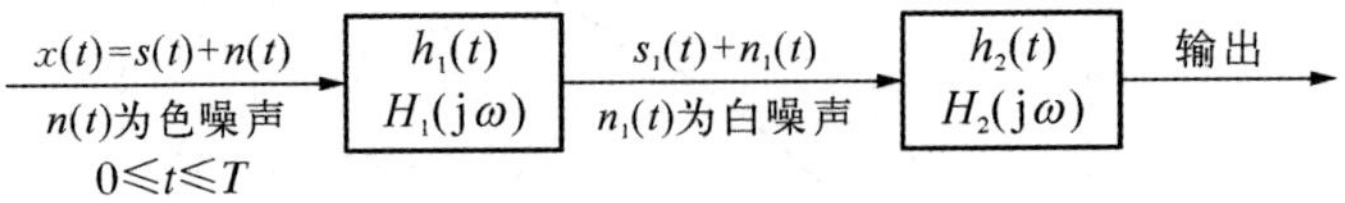

图 3.22　预白化最佳处理

就可分解为

$$S_n(s) = S_n^+(s) S_n^-(s) \tag{3.6.2}$$

其中，$S_n^+(s)$ 的所有零点和极点都在 s 平面的左半平面，其逆变换 $n^+(t)$ 当 $t<0$ 时为零，即 $S_n^+(s)$ 对应的函数 $n^+(t)$ 是正时间函数；$S_n^-(s)$ 的零点和极点都在右半平面，其逆变换 $n^-(t)$ 当 $t \geqslant 0$ 时为零，是负时间函数. 由于 $n(t)$ 为实平稳随机过程，$S_n(s)$ 的零点和极点必然在 s 平面上同时关于 σ 轴和 $\mathrm{j}\omega$ 轴对称分布，故有

$$S_n^+(\omega) = S_n^-(-\omega) \tag{3.6.3}$$

从而

$$S_n(\omega) = |S_n^+(\omega)|^2 \tag{3.6.4}$$

现在选取

$$H_1(\omega) = \frac{1}{S_n^+(\omega)} \tag{3.6.5}$$

作为白化滤波器的传输函数，由第 2 章介绍的知识可知，其输出噪声成分的功率谱密度函数 $S_{n_1}(\omega)$为

$$S_{n_1}(\omega) = S_n(\omega) |H_1(\omega)|^2 = 1 \tag{3.6.6}$$

$n_1(t)$为白噪声. 由于 $S_n^+(s)$的零点和极点均分布在左半平面，所以系统的冲激响应 $h_1(t)$为正时间函数. 即该白化滤波器是物理可实现的.

噪声白化之后，再对信号 $s_1(t)$进行匹配滤波. $s_1(t)$的频谱为

$$S_{s_1}(\omega) = \frac{S(\omega)}{S_n^+(\omega)} \tag{3.6.7}$$

则匹配滤波器的传输函数为

$$H_2(\omega) = S_{s_1}^*(\omega) \mathrm{e}^{-\mathrm{j}\omega T} = \frac{S^*(\omega)}{S_n^-(\omega)} \mathrm{e}^{-\mathrm{j}\omega T} \tag{3.6.8}$$

实际上，由于接收信号在通过白化滤波器 $H_1(\omega)$后，已经将问题转化为白噪声中的信号检测问题，也可以采用相关接收等其他方法，这里就不多作说明了.

3.6.2　卡亨南-洛维展开

1. 卡亨南-洛维展开系数

如果一个定义域为[0, T]的函数集 $\{f_k(t),\ k=1, 2, \cdots\}$，满足

$$\int_0^T f_i(t) f_j(t) \mathrm{d}t = \delta_{ij} \tag{3.6.9}$$

则称此函数集为归一化正交函数集.

如果在时间$[0,T]$内,对任意平方可积函数 $g(t)$,均可用函数集 $\{f_k(t),\ k=1,2,\cdots\}$ 线性表达,即满足以下关系式

$$\lim_{N\to+\infty}\int_0^T\left[g(t)-\sum_{k=1}^{N}a_kf_k(t)\right]^2\mathrm{d}t=0 \tag{3.6.10}$$

或记为

$$g(t)=\lim_{N\to+\infty}\sum_{k=1}^{N}a_kf_k(t) \tag{3.6.11}$$

式中

$$a_k=\int_0^T g(t)f_k(t)\mathrm{d}t \tag{3.6.12}$$

则称 $\{f_k(t),\ k=1,2,\cdots\}$ 构成完备的归一化正交函数集.$\{a_k,\ k=1,2,\cdots\}$ 为 $g(t)$ 在 $\{f_k(t),\ k=1,2,\cdots\}$ 的正交展开系数.

接收机观测信号为 $x(t)=s(t)+n(t)$,其中,$s(t)$ 为确知信号,$n(t)$ 为零均值、相关函数为 $R_n(\tau)$ 的广义平稳高斯噪声.将 $x(t)$ 用完备的归一化正交函数集$\{f_k(t),\ k=1,2,\cdots\}$ 线性表达,有

$$x(t)=\sum_k x_kf_k(t) \tag{3.6.13}$$

系数为

$$x_k=\int_0^T x(t)f_k(t)\mathrm{d}t \tag{3.6.14}$$

系数 $x_k(k=1,2,\cdots)$ 是高斯随机变量,若它们互不相关(即统计独立),就可以把它们视为信号 $x(t)$ 的观测样本并用上一节介绍的方法完成信号检测.

$x_k(k=1,2,\cdots)$ 的均值和协方差分别为

$$E\{x_k\}=E\left\{\int_0^T x(t)f_k(t)\mathrm{d}t\right\}=\int_0^T s(t)f_k(t)\mathrm{d}t \tag{3.6.15}$$

$$\begin{aligned}E\{(x_i-E\{x_i\})(x_j-E\{x_j\})\}&=\int_0^T\int_0^T R_n(t_1-t_2)f_i(t_1)f_j(t_2)\mathrm{d}t_1\mathrm{d}t_2\\&=\int_0^T f_i(t_1)\int_0^T R_n(t_1-t_2)f_j(t_2)\mathrm{d}t_2\mathrm{d}t_1\end{aligned} \tag{3.6.16}$$

如果$\{f_k(t)\}$满足

$$\int_0^T R_n(t_1-t_2)f_j(t_2)\mathrm{d}t_2=\lambda_jf_j(t_1)\quad(0\leqslant t_1\leqslant T) \tag{3.6.17}$$

那么

$$E\{(x_i-E\{x_i\})(x_j-E\{x_j\})\}=\lambda_j\delta_{ij} \tag{3.6.18}$$

这说明 $x_k(k=1,2,\cdots)$ 是互不相关的.

将观测信号 $x(t)$按一组满足积分方程(3.6.17)式的完备归一化正交函数$\{f_k(t)\}$展开,称为**卡亨南-洛维展开**(Karhunen-Loeve Expansion,K-L Expansion).其系数 $x_k(k=1,2,\cdots)$ 称为卡亨南-洛维展开系数,通过 $x(t)$ 与 $f_k(t)$ 相关积分获得,如图 3.23(a)所示.显然该相关器可用与 $f_k(t)$相匹配的匹配滤波器实现,如图 3.23(b)所示.

再看(3.6.17)式,它具有齐次积分方程结构.其中,$R_n(t_1-t_2)$ 为积分方程的核函数,λ_j 为本征值,$f_j(t)$ 为 λ_j 对应的本征函数.

核函数为噪声 $n(t)$的自相关函数 $R_n(t_1-t_2)$,具有非负定性.它又满足

$$R_n(t_1-t_2)=R_n(t_2-t_1) \tag{3.6.19}$$

是对称核，因此它的本征值是实数. 若 $R_n(t_1-t_2)$ 为正定核，其本征值是正实数.

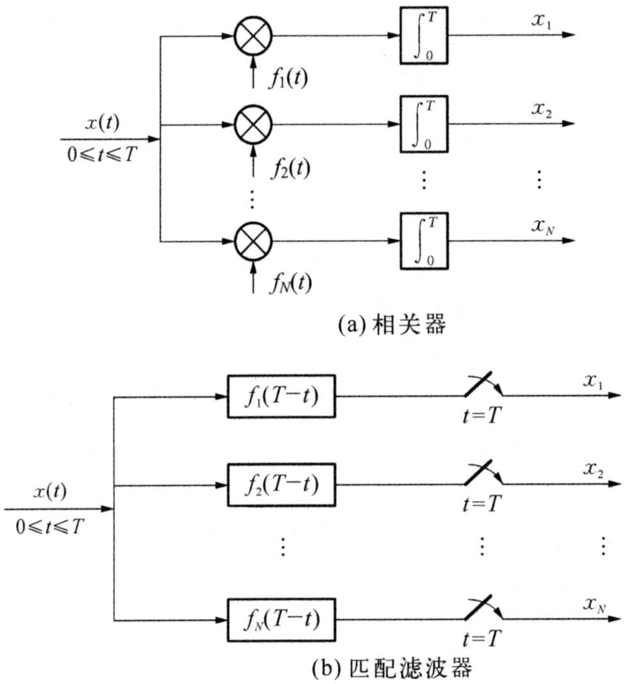

图 3.23　x(t)的卡亨南-洛维展开

非负定核可写成其所有本征值及其本征函数的展开形式，即

$$R_n(t_1-t_2)=\sum_{i=1}^{+\infty}\lambda_i f_i(t_1)f_i(t_2) \tag{3.6.20}$$

核函数的逆 $R_n^{-1}(t_1-t_2)$ 由下式定义

$$\int_0^T R_n^{-1}(t_1-t_2)R_n(t_2-t_3)\mathrm{d}t_2=\delta(t_1-t_3)\quad(0\leqslant t_1,t_2,t_3\leqslant T) \tag{3.6.21}$$

它可写成如下展开式：

$$R_n^{-1}(t_1-t_2)=\sum_{i=1}^{+\infty}\lambda_i^{-1}f_i(t_1)f_i(t_2) \tag{3.6.22}$$

若噪声自相关函数 $R_n(t_1-t_2)$ 为正定核，则本征函数 $\{f_k(t),\ k=1,2,\cdots\}$ 构成完备正交集.

2. 正交函数集的求解

(3.6.17)式是 K-L 展开的重要条件，现重写如下：

$$\int_0^T R_n(t-\tau)f_i(\tau)\mathrm{d}\tau=\lambda_i f_i(t)\quad(0\leqslant t\leqslant T) \tag{3.6.23}$$

这是一个齐次积分方程，仅定义在 t 的局部区间 $[0,T]$ 上，显然不是简单的卷积运算，所以不能直接通过对该方程进行傅里叶变换求解，求解要另辟蹊径.

若噪声功率谱是一个有理谱，具有如下的形式：

$$S_n(\omega) = \frac{N(\omega^2)}{D(\omega^2)} = C\frac{\prod_{i=1}^{n}(\omega^2 + \alpha_i^2)}{\prod_{k=1}^{d}(\omega^2 + \beta_k^2)} \tag{3.6.24}$$

其中,$N(\omega^2)$和 $D(\omega^2)$均为 ω^2 的多项式,阶数分别为 $2n$ 和 $2d$,并且 $d \geqslant n+1$;$\pm j\alpha_i$ 和 $\pm j\beta_k$ 分别为$N(\omega^2)$和 $D(\omega^2)$的零点,并且互不相等;C 为常数.

下面首先把积分方程化为一个相应的微分方程,然后再推导出一般的解.

由于 δ 函数可以表示为

$$\delta(t-\tau) = \frac{1}{2\pi}\int_{-\infty}^{+\infty} e^{j\omega(t-\tau)}d\omega \tag{3.6.25}$$

上式两边对 t 求二阶导数,并将一、二阶微分算子$\frac{d}{dt}$、$\frac{d^2}{dt^2}$记为 p 和p^2,可得

$$-p^2\delta(t-\tau) = \frac{1}{2\pi}\int_{-\infty}^{+\infty} \omega^2 e^{j\omega(t-\tau)}d\omega \tag{3.6.26a}$$

对 t 求 $2n$ 阶导数,显然有

$$(-p^2)^n\delta(t-\tau) = \frac{1}{2\pi}\int_{-\infty}^{+\infty} \omega^{2n} e^{j\omega(t-\tau)}d\omega \tag{3.6.26b}$$

因此,对于更一般的情况,由(3.6.26a)式和(3.6.26b)式组合成(3.6.24)式所示的多项式

$$N(-p^2)\delta(t-\tau) = \frac{1}{2\pi}\int_{-\infty}^{+\infty} N(\omega^2) e^{j\omega(t-\tau)}d\omega \tag{3.6.27a}$$

$$D(-p^2)\delta(t-\tau) = \frac{1}{2\pi}\int_{-\infty}^{+\infty} D(\omega^2) e^{j\omega(t-\tau)}d\omega \tag{3.6.27b}$$

根据维纳-辛钦定理,有

$$R_n(t-\tau) = \frac{1}{2\pi}\int_{-\infty}^{+\infty} S_n(\omega) e^{j\omega(t-\tau)}d\omega$$

由于 $D(\omega^2)S_n(\omega) = N(\omega^2)$,因此有

$$\begin{aligned} D(-p^2)R_n(t-\tau) &= \frac{1}{2\pi}\int_{-\infty}^{+\infty} D(\omega^2)S_n(\omega) e^{j\omega(t-\tau)}d\omega \\ &= \frac{1}{2\pi}\int_{-\infty}^{+\infty} N(\omega^2) e^{j\omega(t-\tau)}d\omega \\ &= N(-p^2)\delta(t-\tau) \end{aligned} \tag{3.6.28}$$

对于(3.6.23)式,有类似的导数关系

$$\begin{aligned} D(-p^2)\lambda_i f_i(t) &= \int_0^T D(-p^2)R_n(t-\tau)f_i(\tau)d\tau \\ &= \int_0^T N(-p^2)\delta(t-\tau)f_i(\tau)d\tau \\ &= N(-p^2)f_i(t) \quad (0 \leqslant t \leqslant T) \end{aligned} \tag{3.6.29}$$

因此,最终推导出如下的齐次微分方程:

$$[N(-p^2) - \lambda_i D(-p^2)]f_i(t) = 0 \tag{3.6.30}$$

令 $N(-p^2) - \lambda D(-p^2) = \tilde{N}(-p^2)$,可化简为

$$\tilde{N}(-p^2)f(t) = 0 \quad (0 \leqslant t \leqslant T) \tag{3.6.31}$$

这个齐次微分方程是可以求解的.

下面通过一个例子说明求解的过程.

例 3.6 假设噪声的相关函数为 $R_n(\tau)=\sigma^2\exp(-k|\tau|)(-\infty<\tau<+\infty)$,对应的谱密度为 $S_n(\omega)=\dfrac{2k\sigma^2}{\omega^2+k^2}$. 求该有理核的本征值和本征函数.

解 根据前面的讨论,有

$$N(\omega^2)=2k\sigma^2,\quad D(\omega^2)=\omega^2+k^2$$

则

$$N(-p^2)=2k\sigma^2,\quad D(-p^2)=k^2-\frac{\mathrm{d}^2}{\mathrm{d}t^2}$$

代入(3.6.31)式,获得微分方程

$$\frac{1}{\lambda_i}(2k\sigma^2-\lambda_ik^2)f_i(t)+\frac{\mathrm{d}^2}{\mathrm{d}t^2}f_i(t)=0$$

为方便起见,令 $\gamma_i^2=\dfrac{2k\sigma^2}{\lambda_i}-k^2$,上式简化为

$$f_i''(t)+\gamma_i^2f_i(t)=0$$

其解为

$$f_i(t)=a_i\cos\gamma_it+b_i\sin\gamma_it$$

将解代入(3.6.23)式并经过简单运算,有

$$\begin{aligned}\lambda_ia_i\cos\gamma_it+\lambda_ib_i\sin\gamma_it=\frac{1}{\gamma_i^2+k^2}\{&2a_ik\sigma^2\cos\gamma_it+2b_ik\sigma^2\sin\gamma_i\tau\\&+(b_i\gamma_i-a_ik)\sigma^2\exp(kt)\\&+[a_i\sigma^2(\gamma_i\sin\gamma_iT-k\cos\gamma_iT)\\&-b_i\sigma^2(k\sin\gamma_iT+\gamma_i\cos\gamma_iT)]\exp[k(t-T)]\}\end{aligned}$$

因为上式对区间[0, T]上等式总成立,比较两边对应项的系数,有

$$\begin{cases}ka_i-\gamma_ib_i=0\\a_i\sigma^2(\gamma_i\sin\gamma_iT-k\cos\gamma_iT)-b_i\sigma^2(k\sin\gamma_iT+\gamma_i\cos\gamma_iT)=0\end{cases}$$

这是 a_i 和 b_i 的二元一次方程组,若要 a_i 和 b_i 有非零解,系数的行列式就必须为零,即

$$\begin{vmatrix}k & \gamma_i\\ \gamma_i\sin\gamma_iT-k\cos\gamma_iT & k\sin\gamma_iT+\gamma_i\cos\gamma_iT\end{vmatrix}=0$$

于是

$$\sin\gamma_iT=\frac{2k\gamma_i}{\gamma_i^2-k^2}\cos\gamma_iT$$

这样就得到了求解 γ_i 的超越方程,一旦求得了 γ_i,就可由 $\lambda_i=\dfrac{2k\sigma^2}{\gamma_i^2+k^2}$ 确定本征值 λ_i.

将本征值排列起来,可得到下列方程:

$$x_i\tan x_i=\frac{kT}{2}\quad(i\text{ 为偶数})$$

$$x_i\cot x_i=-\frac{kT}{2}\quad(i\text{ 为奇数})$$

其中

$$x_i = \frac{\gamma_i T}{2} \quad (i = 1, 2, \cdots)$$

解上面这一系列方程,可得到 γ_i 的值,进而求得 a_i 和 b_i,最终得到核函数 $R_n(\tau)$ 的本征值 λ_i 以及对应的本征函数 $f_i(t)$.

3.6.3　广义匹配滤波

现在根据最大输出信噪比准则,分析平稳色噪声中确知信号检测的一般情况.

接收机观测信号为 $x(t) = s(t) + n(t)(0 \leqslant t \leqslant T)$,其中,$s(t)$ 是实确知信号,$n(t)$ 是均值为 0、自相关函数为 $R_n(\tau)$ 的任意分布的实广义平稳色噪声. $x(t)$ 通过冲激响应为 $h(t)$ 的线性滤波器后的输出为

$$y(t) = s_o(t) + n_o(t) \tag{3.6.32}$$

其中,$s_o(t)$是输出的信号分量,$n_o(t)$是输出的噪声分量.显然

$$s_o(t) = \frac{1}{2\pi}\int_{-\infty}^{+\infty} S(\omega)H(\mathrm{j}\omega)\mathrm{e}^{\mathrm{j}\omega t}\mathrm{d}\omega \tag{3.6.33}$$

式中,$S(\omega)$为确知信号 $s(t)$的傅里叶变换.输出噪声$\{n_o(t)\}$的平均功率为

$$E\{n_o^2(t)\} = \frac{1}{2\pi}\int_{-\infty}^{+\infty} S_n(\omega) \mid H(\mathrm{j}\omega) \mid^2 \mathrm{d}\omega \tag{3.6.34}$$

式中,$S_n(\omega)$为噪声 $n(t)$的功率谱密度函数.

与上一节分析类似,不妨假定在 $t = t_0$时刻输出信号达到峰值,因此滤波器输出的信噪比为

$$\mathrm{SNR_o} = \frac{s_o^2(t_0)}{E\{n_o^2(t)\}} = \frac{\left|\dfrac{1}{2\pi}\displaystyle\int_{-\infty}^{+\infty} S(\omega)H(\mathrm{j}\omega)\mathrm{e}^{\mathrm{j}\omega t_0}\mathrm{d}\omega\right|^2}{\dfrac{1}{2\pi}\displaystyle\int_{-\infty}^{+\infty} S_n(\omega) \mid H(\mathrm{j}\omega) \mid^2 \mathrm{d}\omega} \tag{3.6.35}$$

$\dfrac{S(\omega)}{\sqrt{S_n(\omega)}}\mathrm{e}^{\mathrm{j}\omega t_0}$ 相当于施瓦兹不等式中的 $Q(t)$,$\sqrt{S_n(\omega)}H(j\omega)$ 相当于 $F(t)$,由施瓦兹不等式,有

$$\left|\frac{1}{2\pi}\int_{-\infty}^{+\infty} S(\omega)H(\mathrm{j}\omega)\mathrm{e}^{\mathrm{j}\omega t_0}\mathrm{d}\omega\right|^2 \leqslant \left(\frac{1}{2\pi}\right)^2\int_{-\infty}^{+\infty}\frac{\mid S(\omega)\mid^2}{S_n(\omega)}\mathrm{d}\omega\int_{-\infty}^{+\infty} S_n(\omega) \mid H(\mathrm{j}\omega) \mid^2 \mathrm{d}\omega \tag{3.6.36}$$

将(3.6.36)式代入(3.6.35)式,输出的信噪比满足不等式

$$\mathrm{SNR_o} \leqslant \frac{1}{2\pi}\int_{-\infty}^{+\infty}\frac{\mid S(\omega)\mid^2}{S_n(\omega)}\mathrm{d}\omega \tag{3.6.37}$$

当 $\sqrt{S_n(\omega)}H(\mathrm{j}\omega) = C\left[\dfrac{S(\omega)}{\sqrt{S_n(\omega)}}\mathrm{e}^{\mathrm{j}\omega t_0}\right]^*$ 时,(3.6.37)式等式成立,即

$$H(\mathrm{j}\omega) = C\frac{S^*(\omega)}{S_n(\omega)}\mathrm{e}^{-\mathrm{j}\omega t_0} \tag{3.6.38}$$

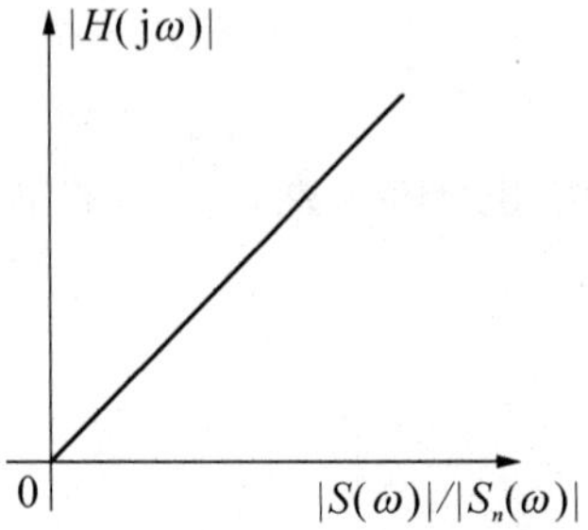

图 3.24　广义匹配滤波的幅频特性和输入信噪比的关系

其中，C 为非零常数，通常取为 1；t_0取为 T. 这个滤波器是匹配滤波器的推广，称为**广义匹配滤波器**(General Matched Filter，GMF).

若把$|S(\omega)/S_n(\omega)|$定义为一种特殊的输入信噪比，广义匹配滤波器的传输函数的幅频特性与它的关系如图 3.24 所示. 可见，输入信噪比越大系统增益也越大.

当色噪声退化为白噪声时，广义匹配滤波器就退化为匹配滤波器，因此匹配滤波器是广义匹配滤波器的特例.

回顾前面介绍的预白化处理的过程，将(3.6.5)式和(3.6.8)式结合起来，最佳处理器为

$$H(\mathrm{j}\omega)=H_1(\mathrm{j}\omega)H_2(\mathrm{j}\omega)=\frac{1}{S_n^+(\omega)}\frac{S^*(\omega)\mathrm{e}^{-\mathrm{j}\omega T}}{S_n^-(\omega)}=\frac{S^*(\omega)\mathrm{e}^{-\mathrm{j}\omega T}}{S_n(\omega)} \tag{3.6.39}$$

它与广义匹配滤波器一致.

3.6.4　平稳高斯色噪声中确知信号的检测

对平稳高斯色噪声中确知信号的最佳接收问题，所作的二元假设为

$$\begin{aligned} H_0: &\quad x(t)=s_0(t)+n(t) \\ H_1: &\quad x(t)=s_1(t)+n(t) \end{aligned} \quad (0\leqslant t\leqslant T) \tag{3.6.40}$$

其中，$x(t)$是观测信号，$s_1(t)$和 $s_0(t)$是确知信号，$n(t)$均值为 0、自相关函数为 $R_n(\tau)$的平稳高斯色噪声.

正如前面介绍的，可以采用卡亨南-洛维展开系数作为观测信号样本，即

$$x(t)=\sum_k x_k f_k(t) \tag{3.6.41}$$

$$x_k=\int_0^T x(t)f_k(t)\mathrm{d}t \tag{3.6.42}$$

其中，$f_k(t)$是下面积分方程的解

$$\int_0^T R_n(t-\tau)f_k(\tau)\mathrm{d}\tau=\lambda_k f_k(t)\quad (0\leqslant t\leqslant T) \tag{3.6.43}$$

由于 $R_n(\tau)$是实对称函数，因此本征函数$\{f_k(t)\}$是实函数. 根据(3.6.15)式，在 $H_i(i=0,1)$为真的条件下，x_k的均值为

$$\begin{aligned} E\{x_k\mid H_i\} &= E\left\{\int_0^T x(t)f_k(t)\mathrm{d}t\mid H_i\right\} \\ &= E\left\{\int_0^T [s_i(t)+n(t)]f_k(t)\mathrm{d}t\right\} \\ &= \int_0^T s_i(t)f_k(t)\mathrm{d}t \end{aligned} \tag{3.6.44}$$

令 $s_{ik}=\int_0^T s_i(t)f_k(t)\mathrm{d}t$，则

$$E\{x_k\mid H_i\}=s_{ik}\quad (i=0,1) \tag{3.6.45}$$

x_k的方差为

$$\mathrm{Var}\{x_k \mid H_i\} = E\{[\{x_k \mid H_i\} - E\{x_k \mid H_i\}]^2\}$$
$$= E\left\{\left[\left\{\int_0^T x(t)f_k(t)\mathrm{d}t \mid H_i\right\} - s_{ik}\right]^2\right\} = \lambda_k \quad (i = 0,1) \tag{3.6.46}$$

于是,样本 x_k的似然函数为

$$f(x_k \mid H_i) = \frac{1}{\sqrt{2\pi\lambda_k}}\exp\left[-\frac{(x_k - s_{ik})^2}{2\lambda_k}\right] \quad (i = 0,\ 1) \tag{3.6.47}$$

则 N 个统计独立样本的似然函数为

$$f(x_1,\ x_2,\ \cdots,\ x_N \mid H_i) = \prod_{k=1}^{N} f(x_k \mid H_i) = \prod_{k=1}^{N} \frac{1}{\sqrt{2\pi\lambda_k}}\exp\left[-\frac{(x_k - s_{ik})^2}{2\lambda_k}\right]$$
$$(i = 0,\ 1) \tag{3.6.48}$$

于是,似然比为

$$\lambda(x_1,\ x_2,\ \cdots,\ x_N) = \frac{f(x_1,\ x_2,\ \cdots,\ x_N \mid H_1)}{f(x_1,\ x_2,\ \cdots,\ x_N \mid H_0)}$$
$$= \frac{\prod_{k=1}^{N} \frac{1}{\sqrt{2\pi\lambda_k}}\exp\left[-\frac{(x_k - s_{1k})^2}{2\lambda_k}\right]}{\prod_{k=1}^{N} \frac{1}{\sqrt{2\pi\lambda_k}}\exp\left[-\frac{(x_k - s_{0k})^2}{2\lambda_k}\right]}$$
$$= \exp\left\{\sum_{k=1}^{N} \frac{1}{2\lambda_k}[s_{1k}(2x_k - s_{1k}) - s_{0k}(2x_k - s_{0k})]\right\} \tag{3.6.49}$$

对数似然比为

$$\ln\lambda(x_1,\ x_2,\ \cdots,\ x_N) = \sum_{k=1}^{N} \frac{1}{2\lambda_k}[s_{1k}(2x_k - s_{1k}) - s_{0k}(2x_k - s_{0k})] \tag{3.6.50}$$

令

$$G_i(N) = \sum_{k=1}^{N} \frac{1}{2\lambda_k} s_{ik}(2x_k - s_{ik}) \quad (i = 0,\ 1) \tag{3.6.51}$$

则(3.6.50)式的对数似然比为

$$\ln\lambda(x_1,\ x_2,\ \cdots,\ x_N) = G_1(N) - G_0(N) \tag{3.6.52}$$

当样本数 $N \to +\infty$时

$$G_i = \lim_{N\to+\infty} G_i(N) = \sum_{k=1}^{+\infty} \frac{1}{2\lambda_k} s_{ik}(2x_k - s_{ik})$$
$$= \sum_{k=1}^{+\infty} \frac{s_{ik}}{2\lambda_k}\left[2\int_0^T x(t)f_k(t)\mathrm{d}t - \int_0^T s_i(t)f_k(t)\mathrm{d}t\right]$$
$$= \int_0^T \left[x(t) - \frac{1}{2}s_i(t)\right]\sum_{k=1}^{+\infty} \frac{s_{ik}}{\lambda_k} f_k(t)\mathrm{d}t$$
$$= \int_0^T \left[x(t) - \frac{1}{2}s_i(t)\right]\eta_i(t)\mathrm{d}t \quad (i = 0,\ 1) \tag{3.6.53}$$

其中

$$\eta_i(t) = \sum_{k=1}^{+\infty} \frac{s_{ik}}{\lambda_k} f_k(t) \quad (i = 0, 1) \tag{3.6.54}$$

将(3.6.54)式中 t 换成 τ 并且两边乘以 $R_n(t-\tau)$，对 τ 在 $0 \leqslant \tau \leqslant T$ 上积分，再利用(3.6.43)式，有

$$\begin{aligned}\int_0^T \eta_i(\tau) R_n(t-\tau)\mathrm{d}\tau &= \int_0^T \sum_{k=1}^{+\infty} \frac{s_{ik}}{\lambda_k} f_k(\tau) R_n(t-\tau)\mathrm{d}\tau \\ &= \sum_{k=1}^{+\infty} s_{ik} f_k(t) = s_i(t) \quad (i = 0, 1)\end{aligned} \tag{3.6.55}$$

因此，$\eta_i(t)$ 是积分方程 $\int_0^T \eta_i(\tau) R_n(t-\tau)\mathrm{d}\tau = s_i(t)$ 的解.

将(3.6.55)式两边乘以 $R_n^{-1}(z-t)$，对其在 $0 \leqslant t \leqslant T$ 上积分，并利用(3.6.21)式，得到

$$\eta_i(z) = \int_0^T s_i(t) R_n^{-1}(z-t)\mathrm{d}t \quad (i = 0, 1) \tag{3.6.56}$$

将(3.6.53)式代入(3.6.52)式，可得当样本数 $N \to +\infty$ 时接收信号 $x(t)$ 的对数似然比

$$\ln \lambda(x(t)) = G_1 - G_0 = G \tag{3.6.57}$$

相应的判决规则为

$$G = G_1 - G_0 \underset{H_0}{\overset{H_1}{\gtrless}} \ln \mathrm{th} \tag{3.6.58}$$

即

$$\int_0^T \left[x(t) - \frac{1}{2}s_1(t)\right]\eta_1(t)\mathrm{d}t - \int_0^T \left[x(t) - \frac{1}{2}s_0(t)\right]\eta_0(t)\mathrm{d}t \underset{H_0}{\overset{H_1}{\gtrless}} \ln \mathrm{th}$$

进一步等效为

$$\int_0^T x(t)\eta_1(t)\mathrm{d}t - \int_0^T x(t)\eta_0(t)\mathrm{d}t \underset{H_0}{\overset{H_1}{\gtrless}} \mathrm{th}' \tag{3.6.59}$$

其中，$\mathrm{th}' = \ln \mathrm{th} + \frac{1}{2}\int_0^T s_1(t)\eta_1(t)\mathrm{d}t - \frac{1}{2}\int_0^T s_0(t)\eta_0(t)\mathrm{d}t$. 根据(3.6.59)式的判决规则，得到如图 3.25(a)所示的最佳接收机结构. 也可用匹配滤波器取代图 3.25(a)中的相关接收机，见图 3.25(b).

3.6.5 性能分析

现在将图 3.25(a)所示的相关接收机用于二元通信系统，选用的检验统计量为

$$G = \int_0^T \left[x(t) - \frac{1}{2}s_1(t)\right]\eta_1(t)\mathrm{d}t - \int_0^T \left[x(t) - \frac{1}{2}s_0(t)\right]\eta_0(t)\mathrm{d}t \tag{3.6.60}$$

当 $P(H_0) = P(H_1)$ 时，判决规则为 $G \underset{H_0}{\overset{H_1}{\gtrless}} 0$.

G 是高斯随机变量，在 H_1 和 H_0 为真的条件下，它的均值分别为

$$E\{G \mid H_1\} = \frac{1}{2}\int_0^T s_1(t)\eta_1(t)\mathrm{d}t - \frac{1}{2}\int_0^T [2s_1(t) - s_0(t)]\eta_0(t)\mathrm{d}t$$

$$E\{G \mid H_0\} = -\frac{1}{2}\int_0^T s_0(t)\eta_0(t)\mathrm{d}t + \frac{1}{2}\int_0^T [2s_0(t) - s_1(t)]\eta_1(t)\mathrm{d}t$$

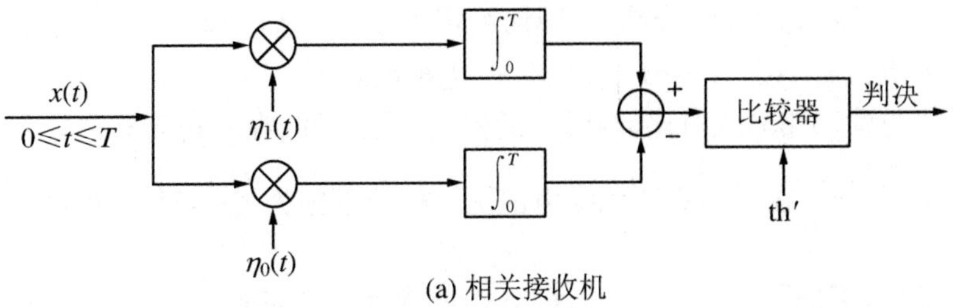

(a) 相关接收机

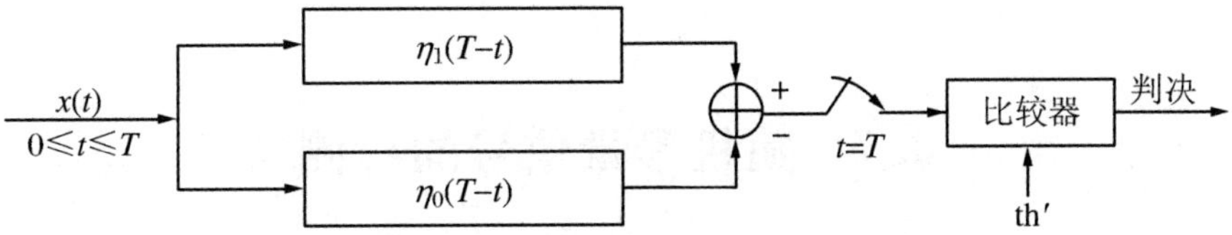

(b) 匹配滤波器

图 3.25　平稳高斯色噪声中检测确知信号的最佳接收机

将(3.6.56)式代入以上两式,并令

$$\sigma_G^2 = \int_0^T\int_0^T [s_1(t) - s_0(t)]R_n^{-1}(t-\tau)[s_1(\tau) - s_0(\tau)]\mathrm{d}t\mathrm{d}\tau \tag{3.6.61}$$

则

$$E\{G \mid H_1\} = \frac{1}{2}\sigma_G^2,\quad E\{G \mid H_0\} = -\frac{1}{2}\sigma_G^2 \tag{3.6.62}$$

G 的方差为

$$\mathrm{Var}\{G \mid H_1\} = \mathrm{Var}\{G \mid H_0\} = \sigma_G^2 \tag{3.6.63}$$

因此,G 的条件概率密度分别为

$$f(G \mid H_1) = \frac{1}{\sqrt{2\pi\sigma_G^2}}\exp\left[-\left(G - \frac{1}{2}\sigma_G^2\right)^2\Big/(2\sigma_G^2)\right] \tag{3.6.64}$$

$$f(G \mid H_0) = \frac{1}{\sqrt{2\pi\sigma_G^2}}\exp\left[-\left(G + \frac{1}{2}\sigma_G^2\right)^2\Big/(2\sigma_G^2)\right] \tag{3.6.65}$$

第一类错误概率

$$P(D_1 \mid H_0) = \int_0^{+\infty} f(G \mid H_0)\mathrm{d}G = \int_{\frac{\sigma_G}{2}}^{+\infty}\frac{1}{\sqrt{2\pi}}\exp\left(-\frac{z^2}{2}\right)\mathrm{d}z \tag{3.6.66}$$

第二类错误概率

$$P(D_0 \mid H_1) = \int_{-\infty}^0 f(G \mid H_1)\mathrm{d}G = \int_{-\infty}^{-\frac{\sigma_G}{2}}\frac{1}{\sqrt{2\pi}}\exp\left(-\frac{z^2}{2}\right)\mathrm{d}z \tag{3.6.67}$$

综上,平均错误概率为

$$\bar{P}_\mathrm{e} = P(D_1 \mid H_0)P(H_0) + P(D_0 \mid H_1)P(H_1) \tag{3.6.68}$$

假定 $P(H_0) = P(H_1) = \frac{1}{2}$,则

$$\bar{P}_\mathrm{e} = \int_{\frac{\sigma_G}{2}}^{+\infty}\frac{1}{\sqrt{2\pi}}\exp\left(-\frac{z^2}{2}\right)\mathrm{d}z = 1 - \Phi\left(\frac{\sigma_G}{2}\right) \tag{3.6.69}$$

可见,σ_G越大平均错误概率$\bar{P}_e$越小.然而,即使给定了信号 $s_1(t)$和 $s_0(t)$以及平稳高斯色噪声自相关函数为 $R_n(\tau)$,按(3.6.61)式求解 σ_G仍很困难.

将(3.6.69)式与(3.5.33)式对比,两者只是积分下限不同.在平稳高斯白噪声情况下积分下限为 $\sqrt{(1-\rho)E/N_0}$,在平稳高斯色噪声情况下积分下限为$\frac{\sigma_G}{2}$.若将平稳高斯色噪声退化为平稳高斯白噪声,可证$\frac{\sigma_G}{2}=\sqrt{(1-\rho)E/N_0}$,请读者自己完成.

3.7 随机参量信号的检测

前面讨论的在加性平稳高斯噪声中对确知信号的检测是简单假设检验问题.在许多实际情况下,由于系统的不完善和信道的非理想,信号在产生、传播和接收过程中增加了不确定性,接收机收到的感兴趣信号的一些参量变为随机变量,如雷达回波信号的幅度、相位、延迟时间、多普勒频移等.我们称这类信号为随机参量信号.

本节讨论加性平稳高斯白噪声中随机参量信号的检测并假设随机参量的先验概率密度函数是已知的,涉及的是复合假设检验.

3.7.1 随机相位信号的检测

常见的随机参量信号是随机相位信号.对于雷达系统,所作的二元假设为

$$\begin{aligned} H_0:&\quad x(t)=n(t) \\ H_1:&\quad x(t)=A\sin(\omega_c t+\theta)+n(t) \end{aligned} \qquad (0\leqslant t\leqslant T) \tag{3.7.1}$$

其中,$n(t)$是均值为 0、功率谱密度为 $N_0/2$ 的高斯白噪声,信号幅度 A 和中心频率 ω_c 是常数且 $2\pi/\omega_c\ll T$,信号相位 θ 是一个随机变量,概率密度函数为

$$f(\theta)=\frac{1}{2\pi}\quad(0\leqslant\theta<2\pi) \tag{3.7.2}$$

在时刻 t,由(3.4.74)式可得判决规则,为

$$\lambda(x(t))=\frac{\int_0^{2\pi}f(x(t)\mid\theta,H_1)f(\theta)\mathrm{d}\theta}{f(x(t)\mid H_0)}\underset{H_0}{\overset{H_1}{\gtrless}}\mathrm{th} \tag{3.7.3}$$

对于时间$[0,T]$内连续信号检测,类似 3.5 节中的(3.5.15)式的推导过程,可得平均似然比

$$\begin{aligned}\lambda(x(t))&=\frac{\frac{1}{2\pi}\int_0^{2\pi}\exp\left\{-\frac{1}{N_0}\int_0^T[x(t)-A\sin(\omega_c t+\theta)]^2\mathrm{d}t\right\}\mathrm{d}\theta}{\exp\left[-\frac{1}{N_0}\int_0^T x^2(t)\mathrm{d}t\right]}\\ &=\frac{1}{2\pi}\int_0^{2\pi}\exp\left\{-\frac{1}{N_0}\int_0^T[A^2\sin^2(\omega_c t+\theta)\right.\\ &\qquad\left.-2x(t)A\sin(\omega_c t+\theta)]\mathrm{d}t\right\}\mathrm{d}\theta\end{aligned}$$

由于 $2\pi/\omega_c \ll T$，$\int_0^T \sin^2(\omega_c t+\theta)\mathrm{d}t \approx T/2$，则上式变为

$$\lambda(x(t)) = \exp\left(-\frac{A^2T}{2N_0}\right)\int_0^{2\pi}\exp\left[\frac{2A}{N_0}\int_0^T x(t)\sin(\omega_c t+\theta)\mathrm{d}t\right]\frac{\mathrm{d}\theta}{2\pi} \tag{3.7.4}$$

为了便于分析和计算，将上式指数项中的正弦函数展开

$$\begin{aligned}\int_0^T x(t)\sin(\omega_c t+\theta)\mathrm{d}t &= \int_0^T x(t)[\sin\omega_c t\cos\theta+\cos\omega_c t\sin\theta]\mathrm{d}t \\ &= \cos\theta\int_0^T x(t)\sin\omega_c t\mathrm{d}t+\sin\theta\int_0^T x(t)\cos\omega_c t\mathrm{d}t\end{aligned} \tag{3.7.5}$$

令

$$a = \int_0^T x(t)\sin\omega_c t\mathrm{d}t = q\cos\theta_0 \tag{3.7.6a}$$

$$b = \int_0^T x(t)\cos\omega_c t\mathrm{d}t = q\sin\theta_0 \tag{3.7.6b}$$

于是

$$q^2 = \left[\int_0^T x(t)\sin\omega_c t\mathrm{d}t\right]^2+\left[\int_0^T x(t)\cos\omega_c t\mathrm{d}t\right]^2 \geqslant 0 \tag{3.7.7}$$

将(3.7.6)式和(3.7.5)式代入(3.7.4)式，得到

$$\begin{aligned}\lambda(x(t)) &= \exp\left(-\frac{A^2T}{2N_0}\right)\int_0^{2\pi}\exp\left[\frac{2Aq}{N_0}\cos(\theta-\theta_0)\right]\frac{\mathrm{d}\theta}{2\pi} \\ &= \exp\left(-\frac{A^2T}{2N_0}\right)\mathrm{I}_0\left(\frac{2Aq}{N_0}\right)\end{aligned} \tag{3.7.8}$$

其中，$\mathrm{I}_0(x) = \int_0^{2\pi}\mathrm{e}^{x\cos(\theta-\alpha)}\frac{\mathrm{d}\theta}{2\pi}$ 为零阶修正贝塞尔函数，则等效的判决规则为

$$\mathrm{I}_0\left(\frac{2Aq}{N_0}\right)\underset{H_0}{\overset{H_1}{\gtrless}}\mathrm{th}\cdot\exp\left(\frac{A^2T}{2N_0}\right) \tag{3.7.9}$$

零阶修正贝塞尔函数 $\mathrm{I}_0(\cdot)$是其自变量的单调升函数，故(3.7.9)式的判决规则可简化为

$$q\underset{H_0}{\overset{H_1}{\gtrless}}\mathrm{th}' \quad 或 \quad q^2\underset{H_0}{\overset{H_1}{\gtrless}}\mathrm{th}'^2 \tag{3.7.10}$$

其中，th'是下面方程的解

$$\exp\left(-\frac{A^2T}{2N_0}\right)\mathrm{I}_0\left(\frac{2A\mathrm{th}'}{N_0}\right) = \mathrm{th} \tag{3.7.11}$$

当采用纽曼-皮尔逊准则时，门限 th'由给定的虚警概率 α_0 所确定.

若以 q^2为检验统计量，由(3.7.7)式可知，为了得到该检验统计量，需将接收信号 $x(t)$分别与两个正交信号 $\sin\omega_c t$ 和 $\cos\omega_c t$ 作相关积分运算. 完成这种运算的接收机称为**正交接收机**(Quadrature Receiver)，如图 3.26(a)所示. 由于相关器可用匹配滤波器替代，图 3.26(a)所示的正交接收机可等效为图 3.26(b)的形式，这是正交接收机的第一种等效形式. 现在基于匹配滤波器讨论正交接收机的第二种等效形式.

若有一个与随机相位信号 $\sin(\omega_c t+\theta)$ 相匹配的滤波器，其冲激响应应为

$$h(t) = \sin[\omega_c(T-t)+\theta]$$

滤波器的输出为

$$y(t) = \int_0^t x(\tau)h(t-\tau)\mathrm{d}\tau = \int_0^t x(\tau)\sin[\omega_c(T-t+\tau)+\theta]\mathrm{d}\tau$$

$$= \sin[\omega_c(T-t)+\theta]\int_0^t x(\tau)\cos\omega_c\tau d\tau$$

$$+\cos[\omega_c(T-t)+\theta]\int_0^t x(\tau)\sin\omega_c\tau d\tau \tag{3.7.12}$$

在 $t=T$ 时刻,(3.7.12)式与(3.7.5)式相同,$y(t)$的包络为

$$\left\{\left[\int_0^T x(t)\sin\omega_c t dt\right]^2+\left[\int_0^T x(t)\cos\omega_c t dt\right]^2\right\}^{\frac{1}{2}}$$

它恰是(3.7.7)式中的 q. $y(t)$在 $t=T$ 时刻的包络q 与θ 无关,因此滤波器可以设计成与任意相位的信号 $\sin(\omega_c t+\theta)$相匹配(通常选 $\theta=0$). 滤波器后再接一个包络检波器,在 $t=T$ 时刻检波器的输出就是检验统计量q. 由于这种形式的匹配滤波器的相位是任意的,故称正交接收机的这种等效形式为非相干匹配滤波器,如图 3.26(c)所示.

下面分析正交接收机的检测性能.

由(3.7.6)式,得到

$$q=\sqrt{a^2+b^2} \tag{3.7.13}$$

为了求出检验统计量 q 的概率密度函数,先要求出 a 及b 的概率密度函数.

假设 H_1为真、相位 θ 一定时,显然 a 及b 都是高斯随机变量,因此只要分别求出它们的条件均值、方差和协方差就可得出 $f(a\mid\theta,H_1)$ 及 $f(b\mid\theta,H_1)$.

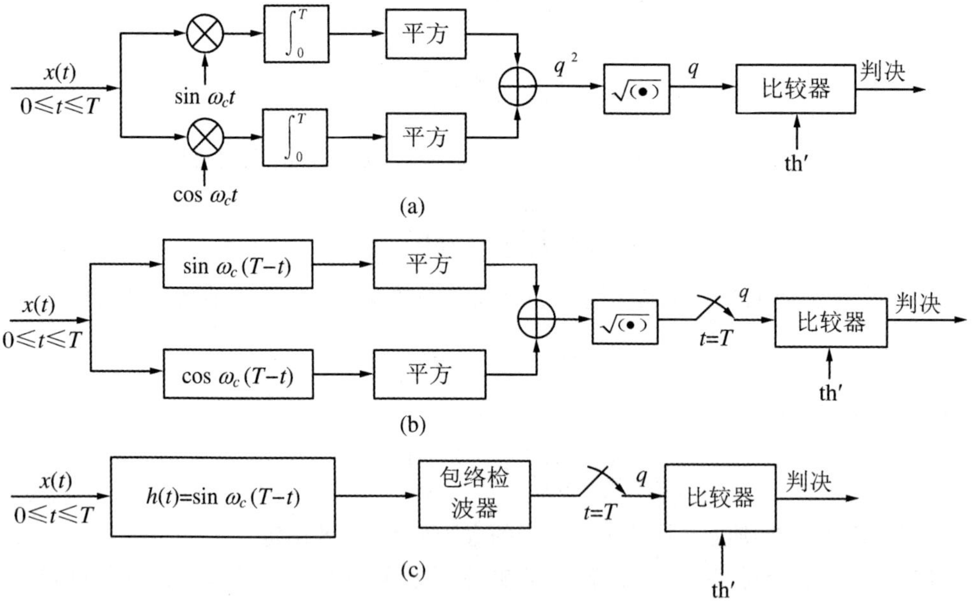

图 3.26 随机相位信号的最佳接收机

在假设 H_1为真时,a 和b 的条件均值、方差和协方差分别为

$$E\{a\mid\theta,H_1\}=E\left\{\int_0^T[A\sin(\omega_c t+\theta)+n(t)]\sin\omega_c t dt\right\}$$

$$\approx\frac{AT}{2}\cos\theta \tag{3.7.14}$$

$$E\{b\mid\theta,H_1\}=E\left\{\int_0^T[A\sin(\omega_c t+\theta)+n(t)]\cos\omega_c t dt\right\}$$

$$\approx \frac{AT}{2}\sin\theta \tag{3.7.15}$$

$$\begin{aligned}\mathrm{Var}\{a \mid \theta, H_1\} &= E\left\{\int_0^T\int_0^T n(t)n(\tau)\sin\omega_c t\sin\omega_c\tau \mathrm{d}t\mathrm{d}\tau\right\}\\ &= \int_0^T\int_0^T \frac{N_0}{2}\delta(t-\tau)\sin\omega_c t\sin\omega_c\tau \mathrm{d}t\mathrm{d}\tau\\ &= \frac{N_0}{2}\int_0^T \sin^2\omega_c t\mathrm{d}t \approx \frac{N_0 T}{4}\end{aligned} \tag{3.7.16}$$

$$\mathrm{Var}\{b \mid \theta, H_1\} \approx \frac{N_0 T}{4} \tag{3.7.17}$$

$$\begin{aligned}&E\{(a - E\{a|\theta,H_1\})(b - E\{b|\theta,H_1\})\}\\ &\quad = E\left\{\int_0^T n(t)\sin\omega_c t\mathrm{d}t \cdot \int_0^T n(\tau)\cos\omega_c\tau\mathrm{d}\tau\right\}\\ &\quad = \frac{N_0}{2}\int_0^T \sin\omega_c t\cos\omega_c t\mathrm{d}t\\ &\quad = \frac{N_0}{4}\int_0^T \sin 2\omega_c t\mathrm{d}t\\ &\quad \approx 0\end{aligned} \tag{3.7.18}$$

因此

$$f(a \mid \theta, H_1) = \frac{1}{\sqrt{2\pi}\sigma_T}\exp\left[-\frac{1}{2\sigma_T^2}\left(a - \frac{AT}{2}\cos\theta\right)^2\right] \tag{3.7.19}$$

$$f(b \mid \theta, H_1) = \frac{1}{\sqrt{2\pi}\sigma_T}\exp\left[-\frac{1}{2\sigma_T^2}\left(b - \frac{AT}{2}\sin\theta\right)^2\right] \tag{3.7.20}$$

$$\begin{aligned}f(a, b \mid \theta, H_1) &= f(a \mid \theta, H_1)f(b \mid \theta, H_1)\\ &= \frac{1}{2\pi\sigma_T^2}\exp\left\{-\frac{1}{2\sigma_T^2}\left[\left(a - \frac{AT}{2}\cos\theta\right)^2 + \left(b - \frac{AT}{2}\sin\theta\right)^2\right]\right\}\\ &= \frac{1}{2\pi\sigma_T^2}\exp\left\{-\frac{1}{2\sigma_T^2}\left[a^2 + b^2 + \frac{A^2T^2}{4} - AT(a\cos\theta + b\sin\theta)\right]\right\}\end{aligned} \tag{3.7.21}$$

其中，$\sigma_T^2 = \dfrac{N_0 T}{4}$.

由(3.7.6)式，得到

$$\begin{cases} q = \sqrt{a^2 + b^2} & (q > 0)\\ \theta_0 = \tan^{-1}\left(\dfrac{b}{a}\right) & (0 \leqslant \theta_0 < 2\pi)\end{cases} \tag{3.7.22}$$

利用(1.1.58)式，(3.7.21)式可表示为

$$f(q, \theta_0 \mid \theta, H_1) = \frac{q}{2\pi\sigma_T^2}\exp\left\{-\frac{1}{2\sigma_T^2}\left[q^2 + \frac{A^2T^2}{4} - ATq\cos(\theta - \theta_0)\right]\right\} \tag{3.7.23}$$

将上式对 θ_0 积分，得到

$$f(q \mid \theta, H_1) = \int_0^{2\pi} f(q, \theta_0 \mid \theta, H_1) \mathrm{d}\theta_0$$
$$= \frac{q}{\sigma_T^2} \exp\left[-\frac{1}{2\sigma_T^2}\left(q^2 + \frac{A^2 T^2}{4}\right)\right] \mathrm{I}_0\left(\frac{qAT}{2\sigma_T^2}\right) \tag{3.7.24}$$

由(3.7.24)式,得到

$$f(q \mid H_1) = \int_0^{2\pi} f(q \mid \theta, H_1) f(\theta) \mathrm{d}\theta$$
$$= \frac{q}{\sigma_T^2} \exp\left[-\frac{1}{2\sigma_T^2}\left(q^2 + \frac{A^2 T^2}{4}\right)\right] \mathrm{I}_0\left(\frac{qAT}{2\sigma_T^2}\right) \tag{3.7.25}$$

因此,在假设 H_1 为真时,q 服从莱斯分布.

在假设 H_0 为真时,$x(t) = n(t)$,相当于假设 H_1 中 $A = 0$ 的情况,由(3.7.25)式可得

$$f(q \mid H_0) = f(q \mid H_1)\mid_{A=0} = \frac{q}{\sigma_T^2} \exp\left(-\frac{q^2}{2\sigma_T^2}\right) \tag{3.7.26}$$

因此,在假设 H_0 为真时,q 服从瑞利分布.

虚警概率为

$$P_{\mathrm{fa}} = \int_{\mathrm{th}'}^{+\infty} f(q \mid H_0) \mathrm{d}q = \int_{\mathrm{th}'}^{+\infty} \frac{q}{\sigma_T^2} \exp\left(-\frac{q^2}{2\sigma_T^2}\right) \mathrm{d}q = \exp\left(-\frac{\beta^2}{2}\right) \tag{3.7.27}$$

其中,$\beta = \mathrm{th}'/\sigma_T$,$P_{\mathrm{fa}} = \alpha_0$. 而检测概率为

$$P_{\mathrm{D}} = \int_{\mathrm{th}'}^{+\infty} f(q \mid H_1) \mathrm{d}q$$
$$= \int_{\mathrm{th}'}^{+\infty} \frac{q}{\sigma_T^2} \exp\left[-\frac{1}{2\sigma_T^2}\left(q^2 + \frac{A^2 T^2}{4}\right)\right] \mathrm{I}_0\left(\frac{qAT}{2\sigma_T^2}\right) \mathrm{d}q \tag{3.7.28}$$

令 $z = q/\sigma_T$,并考虑信号能量 $E = A^2 T/2$,信噪比 $\gamma^2 = 2E/N_0$,(3.7.28)式可简化为

$$P_{\mathrm{D}} = \int_{\beta}^{+\infty} z \exp\left(-\frac{z^2 + \gamma^2}{2}\right) \mathrm{I}_0(\gamma z) \mathrm{d}z \tag{3.7.29}$$

以上积分是马库姆(Marcum)Q 函数,记为 $Q(\gamma, \beta)$.

将本小节随机相位信号的检测性能与 3.5.3 小节的雷达系统($s(t) = A\sin \omega_c t$)的最佳接收机性能对比,可以绘出平稳高斯白噪声中确知信号和随机相位信号检测性能曲线,如图 3.27 所示. 从图中可以看出:在相同的虚警概率和检测概率的条件下,后者所需信噪比较前者约高 1 dB,这是由于缺失准确相位信息所引起的.

3.7.2 随机相位、随机幅度信号的检测

比随机相位信号略微复杂一点的是随机相位、随机幅度信号. 对于雷达系统,所作的二元假设如下:

$$\begin{aligned} H_0:\quad & x(t) = n(t) \\ H_1:\quad & x(t) = A\sin(\omega_c t + \theta) + n(t) \end{aligned} \qquad (0 \leqslant t \leqslant T) \tag{3.7.30}$$

其中,$n(t)$ 是均值为 0、功率谱密度为 $N_0/2$ 的平稳高斯白噪声,信号中心频率 ω_c 是常数且 $2\pi/\omega_c \ll T$,幅度 A 是瑞利分布随机变量,相位 θ 是均匀分布随机变量. 幅度和相位的概率密度函数分别为

$$f(A) = \frac{A}{A_0^2}\exp\left(-\frac{A^2}{2A_0^2}\right) \quad (A \geqslant 0,\ A_0 > 0) \tag{3.7.31}$$

$$f(\theta) = \frac{1}{2\pi} \quad (0 \leqslant \theta < 2\pi) \tag{3.7.32}$$

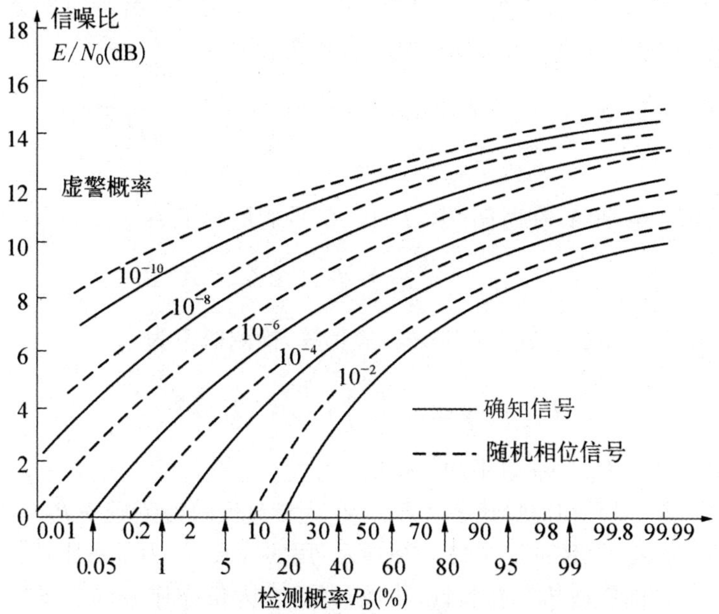

图 3.27　随机相位信号检测与确知信号检测的性能比较

利用上一节的结论，由(3.7.8)式知，在幅度 A 给定时的条件似然比为

$$\lambda(x(t) \mid A) = \exp\left(-\frac{A^2T}{2N_0}\right)\mathrm{I}_0\left(\frac{2Aq}{N_0}\right) \tag{3.7.33}$$

那么，平均似然比为

$$\begin{aligned}\lambda(x(t)) &= \int_0^{+\infty}\lambda(x(t) \mid A)f(A)\mathrm{d}A \\ &= \int_0^{+\infty}\frac{A}{A_0^2}\exp\left[-\frac{A^2}{2}\left(\frac{1}{A_0^2}+\frac{T}{N_0}\right)\right]\mathrm{I}_0\left(\frac{2Aq}{N_0}\right)\mathrm{d}A\end{aligned} \tag{3.7.34}$$

由于 $\int_0^{+\infty} x\mathrm{e}^{-vx^2}\mathrm{I}_0(\mu x)\mathrm{d}x = \frac{1}{2v}\mathrm{e}^{\mu^2/4v}$，于是，平均似然比的判决规则为

$$\lambda(x(t)) = \frac{N_0}{N_0+TA_0^2}\exp\left[\frac{2A_0^2q^2}{N_0(N_0+TA_0^2)}\right]\underset{H_0}{\overset{H_1}{\gtrless}}\mathrm{th} \tag{3.7.35}$$

对数平均似然比的判决规则为

$$\ln\left(\frac{N_0}{N_0+TA_0^2}\right)+\frac{2A_0^2q^2}{N_0(N_0+TA_0^2)}\underset{H_0}{\overset{H_1}{\gtrless}}\ln\mathrm{th} \tag{3.7.36}$$

其等效判决规则为

$$q^2\underset{H_0}{\overset{H_1}{\gtrless}}\mathrm{th}'^2 \quad 或 \quad q\underset{H_0}{\overset{H_1}{\gtrless}}\mathrm{th}' \tag{3.7.37}$$

其中

$$\mathrm{th}'^2 = \frac{N_0(N_0 + TA_0^2)}{2A_0^2}\ln\left[\frac{\mathrm{th}(N_0 + TA_0^2)}{N_0}\right] \tag{3.7.38}$$

因此,图 3.26 中的正交接收机同样也适用于随机相位、随机幅度信号的最佳接收.

下面分析基于纽曼-皮尔逊准则的雷达接收机性能.

虚警概率 P_{fa} 由(3.7.27)式给出,门限 th′由 P_{fa} 确定. A 给定时的条件检测概率由(3.7.29)式给出,记为 $P_D(D_1|H_1, A)$,因此检测概率为

$$P_D = \int_0^{+\infty} P_D(D_1 \mid H_1, A)f(A)\mathrm{d}A = \exp\left[-\frac{2\mathrm{th}'^2}{T(N_0 + TA_0^2)}\right] \tag{3.7.39}$$

其中 $\mathrm{th}' = \beta\sigma_T$.

对于给定的信号电平 A,在时间$[0, T]$内,信号能量等于 $A^2T/2$,那么平均信号能量为

$$E_{av} = \int_0^{+\infty}\left(\frac{A^2T}{2}\right)\cdot f(A)\mathrm{d}A = A_0^2T \tag{3.7.40}$$

将(3.7.40)式、(3.7.27)式代入(3.7.39)式,经运算,检测概率为

$$P_D = \left[\exp\left(-\frac{\beta^2}{2}\right)\right]^{\frac{1}{1+\varepsilon}} = (P_{fa})^{\frac{1}{1+\varepsilon}} \tag{3.7.41}$$

其中, $\varepsilon = A_0^2T/N_0 = E_{av}/N_0$ 是平均信噪比.

基于(3.7.41)式,以平均信噪比 $\varepsilon = E_{av}/N_0$ 为参量反映检测概率 P_D 与虚警概率 P_{fa} 之间关系的接收机工作特性(ROC)如图 3.28 所示,用实线表示. 为了对比,图中虚线表示幅度恒定的随机相位信号的接收机工作特性. 由图可见,在大信噪比条件下,瑞利衰落引起检测概率降低;而在小信噪比条件下,情况则相反.

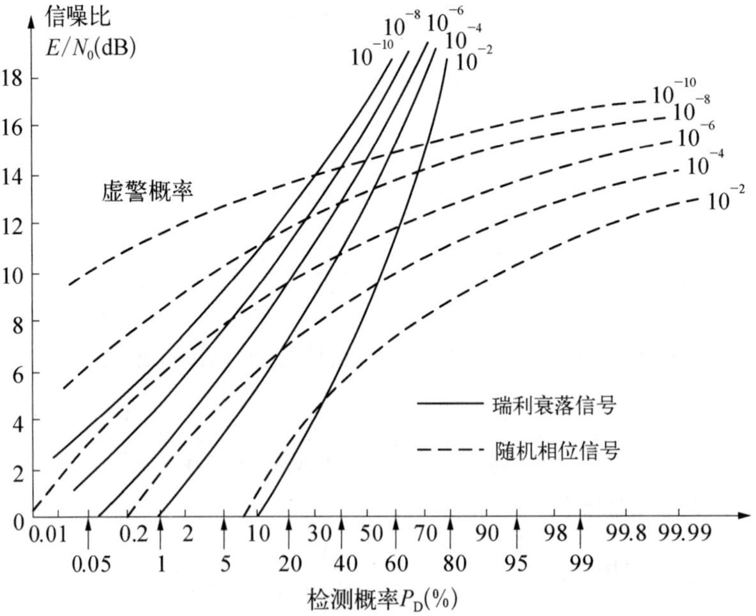

图 3.28 瑞利衰落信号和随机相位信号检测的性能比较

3.7.3 随机相位、随机频率信号的检测

主动式雷达系统检测一个不规则运动的目标，则回波信号的频率在发射信号的中心频率 f_c 上将有一个多普勒频移 $f_D = 2vf_c/c$，其中 v 为目标的径向速度．假设该速度远小于光速 c．若目标的径向速度未知，那么回波信号的频率也是未知的．这种情况下的二元假设为

$$\begin{aligned} H_0:\quad & x(t) = n(t) \\ H_1:\quad & x(t) = A\sin(\omega t + \theta) + n(t) \end{aligned} \qquad (0 \leqslant t \leqslant T) \tag{3.7.42}$$

其中，$n(t)$ 是均值为 0、功率谱密度为 $N_0/2$ 的平稳高斯白噪声，信号幅度 A 是常数，信号相位 θ 是在 $[0, 2\pi)$ 内均匀分布的随机变量，频率 ω 是概率密度函数为 $f(\omega)(\omega_L \leqslant \omega \leqslant \omega_U)$ 的随机变量．

由(3.7.8)式可知，在频率 ω 给定时的条件似然比为

$$\lambda(x(t) \mid \omega) = \exp\left(-\frac{A^2 T}{2N_0}\right) I_0\left(\frac{2Aq}{N_0}\right) \tag{3.7.43}$$

其中

$$q^2 = \left[\int_0^T x(t)\sin\omega t\,\mathrm{d}t\right]^2 + \left[\int_0^T x(t)\cos\omega t\,\mathrm{d}t\right]^2 \tag{3.7.44}$$

那么，平均似然比为

$$\lambda(x(t)) = \int_{\omega_L}^{\omega_U} \lambda(x(t) \mid \omega) f(\omega)\,\mathrm{d}\omega \tag{3.7.45}$$

将区间 $[\omega_L, \omega_U]$ 等分为 M 个子区间，对其作离散化近似

$$\lambda(x(t)) = \Delta\omega \cdot \exp\left(-\frac{A^2 T}{2N_0}\right) \sum_{i=1}^{M} f(\omega_i) I_0\left(\frac{2Aq_i}{N_0}\right) \tag{3.7.46}$$

其中，$\Delta\omega = (\omega_U - \omega_L)/M$，$\omega_i$ 为各个子区间的中心频率，q_i 为

$$q_i^2 = \left[\int_0^T x(t)\sin\omega_i t\,\mathrm{d}t\right]^2 + \left[\int_0^T x(t)\cos\omega_i t\,\mathrm{d}t\right]^2 \tag{3.7.47}$$

这时，基于图 3.26(c)的随机相位信号最佳接收机框图，可以得到随机相位、随机频率信号最佳接收机，如图 3.29 所示．

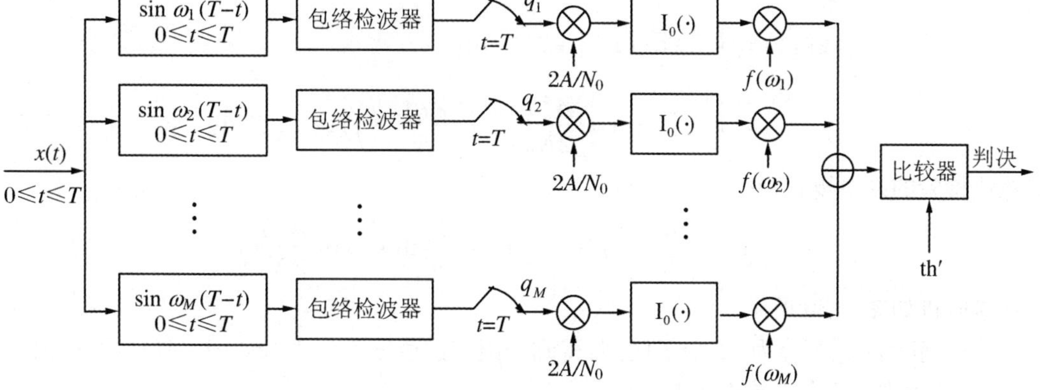

图 3.29　随机相位和随机频率信号的最佳接收机

由于在 x 很小时 $I_0(x) \approx 1 + x^2/4$，因此当信噪比 (A/N_0) 非常小时，$I_0(2Aq_i/N_0)$ 近

似为

$$\mathrm{I}_0\left(\frac{2Aq_i}{N_0}\right)\approx 1+\left(\frac{Aq_i}{N_0}\right)^2$$

并进一步假定频率为均匀分布，即 $f(\omega_i)\Delta\omega=\dfrac{1}{M}$，于是(3.7.46)式的似然比可写为

$$\lambda(x(t))=\frac{1}{M}\exp\left(-\frac{A^2T}{2N_0}\right)\sum_{i=1}^{M}\left[1+\left(\frac{Aq_i}{N_0}\right)^2\right] \tag{3.7.48}$$

最终判决规则简化为

$$\sum_{i=1}^{M}q_i^2\underset{H_0}{\overset{H_1}{\gtrless}}\mathrm{th}'' \tag{3.7.49}$$

其中，th″是判决门限.

3.7.4 随机相位、随机到达时间信号的检测

前面所研究的问题限于信号在时间轴上的位置是已知的情况，现在考虑信号在时间轴上的位置未知，即信号到达时间随机的情况. 这时的二元假设为

$$\begin{aligned}H_0:&\quad x(t)=n(t)\\H_1:&\quad x(t)=s(t-\tau)+n(t)\end{aligned}\qquad (0\leqslant t\leqslant T+\tau_m) \tag{3.7.50}$$

其中，$n(t)$ 是均值为 0、功率谱密度为 $N_0/2$ 的平稳高斯白噪声，信号 $s(t)=A\sin(\omega_c t+\theta)$ $(0\leqslant t\leqslant T)$，信号幅度 A 和频率 ω_c 是确知的，相位 θ 是在 $[0,2\pi)$ 上均匀分布的随机变量，时延 τ 是随机变量，概率密度函数 $f(\tau)$ 定义在 $[0,\tau_m]$ 内.

由(3.7.8)式可知，在时延 τ 给定时的条件似然比为

$$\lambda(x(t)\mid\tau)=\exp\left(-\frac{A^2T}{2N_0}\right)\mathrm{I}_0\left(\frac{2Aq(\tau+T)}{N_0}\right) \tag{3.7.51}$$

其中，$q(\tau+T)$ 由下式确定：

$$q^2(\tau+T)=\left[\int_\tau^{\tau+T}x(t)\sin\omega_c(t-\tau)\mathrm{d}t\right]^2+\left[\int_\tau^{\tau+T}x(t)\cos\omega_c(t-\tau)\mathrm{d}t\right]^2 \tag{3.7.52}$$

那么，平均似然比为

$$\begin{aligned}\lambda(x(t))&=\int_0^{\tau_m}\lambda(x(t)\mid\tau)f(\tau)\mathrm{d}\tau\\&=\int_T^{T+\tau_m}\exp\left(-\frac{A^2T}{2N_0}\right)\mathrm{I}_0\left(\frac{2Aq(\tau)}{N_0}\right)f(\tau-T)\mathrm{d}\tau\end{aligned} \tag{3.7.53}$$

似然比检验的判决规则为

$$\int_T^{T+\tau_m}\mathrm{I}_0\left(\frac{2Aq(\tau)}{N_0}\right)f(\tau-T)\mathrm{d}\tau\underset{H_0}{\overset{H_1}{\gtrless}}\mathrm{th}\cdot\exp\left(\frac{A^2T}{2N_0}\right) \tag{3.7.54}$$

最佳接收机如图 3.30 所示.

将区间 $[0,\tau_m]$ 等分为 M 个子区间，得到一组离散值 $\tau_i(i=1,2,\cdots,M)$. 后续分析与 3.7.3 小节相似，请读者自己完成.

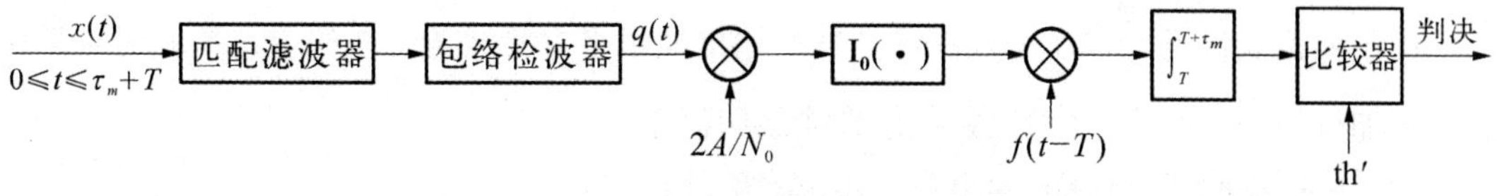

图 3.30　随机相位和到达时间信号的最佳接收机

3.7.5　多脉冲信号的检测

雷达系统通常是发射一组由 M 个脉冲组成的脉冲串来探测目标的.雷达接收机在观测时间内接收该组脉冲串的回波信号.根据这组观测信号样本进行目标存在与否的判决是时间分集技术.这种情况下的 M 个观测信号二元假设为

$$\begin{aligned} H_0:&\quad x_i(t)=n_i(t)\\ H_1:&\quad x_i(t)=A_i\sin(\omega_c t+\theta_i)+n_i(t)\end{aligned}\qquad (0\leqslant t\leqslant T;\ i=1,2,\cdots,M) \tag{3.7.55}$$

其中,$n_i(t)$是均值为 0、功率谱密度为 $N_0/2$ 的平稳高斯白噪声,信号频率 ω_c 是确知的,信号幅度 A_i 和相位 θ_i 都是随机变量,它们的概率密度函数分别为

$$\begin{cases} f(A_i)=\dfrac{A_i}{A_0}\exp\left(-\dfrac{A_i^2}{2A_0^2}\right) & (A_i\geqslant 0,A_0>0)\\ f(\theta_i)=\dfrac{1}{2\pi} & (0\leqslant\theta_i<2\pi)\end{cases}\qquad (i=1,2,\cdots,M) \tag{3.7.56}$$

每个脉冲观测信号都与 3.7.2 节中的表达一致,进一步假设 M 个脉冲回波信号是独立同分布的.

对于第 $i(i=1,2,\cdots,M)$个脉冲观测信号,由(3.7.34)式可得它的似然比,为

$$\lambda(x_i(t))=\frac{N_0}{N_0+TA_0^2}\exp\left[\frac{2A_0^2q_i^2}{N_0(N_0+TA_0^2)}\right] \tag{3.7.57}$$

其中

$$q_i^2=\left[\int_0^T x_i(t)\sin\omega_c t\,\mathrm{d}t\right]^2+\left[\int_0^T x_i(t)\cos\omega_c t\,\mathrm{d}t\right]^2 \tag{3.7.58}$$

于是 M 个独立同分布的脉冲观测信号的似然比为

$$\lambda(x(t))=\prod_{i=1}^{M}\lambda(x_i(t))=\left(\frac{N_0}{N_0+TA_0^2}\right)^M\exp\left[\frac{2A_0^2\sum\limits_{i=1}^{M}q_i^2}{N_0(N_0+TA_0^2)}\right] \tag{3.7.59}$$

利用对数似然比,判决规则为

$$\sum_{i=1}^{M}q_i^2\underset{H_0}{\overset{H_1}{\gtrless}}\mathrm{th}' \tag{3.7.60}$$

最佳接收机如图 3.31 所示.

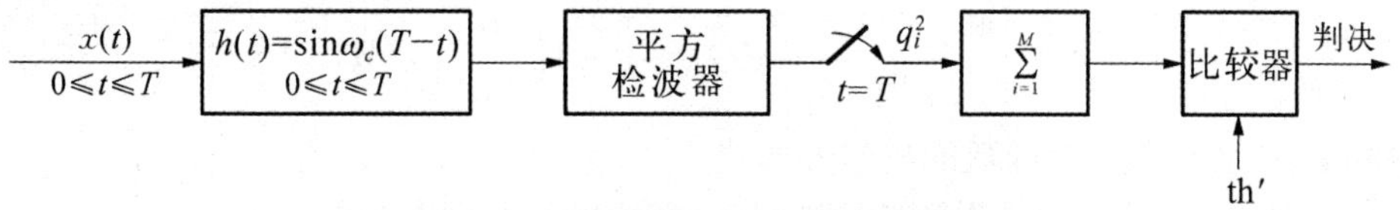

图 3.31　射频脉冲序列的最佳接收机

由于检验统计量 $\sum_{i=1}^{M} q_i^2$ 是匹配滤波器的输出经过平方检波器并在相应 $t = T$ 时刻采样后再相加得到的,因此称之为视频积累或检测后积累.

为了确定接收机的性能,采用归一化检验统计量

$$G = \sum_{i=1}^{M} \frac{q_i^2}{\sigma_T^2} \tag{3.7.61}$$

则判决规则为

$$G \underset{H_0}{\overset{H_1}{\gtrless}} \mathrm{th}'' \tag{3.7.62}$$

类似(3.7.6)式,令

$$a_i = \int_0^T x_i(t) \sin \omega_c t \mathrm{d} t, \quad b_i = \int_0^T x_i(t) \cos \omega_c t \mathrm{d} t \tag{3.7.63}$$

$$q_i^2 = a_i^2 + b_i^2 \tag{3.7.64}$$

在 H_1 为真、相位 θ_i、幅度 A_i 给定时,a_i 和 b_i 是均值分别为 $(A_i T/2)\cos\theta_i$ 和 $(A_i T/2)\sin\theta_i$、方差为 $\sigma_T^2 = N_0 T/4$ 的高斯随机变量且相互独立.在 H_0 为真时,a_i 和 b_i 分别是均值为0、方差为 $\sigma_T^2 = N_0 T/4$ 的高斯随机变量且相互独立.

由于两个统计独立的非中心 χ^2 分布的随机变量之和也是一个非中心 χ^2 分布的随机变量.具体地说,若 x 和 y 是统计独立的非中心 χ^2 分布的随机变量,它们的自由度分别为 M 和 N,非中心参量分别是 v_x 和 v_y.那么,$z = x + y$ 服从自由度为 $M + N$ 的非中心 χ^2 分布,它的非中心参量是 $v_z = v_x + v_y$.

由上述性质可知,在 H_1 为真、$A_i(i = 1,2,\cdots, M)$ 给定时,$\frac{q_i^2}{\sigma_T^2} = \frac{a_i^2 + b_i^2}{\sigma_T^2}$ 是自由度为2的非中心 χ^2 分布,非中心参量为 $v_i = \frac{[(A_i T/2)\cos\theta_i]^2 + [(A_i T/2)\sin\theta_i]^2}{\sigma_T^2} = \frac{A_i^2 T^2}{4\sigma_T^2}$.那么由(3.7.61)式可知,$G$ 是自由度为 $2M$ 的非中心 χ^2 分布,非中心参量为

$$v = \frac{1}{\sigma_T^2} \sum_{i=1}^{M} \frac{A_i^2 T^2}{4} = \frac{T}{N_0} \sum_{i=1}^{M} A_i^2 \tag{3.7.65}$$

因此,G 的条件概率密度函数为

$$f(G \mid v, H_1) = \frac{1}{2}\left(\frac{G}{v}\right)^{\frac{M-1}{2}} \exp\left(-\frac{G}{2} - \frac{v}{2}\right) \mathrm{I}_{M-1}\left((Gv)^{\frac{1}{2}}\right) \quad (G \geqslant 0) \tag{3.7.66}$$

在假设 H_0 为真时,G 是自由度为 $2M$ 的 χ^2 分布,概率密度函数为

$$f(G \mid H_0) = \frac{1}{2^M \Gamma(M)} G^{M-1} \mathrm{e}^{-G/2} \quad (G \geqslant 0) \tag{3.7.67}$$

那么,虚警概率为

$$\begin{aligned} P_{\mathrm{fa}} &= \int_{\mathrm{th}''}^{+\infty} f(G \mid H_0) \mathrm{d}G = \int_{\mathrm{th}''}^{+\infty} \frac{G^{M-1} \mathrm{e}^{-G/2}}{2^M \Gamma(M)} \mathrm{d}G \\ &= 1 - \int_0^{\mathrm{th}''} \frac{G^{M-1} \mathrm{e}^{-G/2}}{2^M \Gamma(M)} \mathrm{d}G = 1 - \mathrm{I}\left(\frac{\mathrm{th}''}{2M^{1/2}}, M-1\right) \end{aligned} \tag{3.7.68}$$

式中,$\mathrm{I}(u, p)$ 是不完全 Γ 函数的皮尔逊形式.

在 $A_i(i=1, 2, \cdots, M)$ 为常量的情况下,相应的检测概率为

$$P_{\mathrm{D}}(v)=\int_{\mathrm{th}''}^{+\infty} f(G \mid v, H_1)\mathrm{d}G$$
$$=\int_{\mathrm{th}''}^{+\infty} \frac{1}{2}\left(\frac{G}{v}\right)^{(M-1)/2} \exp\left(-\frac{G}{2}-\frac{v}{2}\right)\mathrm{I}_{M-1}\left((Gv)^{1/2}\right)\mathrm{d}G \qquad (3.7.69)$$

而考虑 $A_i(i=1, 2, \cdots, M)$ 的随机性之后的检测概率，可按以下步骤得出.

首先，应确定非中心参量 v 的概率密度函数. 由前面的相关结论可知 v 是自由度为 $2M$ 的非中心 χ^2分布，因此，v 的概率密度函数为

$$f(v)=\frac{v^{M-1}\mathrm{e}^{-v/(2\varepsilon)}}{(2\varepsilon)^M\Gamma(M)} \quad (v \geqslant 0) \qquad (3.7.70)$$

其中，$\varepsilon=A_0^2T/N_0=E_{\mathrm{av}}/N_0$.

然后，将(3.7.69)式的检测概率对非中心参量 v 进行统计平均，检测概率为

$$P_{\mathrm{D}}=\int_0^{+\infty} P_{\mathrm{D}}(v)f(v)\mathrm{d}v=\int_{\mathrm{th}''}^{+\infty} \frac{G^{M-1}\exp\{-G/[2(1+\varepsilon)]\}}{[2(1+\varepsilon)]^M\Gamma(M)}\mathrm{d}G$$
$$=1-\int_0^{\mathrm{th}''/2(1+\varepsilon)} \frac{z^{M-1}\mathrm{e}^{-z}}{\Gamma(M)}\mathrm{d}z \qquad (3.7.71)$$

其中，$z=\dfrac{G}{2(1+\varepsilon)}$.

图 3.32 中(a)是采用单脉冲检测时不同虚警概率 P_{fa}下检测概率 P_{D}与信噪比 SNR 的关系曲线，与图 3.28 中实线相同；(b)是采用 128 个脉冲检测时不同虚警概率 P_{fa}下 P_{D}与 SNR 的关系曲线. 比较(a)和(b)可知，在相同的虚警概率和检测概率下，采用多个脉冲进行信号检测，所需的信噪比比采用单个脉冲检测时低得多. 这说明，多个脉冲检测即使在随机参量信号的条件下，也可以大大提高检测性能.

3.7.6　拓展

针对雷达系统，上面讨论了平稳高斯白噪声中随机参量信号的检测，得到了以正交接收机为基础的各类最佳检测器，并基于纽曼-皮尔逊准则分析了检测器的性能. 此外，还可将正交接收机应用于多站雷达系统的随机参量信号检测，本书不作讨论.

虽然正交接收机是由检测雷达系统的随机相位信号导出的，但它可以应用于通信系统的随机参量信号的检测(如二元频移键控通信系统、多元频移键控通信系统、分集频移键控系统等)，并得到相应的最佳检测器. 当然分析检测器性能的准则应采用最小错误概率准则.

上面介绍的平稳高斯白噪声中随机参量信号的检测的前提是这些随机参量的概率密度函数已知. 若这些随机参量的概率密度函数未知，可以采用最大似然检测.

二元假设如下：

$$H_0:\quad x=A_0+n$$
$$H_1:\quad x=A_1+n$$

其中，随机参量 A_0和 A_1未知.

若用 A_0和 A_1的最大似然估计 $\hat{A}_0$和 $\hat{A}_1$替代，则似然比判决规则为

$$\lambda(x)=\frac{f(x \mid H_1, \hat{A}_1)}{f(x \mid H_0, \hat{A}_0)} \underset{H_0}{\overset{H_1}{\gtrless}} \mathrm{th} \qquad (3.7.72)$$

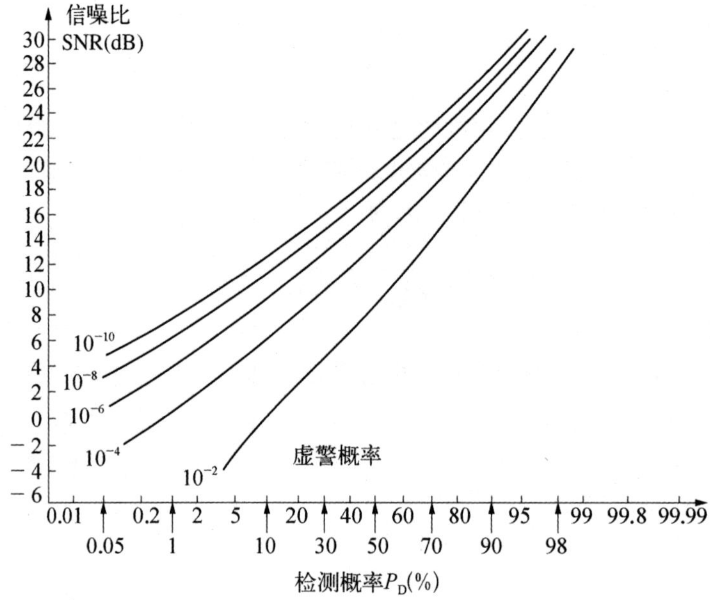

(a) 1个脉冲

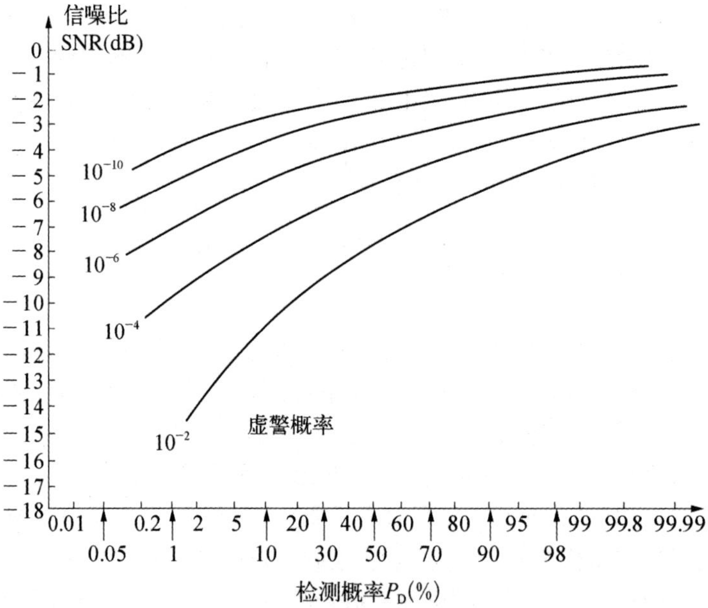

(b) 128个脉冲

图 3.32 慢瑞利衰落信号的检测性能

这种似然比称为广义似然比.未知参量的最大似然估计将在第 5 章介绍.

3.7.7 本征滤波器

在最大输出信噪比准则下,确定信号的最佳接收机是匹配滤波器.对于零均值平稳随机噪声中的平稳随机信号检测,是否也存在某种最佳接收机?现在讨论这个问题.

对在时间[0, T]内的观测信号采样,获得 N 个样本

$$x_k = s_k + n_k \quad (k = 1, 2, \cdots, N) \tag{3.7.73}$$

其矢量形式为

$$\boldsymbol{x} = \boldsymbol{s} + \boldsymbol{n} \tag{3.7.74}$$

其中,$\boldsymbol{x} = [x_1, x_2, \cdots, x_N]^{\mathrm{T}}$,$\boldsymbol{s} = [s_1, s_2, \cdots, s_N]^{\mathrm{T}}$,$\boldsymbol{n} = [n_1, n_2, \cdots, n_N]^{\mathrm{T}}$. 平稳随机信号 $\boldsymbol{s}$ 的相关矩阵和平稳噪声 $\boldsymbol{n}$ 的相关矩阵已知,分别为

$$\boldsymbol{R}_s = E\{\boldsymbol{s}\boldsymbol{s}^{\mathrm{T}}\} = \begin{bmatrix} r_s(0) & r_s(-1) & \cdots & r_s(-N+1) \\ r_s(1) & r_s(0) & \cdots & r_s(-N+2) \\ \vdots & \vdots & \vdots & \vdots \\ r_s(N-1) & r_s(N-2) & \cdots & r_s(0) \end{bmatrix} \tag{3.7.75}$$

$$\boldsymbol{R}_n = E\{\boldsymbol{n}\boldsymbol{n}^{\mathrm{T}}\} = \begin{bmatrix} r_n(0) & r_n(-1) & \cdots & r_n(-N+1) \\ r_n(1) & r_n(0) & \cdots & r_n(-N+2) \\ \vdots & \vdots & \vdots & \vdots \\ r_n(N-1) & r_n(N-2) & \cdots & r_n(0) \end{bmatrix} \tag{3.7.76}$$

观测样本矢量 $\boldsymbol{x} = [x_1, x_2, \cdots, x_N]^{\mathrm{T}}$ 通过一系数矢量为 $\boldsymbol{h} = [h_1, h_2, \cdots, h_N]^{\mathrm{T}}$ 的数字滤波器,数字滤波器输出 $y = \boldsymbol{h}^{\mathrm{T}}\boldsymbol{x}$ 的信噪比为

$$\mathrm{SNR}(\boldsymbol{h}) = \frac{\boldsymbol{h}^{\mathrm{T}}\boldsymbol{R}_s\boldsymbol{h}}{\boldsymbol{h}^{\mathrm{T}}\boldsymbol{R}_n\boldsymbol{h}} \tag{3.7.77}$$

它是两个二次型的比值. 为了选择滤波器系数 $\boldsymbol{h}$ 使输出信噪比达到最大,下面我们分两种情况讨论.

1. 平稳白噪声背景

对于平稳白噪声,$\boldsymbol{R}_n = \sigma_n^2\boldsymbol{I}$,$\sigma_n^2$ 为噪声功率. (3.7.77)式可以写为

$$\mathrm{SNR}(\boldsymbol{h}) = \frac{\boldsymbol{h}^{\mathrm{T}}\boldsymbol{R}_s\boldsymbol{h}}{\sigma_n^2\boldsymbol{h}^{\mathrm{T}}\boldsymbol{h}} \tag{3.7.78}$$

这就是 Rayleigh 商的形式.

将信号 $\boldsymbol{s}$ 的相关矩阵 $\boldsymbol{R}_s$ 进行特征分解,有

$$\boldsymbol{R}_s = \boldsymbol{Q\Lambda Q}^{\mathrm{T}} \tag{3.7.79}$$

其中,$\boldsymbol{\Lambda} = \mathrm{diag}\{\lambda_1, \lambda_2, \cdots, \lambda_N\}$是特征值矩阵,且 $\lambda_1 \geqslant \lambda_2 \geqslant \cdots \geqslant \lambda_N \geqslant 0$,$\boldsymbol{Q} = [\boldsymbol{q}_1, \boldsymbol{q}_2, \cdots, \boldsymbol{q}_N]$为正交矩阵,$\boldsymbol{q}_1, \boldsymbol{q}_2, \cdots, \boldsymbol{q}_N$ 分别是特征值 $\lambda_1, \lambda_2, \cdots, \lambda_N$ 所对应的特征矢量.

令 $\tilde{\boldsymbol{h}} = \boldsymbol{Q}^{\mathrm{T}}\boldsymbol{h}$,则(3.7.78)式可以表示为

$$\mathrm{SNR}(\boldsymbol{h}) = \frac{1}{\sigma_n^2}\frac{\lambda_1\tilde{h}_1^2 + \lambda_2\tilde{h}_2^2 + \cdots + \lambda_N\tilde{h}_N^2}{\tilde{h}_1^2 + \tilde{h}_2^2 + \cdots + \tilde{h}_N^2} \tag{3.7.80}$$

若选择 $\tilde{h}_1 = 1, \tilde{h}_2 = \tilde{h}_3 = \cdots = \tilde{h}_N = 0$,可使 SNR 最大;若选择 $\tilde{h}_N = 1, \tilde{h}_1 = \tilde{h}_2 = \cdots = \tilde{h}_{N-1} = 0$,可使 SNR 最小. 因为,对任何半正定矩阵 $\boldsymbol{R}_s$,Rayleigh 商和特征值的关系如下:

$$\lambda_N = \lambda_{\min} \leqslant \frac{\boldsymbol{h}^{\mathrm{T}}\boldsymbol{R}_s\boldsymbol{h}}{\boldsymbol{h}^{\mathrm{T}}\boldsymbol{h}} \leqslant \lambda_{\max} = \lambda_1 \tag{3.7.81}$$

这说明最佳滤波器系数 $\boldsymbol{h} = \boldsymbol{Q}\tilde{\boldsymbol{h}}$ 是 $\boldsymbol{R}_s$ 的最大特征值 λ_1 所对应的特征矢量 $\boldsymbol{q}_1$,即

$$\boldsymbol{h}_{\mathrm{opt}} = \boldsymbol{q}_1 \tag{3.7.82}$$

因此输出的最大信噪比为

$$\mathrm{SNR}_{\max} = \frac{\lambda_1}{\sigma_n^2} \tag{3.7.83}$$

所得到的最佳滤波器 $\boldsymbol{h}_{\text{opt}}$ 称为本征滤波器.

2. 平稳色噪声背景

对平稳噪声的相关矩阵作 Cholesky 分解,即

$$\boldsymbol{R}_n = \boldsymbol{L}\boldsymbol{L}^{\mathrm{T}} \tag{3.7.84}$$

对观测信号 $\boldsymbol{x} = [x_1, x_2, \cdots, x_N]^{\mathrm{T}}$ 用作如下变换:

$$\tilde{\boldsymbol{x}} = \boldsymbol{L}^{-1}\boldsymbol{x} = \boldsymbol{L}^{-1}\boldsymbol{s} + \boldsymbol{L}^{-1}\boldsymbol{n} = \tilde{\boldsymbol{s}} + \tilde{\boldsymbol{n}} \tag{3.7.85}$$

其中,$\tilde{\boldsymbol{n}}$ 变成了平稳白噪声,其相关矩阵 $\boldsymbol{R}_{\tilde{n}} = E\{\tilde{\boldsymbol{n}}\tilde{\boldsymbol{n}}^{\mathrm{T}}\} = \boldsymbol{I}$. 显然这是预白化处理. 变换后信号 $\tilde{\boldsymbol{s}}$ 的相关矩阵 $\boldsymbol{R}_{\tilde{s}} = E\{\tilde{\boldsymbol{s}}\tilde{\boldsymbol{s}}^{\mathrm{T}}\} = \boldsymbol{L}^{-1}\boldsymbol{R}_s\boldsymbol{L}^{-\mathrm{T}}$. 色噪声已经变换为白噪声,因此最佳滤波器的系数是 $\boldsymbol{R}_{\tilde{s}}$ 的最大特征值所对应的特征矢量.

小　结

本章介绍平稳白噪声中的信号检测问题,主要包括三个方面的内容:首先,介绍了一些常用的统计判决准则,并将其推广到较为复杂的情况. 贝叶斯准则的出发点是使平均代价达到最小. 当不知道代价,或者认为正确判决无代价、任何错误判决代价相同时,贝叶斯准则退化为最大后验概率准则/最小错误概率准则. 如果不知道各假设的先验概率,则可使用最大似然准则或极小极大准则. 如果对信号既无先验知识,也无法确定代价,则可采用纽曼-皮尔逊准则. 为了提高检测的性能,分别分析了多样本检测和多检测器检测. 为了减少判决所用的平均样本数,研究了序贯检测. 为解决信号包含未知参数的情况,又将前面介绍的各种统计判决准则推广到复合假设检验. 其次,讨论了平稳高斯白噪声中确知信号的最佳检测问题,证明了其最佳检测系统为相关接收机,其检测性能只与信噪比 $2E/N_0$ 和信号间的相关系数 ρ 有关,而与信号的具体波形无关. 根据输出信噪比最大准则下的最佳线性滤波,形成了匹配滤波理论,证明了相关接收可等效为匹配滤波,并且分析了雷达和通信中常见的检测系统的性能. 对于平稳高斯色噪声背景下的信号检测问题,提供了预白化和 K-L 展开两种方法,推导了平稳高斯色噪声下的相关接收机和广义匹配滤波器. 最后,介绍了平稳高斯白噪声中随机参量信号的检测问题. 随机相位信号的最佳检测系统为正交接收机,或等效为匹配滤波器串接包络检波器的非干匹配滤波器. 由于不能利用相位信息,其检测性能比确知信号略差. 正交接收机同样也适用于随机相位随机幅度信号的检测. 随机频率信号和随机到达时间信号的最佳检测,可以先对频率和到达时间离散化,然后再用二元检测法或者多元检测法分析.

习　题

3-1　观测样本 x 在两种假设下分别服从均值不同的高斯分布

$$H_0:\quad x \sim N(0,\ \sigma^2)$$
$$H_1:\quad x \sim N(1,\ \sigma^2)$$

已知 $P(H_i)=1/2\ (i=0,\ 1)$.将样本 x 通过一个平方器,它的输出与输入之间满足 $y=ax^2$.

(1) 若采用最大后验概率准则对 y 进行判决,求判决规则;

(2) 若采用最小错误概率准则对 y 进行判决,求判决规则.

3-2　二元通信系统的信号观测模型为

$$H_0:\quad x=-1+n$$
$$H_1:\quad x=1+n$$

其中,n 是均值为0、方差为 $\sigma_n^2=0.5$ 的高斯噪声.若两种假设的先验概率相等,判决风险函数为

$$C_{00}=1,\quad C_{11}=1,\quad C_{10}=5,\quad C_{01}=5$$

求贝叶斯准则的判决规则和判决的平均风险.

3-3　二元假设如下:

$$H_0:\quad x=n$$
$$H_1:\quad x=s+n$$

其中,s 与 n 是统计独立的随机变量,它们的概率密度函数分别为

$$f_s(s)=\frac{1}{2}\mathrm{e}^{-|s|}$$
$$f_n(n)=\frac{1}{\sqrt{2\pi}}\exp\left(-\frac{n^2}{2}\right)$$

(1) 求似然比检验统计量;

(2) 若采用最小错误概率准则,求检测器的门限与假设先验概率之间的关系;

(3) 若采用纽曼-皮尔逊准则,求检测门限与虚警概率的函数关系.

3-4　似然比 $\lambda(x)=\dfrac{f(x\mid H_1)}{f(x\mid H_0)}$,在 H_1 和 H_0 为真时具有不同的概率密度函数.证明:

(1) $E\{\lambda^n(x)\mid H_1\}=E\{\lambda^{n+1}(x)\mid H_0\}$;

(2) $E\{\lambda(x)\mid H_0\}=1$;

(3) $E\{\lambda(x)\mid H_1\}-E\{\lambda(x)\mid H_0\}=\mathrm{Var}\{\lambda(x)\mid H_0\}$.

3-5　已知观测样本在 H_0, H_1 和 H_2 为真时的概率密度函数分别为

$$H_0:\quad f(x\mid H_0)=\frac{1}{\sqrt{2\pi}}\exp\left(-\frac{x^2}{2}\right)$$
$$H_1:\quad f(x\mid H_1)=\frac{1}{\sqrt{2\pi}}\exp\left[-\frac{(x-1)^2}{2}\right]$$
$$H_2:\quad f(x\mid H_2)=\frac{1}{2\sqrt{2\pi}}\exp\left(-\frac{x^2}{8}\right)$$

$P(H_i)=1/3\ (i=0,\ 1,\ 2)$.若采用最小错误概率准则,求判决规则及相应的平均错误概率.

3-6　二元假设如下:

$$H_0:\quad x=n$$
$$H_1:\quad x=A+n$$

式中,A 为常数,噪声 n 的概率密度函数为

$$f_n(n)=\frac{1}{\pi C}\frac{1}{1+(n/C)^2}\quad(-\infty<n<+\infty)$$

若 $P(H_i)=1/2\ (i=0,\ 1)$. 证明:

(1) 最小错误概率准则的判决规则为:如果 $x\geqslant A/2$,判决为 H_1,反之,判决为 H_0;

(2) 平均错误概率为

$$\bar{P}_e = \frac{1}{2} - \frac{1}{\pi}\arctan\left(\frac{A}{2C}\right).$$

3-7 在二元假设检验中，观测样本 x 在两种假设下均服从瑞利分布，分别为

$$f(x \mid H_i) = \frac{x}{\sigma_i^2}\exp\left(-\frac{x^2}{2\sigma_i^2}\right) \quad (x \geqslant 0;\ i = 0, 1)$$

试给出单样本贝叶斯准则下的似然比检验.

3-8 在实际情况中，我们得到的两种假设下观测值的概率密度函数是离散的.如果在概率密度函数中使用冲激函数，同样可以推导似然比检验.假定在二元假设下得到的观测值服从泊松分布：

$$\begin{cases} P(x = n \mid H_0) = \dfrac{m_0^x}{x!}\exp(-m_0) \\ P(x = n \mid H_1) = \dfrac{m_1^x}{x!}\exp(-m_1) \end{cases} \quad (n = 0, 1, 2, \cdots)$$

若 $m_1 > m_0$，$P(H_0) = P(H_1)$. 证明：

(1) 似然比判决规则是 $x \underset{H_0}{\overset{H_1}{\gtrless}} \dfrac{m_1 - m_0}{\ln m_1 - \ln m_0}$；

(2) 虚警概率为 $\alpha = 1 - \exp(-m_0)\sum\limits_{n=0}^{n_0-1}\dfrac{(m_0)^n}{n!}$，漏警概率为 $\beta = \exp(-m_1)\sum\limits_{n=0}^{n_0-1}\dfrac{(m_1)^n}{n!}$，其中 $n_0 = \left\lceil \dfrac{m_1 - m_0}{\ln m_1 - \ln m_0} \right\rceil$ 表示对 $\dfrac{m_1 - m_0}{\ln m_1 - \ln m_0}$ 向上取整数.

3-9 二元假设如下：

$$\begin{aligned} H_0&:\ x_i = n_i \\ H_1&:\ x_i = 1 + n_i \end{aligned} \quad (i = 1, 2, \cdots, 10)$$

式中，n_i 是均值为 0、方差为 0.09 的高斯白噪声.现令虚警概率 $\alpha = 10^{-8}$，如判决规则定为

$$G = \sum_{i=1}^{10} x_i \underset{H_0}{\overset{H_1}{\gtrless}} G_T$$

求 G_T 的值以及相应的检测概率.

3-10 随机变量 $x_i (i = 1, 2, \cdots, N)$ 在 H_0 和 H_1 为真时的联合概率密度分别为

$$H_0: f(\boldsymbol{x} \mid H_0) = \prod_{i=1}^{N}\frac{1}{\sqrt{2\pi\sigma^2}}\exp\left(-\frac{x_i^2}{2\sigma^2}\right)$$

$$H_1: f(\boldsymbol{x} \mid H_1) = \sum_{k=1}^{N}\left\{p_k(2\pi\sigma^2)^{-N/2}\exp\left[-\frac{(x_k - m)^2}{2\sigma^2}\right]\prod_{i\neq k}^{N}\exp\left(-\frac{x_i^2}{2\sigma^2}\right)\right\}$$

式中，$\sum\limits_{k=1}^{N} p_k = 1$.

(1) 求似然比检验及虚警概率 α 和检测概率 P_D；

(2) 绘出 $N = 2$，$p_1 = p_2 = 0.5$ 时在 x_1x_2 平面中的判决区域.

3-11 假设 $x_i (i = 1, 2, \cdots, N)$ 是独立同分布的高斯随机变量，它们的概率密度函数为

$$f(x_i) = \frac{1}{\sqrt{2\pi}\sigma}\exp\left(-\frac{x_i^2}{2\sigma^2}\right)$$

则随机变量 $y = \sum\limits_{i=1}^{n} x_i^2$ 是自由度为 n 的 χ^2 分布.

(1) 二元假设如下：

$$\begin{aligned} H_0&:\ n = 2 \\ H_1&:\ n = N \end{aligned}$$

假设 $C_{00} = C_{11} = 0$，$C_{10} = C_{01} = 1$，求极小极大准则下的判决规则；

(2) 假定 H_1 中自由度数是一离散随机变量,其概率函数为如下两点分布:

$$P(n = N) = P(n = M) = \frac{1}{2}$$

这种情况下的判决规则如何?

3-12　观测值为 $y = \sum_{i=1}^{N} x_i$,其中 $x_i(i = 1, 2, \cdots, N)$ 是独立同分布的高斯随机变量,它们的概率密度函数为

$$f(x_i) = \frac{1}{\sqrt{2\pi}\sigma}\exp\left(-\frac{x_i^2}{2\sigma^2}\right)$$

样本数 N 是服从泊松分布的随机变量

$$P(N = k) = \frac{\lambda^k}{k!}e^{-\lambda}\quad (k = 0, 1, \cdots)$$

二元假设如下:

$$H_0:\quad N \geqslant 3$$
$$H_1:\quad N \leqslant 2$$

求似然比检验的检验统计量.

3-13　二元假设如下:

$$\left.\begin{aligned} H_0: f(x_i \mid H_0) &= \frac{1}{\sqrt{2\pi}}\exp\left(-\frac{x_i^2}{2}\right) \\ H_1: f(x_i \mid H_1) &= \frac{1}{\sqrt{2\pi}}\exp\left[-\frac{(x_i - 1)^2}{2}\right] \end{aligned}\right\}\quad (i = 1, 2, \cdots)$$

已知 $\alpha = \beta = 0.1, P(H_i) = 1/2\ (i = 0, 1)$.

(1) 求序贯检测的判决规则;

(2) 求序贯检测所需的平均样本数;

(3) 若采用固定样本数的检测器,求满足性能要求所需的样本数.

3-14　在二元参量的统计检测中,二元假设下的信号分别为

$$H_0:\quad x \sim N(0, \sigma_n^2)$$
$$H_1:\quad x \sim N(m, \sigma_n^2)$$

其中,m 是信号的参量.

(1) 试给出 m 为确定量时的似然比判决($m>0$ 和 $m<0$ 时的判决规则不同);

(2) m 为随机参量,其概率密度函数为

$$f(m) = \frac{1}{\sqrt{2\pi\sigma_m^2}}\exp\left(-\frac{m^2}{2\sigma_m^2}\right)$$

求此时的似然比判决规则;

(3) m 为 $[m_0, m_1]$ 上的均匀分布的随机参量,求此时的似然比判决规则.

3-15　3.4 节中介绍了修正的纽曼-皮尔逊准则下的二元序贯假设检验,实际上其他准则也可推广到序贯假设检验.如贝叶斯准则下的二元序贯假设检验可以写为如下判决规则:

$$\begin{cases} \lambda(\boldsymbol{x}_i) \leqslant \text{th}_0 & (\text{判决为 } H_0) \\ \lambda(\boldsymbol{x}_i) \geqslant \text{th}_1 & (\text{判决为 } H_1) \\ \text{th}_0 \leqslant \lambda(\boldsymbol{x}_i) \leqslant \text{th}_1 & (\text{增加一个新样本,采用同样的规则再次进行判决}) \end{cases}$$

假设每次独立判决所付代价为 C(不论判决正确与否或者是否做出判决,都要付出一定代价),C_{10} 和 C_{01} 分别表示第一、二类错误判决所付出的额外代价.(即正确判决和不做出判决的代价为 C,而错误判决的代价为 $C_{10} + C$ 或 $C_{01} + C$.)

(1) 试求贝叶斯准则下,二元序贯检测的判决门限;

(2) 试给出该情况下,终止判决时所用样本数 N 的数学期望.

$\left(提示:平均代价为 \bar{C} = C_{10}P(H_0) + C_{01}P(H_1) + C\cdot E\{N\}, \frac{\partial \bar{C}}{\partial \mathrm{th}_0} = 0, \frac{\partial \bar{C}}{\partial \mathrm{th}_1} = 0.\right)$

3-16 确知正弦信号加窄带高斯噪声经包络检波后的信号有无检测问题可用如下二元假设描述:

$$\begin{aligned} H_0:\quad f(x\mid H_0) &= \frac{x}{\sigma_n^2}\exp\left(-\frac{x^2}{2\sigma_n^2}\right) \\ H_1:\quad f(x\mid H_1) &= \frac{x}{\sigma_n^2}\exp\left(-\frac{x^2+A^2}{2\sigma_n^2}\right)\mathrm{I}_0\left(\frac{Ax}{\sigma_n^2}\right) \end{aligned} \qquad (x\geqslant 0)$$

式中,σ_n^2 是窄带噪声的均方差,A 是正弦信号幅度,$\mathrm{I}_0(\cdot)$是零阶修正贝塞尔函数.

(1) 求似然比检验的检验统计量;

(2) 若要求虚警概率 $P_{\mathrm{fa}} = \alpha_0$,求纽曼-皮尔逊准则的检测门限;

(3) 若采用 N 个统计独立观测样本,仍采用纽曼-皮尔逊准则,求判决规则.

3-17 二元通信系统如下:

$$\begin{aligned} H_0:\quad x(t) &= s_0(t) + n(t) \\ H_1:\quad x(t) &= s_1(t) + n(t) \end{aligned} \qquad (0\leqslant t\leqslant 3T)$$

其中,信号 $s_1(t)$和 $s_0(t)$如图 3.33 所示,$n(t)$是功率谱密度为 $N_0/2$ 的加性平稳高斯白噪声.假设两种假设的先验概率相等,求最小错误概率准则下的判决规则.若 $E/N_0=4$,求平均错误概率.

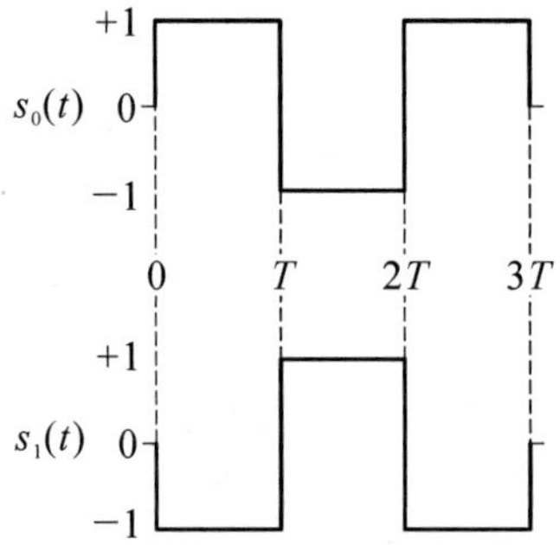

图 3.33

3-18 在 3-17 题中,每个信号是一个"字",每个字包含 3 个比特.假设我们每次检测一个比特,若检测时最多只有一个比特出错,该字仍能被正确检测.那么,

(1) 每比特的错误概率是多少?

(2) 若我们能纠正一个字中单个比特的错误,那么解码后字的错误检测概率是多少?

(3) 将上面的结果与 3-17 题中的结果进行比较.

3-19 二元假设如下:

$$\begin{aligned} H_0:\quad x(t) &= n(t) \\ H_1:\quad x(t) &= s(t) + n(t) \end{aligned} \qquad (0\leqslant t\leqslant T)$$

式中,$n(t)$是均值为 0、均方差为 σ_n^2 的窄带高斯噪声,$s(t)$是均值为 0、方差为 σ_s^2 的窄带高斯过程.将 $x(t)$通过一包络检波器,对包络检波器输出作出判决.

(1) 若采用包络检波器输出的单样本,求采用纽曼-皮尔逊准则下的判决规则;

(2) 若采用包络检波器输出的 N 个统计独立样本,求纽曼-皮尔逊准则下的判决规则.

3-20 二元频移键控系统如下:

$$\begin{aligned} H_0:\quad x(t) &= s_0(t) + n(t) \\ H_1:\quad x(t) &= s_1(t) + n(t) \end{aligned} \qquad (0\leqslant t\leqslant T)$$

式中,信号分别为 $s_0(t) = A\cos[(\omega_0 - \Delta\omega/2)t]$和 $s_1(t) = A\cos[(\omega_0 + \Delta\omega/2)t]$,$\omega_0 \gg \Delta\omega$,

$\omega_0 T = k\pi$(k 为整数),$n(t)$ 是均值为 0、功率谱密度为 $N_0/2$ 的平稳高斯白噪声.

(1) 证明信号 $s_0(t)$ 和 $s_1(t)$ 之间的相关系数为 $\rho = \dfrac{\sin(\Delta\omega T)}{\Delta\omega T}$;

(2) 求使 $s_0(t)$ 与 $s_1(t)$ 正交的 $\Delta\omega$ 的最小值;

(3) 求使平均错误概率为最小的 $\Delta\omega$ 值;

(4) 比较(2)和(3)两种情况下接收机的平均错误概率.

3-21　考虑图 3.34 所示的线性反馈系统.其中,$x(t)$ 是已知的确定信号,$n(t)$ 是均值为 0、功率谱密度为 $N_0/2$ 的平稳高斯白噪声,$y(t)$ 的观测区间为 $[0,\ T]$.在 H_1 为真时 $A_i = A_1$,在 H_0 为真时 $A_i = A_0$,且 $A_0 \neq A_1$.

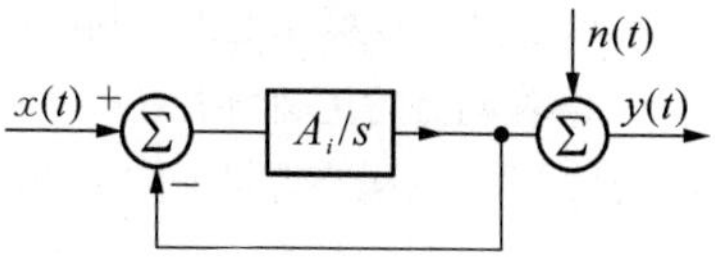

图 3.34

(1) 求 $y(t)$ 似然比检验的检验统计量;

(2) 若 $P(H_i) = 1/2\ (i = 0,\ 1)$;$x(t) = \delta(t)$,$T = +\infty$,求平均错误概率.

3-22　设线性调频矩形脉冲信号为

$$s(t) = A\mathrm{rect}\left(\frac{t}{\tau}\right)\cos\left(\omega_0 t + \frac{\mu t^2}{2}\right)$$

其中,rect(·)为矩形函数,rect$(x) = 1(|x| < 1/2)$;μ 为调频系数.线性调频信号的包络是宽度为 τ 的矩形脉冲;信号的瞬时频率是随时间线性变化的.线性调频信号的瞬时频率 $\omega = \dfrac{\mathrm{d}\varphi}{\mathrm{d}t} = \omega_0 + \mu t$.$n(t)$ 是均值为 0、功率谱密度为 $N_0/2$ 的平稳高斯白噪声.在脉冲宽度 τ 内,信号的角频率由 $\omega_0 - \mu\tau/2$ 变化到 $\omega_0 + \mu\tau/2$;调频带宽 $B = \mu\tau/2\pi$;线性调频信号的重要参数是时宽带宽积 D,表示为 $D = B\tau = \mu\tau^2/2\pi$.

(1) 求线性调频信号的频谱函数 $S(\omega)$;

(2) 求匹配滤波器的系统传输函数 $H(\mathrm{j}\omega)$;

(3) 求匹配滤波器的输出信号 $s_o(t)$ 和输出信噪比 SNR.

3-23　三元通信系统如下:

$$H_0:\ x(t) = n(t)$$
$$H_1:\ x(t) = \sin\omega_0 t + n(t)\quad (0 \leqslant t \leqslant T)$$
$$H_2:\ x(t) = 2\sin\omega_0 t + n(t)$$

式中,$n(t)$ 是均值为 0、功率谱密度为 $N_0/2$ 的平稳高斯白噪声,ω_0 是常数;已知 $P(H_i) = 1/3(i = 0,\ 1,\ 2)$.

(1) 求最小错误概率准则下的判决规则;

(2) 求三种假设下的条件正确判决概率.

3-24　M 元假设如下:

$$H_i:\ x_i(t) = s_i(t) + n(t)\quad (0 \leqslant t \leqslant T;\ i = 0,\ 1,\ \cdots,\ M-1)$$

其中,$s_i(t) = A_i\phi(t)$,$A_i = (i-1)\Delta$,Δ 是常数;$\phi(t)$ 是确定函数,满足 $\int_0^T \phi^2(t)\mathrm{d}t = 1$;$n(t)$ 是均值为 0、功率谱密度为 $N_0/2$ 的平稳高斯白噪声;已知 $P(H_i) = 1/M\ (i = 0,\ 1,\ \cdots,\ M-1)$.求:

(1) 最小错误概率准则的判决规则,画出接收机框图;

(2) 平均错误概率.

3-25　四元通信系统,接收信号为

$$H_i:\ x_i(t) = s_i(t) + n(t)\quad (0 \leqslant t \leqslant T;\ i = 0,\ 1,\ 2,\ 3)$$

其中,$n(t)$ 是均值为 0、功率谱密度为 $N_0/2$ 的平稳高斯白噪声.

$$s_0(t) = A\sin\omega_0 t$$
$$s_1(t) = A\sin(\omega_0 t + \pi/2)$$
$$s_2(t) = A\sin(\omega_0 t + \pi)$$
$$s_3(t) = A\sin(\omega_0 t + 3\pi/2)$$

已知，$P(H_i) = 1/4\ (i = 0, 1, 2, 3)$. 求

(1) 最小错误概率准则的判决规则，给出检测器框图；

(2) 检测器的正确判决概率，并与前面讲的 CPSK 系统的性能进行比较.

3-26 已知平稳白噪声背景下的确知信号

$$s(t) = \begin{cases} A & (0 \leqslant t \leqslant T) \\ 0 & (\text{其他}) \end{cases}$$

(1) 求匹配滤波器的输出峰值信噪比；

(2) 若不用匹配滤波器，而用一个简化的线性滤波器

$$h(t) = \begin{cases} e^{-\alpha t} & (0 \leqslant t \leqslant T) \\ 0 & (\text{其他}) \end{cases}$$

求输出峰值信噪比，以及使输出峰值信噪比最大所对应的 α 值，并与(1)中的匹配滤波器的性能作比较；

(3) 若采用如下滤波器：

$$h(t) = \begin{cases} e^{-\alpha t} & (t \geqslant 0) \\ 0 & (t < 0) \end{cases}$$

求输出峰值信噪比，并证明此时的信噪比总是小于等于(2)中的信噪比；

(4) 若采用高斯滤波器

$$h(t) = \frac{1}{\beta}\exp\left\{-\frac{(t - t_0)^2}{2\beta}\right\} \quad (-\infty < t < +\infty,\ t_0 > 0)$$

(注意到当 $t_0 \gg \beta$ 时，上面的系统可以近似看作物理可实现的.)给出输出信噪比的表达式，并说明何时信噪比达到最大.

3-27 接收信号 $x(t) = s(t) + n(t)$，其中，$n(t)$是均值为 0、功率谱密度为 $N_0/2$ 的平稳高斯白噪声，信号为

$$s(t) = \begin{cases} 2e^{-t/2} & (t \geqslant 0) \\ 0 & (t < 0) \end{cases}$$

(1) 求匹配滤波器的传输函数及脉冲响应；匹配滤波器是物理可实现的吗？有无可能将它变为物理可实现的？若可能，求出滤波器的传输函数及输出信噪比最大时刻 t_0；若不可能，说明理由；

(2) 若允许输出的最大信噪比降低 3 dB，有无可能将匹配滤波器变为物理可实现的？若可能，求出滤波器的传输函数及输出信噪比最大时刻 t_0；若不可能，说明理由.

3-28 多个射频脉冲的检测问题如下：

$$\begin{aligned} H_0:&\quad x_i(t) = n_i(t) \\ H_1:&\quad x_i(t) = A\sin\omega_c t + n_i(t) \end{aligned} \qquad (0 \leqslant t \leqslant T; i = 1, 2, \cdots, M)$$

其中，$\dfrac{1}{f_c} \ll T$，$n(t)$ 是均值为 0、功率谱密度为 $N_0/2$ 的平稳高斯白噪声.

(1) 采用纽曼-皮尔逊准则，求判决规则；

(2) 当 P_{fa} 给定时，求检测器的检测概率；

(3) 与单脉冲情况作比较.

3-29 考虑信号 $s(t) = 1 - \cos\omega_0 t\ (0 \leqslant t \leqslant T)$ 及功率谱密度 $S_n(\omega) = \dfrac{\omega_1^2}{\omega^2 + \omega_1^2}$ 的噪声.

(1) 设 $T=\dfrac{2\pi}{\omega_0}$,用预白化方法求广义匹配滤波器;

(2) 求最大输出信噪比.

3-30　考虑如下二元信号检测问题:

$$\begin{aligned} H_0:&\quad x(t)=n(t) \\ H_1:&\quad x(t)=s(t)+n(t) \end{aligned}\qquad (0\leqslant t\leqslant T)$$

其中,$n(t)$ 是均值为 0、功率谱密度为 $N_0/2$ 的平稳高斯白噪声;$s(t)$ 也是零均值平稳高斯过程,自相关函数为 $R_s(\tau)$.将接收信号 $x(t)$ 展开成如下形式:

$$x(t)=\sum_{k=0}^{K}x_k\psi_k(t)=\sum_{k=0}^{K}(s_k+n_k)\psi_k(t)$$

其中,$x_k=\int_0^T x(t)\psi_k(t)\mathrm{d}t$,$\psi_k(t)$ 为 $R_s(\tau)$ 的本征函数.

(1) 证明 x_k 是相互统计独立的,并给出前 K 个系数的似然函数;

(2) 证明可以采用如下检验统计量:

$$G=\sum_{k=1}^{K}\frac{\lambda_k x_k^2}{2\lambda_k+N_0}$$

其中,λ_k 为 $R_s(\tau)$ 相应的本征值;

(提示:$\mathrm{Var}\{s_k\}=\lambda_k$,$\mathrm{Var}\{s_k+n_k\}=\lambda_k+N_0/2$.)

(3) 求在各个假设下 G 的均值和方差.

3-31　二元假设如下:

$$\begin{aligned} H_0:&\quad x(t)=n(t) \\ H_1:&\quad x(t)=s(t)+n(t) \end{aligned}\qquad (0\leqslant t\leqslant T)$$

式中,$s(t)$ 是确知信号;$n(t)$ 是均值为 0、自相关函数为 $R_n(\tau)=\sigma_0^2\mathrm{e}^{-\alpha|\tau|}$ 的平稳高斯过程,若采用纽曼-皮尔逊准则及 K-L 展开方法进行最佳检测,求最佳检测器检测性能计算公式.

3-32　在平稳高斯白噪声中检测随机相位信号是经常遇到的一类问题.在雷达系统中,信号模型可以表示为

$$\begin{aligned} H_0:&\quad x(t)=n(t) \\ H_1:&\quad x(t)=A\sin(\omega_0 t+\theta)+n(t) \end{aligned}\qquad (0\leqslant t\leqslant T)$$

其中,A 为接收信号的幅度;频率 ω_0 已知,且满足 $\omega_0T=2n\pi$,n 为整数;θ 是 $[0,2\pi)$ 上均匀分布的随机相位;噪声 $n(t)$ 是零均值、功率谱密度为 $N_0/2$ 的平稳高斯白噪声.

(1) 如果我们在对接收信号 $x(t)$ 作相关运算时,把信号的相位 θ 作为零来处理,那么实际接收信号中的相位不为零,求作为相位 θ 函数的检测概率 $P_{\mathrm{D}}(\theta)$.并把结果同相位确实为零的结果进行比较;

(2) 证明:无论信噪比多大,检测概率都有可能小于虚警概率,这取决于 θ 的实际取值.如果信号的相位 θ 不是随机的,而是非零未知的,甚至是非零已知的,把它作为零来处理,是否同样存在检测概率可能小于虚警概率的问题?

3-33　M 元假设如下:

$$H_i:\ x(t)=Af_i(t)\cos(\omega_c t+\theta)+n(t)\quad (0\leqslant t\leqslant T;\ i=0,1,\cdots,M-1)$$

式中,A,ω_c 是确定量,$f_i(t)$ 是慢变信号,θ 是随机变量,概率密度函数为 $f(\theta)=\dfrac{\mathrm{e}^{\gamma\cos\theta}}{2\pi\mathrm{I}_0(\gamma)}$;$n(t)$ 是均值为 0、功率谱密度为 $N_0/2$ 的平稳高斯白噪声;$P(H_i)=1/M(i=0,1,\cdots,M-1)$.若采用最小错误概率准则,请给出最佳检测器的构成.$\left(\text{提示:}\int_0^{2\pi}\exp[(\gamma+q_c)\cos\theta-q_s\sin\theta]\dfrac{\mathrm{d}\theta}{2\pi}=\mathrm{I}_0\{[(\gamma+q_c)^2+q_s^2]^{1/2}\}\right)$

3-34　M 元非相干频移键控问题的 M 元假设如下：

$$\begin{aligned} H_0:&\quad x(t) = A_0\sin(\omega_0 t + \theta_0) + n(t) \\ H_1:&\quad x(t) = A_1\sin(\omega_1 t + \theta_1) + n(t) \\ &\qquad \vdots \\ H_{M-1}:&\quad x(t) = A_{M-1}\sin(\omega_{M-1} t + \theta_{M-1}) + n(t) \end{aligned}$$

若每种假设的先验概率和代价函数相等，相位服从$[0, 2\pi)$上的均匀分布，$n(t)$是均值为 0、功率谱密度为 $N_0/2$ 的平稳高斯白噪声.

(1) 若幅度相等，即 $A_i = A_0(i = 1, 2, \cdots, M-1)$，按最小错误概率准则设计接收机；

(2) 若接收机中滤波器的输出是统计独立的，求平均错误概率.

3-35　二元假设如下：

$$\begin{aligned} H_0:&\quad x(t) = s(t) + n(t) \\ H_1:&\quad x(t) = As(t) + n(t) \end{aligned} \qquad (0 \leqslant t \leqslant T)$$

式中，$s(t)$ 是确知信号，$A \sim N(0, \sigma_n^2)$，$n(t)$ 是均值为 0、功率谱密度为 $N_0/2$ 的平稳高斯白噪声；已知 $P(H_i) = 1/2(i = 0, 1)$. 若采用最小错误概率准则，求判决规则及平均错误概率.

3-36　二元假设如下：

$$\begin{aligned} H_0:&\quad x(t) = \sqrt{2}Af_0(t)\cos(\omega_c t + \phi) + \sqrt{2}B_0 f_0(t)\cos(\omega_c t + \varphi) + n(t) \\ H_1:&\quad x(t) = \sqrt{2}Af_1(t)\cos(\omega_c t + \phi) + \sqrt{2}B_1 f_1(t)\cos(\omega_c t + \varphi) + n(t) \end{aligned} \qquad (0 \leqslant t \leqslant T)$$

式中，$f_1(t)$，$f_0(t)$ 是确知信号；A，ϕ 为常量；B_0，B_1 是彼此独立的瑞利分布随机变量，其概率密度函数是已知的；φ 是均匀分布随机量；$n(t)$ 是均值为 0、功率谱密度为 $N_0/2$ 的平稳高斯白噪声. 试提出一种可能的最佳检测器.

3-37　平稳高斯白噪声中随机相位随机幅度信号的简单二元假设如下：

$$\begin{aligned} H_0:&\quad x(t) = n(t) \\ H_1:&\quad x(t) = A\sin(\omega_0 t + \theta) + n(t) \end{aligned} \qquad (0 \leqslant t \leqslant T)$$

θ 是$[0, 2\pi)$上均匀分布的随机相位，随机幅度 A 服从如下分布：

$$f(A) = \sum_{i=1}^{M} p_i \delta(A - A_i)$$

其中，$\sum_{i=1}^{M} p_i = 1$，推导信号检测的判决表达式.

3-38　M 元假设如下：

$$H_i: x(t) = A_0\cos(\omega_i t + \theta_i) + n(t) \quad (0 \leqslant t \leqslant T; i = 0, 1, \cdots, M-1)$$

已知 $P(H_i) = 1/M(i = 0, 1, \cdots, M-1)$；$\theta_i(i = 0, 1, \cdots, M-1)$ 是在$[0, 2\pi)$上均匀分布且统计独立的随机变量；A_0，$\omega_i(i = 0, 1, \cdots, M-1)$ 是确定量. 若采用最小错误概率准则，求判决规则.

3-39　考虑在带宽为 W、功率谱密度为 $N_0/2$ 的窄带平稳高斯白噪声中的窄带信号检测问题. 窄带信号复包络 $\tilde{s}(t) = A\tilde{s}_0(t)e^{j\theta}$，其中 A 是瑞利分布随机变量

$$f(A) = \frac{A}{\sigma^2}\exp\left(-\frac{A^2}{2\sigma^2}\right) \quad (A \geqslant 0)$$

θ 是均匀分布随机变量，$f(\theta) = 1/2\pi\ (\theta \in [0, 2\pi))$.

二元假设如下：

$$\begin{aligned} H_0:&\quad \tilde{x}(t) = \tilde{n}(t) \\ H_1:&\quad \tilde{x}(t) = A\tilde{s}_0(t)e^{j\theta} + \tilde{n}(t) \end{aligned} \qquad (0 \leqslant t \leqslant T)$$

若采用纽曼-皮尔逊准则，求判决规则.

3-40　在雷达系统中，发射波形往往是一段已知频率的正弦信号. 但是回波信号的频率已有偏移，偏移量

就是所谓的多普勒频率,它近似等于 $\omega_d = 2v\omega_0/c$,v 是目标的径向速度,c 是光速.对于未知速度的目标而言,ω_d 可以用已知概率密度函数的随机变量表示,设其概率密度函数为 $f_d(\omega_d)$.上述雷达检测可以写为如下二元假设检验:

$$\begin{aligned} H_0:&\quad x(t) = n(t) \\ H_1:&\quad x(t) = A\cos[(\omega_c + \omega_d)t + \theta] + n(t) \end{aligned} \qquad (0 \leqslant t \leqslant T)$$

其中,A,θ 为确知量,$n(t)$ 是均值为 0、功率谱密度函数为 $S_n(\omega) = \omega^2/(\omega^2+1)$ 的平稳高斯噪声.试对上述情况作似然比检测.

3－41　一个二元通信系统以等概率发送信息“0”,“1”;“0”不发送信号,“1”发送复包络为 $F(t)$ 的窄带脉冲信号.信号持续时间为 T.采用 M 个接收机接收信号

$$\begin{aligned} H_0:&\quad x_k(t) = n_k(t) \\ H_1:&\quad x_k(t) = n_k(t) + B\cdot \mathrm{Re}\{F(t)\exp(\mathrm{j}\omega t + \mathrm{j}\psi)\} + C_k\cdot \mathrm{Re}\{F(t)\exp(\mathrm{j}\omega t + \mathrm{j}\phi_k)\} \\ &\quad (k = 1, 2, \cdots, M;\ 0\leqslant t \leqslant T) \end{aligned}$$

幅度 C_k 是参数为 σ^2 的瑞利分布随机变量,相位 $\phi_k(k = 1, 2, \cdots, M)$ 以及 ψ 是 $[0, 2\pi)$ 上均匀分布的随机变量.C_k,$\phi_k(k = 1, 2, \cdots, M)$ 和 ψ 相互独立.试给出最小错误概率准则下的判决规则,计算出最小错误概率,并画出接收系统框图.

3－42　考虑一个多脉冲的检测问题:

$$\begin{aligned} H_0:&\quad x_i(t) = n_i(t) \\ H_1:&\quad x_i(t) = A_i\cos(\omega_c t + \theta_i) + n_i(t) \end{aligned} \qquad (i = 1, 2, \cdots, M;\ 0 \leqslant t \leqslant T)$$

式中,$n_i(t)$ 是均值为 0、独立同分布的功率谱密度为 $N_0/2$ 的平稳高斯白噪声;θ_i 是在 $[0, 2\pi)$ 均匀分布的相互独立的随机变量,ω_c 是确定量.

(1) 假定 A_i 是离散随机变量,已知,$P(A_i = 0) = 1 - p$, $P(A_i = A_0) = p$;若采用纽曼-皮尔逊准则,求判决规则.并给出 $A_0 \to 0$ 时的似然比形式.

(2) 假定 A_i 具有概率密度函数

$$f(A_i) = (1-p)\delta(A_i) + p\frac{A_i}{A_0^2}\exp\left(-\frac{A_i^2}{2A_0^2}\right)$$

若采用纽曼-皮尔逊准则,求判决规则以及检测概率 P_D,并给出 $A_0 \to 0$ 时的似然比形式.

计算机作业

3－1　采用极小极大准则判决以下二元假设:

$$\begin{aligned} H_0:&\quad x_i = n_i \\ H_1:&\quad x_i = 1 + n_i \end{aligned} \qquad (i = 1, 2, \cdots, 20)$$

其中,n_i 是均值为 0、方差为 4 的平稳高斯白噪声.假设 $C_{00} = C_{11} = 0$,$C_{10} = C_{01} = 1$,这时判决门限是多少,试给出此时平均判决代价随实际先验概率 $P(H_1)$ 变化的曲线.

3－2　由 M 个接收机接收同一入射电磁波,每个接收机接收信号为

$$\begin{aligned} H_0:&\quad x_i(t) = B_i\sin(\omega_0 t + \varphi_i) + n_i(t) \\ H_1:&\quad x_i(t) = A_i\sin(\omega_1 t + \theta_i) + n_i(t) \end{aligned} \qquad (0 \leqslant t \leqslant T)$$

$n_i(t)$ 是均值为 0、功率谱密度为 $N_0/2$ 的平稳高斯白噪声.$n_i(t)(i = 1, 2, \cdots, M)$ 彼此统计独立.$A_i(i = 1, 2, \cdots, M)$ 彼此统计独立,$B_i(i = 1, 2, \cdots, M)$ 彼此统计独立,A_i,B_i 彼此统计独立.A_i,B_i 都是服从瑞利分布的随机变量,

$$\begin{cases} f_A(A_i) = \dfrac{A_i}{A_0^2}\exp\left(-\dfrac{A_i^2}{2A_0^2}\right) & (A_i \geqslant 0) \\ f_B(B_i) = \dfrac{B_i}{A_0^2}\exp\left(-\dfrac{B_i^2}{2A_0^2}\right) & (B_i \geqslant 0) \end{cases}$$

已知 $P(H_i) = 1/2(i = 0, 1)$, $1/f_1 \ll T$, $1/f_2 \ll T$, $|\omega_1 - \omega_0|$ 很大. 定义信噪比 $\text{SNR} = \dfrac{E\{A_i^2\}}{2 \cdot N_0/2} = \dfrac{2A_0^2}{N_0}$. 将以上 M 个接收机构成一个分集系统,采用最小错误概率准则,计算 $M = 1,2,4,6,8,16$,SNR 的范围 0～60 dB,每个通道的射频脉冲为 1,5,10 时的平均错误概率.

3-3 二元假设如下:

$$\begin{aligned} H_0:&\quad x_i = n_i \\ H_1:&\quad x_i = s + n_i \end{aligned} \qquad (i = 1, 2, \cdots)$$

其中,s 与 n 是统计独立的随机变量,它们的概率密度函数分别为

$$f_s(s) = \frac{1}{2}e^{-|s|}$$

$$f_n(n) = \frac{1}{\sqrt{2\pi}}e^{-n^2/2}$$

画出最小错误概率准则下,平均错误概率随所用样本数变化的曲线.

3-4 假设功率谱密度为 1 的零均值平稳高斯白噪声 $w(k)$ 通过一个传输函数如下的离散系统:

$$S_n(z) = \frac{2a}{a^2 + z^2}$$

得到色噪声序列 $n(k)$. 当 $a = 0.9$, $a = 0.5$, $a = -0.9$ 时,在计算机上求取 $n(k)$,请观测所得结果的异同处.

3-5 确知信号为

$$s(n) = \begin{cases} 0 & (0 \leqslant n \leqslant 7) \\ (0.7)^n & (8 \leqslant n \leqslant 23) \\ 0 & (24 \leqslant n \leqslant 31) \end{cases}$$

将上述信号连同白噪声输入到两个滤波器中,滤波器的冲激响应是

$$h_1(n) = \begin{cases} (0.5)^{15-n} & (0 \leqslant n \leqslant 15) \\ 0 & (\text{其他}) \end{cases}$$

$$h_2(n) = \begin{cases} (0.9)^{15-n} & (0 \leqslant n \leqslant 15) \\ 0 & (\text{其他}) \end{cases}$$

求以上滤波器的输出,并与匹配滤波器的输出作一比较.(注意:规定所有滤波器的冲激响应都预先作归一化处理.)

参考文献

[1] 沈凤麟,钱玉美. 信号统计分析基础[M]. 合肥:中国科学技术大学出版社,1989.
[2] 刘有恒. 信号检测与估计[M]. 北京:人民邮电出版社,1989.
[3] 张贤达. 现代信号处理[M]. 北京:清华大学出版社,1995.
[4] 沈凤麟,叶中付,钱玉美. 信号统计分析与处理[M]. 合肥:中国科学技术大学出版社,2001.

［5］ 张明友，吕明. 信号检测与估计[M]. 2版. 北京：电子工业出版社，2005.
［6］ 李道本. 信号的统计检测与估计理论[M]. 2版. 北京：科学出版社，2004.
［7］ 朱允民. 多传感器分布式统计判决[M]. 北京：科学出版社，2000.
［8］ Manolakis D G，Ingle V K，Kogon S M. 统计与自适应信号处理[M]. 周正，译. 北京：电子工业出版社，2003.
［9］ McDonough R N，Whalen A D. Detection of Signals in Noise[M]. 2nd ed. San Diego：Academic Press，1995.
［10］ Lee C C，Thomas J B. A Modified Sequential Detection Procedure[J]. IEEE Transactions on Information Theory，1984，30(1)：16-23.

第 4 章　非参量检测与稳健检测

4.1 引　　言

上一章讨论的信号检测理论的前提是：噪声的概率密度函数已知，信号形式已知且至多只有有限个概率密度函数已知的随机参量.

实际应用中，由于信号产生机理的复杂性（例如生理电信号、地震信号）和信号环境（例如外部干扰噪声、温度、湿度）的变化性，很难获得噪声的准确概率密度函数. 有时只能得到噪声的近似概率密度函数；有时只知道概率密度函数的一些定性知识，如对称性、中位数等；有时甚至完全不知道概率密度函数. 基于特定噪声和信号条件的最佳检测器不再具有原有的"最佳"检测特性，检测器性能将显著下降.

当噪声的概率密度函数未知或只有一些定性知识时，确定噪声概率密度函数需要无限多个参数，因此称这类概率密度函数为非参量类. 在非参量噪声中的信号检测称为**非参量检测**（Nonparametric Detection, ND）. 而上一章介绍的属于参量检测（又称经典检测）. 非参量检测器的虚警概率不随噪声分布函数的变化而变化，呈现恒虚警的检测特性，适应性强. 但它的检测概率随噪声分布函数变化而有明显的变化.

当只能得到接收机模型中噪声的近似概率密度函数（例如已知接收机的内部噪声服从高斯分布，但不能准确知道外部干扰噪声的概率分布）时，我们把在这种噪声中的信号检测称为**稳健检测**（Robust Detection, RD）. 当噪声的概率密度函数在一定的范围内变化，稳健检测器的性能起伏不大，可以被接受；超出了这个变化范围，稳健检测器的性能下降很快，难以被接受. 对于稳健检测，一方面不能像参量检测那样，用一个确知的概率密度函数来描述，另一方面又有比非参量检测更多的统计知识可以利用. 因此，同参量检测器相比，稳健检测器的检测性能对噪声分布函数的变化有一定的适应性；同非参量检测器相比，稳健检测器的检测性能更好.

下面以二元信号检测为例分别讨论非参量检测和稳健检测.

4.2 非参量检测

考虑下面的二元假设检验问题：

$$\begin{aligned} H_0 &: x_i = n_i \\ H_1 &: x_i = As_i + n_i \end{aligned} \quad (i = 1,2,\cdots,N) \tag{4.2.1}$$

其中，x_i、n_i 和 s_i ($i=1,2,\cdots,N$) 分别是观测信号、噪声和发射信号的样本序列，A ($A>0$) 是信号的幅度参量，各个样本统计独立.

若只知道噪声概率密度函数 $f_n(n)$ 是关于纵轴对称的，(4.2.1)式的非参量假设检验问题可表示为

$$\begin{aligned} H_0 &: f(x_i) = f(-x_i) \\ H_1 &: f(As_i + x_i) = f(As_i - x_i) \end{aligned} \quad (i = 1,2,\cdots,N) \tag{4.2.2}$$

其中，$f(x)$ 是观测样本 x 的概率密度函数.

若只知道噪声分布函数 $F_n(n)$ 的中位数为零，(4.2.1)式的非参量假设检验问题可表示为

$$\begin{aligned} H_0 &: F(0) = \frac{1}{2} \\ H_1 &: F(As_i) \neq \frac{1}{2} \end{aligned} \quad (i = 1,2,\cdots,N) \tag{4.2.3}$$

其中，$F(x)$ 是观测样本 x 的概率分布函数.

以上两种假设检验问题是典型的非参量假设检验问题，我们无法写出似然函数，不能采用似然比检验的方法进行判决，这是非参量检测与参量检测的不同之处.同时在非参量检测中，一般来说，每个检测问题都有若干个可能解，也就是说可以构成若干个不同的检测器.在本节中，我们先给出衡量检测器性能的几种指标，然后具体介绍几种典型的非参量检测器.

4.2.1　衡量检测器性能的指标

有限观测样本下，通常采用平均错误概率以及虚警和检测概率衡量不同检测器的性能.无限观测样本下，可以采用检测器渐近相对效率和检测器效验衡量不同检测器的性能.

1. 检测器渐近相对效率

对于(4.2.1)式的二元假设检验问题有两个检测器，当它们具有相同的虚警概率 P_{fa} 和检测概率 P_{D} 时所需的观测样本数分别为 N_1 和 N_2，样本数越小检测器效率越高，即检测器的效率反比于样本数，因此定义第二个检测器对于第一个检测器的相对效率为

$$\text{ARE}_{2,1}^{0} = \frac{N_1}{N_2} \tag{4.2.4}$$

由于该相对效率是“有限观测样本”条件下的相对效率，不便于计算，因此采用“渐近相对效率”.第二个检测器对于第一个检测器的渐近相对效率定义为

$$\text{ARE}_{2,1} = \lim_{\substack{H_1 \to H_0 \\ N_1 \to +\infty \\ N_2 \to +\infty}} \text{ARE}_{2,1}^{0} = \lim_{\substack{H_1 \to H_0 \\ N_1 \to +\infty \\ N_2 \to +\infty}} \frac{N_1}{N_2} \tag{4.2.5}$$

渐近相对效率是检测器在 $H_1 \to H_0$ 条件下样本数趋于无穷时的相对效率.它实际上是在相同的虚警概率和检测概率条件下，信噪比趋于零时比较两种检测器性能的一种指标.

2. 检测器的效验

检测器效验也可以衡量不同检测器的性能.

对于(4.2.1)式的二元假设检验问题，检测器的效验 η 定义为

$$\eta = \lim_{N\to+\infty}\frac{1}{N}\left[\frac{\frac{\partial^m}{\partial A^m}E\{G(\boldsymbol{x})\mid H_1\}\Big|_{A=0}}{\sqrt{\mathrm{Var}\{G(\boldsymbol{x})\mid H_0\}}}\right]^{1/(mv)} \tag{4.2.6}$$

其中，$\boldsymbol{x}=[x_1,x_2,\cdots,x_N]^{\mathrm{T}}$，$\mathrm{Var}\{G(\boldsymbol{x})\mid H_0\}$是 H_0 为真时检验统计量 $G(\boldsymbol{x})$的方差，$E\{G(\boldsymbol{x})\mid H_1\}$是 H_1 为真时检验统计量 $G(\boldsymbol{x})$的均值，m 是$E\{G(\boldsymbol{x})\mid H_1\}$在 $A=0$ 处非零导数的最低阶数，v 是一个常数. 通常取 $m=1$，$v=0.5$. 现在通过检测器的输入信噪比、输出信噪比说明效验的物理含义.

定义检测器输入和输出的电平信噪比分别为

$$\mathrm{SNR_{in}} = \frac{A}{\sqrt{\mathrm{Var}\{n_i\}}} \tag{4.2.7}$$

$$\mathrm{SNR_{out}} = \frac{E\{G(\boldsymbol{x})\mid H_1\}-E\{G(\boldsymbol{x})\mid H_0\}}{\sqrt{\mathrm{Var}\{G(\boldsymbol{x})\mid H_0\}}} \tag{4.2.8}$$

对于弱信号($A\to0$)，$E\{G(\boldsymbol{x})\mid H_1\}$在 $E\{G(\boldsymbol{x})\mid H_0\}(A=0)$点按泰勒级数展开，可近似为

$$E\{G(\boldsymbol{x})\mid H_1\}\approx E\{G(\boldsymbol{x})\mid H_0\}+A\frac{\partial}{\partial A}E\{G(\boldsymbol{x})\mid H_1\}\Big|_{A=0} \tag{4.2.9}$$

将(4.2.9)式代入(4.2.8)式，可得

$$\mathrm{SNR_{out}} \approx \frac{A\frac{\partial}{\partial A}E\{G(\boldsymbol{x})\mid H_1\}\Big|_{A=0}}{\sqrt{\mathrm{Var}\{G(\boldsymbol{x})\mid H_0\}}} \tag{4.2.10}$$

那么，检测器输出功率信噪比相对于输入功率信噪比的增益为

$$\frac{\mathrm{SNR_{out}^2}}{\mathrm{SNR_{in}^2}} \approx \frac{N\mathrm{Var}\{n_i\}}{N}\left(\frac{\frac{\partial}{\partial A}E\{G(x)\mid H_1\}\Big|_{A=0}}{\sqrt{\mathrm{Var}\{G(x)\mid H_0\}}}\right)^2 \tag{4.2.11}$$

对比(4.2.11)式与(4.2.6)式，可以得出结论：$m=1$，$v=0.5$ 时的检测器效验反映了当 H_1 趋近于 H_0(这时观测样本数 $N\to+\infty$)时检测器功率信噪比的增益.

对于同一二元检测问题，若两个检测器具有相同的虚警概率 P_{fa}和检测概率 P_{D}，对于适当的 m 和 v，当检验统计量满足正则条件时，可以证明

$$\mathrm{ARE}_{2,1} = \frac{\eta_2}{\eta_1} \tag{4.2.12}$$

4.2.2 符号检测

符号检测(Sign Test)是最简单的非参量检测方法. 符号检测器是只利用观测样本的正负符号信息的一种检测器.

1. 符号检测器

假定二元假设检验问题由(4.2.3)式给出，N 个独立观测样本用 $\boldsymbol{x}=[x_1,x_2,\cdots,x_N]^{\mathrm{T}}$表示. 当 H_0 为真时，噪声分布函数的中位数为零，即观测样本为正值的概率与为负值的概率相等；而当 H_1 为真时，由于信号(假设 $As_i>0(i=1,2,\cdots,N)$)的存在，观测样本为正值的概率将大于为负值的概率；即

$$\begin{cases} p_{H_0} = P(x>0\mid H_0) = \dfrac{1}{2} \\ p_{H_1} = P(x>0\mid H_1) > \dfrac{1}{2} \end{cases} \tag{4.2.13}$$

(4.2.13)式并不涉及 $f(x|H_0)$ 及 $f(x|H_1)$ 的具体分布，因此相应的二元假设为

$$
\begin{aligned}
H_0:&\quad p_{H_0} = P(x>0|H_0) = \frac{1}{2} \\
H_1:&\quad p_{H_1} = P(x>0|H_1) > \frac{1}{2}
\end{aligned}
\tag{4.2.14}
$$

显然，当观测样本 $x_1, x_2, \cdots, x_N$ 中正值的个数超过由虚警概率给定值 α_0 确定的门限时，判决为 H_1，否则判决为 H_0.

利用观测样本的正号信息，定义检验统计量为

$$G(\boldsymbol{x}) = \sum_{i=1}^{N} U(x_i) \tag{4.2.15}$$

其中，$U(\cdot)$ 是阶跃函数

$$U(x) = \begin{cases} 1 & (x \geqslant 0) \\ 0 & (x < 0) \end{cases} \tag{4.2.16}$$

则判决规则为

$$G(\boldsymbol{x}) \underset{H_0}{\overset{H_1}{\gtrless}} \text{th} \tag{4.2.17}$$

判决门限 th 由虚警概率给定值 α_0 确定. 相应的检测器如图 4.1(a)所示. 由于检验统计量仅利用了观测样本的正负符号信息，故称该检测器为符号检测器.

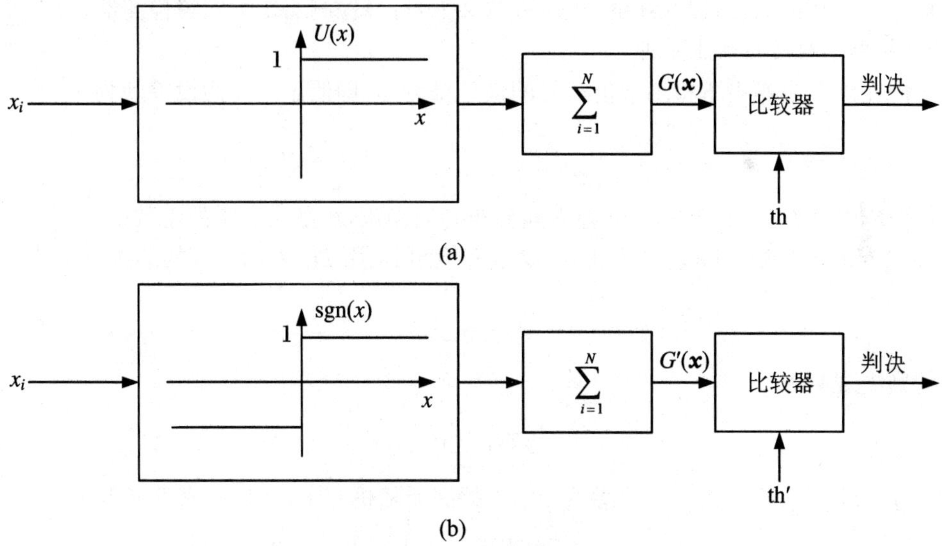

图 4.1　符号检测器

符号检测器还可以采用正负样本之差作为统计检验量，定义为

$$G'(\boldsymbol{x}) = \sum_{i=1}^{N} \operatorname{sgn}(x_i) \tag{4.2.18}$$

式中，$\operatorname{sgn}(\cdot)$ 是符号函数，为

$$\operatorname{sgn}(x) = \begin{cases} 1 & (x > 0) \\ 0 & (x = 0) \\ -1 & (x < 0) \end{cases} \tag{4.2.19}$$

相应的判决规则为

$$G'(\boldsymbol{x}) \underset{H_0}{\overset{H_1}{\gtrless}} \mathrm{th}' \tag{4.2.20}$$

th′由虚警概率给定值α_0 确定.相应的检测器如图 4.1(b)所示.

由(4.2.15)式可见,$G(\boldsymbol{x}) = \sum_{i=1}^{N} U(x_i) = n_+$,$n_+$是观测样本中($x \geqslant 0$)的个数.显然,$n_+$ 满足二项式分布.由(4.2.13) 式,在两种假设下 n_+ 的分布律为

$$\begin{aligned} H_0:\quad & P(n_+ = k) = \binom{N}{k} p_{H_0}^k (1 - p_{H_0})^{N-k} = \binom{N}{k}\left(\frac{1}{2}\right)^N \\ H_1:\quad & P(n_+ = k) = \binom{N}{k} p_{H_1}^k (1 - p_{H_1})^{N-k} \end{aligned} \quad (k = 0,1,\cdots,N) \tag{4.2.21}$$

检测门限 th 由下式确定:

$$\alpha_0 = \sum_{k=\mathrm{th}}^{N} \binom{N}{k}\left(\frac{1}{2}\right)^N \tag{4.2.22}$$

检测概率可由下式计算:

$$P_{\mathrm{D}} = \sum_{k=\mathrm{th}}^{N} \binom{N}{k} p_{H_1}^k (1 - p_{H_1})^{N-k} \tag{4.2.23}$$

由(4.2.22)式可见,在 H_0 为真时,门限 th 和虚警概率给定值 α_0 对于任何分布具有零中位数的噪声都是相同的.所以在纽曼-皮尔逊意义下,符号检测器是恒虚警检测器.

2. 符号检测器的性能分析

考虑在高斯白噪声下检测常值信号的最佳检测器,即假定二元假设检验为

$$\begin{aligned} H_0:\quad & x_i = n_i \\ H_1:\quad & x_i = \mu + n_i \end{aligned} \quad (i = 1,2,\cdots) \tag{4.2.24}$$

其中,n_i 是均值为 0、方差为 σ^2 的独立同分布高斯噪声,μ 是大于零的常数.

现有 N_1 个观测样本,若采用纽曼-皮尔逊检测器(用 D_1 表示),其检验统计量为

$$G_1 = \sum_{i=1}^{N_1} x_i \tag{4.2.25}$$

相应的判决规则为

$$G_1 \underset{H_0}{\overset{H_1}{\gtrless}} \mathrm{th}_1 \tag{4.2.26}$$

在 H_0 为真时,G_1 是均值为 0、方差为 $N_1\sigma^2$ 的高斯随机变量,其概率密度函数为

$$f(G_1 \mid H_0) = \frac{1}{\sqrt{2\pi N_1 \sigma^2}} \exp\left[-\frac{1}{2}\left(\frac{G_1}{\sqrt{N_1\sigma^2}}\right)^2\right] \tag{4.2.27}$$

在 H_1 为真时,G_1 是均值为 $N_1\mu$、方差为 $N_1\sigma^2$ 的高斯随机变量,其概率密度函数为

$$f(G_1 \mid H_1) = \frac{1}{\sqrt{2\pi N_1 \sigma^2}} \exp\left[-\frac{1}{2}\left(\frac{G_1 - N_1\mu}{\sqrt{N_1\sigma^2}}\right)^2\right] \tag{4.2.28}$$

因此,th_1 由下式确定:

$$\begin{aligned} \alpha_1 &= \int_{\mathrm{th}_1}^{+\infty} f(G_1 \mid H_0)\,\mathrm{d}G_1 \\ &= \int_{\mathrm{th}_1}^{+\infty} \frac{1}{\sqrt{2\pi N_1 \sigma^2}} \exp\left[-\frac{1}{2}\left(\frac{G_1}{\sqrt{N_1\sigma^2}}\right)^2\right] \mathrm{d}G_1 \end{aligned}$$

$$= 1 - \Phi\left(\frac{\mathrm{th}_1}{\sqrt{N_1}\sigma}\right) \tag{4.2.29}$$

式中，$\Phi(\cdot)$是(1.1.46)式给出的概率积分函数，α_1 是给定的虚警概率. 检测概率 P_{D_1} 为

$$\begin{aligned}P_{\mathrm{D}_1} &= \int_{\mathrm{th}_1}^{+\infty} f(G_1 \mid H_1)\mathrm{d}G_1 \\ &= \int_{\mathrm{th}_1}^{+\infty} \frac{1}{\sqrt{2\pi N_1\sigma^2}}\exp\left[-\frac{1}{2}\left(\frac{G_1 - N_1\mu}{\sqrt{N_1\sigma^2}}\right)^2\right]\mathrm{d}G_1 \\ &= \Phi\left(\frac{N_1\mu - \mathrm{th}_1}{\sqrt{N_1}\sigma}\right)\end{aligned} \tag{4.2.30}$$

将由(4.2.29)式求解得到的 th_1 代入上式，得到

$$P_{\mathrm{D}_1} = \Phi\left[\frac{N_1\mu - \sqrt{N_1}\sigma\Phi^{-1}(1-\alpha_1)}{\sqrt{N_1}\sigma}\right] = \Phi\left(\frac{\sqrt{N_1}\mu}{\sigma} - \Phi^{-1}(1-\alpha_1)\right) \tag{4.2.31}$$

现有 N_2 个观测样本，若采用符号检测器(用 D_2 表示)，其检验统计量为

$$G_2 = \sum_{i=1}^{N_2} U(x_i) \tag{4.2.32}$$

相应的判决规则为

$$G_2 \underset{H_0}{\overset{H_1}{\gtrless}} \mathrm{th}_2 \tag{4.2.33}$$

在 H_0 为真时，G_2 服从二项式分布，其分布律为

$$P(G_2 = k \mid H_0) = \binom{N_2}{k}\left(\frac{1}{2}\right)^{N_2} \quad (k = 0,1,\cdots,N_2) \tag{4.2.34}$$

根据中心极限定理，当 N_2 很大时，(4.2.34)式中的 G_2 趋近于均值为 $N_2/2$、方差为 $N_2/4$ 的高斯分布. 因此，th_2 可由下式确定：

$$\begin{aligned}\alpha_2 &\approx \int_{\mathrm{th}_2}^{+\infty} \frac{1}{\sqrt{2\pi N_2/4}}\exp\left[-\frac{1}{2}\left(\frac{G_2 - N_2/2}{\sqrt{N_2/4}}\right)^2\right]\mathrm{d}G_2 \\ &= 1 - \Phi\left(\frac{2\mathrm{th}_2 - N_2}{\sqrt{N_2}}\right)\end{aligned} \tag{4.2.35}$$

在 H_1 为真时，G_2 服从二项式分布，其分布律为

$$P(G_2 = k \mid H_1) = \binom{N_2}{k} p_{H_1}^k (1 - p_{H_1})^{N_2-k} \tag{4.2.36}$$

根据中心极限定理，当 N_2 很大时，(4.2.36)式中的 G_2 趋近于均值为 $N_2 p_{H_1}$、方差为 $N_2 p_{H_1}(1-p_{H_1})$的高斯分布. 因此，检测概率 P_{D_2} 为

$$\begin{aligned}P_{\mathrm{D}_2} &\approx \int_{\mathrm{th}_2}^{+\infty} \frac{1}{\sqrt{2\pi N_2 p_{H_1}(1-p_{H_1})}}\exp\left[-\frac{1}{2}\left(\frac{G_2 - N_2 p_{H_1}}{\sqrt{N_2 p_{H_1}(1-p_{H_1})}}\right)^2\right]\mathrm{d}G_2 \\ &= 1 - \Phi\left[\frac{\mathrm{th}_2 - N_2 p_{H_1}}{\sqrt{N_2 p_{H_1}(1-p_{H_1})}}\right] = \Phi\left[\frac{N_2 p_{H_1} - \mathrm{th}_2}{\sqrt{N_2 p_{H_1}(1-p_{H_1})}}\right]\end{aligned} \tag{4.2.37}$$

将由(4.2.35)式求解得到的 th_2 代入上式，得到

$$P_{\mathrm{D}_2} = \Phi\left[\frac{\sqrt{N_2}(2p_{H_1} - 1) - \Phi^{-1}(1-\alpha_2)}{2\sqrt{p_{H_1}(1-p_{H_1})}}\right] \tag{4.2.38}$$

若检测器 D_1 和 D_2 具有同样的 α 和 P_D，即 $\alpha_1=\alpha_2=\alpha$，$P_{D_1}=P_{D_2}=P_D$，由(4.2.31)式和(4.2.38)式，可得

$$\Phi\left(\frac{\sqrt{N_1}\mu}{\sigma}-\Phi^{-1}(1-\alpha)\right)=\Phi\left[\frac{\sqrt{N_2}(2p_{H_1}-1)-\Phi^{-1}(1-\alpha)}{2\sqrt{p_{H_1}(1-p_{H_1})}}\right] \tag{4.2.39}$$

(4.2.39)式可化为

$$\Phi^{-1}(1-\alpha)\cdot 2\sqrt{p_{H_1}(1-p_{H_1})}-\frac{\sqrt{N_1}\mu}{\sigma}\cdot 2\sqrt{p_{H_1}(1-p_{H_1})}$$
$$=\Phi^{-1}(1-\alpha)-\sqrt{N_2}(2p_{H_1}-1)$$

进一步写成样本数的比值，有

$$\frac{N_1}{N_2}=\left[\frac{\sigma}{\mu}\frac{1}{\sqrt{N_2}}\Phi^{-1}(1-\alpha)\right.$$
$$\left.-\frac{\sigma}{\mu}\frac{1}{\sqrt{N_2}}\frac{\Phi^{-1}(1-\alpha)}{2\sqrt{p_{H_1}(1-p_H)}}+\frac{\sigma}{\mu}\frac{2p_{H_1}-1}{2\sqrt{p_{H_1}(1-p_{H_1})}}\right]^2$$

则 D_2 对于 D_1 的渐近相对效率为

$$\mathrm{ARE}_{2,1}=\lim_{\substack{H_1\to H_0\\ N_1\to+\infty\\ N_2\to+\infty}}\frac{N_1}{N_2}=\lim_{H_1\to H_0}\frac{\sigma^2}{4\mu^2}\frac{(2p_{H_1}-1)^2}{p_{H_1}(1-p_{H_1})} \tag{4.2.40}$$

其中，p_{H_1} 可由下式计算：

$$p_{H_1}=P(x>0\mid H_1)=1-\int_{-\infty}^{0}f(x\mid H_1)\mathrm{d}x$$
$$=1-\int_{-\infty}^{0}f(x-\mu\mid H_0)\mathrm{d}x$$
$$=1-\int_{-\infty}^{-\mu}f(x\mid H_0)\mathrm{d}x \tag{4.2.41}$$

由于噪声分布函数的中位数为 0，因此

$$p_{H_1}=\int_{-\mu}^{+\infty}f_n(x)\mathrm{d}x=\int_{-\mu}^{0}f_n(x)\mathrm{d}x+\int_{0}^{+\infty}f_n(x)\mathrm{d}x$$
$$=\frac{1}{2}+\int_{-\mu}^{0}f_n(x)\mathrm{d}x \tag{4.2.42}$$

$H_1\to H_0$ 与 $\mu\to 0$ 等价，于是上式近似为

$$p_{H_1}\approx\frac{1}{2}+\mu f_n(0) \tag{4.2.43}$$

将(4.2.43)式代入(4.2.40)式，可得

$$\mathrm{ARE}_{2,1}=\lim_{H_1\to H_0}\frac{\sigma^2}{4\mu^2}\cdot\frac{\left\{2\left[\frac{1}{2}+\mu f_n(0)\right]-1\right\}^2}{\left[\frac{1}{2}+\mu f_n(0)\right]\left[\frac{1}{2}-\mu f_n(0)\right]}$$
$$=\lim_{H_1\to H_0}\frac{4\sigma^2 f_n^2(0)}{1-4\mu^2 f_n^2(0)}$$
$$=4\sigma^2 f_n^2(0) \tag{4.2.44}$$

当观测样本为独立同分布的高斯变量时，有 $f_n(0)=\dfrac{1}{\sqrt{2\pi}\sigma}$，代入上式，得到

$$\mathrm{ARE}_{2,1}=\frac{2}{\pi} \tag{4.2.45}$$

以上结果表明:当观测样本为独立同分布的高斯变量时,纽曼-皮尔逊检测器的性能优于符号检测器.这是合理的,因为 D_1 是与噪声相匹配的参量检测器,而 D_2 是非参量检测器,仅利用了噪声分布函数的中位数信息.

读者还可以分析服从其他分布的白噪声中的信号检测性能.

需要指出,若 $g(\cdot)$是通过原点的整个在第一和第三象限内的任意函数或是通过原点的整个在第二和第四象限内的任意函数,观测样本 $x_i(i=1,2,\cdots)$经过函数变换 $z_i=g(x_i)$,符号检测器的性能不变.

4.2.3　秩检测

符号检测器只利用了观测样本的正负符号信息,而没有利用观测样本的幅值信息.若有用信号 μ 为正值、噪声概率密度函数关于纵轴对称分布时,则在信号存在时正样本的数目大于负样本的数目,且符号为正的大幅值样本数也大于符号为负的大幅值样本数.同时利用样本正负符号信息和幅值信息的检测器会提高检测性能.**秩检测器**就是一种利用样本正负符号信息和幅值信息的非参量恒虚警检测器.

1. 秩检测器

对于(4.2.2)式的二元假设检验问题,令 $As_i=\mu>0$,观测样本为 $\boldsymbol{x}=[x_1,x_2,\cdots,x_N]^{\mathrm{T}}$,先讨论观测样本值非零且其绝对值互不相等的情况.各样本绝对值$|x_1|,|x_2|,\cdots,|x_N|$从小到大排列为

$$0<|x_{k_1}|<|x_{k_2}|<\cdots<|x_{k_N}| \tag{4.2.46}$$

记 R_i 代表观测样本 x_i 在(4.2.46)式排列中的序号,称其为 x_i 的秩.

利用观测样本的正号信息和秩信息,定义秩检测器的检验统计量为

$$G=\sum_{i=1}^{N}R_iU(x_i) \tag{4.2.47}$$

或

$$G=\sum_{i=1}^{N}d_i \tag{4.2.48}$$

其中,$d_i=iU(x_{k_i})$.判决规则为

$$G\underset{H_0}{\overset{H_1}{\gtrless}}\mathrm{th} \tag{4.2.49}$$

相应的秩检测器如图 4.2 所示.这种秩检测器又称为威尔柯克苏(Wilcoxon)检测器.

在 H_0 为真时,观测样本 $x_i(i=1,2,\cdots,N)$独立同分布,且概率密度函数 $f(x_i)=f(-x_i)$.样本 $x_1,x_2,\cdots,x_N$ 共有 2^N 种符号状态,每种状态出现的概率均是$\left(\frac{1}{2}\right)^N$.可见 $G=\sum_{i=1}^{N}d_i$ 的分布律对于所有具有对称独立同分布的观测样本都是不变的.在纽曼-皮尔逊意义下,由给定的虚警概率确定判决门限 th.虚警概率等于"$G\geqslant\mathrm{th}$ 的状态数目 m 乘以概率$\left(\frac{1}{2}\right)^N$",显然 $1\leqslant m\leqslant 2^N$.

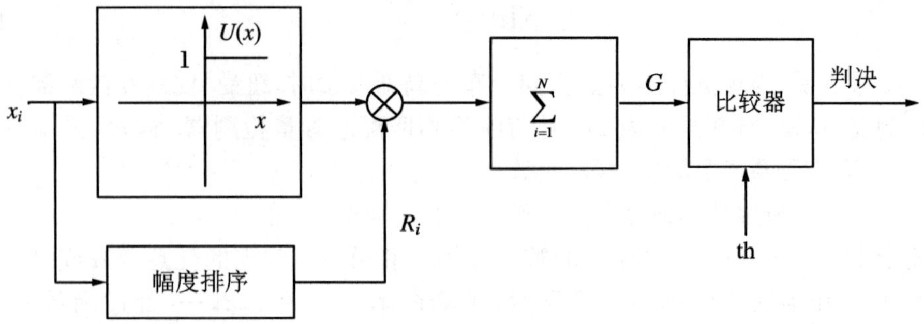

图 4.2　秩检测器

有了上面的结论,我们可以计算检测概率 P_D.

为了分析方便而又不失一般性,在 H_1 为真时,我们设各个样本之间有如下关系:

$$0 < |x_1| < |x_2| < \cdots < |x_N| \tag{4.2.50}$$

则 N 个样本共有 2^N 种符号组合.若用 $p_j(x_i)$ 表示第 j 种符号组合出现时 x_i 取正号或负号的概率

$$p_j(x_i) = \begin{cases} \int_0^{+\infty} f(x|H_1)\mathrm{d}x & (x_i > 0) \\ \int_{-\infty}^{0} f(x|H_1)\mathrm{d}x & (x_i < 0) \end{cases}$$

$$= \begin{cases} \int_0^{+\infty} f(x-\mu|H_0)\mathrm{d}x & (x_i > 0) \\ \int_{-\infty}^{0} f(x-\mu|H_0)\mathrm{d}x & (x_i < 0) \end{cases} \tag{4.2.51}$$

则第 j 种符号组合出现的概率 P_j 为

$$P_j = \prod_{i=1}^{N} p_j(x_i) \tag{4.2.52}$$

对于第 j 种符号组合的检验统计量定义为

$$G_j = \sum_{i=1}^{N} iU(x_i) \tag{4.2.53}$$

则检测概率为

$$P_D = \sum_{\substack{j=1 \\ G_j \geqslant \text{th}}}^{2^N} P_j = \sum_{\substack{j=1 \\ G_j \geqslant \text{th}}}^{2^N} \left[\prod_{i=1}^{N} p_j(x_i)\right] \tag{4.2.54}$$

在 H_0 为真时 G 的均值 μ_0 和方差 σ_0^2 分别为

$$\mu_0 = E\left\{\sum_{i=1}^{N} iU(x_i)\right\} = \frac{N(N+1)}{4} \tag{4.2.55}$$

$$\sigma_0^2 = \mathrm{Var}\left\{\sum_{i=1}^{N} iU(x_i)\right\} = \frac{N(N+1)(2N+1)}{24} \tag{4.2.56}$$

在 H_1 为真时 G 的均值 μ_1 和方差 σ_1^2 分别为

$$\mu_1 = \frac{p_{H_1} N(N+1)}{2} \tag{4.2.57}$$

$$\sigma_1^2 = \frac{p_{H_1}(1-p_{H_1})N(N+1)(2N+1)}{6} \tag{4.2.58}$$

其中，p_{H_1} 是 x_i 取正值的概率，由(4.2.13)式给出.

根据中心极限定理，在 $N\to+\infty$ 时检验统计量 $G=\sum_{i=1}^{N} d_i$ 趋于高斯变量.虚警概率给定值为

$$\alpha_0 = 1-\Phi\left(\frac{\mathrm{th}-\mu_0}{\sigma_0}\right) \tag{4.2.59}$$

检测概率为

$$P_{\mathrm{D}} = \Phi\left(\frac{\mu_1-\mathrm{th}}{\sigma_1}\right) \tag{4.2.60}$$

由以上两式消去门限 th，可得

$$P_{\mathrm{D}} = \Phi\left(\frac{\mu_1-\mu_0-\sigma_0\Phi^{-1}(1-\alpha_0)}{\sigma_1}\right) \tag{4.2.61}$$

2. 秩检测器的性能分析

为了比较秩检测器与纽曼-皮尔逊检测器的性能，需要分别计算这两种检测器的效验，然后再采用(4.2.12)式计算两种检测器的渐近相对效率.

考虑在高斯白噪声下检测常值信号的最佳检测器，即假定二元假设检验为

$$\begin{aligned} H_0:&\quad x_i = n_i \\ H_1:&\quad x_i = \mu + n_i \end{aligned} \quad (i=1,2,\cdots) \tag{4.2.62}$$

其中，n_i 是均值为 0、方差为 σ^2 的独立同分布高斯噪声，μ 是大于零的常数.

首先，计算纽曼-皮尔逊检测器(用 D_1 表示)的效验，定义其检验统计量为

$$G_1 = \sum_{i=1}^{N} x_i \tag{4.2.63}$$

G_1 在 H_1 和 H_0 为真时都是高斯随机变量，且有

$$E\{G_1|H_1\} = N\mu,\quad E\{G_1|H_0\}=0$$

$$\mathrm{Var}\{G_1|H_1\} = \mathrm{Var}\{G_1|H_0\} = N\sigma^2$$

在 $m=1, v=0.5$ 时，由(4.2.6)式得纽曼-皮尔逊检测器的效验，为

$$\begin{aligned}\eta_1 &= \lim_{N\to+\infty}\frac{1}{N}\frac{\left[\dfrac{\mathrm{d}}{\mathrm{d}\mu}E\{G_1|H_1\}\right]^2}{\mathrm{Var}\{G_1|H_0\}} = \lim_{N\to+\infty}\frac{1}{N}\frac{\left[\dfrac{\mathrm{d}}{\mathrm{d}\mu}(N\mu)\Big|_{\mu=0}\right]^2}{N\sigma^2} \\ &= \frac{1}{\sigma^2}\end{aligned} \tag{4.2.64}$$

接下来，我们计算秩检测器(用 D_2 表示)的效验，为了讨论方便，我们将(4.2.47)式的秩检测器检验统计量写为另一种形式

$$G_2 = \sum_{i=1}^{N}\sum_{j=1}^{N} U_{ij} \tag{4.2.65}$$

其中

$$U_{ij} = \begin{cases} 1 & (x_i>0, x_i\geqslant|x_j|) \\ 0 & (\text{其他}) \end{cases} \tag{4.2.66}$$

以(4.2.50)式为基础，分析(4.2.65)式与(4.2.47)式的等价性.

$$i=1,\quad \sum_{j=1}^{N} U_{1j} = U(x_1)\cdot 1$$

$$i = 2, \quad \sum_{j=1}^{N} U_{2j} = U(x_2) \cdot 2$$

$$\vdots$$

$$i = N, \quad \sum_{j=1}^{N} U_{Nj} = U(x_N) \cdot N$$

对所有 i 求和,得到

$$\sum_{i=1}^{N} iU(x_i)$$

这与(4.2.47)式是一致的.

定义 ρ_{ij} 为在 H_1 为真时 $U_{ij}=1$ 的概率,当 $i \neq j$ 时

$$\rho_{ij} = E\{U_{ij} | H_1\} = P(x_i \geqslant |x_j| \,|H_1) = \int_0^{+\infty} \int_{-x_i}^{x_i} f(x_i, x_j | H_1) \mathrm{d}x_j \mathrm{d}x_i \tag{4.2.67}$$

利用样本之间的独立性,有 $f(x_i, x_j | H_1) = f(x_i | H_1) f(x_j | H_1)$. 记 $f_1(x) = f(x | H_1) = f_n(x - \mu)$, $f_1(x)$ 的分布函数为 $F_1(x)$,则 ρ_{ij} 可进一步表示为

$$\begin{aligned}
\rho_{ij} &= \int_0^{+\infty} \int_{-x_i}^{x_i} f_1(x_i) f_1(x_j) \mathrm{d}x_j \mathrm{d}x_i = \int_0^{+\infty} f_1(x_i) [F_1(x_i) - F_1(-x_i)] \mathrm{d}x_i \\
&= \int_0^{+\infty} f_n(x_i - \mu) [F_n(x_i - \mu) - F_n(-x_i - \mu)] \mathrm{d}x_i \\
&= \int_{-\mu}^{+\infty} f_n(x) [F_n(x) - F_n(-x - 2\mu)] \mathrm{d}x = \rho_1
\end{aligned} \tag{4.2.68a}$$

当 $i = j$ 时

$$\begin{aligned}
\rho_{ij} &= E\{U_{ii} \mid H_1\} = P(x_i \geqslant 0 \mid H_1) \\
&= \int_0^{+\infty} f(x_i \mid H_1) \mathrm{d}x_i \\
&= \int_0^{+\infty} f_n(x_i - \mu) \mathrm{d}x_i = \int_{-\mu}^{+\infty} f_n(x) \mathrm{d}x = \rho_2
\end{aligned} \tag{4.2.68b}$$

于是由(4.2.65)式可得

$$E\{G_2 | H_1\} = \sum_{i=1}^{N} \sum_{j=1}^{N} E\{U_{ij} | H_1\} = (N^2 - N)\rho_1 + N\rho_2 \tag{4.2.69}$$

将(4.2.69)式对 μ 求导,得

$$\begin{aligned}
\frac{\partial}{\partial \mu} E\{G_2 | H_1\} &= \frac{\partial}{\partial \mu} [(N^2 - N)\rho_1 + N\rho_2] \\
&= (N^2 - N) \int_{-\mu}^{+\infty} f_n(x) [0 + 2f_n(-x - 2\mu)] \mathrm{d}x \\
&\quad + (N^2 - N) f_n(-\mu) [F_n(-\mu) - F_n(-\mu)] + N f_n(-\mu) \\
&= (N^2 - N) \int_{-\mu}^{+\infty} 2 f_n(x) f_n(-x - 2\mu) \mathrm{d}x + N f_n(-\mu) \\
&= 2(N^2 - N) \int_{-\mu}^{+\infty} f_n(x) f_n(x + 2\mu) \mathrm{d}x + N f_n(-\mu)
\end{aligned} \tag{4.2.70}$$

而由(4.2.56)式知

$$\mathrm{Var}\{G_2 | H_0\} = \frac{N(N+1)(2N+1)}{24} \tag{4.2.71}$$

取 $m = 1$, $v = 0.5$,由(4.2.6)式得到秩检测器的效验,为

$$\eta_2 = \lim_{N\to+\infty}\frac{1}{N}\frac{\left[\frac{\partial}{\partial\mu}E\{G_2\mid H_1\}\Big|_{\mu=0}\right]^2}{\mathrm{Var}\{G_2\mid H_0\}}$$

$$= \lim_{N\to+\infty}\frac{1}{N}\frac{\left[2(N^2-N)\int_0^{+\infty}f_n^2(x)\mathrm{d}x + Nf_n(0)\right]^2}{\frac{N(N+1)(2N+1)}{24}}$$

$$= 12\left[\int_{-\infty}^{+\infty}f_n^2(x)\mathrm{d}x\right]^2 \tag{4.2.72}$$

根据以上分析，可知秩检测器对于纽曼-皮尔逊检测器的渐近相对效率为

$$\mathrm{ARE}_{2,1} = \frac{\eta_2}{\eta_1} = 12\sigma^2\left[\int_{-\infty}^{+\infty}f_n^2(x)\mathrm{d}x\right]^2 \tag{4.2.73}$$

当观测样本为独立同分布的高斯变量时，有$\int_{-\infty}^{+\infty}f_n^2(x)\mathrm{d}x = \frac{1}{2\sqrt{\pi}\sigma}$，代入上式得

$$\mathrm{ARE}_{2,1} = 12\sigma^2\left(\frac{1}{2\sqrt{\pi}\sigma}\right)^2 = \frac{3}{\pi} \tag{4.2.74}$$

以上结果表明，当观测样本为独立同分布的高斯变量时，纽曼-皮尔逊检测器的性能优于秩检测器. 这是合理的，因为 D_1 是与噪声相匹配的参量检测器，而 D_2 是非参量检测器，仅利用了噪声分布函数的对称信息和观测样本的秩. 比较(4.2.45)式和(4.2.74)式，显然秩检测器的性能优于符号检测器.

对于均值为 0、方差为 σ^2 服从拉氏分布的未知噪声，若我们推测它是均值为 0、方差为 σ^2 的高斯分布，则按上面同样的分析步骤，可得

$$\mathrm{ARE}_{2,1} = 12\sigma^2\left(\frac{1}{2\sqrt{2}\sigma}\right)^2 = 1.5 \tag{4.2.75}$$

在上式的推导中利用了$\int_{-\infty}^{+\infty}f_n^2(x)\mathrm{d}x = \frac{1}{2\sqrt{2}\sigma}$. 秩检测器的性能优于纽曼-皮尔逊检测器.

读者还可以分析服从其他分布的白噪声中的信号检测性能.

观测样本 $x_i(i=1,2,\cdots)$经过函数变换 $z_i=g(x_i)$，若变换 $g(\cdot)$是单调增函数或单调减函数，秩检测器的性能不变.

3. *秩检测器效验的下界*

秩检测器的渐进相对效率在各种对称分布噪声下都很高，是否存在一个 $\mathrm{ARE}_{2,1}$ 下界呢？由(4.2.72)式，已知秩检测器的效验为

$$\eta = 12\left[\int_{-\infty}^{+\infty}f_n^2(x)\mathrm{d}x\right]^2 \tag{4.2.76}$$

考虑 $f_n(x)$满足下面的约束条件为：

$$\int_{-\infty}^{+\infty}f_n(x)\mathrm{d}x = 1 \tag{4.2.77}$$

$$\int_{-\infty}^{+\infty}x^2f_n(x)\mathrm{d}x = \sigma^2 \tag{4.2.78}$$

显然，η 最小等价于$\int_{-\infty}^{\infty}f_n^2(x)\mathrm{d}x$ 最小. 这是一个求有约束条件的极值问题，我们利用变分法来求解这个优化问题. 令 $f_n(x) = f_0(x) + \alpha\varepsilon(x)$，其中，$f_0(x)$ 和 $\varepsilon(x)$ 都是关于纵轴对称的，α 为一常数，则目标函数为

$$\mathcal{L}(\alpha)=\int_{-\infty}^{+\infty}[f_0(x)+\alpha\varepsilon(x)]^2\mathrm{d}x-\lambda_1\left[1-\int_{-\infty}^{+\infty}[f_0(x)+\alpha\varepsilon(x)]\mathrm{d}x\right]$$
$$-2\lambda_2\left[\sigma^2-\int_{-\infty}^{+\infty}x^2[f_0(x)+\alpha\varepsilon(x)]\mathrm{d}x\right] \tag{4.2.79}$$

将(4.2.79)式对 α 求导,可得

$$\begin{aligned}\frac{\partial L(\alpha)}{\partial\alpha}&=\int_{-\infty}^{+\infty}2[f_0(x)+\alpha\varepsilon(x)]\varepsilon(x)\mathrm{d}x+\lambda_1\int_{-\infty}^{+\infty}\varepsilon(x)\mathrm{d}x+2\lambda_2\int_{-\infty}^{+\infty}x^2\varepsilon(x)\mathrm{d}x\\&=\int_{-\infty}^{+\infty}2[f_0(x)+\alpha\varepsilon(x)]\varepsilon(x)\mathrm{d}x-2\lambda_2\int_{-\infty}^{+\infty}\left(-\frac{\lambda_1}{2\lambda_2}-x^2\right)\varepsilon(x)\mathrm{d}x\end{aligned} \tag{4.2.80}$$

令 $-\dfrac{\lambda_1}{2\lambda_2}=K^2$,$\lambda=\lambda_2$,则(4.2.80)式为

$$\frac{\partial L(\alpha)}{\partial\alpha}=\int_{-\infty}^{+\infty}2[f_0(x)+\alpha\varepsilon(x)]\varepsilon(x)\mathrm{d}x-2\lambda\int_{-\infty}^{+\infty}(K^2-x^2)\varepsilon(x)\mathrm{d}x \tag{4.2.81}$$

对 $L(\alpha)$求二阶导得

$$\frac{\partial^2L(\alpha)}{\partial\alpha^2}=\int_{-\infty}^{+\infty}2\varepsilon^2(x)\mathrm{d}x>0 \tag{4.2.82}$$

即 $L(\alpha)$为凹函数,存在极小值,令 $L(\alpha)$的一阶导数在$\alpha=0$处等于零,得

$$\begin{aligned}\left.\frac{\partial L(\alpha)}{\partial\alpha}\right|_{\alpha=0}&=\int_{-\infty}^{+\infty}2f_0(x)\varepsilon(x)\mathrm{d}x-2\lambda\int_{-\infty}^{+\infty}(K^2-x^2)\varepsilon(x)\mathrm{d}x\\&=2\int_{-\infty}^{+\infty}\varepsilon(x)[f_0(x)-\lambda(K^2-x^2)]\mathrm{d}x=0\end{aligned} \tag{4.2.83}$$

于是

$$f_0(x)=f_n(x)=\begin{cases}\lambda(K^2-x^2) & (x^2\leqslant K^2)\\0 & (x^2>K^2)\end{cases} \tag{4.2.84}$$

λ 和K^2 可由约束条件构成的联立方程解出.将(4.2.84)式代入(4.2.77)式和(4.2.78)式,解得

$$\begin{cases}K^2=5\sigma^2\\\lambda=\dfrac{3}{20\sqrt{5}\sigma^3}\end{cases} \tag{4.2.85}$$

因此,使秩检测器效验为最小的概率密度函数为

$$f_n(x)=\begin{cases}\dfrac{3}{20\sqrt{5}\sigma^3}[5\sigma^2-x^2] & (x^2\leqslant 5\sigma^2)\\0 & (x^2>5\sigma^2)\end{cases} \tag{4.2.86}$$

将(4.2.86)式代入(4.2.76)式,最终可得秩检测器效验的下界

$$\eta_{\min}=12\left[\int_{-\infty}^{+\infty}f_n^2(x)\mathrm{d}x\right]^2=\frac{0.864}{\sigma^2} \tag{4.2.87}$$

实际获取观测样本时,有可能在一个观测样本序列中出现多个样本值相同的情况,这种情况称为“相持”.有两种类型的相持,第一类是观测值为零的“相持”;另一类则是观测值具有非零绝对值的“相持”.

在以前的分析中认为“相持”是不存在的.因此,当出现“相持”时,需加以某种必要的预处理.遇到“零”相持时,则可按照某种准则随机地赋以微小正值与负值;遇到“非零”的其他相持时,则可以按照某种准则随机地加上微小值,所谓某种准则的一个要求是不影响其他样

本的合理秩值.

4.2.4　双输入检测器

前面我们介绍了单输入观测样本条件下的非参量恒虚警检测方法.现在我们讨论双输入观测样本条件下的非参量检测方法.

1. 曼-惠特尼检测器

同时存在两路独立观测样本,一路是接收信号,用 $\boldsymbol{x}=[x_1,x_2,\cdots,x_N]^{\mathrm{T}}$ 表示,另一路是参考噪声,用 $\boldsymbol{y}=[y_1,y_2,\cdots,y_M]^{\mathrm{T}}$ 表示.接收信号基于以下二元假设:

$$\begin{aligned} H_0:&\quad x_i=n_i \\ H_1:&\quad x_i=\mu+n_i \end{aligned}\qquad (i=1,2,\cdots,N) \tag{4.2.88}$$

其中,μ 是大于 0 的常量,n_i 是均值为 0、方差为 σ^2 的对称分布白噪声.参考噪声与接收信号中的噪声是独立同分布的,可表示为

$$y_j=n_j' \quad (j=1,2,\cdots,M) \tag{4.2.89}$$

利用两路观测样本差的正号信息构造如下的检验统计量:

$$G=\sum_{i=1}^{N}\sum_{j=1}^{M}U(x_i-y_j) \tag{4.2.90}$$

相应的判决规则为

$$\sum_{i=1}^{N}\sum_{j=1}^{M}U(x_i-y_j)\underset{H_0}{\overset{H_1}{\gtrless}}\mathrm{th} \tag{4.2.91}$$

得到**曼-惠特尼**(Mann-Whitney)**检测器**.

显见,当 H_0 为真时,两路输入样本都是关于纵轴对称分布的.因此,在 H_0 为真时曼-惠特尼检测器仍具有恒虚警检测特性.由(4.2.91)式给出的判决规则构造的曼-惠特尼检测器如图 4.3 所示.

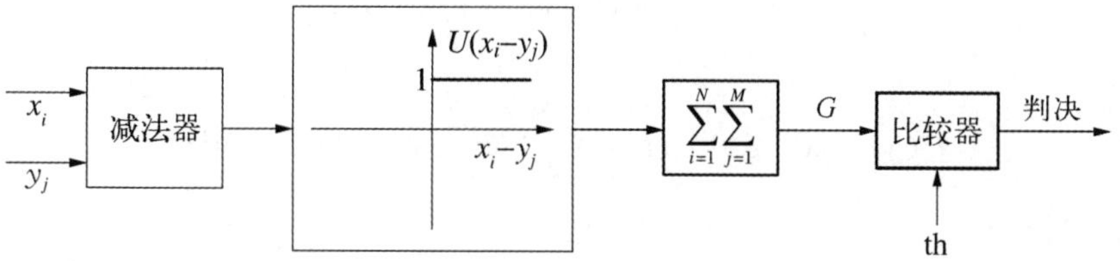

图 4.3　曼-惠特尼检测器

曼-惠特尼检测器是双输入检测器,为了将它与纽曼-皮尔逊检测器进行性能比较,首先,需要对纽曼-皮尔逊检测器作适当调整,然后分别计算两种检测器的效验,再采用(4.2.12)式计算两种检测器的渐近相对效率.

对于单输入平稳高斯白噪声,当虚警概率给定时,纽曼-皮尔逊检测器的检验统计量为

$$G=\frac{1}{N}\sum_{i=1}^{N}x_i \tag{4.2.92}$$

推广到上述双输入情况下,参量检测器的检验统计量定义为

$$G_1 = \frac{1}{N}\sum_{i=1}^{N} x_i - \frac{1}{M}\sum_{j=1}^{M} y_j \tag{4.2.93}$$

在两种假设下，G_1 都是高斯随机变量.其均值和方差分别为

$$E\{G_1 \mid H_1\} = \frac{1}{N}\cdot N \cdot E\{x_i \mid H_1\} - \frac{1}{M}\cdot M \cdot E\{y_j\} = \mu \tag{4.2.94a}$$

$$E\{G_1 \mid H_0\} = \frac{1}{N}\cdot N \cdot E\{x_i \mid H_0\} - \frac{1}{M}\cdot M \cdot E\{y_j\} = 0 \tag{4.2.94b}$$

$$\begin{aligned}\mathrm{Var}\{G_1 \mid H_0\} &= \mathrm{Var}\{G_1 \mid H_1\} = E\{G_1^2 \mid H_0\} \\ &= E\left\{\left(\frac{1}{N}\sum_{i=1}^{N} n_i - \frac{1}{M}\sum_{j=1}^{M} y_j\right)^2\right\} = \frac{M+N}{MN}\sigma^2 \end{aligned}\tag{4.2.95}$$

由于(4.2.6)式定义的是单输入的效验，对于双输入情况，需定义等效样本长度

$$N_D = \frac{MN}{M+N} \tag{4.2.96}$$

取 $m=1, v=0.5$，此时，可得双输入情况下纽曼-皮尔逊检测器的效验，为

$$\eta_1 = \lim_{\substack{N\to+\infty \\ M\to+\infty}} \frac{N+M}{MN}\cdot\frac{1}{\frac{M+N}{MN}\sigma^2} = \frac{1}{\sigma^2} \tag{4.2.97}$$

下面，我们计算曼-惠特尼检测器的效验.将(4.2.90)式定义的检验统计量重写如下：

$$G_2 = \sum_{i=1}^{N}\sum_{j=1}^{M} U(x_i - y_j) \tag{4.2.98}$$

为了计算效验，需要先计算 $E\{G_2 | H_1\}$ 及 $\mathrm{Var}\{G_2 | H_0\}$.在 H_1 为真时，由(4.2.98)式可得

$$\begin{aligned} E\{G_2 \mid H_1\} &= E\left\{\sum_{i=1}^{N}\sum_{j=1}^{M} U(x_i - y_j) \middle| H_1\right\} \\ &= \sum_{i=1}^{N}\sum_{j=1}^{M} E\{U(x_i - y_j) | H_1\} \\ &= MNP(y_j - x_i \leqslant 0 | H_1) \end{aligned}\tag{4.2.99}$$

由于

$$P(y_j - x_i \leqslant 0 \mid H_1) = \int_{-\infty}^{+\infty} F_n(\mu + x) f_n(x)\mathrm{d}x \tag{4.2.100}$$

于是

$$\begin{aligned}\frac{\partial}{\partial\mu}E\{G_2 \mid H_1\}\bigg|_{\mu=0} &= MN\int_{-\infty}^{+\infty} f_n(\mu + x) f_n(x)\mathrm{d}x\bigg|_{\mu=0} \\ &= MN\int_{-\infty}^{+\infty} f_n^2(x)\mathrm{d}x \end{aligned}\tag{4.2.101}$$

在 H_0 为真时，$E\{G_2 | H_0\} = \frac{1}{2}MN$，分析计算方法与推导(4.2.99)式的类似，请读者自己完成.进一步求得

$$\begin{aligned}\mathrm{Var}\{G_2 \mid H_0\} &= E\{G_2^2 \mid H_0\} - [E\{G_2 \mid H_0\}]^2 \\ &= \frac{1}{12}MN(M + N + 1) \end{aligned}\tag{4.2.102}$$

因此，曼-惠特尼检测器的效验为

$$\eta_2=\lim_{\substack{M\to+\infty\\N\to+\infty}}\frac{M+N}{MN}\cdot\frac{\left[MN\int_{-\infty}^{+\infty}f_n^2(x)\mathrm{d}x\right]^2}{\frac{1}{12}MN(M+N+1)}$$

$$=12\left[\int_{-\infty}^{+\infty}f_n^2(x)\mathrm{d}x\right]^2 \tag{4.2.103}$$

最终,可得曼-惠特尼检测器相对于纽曼-皮尔逊检测器的渐近相对效率

$$\mathrm{ARE}_{2,1}=\frac{\eta_2}{\eta_1}=12\sigma^2\left[\int_{-\infty}^{+\infty}f_n^2(x)\mathrm{d}x\right]^2 \tag{4.2.104}$$

当观测样本为独立同分布的高斯变量时,有$\int_{-\infty}^{+\infty}f_n^2(x)\mathrm{d}x=\frac{1}{2\sqrt{\pi}\sigma}$,代入上式,得

$$\mathrm{ARE}_{2,1}=\frac{3}{\pi} \tag{4.2.105}$$

由以上结果可知,曼-惠特尼检测器与单输入威尔柯克荪检测器有相同的 ARE. 对于均值为 0、方差为 σ^2 服从拉氏分布的未知噪声,若我们猜测它是均值为 0、方差为 σ^2 的高斯分布,则

$$\mathrm{ARE}_{2,1}=1.5 \tag{4.2.106}$$

2. “极性重合”相关检测器

同时存在两路独立观测样本,它们都是接收信号,分别用 $\boldsymbol{x}=[x_1,x_2,\cdots,x_N]^{\mathrm{T}}$ 和 $\boldsymbol{y}=[y_1,y_2,\cdots,y_N]^{\mathrm{T}}$ 表示. 接收信号基于以下二元假设:

$$\begin{aligned}H_0:\quad &\boldsymbol{x}=[n_{11},n_{12},\cdots,n_{1N}]^{\mathrm{T}}\\&\boldsymbol{y}=[n_{21},n_{22},\cdots,n_{2N}]^{\mathrm{T}}\\H_1:\quad &\boldsymbol{x}=[s_1+n_{11},s_2+n_{12},\cdots,s_N+n_{1N}]^{\mathrm{T}}\\&\boldsymbol{y}=[s_1+n_{21},s_2+n_{22},\cdots,s_N+n_{2N}]^{\mathrm{T}}\end{aligned} \tag{4.2.107}$$

其中,s_i 是信号的样本,符号可正可负,n_{1i} 和 n_{2i} $(i=1,2,\cdots,N)$ 都是关于纵轴对称分布白噪声,n_{1i} 与 n_{2i} 彼此统计独立,其概率密度函数分别为 $f_1(n)$ 与 $f_2(n)$.

从上面的条件看,$f(x|H_0)$ 和 $f(y|H_0)$ 是关于纵轴对称的,$f(x|H_1)$ 和 $f(y|H_1)$ 也可能是对称的,不能直接采用前面介绍的方法,必须研究新的方法.

利用两路观测样本的正负极性信息构造如下检验统计量:

$$G=\sum_{i=1}^{N}U(\mathrm{sgn}(x_i)\mathrm{sgn}(y_i)) \tag{4.2.108}$$

得到“极性重合”相关检测器. 相应的判决规则为

$$G\underset{H_0}{\overset{H_1}{\gtrless}}\mathrm{th} \tag{4.2.109}$$

G 等于观测样本 $\boldsymbol{x}$ 与 $\boldsymbol{y}$ 中正负极性相同的样本数. 当 H_0 为真时,G 服从二项分布:

$$p_G(G=k)=\binom{N}{k}p_0^k(1-p_0)^{N-k} \tag{4.2.110}$$

式中,p_0 代表 H_0 为真时 x_i 与 y_i 同时为正值的概率与同时为负值的概率之和. 可以证明 $p_0=0.5$. 证明过程如下:

$$\begin{aligned}p_0&=P(x>0,y>0\mid H_0)+P(x<0,y<0\mid H_0)\\&=\int_0^{+\infty}\int_0^{+\infty}f(x,y\mid H_0)\mathrm{d}x\mathrm{d}y+\int_{-\infty}^0\int_{-\infty}^0 f(x,y\mid H_0)\mathrm{d}x\mathrm{d}y\\&=\int_0^{+\infty}f_1(x)\mathrm{d}x\int_0^{+\infty}f_2(y)\mathrm{d}y+\int_{-\infty}^0 f_1(x)\mathrm{d}x\int_{-\infty}^0 f_2(y)\mathrm{d}y\end{aligned}$$

$$= 0.5 \tag{4.2.111}$$

由(4.2.110)式和(4.2.111)式可得:“极性重合”相关检测器具有恒虚警特性.

当 n_{1i} 和 n_{2i} 是均值为 0、方差为 σ^2 的高斯白噪声时,“极性重合”相关检测器对于最佳参量检测器的渐近相对效率 ARE≈0.202.

4.2.5 自适应检测

上述各种非参量检测器的检验统计量基本上都是固定不变的,但在实际中,噪声的概率特性往往是随时间变化的,显然上述非参量检测器不能直接使用.于是提出了能自动适应噪声概率特性变化的自适应非参量检测器概念.

1. 单输入自适应符号检测器

根据前面的分析,我们知道高斯噪声背景下的最佳检测器是线性相关检测器,可以证明在拉氏噪声下的局部最佳检测器是符号相关检测器.若我们构造一个新的检验统计量,它是由上面两种检测器检验统计量的加权和组成.通过调整加权系数,这种检测器就可能适应较复杂的噪声环境中的信号检测.它称为自适应符号检测器.

考虑如下的二元假设检验问题:

$$\begin{aligned} H_0:&\quad x_i = n_i \\ H_1:&\quad x_i = As_i + n_i \end{aligned} \qquad (i = 1,2,\cdots,N) \tag{4.2.112}$$

其中,$s_i\,(i=1,2,\cdots,N)$为确知信号序列,$A>0$ 为信号幅值;噪声样本 n_i 独立同分布,概率密度函数满足 $f_n(n_i)=f_n(-n_i)$,且方差 σ^2 已知.检验统计量定义为

$$G = \varepsilon\sum_{i=1}^{N} x_i s_i + (1-\varepsilon)\sum_{i=1}^{N} s_i \operatorname{sgn}(x_i) \tag{4.2.113}$$

其中,$\varepsilon\,(0\leqslant\varepsilon\leqslant 1)$为加权系数.上述检验统计量也可以用两矢量内积的形式表示:

$$G = \varepsilon\langle \boldsymbol{x},\boldsymbol{s}\rangle + (1-\varepsilon)\langle \operatorname{sgn}(\boldsymbol{x}),\boldsymbol{s}\rangle \tag{4.2.114}$$

其中,$\operatorname{sgn}(\boldsymbol{x})=[\operatorname{sgn}(x_1),\operatorname{sgn}(x_2),\cdots,\operatorname{sgn}(x_N)]^{\mathrm{T}}$.相应的判决规则为

$$G \underset{H_0}{\overset{H_1}{\gtrless}} \mathrm{th} \tag{4.2.115}$$

其中,th 为判决门限.相应的自适应符号检测器如图 4.4 所示.

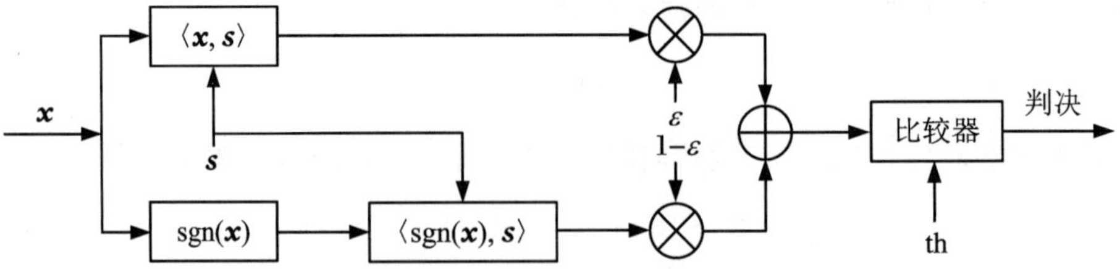

图 4.4　自适应符号检测器

下面我们计算自适应符号检测器的效验.在 H_1 为真时有

$$E\{G \mid H_1\} = \varepsilon A\langle \boldsymbol{s},\boldsymbol{s}\rangle + (1-\varepsilon)\langle E\{\operatorname{sgn}(\boldsymbol{x}) \mid H_1\},\boldsymbol{s}\rangle \tag{4.2.116}$$

其中,$E\{\operatorname{sgn}(\boldsymbol{x})|H_1\}$的第 i 个分量为

$$\begin{aligned} E\{\operatorname{sgn}(x_i) \mid H_1\} &= E\{\operatorname{sgn}(As_i + n_i) \mid H_1\} \\ &= 1\cdot P(As_i + n_i > 0 \mid H_1) - 1\cdot P(As_i + n_i < 0 \mid H_1) \end{aligned}$$

$$= P(n_i > -As_i) - P(n_i < -As_i)$$
$$= 1 - 2P(n_i < -As_i)$$
$$= 1 - 2F_n(-As_i)$$

把 $F_n(-As_i)$在原点展开

$$E\{\mathrm{sgn}(x_i) \mid H_1\} = 1 - 2\{F_n(0) - As_i f_n(0) + o(A^2)\}$$
$$\approx 2As_i f_n(0) \tag{4.2.117}$$

对(4.2.116)式求 $A=0$ 处的导数,可得

$$\frac{\partial}{\partial A}E\{G \mid H_1\}\bigg|_{A=0} = [\varepsilon + 2(1-\varepsilon)f_n(0)]\langle \boldsymbol{s},\boldsymbol{s}\rangle \tag{4.2.118}$$

在 H_0 为真时,用同样的方法不难得出

$$\mathrm{Var}\{G \mid H_0\} = [\sigma^2\varepsilon^2 + 2\varepsilon(1-\varepsilon)p_0 + (1-\varepsilon)^2]\langle \boldsymbol{s},\boldsymbol{s}\rangle \tag{4.2.119}$$

其中,p_0 是噪声的绝对平均值,为

$$p_0 = E\{|n|\} \tag{4.2.120}$$

由(4.2.6)式可得检测器的效验为

$$\eta_{\mathrm{AD}} = \lim_{N\to+\infty}\frac{[\varepsilon + 2(1-\varepsilon)f_n(0)]^2}{N[\sigma^2\varepsilon^2 + 2\varepsilon(1-\varepsilon)p_0 + (1-\varepsilon)^2]}\langle \boldsymbol{s},\boldsymbol{s}\rangle \tag{4.2.121}$$

在 $\varepsilon=0$ 和 $\varepsilon=1$ 时,(4.2.121)式中的效验分别为

$$\begin{cases} \eta_{\mathrm{AD}} = \eta_L = \lim\limits_{N\to+\infty}\dfrac{\langle \boldsymbol{s},\boldsymbol{s}\rangle}{\sigma^2 N} & (\varepsilon = 1) \\ \eta_{\mathrm{AD}} = \eta_S = \lim\limits_{N\to+\infty} 4f_n^2(0)\dfrac{\langle \boldsymbol{s},\boldsymbol{s}\rangle}{N} & (\varepsilon = 0) \end{cases} \tag{4.2.122}$$

即当 $\varepsilon=1$ 时,自适应符号检测器的效验退化为线性相关检测器的效验;当 $\varepsilon=0$ 时,自适应符号检测器的效验退化为符号相关检测器的效验.而一般情况下,对于变化噪声,可以通过选取适当的 ε,使 η_{AD}取得最大值,该 ε 记为$\varepsilon_{\mathrm{opt}}$. $\varepsilon_{\mathrm{opt}}$应满足以下条件:

$$\frac{\partial}{\partial\varepsilon}\eta_{\mathrm{AD}}\bigg|_{\varepsilon=\varepsilon_{\mathrm{opt}}} = 0 \tag{4.2.123}$$

解得

$$\varepsilon_{\mathrm{opt}} = \frac{1}{1 + a\sigma} \tag{4.2.124}$$

其中,$a=[2\sigma f_n(0) - p_0/\sigma]/[1-2p_0 f_n(0)]$.

将(4.2.124)式代入(4.2.121)式,得到最佳效验 η_{AD}^*,为

$$\eta_{\mathrm{AD}}^* = \lim_{N\to+\infty}\frac{1 - 4p_0 f_n(0) + 4\sigma^2 f_n^2(0)}{N[\sigma^2 - p_0^2]}\langle \boldsymbol{s},\boldsymbol{s}\rangle \tag{4.2.125}$$

当噪声是高斯型时

$$p_0 = \frac{1}{\sqrt{2\pi}\sigma}\int_{-\infty}^{+\infty}|x|\mathrm{e}^{-\frac{x^2}{2\sigma^2}}\mathrm{d}x = \sqrt{\frac{2}{\pi}}\sigma \tag{4.2.126}$$

易得 $a=0$,$\varepsilon_{\mathrm{opt}}=1$;而当噪声是拉氏型时

$$p_0 = \frac{1}{\sqrt{2}\sigma}\int_{-\infty}^{+\infty}|x|\mathrm{e}^{-\frac{\sqrt{2}|x|}{\sigma}}\mathrm{d}x = \frac{\sigma}{\sqrt{2}} \tag{4.2.127}$$

易得 $a\to+\infty$,$\varepsilon_{\mathrm{opt}}=0$.可见,$\varepsilon_{\mathrm{opt}}$正是两种情况下的最优解.因此,根据不同的噪声环境,选取适当的 $\varepsilon_{\mathrm{opt}}$,能提高检测器的性能.由(4.2.124)式可见,$\varepsilon_{\mathrm{opt}}$只依赖于三个参数:$\sigma$、$p_0$ 和

$f_n(0)$，可以通过样本来估计它们，有兴趣的读者可以参阅相关文献.

2. 双输入自适应符号检测器

两路独立观测样本基于以下二元假设：

$$\begin{aligned} H_0: \quad & \boldsymbol{x} = [n_{11}, n_{12}, \cdots, n_{1N}]^{\mathrm{T}} \\ & \boldsymbol{y} = [n_{21}, n_{22}, \cdots, n_{2N}]^{\mathrm{T}} \\ H_1: \quad & \boldsymbol{x} = [s_1 + n_{11}, s_2 + n_{12}, \cdots, s_N + n_{1N}]^{\mathrm{T}} \\ & \boldsymbol{y} = [s_1 + n_{21}, s_2 + n_{22}, \cdots, s_N + n_{2N}]^{\mathrm{T}} \end{aligned} \tag{4.2.128}$$

其中，$s_i(i=1,2,\cdots,N)$为确知信号序列；n_{1i}和n_{2i}是噪声样本序列，噪声样本独立同分布，概率密度函数满足$f_n(n)=f_n(-n)$，且方差σ^2已知.

双输入线性相关检测器的检验统计量为

$$G_C = \langle \boldsymbol{x}, \boldsymbol{y} \rangle = \sum_{i=1}^{N} x_i y_i \tag{4.2.129}$$

而“极性重合”相关检测器的检验统计量为

$$G_{\mathrm{PCC}} = \langle \mathrm{sgn}(\boldsymbol{x}), \mathrm{sgn}(\boldsymbol{y}) \rangle = \sum_{i=1}^{N} \mathrm{sgn}(x_i)\mathrm{sgn}(y_i) \tag{4.2.130}$$

若噪声为高斯型，则最佳纽曼-皮尔逊检测器是双输入平方和检测器，检验统计量为

$$G_{\mathrm{SS}} = \langle \boldsymbol{x} + \boldsymbol{y}, \boldsymbol{x} + \boldsymbol{y} \rangle = \sum_{i=1}^{N} (x_i + y_i)^2 \tag{4.2.131}$$

双输入自适应符号检测器的检验统计量由G_C与G_{PCC}的加权和组成，为

$$G_{\mathrm{DAD}} = \varepsilon \langle \boldsymbol{x}, \boldsymbol{y} \rangle + (1-\varepsilon) \langle \mathrm{sgn}(\boldsymbol{x}), \mathrm{sgn}(\boldsymbol{y}) \rangle \tag{4.2.132}$$

其中，ε为加权系数. 可以证明双输入自适应符号检测器的效验为

$$\eta_{\mathrm{DAD}} = \lim_{N \to +\infty} \frac{2\mathrm{tr}\{\boldsymbol{B}\boldsymbol{B}^{\mathrm{T}}\}[\varepsilon + 4(1-\varepsilon) f_n^2(0)]^2}{N[\sigma^4 \varepsilon^2 + 2\varepsilon(1-\varepsilon) p_0^2 + (1-\varepsilon)^2]} \tag{4.2.133}$$

其中，$\boldsymbol{B}=\boldsymbol{s}\boldsymbol{s}^{\mathrm{T}}$为信号矩阵，$\boldsymbol{s}=[s_1, s_2, \cdots, s_N]^{\mathrm{T}}$. 当$\varepsilon=\varepsilon_{\mathrm{opt}}$时，$\eta_{\mathrm{DAD}}$取得最大值，记为$\eta_{\mathrm{DAD}}^*$

$$\varepsilon_{\mathrm{opt}} = \frac{1}{1 + a\sigma^2} \tag{4.2.134}$$

其中，$a=[4\sigma^2 f_n^2(0)-(p_0/\sigma)^2]/[1-4p_0^2 f_n^2(0)]$. 将(4.2.134)式代入(4.2.133)式，得

$$\eta_{\mathrm{DAD}}^* = \lim_{N \to +\infty} \frac{2\mathrm{tr}\{\boldsymbol{B}\boldsymbol{B}^{\mathrm{T}}\}[1 - 8p_0^2 f_n^2(0) + 16\sigma^4 f_n^4(0)]}{N[\sigma^4 - p_0^4]} \tag{4.2.135}$$

由(4.2.134)式可见，$\varepsilon_{\mathrm{opt}}$仍然只依赖于三个参数$\sigma$、$p_0$和$f_n(0)$，同样可以通过样本估计它们.

4.3 稳 健 检 测

当噪声的概率密度函数在允许的范围内变化，检测器的性能起伏不大，可以被接受，这样的检测器称为稳健检测器. 稳健检测的噪声模型有多种形式，其中最有代表性并被广泛使用的是混合型（或称污染型）概率密度函数. 它是一类概率密度函数集合，可表示为

$$\mathbb{F} = \{q(x): q(x) = (1-\varepsilon)p(x) + \varepsilon h(x), h(x) \in \mathbb{H}\} \tag{4.3.1}$$

其中，$p(x)$是确定概率密度函数，称为名义概率密度函数；$h(x)$是不确定的概率密度函数，称为污染概率密度函数．混合型概率密度函数是名义概率密度函数与污染概率密度函数的加权和，加权系数分别为$(1-\varepsilon)$和 ε，$\varepsilon(0<\varepsilon<1)$被称为污染度，是一个常数．污染概率密度函数 $h(x)$属于约束很松或任意的概率密度函数集合$\mathbb{H}$．显然，名义概率密度函数 $p(x)$描述了噪声概率特性中的确定性部分，充分利用了噪声分布的先验知识，克服了非参量检测理论的保守性和盲目性，从而使稳健检测带有参量检测的特征．污染概率密度函数 $h(x)$描述了噪声概率特性中的不确定性部分，反映了噪声概率特性在允许的范围内的不确定性，克服了参量检测理论的狭义性，使得稳健检测带有非参量检测的特征．

稳健检测的二元假设模型为

$$\begin{aligned} H_0:\quad & q_0(x)\in\mathbb{F}_0=\{q_0(x):q_0(x)=(1-\varepsilon_0)p_0(x)+\varepsilon_0 h_0(x)\} \\ H_1:\quad & q_1(x)\in\mathbb{F}_1=\{q_1(x):q_1(x)=(1-\varepsilon_1)p_1(x)+\varepsilon_1 h_1(x)\} \end{aligned} \tag{4.3.2}$$

其中，$p_0(x)$和 $p_1(x)$是不同的名义概率密度函数，并在$\mathbb{F}_0$ 与$\mathbb{F}_1$ 中不存在任何公共的概率密度函数，$h_0(x)\in\mathbb{H}$，$h_1(x)\in\mathbb{H}$，$\mathbb{H}$ 是任意概率密度函数集合，ε_0 和 ε_1 是污染度．

稳健检测的基本思路与第 3 章介绍的极小极大准则相似．先在混合型概率密度函数族$\mathbb{F}_0$ 和$\mathbb{F}_1$ 中按某种准则找出“最不利概率密度函数对”，然后在该函数对条件下依据选择的最佳准则设计最佳(或局部最佳)检测器．于是，当混合型概率密度函数在$\mathbb{F}_0$ 和$\mathbb{F}_1$ 内变化时，该检测器的性能总是优于最不利函数对条件下的性能．

首先给出检验函数和势函数的概念．

考虑(4.2.1)式的二元假设检验问题，基于单观测样本 x 的检验函数 $\phi(x)(0\leqslant\phi(x)\leqslant1)$表示当观测样本值为 x 时，判决器以概率 $\phi(x)$判决 H_1 为真，以概率 $1-\phi(x)$判决 H_0 为真，一般情况下 $\phi(x)$取以下形式：

$$\phi(x)=\begin{cases}1 & (G(x)\geqslant \mathrm{th})\\ 0 & (G(x)<\mathrm{th})\end{cases} \tag{4.3.3}$$

其中，$G(x)$和 th 分别为检验统计量和判决门限．而 $\phi(x)$的数学期望表示为

$$\beta_\phi(A\mid f)=E\{\phi(x)\mid f\} \tag{4.3.4}$$

其中，$f(x)$是观测样本 x 的概率密度函数，简写为 f．$\beta_\phi(A|f)$称为检验函数 $\phi(x)$的势函数或功效函数，其值依赖于检测器的形式和观测样本的概率密度函数．在不同假设下势函数可记为

$$\begin{cases}\beta_\phi(0\mid f)=E\{\phi(x)\mid H_0,f\}\\ \beta_\phi(A\mid f)=E\{\phi(x)\mid H_1,f\}\end{cases} \tag{4.3.5}$$

显然上式的势函数描述了检测器的虚警概率和检测概率，即有

$$\begin{cases}\alpha=\beta_\phi(0\mid f)\\ P_{\mathrm{D}}=\beta_\phi(A\mid f)\end{cases} \tag{4.3.6}$$

4.3.1　稳健假设检验

1. 稳健似然比检验

两种假设下观测样本 x 的概率特性如(4.3.2)式所示．若采用平均代价作为选择最不利概率密度函数的指标，且假定正确判决代价为 0、错误判决代价为 1．H_0 为真且检验函数为

$\phi(x)$时，则平均代价 $R(q_0,\phi)$为

$$R(q_0,\phi)=\beta_\phi(0|q_0)=E\{\phi(x)|H_0,q_0\} \tag{4.3.7}$$

其中，$\beta_\phi(0|q_0)$表示 H_0 为真(即 $q_0(x)\in\mathbb{F}_0$)时检验函数为 $\phi(x)$时的平均代价，该代价即为虚警概率. 当 H_1 为真且检验函数为 $\phi(x)$时，则平均代价$R(q_1,\phi)$为

$$R(q_1,\phi)=1-\beta_\phi(A|q_1)=1-E\{\phi(x)|H_1,q_1\} \tag{4.3.8}$$

其中，$\beta_\phi(A|q_1)$是检测概率，那么 $R(q_1,\phi)$表示的平均代价即为漏警概率.

稳健检测的具体要求是：在混合型概率密度函数族$\mathbb{F}_0$ 和$\mathbb{F}_1$ 中寻找一对特殊的函数对 $q_0^*(x)\in\mathbb{F}_0$ 和 $q_1^*(x)\in\mathbb{F}_1$，并以它们为基础构成似然比检验，即

$$\frac{q_1^*(x)}{q_0^*(x)}\underset{H_0}{\overset{H_1}{\gtrless}}\text{th} \tag{4.3.9}$$

其中，th 为似然比判决门限. 由(4.3.9)式可设计出最佳检测器. 当 H_0 和 H_1 为真时的概率密度函数分别为 $q_0^*(x)$和 $q_1^*(x)$时，是一种最佳检测. 当 H_0 和 H_1 为真时的概率密度函数分别为 $q_0(x)\in\mathbb{F}_0$ 和 $q_1(x)\in\mathbb{F}_1$ 时，若由(4.3.9)式设计的最佳检测器的性能满足以下不等关系：

$$R(q_0,\phi^*)\leqslant R(q_0^*,\phi^*) \tag{4.3.10}$$

$$R(q_1,\phi^*)\leqslant R(q_1^*,\phi^*) \tag{4.3.11}$$

则称(q_0^*,q_1^*)为混合型概率密度函数族$\mathbb{F}_0$ 和$\mathbb{F}_1$ 中最不利的函数对. 当 H_0 假设的概率密度函数为 q_0^* 时的虚警概率(即 $R(q_0^*,\phi^*)$)大于或等于 H_0 假设为其他任意概率密度函数 $q_0\in\mathbb{F}_0$ 时的虚警概率；当 H_1 假设的概率密度函数为 q_1^* 时的漏警概率 $R(q_1^*,\phi^*)$大于或等于 H_1 假设为其他任意概率密度函数 $q_1\in\mathbb{F}_1$ 时的漏警概率 $R(q_1,\phi^*)$.

现在讨论在混合型概率密度函数族$\mathbb{F}_0$ 和$\mathbb{F}_1$ 中求解最不利的函数对(q_0^*,q_1^*)问题.

对于似然比检验来说，混合型概率密度函数族$\mathbb{F}_0$ 及$\mathbb{F}_1$ 中最不利函数对(q_0^*,q_1^*)应彼此最为接近. 由于在$\mathbb{F}_0$ 与$\mathbb{F}_1$ 中不存在任何公共的概率密度函数，即$\mathbb{F}_0$ 与$\mathbb{F}_1$ 不相交，所以基于(4.3.2)式的混合型概率密度函数族，最不利函数对(q_0^*,q_1^*)的一种猜想为

$$q_0^*(x)=\begin{cases}(1-\varepsilon_0)p_0(x) & \left(\dfrac{p_1(x)}{p_0(x)}<C''\right)\\[2ex] \dfrac{1}{C''}(1-\varepsilon_0)p_1(x) & \left(\dfrac{p_1(x)}{p_0(x)}\geqslant C''\right)\end{cases} \tag{4.3.12}$$

$$q_1^*(x)=\begin{cases}(1-\varepsilon_1)p_1(x) & \left(\dfrac{p_1(x)}{p_0(x)}>C'\right)\\[2ex] C'(1-\varepsilon_1)p_0(x) & \left(\dfrac{p_1(x)}{p_0(x)}\leqslant C'\right)\end{cases} \tag{4.3.13}$$

其中，选择 $0\leqslant C'<C''<+\infty$ 应保证$\int q_0^*(x)\mathrm{d}x=1$ 和$\int q_1^*(x)\mathrm{d}x=1$.

$\int q_0^*(x)\mathrm{d}x=1$ 可写为

$$\int q_0^*(x)\mathrm{d}x=\int_{(X_1)}q_0^*(x)\mathrm{d}x+\int_{(X_2)}q_0^*(x)\mathrm{d}x \tag{4.3.14}$$

其中

$$X_1 = \left\{x:\frac{p_1(x)}{p_0(x)} < C''\right\}$$

$$X_2 = \left\{x:\frac{p_1(x)}{p_0(x)} \geqslant C''\right\}$$

因此

$$\begin{aligned}\int q_0^*(x)\mathrm{d}x &= (1-\varepsilon_0)\int_{(X_1)} p_0(x)\mathrm{d}x + \frac{1}{C''}(1-\varepsilon_0)\int_{(X_2)} p_1(x)\mathrm{d}x \\ &= 1\end{aligned} \tag{4.3.15}$$

$\int q_1^*(x)\mathrm{d}x = 1$ 可写为

$$\begin{aligned}\int q_1^*(x)\mathrm{d}x &= (1-\varepsilon_1)\int_{(X_1')} p_0(x)\mathrm{d}x + C'(1-\varepsilon_1)\int_{(X_2')} p_1(x)\mathrm{d}x \\ &= 1\end{aligned} \tag{4.3.16}$$

其中

$$X_1' = \left\{x:\frac{p_1(x)}{p_0(x)} > C'\right\}$$

$$X_2' = \left\{x:\frac{p_1(x)}{p_0(x)} \leqslant C'\right\}$$

当 $0<\varepsilon_i<1(i=0,1)$时，Huber 证明了方程组(4.3.15)式和(4.3.16)式中的 C'和 C''有唯一解，并且当 $p_0(x)\neq p_1(x)$，$C'<C''$，ε_i 充分小时，(4.3.12)式和(4.3.13)式给出的猜想是最不利的概率密度函数对.

2. 稳健检验统计量的构成

为了导出多观测样本 $\boldsymbol{x}=[x_1,x_2,\cdots,x_N]^{\mathrm{T}}$ 的检验统计量，先计算对于单个观测样本的似然比.由上面的讨论，稳健二元假设检验的混合型概率密度函数族$\mathbb{F}_0$ 及$\mathbb{F}_1$

$$H_0:\quad q_0(x)\in \mathbb{F}_0 = \{q_0(x): q_0(x) = (1-\varepsilon_0)p_0(x) + \varepsilon_0 h_0(x)\}$$

$$H_1:\quad q_1(x)\in \mathbb{F}_1 = \{q_1(x): q_1(x) = (1-\varepsilon_1)p_1(x) + \varepsilon_1 h_1(x)\}$$

可以得出结论：当 $p_0(x)\neq p_1(x)$，$\varepsilon_i(i=1,0)$很小时，由似然比推出稳健检验统计量 $G(x)$为

$$G(x) = \frac{q_1^*(x)}{q_0^*(x)} = \begin{cases} bC' & \left(\dfrac{p_1(x)}{p_0(x)}\leqslant C'\right) \\ b\,\dfrac{p_1(x)}{p_0(x)} & \left(C'<\dfrac{p_1(x)}{p_0(x)}\leqslant C''\right) \\ bC'' & \left(\dfrac{p_1(x)}{p_0(x)} > C''\right)\end{cases} \tag{4.3.17}$$

其中，$b=(1-\varepsilon_1)/(1-\varepsilon_0)$.当 $b=1$ 时，上式可简化为

$$G(x) = \begin{cases} C' & \left(\dfrac{p_1(x)}{p_0(x)}\leqslant C'\right) \\ \dfrac{p_1(x)}{p_0(x)} & \left(C'<\dfrac{p_1(x)}{p_0(x)}\leqslant C''\right) \\ C'' & \left(\dfrac{p_1(x)}{p_0(x)} > C''\right)\end{cases} \tag{4.3.18}$$

它可进一步用以下函数表示：

$$G(x)=\max\left\{C',\min\left\{C'',\frac{p_1(x)}{p_0(x)}\right\}\right\} \tag{4.3.19}$$

再将单观测样本条件下的稳健检验统计量推广到独立同分布多观测样本的情况. 稳健检验统计量定义为

$$G(\boldsymbol{x})=\prod_{i=1}^{N}\frac{q_1^*(x_i)}{q_0^*(x_i)} \tag{4.3.20}$$

同样可以证明下式成立：

$$R(q_0,\phi^*)\leqslant R(q_0^*,\phi^*) \tag{4.3.21}$$

$$R(q_1,\phi^*)\leqslant R(q_1^*,\phi^*) \tag{4.3.22}$$

可见，在多观测样本条件下由(4.3.12)式和(4.3.13)式给出的(q_0^*,q_1^*)仍是混合型概率密度函数族$\mathbb{F}_0$和$\mathbb{F}_1$中最不利的概率密度函数对.

4.3.2 确知信号的有限观测样本稳健检测

1. *确知信号稳健检测*

将上述稳健假设检验理论应用于加性混合型类高斯噪声中的确知信号检测. 相应的二元假设检验为

$$\begin{aligned}H_0:&\quad x_i=n_i\\ H_1:&\quad x_i=As_i+n_i\end{aligned}\qquad(i=1,2,\cdots,N) \tag{4.3.23}$$

其中，$s_i(i=1,2,\cdots,N)$为确知信号序列，$A>0$为信号幅值，n_i为污染白噪声，其概率密度函数为

$$q_n(x)\in\mathbb{F}_0=\{q(x):q(x)=(1-\varepsilon)p(x)+\varepsilon h_0(x)\} \tag{4.3.24}$$

其中，$0<\varepsilon<1$，$p(x)$是均值为0、方差为1的高斯概率密度函数，$h_0(x)$为任意概率密度函数. 因此

$$\begin{aligned}H_0:&\quad q_0(x)=q_n(x)\in\mathbb{F}_0\\ H_1:&\quad q_1(x)\in\mathbb{F}_1\end{aligned} \tag{4.3.25}$$

其中，$\mathbb{F}_1=\{q(x):q(x)=(1-\varepsilon)p(x-As)+\varepsilon h_1(x)\}$，令

$$p_0(x)=p(x)=\frac{1}{\sqrt{2\pi}}\exp\left(-\frac{x^2}{2}\right) \tag{4.3.26}$$

$$p_1(x)=p(x-As)=\frac{1}{\sqrt{2\pi}}\exp\left[-\frac{(x-As)^2}{2}\right] \tag{4.3.27}$$

由于ε很小，因此$C'<C''$. 对(4.3.20)式取对数，可得相应的判决规则，为

$$\gamma_N(\boldsymbol{x})=\sum_{i=1}^{N}\gamma(x_i)\underset{H_0}{\overset{H_1}{\gtrless}}\ln \mathrm{th} \tag{4.3.28}$$

其中，$\ln \mathrm{th}$为判决门限，$\gamma(x_i)$为下式表示的单样本对数似然比：

$$\gamma(x_i)=\begin{cases}\ln C' & \left(\ln\dfrac{p_1(x_i)}{p_0(x_i)}\leqslant\ln C'\right)\\ \ln\dfrac{p_1(x_i)}{p_0(x_i)} & \left(\ln C'<\ln\dfrac{p_1(x_i)}{p_0(x_i)}\leqslant\ln C''\right)\\ \ln C'' & \left(\ln\dfrac{p_1(x_i)}{p_0(x_i)}>\ln C''\right)\end{cases} \tag{4.3.29}$$

令 $a'=\ln C'$ 和 $a''=\ln C''$，则

$$\gamma(x_i)=\begin{cases} a' & \left(x_i \leqslant \dfrac{2a'+(As_i)^2}{2As_i}\right) \\ x_iAs_i-\dfrac{(As_i)^2}{2} & \left(\dfrac{2a'+(As_i)^2}{2As_i}<x_i\leqslant\dfrac{2a''+(As_i)^2}{2As_i}\right) \\ a'' & \left(x_i>\dfrac{2a''+(As_i)^2}{2As_i}\right)\end{cases} \tag{4.3.30}$$

由(4.3.28)式和(4.3.30)式可以获得基于似然比检验的稳健检测器，如图 4.5 所示.

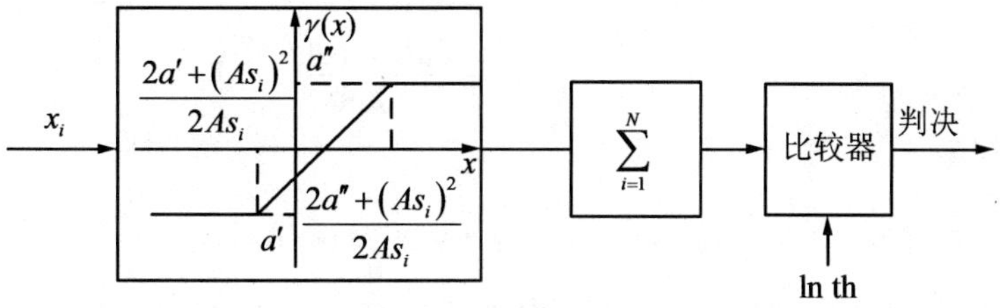

图 4.5　确知信号的有限观测样本稳健检测器

图 4.5 中的门限 ln th 是由虚警概率给定值 α_0 确定，即 $R(q_0^*,\phi^*)=E\{\phi^*\mid q_0^*\}=\alpha_0$.

易见，当 $q_1=q_1^*$ 时，这种检测器的检测概率达到下限 $E\{\phi^*\mid q_1^*\}$，即对于任何属于$\mathbb{F}_1$ 集合的混合型概率密度函数 q_1，对应的检测概率都大于 $E\{\phi^*\mid q_1^*\}$. 我们称采用上述判决规则的稳健检测器为检测确知信号的有限观测样本检测器，它由限幅器、累积器和比较器组成. 由于噪声概率特性的变化主要表现在概率密度函数“尾部”的变化，限幅器通过对其“尾部”(模值较大的样本)的限幅降低了检测器对噪声变化的敏感程度，从而使检测器具有稳健性.

应用上述稳健假设检验必须满足一些前提：如名义概率密度函数 $p_0(x)\neq p_1(x)$、污染度 ε 足够小. 这导致混合型概率密度函数集合$\mathbb{F}_0$ 和$\mathbb{F}_1$ 不相交. 在 $p_0(x)$、$p_1(x)$和 ε 给定的情况下，只有当信号 As_i 足够大时才能保证$\mathbb{F}_0$ 和$\mathbb{F}_1$ 不相交. 所以，这种检测器只能在 $A\cdot\min\limits_i|s_i|>A_{\min}(\varepsilon)$的条件下使用. $A_{\min}(\varepsilon)$由下式确定：

$$\Phi\left[\frac{A_{\min}(\varepsilon)}{2}\right]=\frac{1}{2(1-\varepsilon)} \tag{4.3.31}$$

2. 时变噪声中的确知信号稳健检测

现在我们讨论在时变噪声中的确知信号的稳健检测. 相应的二元假设检验为

$$\begin{aligned} H_0:&\quad x_i=n_i \\ H_1:&\quad x_i=As_i+n_i\end{aligned}\qquad (i=1,2,\cdots,N) \tag{4.3.32}$$

与确知信号稳健检测不同之处在于：两类假设下的每个观测样本都对应一个混合型概率密度函数，N 个样本对应有 N 个混合型概率密度函数. (4.3.32)式的假设检验可写为

$$\begin{aligned} H_0:&\quad q_0(x_i)\in\mathbb{F}_0=\{q(x):q(x)=(1-\varepsilon)p_{0i}(x)+\varepsilon h_{0i}(x)\} \\ H_1:&\quad q_1(x_i)\in\mathbb{F}_1=\{q(x):q(x)=(1-\varepsilon)p_{1i}(x)+\varepsilon h_{1i}(x)\}\end{aligned}\qquad (i=1,2,\cdots,N) \tag{4.3.33}$$

其中，$p_{1i}(x)=p_{0i}(x-As_i)$，$h_{1i}(x)\in\mathbb{H}$，$h_{0i}(x)\in\mathbb{H}$.

在有限观测样本条件下，我们可以设计出在混合型时变噪声中检测确定信号的稳健检

测器. 由于 N 个观测样本具有不同的混合型概率密度函数,所以对(4.3.20)式取对数,可得检验统计量,为

$$\gamma_N(\boldsymbol{x}) = \sum_{i=1}^{N} \gamma_i(x_i) \tag{4.3.34}$$

其中

$$\gamma_i(x_i) = \begin{cases} a_i' & \left(x_i \leqslant \dfrac{2a_i' + (As_i)^2}{2As_i}\right) \\ x_i A s_i - \dfrac{(As_i)^2}{2} & \left(\dfrac{2a_i' + (As_i)^2}{2As_i} < x_i \leqslant \dfrac{2a_i'' + (As_i)^2}{2As_i}\right) \\ a_i'' & \left(x_i > \dfrac{2a_i'' + (As_i)^2}{2As_i}\right) \end{cases} \tag{4.3.35}$$

相应的判决规则为

$$\gamma_N(\boldsymbol{x}) = \sum_{i=1}^{N} \gamma_i(x_i) \underset{H_0}{\overset{H_1}{\gtrless}} \ln \text{th} \tag{4.3.36}$$

其中,ln th 为判决门限. 由上述判决规则可以得到与图 4.5 类似的稳健检测器,也可构建如图 4.6 所示的稳健检测器.

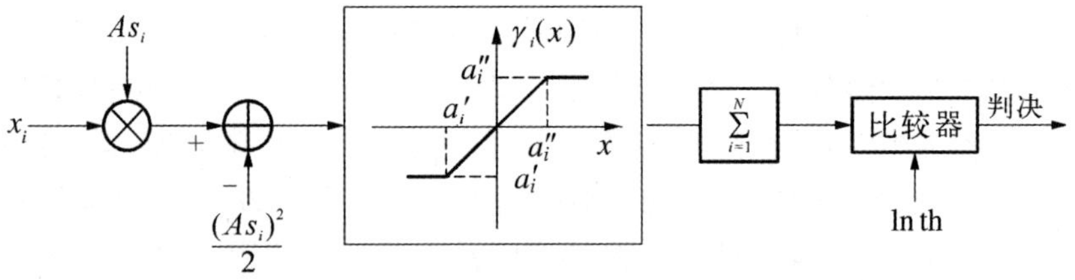

图 4.6　时变噪声中的确知信号的有限观测样本稳健检测器

当 $\varepsilon \to 0$ 时,$a_i' = -a_i''$,图 4.6 中的稳健检测器结构可简化为图 4.7 的形式.

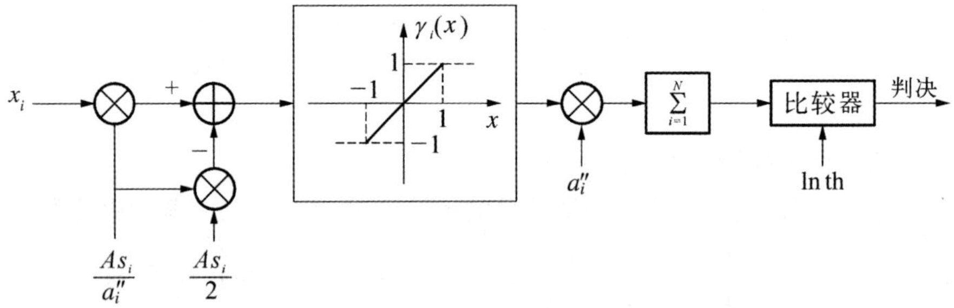

图 4.7　时变噪声中的确知信号的有限观测样本稳健检测器($\varepsilon \to 0$)

这种检测器由相乘器、累加器、限幅器及比较器构成. 它也只适用于 $A \cdot \min\limits_i |s_i| > A_{\min}(\varepsilon)$ 的情况.

4.3.3 确知信号的渐近稳健检测

有限观测样本稳健检测存在信号幅值必须大于某一阈值的限制，无法应用于弱信号的检测，因此需要寻求其他方法来解决弱信号的检测问题. 我们引入一种称为渐近稳健检测的概念，在信号幅值 $A\to 0$、样本数 $N\to+\infty$ 条件下进行弱信号检测的理论分析. 在渐近情况下，基于广义纽曼-皮尔逊准则的局部最优检测推导出非线性相关检测器（Nonlinear Correlation Detector，NC 检测器），它是一种局部最佳检测器.

仍以(4.3.23)式的二元假设检验问题为分析对象，不同之处在于噪声的概率密度函数属于以下函数集合：

$$\mathbb{F}_0=\{q(x)\mid q(x)=(1-\varepsilon)p(x)+\varepsilon h(x)(h(x)\in\mathbb{H}\})\tag{4.3.37}$$

其中，$\mathbb{H}$ 是满足一定正规条件的对称有界概率密度函数集合.

令 $\mathbb{D}$ 代表虚警概率给定值为 α_0 的所有检验函数 $\phi(\boldsymbol{x})$ 组成的集合，$\boldsymbol{x}=[x_1,x_2,\cdots,x_N]^{\mathrm{T}}$ 为 N 个观测样本值排成的矢量. 势函数为

$$\begin{cases}\beta_\phi(0\mid q)=E\{\phi(x)\mid H_0,q\}\\ \beta_\phi(A\mid q)=E\{\phi(x)\mid H_1,q\}\end{cases}\quad(\phi\in\mathbb{D})\tag{4.3.38}$$

其中，$\beta_\phi(0\mid q)$ 表示在 H_0 为真时判决为 H_1 的虚警概率；而 $\beta_\phi(A\mid q)$ 表示在 H_1 为真时判决为 H_1 的检测概率.

为了在噪声中能够检测弱信号，我们先给出势函数在原点的斜率：

$$\beta'_\phi(0\mid q)=\frac{\partial}{\partial A}\beta_\phi(A\mid q)\bigg|_{A=0}\tag{4.3.39}$$

它也称为局部势. 由泰勒级数展开，当 $A\to 0$ 时，有

$$\beta_\phi(A\mid q)\approx\beta_\phi(0\mid q)+A\frac{\partial}{\partial A}\beta_\phi(A\mid q)\bigg|_{A=0}\tag{4.3.40}$$

由此可见，在 $A\to 0$ 时可用局部势替代势函数作为寻求最不利的概率密度函数的性能指标.

下面分析如何通过局部势在集合 $\mathbb{F}$ 中寻求最不利的概率密度函数 q^* 和相应的局部最优势检验函数 $\phi^*\in\mathbb{D}$. 显然 q^* 和 ϕ^* 应满足以下关系：

$$\begin{cases}\beta_{\phi^*}(0\mid q)\leqslant\beta_{\phi^*}(0\mid q^*)\\ \beta'_\phi(0\mid q^*)\leqslant\beta'_{\phi^*}(0\mid q^*)\leqslant\beta'_{\phi^*}(0\mid q)\end{cases}\quad(q\in\mathbb{F})\tag{4.3.41}$$

其中，$\beta'_\phi(0\mid q^*)$ 表示在最不利概率密度函数 q^* 下寻找最佳检测器而尚未找到时，检测概率在 $A=0$ 点的斜率，它总是小于等于鞍点 (q^*,ϕ^*) 处的检测概率的斜率，即鞍点处检测概率的斜率为上确界；$\beta'_{\phi^*}(0\mid q)$ 表示由 ϕ^* 作为检验函数构成的检测器工作于非最不利概率密度函数 q 时检测概率在 $A=0$ 点的斜率，它总是大于等于鞍点处的相应值，即鞍点处检测概率的斜率为下确界.

对于局部最佳检测器，可以证明其最不利的概率密度函数 $q^*(x)$ 为

$$q^*(x)=\begin{cases}(1-\varepsilon)p(x) & (\mid x\mid<k)\\ (1-\varepsilon)p(k)\exp[-k(\mid x\mid-k)] & (\mid x\mid\geqslant k)\end{cases}\tag{4.3.42}$$

可见，当 $\mid x\mid<k$ 时，$q^*(x)$ 具有高斯概率密度函数的形式；当 $\mid x\mid\geqslant k$ 时，$q^*(x)$ 具有拉氏概率密度函数的形式. k 和 ε 之间的关系可由 $\int_{-\infty}^{+\infty}q^*(x)\mathrm{d}x=1$ 确定，即

$$\int_{-k}^{k} p(x)\mathrm{d}x + \frac{2}{k}p(k) = \frac{1}{1-\varepsilon} \tag{4.3.43}$$

显然，ε 值越大 k 值越小.

为了便于分析，可将上述最不利概率密度函数 $q^*(x)$ 写成如下形式：

$$q^*(x) = (1-\varepsilon)p(x) + \varepsilon h^*(x) \tag{4.3.44}$$

其中

$$h^*(x) = \begin{cases} 0 & (|x|<k) \\ \dfrac{1-\varepsilon}{\varepsilon}\{p(k)\exp[-k(|x|-k)-p(x)]\} & (|x|\geqslant k) \end{cases}$$

(4.3.23)式的二元假设检验的对数似然比为

$$\ln\lambda(\boldsymbol{x}) = \ln\prod_{i=1}^{N}\frac{q^*(x_i - As_i)}{q^*(x_i)} = \sum_{i=1}^{N}\ln\frac{q^*(x_i - As_i)}{q^*(x_i)} \tag{4.3.45}$$

定义检验统计量为

$$\begin{aligned} \gamma_N(\boldsymbol{x}) &= \frac{\partial}{\partial A}\ln\lambda(\boldsymbol{x})\Big|_{A=0} \\ &= \sum_{i=1}^{N}\left(\ln\frac{q^*(x_i - As_i)}{q^*(x_i)}\right)'\Bigg|_{A=0} \\ &= \sum_{i=1}^{N} -\frac{q^{*\prime}(x_i)}{q^*(x_i)}\cdot s_i \\ &= \sum_{i=1}^{N} s_i l(x_i) \end{aligned} \tag{4.3.46}$$

其中

$$l(x_i) = -\frac{q^{*\prime}(x_i)}{q^*(x_i)} = \begin{cases} k & (x_i \geqslant k) \\ x_i & (-k < x_i < k) \\ -k & (x_i \leqslant -k) \end{cases} \tag{4.3.47}$$

显然，$l(x_i)$是一个限幅器.

由(4.3.46)式可得如下判决规则：

$$\sum_{i=1}^{N} s_i l(x_i) \underset{H_0}{\overset{H_1}{\gtrless}} \ln \mathrm{th} \tag{4.3.48}$$

其中，ln th 为判决门限. 由该规则构成的检测器如图 4.8 所示. 由于在相关器之前有一个特性为 $l(x)$的非线性部件，所以该检测器称为非线性相关检测器，简称 NC 检测器.

图 4.8　非线性相关检测器

非线性相关检测器是针对最不利概率密度函数 $q^*(x)$所设计的局部最佳检测器. 当 $\varepsilon\to 0$ 和 $k\to+\infty$时，它退化为线性相关检测器；当 $\varepsilon\to 1$ 和 $k\to 0$ 时，它退化为符号相关检测器.

小　结

针对应用中很难获得准确的噪声概率密度函数问题，本章介绍了信号的非参量检测和稳健检测的最基本理论和方法．当在非参量噪声（只知道概率密度函数的一些定性知识）中，讨论了符号检测器、秩检测器、曼-惠特尼检测器、“极性重合”相关检测器等几种非参量检测器，分析了它们的检测性能，并讨论了自适应的符号检测器的原理．当已知噪声的局部概率特性（如噪声是接近正态分布的，但缺乏关于概率密度函数“尾部”分布的数据）时，建立了混合型（或污染型）概率密度函数模型，讨论了稳健假设检验、确知信号的有限样本稳健检测、确知信号的渐近稳健检测方法．

本章介绍的只是最基本的非参量检测和稳健检测方法，旨在帮助读者对这两种检测的基本原理和方法有所了解．在此基础上，读者可通过阅读更多文献来提高用非参量检测和稳健检测理论来分析和解决实际问题的能力．

习　题

4-1　二元假设如下：

$$H_0:\quad f(x \mid H_0) = \frac{1}{2}\exp(-|x|)$$

$$H_1:\quad f(x \mid H_1) = \frac{1}{2}\exp(-|x-a|)\quad (a>0)$$

现得到 N 个独立的观测样本 $x_1, x_2, \cdots, x_N$，定义检测器输出的有效信噪比如下：

$$\mathrm{SNR}_{\mathrm{out}}(G) = \frac{E\{G \mid H_1\} - E\{G \mid H_0\}}{\sqrt{\mathrm{Var}\{G \mid H_0\}}}$$

(1) 试给出纽曼-皮尔逊准则下的最佳检测器，并计算其有效信噪比；

(2) 假设给定检验统计量 $G' = \sum_{i=1}^{N} x_i$，定义该检测器相对于上面的最佳检测器的渐近相对效率如下（该值越大，说明该检测器性能越好）：

$$\mathrm{ARE} = \lim_{a\to 0}\frac{\mathrm{SNR}_{\mathrm{out}}(G')}{\mathrm{SNR}_{\mathrm{out}}(G)}$$

计算该检测器相对与(1)中检测器的渐近相对效率．

4-2　对于两个具有相同的虚警概率及检测概率的检测器，证明：第二个检测器对于第一个检测器的渐近相对效率可以表示为(4.2.12)式．

4-3　二元假设如下：

$$\begin{aligned} H_0:&\quad x_i = n_i \\ H_1:&\quad x_i = 1 + n_i \end{aligned}\qquad (i=1,2,\cdots)$$

其中，n_i 是均值为 0、方差为 1 的高斯白噪声．

(1) 分别求符号检测对于 $\alpha_0 = 10^{-1}$ 和 $\alpha_0 = 10^{-3}$ 的判决门限；

(2) 求相应的检测概率 P_D.

4-4　二元假设如下：

$$\begin{aligned} H_0:&\quad x_i = n_i \\ H_1:&\quad x_i = \mu + n_i \end{aligned} \qquad (i = 1,2,\cdots,10)$$

其中，$\mu > 0$，n_i 是均值为 0、方差为 1 的高斯白噪声. 已知 $\int_{-\infty}^{0} f(x \mid H_1)\mathrm{d}x = 0.08$ 和 $\int_{-\infty}^{0} f(x \mid H_0)\mathrm{d}x = 0.5$. 若规定 $\alpha = 0.05$，求符号检测器与纽曼-皮尔逊检测器的判决门限和检测概率.

4-5　二元假设如下：

$$\begin{aligned} H_0:&\quad x_i = n_i \\ H_1:&\quad x_i = \mu + n_i \end{aligned}$$

其中，$\mu>0$，噪声 n_i 是独立同分布的，其概率密度函数为

$$f_n(n) = \begin{cases} 0.5 & (-1 \leqslant n \leqslant 1) \\ 0 & (\text{其他}) \end{cases}$$

求符号检测器相对于线性相关检测器的 ARE.

4-6　二元假设如下：

$$\begin{aligned} H_0:&\quad x_i = n_i \\ H_1:&\quad x_i = \mu + n_i \end{aligned} \qquad (i = 1,2,\cdots,10)$$

其中，$\mu>0$，噪声 n_i 独立同分布且服从拉氏分布. 求符号检测器相对于线性相关检测器的 ARE.

4-7　二元假设如下：

$$\begin{aligned} H_0:&\quad x_i = n_i \\ H_1:&\quad x_i = \mu + n_i \end{aligned} \qquad (i = 1,2,\cdots,10)$$

其中，$\mu>0$，n_i 是关于纵轴对称分布的噪声序列. 现取得的观测样本值为

6.2, −4.4, 6.5, 4.1, 7.7, 1.4, 1.5, −0.3, 8.0, 2.6,

2.4, 6.0, 5.1, 4.2, −0.5, 0.7, −0.2, −0.6, 5.5, 4.0

若采用秩检测器，并取 $\alpha_0 = 0.15$，试分别给出相应的判决规则.

4-8　二元假设如下：

$$\begin{aligned} H_0:&\quad x_i = n_i \\ H_1:&\quad x_i = \mu + n_i \end{aligned}$$

其中，$\mu = 20$，n_i 是均值为 0、方差为 1 的高斯白噪声序列. 当取 $\alpha_0 = 0.1$ 且观测样本数是 15 时，求符号检测器相对于纽曼-皮尔逊检测器的有限样本相对效率.

4-9　二元假设如下：

$$\begin{aligned} H_0:&\quad x_i = n_i \\ H_1:&\quad x_i = \mu + n_i \end{aligned} \qquad (i = 1,2,\cdots,N)$$

其中，$\mu>0$，$f(x|H_0) = \dfrac{1}{\sqrt{2\pi}\sigma}\exp\left(-\dfrac{x^2}{2\sigma^2}\right)$，$f(x|H_1) = \dfrac{1}{\sqrt{2\pi}\sigma}\exp\left[-\dfrac{(x-\mu)^2}{2\sigma^2}\right]$，观测样本统计独立. 若采用符号检测器和纽曼-皮尔逊检测器，求这两种检测器的渐近相对效率.

4-10　给出局部最佳检测器的概念，证明在拉氏噪声下的局部最佳检测器是符号检测器.

4-11　二元假设如下：

$$\begin{aligned} H_0:&\quad x_i = n_i \\ H_1:&\quad x_i = \mu + n_i \end{aligned} \qquad (i = 1,2,\cdots,N)$$

其中，$\mu>0$，噪声 n_i 独立同分布且服从拉氏分布，均值为 0、方差为 σ_n^2. 若采用秩检测器和纽曼-皮尔逊检测器，求这两种检测器的渐进相对效率.

4－12　已知某次观测样本值为

$$-0.35, 5.1, 0.8, -2.2, 4.8, -1.2, -0.5, 3.9, 5.7, 6.2, -4, 0.2$$

求线性相关检测、符号检测和秩检测的检验统计量的值.

4－13　简要叙述什么叫稳健检测,它与参量检测和非参量检测有何不同?

4－14　二元假设如下:

$$H_0:\quad q_0(x) \in \mathbb{F}_0 = \{q_0(x): q_0(x) = (1-\varepsilon_0)p_0(x) + \varepsilon_0 h_0(x)\}$$

$$H_1:\quad q_1(x) \in \mathbb{F}_1 = \{q_1(x): q_1(x) = (1-\varepsilon_1)p_1(x) + \varepsilon_1 h_1(x)\}$$

其中,$0<\varepsilon_0<1$,$0<\varepsilon_1<1$,$p_0(x)$和 $p_1(x)$是名义概率密度函数,$p_0(x) = \frac{1}{\sqrt{2\pi}}\exp\left(-\frac{x^2}{2}\right)$,$p_1(x) = \frac{1}{\sqrt{2\pi}}\exp\left[-\frac{(x-\mu)^2}{2}\right]$,$h_0(x)\in\mathbb{H}$,$h_1(x)\in\mathbb{H}$,$\mathbb{H}$ 是任意概率密度函数集合.求其最不利概率密度函数对.

4－15　考虑上题中的二元检测问题,但名义分布函数为泊松分布,即

$$\begin{aligned} p_0(x) &= \mathrm{e}^{-\lambda_0}\frac{\lambda_0^x}{x!} \\ p_1(x) &= \mathrm{e}^{-\lambda_1}\frac{\lambda_1^x}{x!} \end{aligned}\qquad (x = 0, 1, 2, \cdots;\ \lambda_0 \neq \lambda_1)$$

求其最不利分布函数对.

4－16　二元假设如下:

$$\begin{aligned} H_0:&\quad x = n \\ H_1:&\quad x = A + n \end{aligned}\qquad (A > 0)$$

若噪声 n 的概率密度函数属于以下一类函数集合:

$$\mathbb{F} = \{q(x) \mid q(x) = (1-\varepsilon)p(x) + \varepsilon h(x), h(x) \in \mathbb{H}\}$$

其中,$0<\varepsilon<1$,$\mathbb{H}$ 是任意概率密度函数集合,$p(x)$为拉氏概率密度函数,应用纽曼-皮尔逊准则检测,求其稳健检测.

4－17　二元假设如下:

$$\begin{aligned} H_0:&\quad x = n \\ H_1:&\quad x = \mu + n \end{aligned}\qquad (\mu > 0)$$

若噪声 n 的概率密度函数属于以下一类函数集合:

$$\mathbb{F} = \{q(x) \mid q(x) = (1-\varepsilon)p(x) + \varepsilon h(x), h(x) \in \mathbb{H}\}$$

其中,$0<\varepsilon<1$,$\mathbb{H}$ 是满足一定正规条件的对称有界概率密度函数集合,且有

$$p(x) = \frac{1}{\sqrt{2\pi}}\exp\left(-\frac{x^2}{2}\right)$$

求在局部最佳检测下的最不利概率密度函数.

4.18　针对(4.2.107)式的二元假设检验问题,若噪声为零均值独立同分布高斯随机变量时,求"极性重合"相关检测器对于最佳参量检测器的渐近相对效率为 0.202.

4.19　针对(4.2.128)式的二元假设检验问题,若噪声为零均值独立同分布高斯随机变量时,证明纽曼-皮尔逊检测器是双输入平方和检测器,统计量为(4.2.131)式.

4.20　对于局部最佳检测器,证明其最不利的概率密度函数为(4.3.42)式.

计算机作业

4－1　考虑如下的二元假设检验问题[12]:

$$H_0:\quad x_i = n_i$$
$$H_1:\quad x_i = A + n_i$$

其中,$A>0$,n_i 独立同分布,且服从零均值的对称分布.现采用一个两级的条件秩检测的方法,即首先对获得的第一批 N 个样本先进行截断处理,只保留 $|x_i|\geqslant\mu$ 的样本,μ 为常数,再对剩下的 m_1 个样本进行第一次秩检测,若能作出明确判决检验结束;否则,获得第二批 N 个样本,重新截断处理后,将剩下的 m_2 个样本再进行第二次秩检测,并作出最终判决.判决规则如下:

$$\text{第一次判决:}\begin{cases} G_1 > a(m_1) & (\text{判决为 } H_1) \\ G_1 = a(m_1) & (\text{以概率 } \mu_a(m_1)\text{判决为 } H_1) \\ G_1 < b(m_1) & (\text{判决为 } H_0) \\ G_1 = b(m_1) & (\text{以概率 } \mu_b(m_1)\text{判决为 } H_0) \\ b(m_1) < G_1 < a(m_1) & (\text{舍弃已用样本,获得第二批样本并重新判决}) \end{cases}$$

$$\text{第二次判决:}\begin{cases} G_2 > c(m_2) & (\text{判决为 } H_1) \\ G_2 = c(m_2) & (\text{以概率 } \mu_c(m_2)\text{判决为 } H_1) \\ G_2 < c(m_2) & (\text{判决为 } H_0) \end{cases}$$

定义 H_0 为真时,第一次判决的虚警概率和正确判决概率约束分别为 $\alpha_1 = P(\text{第一次判决为}H_1 \mid H_0)$ 和 $\gamma_1 = P(\text{第一次判决为 } H_0 \mid H_0)$.为保证检测器的恒虚警特性,请设计判决规则参数,并计算结束判决所需的平均样本数.

参 考 文 献

[1] 刘有恒.信号检测与估计[M].北京:人民邮电出版社,1989.

[2] 段凤增.信号检测理论[M].2版.哈尔滨:哈尔滨工业大学出版社,2002.

[3] 张明友,吕明.信号检测与估计[M].2版.北京:电子工业出版社,2005.

[4] 沈凤麟,叶中付,钱玉美.信号统计分析与处理[M].合肥:中国科学技术大学出版社,2001.

[5] 赵树杰,赵建勋.信号检测与估计理论[M].北京:清华大学出版社,2005.

[6] Hansen V G, Olsen B A. Nonparametric Radar Extraction Using a Generalized Sign Test[J]. IEEE Transactions on Aerospace and Electronic Systems, 1971, AES-7(5): 942-950..

[7] Papantoni-Kazakos P, Kazakos D. Nonparametric Methods in Communications[M]. New York: Marcel Dekker, 1977.

[8] Huber P J. A Robust Version of the Probability Ratio Test[J]. The Annals of Mathematical Statistics, 1965, 36(6): 1753-1758.

[9] Weideman H L. Entropy Analysis of Feedback Control Systems[J]. Advances in Control Systems, 1969,7:225-255.

[10] Martin R, Schwartz S. Robust Detection of a Known Signal in Nearly Gaussian Noise[J]. IEEE Transactions on Information Theory, 1971, 17(1): 50-56.

[11] Ferguson T S. Mathematical Statistics[M]. New York: Academic Press, 1967.

[12] Tantaratana S, Nasipuri A. Two-Stage Wilcoxon Detectors Using Conditional Tests[J]. IEEE Transactions on Information Theory, 1992, 38(3): 1080-1090.

第 5 章　信号估计理论

5.1 引　　言

在前面章节中,我们主要讨论的是信号检测问题,即解决是否存在信号或存在哪种信号的问题.然而在许多实际问题中,仅仅知道信号存在与否是不够的,还要求估计信号的参量甚至波形.一般来说,由已经获得的观测信号或观测样本对其中感兴趣信号的一个或几个参量甚至信号波形进行定量的推断就是估计问题.

对于估计问题的研究可以按以下分类:

(1) 按应用领域分类.在数理统计中估计的是总体的参数,如均值、方差、各阶矩、相关函数等;在信息与通信工程中估计的是信号的参量和波形,如信号的幅度、相位、频率、时延等;在控制工程中估计的是动态系统的参量和状态,如飞行体的质量、惯量等参数及位置、速度、加速度等状态;在经济领域中需要估计、预测各种反映经济运行的指标,例如人均国民生产总值、物价指数等.

(2) 按估计参量特性分类.估计参量可以是确定的或随机的,如平稳随机信号的均值估计就是确定参量的估计,具有随机相位正弦信号的相位估计就是随机参量的估计;估计参量可以是单维(标量)的,也可以是多维(矢量)的,如信号的幅度估计就是单参量的估计,信号的幅度、相位、频率、时延的联合估计就是多参量估计;估计参量可以不随时间变化,也可随时间变化,如前面提到的平稳随机信号的均值估计就是不随时间变化的参量估计,变速运动的飞行体的速度、加速度估计就是随时间变化的参量估计,前一种估计通常称为参量估计或静态估计,后一种估计称为波形估计或动态估计.

此外,还可以按估计方法等其他特征分类.如按照估计参量与观测信号之间的关系可分为线性估计与非线性估计等.

本章首先讨论单参量估计的一些基本理论,包括最大后验概率估计、最大似然估计、最小均方误差估计、线性最小均方误差估计、最小平均绝对误差估计、贝叶斯估计、最小二乘估计等;再进一步将这些估计理论推广到对多参量的估计;其次介绍最小最大误差熵估计;接着讨论衡量估计性能好坏的指标和估计的均方误差下界;然后介绍参数估计的应用;最后介绍稳健估计.波形估计问题将在下一章介绍.

5.2 估计准则

假设在时间[0, T]内,获得的观测信号为

$$x(t)=s(t;\theta_1,\ \theta_2,\ \cdots,\ \theta_M)+n(t)\quad(0\leqslant t\leqslant T)\tag{5.2.1}$$

其中,$s(t;\theta_1,\ \theta_2,\ \cdots,\ \theta_M)$为有用信号,$\boldsymbol{\theta}=[\theta_1,\ \theta_2,\ \cdots,\ \theta_M]^{\mathrm{T}}$为有用信号的 M 个待定参量,$n(t)$ 为观测噪声. 考虑到计算机处理问题的实际情况,我们将根据时间[0, T]内观测信号的 N 个样本 $\boldsymbol{x}=[x_1,\ x_2,\ \cdots,\ x_N]^{\mathrm{T}}$ 对参量 $\boldsymbol{\theta}$ 做出估计,得到估计量 $\hat{\boldsymbol{\theta}}$. 可见,估计量 $\hat{\boldsymbol{\theta}}$ 是观测样本 $\boldsymbol{x}$ 的函数,可以表示为 $\hat{\boldsymbol{\theta}}=g(\boldsymbol{x})$. 在不引起歧义的情况下,可将估计量简称估计.

只有一个待定参量的估计称为单参量估计,否则称为多参量估计. 本节介绍单参量估计理论,多参量的估计理论是对单参量估计理论的推广,将在下节介绍.

5.2.1 最大后验概率估计准则

与检测情况相似,一种直观上合理的估计就是根据观测样本选择使后验概率密度函数最大的参量值作为实际的信号参量,这种准则称为**最大后验概率估计**(Maximum A Posteriori Estimation, MAP)准则,用数学公式表示为

$$\hat{\theta}_{\mathrm{MAP}}=\arg\max_{\theta}f(\theta\mid\boldsymbol{x})\tag{5.2.2}$$

其中,$f(\theta|\boldsymbol{x})$为给定观测样本 $\boldsymbol{x}$ 时单个待估计量 θ 的后验概率密度函数. 估计量 $\hat{\theta}_{\mathrm{MAP}}$可进一步由以下方程求出:

$$\left[\frac{\partial}{\partial\theta}f(\theta\mid\boldsymbol{x})\right]\bigg|_{\theta=\hat{\theta}_{\mathrm{MAP}}}=0\tag{5.2.3}$$

当 $f(\theta|\boldsymbol{x})$是 θ 和 $\boldsymbol{x}$ 的指数函数时,$\hat{\theta}_{\mathrm{MAP}}$亦可由以下方程更方便地求出:

$$\left[\frac{\partial}{\partial\theta}\ln f(\theta\mid\boldsymbol{x})\right]\bigg|_{\theta=\hat{\theta}_{\mathrm{MAP}}}=0\tag{5.2.4}$$

同时,由于

$$f(\theta\mid\boldsymbol{x})=\frac{f(\boldsymbol{x}\mid\theta)f(\theta)}{f(\boldsymbol{x})}$$

并且在 $\boldsymbol{x}$ 给定时,$f(\boldsymbol{x})$是与 θ 无关的确定量,这样(5.2.4)式可进一步表示为

$$\left[\frac{\partial}{\partial\theta}\ln f(\boldsymbol{x}\mid\theta)+\frac{\partial}{\partial\theta}\ln f(\theta)\right]\bigg|_{\theta=\hat{\theta}_{\mathrm{MAP}}}=0\tag{5.2.5}$$

(5.2.4)式和(5.2.5)式称为最大后验方程.

例 5.1 已知如下观测样本:

$$x_i=s+n_i\quad(i=1,\ 2,\ \cdots,\ N)$$

其中,信号 $s\sim N(0,\ \sigma_s^2)$,噪声 $n_i\sim N(0,\ \sigma_n^2)(i=1,\ 2,\ \cdots,\ N)$且独立同分布,信号与噪声

不相关.试用最大后验概率估计准则求 s 的估计量 $\hat{s}_{\mathrm{MAP}}$.

解　依题意,以信号 s 为条件的观测样本的概率密度函数为

$$f(x_1,x_2,\cdots,x_N \mid s)=\frac{1}{(2\pi\sigma_n^2)^{N/2}}\exp\left[-\frac{\sum_{i=1}^{N}(x_i-s)^2}{2\sigma_n^2}\right] \tag{5.2.6}$$

信号 s 的概率密度函数为

$$f(s)=\frac{1}{\sqrt{2\pi}\sigma_s}\exp\left(-\frac{s^2}{2\sigma_s^2}\right) \tag{5.2.7}$$

由(5.2.6)式得

$$\begin{aligned}\frac{\partial}{\partial s}\ln f(x_1,x_2,\cdots,x_N \mid s)&=\frac{\partial}{\partial s}\left\{\ln\left[\frac{1}{(2\pi\sigma_n^2)^{N/2}}\exp\left\{-\frac{\sum_{i=1}^{N}(x_i-s)^2}{2\sigma_n^2}\right\}\right]\right\}\\&=\frac{\partial}{\partial s}\left[\ln\frac{1}{(2\pi\sigma_n^2)^{N/2}}-\frac{\sum_{i=1}^{N}(x_i-s)^2}{2\sigma_n^2}\right]\\&=-\frac{\partial}{\partial s}\left[\frac{\sum_{i=1}^{N}(x_i-s)^2}{2\sigma_n^2}\right]=\frac{\sum_{i=1}^{N}(x_i-s)}{\sigma_n^2}\end{aligned} \tag{5.2.8}$$

由(5.2.7)式得

$$\begin{aligned}\frac{\partial}{\partial s}\ln f(s)&=\frac{\partial}{\partial s}\left\{\ln\left[\frac{1}{\sqrt{2\pi}\sigma_s}\exp\left(-\frac{s^2}{2\sigma_s^2}\right)\right]\right\}\\&=\frac{\partial}{\partial s}\left[\ln\frac{1}{\sqrt{2\pi}\sigma_s}-\frac{s^2}{2\sigma_s^2}\right]=-\frac{s}{\sigma_s^2}\end{aligned} \tag{5.2.9}$$

将(5.2.8)式和(5.2.9)式代入(5.2.5)式,最后得到

$$\hat{s}_{\mathrm{MAP}}=\frac{\sigma_s^2}{\sigma_n^2+N\sigma_s^2}\sum_{i=1}^{N}x_i \tag{5.2.10}$$

5.2.2　最大似然估计准则

最大后验概率估计需要知道参量的先验知识 $f(\theta)$,当其未知时,直接利用使观测样本的似然函数 $f(\boldsymbol{x}|\theta)$ 取得最大的参量值作为实际的信号参量,这种准则称为**最大似然估计**(Maximum Likelihood Estimation, ML)准则,用公式表示为

$$\hat{\theta}_{\mathrm{ML}}=\arg\max_{\theta}f(\boldsymbol{x}\mid\theta) \tag{5.2.11}$$

估计量 $\hat{\theta}_{\mathrm{ML}}$ 可进一步由以下方程求出:

$$\left.\frac{\partial}{\partial\theta}f(\boldsymbol{x}\mid\theta)\right|_{\theta=\hat{\theta}_{\mathrm{ML}}}=0 \tag{5.2.12}$$

或

$$\left.\frac{\partial}{\partial\theta}\ln f(\boldsymbol{x}\mid\theta)\right|_{\theta=\hat{\theta}_{\mathrm{ML}}}=0 \tag{5.2.13}$$

(5.2.12)式和(5.2.13)式可能会有几个解,可选取使 $f(\boldsymbol{x}|\theta)$或 $\ln f(\boldsymbol{x}|\theta)$达到最大的解为最大似然估计量,(5.2.12)式和(5.2.13)式称为最大似然方程.

最大似然估计既适用于先验分布未知的随机参量估计,也适用于确定参量估计.它与前面介绍的最大后验概率估计之间的关系是:当随机参量 θ 均匀分布或 θ 是确定参量时,有 $\frac{\partial}{\partial\theta}\ln f(\theta)=0$,此时(5.2.5)式退化为(5.2.13)式,即 $\hat{\theta}_{\mathrm{MAP}}=\hat{\theta}_{\mathrm{ML}}$.

例 5.2 利用例 5.1 的已知条件,求对 s 的最大似然估计.

解 在例 5.1 中已经求出了观测样本的似然函数,即(5.2.6)式.按照以上介绍的最大似然估计求解方法,进一步将(5.2.8)式代入(5.2.13)式,可直接得到

$$\hat{s}_{\mathrm{ML}}=\frac{1}{N}\sum_{i=1}^{N}x_i \tag{5.2.14}$$

5.2.3 最小均方误差估计准则

最小均方误差估计(Minimum Mean Square Error Estimation, MMSE)是使估计误差的平方在统计平均意义上(即均方误差)达到最小的一种估计准则.估计误差表示为

$$e(\hat{\theta})=\theta-\hat{\theta} \tag{5.2.15}$$

其中,θ 是待估计参量,$\hat{\theta}$ 是估计量,则估计的均方误差为

$$\begin{aligned}\xi(\hat{\theta})&=E\{e^2(\hat{\theta})\}=\int_{(\theta)}\int_{(\boldsymbol{x})}(\theta-\hat{\theta})^2f(\theta,\ \boldsymbol{x})\mathrm{d}\boldsymbol{x}\mathrm{d}\theta\\&=\int_{(\boldsymbol{x})}\left[\int_{(\theta)}(\theta-\hat{\theta})^2f(\theta\mid\boldsymbol{x})\mathrm{d}\theta\right]f(\boldsymbol{x})\mathrm{d}\boldsymbol{x}\end{aligned} \tag{5.2.16}$$

上式可以进一步表示为

$$\xi(\hat{\theta})=\int_{(\boldsymbol{x})}\xi(\hat{\theta}\mid\boldsymbol{x})f(\boldsymbol{x})\mathrm{d}\boldsymbol{x} \tag{5.2.17}$$

其中

$$\xi(\hat{\theta}\mid\boldsymbol{x})=\int_{(\theta)}(\theta-\hat{\theta})^2f(\theta\mid\boldsymbol{x})\mathrm{d}\theta \tag{5.2.18}$$

它可以看作是观测样本 $\boldsymbol{x}$ 给定前提下的条件估计均方误差.

根据最小均方误差估计准则,令(5.2.17)式的值最小即可求得最小均方误差估计准则下 θ 的估计量 $\hat{\theta}_{\mathrm{MS}}$.由于该式中的 $\xi(\hat{\theta}|\boldsymbol{x})$和 $f(\boldsymbol{x})$都是非负的,若使(5.2.17)式的值最小相当于每得到一个观测样本矢量 $\boldsymbol{x}$ 时使 $\xi(\hat{\theta}|\boldsymbol{x})$最小,这样 $\hat{\theta}_{\mathrm{MS}}$最终可由下式求出:

$$\left.\frac{\partial}{\partial\hat{\theta}}\xi(\hat{\theta}\mid\boldsymbol{x})\right|_{\hat{\theta}=\hat{\theta}_{\mathrm{MS}}}=0 \tag{5.2.19}$$

进一步对上式求解得

$$\left.\int_{(\theta)}(\theta-\hat{\theta})f(\theta\mid\boldsymbol{x})\mathrm{d}\theta\right|_{\hat{\theta}=\hat{\theta}_{\mathrm{MS}}}=0$$

最后得

$$\hat{\theta}_{\mathrm{MS}} = \int_{(\theta)} \theta f(\theta \mid \boldsymbol{x}) \mathrm{d}\theta \tag{5.2.20}$$

(5.2.20)式表明，θ 的最小均方误差估计量是观测样本 $\boldsymbol{x}$ 给定前提下 θ 的条件均值，故最小均方误差估计又称作条件均值估计.

例 5.3　利用例 5.1 的已知条件，求 s 的最小均方误差估计.

解　由例 5.1 知，以信号 s 为条件的观测样本的概率密度函数以及信号 s 的概率密度函数分别为

$$f(x_1, x_2, \cdots, x_N \mid s) = \frac{1}{(2\pi\sigma_n^2)^{N/2}} \exp\left[-\frac{\sum_{i=1}^{N}(x_i - s)^2}{2\sigma_n^2}\right]$$

$$f(s) = \frac{1}{\sqrt{2\pi}\sigma_s} \exp\left(-\frac{s^2}{2\sigma_s^2}\right)$$

则

$$f(s \mid x_1, x_2, \cdots, x_N) = \frac{f(x_1, x_2, \cdots, x_N \mid s) f(s)}{f(x_1, x_2, \cdots, x_N)} = \frac{f(x_1, x_2, \cdots, x_N \mid s) f(s)}{\int_{(s)} f(x_1, x_2, \cdots, x_N \mid s) f(s) \mathrm{d}s}$$

$$= \frac{\left(\frac{1}{\sqrt{2\pi}}\right)^{N+1} \left(\frac{1}{\sigma_n}\right)^N \frac{1}{\sigma_s} \exp\left[-\frac{\sum_{i=1}^{N}(x_i - s)^2}{2\sigma_n^2}\right] \exp\left(-\frac{s^2}{2\sigma_s^2}\right)}{\int_{(s)} \left(\frac{1}{\sqrt{2\pi}}\right)^{N+1} \left(\frac{1}{\sigma_n}\right)^N \frac{1}{\sigma_s} \exp\left[-\frac{\sum_{i=1}^{N}(x_i - s)^2}{2\sigma_n^2}\right] \exp\left(-\frac{s^2}{2\sigma_s^2}\right) \mathrm{d}s}$$

$$= \frac{\exp\left\{-\frac{1}{2}\left[\frac{\sum_{i=1}^{N}(x_i - s)^2}{\sigma_n^2} + \frac{s^2}{\sigma_s^2}\right]\right\}}{\int_{(s)} \exp\left\{-\frac{1}{2}\left[\frac{\sum_{i=1}^{N}(x_i - s)^2}{\sigma_n^2} + \frac{s^2}{\sigma_s^2}\right]\right\} \mathrm{d}s}$$

$$= \frac{\exp\left\{\frac{\sum_{i=1}^{N} x_i}{\sigma_n^2} s - \frac{1}{2}\left(\frac{N}{\sigma_n^2} + \frac{1}{\sigma_s^2}\right) s^2\right\}}{\int_{(s)} \exp\left\{\frac{\sum_{i=1}^{N} x_i}{\sigma_n^2} s - \frac{1}{2}\left(\frac{N}{\sigma_n^2} + \frac{1}{\sigma_s^2}\right) s^2\right\} \mathrm{d}s}$$

$$
=\frac{\exp\left\{-\left[\sqrt{\frac{\sigma_n^2+N\sigma_s^2}{2\sigma_n^2\sigma_s^2}}s-\frac{\sigma_s\sum_{i=1}^{N}x_i}{\sigma_n\sqrt{2(\sigma_n^2+N\sigma_s^2)}}\right]^2\right\}}{\int_{(s)}\exp\left\{-\left[\sqrt{\frac{\sigma_n^2+N\sigma_s^2}{2\sigma_n^2\sigma_s^2}}s-\frac{\sigma_s\sum_{i=1}^{N}x_i}{\sigma_n\sqrt{2(\sigma_n^2+N\sigma_s^2)}}\right]^2\right\}\mathrm{d}s} \tag{5.2.21}
$$

由于

$$
\int_{(u)}\mathrm{e}^{-u^2}\mathrm{d}u=\sqrt{\pi} \tag{5.2.22}
$$

并将(5.2.22)式代入(5.2.21)式,得

$$
f(s\mid x_1,x_2,\cdots,x_N)=\frac{\exp\left\{-\left[\sqrt{\frac{\sigma_n^2+N\sigma_s^2}{2\sigma_n^2\sigma_s^2}}s-\frac{\sigma_s\sum_{i=1}^{N}x_i}{\sigma_n\sqrt{2(\sigma_n^2+N\sigma_s^2)}}\right]^2\right\}}{\sqrt{\frac{2\pi\sigma_n^2\sigma_s^2}{\sigma_n^2+N\sigma_s^2}}} \tag{5.2.23}
$$

将(5.2.23)式代入(5.2.20)式,得

$$
\begin{aligned}
\hat{s}_{\mathrm{MS}}&=\int_{(s)}sf(s\mid \boldsymbol{x})\mathrm{d}s\\
&=\frac{\int_{(s)}\exp\left\{-\left[\sqrt{\frac{\sigma_n^2+N\sigma_s^2}{2\sigma_n^2\sigma_s^2}}s-\frac{\sigma_s\sum_{i=1}^{N}x_i}{\sigma_n\sqrt{2(\sigma_n^2+N\sigma_s^2)}}\right]^2\right\}s\mathrm{d}s}{\sqrt{\frac{2\pi\sigma_n^2\sigma_s^2}{\sigma_n^2+N\sigma_s^2}}}
\end{aligned} \tag{5.2.24}
$$

上式中,分子

$$
\begin{aligned}
&\int_{(s)}\exp\left\{-\left[\sqrt{\frac{\sigma_n^2+N\sigma_s^2}{2\sigma_n^2\sigma_s^2}}s-\frac{\sigma_s\sum_{i=1}^{N}x_i}{\sigma_n\sqrt{2(\sigma_n^2+N\sigma_s^2)}}\right]^2\right\}s\mathrm{d}s\\
&=-\frac{\sigma_n^2\sigma_s^2}{\sigma_n^2+N\sigma_s^2}\left\{\int_{(s)}\mathrm{d}\left[\exp\left\{-\left[\sqrt{\frac{\sigma_n^2+N\sigma_s^2}{2\sigma_n^2\sigma_s^2}}+s-\frac{\sigma_s\sum_{i=1}^{N}x_i}{\sigma_n\sqrt{2(\sigma_n^2+N\sigma_s^2)}}\right]^2\right\}\right]\right.\\
&\quad\left.-\frac{\sum_{i=1}^{N}x_i}{\sigma_n^2}\int_{(s)}\exp\left\{-\left[\sqrt{\frac{\sigma_n^2+N\sigma_s^2}{2\sigma_n^2\sigma_s^2s}}-\frac{\sigma_s\sum_{i=1}^{N}x_i}{\sigma_n\sqrt{2(\sigma_n^2+N\sigma_s^2)}}\right]^2\right\}\mathrm{d}s\right\}\\
&=\frac{\sigma_n^2\sigma_s^2}{\sigma_n^2+N\sigma_s^2}\frac{\sum_{i=1}^{N}x_i}{\sigma_n^2}\sqrt{\frac{2\pi\sigma_n^2\sigma_s^2}{\sigma_n^2+N\sigma_s^2}}
\end{aligned} \tag{5.2.25}
$$

将(5.2.25)式代入(5.2.24)式,经化简得

$$\hat{s}_{\mathrm{MS}} = \frac{\sigma_s^2}{\sigma_n^2 + N\sigma_s^2}\sum_{i=1}^{N} x_i \tag{5.2.26}$$

另外,我们也可以利用(5.2.23)式直接得到 $\hat{s}_{\mathrm{MS}}$.由(5.2.23)式化简得

$$f(s \mid x_1, x_2, \cdots, x_N) = \frac{1}{\sqrt{2\pi\sigma^2}}\exp\left[-\frac{(s-\mu)^2}{2\sigma^2}\right]$$

其中,$\mu = \dfrac{\sigma_s^2}{\sigma_n^2 + N\sigma_s^2}\sum_{i=1}^{N} x_i$,$\sigma^2 = \dfrac{\sigma_n^2\sigma_s^2}{\sigma_n^2 + N\sigma_s^2}$.可见 $f(s \mid x_1, x_2, \cdots, x_N)$ 是高斯概率密度函数,其均值为

$$E\{s \mid \boldsymbol{x}\} = \frac{\sigma_s^2}{\sigma_n^2 + N\sigma_s^2}\sum_{i=1}^{N} x_i \tag{5.2.27}$$

则根据(5.2.20)式,可得

$$\hat{s}_{\mathrm{MS}} = \int_{(s)} s f(s \mid \boldsymbol{x})\mathrm{d}s = E\{s \mid \boldsymbol{x}\} = \frac{\sigma_s^2}{\sigma_n^2 + N\sigma_s^2}\sum_{i=1}^{N} x_i \tag{5.2.28}$$

5.2.4 线性最小均方误差估计准则

对参量 θ 的**线性最小均方误差估计**(Linear Minimum Mean Square Error Estimation, LMMSE)是最小均方误差估计的一种特例,它与一般最小均方误差估计的差别在于它规定了估计量 $\hat{\theta}$ 与观测样本 $\boldsymbol{x}$ 之间必须满足线性关系,可以表示为如下形式:

$$\hat{\theta} = g(\boldsymbol{x}) = a + \boldsymbol{b}^{\mathrm{T}}\boldsymbol{x} \tag{5.2.29}$$

其中,a 和 $\boldsymbol{b} = [b_1, b_2, \cdots, b_N]^{\mathrm{T}}$ 是待定系数,最佳取值根据最小均方误差估计准则来定.

根据(5.2.29)式,对于任意 a 和 $\boldsymbol{b}$,估计的均方误差为

$$\xi(\hat{\theta}) = E\{[\theta - (a + \boldsymbol{b}^{\mathrm{T}}\boldsymbol{x})]^2\} \tag{5.2.30}$$

所谓对参量 θ 的线性最小均方误差估计就是使上式取值最小时得到的估计 $\hat{\theta}_{\mathrm{LMS}}$.假设此时得到的 a 和 $\boldsymbol{b}$ 分别记为 a_{L} 和 $\boldsymbol{b}_{\mathrm{L}}$,则 a_{L} 和 $\boldsymbol{b}_{\mathrm{L}}$ 可由下面方程组的解来确定:

$$\left.\frac{\partial}{\partial a}\xi(\hat{\theta})\right|_{\substack{a = a_{\mathrm{L}} \\ \boldsymbol{b} = \boldsymbol{b}_{\mathrm{L}}}} = 0 \tag{5.2.31}$$

$$\left.\frac{\partial}{\partial \boldsymbol{b}^{\mathrm{T}}}\xi(\hat{\theta})\right|_{\substack{a = a_{\mathrm{L}} \\ \boldsymbol{b} = \boldsymbol{b}_{\mathrm{L}}}} = \boldsymbol{0} \tag{5.2.32}$$

进一步可得

$$\left.\frac{\partial}{\partial a}\xi(\hat{\theta})\right|_{\substack{a = a_{\mathrm{L}} \\ \boldsymbol{b} = \boldsymbol{b}_{\mathrm{L}}}} = -2E\{(\theta - a_{\mathrm{L}} - \boldsymbol{b}_{\mathrm{L}}^{\mathrm{T}}\boldsymbol{x})\} = 0 \tag{5.2.33}$$

$$\left.\frac{\partial}{\partial \boldsymbol{b}^{\mathrm{T}}}\xi(\theta)\right|_{\substack{a = a_{\mathrm{L}} \\ \boldsymbol{b} = \boldsymbol{b}_{\mathrm{L}}}} = -2E\{(\theta - a_{\mathrm{L}} - \boldsymbol{b}_{\mathrm{L}}^{\mathrm{T}}\boldsymbol{x})\boldsymbol{x}^{\mathrm{T}}\} = \boldsymbol{0} \tag{5.2.34}$$

由(5.2.33)式得

$$a_{\mathrm{L}} = E\{\theta\} - \boldsymbol{b}_{\mathrm{L}}^{\mathrm{T}}E\{\boldsymbol{x}\} \tag{5.2.35}$$

将(5.2.35)式代入(5.2.34)式得

$$E\{\theta\boldsymbol{x}^{\mathrm{T}}\} = E\{\theta\}E\{\boldsymbol{x}^{\mathrm{T}}\} - \boldsymbol{b}_{\mathrm{L}}^{\mathrm{T}}E\{\boldsymbol{x}\}E\{\boldsymbol{x}^{\mathrm{T}}\} + \boldsymbol{b}_{\mathrm{L}}^{\mathrm{T}}E\{\boldsymbol{x}\boldsymbol{x}^{\mathrm{T}}\} \tag{5.2.36}$$

即

$$\boldsymbol{b}_{\mathrm{L}}^{\mathrm{T}}[E\{\boldsymbol{x}\boldsymbol{x}^{\mathrm{T}}\}-E\{\boldsymbol{x}\}E\{\boldsymbol{x}^{\mathrm{T}}\}]=E\{\theta\boldsymbol{x}^{\mathrm{T}}\}-E\{\theta\}E\{\boldsymbol{x}^{\mathrm{T}}\} \tag{5.2.37}$$

由此最后解得

$$\boldsymbol{b}_{\mathrm{L}}^{\mathrm{T}}=\operatorname{Cov}\{\theta,\ \boldsymbol{x}\}\operatorname{Cov}^{-1}\{\boldsymbol{x},\ \boldsymbol{x}\} \tag{5.2.38}$$

其中

$$\operatorname{Cov}\{\boldsymbol{x},\boldsymbol{x}\}=E(\boldsymbol{x}-E\{\boldsymbol{x}\})(\boldsymbol{x}-E\{\boldsymbol{x}\}^{\mathrm{T}})$$

$$\operatorname{Cov}\{\theta,\boldsymbol{x}\}=E\{(\theta-E(\theta))(\boldsymbol{x}-E\{\boldsymbol{x}\})^{\mathrm{T}}\}$$

将(5.2.38)式代入(5.2.35)式,得

$$a_{\mathrm{L}}=E\{\theta\}-\operatorname{Cov}\{\theta,\ \boldsymbol{x}\}\operatorname{Cov}^{-1}\{\boldsymbol{x},\ \boldsymbol{x}\}E\{\boldsymbol{x}\} \tag{5.2.39}$$

由此,参量 θ 的线性最小均方误差估计为

$$\hat{\theta}_{\mathrm{LMS}}=a_{\mathrm{L}}+\boldsymbol{b}_{\mathrm{L}}^{\mathrm{T}}\boldsymbol{x}=E\{\theta\}+\operatorname{Cov}\{\theta,\ \boldsymbol{x}\}\operatorname{Cov}^{-1}\{\boldsymbol{x},\ \boldsymbol{x}\}[\boldsymbol{x}-E\{\boldsymbol{x}\}] \tag{5.2.40}$$

由(5.2.39)式、(5.2.38)式和(5.2.40)式可以看出,若 $E\{\theta\}=0$ 且 $E\{\boldsymbol{x}\}=\mathbf{0}$,则 $a_{\mathrm{L}}=0$ 和 $\boldsymbol{b}_{\mathrm{L}}^{\mathrm{T}}=\operatorname{Cov}\{\theta,\ \boldsymbol{x}\}\operatorname{Cov}^{-1}\{\boldsymbol{x},\ \boldsymbol{x}\}=\boldsymbol{r}_{\theta x}\boldsymbol{R}_{xx}^{-1}$,此时一般的线性最小均方误差估计 $\hat{\theta}_{\mathrm{LMS}}=a_{\mathrm{L}}+\boldsymbol{b}_{\mathrm{L}}^{\mathrm{T}}\boldsymbol{x}$ 就退化为 $\hat{\theta}_{\mathrm{LMS}}=\boldsymbol{b}_{\mathrm{L}}^{\mathrm{T}}\boldsymbol{x}$.

另外,将 $\hat{\theta}_{\mathrm{LMS}}=a_{\mathrm{L}}+\boldsymbol{b}_{\mathrm{L}}^{\mathrm{T}}\boldsymbol{x}$ 代入(5.2.34)式,有

$$E\{(\theta-\hat{\theta}_{\mathrm{LMS}})\boldsymbol{x}^{\mathrm{T}}\}=\mathbf{0} \tag{5.2.41}$$

上式表明,线性最小均方误差估计的估计误差与观测样本是正交的,称为正交性条件或正交性原理.它是线性最小均方误差估计的一个重要性质.正交性原理是求解 a_{L} 及 $\boldsymbol{b}_{\mathrm{L}}$ 所必须满足的条件之一.

我们用矢量 $\boldsymbol{d}$、$\hat{\boldsymbol{d}}$ 和 $\boldsymbol{e}_d$ 分别表示参量 θ、估计量 $\hat{\theta}_{\mathrm{LMS}}$ 和估计误差 $e(\hat{\theta}_{\mathrm{LMS}})$,由图 5.1 可见线性最小均方误差估计准则下的估计量与其估计误差正交.

下面对线性最小均方误差估计与最小均方误差估计进行比较分析.

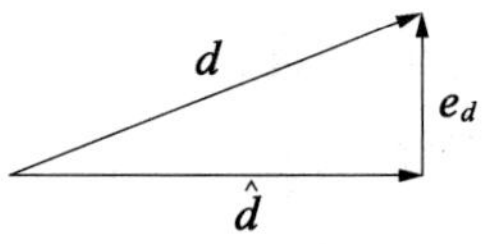

图 5.1　正交性原理示意图

(1) 对参量 θ 进行估计,在相同的前提下,最小均方误差估计 $\hat{\theta}_{\mathrm{MS}}$ 和线性最小均方误差估计 $\hat{\theta}_{\mathrm{LMS}}$ 有如下关系:

$$E\{e^2(\hat{\theta}_{\mathrm{MS}})\}\leqslant E\{e^2(\hat{\theta}_{\mathrm{LMS}})\} \tag{5.2.42}$$

由于线性最小均方误差估计是在限定估计量为观测样本的线性函数条件下使均方误差最小,而最小均方误差估计是在估计量不加限制的条件下使均方误差最小,易得(5.2.42)式.

(2) 当参量 θ 与观测样本 $\boldsymbol{x}$ 的联合概率密度函数为高斯分布时,最小均方误差估计与线性最小均方误差估计相同,即 $\hat{\theta}_{\mathrm{MS}}=\hat{\theta}_{\mathrm{LMS}}$. 证明如下.

由条件均值与方差的定义以及高斯分布概率密度函数的性质,可推知

$$E\{\theta\mid\boldsymbol{x}\}=E\{\theta\}+\operatorname{Cov}\{\theta,\ \boldsymbol{x}\}\operatorname{Cov}^{-1}\{\boldsymbol{x},\ \boldsymbol{x}\}[\boldsymbol{x}-E\{\boldsymbol{x}\}] \tag{5.2.43}$$

再根据(5.2.20)式知最小均方误差估计为

$$\hat{\theta}_{\mathrm{MS}}=E\{\theta\mid\boldsymbol{x}\}=E\{\theta\}+\operatorname{Cov}\{\theta,\ \boldsymbol{x}\}\operatorname{Cov}^{-1}\{\boldsymbol{x},\ \boldsymbol{x}\}[\boldsymbol{x}-E\{\boldsymbol{x}\}] \tag{5.2.44}$$

比较(5.2.44)式与(5.2.40)式即可得到:当 θ 和 $\boldsymbol{x}$ 是联合高斯分布时,$\hat{\theta}_{\mathrm{MS}}=\hat{\theta}_{\mathrm{LMS}}$.

例 5.4　利用例 5.1 的已知条件,求 s 的线性最小均方误差估计.

解　依题意知 $E\{s\}=0$,$E\{n_i\}=0$,则 $E\{x_i\}=0$,也即 $E\{\boldsymbol{x}\}=\mathbf{0}$,所以由(5.2.39)

式知 $\hat{s}_{\mathrm{LMS}}=a_{\mathrm{L}}+\boldsymbol{b}_{\mathrm{L}}^{\mathrm{T}}\boldsymbol{x}$ 中的 $a_{\mathrm{L}}=0$,这样 $\hat{s}_{\mathrm{LMS}}=\boldsymbol{b}_{\mathrm{L}}^{\mathrm{T}}\boldsymbol{x}$.

此时由(5.2.38)式得

$$\boldsymbol{b}_{\mathrm{L}}^{\mathrm{T}}=\mathrm{Cov}\{s,\boldsymbol{x}\}\mathrm{Cov}^{-1}\{\boldsymbol{x},\boldsymbol{x}\}=\boldsymbol{r}_{sx}\boldsymbol{R}_{xx}^{-1}=\boldsymbol{g}\boldsymbol{R}_{xx}^{-1} \tag{5.2.45}$$

即

$$\boldsymbol{b}_{\mathrm{L}}^{\mathrm{T}}\boldsymbol{R}_{xx}=\boldsymbol{g} \tag{5.2.46}$$

其中

$$\boldsymbol{b}_{\mathrm{L}}=\begin{bmatrix}b_1\\b_2\\\vdots\\b_N\end{bmatrix},\quad \boldsymbol{R}_{xx}=\begin{bmatrix}r_{11}&r_{12}&\cdots&r_{1N}\\r_{21}&r_{22}&\cdots&r_{2N}\\\vdots&\vdots&\ddots&\vdots\\r_{N1}&r_{N2}&\cdots&r_{NN}\end{bmatrix},\quad \boldsymbol{g}=\begin{bmatrix}g_1\\g_2\\\vdots\\g_N\end{bmatrix}^{\mathrm{T}}$$

由(5.2.46)式知

$$\sum_{i=1}^{N}r_{ij}b_i=g_j\quad(j=1,2,\cdots,N) \tag{5.2.47}$$

其中

$$\begin{aligned}r_{ij}&=E\{x_ix_j\}=E\{(s+n_i)(s+n_j)\}\\&=E\{s^2\}+E\{n_in_j\}\\&=\sigma_s^2+\sigma_n^2\delta_{ij}\end{aligned} \tag{5.2.48}$$

$$g_i=E\{sx_i\}=\sigma_s^2 \tag{5.2.49}$$

将(5.2.48)式和(5.2.49)式代入(5.2.47)式,得

$$\sigma_s^2\sum_{i=1}^{N}b_i+\sigma_n^2b_j=\sigma_s^2\quad(j=1,2,\cdots,N) \tag{5.2.50}$$

显见上式解的全部线性系数是相等的,进一步得

$$b_1=b_2=\cdots=b_N=\frac{\sigma_s^2}{N\sigma_s^2+\sigma_n^2} \tag{5.2.51}$$

则由(5.2.40)式得

$$\hat{s}_{\mathrm{LMS}}=\boldsymbol{b}_{\mathrm{L}}^{\mathrm{T}}\boldsymbol{x}=\frac{\sigma_s^2}{\sigma_n^2+N\sigma_s^2}\sum_{i=1}^{N}x_i \tag{5.2.52}$$

5.2.5　最小平均绝对误差估计准则

参量 θ 的估计量 $\hat{\theta}$ 的绝对估计误差表示为

$$e_{\mathrm{ABS}}(\hat{\theta})=|\theta-\hat{\theta}| \tag{5.2.53}$$

其统计平均值 $\xi_{\mathrm{ABS}}(\hat{\theta})$ 定义为

$$\begin{aligned}\xi_{\mathrm{ABS}}(\hat{\theta})&=\int_{(\theta)}\int_{(\boldsymbol{x})}|\theta-\hat{\theta}|f(\theta,\boldsymbol{x})\mathrm{d}\boldsymbol{x}\mathrm{d}\theta\\&=\int_{(\boldsymbol{x})}\left[\int_{(\theta)}|\theta-\hat{\theta}|f(\theta\mid\boldsymbol{x})\mathrm{d}\theta\right]f(\boldsymbol{x})\mathrm{d}\boldsymbol{x}\end{aligned} \tag{5.2.54}$$

称为平均绝对误差.所谓对 θ 的**最小平均绝对误差估计**(Minimum Mean Absolute Error Estimation),是指使平均绝对误差 $\xi_{\mathrm{ABS}}(\hat{\theta})$ 为最小的一种估计准则.

根据最小平均绝对误差估计准则，参量 θ 的最小平均绝对误差估计 $\hat{\theta}_{\mathrm{ABS}}$ 由下面方程的解所确定：

$$\left.\frac{\partial}{\partial\hat{\theta}}\xi_{\mathrm{ABS}}(\hat{\theta})\right|_{\hat{\theta}=\hat{\theta}_{\mathrm{ABS}}}=0 \tag{5.2.55}$$

令

$$\begin{aligned}\xi_{\mathrm{ABS}}(\hat{\theta}\mid\boldsymbol{x})&=\int_{(\theta)}\mid\theta-\hat{\theta}\mid f(\theta\mid\boldsymbol{x})\mathrm{d}\theta\\&=\int_{-\infty}^{\hat{\theta}}(\hat{\theta}-\theta)f(\theta\mid\boldsymbol{x})\mathrm{d}\theta+\int_{\hat{\theta}}^{+\infty}(\theta-\hat{\theta})f(\theta\mid\boldsymbol{x})\mathrm{d}\theta\\&=\hat{\theta}\int_{-\infty}^{\hat{\theta}}f(\theta\mid\boldsymbol{x})\mathrm{d}\theta-\int_{-\infty}^{\hat{\theta}}\theta f(\theta\mid\boldsymbol{x})\mathrm{d}\theta+\int_{\hat{\theta}}^{+\infty}\theta f(\theta\mid\boldsymbol{x})\mathrm{d}\theta-\hat{\theta}\int_{\hat{\theta}}^{+\infty}f(\theta\mid\boldsymbol{x})\mathrm{d}\theta\end{aligned} \tag{5.2.56}$$

根据(5.2.54)式可知，使 $\xi_{\mathrm{ABS}}(\hat{\theta})$ 最小相当于对任意给定的一个观测样本矢量 $\boldsymbol{x}$ 均使 $\xi_{\mathrm{ABS}}(\theta|\boldsymbol{x})$ 最小，这样 $\hat{\theta}_{\mathrm{ABS}}$ 最终可由下式求出：

$$\frac{\partial}{\partial\hat{\theta}}\xi_{\mathrm{ABS}}(\hat{\theta}|\boldsymbol{x})|_{\hat{\theta}=\hat{\theta}_{\mathrm{ABS}}}=0 \tag{5.2.57}$$

对上式进一步求解可得，最小平均绝对误差估计量应当满足如下方程

$$\int_{-\infty}^{\hat{\theta}_{\mathrm{ABS}}}f(\theta\mid\boldsymbol{x})\mathrm{d}\theta=\int_{\hat{\theta}_{\mathrm{ABS}}}^{+\infty}f(\theta\mid\boldsymbol{x})\mathrm{d}\theta \tag{5.2.58}$$

可见，参量 θ 的最小平均绝对误差估计 $\hat{\theta}_{\mathrm{ABS}}$ 是条件概率密度函数 $f(\theta|\boldsymbol{x})$ 的中位数，故最小平均绝对误差估计又称为条件中位数估计.

例 5.5 利用例 5.1 的已知条件，求 s 的最小平均绝对误差估计.

解 由例 5.3 知

$$f(s\mid x_1,x_2,\cdots,x_N)=\frac{\exp\left\{-\left[\sqrt{\dfrac{\sigma_n^2+N\sigma_s^2}{2\sigma_n^2\sigma_s^2}}s-\dfrac{\sigma_s\sum\limits_{i=1}^{N}x_i}{\sigma_n\sqrt{2(\sigma_n^2+N\sigma_s^2)}}\right]^2\right\}}{\sqrt{\dfrac{2\pi\sigma_n^2\sigma_s^2}{\sigma_n^2+N\sigma_s^2}}} \tag{5.2.59}$$

由上式知 $f(s|x_1,x_2,\cdots,x_N)$ 为对称分布，其中位数为

$$s_{\mathrm{M}}=\frac{\dfrac{\sigma_s\sum\limits_{i=1}^{N}x_i}{\sigma_n\sqrt{2(\sigma_n^2+N\sigma_s^2)}}}{\sqrt{\dfrac{\sigma_n^2+N\sigma_s^2}{2\sigma_n^2\sigma_s^2}}}=\frac{\sigma_s^2}{\sigma_n^2+N\sigma_s^2}\sum_{i=1}^{N}x_i \tag{5.2.60}$$

则

$$\hat{s}_{\mathrm{ABS}}=s_{\mathrm{M}}=\frac{\sigma_s^2}{\sigma_n^2+N\sigma_s^2}\sum_{i=1}^{N}x_i \tag{5.2.61}$$

5.2.6 贝叶斯估计准则

将参量 θ 估计为 $\hat{\theta}$ 所承担的代价(也称风险)函数记为 $c(\hat{\theta})$,于是,估计的平均代价 $C(\hat{\theta})$ 表示为

$$C(\hat{\theta}) = \int_{(\theta)}\int_{(\boldsymbol{x})} c(\hat{\theta}) f(\theta, \boldsymbol{x}) \mathrm{d}\boldsymbol{x} \, \mathrm{d}\theta \tag{5.2.62}$$

所谓对 θ 的**贝叶斯估计**(Bayesian Estimation),即是指使上述平均代价 $C(\hat{\theta})$ 为最小的一种估计准则.

由于 $f(\theta, \boldsymbol{x}) = f(\theta \mid \boldsymbol{x}) f(\boldsymbol{x})$,则(5.2.62)式可以改写为

$$\begin{aligned} C(\hat{\theta}) &= \int_{(\boldsymbol{x})}\int_{(\theta)} c(\hat{\theta}) f(\theta \mid \boldsymbol{x}) \mathrm{d}\theta f(\boldsymbol{x}) \mathrm{d}\boldsymbol{x} \\ &= \int_{(\boldsymbol{x})} C(\hat{\theta} \mid \boldsymbol{x}) f(\boldsymbol{x}) \mathrm{d}(\boldsymbol{x}) \end{aligned} \tag{5.2.63}$$

同样,由于上式中的内积分和 $f(\boldsymbol{x})$ 都是非负的,所以使上述平均代价为最小的估计也就是使以下条件代价 $C(\hat{\theta} | \boldsymbol{x})$ 为最小的估计.这样 $\hat{\theta}_{\mathrm{BAY}}$ 最终可由下式求出:

$$\frac{\partial}{\partial \hat{\theta}} C(\hat{\theta} \mid \boldsymbol{x}) \bigg|_{\hat{\theta} = \hat{\theta}_{\mathrm{BAY}}} = 0 \tag{5.2.64}$$

下面介绍三种不同代价函数对应的贝叶斯估计.

(1) 最小均方误差估计与贝叶斯估计

若规定代价函数为估计误差平方,即

$$c(\hat{\theta}) = (\theta - \hat{\theta})^2 \tag{5.2.65}$$

则平均代价 $C(\hat{\theta})$ 表示为

$$\begin{aligned} C(\hat{\theta}) &= \int_{(\boldsymbol{x})} \left[\int_{(\theta)} (\theta - \hat{\theta})^2 f(\theta \mid \boldsymbol{x}) \mathrm{d}\theta \right] f(\boldsymbol{x}) \mathrm{d}\boldsymbol{x} \\ &= E\{(\theta - \hat{\theta})^2\} \end{aligned} \tag{5.2.66}$$

可见此时对 θ 的贝叶斯估计 $\hat{\theta}_{\mathrm{BAY}}$ 即为最小均方误差估计 $\hat{\theta}_{\mathrm{MS}}$,也即最小均方误差估计是贝叶斯估计中代价函数为 $c(\hat{\theta}) = (\theta - \hat{\theta})^2$ 时的情形.

(2) 最小平均绝对误差估计与贝叶斯估计

若规定代价函数为估计误差绝对值,即

$$c(\hat{\theta}) = |\theta - \hat{\theta}| \tag{5.2.67}$$

则平均代价 $C(\hat{\theta})$ 表示为

$$\begin{aligned} C(\hat{\theta}) &= \int_{(\boldsymbol{x})} \left[\int_{(\theta)} |\theta - \hat{\theta}| f(\theta \mid \boldsymbol{x}) \mathrm{d}\theta \right] f(\boldsymbol{x}) \mathrm{d}\boldsymbol{x} \\ &= E\{|\theta - \hat{\theta}|\} \end{aligned} \tag{5.2.68}$$

可见此时对 θ 的贝叶斯估计 $\hat{\theta}_{\mathrm{BAY}}$ 即为最小平均绝对误差估计 $\hat{\theta}_{\mathrm{ABS}}$,也即最小平均绝对误差估计是贝叶斯估计中代价函数为 $c(\hat{\theta}) = |\theta - \hat{\theta}|$ 时的情形.

(3) 最大后验概率估计与贝叶斯估计

若规定代价函数为

$$c(\hat{\theta}) = \begin{cases} 1 & \left(|\theta - \hat{\theta}| \geqslant \dfrac{\Delta}{2}\right) \\ 0 & \left(|\theta - \hat{\theta}| < \dfrac{\Delta}{2}\right) \end{cases} \quad (\Delta\text{ 是很小的正常数}) \tag{5.2.69}$$

这时对于 θ 的贝叶斯估计 $\hat{\theta}_{\mathrm{BAY}}$ 就是最大后验概率估计 $\hat{\theta}_{\mathrm{MAP}}$，证明如下.

将(5.2.69)式代入(5.2.63)式，平均代价函数可表示为

$$\begin{aligned} C(\hat{\theta}) &= \int_{(\boldsymbol{x})}\left[\int_{-\infty}^{+\infty} f(\theta \mid \boldsymbol{x})\mathrm{d}\theta - \int_{\hat{\theta}-\Delta/2}^{\hat{\theta}+\Delta/2} f(\theta \mid \boldsymbol{x})\mathrm{d}\theta\right] f(\boldsymbol{x})\mathrm{d}\boldsymbol{x} \\ &= \int_{(\boldsymbol{x})}\left[1 - \int_{\hat{\theta}-\Delta/2}^{\hat{\theta}+\Delta/2} f(\theta \mid \boldsymbol{x})\mathrm{d}\theta\right] f(\boldsymbol{x})\mathrm{d}\boldsymbol{x} \end{aligned} \tag{5.2.70}$$

显见

$$C(\hat{\theta} \mid \boldsymbol{x}) = 1 - \int_{\hat{\theta}-\Delta/2}^{\hat{\theta}+\Delta/2} f(\theta \mid \boldsymbol{x})\mathrm{d}\theta \tag{5.2.71}$$

于是

$$\min_{\hat{\theta}} C(\hat{\theta} \mid \boldsymbol{x}) = \max_{\hat{\theta}} \int_{\hat{\theta}-\Delta/2}^{\hat{\theta}+\Delta/2} f(\theta \mid \boldsymbol{x})\mathrm{d}\theta \tag{5.2.72}$$

由于 Δ 是很小的正常数，则有

$$\int_{\hat{\theta}-\Delta/2}^{\hat{\theta}+\Delta/2} f(\theta \mid \boldsymbol{x})\mathrm{d}\theta \approx f(\hat{\theta} \mid \boldsymbol{x})\Delta \tag{5.2.73}$$

因此

$$\min_{\hat{\theta}} C(\hat{\theta} \mid \boldsymbol{x}) = \max_{\hat{\theta}} \int_{\hat{\theta}-\Delta/2}^{\hat{\theta}+\Delta/2} f(\theta \mid \boldsymbol{x})\mathrm{d}\theta \approx \Delta \cdot \max_{\hat{\theta}} f(\hat{\theta} \mid \boldsymbol{x}) \tag{5.2.74}$$

而 $\max\limits_{\hat{\theta}} f(\hat{\theta} \mid \boldsymbol{x})$ 就是对 θ 进行最大后验概率估计，可见此时的贝叶斯估计即是最大后验概率估计.

5.2.7 最小二乘估计准则

前面我们已经介绍了几种估计准则.它们或多或少地需要一些统计知识.如贝叶斯估计需要被估参量和观测样本的概率密度函数及代价函数，最大似然估计需要观测样本的似然函数，线性最小均方误差估计需要信号参量及样本的一阶矩和二阶矩.本节介绍的待定参量的**最小二乘估计**(Least Square Estimation，LS)把估计问题作为确定的最优化问题来处理，省去了概率特性的假定，且能得到较好的估计性能.最小二乘估计是一种使用条件非常宽松的估计，在现实问题中被广泛采用.

假设线性观测方程为

$$x_i = h_i\theta + n_i \quad (i = 1, 2, \cdots, N) \tag{5.2.75}$$

其中，h_i 为已知的观测系数，n_i 为观测噪声.最小二乘估计就是希望所得的参量 θ 的估计量 $\hat{\theta}$ 能够使观测值 x_i 与估计值 $h_i\hat{\theta}$ 之间的误差平方和最小，此误差平方和用公式表示为

$$\xi(\hat{\theta}) = \sum_{i=1}^{N}(x_i - h_i\hat{\theta})^2 \tag{5.2.76}$$

则最小二乘估计量 $\hat{\theta}_{\mathrm{LS}}$ 可由下式确定

$$\left.\frac{\partial}{\partial \hat{\theta}}\xi(\hat{\theta})\right|_{\hat{\theta}=\hat{\theta}_{\mathrm{LS}}} = -2\sum_{i=1}^{N}(x_i - h_i\hat{\theta})h_i = 0 \tag{5.2.77}$$

进一步解得

$$\hat{\theta}_{\mathrm{LS}} = \frac{\sum_{i=1}^{N} h_i x_i}{\sum_{i=1}^{N} h_i^2} \tag{5.2.78}$$

下面介绍一下(5.2.78)式的矢量形式.线性观测方程(5.2.75)式可写为如下矢量形式:

$$\boldsymbol{x} = \boldsymbol{h}\theta + \boldsymbol{n} \tag{5.2.79}$$

其中,$\boldsymbol{x} = [x_1, x_2, \cdots, x_N]^{\mathrm{T}}$,$\boldsymbol{h} = [h_1, h_2, \cdots, h_N]^{\mathrm{T}}$,$\boldsymbol{n} = [n_1, n_2, \cdots, n_N]^{\mathrm{T}}$.那么误差平方和可表示为

$$\xi(\hat{\theta}) = (\boldsymbol{x} - \boldsymbol{h}\hat{\theta})^{\mathrm{T}}(\boldsymbol{x} - \boldsymbol{h}\hat{\theta}) \tag{5.2.80}$$

对(5.2.80)式求导可得

$$\left.\frac{\partial}{\partial \hat{\theta}}\xi(\hat{\theta})\right|_{\hat{\theta}=\hat{\theta}_{\mathrm{LS}}} = -2\boldsymbol{h}^{\mathrm{T}}(\boldsymbol{x} - \boldsymbol{h}\hat{\theta}) = 0 \tag{5.2.81}$$

进一步可得

$$\hat{\theta}_{\mathrm{LS}} = (\boldsymbol{h}^{\mathrm{T}}\boldsymbol{h})^{-1}\boldsymbol{h}^{\mathrm{T}}\boldsymbol{x} \tag{5.2.82}$$

由于 $\boldsymbol{h}^{\mathrm{T}}\boldsymbol{h} = \sum_{i=1}^{N} h_i^2 > 0$,所以$(\boldsymbol{h}^{\mathrm{T}}\boldsymbol{h})^{-1}$是存在的,$\boldsymbol{h}^{\mathrm{T}}\boldsymbol{x} = \sum_{i=1}^{N} h_i x_i$,将其代入(5.2.82)式可得(5.2.78)式,(5.2.82)式所给出的解是(5.2.78)式的矢量形式.

例 5.6　利用例 5.1 的已知条件,求 s 的最小二乘估计.

解　本例中,求 s 的最小二乘估计并不需要知道信号 s 或观测样本 $\boldsymbol{x}$ 的任何概率特性,由观测方程可知,此时观测系数均为 1,即 $h_1 = h_2 = \cdots = h_N = 1$,则根据(5.2.78)式可直接得到信号 s 的最小二乘估计为

$$\hat{s}_{\mathrm{LS}} = \frac{\sum_{i=1}^{N} h_i x_i}{\sum_{i=1}^{N} h_i^2} = \frac{1}{N}\sum_{i=1}^{N} x_i$$

5.3　估计准则的推广

前一节已经介绍了单参量情况下的各种估计准则,本节我们将其推广到多参量,最后再介绍一下信息论中的最小最大误差熵估计准则.

5.3.1　多参量的常用估计准则

多参量用矢量表示为

$$\boldsymbol{\theta} = [\theta_1, \theta_2, \cdots, \theta_M]^{\mathrm{T}} \tag{5.3.1}$$

对其进行估计得到的估计量表示为

$$\hat{\boldsymbol{\theta}} = [\hat{\theta}_1, \hat{\theta}_2, \cdots, \hat{\theta}_M]^{\mathrm{T}} \tag{5.3.2}$$

则估计误差矢量 $\boldsymbol{e}(\hat{\boldsymbol{\theta}})$表示为

$$\boldsymbol{e}(\hat{\boldsymbol{\theta}}) = \boldsymbol{\theta} - \hat{\boldsymbol{\theta}} = [(\theta_1 - \hat{\theta}_1), (\theta_2 - \hat{\theta}_2), \cdots, (\theta_M - \hat{\theta}_M)]^{\mathrm{T}} \tag{5.3.3}$$

(1) 多参量最大后验概率估计

多参量 $\boldsymbol{\theta}$ 的后验概率密度函数为$f(\boldsymbol{\theta}|\boldsymbol{x})$,则最大后验概率估计量可由下式确定:

$$\left[\frac{\partial}{\partial \boldsymbol{\theta}} \ln f(\boldsymbol{\theta} \mid \boldsymbol{x})\right]\bigg|_{\boldsymbol{\theta}=\hat{\boldsymbol{\theta}}_{\mathrm{MAP}}} = \boldsymbol{0} \tag{5.3.4}$$

上式是 M 个方程的联立方程,第 i 个方程可表示为

$$\left[\frac{\partial}{\partial \theta_i} \ln f(\boldsymbol{\theta} \mid \boldsymbol{x})\right]\bigg|_{\boldsymbol{\theta}=\hat{\boldsymbol{\theta}}_{\mathrm{MAP}}} = 0 \quad (i = 1, 2, \cdots, M) \tag{5.3.5}$$

(2) 多参量最大似然估计

多参量 $\boldsymbol{\theta}$ 的似然函数为$f(\boldsymbol{x}|\boldsymbol{\theta})$,则多参量的最大似然估计量可由下式确定:

$$\left[\frac{\partial}{\partial \boldsymbol{\theta}} \ln f(\boldsymbol{x} \mid \boldsymbol{\theta})\right]\bigg|_{\boldsymbol{\theta}=\hat{\boldsymbol{\theta}}_{\mathrm{ML}}} = \boldsymbol{0} \tag{5.3.6}$$

上式是 M 个方程的联立方程,第 i 个方程可表示为

$$\left[\frac{\partial}{\partial \theta_i} \ln f(\boldsymbol{x} \mid \boldsymbol{\theta})\right]\bigg|_{\boldsymbol{\theta}=\hat{\boldsymbol{\theta}}_{\mathrm{ML}}} = 0 \quad (i = 1, 2, \cdots, M) \tag{5.3.7}$$

(3) 多参量最小均方误差估计

多参量 $\boldsymbol{\theta}$ 的最小均方误差估计量可由下式确定:

$$\hat{\boldsymbol{\theta}}_{\mathrm{MS}}(\boldsymbol{x}) = \int_{(\boldsymbol{\theta})} \boldsymbol{\theta} f(\boldsymbol{\theta} \mid \boldsymbol{x}) \mathrm{d}\boldsymbol{\theta} \tag{5.3.8}$$

上式是 M 个方程的联立方程,第 i 个参量的最小均方误差估计$\hat{\theta}_{i\mathrm{MS}}(\boldsymbol{x})$可表示为

$$\hat{\theta}_{i\mathrm{MS}}(\boldsymbol{x}) = \int_{(\boldsymbol{\theta})} \theta_i f(\boldsymbol{\theta} \mid \boldsymbol{x}) \mathrm{d}\boldsymbol{\theta} \quad (i = 1, 2, \cdots, M) \tag{5.3.9}$$

(4) 多参量线性最小均方误差估计

多参量 $\boldsymbol{\theta}$ 的线性最小均方误差估计可以写成如下矢量形式:

$$\hat{\boldsymbol{\theta}} = \boldsymbol{a} + \boldsymbol{B}\boldsymbol{x} \tag{5.3.10}$$

其中, $\hat{\boldsymbol{\theta}} = [\hat{\theta}_1, \hat{\theta}_2, \cdots, \hat{\theta}_M]^{\mathrm{T}}$, $\boldsymbol{a} = [a_1, a_2 \cdots, a_M]^{\mathrm{T}}$, $\boldsymbol{x} = [x_1, x_2, \cdots, x_N]^{\mathrm{T}}$,
$\boldsymbol{B} = \begin{bmatrix} b_{11} & b_{12} & \cdots & b_{1N} \\ b_{21} & b_{22} & \cdots & b_{2N} \\ \vdots & \vdots & \ddots & \vdots \\ b_{M1} & b_{M2} & \cdots & b_{MN} \end{bmatrix}$.

则估计的均方误差可以表示为

$$\begin{aligned} \xi(\hat{\boldsymbol{\theta}}) &= E\{(\boldsymbol{\theta} - \hat{\boldsymbol{\theta}})^{\mathrm{T}}(\boldsymbol{\theta} - \hat{\boldsymbol{\theta}})\} \\ &= E\{(\boldsymbol{\theta} - \boldsymbol{a} - \boldsymbol{B}\boldsymbol{x})^{\mathrm{T}}(\boldsymbol{\theta} - \boldsymbol{a} - \boldsymbol{B}\boldsymbol{x})\} \end{aligned} \tag{5.3.11}$$

使(5.3.11)式最小时得到的 $\hat{\boldsymbol{\theta}}_{\mathrm{LMS}}$即是多参量 $\boldsymbol{\theta}$ 的线性最小均方误差估计量.具体推导如下.

假设使(5.3.11)式达到最小时的 $\boldsymbol{a}$ 和 $\boldsymbol{B}$ 分别记为 $\boldsymbol{a}_{\mathrm{L}}$ 和 $\boldsymbol{B}_{\mathrm{L}}$，则

$$\hat{\boldsymbol{\theta}}_{\mathrm{LMS}} = \boldsymbol{a}_{\mathrm{L}} + \boldsymbol{B}_{\mathrm{L}}\boldsymbol{x} \tag{5.3.12}$$

$\boldsymbol{a}_{\mathrm{L}}$ 和 $\boldsymbol{B}_{\mathrm{L}}$ 可由下面方程组的解来确定：

$$\left.\frac{\partial}{\partial \boldsymbol{a}}\xi(\hat{\boldsymbol{\theta}})\right|_{\substack{\boldsymbol{a}=\boldsymbol{a}_{\mathrm{L}}\\ \boldsymbol{B}=\boldsymbol{B}_{\mathrm{L}}}} = \boldsymbol{0} \tag{5.3.13}$$

$$\left.\frac{\partial}{\partial \boldsymbol{B}}\xi(\hat{\boldsymbol{\theta}})\right|_{\substack{\boldsymbol{a}=\boldsymbol{a}_{\mathrm{L}}\\ \boldsymbol{B}=\boldsymbol{B}_{\mathrm{L}}}} = \boldsymbol{0} \tag{5.3.14}$$

由于

$$\begin{aligned}\frac{\partial}{\partial \boldsymbol{a}}\xi(\hat{\boldsymbol{\theta}}) &= \frac{\partial}{\partial \boldsymbol{a}}E\{(\boldsymbol{\theta}-\boldsymbol{a}-\boldsymbol{B}\boldsymbol{x})^{\mathrm{T}}(\boldsymbol{\theta}-\boldsymbol{a}-\boldsymbol{B}\boldsymbol{x})\}\\ &= E\left\{\frac{\partial}{\partial \boldsymbol{a}}[(\boldsymbol{\theta}-\boldsymbol{a}-\boldsymbol{B}\boldsymbol{x})^{\mathrm{T}}(\boldsymbol{\theta}-\boldsymbol{a}-\boldsymbol{B}\boldsymbol{x})]\right\}\\ &= -2E\{\boldsymbol{\theta}-\boldsymbol{a}-\boldsymbol{B}\boldsymbol{x}\} = 2[\boldsymbol{a}+\boldsymbol{B}E\{\boldsymbol{x}\}-E\{\boldsymbol{\theta}\}]\end{aligned} \tag{5.3.15}$$

令上式等于 $\boldsymbol{0}$，可以求得

$$\boldsymbol{a}_{\mathrm{L}} = E\{\boldsymbol{\theta}\}-\boldsymbol{B}_{\mathrm{L}}E\{\boldsymbol{x}\} \tag{5.3.16}$$

由于

$$\begin{aligned}\frac{\partial}{\partial \boldsymbol{B}}\xi(\hat{\boldsymbol{\theta}}) &= \frac{\partial}{\partial \boldsymbol{B}}E\{(\boldsymbol{\theta}-\boldsymbol{a}-\boldsymbol{B}\boldsymbol{x})^{\mathrm{T}}(\boldsymbol{\theta}-\boldsymbol{a}-\boldsymbol{B}\boldsymbol{x})\}\\ &= \frac{\partial}{\partial \boldsymbol{B}}E\{\mathrm{tr}[(\boldsymbol{\theta}-\boldsymbol{a}-\boldsymbol{B}\boldsymbol{x})(\boldsymbol{\theta}-\boldsymbol{a}-\boldsymbol{B}\boldsymbol{x})^{\mathrm{T}}]\}\\ &= E\left\{\frac{\partial}{\partial \boldsymbol{B}}\mathrm{tr}[(\boldsymbol{\theta}-\boldsymbol{a}-\boldsymbol{B}\boldsymbol{x})(\boldsymbol{\theta}-\boldsymbol{a}-\boldsymbol{B}\boldsymbol{x})^{\mathrm{T}}]\right\}\\ &= 2E\{\boldsymbol{a}\boldsymbol{x}^{\mathrm{T}}+\boldsymbol{B}\boldsymbol{x}\boldsymbol{x}^{\mathrm{T}}-\boldsymbol{\theta}\boldsymbol{x}^{\mathrm{T}}\}\end{aligned} \tag{5.3.17}$$

令上式为 $\boldsymbol{0}$ 得

$$E\{\boldsymbol{a}_{\mathrm{L}}\boldsymbol{x}^{\mathrm{T}}+\boldsymbol{B}_{\mathrm{L}}\boldsymbol{x}\boldsymbol{x}^{\mathrm{T}}-\boldsymbol{\theta}\boldsymbol{x}^{\mathrm{T}}\} = \boldsymbol{0} \tag{5.3.18}$$

整理可得

$$\boldsymbol{B}_{\mathrm{L}}E\{\boldsymbol{x}\boldsymbol{x}^{\mathrm{T}}\}-E\{\boldsymbol{\theta}\boldsymbol{x}^{\mathrm{T}}\}+\boldsymbol{a}_{\mathrm{L}}E\{\boldsymbol{x}^{\mathrm{T}}\} = \boldsymbol{0} \tag{5.3.19}$$

将(5.3.16)式的 $\boldsymbol{a}_{\mathrm{L}}$ 代入(5.3.19)式得

$$\begin{aligned}&\boldsymbol{B}_{\mathrm{L}}E\{\boldsymbol{x}\boldsymbol{x}^{\mathrm{T}}\}-E\{\boldsymbol{\theta}\boldsymbol{x}^{\mathrm{T}}\}+[E\{\boldsymbol{\theta}\}-\boldsymbol{B}_{\mathrm{L}}E\{\boldsymbol{x}\}]E\{\boldsymbol{x}^{\mathrm{T}}\}\\ &\quad= \boldsymbol{B}_{\mathrm{L}}[E\{\boldsymbol{x}\boldsymbol{x}^{\mathrm{T}}\}-E\{\boldsymbol{x}\}E\{\boldsymbol{x}^{\mathrm{T}}\}]-[E\{\boldsymbol{\theta}\boldsymbol{x}^{\mathrm{T}}\}-E\{\boldsymbol{\theta}\}E\{\boldsymbol{x}^{\mathrm{T}}\}]\\ &\quad= \boldsymbol{B}_{\mathrm{L}}E\{[\boldsymbol{x}-E\{\boldsymbol{x}\}][\boldsymbol{x}-E\{\boldsymbol{x}\}]^{\mathrm{T}}\}-E\{[\boldsymbol{\theta}-E\{\boldsymbol{\theta}\}][\boldsymbol{x}-E\{\boldsymbol{x}\}]^{\mathrm{T}}\}\\ &\quad= \boldsymbol{B}_{\mathrm{L}}\mathrm{Cov}\{\boldsymbol{x},\boldsymbol{x}\}-\mathrm{Cov}\{\boldsymbol{\theta},\boldsymbol{x}\}\\ &\quad= \boldsymbol{0}\end{aligned} \tag{5.3.20}$$

进一步可得

$$\boldsymbol{B}_{\mathrm{L}} = \mathrm{Cov}\{\boldsymbol{\theta},\boldsymbol{x}\}\mathrm{Cov}^{-1}\{\boldsymbol{x},\boldsymbol{x}\} \tag{5.3.21}$$

将(5.3.21)式代入(5.3.16)式得

$$\boldsymbol{a}_{\mathrm{L}} = E\{\boldsymbol{\theta}\}-\mathrm{Cov}\{\boldsymbol{\theta},\boldsymbol{x}\}\mathrm{Cov}^{-1}\{\boldsymbol{x},\boldsymbol{x}\}E\{\boldsymbol{x}\} \tag{5.3.22}$$

将(5.3.22)式和(5.3.21)式代入(5.3.12)式，最终得到

$$\hat{\boldsymbol{\theta}}_{\mathrm{LMS}} = E\{\boldsymbol{\theta}\}+\mathrm{Cov}\{\boldsymbol{\theta},\boldsymbol{x}\}\mathrm{Cov}^{-1}\{\boldsymbol{x},\boldsymbol{x}\}[\boldsymbol{x}-E\{\boldsymbol{x}\}] \tag{5.3.23}$$

与单参量类似,多参量线性最小均方误差估计下的正交性原理表示为

$$E\{(\boldsymbol{\theta}-\hat{\boldsymbol{\theta}}_{\mathrm{LMS}})\boldsymbol{x}^{\mathrm{T}}\}=\mathbf{0} \tag{5.3.24}$$

(5) 多参量最小平均绝对误差估计

多参量 $\boldsymbol{\theta}$ 的最小平均绝对误差估计可由下式确定:

$$\int_{-\infty}^{\hat{\boldsymbol{\theta}}_{\mathrm{ABS}}} f(\boldsymbol{\theta}\mid\boldsymbol{x})\mathrm{d}\boldsymbol{\theta}=\int_{\hat{\boldsymbol{\theta}}_{\mathrm{ABS}}}^{+\infty} f(\boldsymbol{\theta}\mid\boldsymbol{x})\mathrm{d}\boldsymbol{\theta} \tag{5.3.25}$$

上式是 M 个方程的联立方程,第 i 个参量的最小平均绝对误差估计 $\hat{\theta}_{i\mathrm{ABS}}(\boldsymbol{x})$ 由下式确定:

$$\int_{-\infty}^{\hat{\theta}_{i\mathrm{ABS}}} f(\theta_i\mid\boldsymbol{x})\mathrm{d}\theta_i=\int_{\hat{\theta}_{i\mathrm{ABS}}}^{+\infty} f(\theta_i\mid\boldsymbol{x})\mathrm{d}\theta_i \quad (i=1,2,\cdots,M) \tag{5.3.26}$$

(6) 多参量贝叶斯估计

对于多参量 $\boldsymbol{\theta}$,估计误差矢量由(5.3.3)式表示,则贝叶斯估计的平均代价可表示为

$$C(\hat{\boldsymbol{\theta}})=\int_{(\boldsymbol{\theta})}\int_{(\boldsymbol{x})} c(\hat{\boldsymbol{\theta}})f(\boldsymbol{\theta},\boldsymbol{x})\mathrm{d}\boldsymbol{x}\mathrm{d}\boldsymbol{\theta} \tag{5.3.27}$$

其中,$c(\hat{\boldsymbol{\theta}})$为代价函数.使(5.3.27)式最小的估计即是多参量的贝叶斯估计.

(7) 多参量最小二乘估计

多参量 $\boldsymbol{\theta}$ 下的线性观测方程可用矢量表示为

$$\boldsymbol{x}=\boldsymbol{H}\boldsymbol{\theta}+\boldsymbol{n} \tag{5.3.28}$$

其中,$\boldsymbol{x}=[x_1,x_2,\cdots,x_N]^{\mathrm{T}}$,$\boldsymbol{\theta}=[\theta_1,\theta_2,\cdots,\theta_M]^{\mathrm{T}}$,$\boldsymbol{n}=[n_1,n_2\cdots,n_N]^{\mathrm{T}}$,

$$\boldsymbol{H}=\begin{bmatrix} h_{11} & h_{12} & \cdots & h_{1M}\\ h_{21} & h_{22} & \cdots & h_{2M}\\ \vdots & \vdots & \ddots & \vdots\\ h_{N1} & h_{N2} & \cdots & h_{NM}\end{bmatrix}.$$

则最小二乘估计 $\hat{\boldsymbol{\theta}}$ 的性能指标可表示为

$$\xi(\hat{\boldsymbol{\theta}})=(\boldsymbol{x}-\boldsymbol{H}\hat{\boldsymbol{\theta}})^{\mathrm{T}}(\boldsymbol{x}-\boldsymbol{H}\hat{\boldsymbol{\theta}}) \tag{5.3.29}$$

也可将(5.3.29)式展开得

$$\xi(\hat{\boldsymbol{\theta}})=\sum_{i=1}^{N}\left(x_i-\sum_{j=1}^{M}h_{ij}\hat{\theta}_j\right)^2 \tag{5.3.30}$$

使(5.3.29)式或(5.3.30)式最小即可求得多参量的最小二乘估计 $\hat{\boldsymbol{\theta}}_{\mathrm{LS}}$,具体计算方法如下.

对(5.3.29)式中的 $\xi(\hat{\boldsymbol{\theta}})$求导并令其结果为零,有

$$\begin{aligned}\left.\frac{\partial}{\partial\hat{\boldsymbol{\theta}}}\xi(\hat{\boldsymbol{\theta}})\right|_{\hat{\boldsymbol{\theta}}=\hat{\boldsymbol{\theta}}_{\mathrm{LS}}}&=\left.\frac{\partial}{\partial\hat{\boldsymbol{\theta}}}\{(\boldsymbol{x}-\boldsymbol{H}\hat{\boldsymbol{\theta}})^{\mathrm{T}}(\boldsymbol{x}-\boldsymbol{H}\hat{\boldsymbol{\theta}})\}\right|_{\hat{\boldsymbol{\theta}}=\hat{\boldsymbol{\theta}}_{\mathrm{LS}}}\\&=-2\boldsymbol{H}^{\mathrm{T}}(\boldsymbol{x}-\boldsymbol{H}\hat{\boldsymbol{\theta}})\Big|_{\hat{\boldsymbol{\theta}}=\hat{\boldsymbol{\theta}}_{\mathrm{LS}}}\\&=\mathbf{0}\end{aligned} \tag{5.3.31}$$

解得

$$\hat{\boldsymbol{\theta}}_{\mathrm{LS}}=(\boldsymbol{H}^{\mathrm{T}}\boldsymbol{H})^{-1}\boldsymbol{H}^{\mathrm{T}}\boldsymbol{x} \tag{5.3.32}$$

(8) 多参量加权最小二乘估计

(5.3.29)式或(5.3.30)式表示的最小二乘估计性能指标将每次观测结果同等对待,

但事实上每次观测结果受到观测条件的影响，其误差程度不一定相同，那么对性能指标适当加权，做出**加权最小二乘估计**（Weighted Least Square Estimation，WLSE），会得到更小的估计误差，获得更好的估计结果.

加权最小二乘估计的性能指标可表示为

$$\xi_W(\hat{\boldsymbol{\theta}}) = (\boldsymbol{x} - \boldsymbol{H}\hat{\boldsymbol{\theta}})^{\mathrm{T}}\boldsymbol{W}(\boldsymbol{x} - \boldsymbol{H}\hat{\boldsymbol{\theta}}) \tag{5.3.33}$$

其中，$\boldsymbol{W}$ 是 $N\times N$ 维的对称正定加权矩阵. 使(5.3.33)式最小时求得的估计 $\hat{\boldsymbol{\theta}}_{\mathrm{WLS}}$ 即为加权最小二乘估计量，推导如下.

对(5.3.33)式中的 $\xi_W(\hat{\boldsymbol{\theta}})$ 求导并令其结果为零，有

$$\begin{aligned}\frac{\partial}{\partial\hat{\boldsymbol{\theta}}}\xi_W(\hat{\boldsymbol{\theta}})\Big|_{\hat{\boldsymbol{\theta}}=\hat{\boldsymbol{\theta}}_{\mathrm{WLS}}} &= \frac{\partial}{\partial\hat{\boldsymbol{\theta}}}\{(\boldsymbol{x} - \boldsymbol{H}\hat{\boldsymbol{\theta}})^{\mathrm{T}}\boldsymbol{W}(\boldsymbol{x} - \boldsymbol{H}\hat{\boldsymbol{\theta}})\}\Big|_{\hat{\boldsymbol{\theta}}=\hat{\boldsymbol{\theta}}_{\mathrm{WLS}}} \\ &= -2\boldsymbol{H}^{\mathrm{T}}\boldsymbol{W}(\boldsymbol{x} - \boldsymbol{H}\hat{\boldsymbol{\theta}})\Big|_{\hat{\boldsymbol{\theta}}=\hat{\boldsymbol{\theta}}_{\mathrm{WLS}}} \\ &= \boldsymbol{0}\end{aligned} \tag{5.3.34}$$

解得

$$\hat{\boldsymbol{\theta}}_{\mathrm{WLS}} = (\boldsymbol{H}^{\mathrm{T}}\boldsymbol{W}\boldsymbol{H})^{-1}\boldsymbol{H}^{\mathrm{T}}\boldsymbol{W}\boldsymbol{x} \tag{5.3.35}$$

这时，(5.3.33)式的性能指标达到最小，估计的均方误差为 $E\{(\boldsymbol{\theta}-\hat{\boldsymbol{\theta}}_{\mathrm{WLS}})^{\mathrm{T}}(\boldsymbol{\theta}-\hat{\boldsymbol{\theta}}_{\mathrm{WLS}})\}$.

为了分析方便，引入加权最小二乘估计的估计误差矩阵. 加权最小二乘估计的估计误差矩阵可表示为

$$\begin{aligned}&E\{(\boldsymbol{\theta} - \hat{\boldsymbol{\theta}}_{\mathrm{WLS}})(\boldsymbol{\theta} - \hat{\boldsymbol{\theta}}_{\mathrm{WLS}})^{\mathrm{T}}\} \\ &\quad = E\{[\boldsymbol{\theta} - (\boldsymbol{H}^{\mathrm{T}}\boldsymbol{W}\boldsymbol{H})^{-1}\boldsymbol{H}^{\mathrm{T}}\boldsymbol{W}\boldsymbol{x}][\boldsymbol{\theta} - (\boldsymbol{H}^{\mathrm{T}}\boldsymbol{W}\boldsymbol{H})^{-1}\boldsymbol{H}^{\mathrm{T}}\boldsymbol{W}\boldsymbol{x}]^{\mathrm{T}}\} \\ &\quad = E\{[-(\boldsymbol{H}^{\mathrm{T}}\boldsymbol{W}\boldsymbol{H})^{-1}\boldsymbol{H}^{\mathrm{T}}\boldsymbol{W}\boldsymbol{n}][-(\boldsymbol{H}^{\mathrm{T}}\boldsymbol{W}\boldsymbol{H})^{-1}\boldsymbol{H}^{\mathrm{T}}\boldsymbol{W}\boldsymbol{n}]^{\mathrm{T}}\} \\ &\quad = (\boldsymbol{H}^{\mathrm{T}}\boldsymbol{W}\boldsymbol{H})^{-1}\boldsymbol{H}^{\mathrm{T}}\boldsymbol{W}\boldsymbol{R}_n\boldsymbol{W}\boldsymbol{H}(\boldsymbol{H}^{\mathrm{T}}\boldsymbol{W}\boldsymbol{H})^{-1}\end{aligned} \tag{5.3.36}$$

其中，$\boldsymbol{R}_n = E\{\boldsymbol{n}\boldsymbol{n}^{\mathrm{T}}\}$，它是对称正定矩阵，可分解为 $\boldsymbol{R}_n = \boldsymbol{D}^{\mathrm{T}}\boldsymbol{D}$，$\boldsymbol{D}$ 为可逆矩阵.

显见，加权最小二乘估计的误差矩阵的迹就是估计的均方误差.

将定理 1.3.3 给出的矩阵施瓦兹不等式重写如下：设 $\boldsymbol{A}$ 是 $M\times N$ 维矩阵，$\boldsymbol{B}$ 是 $N\times L$ 维矩阵，$\boldsymbol{A}\boldsymbol{A}^{\mathrm{T}}$ 可逆，则有

$$\boldsymbol{B}^{\mathrm{T}}\boldsymbol{B} \geqslant (\boldsymbol{A}\boldsymbol{B})^{\mathrm{T}}(\boldsymbol{A}\boldsymbol{A}^{\mathrm{T}})^{-1}(\boldsymbol{A}\boldsymbol{B}) \tag{5.3.37}$$

当且仅当存在一个 $M\times L$ 矩阵 $\boldsymbol{C}$，并且有 $\boldsymbol{B} = \boldsymbol{A}^{\mathrm{T}}\boldsymbol{C}$ 时，上式中的等式成立.

对于(5.3.36)式，令

$$\boldsymbol{B} = \boldsymbol{D}\boldsymbol{W}\boldsymbol{H}(\boldsymbol{H}^{\mathrm{T}}\boldsymbol{W}\boldsymbol{H})^{-1} \tag{5.3.38}$$

$$\boldsymbol{A} = \boldsymbol{H}^{\mathrm{T}}\boldsymbol{D}^{-1} \tag{5.3.39}$$

则有

$$\begin{aligned}\boldsymbol{B}^{\mathrm{T}}\boldsymbol{B} &= (\boldsymbol{H}^{\mathrm{T}}\boldsymbol{W}\boldsymbol{H})^{-1}\boldsymbol{H}^{\mathrm{T}}\boldsymbol{W}\boldsymbol{D}^{\mathrm{T}}\boldsymbol{D}\boldsymbol{W}\boldsymbol{H}(\boldsymbol{H}^{\mathrm{T}}\boldsymbol{W}\boldsymbol{H})^{-1} \\ &= (\boldsymbol{H}^{\mathrm{T}}\boldsymbol{W}\boldsymbol{H})^{-1}\boldsymbol{H}^{\mathrm{T}}\boldsymbol{W}\boldsymbol{R}_n\boldsymbol{W}\boldsymbol{H}(\boldsymbol{H}^{\mathrm{T}}\boldsymbol{W}\boldsymbol{H})^{-1}\end{aligned} \tag{5.3.40}$$

$$\boldsymbol{A}\boldsymbol{B} = \boldsymbol{H}^{\mathrm{T}}\boldsymbol{D}^{-1}\boldsymbol{D}\boldsymbol{W}\boldsymbol{H}(\boldsymbol{H}^{\mathrm{T}}\boldsymbol{W}\boldsymbol{H})^{-1} = \boldsymbol{I} \tag{5.3.41}$$

$$(\boldsymbol{A}\boldsymbol{A}^{\mathrm{T}})^{-1} = [(\boldsymbol{H}^{\mathrm{T}}\boldsymbol{D}^{-1})(\boldsymbol{H}^{\mathrm{T}}\boldsymbol{D}^{-1})^{\mathrm{T}}]^{-1} = (\boldsymbol{H}^{\mathrm{T}}\boldsymbol{R}_n^{-1}\boldsymbol{H})^{-1} \tag{5.3.42}$$

将(5.3.40)式、(5.3.41)式和(5.3.42)式代入(5.3.37)式，得

$$(\boldsymbol{H}^{\mathrm{T}}\boldsymbol{W}\boldsymbol{H})^{-1}\boldsymbol{H}^{\mathrm{T}}\boldsymbol{W}\boldsymbol{R}_n\boldsymbol{W}\boldsymbol{H}(\boldsymbol{H}^{\mathrm{T}}\boldsymbol{W}\boldsymbol{H})^{-1} \geqslant (\boldsymbol{H}^{\mathrm{T}}\boldsymbol{R}_n^{-1}\boldsymbol{H})^{-1} \tag{5.3.43}$$

显见，当 $\boldsymbol{W}=\boldsymbol{R}_n^{-1}$ 时上式中的等式成立.(5.3.43)式左边的表达式就是(5.3.36)式的加权最小二乘估计的估计误差矩阵，因此，当 $\boldsymbol{W}=\boldsymbol{R}_n^{-1}$ 时，加权最小二乘估计的估计误差矩阵的迹最小，代入(5.3.35)式得到多参量 $\boldsymbol{\theta}$ 的加权最小二乘估计 $\hat{\boldsymbol{\theta}}_{\mathrm{WLS}}$，为

$$\hat{\boldsymbol{\theta}}_{\mathrm{WLS}}=(\boldsymbol{H}^{\mathrm{T}}\boldsymbol{R}_n^{-1}\boldsymbol{H})^{-1}\boldsymbol{H}^{\mathrm{T}}\boldsymbol{R}_n^{-1}\boldsymbol{x} \tag{5.3.44}$$

例 5.7 已知线性观测方程为 $\boldsymbol{x}=\boldsymbol{C}\boldsymbol{s}+\boldsymbol{n}$，其中，$\boldsymbol{n}$ 是N维高斯噪声列矢量，$E\{\boldsymbol{n}\}=\boldsymbol{0}$，$\mathrm{Cov}\{\boldsymbol{n},\boldsymbol{n}\}=\boldsymbol{V}_n$；$\boldsymbol{s}$ 是M维高斯信号列矢量，$E\{\boldsymbol{s}\}=\boldsymbol{0}$，$\mathrm{Cov}\{\boldsymbol{s},\boldsymbol{s}\}=\boldsymbol{V}_s$；信号与噪声互不相关，即 $E\{\boldsymbol{s}\boldsymbol{n}^{\mathrm{T}}\}=\boldsymbol{0}$；$\boldsymbol{C}$ 是$N\times M$维观测矩阵.试根据观测样本 $\boldsymbol{x}$ 求信号 $\boldsymbol{s}$ 的最大后验概率估计、最小均方误差估计以及线性最小均方误差估计.

解 (1) 依题意，有

$$E\{\boldsymbol{x}\mid\boldsymbol{s}\}=\boldsymbol{C}\boldsymbol{s},\quad \mathrm{Cov}\{\boldsymbol{x},\boldsymbol{x}\mid\boldsymbol{s}\}=\boldsymbol{V}_n$$

$$E\{\boldsymbol{x}\}=\boldsymbol{0},\quad \mathrm{Cov}\{\boldsymbol{x},\boldsymbol{x}\}=\boldsymbol{C}\boldsymbol{V}_s\boldsymbol{C}^{\mathrm{T}}+\boldsymbol{V}_n$$

则

$$f(\boldsymbol{x}\mid\boldsymbol{s})=\frac{1}{(2\pi)^{N/2}\mid\boldsymbol{V}_n\mid^{1/2}}\exp\left[-\frac{1}{2}(\boldsymbol{x}-\boldsymbol{C}\boldsymbol{s})^{\mathrm{T}}\boldsymbol{V}_n^{-1}(\boldsymbol{x}-\boldsymbol{C}\boldsymbol{s})\right] \tag{5.3.45}$$

$$f(\boldsymbol{s})=\frac{1}{(2\pi)^{M/2}\mid\boldsymbol{V}_s\mid^{1/2}}\exp\left(-\frac{1}{2}\boldsymbol{s}^{\mathrm{T}}\boldsymbol{V}_s^{-1}\boldsymbol{s}\right) \tag{5.3.46}$$

$$f(\boldsymbol{x})=\frac{1}{(2\pi)^{N/2}\mid\boldsymbol{C}\boldsymbol{V}_s\boldsymbol{C}^{\mathrm{T}}+\boldsymbol{V}_n\mid^{1/2}}\exp\left[-\frac{1}{2}\boldsymbol{x}^{\mathrm{T}}(\boldsymbol{C}\boldsymbol{V}_s\boldsymbol{C}^{\mathrm{T}}+\boldsymbol{V}_n)^{-1}\boldsymbol{x}\right] \tag{5.3.47}$$

又因为

$$f(\boldsymbol{s}\mid\boldsymbol{x})=\frac{f(\boldsymbol{x}\mid\boldsymbol{s})f(\boldsymbol{s})}{f(\boldsymbol{x})} \tag{5.3.48}$$

将(5.3.45)式、(5.3.46)式和(5.3.47)式代入上式，得

$$f(\boldsymbol{s}\mid\boldsymbol{x})=\frac{\mid\boldsymbol{C}\boldsymbol{V}_s\boldsymbol{C}^{\mathrm{T}}+\boldsymbol{V}_n\mid^{1/2}}{(2\pi)^{M/2}\mid\boldsymbol{V}_s\boldsymbol{V}_n\mid^{1/2}}\exp\left[-\frac{1}{2}(\boldsymbol{s}-\boldsymbol{\mu})^{\mathrm{T}}\boldsymbol{V}^{-1}(\boldsymbol{s}-\boldsymbol{\mu})\right] \tag{5.3.49}$$

其中

$$\boldsymbol{\mu}=\boldsymbol{V}_s\boldsymbol{C}^{\mathrm{T}}(\boldsymbol{C}\boldsymbol{V}_s\boldsymbol{C}^{\mathrm{T}}+\boldsymbol{V}_n)^{-1}\boldsymbol{x} \tag{5.3.50}$$

$$\boldsymbol{V}=\boldsymbol{V}_s-\boldsymbol{V}_s\boldsymbol{C}^{\mathrm{T}}(\boldsymbol{C}\boldsymbol{V}_s\boldsymbol{C}^{\mathrm{T}}+\boldsymbol{V}_n)^{-1}\boldsymbol{C}\boldsymbol{V}_s \tag{5.3.51}$$

由于本题中的后验概率密度函数 $f(\boldsymbol{s}\mid\boldsymbol{x})$是高斯分布，当 $\boldsymbol{s}=\boldsymbol{\mu}$ 时取得最大值，则根据最大后验概率估计准则，即有

$$\hat{\boldsymbol{s}}_{\mathrm{MAP}}=\boldsymbol{\mu}=\boldsymbol{V}_s\boldsymbol{C}^{\mathrm{T}}(\boldsymbol{C}\boldsymbol{V}_s\boldsymbol{C}^{\mathrm{T}}+\boldsymbol{V}_n)^{-1}\boldsymbol{x} \tag{5.3.52}$$

(2) 由最小均方误差估计准则知

$$\begin{aligned}\hat{\boldsymbol{s}}_{\mathrm{MS}}&=\int_{(\boldsymbol{s})}\boldsymbol{s}f(\boldsymbol{s}\mid\boldsymbol{x})\mathrm{d}\boldsymbol{s}=E\{\boldsymbol{s}\mid\boldsymbol{x}\}=\boldsymbol{\mu}\\&=\boldsymbol{V}_s\boldsymbol{C}^{\mathrm{T}}(\boldsymbol{C}\boldsymbol{V}_s\boldsymbol{C}^{\mathrm{T}}+\boldsymbol{V}_n)^{-1}\boldsymbol{x}\end{aligned} \tag{5.3.53}$$

(3) 由(5.3.23)式可直接得到线性最小均方误差估计为

$$\begin{aligned}\hat{\boldsymbol{s}}_{\mathrm{LMS}}&=E\{\boldsymbol{s}\}+\mathrm{Cov}\{\boldsymbol{s},\boldsymbol{x}\}\mathrm{Cov}^{-1}\{\boldsymbol{x},\boldsymbol{x}\}[\boldsymbol{x}-E\{\boldsymbol{x}\}]=\boldsymbol{\mu}\\&=\boldsymbol{V}_s\boldsymbol{C}^{\mathrm{T}}(\boldsymbol{C}\boldsymbol{V}_s\boldsymbol{C}^{\mathrm{T}}+\boldsymbol{V}_n)^{-1}\boldsymbol{x}\end{aligned} \tag{5.3.54}$$

显见，本题中的线性最小均方误差估计与最大后验概率估计、最小均方误差估计都是相等的.

例 5.8　对某二维矢量 $\boldsymbol{\theta}$ 做了两次观测，有如下观测方程：

$$\boldsymbol{x}_1 = \boldsymbol{H}_1\boldsymbol{\theta} + \boldsymbol{n}_1$$
$$x_2 = \boldsymbol{h}_2\boldsymbol{\theta} + n_2$$

其中，$\boldsymbol{x}_1 = \begin{bmatrix}1\\2\end{bmatrix}$，$\boldsymbol{H}_1 = \begin{bmatrix}0 & 1\\1 & 2\end{bmatrix}$，$x_2 = 4$，$\boldsymbol{h}_2 = [2 \quad 2]$，试求 $\boldsymbol{\theta}$ 的最小二乘估计.

解　依题意，观测方程可统一为下式：

$$\boldsymbol{x} = \boldsymbol{H}\boldsymbol{\theta} + \boldsymbol{n} \tag{5.3.55}$$

其中

$$\boldsymbol{x} = \begin{bmatrix}\boldsymbol{x}_1\\x_2\end{bmatrix} = \begin{bmatrix}1\\2\\4\end{bmatrix},\quad \boldsymbol{H} = \begin{bmatrix}\boldsymbol{H}_1\\\boldsymbol{h}_2\end{bmatrix} = \begin{bmatrix}0 & 1\\1 & 2\\2 & 2\end{bmatrix},\quad \boldsymbol{n} = \begin{bmatrix}\boldsymbol{n}_1\\n_2\end{bmatrix}$$

可见矩阵 $\boldsymbol{H}$ 的秩为 2，与被估计量 $\boldsymbol{\theta}$ 的维数相等；$(\boldsymbol{H}^{\mathrm{T}}\boldsymbol{H})^{-1}$存在，利用(5.3.32)式可得

$$\begin{aligned}\hat{\boldsymbol{\theta}}_{\mathrm{LS}} &= (\boldsymbol{H}^{\mathrm{T}}\boldsymbol{H})^{-1}\boldsymbol{H}^{\mathrm{T}}\boldsymbol{x}\\ &= \left(\begin{bmatrix}0 & 1 & 2\\1 & 2 & 2\end{bmatrix}\begin{bmatrix}0 & 1\\1 & 2\\2 & 2\end{bmatrix}\right)^{-1}\begin{bmatrix}0 & 1 & 2\\1 & 2 & 2\end{bmatrix}\begin{bmatrix}1\\2\\4\end{bmatrix}\\ &= \frac{1}{9}\begin{bmatrix}5 & 6\\6 & 9\end{bmatrix}^{-1}\begin{bmatrix}10\\13\end{bmatrix} = \begin{bmatrix}\dfrac{4}{3}\\[2mm]\dfrac{5}{9}\end{bmatrix}\end{aligned} \tag{5.3.56}$$

5.3.2　最小最大误差熵估计准则

最小最大误差熵估计是与香农信息论中的熵概念联系起来的一种估计准则，下面进行具体介绍.

(1) 信息熵的定义

若随机变量 θ 的概率密度函数为$f(\theta)$，则其信息熵 $H(\theta)$的定义为

$$H(\theta) = E\{-\log f(\theta)\} = -\int_{(\theta)} f(\theta)\log f(\theta)\mathrm{d}\theta \tag{5.3.57}$$

上式中的对数通常是以 2 为底，其单位为“比特”(bit)；以自然数 e 为底，单位为“奈特”(nat)也是常见的；另外还可以 10 为底，单位为“哈特”(hart). 信息熵表示的是一个随机变量所具有的信息量.

(2) 信息熵与方差的关系

具有一定概率分布的单随机变量 θ，其信息熵 $H(\theta)$与方差 $\mathrm{Var}\{\theta\}$存在如下的对应关系：

$$H(\theta) = \frac{1}{2}\log[K \cdot \mathrm{Var}\{\theta\}] \tag{5.3.58}$$

其中，K 为常数. 例如，对一些常见概率分布有如下关系：

① 高斯分布

当随机变量 θ 服从均值为 0、方差为 σ^2 的高斯分布时，其概率密度函数为

$$f(\theta)=\frac{1}{\sqrt{2\pi}\sigma}\exp\left(-\frac{\theta^2}{2\sigma^2}\right) \tag{5.3.59}$$

则有

$$H(\theta)=\frac{1}{2}\log(2\pi\mathrm{e}\sigma^2)=\frac{1}{2}\log[K\cdot\mathrm{Var}\{\theta\}] \tag{5.3.60}$$

其中，$K=2\pi\mathrm{e}$.

② 均匀分布

当随机变量 θ 在$\left[-\frac{a}{2},\ \frac{a}{2}\right]$区间内服从均匀分布时，其概率密度函数为

$$f(\theta)=\begin{cases}\frac{1}{a} & \left(-\frac{a}{2}\leqslant\theta\leqslant\frac{a}{2}\right)\\ 0 & (\text{其他})\end{cases} \tag{5.3.61}$$

方差为

$$\mathrm{Var}\{\theta\}=\frac{a^2}{12} \tag{5.3.62}$$

则有

$$H(\theta)=\frac{1}{2}\log a^2=\frac{1}{2}\log[K\cdot\mathrm{Var}\{\theta\}] \tag{5.3.63}$$

其中，$K=12$.

③ 指数分布

当随机变量 θ 服从指数分布时，其概率密度函数可表示为

$$f(\theta)=\begin{cases}a\mathrm{e}^{-a\theta} & (\theta\geqslant 0, a>0)\\ 0 & (\text{其他})\end{cases} \tag{5.3.64}$$

方差为

$$\mathrm{Var}\{\theta\}=\frac{1}{a^2} \tag{5.3.65}$$

则有

$$H(\theta)=\frac{1}{2}\log\left(\frac{\mathrm{e}^2}{a^2}\right)=\frac{1}{2}\log[K\cdot\mathrm{Var}\{\theta\}] \tag{5.3.66}$$

其中，$K=\mathrm{e}^2$.

对均值为 $\mathbf{0}$、协方差矩阵为 $\boldsymbol{V}$ 的高斯随机矢量 $\boldsymbol{\theta}=[\theta_1,\ \theta_2,\ \cdots,\ \theta_M]^{\mathrm{T}}$，其信息熵与协方差矩阵的关系为

$$H(\boldsymbol{\theta})=\frac{M}{2}\log(2\pi\mathrm{e})+\frac{1}{2}\log(\det\{\boldsymbol{V}\}) \tag{5.3.67}$$

(3) 最大熵原理

对随机参量进行估计时，有时需要它的概率分布. 当我们仅知道其均值、方差等数字特征时，就要选取一个准则，推断出最合适的一个分布作为真分布使用. 在信息论中，熵是不确定性的度量，熵最大意味着不确定性最大，即信息量最大. 因此常以信息熵最大作为推断准则，它表示没有对分布加上其他更多的主观约束，这是合理的. 最大熵原理就是从满足一定约束条件(例如已知均值、方差等数字特征)的分布中找出熵最大的分布作为真分布的一种

推断.

在信息论中已经证明,对于均值为 0、方差为 σ^2 的随机单参量 θ,其最大熵分布为高斯分布 $N(0,\ \sigma^2)$,最大熵为

$$\begin{aligned} H(\theta) &= -\int_{(\theta)} f(\theta) \log f(\theta) \mathrm{d}\theta \\ &= \frac{1}{2}\log(2\pi e\sigma^2) \end{aligned} \tag{5.3.68}$$

同理,对于均值为 $\mathbf{0}$、协方差矩阵为 $\boldsymbol{V}$ 的随机矢量 $\boldsymbol{\theta} = [\theta_1,\ \theta_2,\ \cdots,\ \theta_M]^{\mathrm{T}}$,其最大熵分布为 M 维高斯分布,最大熵为

$$H(\boldsymbol{\theta}) = \frac{M}{2}\log(2\pi e) + \frac{1}{2}\log(\det\{\boldsymbol{V}\}) \tag{5.3.69}$$

另外,在不同的约束条件下,最大熵是不同的;而在无约束条件下,最大熵是不存在的.

(4) 最小最大误差熵估计准则

对零均值随机矢量 $\boldsymbol{\theta} = [\theta_1,\ \theta_2,\ \cdots,\ \theta_M]^{\mathrm{T}}$ 进行估计,得到估计量 $\hat{\boldsymbol{\theta}} = [\hat{\theta}_1,\ \hat{\theta}_2,\ \cdots,\ \hat{\theta}_M]^{\mathrm{T}}$,则估计误差矢量 $\boldsymbol{e}(\hat{\boldsymbol{\theta}})$ 为

$$\boldsymbol{e}(\hat{\boldsymbol{\theta}}) = \boldsymbol{\theta} - \hat{\boldsymbol{\theta}} = [(\theta_1 - \hat{\theta}_1), (\theta_2 - \hat{\theta}_2),\ \cdots, (\theta_M - \hat{\theta}_M)]^{\mathrm{T}} \tag{5.3.70}$$

根据上述最大熵原理,当估计误差矢量 $\boldsymbol{e}(\hat{\boldsymbol{\theta}})$ 的协方差矩阵 $\boldsymbol{V}(\boldsymbol{e})$ 已知时,$\boldsymbol{e}(\hat{\boldsymbol{\theta}})$ 的最大误差熵分布为 M 维高斯分布,最大误差熵为

$$H_{\max}(\boldsymbol{e}) = \frac{M}{2}\log(2\pi e) + \frac{1}{2}\log(\det\{\boldsymbol{V}(\boldsymbol{e})\}) \tag{5.3.71}$$

使(5.3.71)式取最小值时的准则即是**最小最大误差熵估计准则**(Minimax Error Entropy Estimation Criterion),表示为

$$\min_{\hat{\boldsymbol{\theta}}}\{H_{\max}(\boldsymbol{e})\} = \min_{\hat{\boldsymbol{\theta}}}\left\{\frac{M}{2}\log(2\pi e) + \frac{1}{2}\log(\det\{\boldsymbol{V}(\boldsymbol{e})\})\right\} \tag{5.3.72}$$

即

$$\min_{\hat{\boldsymbol{\theta}}}\{H_{\max}(\boldsymbol{e})\} = \min_{\hat{\boldsymbol{\theta}}}\left\{\frac{1}{2}\log(\det\{\boldsymbol{V}(\boldsymbol{e})\})\right\} \tag{5.3.73}$$

由此得到的估计量 $\hat{\boldsymbol{\theta}}$ 即为最小最大误差熵估计量.从(5.3.73)式可以看出,对最大误差熵求最小值就是对 $\det\{\boldsymbol{V}(\boldsymbol{e})\}$ 求最小值.

5.4　估计量评价的指标

以上介绍了用各种准则估计信号参量的方法.一方面依据不同的准则所得到的估计量一般是不同的,这样对同一参量就有许多种估计;另一方面所有的估计量都是观测样本 $\boldsymbol{x}$ 的函数,这样估计量本身是随机量.由于对同一参量估计的多样性和随机性,有必要衡量各种估计的优劣,下面介绍的估计量的主要性质就是评价估计量性能的指标.

(1) 无偏性

对待求参量进行多次观测后,总是希望估计值都分布在真值的附近,即在真值附近摆动,我们用无偏性表示它.对于确定参量 $\boldsymbol{\theta}$,若估计量 $\hat{\boldsymbol{\theta}}$ 满足

$$E\{\hat{\boldsymbol{\theta}}\} = \boldsymbol{\theta} \tag{5.4.1}$$

或对于随机参量 $\boldsymbol{\theta}$,若估计量 $\hat{\boldsymbol{\theta}}$ 满足

$$E\{\hat{\boldsymbol{\theta}}\} = E\{\boldsymbol{\theta}\} \tag{5.4.2}$$

则称所求的估计量 $\hat{\boldsymbol{\theta}}$ 具有无偏性,是无偏估计,否则就是有偏估计.若是有偏估计,确定参量估计的偏差量为 $E\{\hat{\boldsymbol{\theta}}\}-\boldsymbol{\theta}$,随机参量估计的偏差量为 $E\{\hat{\boldsymbol{\theta}}\}-E\{\boldsymbol{\theta}\}$.

若当观测样本数 N 趋于无穷时,原来的有偏估计趋近于无偏估计,即

$$\lim_{N\to+\infty} E\{\hat{\boldsymbol{\theta}}\} = \boldsymbol{\theta} \tag{5.4.3}$$

或

$$\lim_{N\to+\infty} E\{\hat{\boldsymbol{\theta}}\} = E\{\boldsymbol{\theta}\} \tag{5.4.4}$$

则称估计量 $\hat{\boldsymbol{\theta}}$ 具有渐近无偏性,是渐近无偏估计量.

(2) 有效性

对同一个待定参量 $\boldsymbol{\theta}$,可以根据给定条件采用不同的估计准则得到相应的估计量 $\hat{\boldsymbol{\theta}}$,即使得到的 $\hat{\boldsymbol{\theta}}$ 都是无偏估计,但也可能具有不同的均方误差,而均方误差衡量了估计量在真值附近的密集程度,均方误差越小,估计量在真值附近的概率越大,所以我们总是希望得到的估计量的均方误差越小越好,这正是有效性的要求.如果得到的某个无偏估计量 $\hat{\boldsymbol{\theta}}$,其均方误差是所有估计量均方误差中的最小值,那么此估计量 $\hat{\boldsymbol{\theta}}$ 即是有效估计量.显然有效估计必须是无偏估计.

假设对某待定参量 $\boldsymbol{\theta}$ 进行估计,得到一个有效估计量 $\hat{\boldsymbol{\theta}}$,其均方误差记为

$$\xi_{\min}(\hat{\boldsymbol{\theta}}) = E\{(\hat{\boldsymbol{\theta}}-\boldsymbol{\theta})^{\mathrm{T}}(\hat{\boldsymbol{\theta}}-\boldsymbol{\theta})\}$$

若还得到另一个无偏估计量 $\hat{\boldsymbol{\theta}}_1$,其均方误差记为

$$\xi(\hat{\boldsymbol{\theta}}_1) = E\{(\hat{\boldsymbol{\theta}}_1-\boldsymbol{\theta})^{\mathrm{T}}(\hat{\boldsymbol{\theta}}_1-\boldsymbol{\theta})\}$$

则 $\hat{\boldsymbol{\theta}}_1$ 的有效率 η 定义为

$$\eta = \frac{\xi_{\min}(\hat{\boldsymbol{\theta}})}{\xi(\hat{\boldsymbol{\theta}}_1)} \tag{5.4.5}$$

显然 $0<\eta\leqslant 1$.η 越大估计质量越好.对于有效估计,$\eta=1$.

若当观测样本数 N 趋于无穷时,原来的非有效估计趋近于有效估计,即

$$\lim_{N\to+\infty} \eta = 1 \tag{5.4.6}$$

则称此估计量为渐近有效估计量.对某一估计量来说,(5.4.6)式并不是一定成立的,当其有效率 η 满足如下关系时:

$$\lim_{N\to+\infty} \eta = \eta_0 \neq 1 \tag{5.4.7}$$

称 η_0 为渐近有效率.

(3) 一致性

$\boldsymbol{\theta}$ 的估计量 $\hat{\boldsymbol{\theta}}$ 往往是根据有限个观测样本得到的,我们总希望,当观测样本数 N 无限增大时估计量在真值附近的概率趋近于 1,即无限地接近真值 $\boldsymbol{\theta}$,则此时的估计量 $\hat{\boldsymbol{\theta}}$ 称为一致估计量.一致估计量 $\hat{\boldsymbol{\theta}}$ 可以用以下两种方法度量:

① 当 $N\to+\infty$ 时,估计量 $\hat{\boldsymbol{\theta}}$ 在概率意义上收敛于 $\boldsymbol{\theta}$,即

$$\lim_{N\to+\infty} P\left(\sqrt{(\hat{\boldsymbol{\theta}}-\boldsymbol{\theta})^{\mathrm{T}}(\hat{\boldsymbol{\theta}}-\boldsymbol{\theta})}<\varepsilon\right)=1 \tag{5.4.8}$$

其中,ε 是任意正数.

② 当 $N\to+\infty$ 时,估计量 $\hat{\boldsymbol{\theta}}$ 在均方意义上趋近于 $\boldsymbol{\theta}$,即

$$\lim_{N\to+\infty} E\{(\hat{\boldsymbol{\theta}}-\boldsymbol{\theta})^{\mathrm{T}}(\hat{\boldsymbol{\theta}}-\boldsymbol{\theta})\}=0 \tag{5.4.9}$$

(4) 充分性

对待定参量 $\boldsymbol{\theta}$ 进行估计,得到的估计量为 $\hat{\boldsymbol{\theta}}(\boldsymbol{x})$,它显然依赖于观测样本 $\boldsymbol{x}$.若 $\hat{\boldsymbol{\theta}}(\boldsymbol{x})$ 包含了样本 $\boldsymbol{x}$ 中关于 $\boldsymbol{\theta}$ 的全部信息,则称 $\hat{\boldsymbol{\theta}}(\boldsymbol{x})$ 是充分估计量.它的充分性体现在:从充分估计量中可以获取待定参量的全部信息,而其他估计量中关于待定参量的信息总是小于从充分估计量中获取的.下面以数学关系式给出充分估计量的定义.

对待定参量 $\boldsymbol{\theta}$ 及其估计量 $\hat{\boldsymbol{\theta}}(\boldsymbol{x})$,如果观测样本的似然函数 $f(\boldsymbol{x}\mid\boldsymbol{\theta})$ 满足下式:

$$f(\boldsymbol{x}\mid\boldsymbol{\theta})=g[\hat{\boldsymbol{\theta}}(\boldsymbol{x})\mid\boldsymbol{\theta}]h(\boldsymbol{x}) \tag{5.4.10}$$

其中,$h(\boldsymbol{x})\geqslant 0$ 且与 $\boldsymbol{\theta}$ 无关,$g[\hat{\boldsymbol{\theta}}(\boldsymbol{x})\mid\boldsymbol{\theta}]$ 是 $\hat{\boldsymbol{\theta}}(\boldsymbol{x})$ 的函数且与 $\boldsymbol{\theta}$ 有关,则称 $\hat{\boldsymbol{\theta}}(\boldsymbol{x})$ 为充分估计量.(5.4.10)式表明,$f(\boldsymbol{x}\mid\boldsymbol{\theta})$ 体现了在观测样本 $\boldsymbol{x}$ 中含有待定参量 $\boldsymbol{\theta}$ 的信息,$\hat{\boldsymbol{\theta}}(\boldsymbol{x})$ 包含了观测样本中关于 $\boldsymbol{\theta}$ 的全部信息,而 $h(\boldsymbol{x})$ 中不含有 $\boldsymbol{\theta}$ 的信息.也就是说,再也没有别的估计量能够比充分估计量提供更多的关于待定参量 $\boldsymbol{\theta}$ 的信息了.

5.5　克拉美-罗不等式

由于**克拉美-罗不等式**(Cramer-Rao Inequality)给出了判断无偏估计量是否为有效估计的方法,所以它很重要.下面分四种情况介绍克拉美-罗不等式.

5.5.1　确定单参量估计的克拉美-罗不等式

设观测样本矢量为 $\boldsymbol{x}$,对确定单参量 θ 的无偏估计为 $\hat{\theta}$,$f(\boldsymbol{x}\mid\theta)$ 是概率密度函数,则 $\hat{\theta}$ 的均方误差为

$$\xi(\hat{\theta})=E\{(\hat{\theta}-\theta)^2\}\geqslant\frac{1}{E\left\{\left[\dfrac{\partial}{\partial\theta}\ln f(\boldsymbol{x}\mid\theta)\right]^2\right\}} \tag{5.5.1}$$

(5.5.1)式即是确定单参量估计时的克拉美-罗不等式.当且仅当 $\boldsymbol{x}$ 和 $\hat{\theta}$ 满足以下关系式时,

等式成立：

$$\frac{\partial}{\partial\theta}\ln f(\boldsymbol{x}\mid\theta)=\boldsymbol{K}(\theta)(\hat{\theta}-\theta) \tag{5.5.2}$$

其中，$\boldsymbol{K}(\theta)$是 θ 的函数，但不是 $\boldsymbol{x}$ 和 $\hat{\theta}$ 的函数.

由(5.5.1)式可见，确定单参量估计的克拉美-罗不等式给出了所有无偏估计中的最小均方误差，它是无偏估计的均方误差下界，使(5.5.1)式中等式成立的估计量为有效估计量.

下面给出(5.5.1)式的证明.

首先假定概率密度函数 $f(\boldsymbol{x}|\theta)$对 θ 的一阶、二阶导数都存在且绝对可积，并满足求导与积分互换次序的条件.由于 $\hat{\theta}$ 是无偏估计，因此

$$E\{\hat{\theta}-\theta\}=\int_{(\boldsymbol{x})}(\hat{\theta}-\theta)f(\boldsymbol{x}\mid\theta)\mathrm{d}\boldsymbol{x}=0 \tag{5.5.3}$$

对(5.5.3)式求关于 θ 的偏导

$$\frac{\partial}{\partial\theta}\int_{(\boldsymbol{x})}(\hat{\theta}-\theta)f(\boldsymbol{x}\mid\theta)\mathrm{d}\boldsymbol{x}=-\int_{(\boldsymbol{x})}f(\boldsymbol{x}\mid\theta)\mathrm{d}\boldsymbol{x}+\int_{(\boldsymbol{x})}(\hat{\theta}-\theta)\frac{\partial}{\partial\theta}f(\boldsymbol{x}\mid\theta)\mathrm{d}\boldsymbol{x}=0 \tag{5.5.4}$$

由(5.5.4)式可得

$$\int_{(\boldsymbol{x})}(\hat{\theta}-\theta)\frac{\partial}{\partial\theta}f(\boldsymbol{x}\mid\theta)\mathrm{d}\boldsymbol{x}=\int_{(\boldsymbol{x})}f(\boldsymbol{x}\mid\theta)\mathrm{d}\boldsymbol{x}=1 \tag{5.5.5}$$

由于对任意函数 $f(x)$，有

$$\frac{\partial}{\partial x}f(x)=\left[\frac{\partial}{\partial x}\ln f(x)\right]f(x) \tag{5.5.6}$$

因此，(5.5.5)式可写成如下形式：

$$\int_{(\boldsymbol{x})}\left[\frac{\partial}{\partial\theta}\ln f(\boldsymbol{x}\mid\theta)\right]\sqrt{f(\boldsymbol{x}\mid\theta)}\sqrt{f(\boldsymbol{x}\mid\theta)}(\hat{\theta}-\theta)\mathrm{d}\boldsymbol{x}=1 \tag{5.5.7}$$

将(5.5.7)式两边平方，再利用施瓦兹不等式得

$$\begin{aligned}1&=\left\{\int_{(\boldsymbol{x})}\left[\sqrt{f(\boldsymbol{x}\mid\theta)}\frac{\partial}{\partial\theta}\ln f(\boldsymbol{x}\mid\theta)\right]\left[\sqrt{f(\boldsymbol{x}\mid\theta)}(\hat{\theta}-\theta)\right]\mathrm{d}\boldsymbol{x}\right\}^2\\&\leqslant\left\{\int_{(\boldsymbol{x})}\left[\frac{\partial}{\partial\theta}\ln f(\boldsymbol{x}\mid\theta)\right]^2f(\boldsymbol{x}\mid\theta)\mathrm{d}\boldsymbol{x}\right\}\left\{\int_{(\boldsymbol{x})}(\hat{\theta}-\theta)^2f(\boldsymbol{x}\mid\theta)\mathrm{d}\boldsymbol{x}\right\}\\&=E\left\{\left[\frac{\partial}{\partial\theta}\ln f(\boldsymbol{x}\mid\theta)\right]^2\right\}\xi(\hat{\theta})\end{aligned} \tag{5.5.8}$$

当且仅当

$$\frac{\partial}{\partial\theta}\ln f(\boldsymbol{x}\mid\theta)=\boldsymbol{K}(\theta)(\hat{\theta}-\theta) \tag{5.5.9}$$

(5.5.8)式中等号成立.

由(5.5.8)式可得

$$\xi(\hat{\theta})\geqslant\frac{1}{E\left\{\left[\frac{\partial}{\partial\theta}\ln f(\boldsymbol{x}\mid\theta)\right]^2\right\}} \tag{5.5.10}$$

于是，(5.5.1)式得证.

(5.5.10)式表示的克拉美-罗不等式还存在另一种表示形式.利用下式：

$$\int_{(x)} f(\boldsymbol{x} \mid \theta) \mathrm{d}\boldsymbol{x} = 1 \tag{5.5.11}$$

两边对 θ 求偏导得

$$\int_{(x)} \frac{\partial}{\partial \theta} f(\boldsymbol{x} \mid \theta) \mathrm{d}\boldsymbol{x} = \int_{(x)} \left[\frac{\partial}{\partial \theta} \ln f(\boldsymbol{x} \mid \theta)\right] f(\boldsymbol{x} \mid \theta) \mathrm{d}\boldsymbol{x} = 0 \tag{5.5.12}$$

将(5.5.12)式对 θ 再求一次偏导得

$$\int_{(x)} \left[\frac{\partial}{\partial \theta} \ln f(\boldsymbol{x} \mid \theta)\right]^2 f(\boldsymbol{x} \mid \theta) \mathrm{d}\boldsymbol{x} + \int_{(x)} \left[\frac{\partial^2}{\partial \theta^2} \ln f(\boldsymbol{x} \mid \theta)\right] f(\boldsymbol{x} \mid \theta) \mathrm{d}\boldsymbol{x} = 0 \tag{5.5.13}$$

移项得

$$\int_{(x)} \left[\frac{\partial}{\partial \theta} \ln f(\boldsymbol{x} \mid \theta)\right]^2 f(\boldsymbol{x} \mid \theta) \mathrm{d}\boldsymbol{x} = -\int_{(x)} \left[\frac{\partial^2}{\partial \theta^2} \ln f(\boldsymbol{x} \mid \theta)\right] f(\boldsymbol{x} \mid \theta) \mathrm{d}\boldsymbol{x} \tag{5.5.14}$$

即

$$E\left\{\left[\frac{\partial}{\partial \theta} \ln f(\boldsymbol{x} \mid \theta)\right]^2\right\} = -E\left\{\frac{\partial^2}{\partial \theta^2} \ln f(\boldsymbol{x} \mid \theta)\right\} \tag{5.5.15}$$

将(5.5.15)式代入(5.5.10)式得

$$\xi(\hat{\theta}) \geqslant -\frac{1}{E\left\{\dfrac{\partial^2}{\partial \theta^2} \ln f(\boldsymbol{x} \mid \theta)\right\}} \tag{5.5.16}$$

(5.5.16)式是确定单参量估计的克拉美-罗不等式的第二种表达式.

对于确定单参量 θ 的无偏估计 $\hat{\theta}$,(5.5.10)式或(5.5.16)式所表示的克拉美-罗不等式给出了均方误差下界(称为克拉美-罗下界,记为 CRB),当(5.5.9)式得到满足时,$\hat{\theta}$ 的均方误差达到下界,也就是说无偏估计 $\hat{\theta}$ 为有效估计.

现在来分析确定单参量 θ 的有效估计与它的最大似然估计的联系.

由本章 5.2 节内容知,最大似然估计 $\hat{\theta}_{\mathrm{ML}}$ 满足(5.2.13)式,即

$$\left.\frac{\partial}{\partial \theta} \ln f(\boldsymbol{x} \mid \theta)\right|_{\theta=\hat{\theta}_{\mathrm{ML}}} = 0 \tag{5.5.17}$$

由于有效估计 $\hat{\theta}$ 必须满足(5.5.9)式,因此将(5.5.17)式代入(5.5.9)式,可得

$$\left.\frac{\partial}{\partial \theta} \ln f(\boldsymbol{x} \mid \theta)\right|_{\theta=\hat{\theta}_{\mathrm{ML}}} = \left.\boldsymbol{K}(\theta)(\hat{\theta}-\theta)\right|_{\theta=\hat{\theta}_{\mathrm{ML}}} = 0 \tag{5.5.18}$$

所以有

$$(\hat{\theta}-\theta)\big|_{\theta=\hat{\theta}_{\mathrm{ML}}} = 0 \tag{5.5.19}$$

进一步得到

$$\hat{\theta} = \hat{\theta}_{\mathrm{ML}} \tag{5.5.20}$$

(5.5.20)式说明了确定单参量 θ 的有效估计是它的最大似然估计.

5.5.2　确定矢量估计的克拉美-罗不等式

设观测样本矢量为 $\boldsymbol{x}$,对确定矢量 $\boldsymbol{\theta}=[\theta_1, \theta_2, \cdots, \theta_M]^{\mathrm{T}}$ 的无偏估计为 $\hat{\boldsymbol{\theta}}$, $f(\boldsymbol{x} \mid \boldsymbol{\theta})$ 是

概率密度函数，则

$$\xi(\hat{\theta}_i) = E\{(\hat{\theta}_i - \theta_i)^2\} \geqslant (\boldsymbol{J}^{-1})_{ii} \quad (i = 1, 2, \cdots, M) \tag{5.5.21}$$

其中，$(\boldsymbol{J}^{-1})_{ii}$表示$M\times M$维矩阵$\boldsymbol{J}$的逆矩阵的第$i$行第$i$列元素，矩阵$\boldsymbol{J}$的定义如下：

$$\begin{aligned}\boldsymbol{J} &= E\left\{\left[\frac{\partial \ln f(\boldsymbol{x} \mid \boldsymbol{\theta})}{\partial \boldsymbol{\theta}}\right]\left[\frac{\partial \ln f(\boldsymbol{x} \mid \boldsymbol{\theta})}{\partial \boldsymbol{\theta}}\right]^{\mathrm{T}}\right\} \\ &= -E\left\{\frac{\partial}{\partial \boldsymbol{\theta}}\left[\frac{\partial}{\partial \boldsymbol{\theta}}\ln f(\boldsymbol{x} \mid \boldsymbol{\theta})\right]^{\mathrm{T}}\right\}\end{aligned} \tag{5.5.22}$$

矩阵$\boldsymbol{J}$称为费希尔(Fisher)信息矩阵.它表示从观测数据中获得的信息，其第i行第j列的元素为

$$\begin{aligned}J_{ij} &= E\left\{\frac{\partial}{\partial \theta_i}\ln f(\boldsymbol{x} \mid \boldsymbol{\theta})\frac{\partial}{\partial \theta_j}\ln f(\boldsymbol{x} \mid \boldsymbol{\theta})\right\} \\ &= -E\left\{\frac{\partial^2}{\partial \theta_i \partial \theta_j}\ln f(\boldsymbol{x} \mid \boldsymbol{\theta})\right\} \quad (i, j = 1, 2, \cdots, M)\end{aligned} \tag{5.5.23}$$

当且仅当$\boldsymbol{x}$和$\hat{\boldsymbol{\theta}}$满足以下关系式时，(5.5.21)式中的等式成立：

$$\hat{\theta}_i - \theta_i = \sum_{j=1}^{M} K_{ij}\frac{\partial}{\partial \theta_j}\ln f(\boldsymbol{x} \mid \boldsymbol{\theta}) \quad (i = 1, 2, \cdots, M) \tag{5.5.24}$$

(5.5.21)式是确定矢量估计时的克拉美-罗不等式，对它的证明如下.

由于$\hat{\boldsymbol{\theta}}$是$\boldsymbol{\theta}$的无偏估计，则有$E\{\hat{\theta}_i\} = \theta_i$，也即

$$\theta_i = \int_{(\boldsymbol{x})}\hat{\theta}_i(\boldsymbol{x})f(\boldsymbol{x} \mid \boldsymbol{\theta})\mathrm{d}\boldsymbol{x} \tag{5.5.25}$$

对(5.5.25)式求关于θ_j的偏导得

$$\begin{aligned}\frac{\partial \theta_i}{\partial \theta_j} &= \int_{(\boldsymbol{x})}\hat{\theta}_i(\boldsymbol{x})\frac{\partial}{\partial \theta_j}f(\boldsymbol{x} \mid \boldsymbol{\theta})\mathrm{d}\boldsymbol{x} \\ &= \int_{(\boldsymbol{x})}\left[\hat{\theta}_i(\boldsymbol{x})\frac{\partial}{\partial \theta_j}\ln f(\boldsymbol{x} \mid \boldsymbol{\theta})\right]f(\boldsymbol{x} \mid \boldsymbol{\theta})\mathrm{d}\boldsymbol{x}\end{aligned} \tag{5.5.26}$$

显然

$$\frac{\partial \theta_i}{\partial \theta_j} = \delta_{ij} = \begin{cases}1 & (i = j) \\ 0 & (i \neq j)\end{cases} \quad (i, j = 1, 2, \cdots, M) \tag{5.5.27}$$

即

$$E\left\{\hat{\theta}_i(\boldsymbol{x})\frac{\partial}{\partial \theta_j}\ln f(\boldsymbol{x} \mid \boldsymbol{\theta})\right\} = \delta_{ij} \tag{5.5.28}$$

由于

$$\int_{(\boldsymbol{x})}f(\boldsymbol{x} \mid \boldsymbol{\theta})\mathrm{d}\boldsymbol{x} = 1 \tag{5.5.29}$$

两边对θ_i同时求偏导得

$$\int_{(\boldsymbol{x})}\frac{\partial}{\partial \theta_i}f(\boldsymbol{x} \mid \boldsymbol{\theta})\mathrm{d}\boldsymbol{x} = \int_{(\boldsymbol{x})}\left[\frac{\partial}{\partial \theta_i}\ln f(\boldsymbol{x} \mid \boldsymbol{\theta})\right]f(\boldsymbol{x} \mid \boldsymbol{\theta})\mathrm{d}\boldsymbol{x} = 0 \tag{5.5.30}$$

即

$$E\left\{\frac{\partial}{\partial \theta_i}\ln f(\boldsymbol{x} \mid \boldsymbol{\theta})\right\} = 0 \tag{5.5.31}$$

现在考虑(5.5.21)式取 $i=1$ 时的情况，即证明 $E\{(\hat{\theta}_1-\theta_1)^2\}\geqslant(\boldsymbol{J}^{-1})_{11}$.

先构造一个 $M+1$ 维的列矢量 $\boldsymbol{y}$

$$\boldsymbol{y}=\left[(\hat{\theta}_1-\theta_1),\ \frac{\partial}{\partial\theta_1}\ln f(\boldsymbol{x}\mid\boldsymbol{\theta}),\ \cdots,\ \frac{\partial}{\partial\theta_M}\ln f(\boldsymbol{x}\mid\boldsymbol{\theta})\right]^{\mathrm{T}} \tag{5.5.32}$$

由(5.5.23)式、(5.5.28)式和(5.5.31)式，可得 $\boldsymbol{y}$ 的相关矩阵为

$$E\{\boldsymbol{y}\boldsymbol{y}^{\mathrm{T}}\}=\begin{bmatrix} E\{(\hat{\theta}_1-\theta_1)^2\} & 1 & 0 & \cdots & 0 \\ 1 & J_{11} & J_{12} & \cdots & J_{1M} \\ \vdots & \vdots & \vdots & \ddots & \vdots \\ 0 & J_{M1} & J_{M2} & \cdots & J_{MM} \end{bmatrix} \tag{5.5.33}$$

由于 $E\{\boldsymbol{y}\boldsymbol{y}^{\mathrm{T}}\}$是相关矩阵，它必为半正定矩阵，因此其行列式 $\det\{E\{\boldsymbol{y}\boldsymbol{y}^{\mathrm{T}}\}\}\geqslant 0$，即

$$\det\{E\{\boldsymbol{y}\boldsymbol{y}^{\mathrm{T}}\}\}=E\{(\hat{\theta}_1-\theta_1)^2\}\mid\boldsymbol{J}\mid-\begin{vmatrix} J_{22} & \cdots & J_{2M} \\ \vdots & \ddots & \vdots \\ J_{M2} & \cdots & J_{MM} \end{vmatrix}\geqslant 0 \tag{5.5.34}$$

由(5.5.34)式可进一步推知

$$\xi(\hat{\theta}_1)=E\{(\hat{\theta}_1-\theta_1)^2\}\geqslant\frac{1}{\mid\boldsymbol{J}\mid}\begin{vmatrix} J_{22} & \cdots & J_{2M} \\ \vdots & \ddots & \vdots \\ J_{M2} & \cdots & J_{MM} \end{vmatrix}=(\boldsymbol{J}^{-1})_{11} \tag{5.5.35}$$

于是，在 $i=1$ 时(5.5.21)式得证.

当 $\det\{E\{\boldsymbol{y}\boldsymbol{y}^{\mathrm{T}}\}\}=0$ 时，(5.5.35)式中的等式成立，由(5.5.32)式进一步整理可得

$$\hat{\theta}_1-\theta_1=\sum_{j=1}^{M}K_{1j}\frac{\partial}{\partial\theta_j}\ln f(\boldsymbol{x}\mid\boldsymbol{\theta}) \tag{5.5.36}$$

同理可以证明 $i=2,3,\cdots,M$ 时的情况，具体过程请读者自己完成.

5.5.3　随机单参量估计的克拉美-罗不等式

设观测样本矢量为 $\boldsymbol{x}$，对随机单参量 θ 的无偏估计为 $\hat{\theta}$，$f(\theta)$是 θ 的概率密度函数，$f(\boldsymbol{x},\theta)$是 $\boldsymbol{x}$ 和 θ 的联合概率密度函数. 在 θ 给定时，估计误差的条件数学期望为

$$g(\theta)=\int_{(\boldsymbol{x})}(\hat{\theta}-\theta)f(\boldsymbol{x}\mid\theta)\mathrm{d}\boldsymbol{x} \tag{5.5.37}$$

若 $f(\boldsymbol{x},\theta)$对 θ 的一阶、二阶偏导都存在且绝对可积，还满足

$$\lim_{\theta\to+\infty}f(\theta)g(\theta)=\lim_{\theta\to+\infty}f(\theta)\int_{(\boldsymbol{x})}(\hat{\theta}-\theta)f(\boldsymbol{x}\mid\theta)\mathrm{d}\boldsymbol{x}=0 \tag{5.5.38}$$

$$\lim_{\theta\to-\infty}f(\theta)g(\theta)=\lim_{\theta\to-\infty}f(\theta)\int_{(\boldsymbol{x})}(\hat{\theta}-\theta)f(\boldsymbol{x}\mid\theta)\mathrm{d}\boldsymbol{x}=0 \tag{5.5.39}$$

则对随机单参量的估计满足克拉美-罗不等式

$$\xi(\hat{\theta})=E\{(\hat{\theta}-\theta)^2\}\geqslant\frac{1}{E\left\{\left[\frac{\partial}{\partial\theta}\ln f(\boldsymbol{x},\theta)\right]^2\right\}} \tag{5.5.40}$$

当且仅当 $\boldsymbol{x}$ 和 θ 满足下式时，上述等式成立：

$$\frac{\partial}{\partial\theta}\ln f(\boldsymbol{x},\ \theta) = \boldsymbol{K}(\hat{\theta}-\theta) \tag{5.5.41}$$

式中，$\boldsymbol{K}$ 是与 θ 无关的任意常数.

当对随机单参量 θ 的无偏估计 $\hat{\theta}$ 满足(5.5.41)式时，估计的均方误差达到下界，因此 $\hat{\theta}$ 为有效估计.

下面给出(5.5.40)式的证明.

将(5.5.37)式两端同乘 $f(\theta)$，然后再对 θ 求偏导，有

$$\begin{aligned}\frac{\partial}{\partial\theta}[g(\theta)f(\theta)] &= \frac{\partial}{\partial\theta}\left[\int_{(\boldsymbol{x})}(\hat{\theta}-\theta)f(\boldsymbol{x}\mid\theta)f(\theta)\mathrm{d}\boldsymbol{x}\right] \\ &= \frac{\partial}{\partial\theta}\left[\int_{(\boldsymbol{x})}(\hat{\theta}-\theta)f(\boldsymbol{x},\ \theta)\mathrm{d}\boldsymbol{x}\right] \\ &= -\int_{(\boldsymbol{x})}f(\boldsymbol{x},\ \theta)\mathrm{d}\boldsymbol{x} + \int_{(\boldsymbol{x})}(\hat{\theta}-\theta)\frac{\partial}{\partial\theta}f(\boldsymbol{x},\ \theta)\mathrm{d}\boldsymbol{x}\end{aligned} \tag{5.5.42}$$

将(5.5.42)式两端从 $-\infty$ 到 $+\infty$ 对 θ 积分，可得

$$\begin{aligned}g(\theta)f(\theta)\Big|_{-\infty}^{+\infty} &= -\int_{(\theta)}\int_{(\boldsymbol{x})}f(\boldsymbol{x},\ \theta)\mathrm{d}\boldsymbol{x}\mathrm{d}\theta + \int_{(\theta)}\int_{(\boldsymbol{x})}(\hat{\theta}-\theta)\frac{\partial}{\partial\theta}f(\boldsymbol{x},\ \theta)\mathrm{d}\boldsymbol{x}\mathrm{d}\theta \\ &= -1 + \int_{(\theta)}\int_{(\boldsymbol{x})}(\hat{\theta}-\theta)\frac{\partial}{\partial\theta}f(\boldsymbol{x},\ \theta)\mathrm{d}\boldsymbol{x}\mathrm{d}\theta\end{aligned} \tag{5.5.43}$$

将(5.5.38)式和(5.5.39)式代入(5.5.43)式，得

$$\int_{(\theta)}\int_{(\boldsymbol{x})}(\hat{\theta}-\theta)\frac{\partial}{\partial\theta}f(\boldsymbol{x},\ \theta)\mathrm{d}\boldsymbol{x}\mathrm{d}\theta = 1 \tag{5.5.44}$$

即

$$\int_{(\theta)}\int_{(\boldsymbol{x})}(\hat{\theta}-\theta)\left[\frac{\partial}{\partial\theta}\ln f(\boldsymbol{x},\ \theta)\right]f(\boldsymbol{x},\ \theta)\mathrm{d}\boldsymbol{x}\mathrm{d}\theta = 1 \tag{5.5.45}$$

为了利用施瓦兹不等式，可将上式改写为

$$\int_{(\theta)}\int_{(\boldsymbol{x})}(\hat{\theta}-\theta)\sqrt{f(\boldsymbol{x},\ \theta)}\sqrt{f(\boldsymbol{x},\ \theta)}\frac{\partial}{\partial\theta}\ln f(\boldsymbol{x},\ \theta)\mathrm{d}\boldsymbol{x}\mathrm{d}\theta = 1 \tag{5.5.46}$$

将(5.5.46)式两边平方，再根据施瓦兹不等式，得

$$\begin{aligned}1 &= \left[\int_{(\theta)}\int_{(\boldsymbol{x})}(\hat{\theta}-\theta)\sqrt{f(\boldsymbol{x},\ \theta)}\sqrt{f(\boldsymbol{x},\ \theta)}\frac{\partial}{\partial\theta}\ln f(\boldsymbol{x},\ \theta)\mathrm{d}\boldsymbol{x}\mathrm{d}\theta\right]^2 \\ &\leqslant \left\{\int_{(\theta)}\int_{(\boldsymbol{x})}f(\boldsymbol{x},\ \theta)\left[\frac{\partial}{\partial\theta}\ln f(\boldsymbol{x},\ \theta)\right]^2\mathrm{d}\boldsymbol{x}\mathrm{d}\theta\right\}\left[\int_{(\theta)}\int_{(\boldsymbol{x})}(\hat{\theta}-\theta)^2 f(\boldsymbol{x},\ \theta)\mathrm{d}\boldsymbol{x}\mathrm{d}\theta\right] \\ &= E\left\{\left[\frac{\partial}{\partial\theta}\ln f(x,\theta)\right]^2\right\}\xi(\hat{\theta})\end{aligned} \tag{5.5.47}$$

当且仅当

$$\frac{\partial}{\partial\theta}\ln f(\boldsymbol{x},\ \theta) = \boldsymbol{K}(\hat{\theta}-\theta) \tag{5.5.48}$$

时(5.5.47)式中的等式成立.

由(5.5.47)式可得

$$\xi(\hat{\theta}) \geqslant \frac{1}{E\left\{\left[\frac{\partial}{\partial\theta}\ln f(\boldsymbol{x},\ \theta)\right]^2\right\}} \tag{5.5.49}$$

于是,(5.5.40)式得证.

(5.5.49)式表示的克拉美-罗不等式也有另一种表示形式:

$$\xi(\hat{\theta}) \geqslant -\frac{1}{E\left\{\frac{\partial^2}{\partial \theta^2}\ln f(\boldsymbol{x},\ \theta)\right\}} \tag{5.5.50}$$

对(5.5.50)式的证明与对(5.5.16)式的证明相似,简要说明如下.

由于

$$\int_{(\theta)}\int_{(\boldsymbol{x})} f(\boldsymbol{x},\ \theta)\mathrm{d}\boldsymbol{x}\mathrm{d}\theta = 1 \tag{5.5.51}$$

将上式对 θ 求两次偏导,并利用如下关系式:

$$\frac{\partial}{\partial \theta}f(\boldsymbol{x},\ \theta) = f(\boldsymbol{x},\ \theta)\frac{\partial}{\partial \theta}\ln f(\boldsymbol{x},\ \theta) \tag{5.5.52}$$

即得

$$E\left\{\left[\frac{\partial}{\partial \theta}\ln f(\boldsymbol{x},\ \theta)\right]^2\right\} = -E\left\{\frac{\partial^2}{\partial \theta^2}\ln f(\boldsymbol{x},\ \theta)\right\} \tag{5.5.53}$$

将(5.5.53)式代入(5.5.40)式可得(5.5.50)式.

现在来分析随机单参量 θ 的有效估计与它的最大后验概率估计的联系.

由本章5.2节内容知,最大后验概率估计 $\hat{\theta}_{\mathrm{MAP}}$ 满足(5.2.5)式,即

$$\left[\frac{\partial}{\partial \theta}\ln f(\boldsymbol{x} \mid \theta) + \frac{\partial}{\partial \theta}\ln f(\theta)\right]\Bigg|_{\theta=\hat{\theta}_{\mathrm{MAP}}} = 0 \tag{5.5.54}$$

(5.5.54)式也即为

$$\frac{\partial}{\partial \theta}\ln f(\boldsymbol{x},\ \theta)\Bigg|_{\theta=\hat{\theta}_{\mathrm{MAP}}} = 0 \tag{5.5.55}$$

由于有效估计 $\hat{\theta}$ 必须满足(5.5.48)式,将(5.5.55)式代入(5.5.48)式,可得

$$\frac{\partial}{\partial \theta}\ln f(\boldsymbol{x},\ \theta)\Bigg|_{\theta=\hat{\theta}_{\mathrm{MAP}}} = \boldsymbol{K}(\hat{\theta} - \theta)\Bigg|_{\theta=\hat{\theta}_{\mathrm{MAP}}} = 0 \tag{5.5.56}$$

所以有

$$(\hat{\theta} - \theta)\Bigg|_{\theta=\hat{\theta}_{\mathrm{MAP}}} = 0 \tag{5.5.57}$$

进一步得

$$\hat{\theta} = \hat{\theta}_{\mathrm{MAP}} \tag{5.5.58}$$

(5.5.58)式说明了随机单参量 θ 的有效估计是它的最大后验概率估计.

5.5.4　随机矢量估计的克拉美-罗不等式

设观测样本矢量为 $\boldsymbol{x}$,对随机矢量 $\boldsymbol{\theta}=[\theta_1,\ \theta_2,\ \cdots,\ \theta_M]^{\mathrm{T}}$ 的无偏估计为 $\hat{\boldsymbol{\theta}}$,$f(\boldsymbol{\theta})$ 是 $\boldsymbol{\theta}$ 的概率密度函数,$f(\boldsymbol{x},\ \boldsymbol{\theta})$ 是 $\boldsymbol{x}$ 和 $\boldsymbol{\theta}$ 的联合概率密度函数,则

$$\xi(\hat{\theta}_i) = E\{(\hat{\theta}_i - \theta_i)^2\} \geqslant (\boldsymbol{J}_T^{-1})_{ii} \quad (i = 1,\ 2,\ \cdots,\ M) \tag{5.5.59}$$

其中,$(\boldsymbol{J}_T^{-1})_{ii}$ 表示 $M \times M$ 维矩阵 $\boldsymbol{J}_T$ 的逆矩阵的第 i 行第 i 列元素,矩阵 $\boldsymbol{J}_T$ 的定义为

$$\boldsymbol{J}_T = E\left\{\left[\frac{\partial}{\partial\boldsymbol{\theta}}\ln f(\boldsymbol{x},\ \boldsymbol{\theta})\right]\left[\frac{\partial}{\partial\boldsymbol{\theta}}\ln f(\boldsymbol{x},\ \boldsymbol{\theta})\right]^{\mathrm{T}}\right\}$$
$$= -E\left\{\frac{\partial}{\partial\boldsymbol{\theta}}\left[\frac{\partial}{\partial\boldsymbol{\theta}}\ln f(\boldsymbol{x},\ \boldsymbol{\theta})\right]^{\mathrm{T}}\right\} \tag{5.5.60}$$

当且仅当 $\boldsymbol{x}$ 和 $\boldsymbol{\theta}$ 满足以下关系时，(5.5.59)式中的等式成立：

$$\frac{\partial}{\partial\theta_i}\ln f(\boldsymbol{x},\ \boldsymbol{\theta}) = \sum_{j=1}^{M}(\boldsymbol{J}_T)_{ij}(\hat{\theta}_j - \theta_j) \quad (i = 1,\ 2,\ \cdots,\ M) \tag{5.5.61}$$

对(5.5.59)式的证明思路如下.

利用 $f(\boldsymbol{x},\boldsymbol{\theta}) = f(\boldsymbol{x}\mid\boldsymbol{\theta})f(\boldsymbol{\theta})$，将(5.5.60)式展开可得

$$\begin{aligned}\boldsymbol{J}_T =\ & E\left\{\left[\frac{\partial}{\partial\boldsymbol{\theta}}\ln f(\boldsymbol{x}\mid\boldsymbol{\theta})\right]\left[\frac{\partial}{\partial\boldsymbol{\theta}}\ln f(\boldsymbol{x}\mid\boldsymbol{\theta})\right]^{\mathrm{T}}\right\}\\ &+ E\left\{\left[\frac{\partial}{\partial\boldsymbol{\theta}}\ln f(\boldsymbol{\theta})\right]\left[\frac{\partial}{\partial\boldsymbol{\theta}}\ln f(\boldsymbol{\theta})\right]^{\mathrm{T}}\right\}\\ &+ E\left\{\left[\frac{\partial}{\partial\boldsymbol{\theta}}\ln f(\boldsymbol{x}\mid\boldsymbol{\theta})\right]\left[\frac{\partial}{\partial\boldsymbol{\theta}}\ln f(\boldsymbol{\theta})\right]^{\mathrm{T}}\right\}\\ &+ E\left\{\left[\frac{\partial}{\partial\boldsymbol{\theta}}\ln f(\boldsymbol{\theta})\right]\left[\frac{\partial}{\partial\boldsymbol{\theta}}\ln f(\boldsymbol{x}\mid\boldsymbol{\theta})\right]^{\mathrm{T}}\right\}\\ =\ & \boldsymbol{J}_A + \boldsymbol{J}_B + \boldsymbol{J}_C + \boldsymbol{J}_D\end{aligned} \tag{5.5.62}$$

其中

$$\boldsymbol{J}_A = E\left\{\left[\frac{\partial}{\partial\boldsymbol{\theta}}\ln f(\boldsymbol{x}\mid\boldsymbol{\theta})\right]\left[\frac{\partial}{\partial\boldsymbol{\theta}}\ln f(\boldsymbol{x}\mid\boldsymbol{\theta})\right]^{\mathrm{T}}\right\}$$
$$= -E\left\{\frac{\partial}{\partial\boldsymbol{\theta}}\left[\frac{\partial}{\partial\boldsymbol{\theta}}\ln f(\boldsymbol{x}\mid\boldsymbol{\theta})\right]^{\mathrm{T}}\right\} \tag{5.5.63}$$

$$\boldsymbol{J}_B = E\left\{\left[\frac{\partial}{\partial\boldsymbol{\theta}}\ln f(\boldsymbol{\theta})\right]\left[\frac{\partial}{\partial\boldsymbol{\theta}}\ln f(\boldsymbol{\theta})\right]^{\mathrm{T}}\right\}$$
$$= -E\left\{\frac{\partial}{\partial\boldsymbol{\theta}}\left[\frac{\partial}{\partial\boldsymbol{\theta}}\ln f(\boldsymbol{\theta})\right]^{\mathrm{T}}\right\} \tag{5.5.64}$$

$$\boldsymbol{J}_C = E\left\{\left[\frac{\partial}{\partial\boldsymbol{\theta}}\ln f(\boldsymbol{x}\mid\boldsymbol{\theta})\right]\left[\frac{\partial}{\partial\boldsymbol{\theta}}\ln f(\boldsymbol{\theta})\right]^{\mathrm{T}}\right\} \tag{5.5.65}$$

$$\boldsymbol{J}_D = E\left\{\left[\frac{\partial}{\partial\boldsymbol{\theta}}\ln f(\boldsymbol{\theta})\right]\left[\frac{\partial}{\partial\boldsymbol{\theta}}\ln f(\boldsymbol{x}\mid\boldsymbol{\theta})\right]^{\mathrm{T}}\right\} \tag{5.5.66}$$

由于

$$\int_{(\boldsymbol{x})} f(\boldsymbol{x}\mid\boldsymbol{\theta})\mathrm{d}\boldsymbol{x} = 1 \tag{5.5.67}$$

将上式两边同时对 θ_i 求偏导，可得

$$\begin{aligned}\frac{\partial}{\partial\theta_i}\int_{(\boldsymbol{x})} f(\boldsymbol{x}\mid\boldsymbol{\theta})\mathrm{d}\boldsymbol{x} &= \int_{(\boldsymbol{x})}\frac{\partial}{\partial\theta_i}f(\boldsymbol{x}\mid\boldsymbol{\theta})\mathrm{d}\boldsymbol{x}\\ &= \int_{(\boldsymbol{x})} f(\boldsymbol{x}\mid\boldsymbol{\theta})\frac{\partial}{\partial\theta_i}\ln f(\boldsymbol{x}\mid\boldsymbol{\theta})\mathrm{d}\boldsymbol{x}\\ &= 0\end{aligned} \tag{5.5.68}$$

而 $\boldsymbol{J}_C$ 的第 i 行第 j 列元素 $(\boldsymbol{J}_C)_{ij}$（也即 $\boldsymbol{J}_D$ 的第 j 行第 i 列元素 $(\boldsymbol{J}_D)_{ji}$）为

$$(\boldsymbol{J}_C)_{ij} = (\boldsymbol{J}_D)_{ji} = E\left\{\left[\frac{\partial}{\partial\theta_i}\ln f(\boldsymbol{x} \mid \boldsymbol{\theta})\right]\left[\frac{\partial}{\partial\theta_j}\ln f(\boldsymbol{\theta})\right]\right\}$$
$$= \int_{(\boldsymbol{\theta})}\int_{(\boldsymbol{x})} f(\boldsymbol{x} \mid \boldsymbol{\theta}) \frac{\partial}{\partial\theta_i}\ln f(\boldsymbol{x} \mid \boldsymbol{\theta}) f(\boldsymbol{\theta}) \frac{\partial}{\partial\theta_j}\ln f(\boldsymbol{\theta})\mathrm{d}\boldsymbol{x}\mathrm{d}\boldsymbol{\theta}$$
$$= \int_{(\boldsymbol{\theta})}\int_{(\boldsymbol{x})} f(\boldsymbol{x} \mid \boldsymbol{\theta}) \frac{\partial}{\partial\theta_i}\ln f(\boldsymbol{x} \mid \boldsymbol{\theta})\mathrm{d}\boldsymbol{x} f(\boldsymbol{\theta}) \frac{\partial}{\partial\theta_j}\ln f(\boldsymbol{\theta})\mathrm{d}\boldsymbol{\theta} \tag{5.5.69}$$

由(5.5.68)式可知(5.5.69)式的内积分值为零，也就是说 $\boldsymbol{J}_C$ 和 $\boldsymbol{J}_D$ 均是零矩阵，那么由(5.5.62)式可得

$$\boldsymbol{J}_T = \boldsymbol{J}_A + \boldsymbol{J}_B \tag{5.5.70}$$

其中，由(5.5.63)式知 $\boldsymbol{J}_A$ 即为(5.5.22)式表示的费希尔矩阵；$\boldsymbol{J}_B$ 称为先验信息矩阵，它表示从先验知识中获得的信息，其第 i 行第 j 列元素表示为

$$(\boldsymbol{J}_B)_{ij} = E\left\{\frac{\partial}{\partial\theta_i}\ln f(\boldsymbol{\theta}) \frac{\partial}{\partial\theta_j}\ln f(\boldsymbol{\theta})\right\}$$
$$= -E\left\{\frac{\partial^2}{\partial\theta_i\partial\theta_j}\ln f(\boldsymbol{\theta})\right\} \quad (i,\ j = 1,\ 2,\ \cdots,\ M) \tag{5.5.71}$$

对随机多参量估计的克拉美-罗不等式的完整证明这里不再给出，请见有关文献.

5.6　最大似然估计的应用

在很多实际的参量估计中，待估计的参量并不是随机参量，或者即使是随机参量，但其先验概率分布是无法获知的，这时必须把待估计参量当作确定参量来处理，在这种情况下，最大似然估计的应用最为广泛.

在本节中，将以通信和雷达系统中的常见信号为例，介绍最大似然估计在实际信号参量估计中的应用. 首先讨论在加性平稳高斯白噪声中单个信号参量的估计，然后讨论多个参量的联合估计，最后推广到平稳高斯色噪声条件下的参量估计.

5.6.1　平稳高斯白噪声中的信号参量估计

采用最大似然估计方法，首先计算给定条件下的似然函数，然后通过求解似然方程来获得最大似然估计量. 似然函数的计算是信号检测理论和信号参量估计理论所共有的内容，可以直接引用在信号检测理论中已经得到的结论.

假定信号为 $s(t,\ \boldsymbol{\theta})$，它是 t 的连续函数，包含有 M 个未知参量，$\boldsymbol{\theta} = [\theta_1,\ \theta_2,\ \cdots,\ \theta_M]^{\mathrm{T}}$，在雷达观测信号中，$\theta_i$ 可以是信号的幅度、相位、频率、时延等. 在观测时间 $[0,\ T]$ 内，观测到的被噪声污染的信号为

$$x(t) = s(t,\ \boldsymbol{\theta}) + n(t) \quad (0 \leqslant t \leqslant T) \tag{5.6.1}$$

其中，$n(t)$ 是均值为 0、功率谱密度为 $N_0/2$ 的平稳高斯白噪声.

根据 3.5 节中的分析，我们可以类似地得到给定 $\boldsymbol{\theta}$ 时连续观测信号 $x(t)$ 的似然函数

$$f(x(t) \mid \boldsymbol{\theta}) = F\exp\left\{-\frac{1}{N_0}\int_0^T [x(t) - s(t,\ \boldsymbol{\theta})]^2\mathrm{d}t\right\} \tag{5.6.2}$$

对数似然函数为

$$\ln f(x(t)\mid\boldsymbol{\theta}) = \ln F - \frac{1}{N_0}\int_0^T [x(t) - s(t,\boldsymbol{\theta})]^2 \mathrm{d}t \tag{5.6.3}$$

对(5.6.3)式中的参量 $\boldsymbol{\theta}$ 求导,可得

$$\frac{\partial \ln f(x(t)\mid\boldsymbol{\theta})}{\partial\boldsymbol{\theta}} = \frac{2}{N_0}\int_0^T [x(t) - s(t,\boldsymbol{\theta})]\frac{\partial s(t,\boldsymbol{\theta})}{\partial\boldsymbol{\theta}}\mathrm{d}t \tag{5.6.4}$$

由(5.6.4)式可得似然方程

$$\left.\int_0^T [x(t) - s(t,\boldsymbol{\theta})]\frac{\partial s(t,\boldsymbol{\theta})}{\partial\boldsymbol{\theta}}\mathrm{d}t\right|_{\boldsymbol{\theta}=\hat{\boldsymbol{\theta}}_{\mathrm{ML}}} = \mathbf{0} \tag{5.6.5}$$

(5.6.5)式的解即是参量 $\boldsymbol{\theta}$ 的最大似然估计量 $\hat{\boldsymbol{\theta}}_{\mathrm{ML}}$.

为了分析估计的性能,根据 5.5.2 小节中确定矢量的克拉美-罗不等式,可得

$$\xi(\hat{\theta}_{i\mathrm{ML}}) = E\{[\hat{\theta}_{i\mathrm{ML}} - \theta_i]^2\} \geqslant (\boldsymbol{J}^{-1})_{ii} \quad (i = 1, 2, \cdots, M) \tag{5.6.6}$$

其中,$\boldsymbol{J}$ 为费希尔信息矩阵,其第 i 行第 j 列的元素为

$$\begin{aligned} J_{ij} &= E\left\{\frac{\partial}{\partial\theta_i}\ln f(x(t)\mid\boldsymbol{\theta})\frac{\partial}{\partial\theta_j}\ln f(x(t)\mid\boldsymbol{\theta})\right\} \\ &= -E\left\{\frac{\partial^2}{\partial\theta_i\partial\theta_j}\ln f(x(t)\mid\boldsymbol{\theta})\right\} \quad (i, j = 1, 2, \cdots, M) \end{aligned} \tag{5.6.7}$$

为了计算 $\boldsymbol{J}$,将(5.6.3)式对 $\boldsymbol{\theta}$ 求二阶导,可得

$$\begin{aligned} \frac{\partial^2}{\partial\theta_i\partial\theta_j}\ln f(x(t)\mid\boldsymbol{\theta}) = &-\frac{2}{N_0}\int_0^T \frac{\partial s(t,\boldsymbol{\theta})}{\partial\theta_i}\frac{\partial s(t,\boldsymbol{\theta})}{\partial\theta_j}\mathrm{d}t \\ &+ \frac{2}{N_0}\int_0^T [x(t) - s(t,\boldsymbol{\theta})]\frac{\partial^2 s(t,\boldsymbol{\theta})}{\partial\theta_i\partial\theta_j}\mathrm{d}t \end{aligned} \tag{5.6.8}$$

将(5.6.8)式代入(5.6.7)式,并利用 $n(t) = x(t) - s(t,\boldsymbol{\theta})$,可得

$$J_{ij} = E\left\{\frac{2}{N_0}\int_0^T \frac{\partial s(t,\boldsymbol{\theta})}{\partial\theta_i}\frac{\partial s(t,\boldsymbol{\theta})}{\partial\theta_j}\mathrm{d}t\right\} - E\left\{\frac{2}{N_0}\int_0^T n(t)\frac{\partial^2 s(t,\boldsymbol{\theta})}{\partial\theta_i\partial\theta_j}\mathrm{d}t\right\} \tag{5.6.9}$$

(5.6.9)式中右边第一项与 $x(t)$无关,期望即为其本身;第二项中 $n(t)$是均值为 0 的平稳高斯白噪声,期望即为 0. 于是可得

$$J_{ij} = \frac{2}{N_0}\int_0^T \frac{\partial s(t,\boldsymbol{\theta})}{\partial\theta_i}\frac{\partial s(t,\boldsymbol{\theta})}{\partial\theta_j}\mathrm{d}t \quad (i, j = 1, 2, \cdots, M) \tag{5.6.10}$$

若 $\hat{\boldsymbol{\theta}}_{\mathrm{ML}}$是无偏估计,$\hat{\boldsymbol{\theta}}_{\mathrm{ML}}$的方差即为估计的均方误差,则克拉美-罗不等式为

$$\xi(\hat{\theta}_{i\mathrm{ML}}) = E\{(\hat{\theta}_{i\mathrm{ML}} - \theta_i)^2\} \geqslant (\boldsymbol{J}^{-1})_{ii} \quad (i = 1, 2, \cdots, M) \tag{5.6.11}$$

利用(5.6.11)式即可确定平稳高斯白噪声下信号的未知参量估计量 $\hat{\boldsymbol{\theta}}_{\mathrm{ML}}$的克拉美-罗下界.

在单参量估计的情况下,(5.6.11)式可写为

$$\xi(\hat{\theta}_{\mathrm{ML}}) = E\{[\hat{\theta}_{\mathrm{ML}} - \theta]^2\} \geqslant \left[\frac{2}{N_0}\int_0^T \left[\frac{\partial s(t,\theta)}{\partial\theta}\right]^2 \mathrm{d}t\right]^{-1} \tag{5.6.12}$$

下面分别用 $\boldsymbol{\theta}$ 代表信号幅度、相位、频率和时延等参量来分析具体的估计问题.

1. 信号幅度估计

当待估计的未知参量为信号的幅度时,观测信号波形可表示为

$$x(t) = s(t, A) + n(t) = As(t) + n(t) \quad (0 \leqslant t \leqslant T) \tag{5.6.13}$$

式中，$s(t)$是确知信号，信号的幅度 A 是待估计的参量，它相当于脉冲幅度调制(PAM)通信系统中的最佳解调问题，而 $x(t)$就是观测到的已调制信号.

将(5.6.13)式代入似然方程(5.6.5)式，可得

$$\int_0^T [x(t) - As(t)]s(t)\mathrm{d}t \Big|_{A=\hat{A}_{\mathrm{ML}}} = 0 \tag{5.6.14}$$

解此方程可得幅度的最大似然估计，为

$$\hat{A}_{\mathrm{ML}} = \frac{\int_0^T x(t)s(t)\mathrm{d}t}{\int_0^T s^2(t)\mathrm{d}t} \tag{5.6.15}$$

若 $s(t)$ 是归一化信号，即$\int_0^T s^2(t)\mathrm{d}t = 1$，则可得归一化的幅度的最大似然估计，为

$$\hat{A}_{\mathrm{ML}} = \int_0^T x(t)s(t)\mathrm{d}t \tag{5.6.16}$$

(5.6.16)式相当于信号检测问题中的检验统计量 G，由此可见信号检测理论和信号参量估计理论的本质是相同的.(5.6.16)式表明如何由观测信号 $x(t)$ 来构成最大似然估计量 $\hat{A}_{\mathrm{ML}}$：由观测信号 $x(t)$ 和确知信号 $s(t)$ 进行相关运算获得；或者使 $x(t)$ 通过与 $s(t)$ 相匹配的滤波器并在 $t = T$ 时刻对输出采样得到.

现在来讨论幅度的最大似然估计量 $\hat{A}_{\mathrm{ML}}$的主要性质.

将(5.6.13)式代入(5.6.16)式可得

$$\begin{aligned} E\{\hat{A}_{\mathrm{ML}}\} &= E\left\{\int_0^T [As(t) + n(t)]s(t)\mathrm{d}t\right\} \\ &= E\left\{\int_0^T As^2(t)\mathrm{d}t\right\} + \int_0^T E\{n(t)\}s(t)\mathrm{d}t \end{aligned} \tag{5.6.17}$$

应用归一化结果$\int_0^T s^2(t)\mathrm{d}t = 1$，可得

$$E\left\{\int_0^T As^2(t)\mathrm{d}t\right\} = A \tag{5.6.18}$$

因为 $n(t)$是均值为 0 的平稳高斯白噪声，$E\{n(t)\}=0$，可得

$$\int_0^T E\{n(t)\}s(t)\mathrm{d}t = 0 \tag{5.6.19}$$

将(5.6.18)式和(5.6.19)式代入(5.6.17)式，可得

$$E\{\hat{A}_{\mathrm{ML}}\} = A \tag{5.5.20}$$

因此 $\hat{A}_{\mathrm{ML}}$是 A 的无偏估计.此时估计的方差即为估计的均方误差，为

$$\begin{aligned} \xi(\hat{A}_{\mathrm{ML}}) &= E\{[\hat{A}_{\mathrm{ML}} - E\{\hat{A}_{\mathrm{ML}}\}]^2\} \\ &= E\left\{\left[\int_0^T n(t)s(t)\mathrm{d}t\right]^2\right\} \\ &= \int_0^T\int_0^T E\{n(t)n(\tau)\}s(t)s(\tau)\mathrm{d}t\mathrm{d}\tau \end{aligned} \tag{5.6.21}$$

因为 $n(t)$ 是均值为0的平稳高斯白噪声，有 $E\{n(t)n(\tau)\} = \frac{N_0}{2}\delta(t-\tau)$，又有$\int_0^T s^2(t)\mathrm{d}t$

$=1$，代入(5.6.21)式可得

$$\xi(\hat{A}_{\mathrm{ML}})=\frac{N_0}{2}\int_0^T s^2(t)\mathrm{d}t=\frac{N_0}{2} \tag{5.6.22}$$

又因为 $\dfrac{\partial s(t,\ A)}{\partial A}=\dfrac{\partial As(t)}{\partial A}=s(t)$，由克拉美-罗不等式，可得

$$\xi(\hat{A}_{\mathrm{ML}})\geqslant\left\{\frac{2}{N_0}\int_0^T\left[\frac{\partial s(t,\ A)}{\partial A}\right]^2\mathrm{d}t\right\}^{-1}=\frac{N_0}{2}\int_0^T s^2(t)\mathrm{d}t=\frac{N_0}{2} \tag{5.6.23}$$

由(5.6.23)式可知，估计量 $\hat{A}_{\mathrm{ML}}$ 的克拉美-罗下界为 $N_0/2$. 由(5.6.22)式可知，$\hat{A}_{\mathrm{ML}}$ 达到了均方误差下界，所以 A 的最大似然估计量 $\hat{A}_{\mathrm{ML}}$ 是有效估计.

由(5.6.16)式，可以画出最佳接收机的结构，如图 5.2 所示.

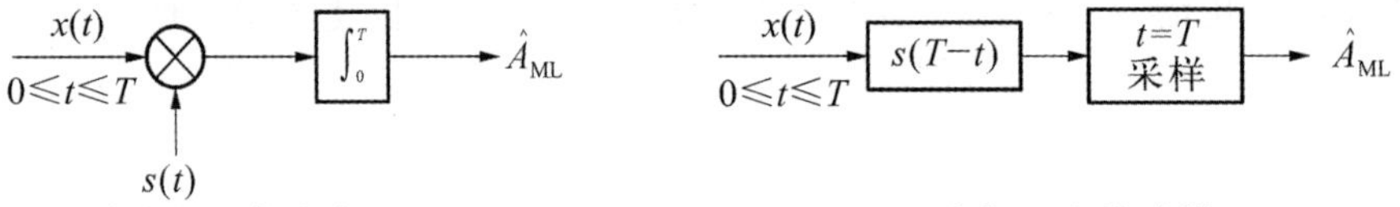

图 5.2　幅度估计的最佳接收机

在实际观测中，观测样本通常是离散信号，此时只需将推导过程中的积分变为求和，即可求得幅度的最大似然估计，感兴趣的读者可以自行推导.

2. 信号相位估计

当待估计的未知参量为信号的初相位时，观测信号波形可表示为

$$x(t)=s(t,\ \theta)+n(t)=A\sin(\omega_0 t+\theta)+n(t)\quad(0\leqslant t\leqslant T) \tag{5.6.24}$$

式中，幅度 A 和频率 ω_0 是已知的，待估计的参量是信号的初始相位 θ. 将(5.6.24)式代入似然方程(5.6.5)式，可得此时相位的最大似然估计方程，为

$$\int_0^T[x(t)A\cos(\omega_0 t+\theta)-A\sin(\omega_0 t+\theta)A\cos(\omega_0 t+\theta)]\mathrm{d}t\bigg|_{\theta=\hat{\theta}_{\mathrm{ML}}}=0 \tag{5.6.25}$$

假定 $\omega_0 T=k\pi$，k 是整数，则上式左边第二项积分为零；或者采用窄带信号，通常满足 $\omega_0 T\gg 1$ 的条件，则上式左边第二项近似为零，可以忽略不计. 于是(5.6.25)式变为

$$A\int_0^T x(t)\cos(\omega_0 t+\theta)\mathrm{d}t\bigg|_{\theta=\hat{\theta}_{\mathrm{ML}}}=0 \tag{5.6.26}$$

利用三角公式 $\cos(\alpha+\beta)=\cos\alpha\cos\beta-\sin\alpha\sin\beta$，上式可化为

$$A\int_0^T[x(t)\cos\omega_0 t\cos\hat{\theta}_{\mathrm{ML}}-x(t)\sin\omega_0 t\sin\hat{\theta}_{\mathrm{ML}}]\mathrm{d}t=0 \tag{5.6.27}$$

上式进一步写为

$$\cos\hat{\theta}_{\mathrm{ML}}\int_0^T x(t)\cos\omega_0 t\mathrm{d}t=\sin\hat{\theta}_{\mathrm{ML}}\int_0^T x(t)\sin\omega_0 t\mathrm{d}t \tag{5.6.28}$$

由(5.6.28)式可得相位的最大似然估计量，为

$$\hat{\theta}_{\mathrm{ML}}=\arctan\left[\frac{\int_0^T x(t)\cos\omega_0 t\mathrm{d}t}{\int_0^T x(t)\sin\omega_0 t\mathrm{d}t}\right] \tag{5.6.29}$$

实现(5.6.29)式的最佳接收机如图5.3所示.由图可见,它由两路相关器组成,然后通过反正切函数输出.因为反正切函数是多值的,因此相位估计也是多值的,我们只取在$-\pi\sim+\pi$范围内的一个值.

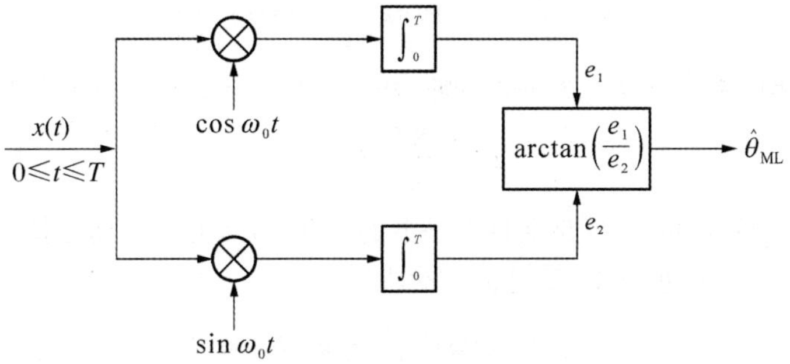

图5.3　相位估计最佳接收机

图中两路相关器的输出分别为

$$
\begin{aligned}
e_1 &= \int_0^T x(t)\cos\omega_0 t\,\mathrm{d}t \\
e_2 &= \int_0^T x(t)\sin\omega_0 t\,\mathrm{d}t
\end{aligned}
\tag{5.6.30}
$$

分析相位估计的误差,根据(5.6.30)式可以求得均值,为

$$
\begin{aligned}
\overline{e}_1 &= \frac{AT}{2}\sin\theta \\
\overline{e}_2 &= \frac{AT}{2}\cos\theta
\end{aligned}
\tag{5.6.31}
$$

而其方差为

$$
\mathrm{Var}\{e_1\} = \mathrm{Var}\{e_2\} = \frac{N_0 T}{4} = \sigma_n^2 \tag{5.6.32}
$$

由于这种双通道接收机结构比较复杂,在实际应用中,通常采用如图5.4所示的锁相环进行相位估计.锁相环的作用是使压控振荡器的输出相位与混有噪声的观测信号的相位同步.压控振荡器可以近似看作是不含噪声的,因此其输出相位便可以作为观测信号相位的估计.

下面对锁相环的工作原理作简要说明.

参照图5.4,假定观测信号中不含噪声(信噪比很高时接近这种理想模型),可得

$$
x(t) \approx A\sin(\omega_0 t + \theta) \tag{5.6.33}
$$

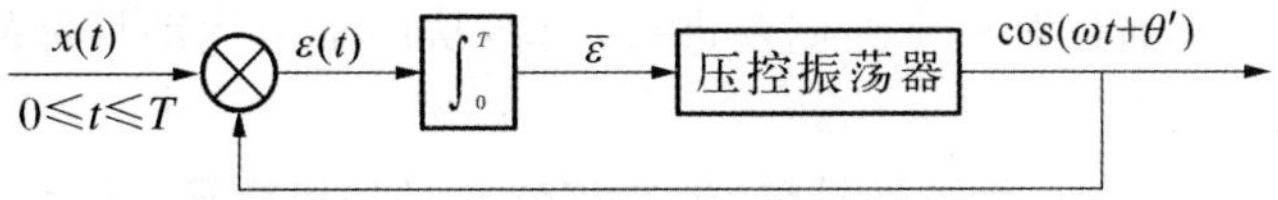

图5.4　简化的相位估计最佳接收机

相乘器(鉴相器)的输出为

$$
\varepsilon(t) = A\sin(\omega_0 t + \theta)\cos(\omega_0 t + \theta') \tag{5.6.34}
$$

其中,θ'是压控振荡器输出信号的相位.应用三角变换公式,由(5.6.34)式可得

$$\varepsilon(t)=\frac{A}{2}\sin(\theta-\theta')+\frac{A}{2}\sin(2\omega_0 t+\theta+\theta') \tag{5.6.35}$$

(5.6.35)式经过积分器(低通滤波器)后,上式中的第二项作为高频分量被滤除,可得

$$\bar{\varepsilon}=\int_0^T \varepsilon(t)\mathrm{d}t\approx\frac{AT}{2}\sin(\theta-\theta') \tag{5.6.36}$$

当环路增益很大时,相位差 $\theta-\theta'$ 很小,则 $\sin(\theta-\theta')\approx\theta-\theta'$,(5.6.36)式变为

$$\bar{\varepsilon}\approx\frac{AT}{2}(\theta-\theta') \tag{5.6.37}$$

积分器对于由噪声引起的 $\varepsilon(t)$ 变化起到平滑的作用.误差电压 $\bar{\varepsilon}$ 加到压控振荡器,使其输出信号的相位 θ' 向 θ 靠近,所以 $\bar{\varepsilon}$ 趋向于零,即

$$\int_0^T x(t)\cos(\omega_0 t+\theta')\mathrm{d}t\approx 0 \tag{5.6.38}$$

这恰好就是似然方程(5.6.26)式表示的运算,因此 $\theta'=\hat{\theta}_{\mathrm{ML}}$.

下面分析相位估计的性能.

在高信噪比条件下,由于锁相环的作用是使 $\hat{\theta}_{\mathrm{ML}}\to\theta$,因此相位估计量是无偏的,此时估计量的方差即为估计的均方误差.

由 $\dfrac{\partial s(t,\theta)}{\partial\theta}=A\cos(\omega t+\theta)$ 可得

$$\int_0^T\left[\frac{\partial s(t,\theta)}{\partial\theta}\right]^2\mathrm{d}t=\int_0^T A^2\cos^2(\omega t+\theta)\mathrm{d}t=\frac{A^2}{2}T=E \tag{5.6.39}$$

其中 E 为发射信号的能量,将此结果代入克拉美-罗不等式,可得

$$\xi(\hat{\theta}_{\mathrm{ML}})\geqslant\frac{N_0}{2\int_0^T\left[\dfrac{\partial s(t,\theta)}{\partial\theta}\right]^2\mathrm{d}t}=\frac{N_0}{2E} \tag{5.6.40}$$

即 $\hat{\theta}_{\mathrm{ML}}$ 的克拉美-罗下界为 $N_0/(2E)$.可以证明估计量 $\hat{\theta}_{\mathrm{ML}}$ 是有效的,其均方误差等于克拉美-罗下界 $N_0/(2E)$.

3. 信号频率估计

当待估计的未知参量为信号的频率时,观测信号波形可以表示为

$$x(t)=s(t,\omega)+n(t)=a(t)\sin(\omega t+\theta)+n(t)\quad(0\leqslant t\leqslant T) \tag{5.6.41}$$

其中,幅度 $a(t)$ 已知,相位 θ 为随机变量,在$[0,2\pi)$上服从均匀分布,可以作为杂散参量在计算似然函数时平均掉,角频率 ω 是待估计的未知参量.这种情况在雷达系统中经常遇到,例如在对运动目标进行搜索时,由于多普勒效应的存在,使得观测信号的频率与发射信号频率有所不同,我们可以通过对频率的偏差进行估计,从而确定运动目标的径向速度.频率的变化范围为$[\omega_L,\omega_U]$.

由于信号中除了频率 ω 为待估计量,还有相位 θ 是随机变量,其似然函数 $f(x(t)|\omega)$ 类似于第3章中随机相位信号检测中的 $f(x(t)|H_1)$,为

$$\begin{aligned}f(x(t)\mid\omega)&=\frac{F}{2\pi}\int_0^{2\pi}\exp\left\{-\frac{1}{N_0}\int_0^T[x(t)-A\sin(\omega t+\theta)]^2\mathrm{d}t\right\}\mathrm{d}\theta\\&=k\exp\left\{-\frac{E}{N_0}\right\}\mathrm{I}_0\left(\frac{2q}{N_0}\right)\end{aligned} \tag{5.6.42}$$

其中

$$k = F\exp\left\{-\frac{1}{N_0}\int_0^T x^2(t)\mathrm{d}t\right\}$$

$$E = \int_0^T s^2(t, \omega)\mathrm{d}t$$

$$q = \left\{\left[\int_0^T x(t)a(t)\sin\omega t\mathrm{d}t\right]^2 + \left[\int_0^T x(t)a(t)\cos\omega t\mathrm{d}t\right]^2\right\}^{1/2}$$

k 等效于随机相位信号检测中的$f(x(t)\mid H_0)$. 使 $f(x(t)\mid\omega)$ 达到最大的 ω 值就是最大似然估计量 $\hat{\omega}_{\mathrm{ML}}$. 由于 $\mathrm{I}_0\left(\frac{2q}{N_0}\right)$是 q 的单调增函数,所以求最大似然估计量 $\hat{\omega}_{\mathrm{ML}}$,就等效于求解 q 达到最大值时的 ω.

为了求得检验统计量 q,可将频率变化范围$[\omega_L, \omega_U]$均分划为 M 个子区间,子区间中的中心频率分别为 $\omega_i(i=1,2,\cdots,M)$. 观测信号 $x(t)$通过对应不同频率 $\omega_i(i=1,2,\cdots,M)$的非相干匹配滤波器,滤波器的输出信号送入选择最大输出模块上,就可以得到最大的检验统计量 $q_{\max}$,这等效于使似然函数取得最大值,此时的 ω_i 即为频率的最大似然估计量 $\hat{\omega}_{\mathrm{ML}}$.

实现最大似然频率估计的接收机如图 5.5 所示. 匹配滤波器的数目取决于频率变化范围$[\omega_L, \omega_U]$和频率划分间隔 $\Delta\omega$. 显然 $\Delta\omega$ 值越小,频率估计的精度越高,但是需要的匹配滤波器数目就越多. 实际上,频率间隔 $\Delta\omega$ 没有必要小于频率估计的最小标准差,即克拉美-罗下界.

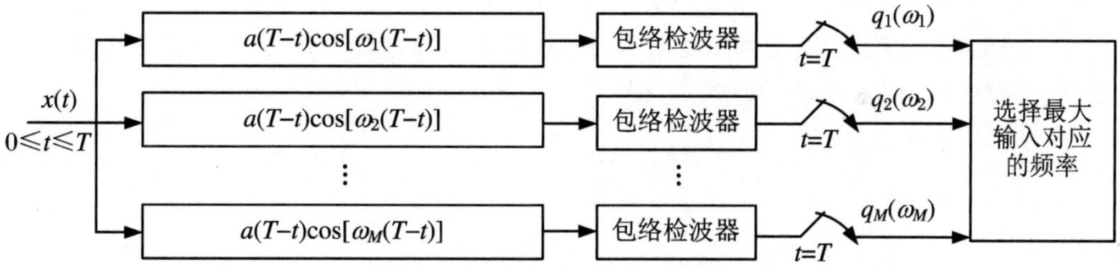

图 5.5　最大似然频率估计接收机

下面我们来计算频率估计的克拉美-罗下界. 首先根据似然函数表达式(5.6.42)式,取对数得

$$\ln f(x(t)\mid\omega) = \ln k - \frac{E}{N_0} + \ln \mathrm{I}_0\left(\frac{2q}{N_0}\right) \tag{5.6.43}$$

假定信噪比足够大,则$\frac{2q}{N_0}$也就很大,利用近似式 $\ln \mathrm{I}_0\left(\frac{2q}{N_0}\right) \approx \frac{2q}{N_0}$, 代入(5.6.43)式得

$$\ln f(x(t)\mid\omega) \approx \ln k - \frac{E}{N_0} + \frac{2q}{N_0} \tag{5.6.44}$$

由于检验统计量 q 是匹配滤波和包络检波后的输出,因此可以写为

$$q = \left|\int_0^T \tilde{a}_x(t)\tilde{a}_s^*(t)\mathrm{d}t\right| \tag{5.6.45}$$

其中,$\tilde{a}_x(t)$是观测信号 $x(t)$的复包络,$\tilde{a}_s^*(t)$是发射信号的共轭复包络.

在信噪比足够大的条件下 $\tilde{a}_x(t)$可以近似为

$$\tilde{a}_x(t) \approx \tilde{a}_s(t)\mathrm{e}^{\mathrm{j}\gamma t} = \sqrt{E}\tilde{a}(t)\mathrm{e}^{\mathrm{j}\gamma t} \tag{5.6.46}$$

其中,$\tilde{a}(t)$是能量归一化的发射信号复包络,γ 是频率偏差.因此检验统计量 q 可以写为

$$q = E\left|\int_0^T \tilde{a}(t)\tilde{a}^*(t)\mathrm{e}^{\mathrm{j}\gamma t}\mathrm{d}t\right| = E\left|\int_0^T |\tilde{a}(t)|^2\mathrm{e}^{\mathrm{j}\gamma t}\mathrm{d}t\right| \tag{5.6.47}$$

相应的对数似然函数可以改写为

$$\ln f(x(t)\mid\gamma) \approx \ln k - \frac{E}{N_0} + \frac{2E}{N_0}\left|\int_0^T |\tilde{a}(t)|^2\mathrm{e}^{\mathrm{j}\gamma t}\mathrm{d}t\right| \tag{5.6.48}$$

它是 γ 的函数.我们可将上式对 γ 求二次偏导后得到克拉美-罗下界.

用 $z(\gamma)$表示(5.6.48)式中绝对值内的积分,即

$$z(\gamma) = \int_0^T \left|\tilde{a}(t)\right|^2 \mathrm{e}^{\mathrm{j}\gamma t}\mathrm{d}t \tag{5.6.49}$$

$z(\gamma)$通常称为模糊度函数.

当 $\gamma = 0$ 时,由归一化条件,$z(0) = \int_0^T \left|\tilde{a}(t)\right|^2\mathrm{d}t = 1$,利用 $|z(\gamma)| = [z(\gamma)z^*(\gamma)]^{1/2}$,其绝对值的一阶导数为

$$\frac{\partial |z(\gamma)|}{\partial\gamma} = \frac{1}{2|z(\gamma)|}[z(\gamma)z^{*\prime}(\gamma) + z^*(\gamma)z'(\gamma)] \tag{5.6.50}$$

继续求二阶导数为

$$\begin{aligned}\frac{\partial^2 |z(\gamma)|}{\partial\gamma^2} &= \frac{1}{|z(\gamma)|}\mathrm{Re}\,\{z(\gamma)z^{*\prime\prime}(\gamma) + z'(\gamma)z^{*\prime}(\gamma)\} \\ &\quad - \frac{1}{|z(\gamma)|^3}[\mathrm{Re}\,\{z^*(\gamma)z'(\gamma)\}]^2\end{aligned} \tag{5.6.51}$$

不失一般性,克拉美-罗下界可通过在 $\gamma = 0$ 处求二阶导数来获得,具体推导可参见参考文献[4].将此条件代入(5.6.51)式,可得

$$\left.\frac{\partial^2 |z(\gamma)|}{\partial\gamma^2}\right|_{\gamma=0} = \mathrm{Re}\{z''(0) + |z'(0)|^2\} - [\mathrm{Re}\{z'(0)\}]^2 \tag{5.6.52}$$

其中

$$\begin{aligned} z'(0) &= \mathrm{j}\int_0^T t\,|\tilde{a}(t)|^2\mathrm{d}t \\ z''(0) &= -\int_0^T t^2\,|\tilde{a}(t)|^2\mathrm{d}t \end{aligned} \tag{5.6.53}$$

将(5.6.53)式代入(5.6.52)式得

$$\left.\frac{\partial^2 |z(\gamma)|}{\partial\gamma^2}\right|_{\gamma=0} = -\int_0^T t^2\,|\tilde{a}(t)|^2\mathrm{d}t + \left[\int_0^T t\,|\tilde{a}(t)|^2\mathrm{d}t\right]^2 = -t_{\mathrm{d}}^2 \tag{5.6.54}$$

若定义信号的时间均值 $\overline{t}$ 和时间均方值 $\overline{t^2}$ 为

$$\overline{t} = \int_0^T t\,|\tilde{a}(t)|^2\mathrm{d}t \tag{5.6.55}$$

$$\overline{t^2} = \int_0^T t^2\,|\tilde{a}(t)|^2\mathrm{d}t \tag{5.6.56}$$

则 t_{d}^2可表示为

$$t_{\mathrm{d}}^2 = \overline{t^2} - \overline{t}^2 = \overline{(t-\overline{t})^2} \tag{5.6.57}$$

所以 t_{d}^2是时间 t 的二阶中心矩,t_{d}是信号的有效持续时间.现在可以得到克拉美-罗不等式

$$\xi(\hat{\omega}_{\mathrm{ML}}) \geqslant \left\{-E\left\{\frac{\partial^2 \ln f(x(t) \mid \gamma)}{\partial \gamma^2}\right\}\right\}^{-1} = \left[-\frac{2E}{N_0}\frac{\partial^2 \mid z(\gamma) \mid}{\partial \gamma^2}\bigg|_{\gamma=0}\right]^{-1}$$

$$= \left(\frac{2E}{N_0}t_{\mathrm{d}}^2\right)^{-1} \tag{5.6.58}$$

由上式可见，信噪比越大，或者信号持续时间越长，频率估计的方差越小，频率估计越精确.

4. 信号时延估计

在雷达测距系统中，回波相对于它的发射脉冲有一定时延 τ，时延大小与目标距离有关.如果能利用接收到的回波估计出时延 τ，则可以计算目标的距离.在本节中，我们以雷达系统为例，分两种情况讨论信号时延估计的方法及其性能.

(1) 基带信号的时延估计

若待估计的未知参量为基带信号的时延，则观测信号波形为

$$x(t) = s(t, \tau) + n(t) = s(t-\tau) + n(t) \quad (0 \leqslant t \leqslant T_1) \tag{5.6.59}$$

其中，$s(t)(0\leqslant t\leqslant T)$为发射信号，$\tau$ 为信号时延，选择 $T_1 \geqslant T+\tau_m$，τ_m 是最大时延，$\tau_m \ll T$.

将(5.6.59)式代入(5.6.3)式，对数似然函数可以表示为

$$\ln f(x(t) \mid \tau) = \ln F - \frac{1}{N_0}\int_0^{T_1}[x(t) - s(t-\tau)]^2 \mathrm{d}t \tag{5.6.60}$$

对(5.6.60)式求导，可得似然方程为

$$\int_0^{T_1}[x(t) - s(t-\tau)]\frac{\partial s(t-\tau)}{\partial \tau}\mathrm{d}t\bigg|_{\tau=\hat{\tau}_{\mathrm{ML}}} = 0 \tag{5.6.61}$$

(5.6.61)式可以改写为

$$\int_0^{T_1} x(t)\frac{\partial s(t-\tau)}{\partial \tau}\mathrm{d}t - \int_0^{T_1} s(t-\tau)\frac{\partial s(t-\tau)}{\partial \tau}\mathrm{d}t\bigg|_{\tau=\hat{\tau}_{\mathrm{ML}}} = 0 \tag{5.6.62}$$

令(5.6.62)式第二项积分为 $\widetilde{I}$，可以改写为

$$\widetilde{I} = \int_0^{T_1} s(t-\tau)\frac{\partial s(t-\tau)}{\partial \tau}\mathrm{d}t = \frac{1}{2}\frac{\partial}{\partial \tau}\int_0^{T_1} s^2(t-\tau)\mathrm{d}t \tag{5.6.63}$$

$E = \int_0^{T_1} s^2(t-\tau)\mathrm{d}t$ 为信号的能量，它是一个常数，对 τ 求偏导为零.于是似然方程变为

$$\int_0^{T_1} x(t)\frac{\partial s(t-\tau)}{\partial \tau}\mathrm{d}t\bigg|_{\tau=\hat{\tau}_{\mathrm{ML}}} = 0 \tag{5.6.64}$$

要求出满足上式的 τ 的最大似然估计量 $\hat{\tau}_{\mathrm{ML}}$，可以让观测信号 $x(t)$与确知信号的导数 $\partial s(t-\tau)/\partial \tau$ 进行相关运算，调节时延 τ 的大小，当相关器输出为零时的时延即为 τ 最大似然估计量 $\hat{\tau}_{\mathrm{ML}}$.

下面我们来计算时延的估计量 $\hat{\tau}_{\mathrm{ML}}$ 的克拉美-罗下界.根据前面讨论的结果，对于无偏估计量 $\hat{\tau}_{\mathrm{ML}}$，克拉美-罗不等式为

$$\xi(\hat{\tau}_{\mathrm{ML}}) \geqslant \left\{\frac{2}{N_0}\int_0^{T_1}\left[\frac{\partial s(t-\tau)}{\partial \tau}\right]^2 \mathrm{d}t\right\}^{-1} \tag{5.6.65}$$

由于 $\dfrac{\partial s(t-\tau)}{\partial \tau} = -\dfrac{\partial s(t-\tau)}{\partial t}$，而且 $\tau \ll T$，为了分析的简便，可以认为 $\tau \approx 0$，(5.6.65)式可以转化为

$$\xi(\hat{\tau}_{\mathrm{ML}}) \geqslant \left\{\frac{2}{N_0}\int_0^T\left[\frac{\partial s(t)}{\partial t}\right]^2 \mathrm{d}t\right\}^{-1} \tag{5.6.66}$$

已知发射信号波形 $s(t)$,即可由上式估算出时延估计量 $\hat{\tau}_{\mathrm{ML}}$的克拉美-罗下界.

为了进一步讨论估计性能与信号的信噪比和带宽的关系,我们对(5.6.66)式进行傅里叶变换后分析.设信号 $s(t)$的傅里叶变换为 $S(\omega)$,则

$$s(t) = \frac{1}{2\pi}\int_{-\infty}^{+\infty} S(\omega)\mathrm{e}^{\mathrm{j}\omega t}\mathrm{d}\omega \tag{5.6.67}$$

而$\partial s(t)/\partial t$ 的傅里叶变换为 $\mathrm{j}\omega S(\omega)$,根据帕斯瓦尔(Parseval)定理,可得

$$\int_0^T\left[\frac{\partial s(t)}{\partial t}\right]^2 \mathrm{d}t = \frac{1}{2\pi}\int_{-\infty}^{+\infty}\omega^2 \mid S(\omega)\mid^2 \mathrm{d}\omega \tag{5.6.68}$$

其中,$\frac{1}{2\pi}\int_{-\infty}^{+\infty}\omega^2 \mid S(\omega)\mid^2 \mathrm{d}\omega$ 为信号频谱均方值,用$\overline{\omega^2}$记之.

将(5.6.68)式代入(5.6.66)式,于是克拉美-罗不等式变为

$$\xi(\hat{\tau}_{\mathrm{ML}}) \geqslant \left\{\frac{1}{\pi N_0}\int_{-\infty}^{+\infty}\omega^2 \mid S(\omega)\mid^2 \mathrm{d}\omega\right\}^{-1} \tag{5.6.69}$$

观测到的有用信号成分的能量为

$$E = \int_0^T s^2(t)\mathrm{d}t = \frac{1}{2\pi}\int_{-\infty}^{+\infty}\mid S(\omega)\mid^2 \mathrm{d}\omega \tag{5.6.70}$$

由(5.6.68)和(5.6.70)式,定义有用信号成分的均方根带宽(以弧度为单位)β_{L}为

$$\beta_{\mathrm{L}} = \left[\frac{\int_{-\infty}^{+\infty}\omega^2 \mid S(\omega)\mid^2 \mathrm{d}\omega}{\int_{-\infty}^{+\infty}\mid S(\omega)\mid^2 \mathrm{d}\omega}\right]^{\frac{1}{2}} \tag{5.6.71}$$

由(5.6.71)式可见,β_{L}^2是信号频谱$|S(\omega)|^2$的归一化二阶原点矩.将(5.6.70)式和(5.6.71)式代入(5.6.69)式,可得

$$\xi(\hat{\tau}_{\mathrm{ML}}) \geqslant \left(\frac{2E}{N_0}\beta_{\mathrm{L}}^2\right)^{-1} \tag{5.6.72}$$

由(5.6.72)式可以得到如下结论:信噪比 $2E/N_0$越大,基带信号带宽越大(即信号时域脉冲宽度越小),时延估计量的均方误差的下界就越小.因此,要提高时延估计的精度,应该增加信号的能量、降低噪声的功率、增加信号的带宽.

(2) 窄带信号的时延估计

当观测信号为窄带信号时,为了分析的方便,采用复包络形式来描述观测信号为

$$\tilde{a}_x(t) = \sqrt{E}\tilde{a}(t-\tau)\exp(\mathrm{j}\theta) + \tilde{n}(t) \quad (0 \leqslant t \leqslant T) \tag{5.6.73}$$

式中,E 是发射信号的能量,$\tilde{a}(t)$是发射信号的归一化复包络,相位 θ 是在$[0, 2\pi)$上均匀分布的随机变量,可将其作为杂散参量平均掉,$\tilde{n}(t)$是功率谱密度为 $N_0/2$ 平稳高斯白噪声的复包络,与频率估计类似,可得对数似然函数,为

$$\ln f(x(t) \mid \tau) = \ln k - \frac{E}{N_0} + \ln \mathrm{I}_0\left[\frac{2\sqrt{E}}{N_0}\left|\int_0^T \tilde{a}_x(t)\tilde{a}^*(t)\mathrm{d}t\right|\right] \tag{5.6.74}$$

在信噪比很高的情况下,(5.6.74)式可近似为

$$\ln f(x(t) \mid \tau) \approx \ln k - \frac{E}{N_0} + \frac{2\sqrt{E}}{N_0}\left|\int_0^T \tilde{a}_x(t)\tilde{a}^*(t)\mathrm{d}t\right| \tag{5.6.75}$$

τ 的最大似然估计量就是使上式中积分项达到最大时的 τ 值.因此可将观测信号送入复冲激响应为 $\tilde{a}^*(T-t)$的匹配滤波器,然后通过包络检波器,当输出达到峰值时的 τ 值即为最大似然估计量 $\hat{\tau}_{ML}$.

下面来推导估计量 $\hat{\tau}_{ML}$的克拉美-罗下界.

将(5.6.73)式代入(5.6.75)式,可得

$$\ln f(x(t)\mid\tau)\approx\ln k-\frac{E}{N_0}+\frac{2\sqrt{E}}{N_0}\left|\int_0^T\left[\sqrt{E}\tilde{a}(t-\tau)\exp(\mathrm{j}\theta)\tilde{a}^*(t)+\tilde{n}(t)\tilde{a}^*(t)\right]\mathrm{d}t\right| \tag{5.6.76}$$

式中,积分式中第二项表示信号与噪声的互相关,一般情况下信号与噪声是互不相关的,则此项积分为 0.(5.6.76)式可写为

$$\ln f(x(t)\mid\tau)\approx\ln k-\frac{E}{N_0}+\frac{2E}{N_0}\left|\int_0^T\tilde{a}(t-\tau)\tilde{a}^*(t)\mathrm{d}t\right| \tag{5.6.77}$$

类似频率估计的分析方法,定义上式绝对值中的积分项为模糊度函数,记为

$$z(\tau)=\int_0^T\tilde{a}(t-\tau)\tilde{a}^*(t)\mathrm{d}t \tag{5.6.78}$$

若估计量 $\hat{\tau}_{ML}$是无偏的,则克拉美-罗不等式为

$$\xi(\hat{\tau}_{ML})\geqslant\left[-E\left\{\frac{\partial^2\ln f(x(t)\mid\tau)}{\partial\tau^2}\right\}\right]^{-1}=\left[-\frac{2E}{N_0}\frac{\partial^2\mid z(\tau)\mid}{\partial\tau^2}\right]^{-1} \tag{5.6.79}$$

与频率估计类似,求$|z(\tau)|$的一阶、二阶导数,假设真值 $\tau=0$,并参考基带信号中时延估计的方法,记 $\tilde{a}(t)$的傅里叶变换为 $\tilde{A}(\omega)$,可得

$$\left.\frac{\partial^2\mid z(\tau)\mid}{\partial\tau^2}\right|_{\tau=0}=-\frac{1}{2\pi}\int_{-\infty}^{+\infty}\omega^2\mid\tilde{A}(\omega)\mid^2\mathrm{d}\omega+\left[\frac{1}{2\pi}\int_{-\infty}^{+\infty}\omega\mid\tilde{A}(\omega)\mid^2\mathrm{d}\omega\right]^2=-\beta_s^2 \tag{5.6.80}$$

若定义信号的频谱均值 $\overline{\omega}$ 和频谱均方值$\overline{\omega^2}$为

$$\overline{\omega}=\frac{1}{2\pi}\int_{-\infty}^{+\infty}\omega\mid\tilde{A}(\omega)\mid^2\mathrm{d}\omega \tag{5.6.81}$$

$$\overline{\omega^2}=\frac{1}{2\pi}\int_{-\infty}^{+\infty}\omega^2\mid A(\omega)\mid^2\mathrm{d}\omega \tag{5.6.82}$$

进一步考虑到发射信号已经归一化,即$\int_0^T\tilde{a}(t)\tilde{a}^*(t)\mathrm{d}t=\frac{1}{2\pi}\int_{-\infty}^{+\infty}|\tilde{A}(\omega)|^2\mathrm{d}\omega=1$,则$\beta_s^2$可表示为

$$\beta_s^2=\frac{\frac{1}{2\pi}\int_{-\infty}^{+\infty}\omega^2\mid\tilde{A}(\omega)\mid^2\mathrm{d}\omega-\left[\frac{1}{2\pi}\int_{-\infty}^{+\infty}\omega\mid\tilde{A}(\omega)\mid^2\mathrm{d}\omega\right]^2}{\frac{1}{2\pi}\int_{-\infty}^{+\infty}\mid\tilde{A}(\omega)\mid^2\mathrm{d}\omega}$$
$$=\overline{\omega^2}-\overline{\omega}^2=\overline{(\omega-\overline{\omega})^2} \tag{5.6.83}$$

所以 β_s^2是频率 ω 的二阶中心矩,β_s是信号的有效带宽.将(5.6.83)式代入(5.6.79)式,则克拉美-罗不等式为

$$\xi(\hat{\tau}_{ML})\geqslant\left(\frac{2E}{N_0}\beta_s^2\right)^{-1} \tag{5.6.84}$$

比较(5.6.84)式和(5.6.71)式,可以得到如下结论:信噪比越大,窄带信号带宽越大,时

延估计量的均方误差下界就越小，因此要提高时延估计的精度，应该增加信号的能量、降低噪声的功率、增加信号的带宽；β_s^2的分子比β_L^2的分子多出一项$\overline{\omega}^2$，在信噪比和频谱均方值相同时，对窄带信号的时延估计的均方误差下界大于对基带信号的时延估计的均方误差下界，进一步当$\overline{\omega}=0$时，两个下界相等.

5. 信号的频率和时延的联合估计

在实际的参量估计中，有时不仅要估计信号中的某一个参量，还要同时对信号中的多个参量作联合估计. 例如，在雷达系统中，信号频率的估计可以确定目标的运动速度，时延的估计可以确定目标的距离，同时估计信号的频率和时延，就可以完全确定目标的运动状态.

假定发射信号为

$$s(t) = A\sin[\omega_0 t + \varphi(t) + \theta] \quad (0 \leqslant t \leqslant T) \tag{5.6.85}$$

式中，A是信号幅度，ω_0是载波频率，$\varphi(t)$是信号的相位调制项，θ是信号的初始相位，在$[0, 2\pi)$上服从均匀分布.

若待估计参量为信号的频率和时延，观测信号可表示为

$$x(t) = A\sin[(\omega_0 + \gamma)(t - \tau) + \varphi(t - \tau) + \theta] + n(t) \quad (0 \leqslant t \leqslant T_1) \tag{5.6.86}$$

式中，γ和τ分别是观测信号的多普勒频移和时延，选择$T_1 \geqslant T + \tau_m$，τ_m是最大时延，$\tau_m \ll T$. 为了分析的方便，用复包络形式表示观测信号，为

$$\tilde{a}_x(t) = \sqrt{E}\tilde{a}(t - \tau)\exp(\mathrm{j}\gamma t)\exp[-\mathrm{j}(\omega_0 + \gamma)\tau] + \tilde{n}(t) \quad (0 \leqslant t \leqslant T_1) \tag{5.6.87}$$

式中，E是发射信号的能量，$\tilde{n}(t)$是均值为0、功率谱密度为$N_0/2$的平稳高斯白噪声的复包络，$\tilde{a}(t)$是归一化的发射信号的复包络，即

$$\tilde{a}(t) = \exp[\mathrm{j}\varphi(t) + \mathrm{j}\theta] \tag{5.6.88}$$

参考对频率和时延单独估计的分析方法，可以得到在高信噪比条件下对数似然函数，为

$$\ln f(x(t) \mid \tau, \gamma) \approx \ln k - \frac{E}{N_0} + \frac{2E}{N_0}\left|\int_0^{T_1} \tilde{a}(t - \tau)\tilde{a}^*(t)\exp(\mathrm{j}\gamma t)\mathrm{d}t\right| \tag{5.6.89}$$

类似频率估计的方法，定义(5.6.89)式中绝对值内的积分项为模糊度函数，记为

$$z(\tau, \gamma) = \int_0^{T_1} \tilde{a}(t - \tau)\tilde{a}^*(t)\exp(\mathrm{j}\gamma t)\mathrm{d}t \tag{5.6.90}$$

为了分析估计的性能，根据5.5.2小节的结果，若$\hat{\omega}_{\mathrm{ML}}$和$\hat{\tau}_{\mathrm{ML}}$是无偏估计量，多普勒频移和时延的联合估计的克拉美-罗不等式为

$$\xi(\hat{\omega}_{\mathrm{ML}}) \geqslant (\boldsymbol{J}^{-1})_{11} \tag{5.6.91}$$

$$\xi(\hat{\tau}_{\mathrm{ML}}) \geqslant (\boldsymbol{J}^{-1})_{22} \tag{5.6.92}$$

当$i=j$时，根据(5.6.58)式和(5.6.84)式，费希尔信息矩阵$\boldsymbol{J}$中的元素为

$$J_{11} = -E\left\{\frac{\partial^2 \ln f(x(t) \mid \tau, \gamma)}{\partial \gamma^2}\right\}\Bigg|_{\substack{\tau=0\\ \gamma=0}} = -\frac{2E}{N_0}\frac{\partial^2 \mid z(\tau, \gamma) \mid}{\partial \gamma^2}\Bigg|_{\substack{\tau=0\\ \gamma=0}} = \frac{2E}{N_0}t_d^2 \tag{5.6.93}$$

$$J_{22} = -E\left\{\frac{\partial^2 \ln f(x(t) \mid \tau, \gamma)}{\partial \tau^2}\right\}\Bigg|_{\substack{\tau=0\\ \gamma=0}} = -\frac{2E}{N_0}\frac{\partial^2 \mid z(\tau, \gamma) \mid}{\partial \tau^2}\Bigg|_{\substack{\tau=0\\ \gamma=0}} = \frac{2E}{N_0}\beta_s^2 \tag{5.6.94}$$

式中，t_{d}^2和β_s^2由(5.6.57)式和(5.6.83)式确定.

当$i \neq j$时，费希尔信息矩阵$\boldsymbol{J}$中的元素为

$$J_{12}=J_{21}=-E\left\{\frac{\partial^2\ln f(x(t)\mid\tau,\gamma)}{\partial\tau\partial\gamma}\right\}\Bigg|_{\substack{\tau=0\\ \gamma=0}}=-\frac{2E}{N_0}\frac{\partial^2\mid z(\tau,\gamma)\mid}{\partial\tau\partial\gamma}\Bigg|_{\substack{\tau=0\\ \gamma=0}}\tag{5.6.95}$$

类似于频率估计的推导方法，并令 $\tau=0,\gamma=0$，可得

$$J_{12}=J_{21}=-\frac{2E}{N_0}\left[\int_0^T t\frac{\mathrm{d}\varphi(t)}{\mathrm{d}t}\mid\tilde{a}(t)\mid^2\mathrm{d}t-\frac{1}{2\pi}\int_{-\infty}^{+\infty}\omega\mid\tilde{A}(\omega)\mid^2\mathrm{d}\omega\int_0^T t\mid\tilde{a}(t)\mid^2\mathrm{d}t\right]\tag{5.6.96}$$

令

$$\overline{\omega t}=\int_0^T t\frac{\mathrm{d}\varphi(t)}{\mathrm{d}t}\mid\tilde{a}(t)\mid^2\mathrm{d}t\tag{5.6.97a}$$

$$\overline{\omega}=\frac{1}{2\pi}\int_{-\infty}^{+\infty}\omega\mid\tilde{A}(\omega)\mid^2\mathrm{d}\omega\tag{5.6.97b}$$

$$\overline{t}=\int_0^T t\mid\tilde{a}(t)\mid^2\mathrm{d}t\tag{5.6.97c}$$

上式中，$\mathrm{d}\varphi(t)/\mathrm{d}t$ 是瞬时频率相对载波频率的偏移，因而积分结果$\overline{\omega t}$可以看作是时间-频率均值的度量；$\tilde{A}(\omega)$是 $\tilde{a}(t)$的傅里叶变换，$\overline{\omega}$ 是信号的有效频率；$\overline{t}$ 是信号的有效持续时间.将(5.6.97)式代入(5.6.96)式，可得

$$J_{12}=J_{21}=-\frac{2E}{N_0}(\overline{\omega t}-\overline{\omega}\overline{t})\tag{5.6.98}$$

根据以上结果，联合估计的费希尔信息矩阵 $\boldsymbol{J}$ 为

$$\boldsymbol{J}=\frac{2E}{N_0}\begin{bmatrix}t_{\mathrm{d}}^2 & -(\overline{\omega t}-\overline{\omega}\overline{t})\\ -(\overline{\omega t}-\overline{\omega}\overline{t}) & \beta_s^2\end{bmatrix}\tag{5.6.99}$$

其逆矩阵为

$$\boldsymbol{\Psi}=\boldsymbol{J}^{-1}=\frac{\begin{bmatrix}\beta_s^2 & \overline{\omega t}-\overline{\omega}\overline{t}\\ \overline{\omega t}-\overline{\omega}\overline{t} & t_{\mathrm{d}}^2\end{bmatrix}}{\frac{2E}{N_0}[\beta_s^2t_{\mathrm{d}}^2-(\overline{\omega t}-\overline{\omega}\overline{t})^2]}\tag{5.6.100}$$

则有

$$\xi(\hat{\omega}_{\mathrm{ML}})\geqslant\left(\frac{2E}{N_0}\right)^{-1}\frac{\beta_s^2}{[\beta_s^2t_{\mathrm{d}}^2-(\overline{\omega t}-\overline{\omega}\overline{t})^2]}\tag{5.6.101}$$

$$\xi(\hat{\tau}_{\mathrm{ML}})\geqslant\left(\frac{2E}{N_0}\right)^{-1}\frac{t_{\mathrm{d}}^2}{[\beta_s^2t_{\mathrm{d}}^2-(\overline{\omega t}-\overline{\omega}\overline{t})^2]}\tag{5.6.102}$$

以上两式说明，增大信噪比可以同时提高频率和时延的估计精度.在发射信号能量一定、信噪比无法提高的情况下，增加信号的有效持续时间可以提高频率的估计精度，增加信号的有效带宽可以提高时延的估计精度.但是，信号的有效持续时间和有效带宽并非相互独立的，在信号形式给定后，有效持续时间较短的信号必然有较宽的有效带宽，反之亦然，二者是互相矛盾的.这种矛盾，称为测不准原理或者测不准关系.它造成的结果是，对于确定形式信号的频率和时延估计，提高其中一个参量的估计精度，必然降低另一个参量的估计精度.

5.6.2 平稳高斯色噪声中的信号参量估计

上一小节我们讨论了在平稳高斯白噪声中的信号参量估计，现在我们讨论加性噪声是平稳高斯色噪声情况下信号参量的最大似然估计.在此我们只讨论待估计参量是确定参量的情况.

仍然以雷达系统为例，与平稳高斯白噪声的信号参量估计类似，在观测时间$[0, T]$内，观测信号为

$$x(t) = s(t, \boldsymbol{\theta}) + n(t) \quad (0 \leqslant t \leqslant T) \tag{5.6.103}$$

式中，$s(t, \boldsymbol{\theta})$为发射信号，它是 t 的连续函数，$\boldsymbol{\theta} = [\theta_1, \theta_2, \cdots, \theta_M]^{\mathrm{T}}$是待估计的参量，$n(t)$是自相关函数为$R_n(\tau)$的零均值平稳高斯色噪声.

为了分析方便和便于读者理解，我们先讨论单个未知参量的估计，然后将所得结果推广到多参量的情况.根据3.6节中分析平稳高斯色噪声中信号检测时得到的结果，可以得到对数似然函数的表达式为

$$\ln f(x(t) \mid \theta) = \ln C - \frac{1}{2}\int_0^T\int_0^T [x(t) - s(t, \theta)]R_n^{-1}(t-\tau)[x(\tau) - s(\tau, \theta)]\mathrm{d}t\mathrm{d}\tau \tag{5.6.104}$$

(5.6.104)式中，C 是与参量θ无关的常数，$R_n^{-1}(t-\tau)$是逆核，由下式决定：

$$\int_0^T R_n^{-1}(t-\tau)R_n(\tau - s)\mathrm{d}\tau = \delta(t-s) \tag{5.6.105}$$

使(5.6.104)式取到最大值时的参量 θ，即最大似然估计量 $\hat{\theta}_{\mathrm{ML}}$.为了求得 $\hat{\theta}_{\mathrm{ML}}$，采用类似于平稳白噪声中参量估计的方法推导似然方程.

$$\begin{aligned}\frac{\partial \ln f(x(t) \mid \theta)}{\partial \theta} &= \frac{1}{2}\int_0^T\int_0^T [x(t) - s(t, \theta)]R_n^{-1}(t-\tau)\frac{\partial s(\tau, \theta)}{\partial \theta}\mathrm{d}t\mathrm{d}\tau \\ &\quad + \frac{1}{2}\int_0^T\int_0^T \frac{\partial s(t, \theta)}{\partial \theta}R_n^{-1}(t-\tau)[x(\tau) - s(\tau, \theta)]\mathrm{d}t\mathrm{d}\tau\end{aligned} \tag{5.6.106}$$

由 $R_n^{-1}(t-\tau) = R_n^{-1}(\tau - t)$可知，上式中的两个积分相等，于是上式可合并为

$$\frac{\partial \ln f(x(t) \mid \theta)}{\partial \theta} = \int_0^T\int_0^T [x(\tau) - s(\tau, \theta)]R_n^{-1}(\tau - t)\frac{\partial s(t, \theta)}{\partial \theta}\mathrm{d}t\mathrm{d}\tau \tag{5.6.107}$$

利用3.6.4节讨论的平稳高斯色噪声中信号检测时的方法，参考(3.6.56)式定义函数$G(\tau, \theta)$为

$$G(\tau, \theta) = \int_0^T R_n^{-1}(\tau - t)s(t, \theta)\mathrm{d}t \tag{5.6.108}$$

它满足积分方程

$$\int_0^T R_n(t-\tau)G(\tau, \theta)\mathrm{d}\tau = s(t, \theta) \quad (0 \leqslant t \leqslant T) \tag{5.6.109}$$

对(5.6.108)式中参量 θ 求偏导，可得

$$\frac{\partial G(\tau, \theta)}{\partial \theta} = \int_0^T R_n^{-1}(\tau - t)\frac{\partial s(t, \theta)}{\partial \theta}\mathrm{d}t \tag{5.6.110}$$

将(5.6.110)式代入(5.6.107)式,可得

$$\frac{\partial \ln f(x(t)\mid\theta)}{\partial\theta}=\int_0^T\frac{\partial G(\tau,\theta)}{\partial\theta}[x(\tau)-s(\tau,\theta)]\mathrm{d}\tau \tag{5.6.111}$$

于是,似然方程化为

$$\int_0^T\frac{\partial G(\tau,\theta)}{\partial\theta}[x(\tau)-s(\tau,\theta)]\mathrm{d}\tau\bigg|_{\theta=\hat{\theta}_{\mathrm{ML}}}=0 \tag{5.6.112}$$

(5.6.112)式的解就是参量 θ 的最大似然估计量 $\hat{\theta}_{\mathrm{ML}}$.

为了分析最大似然估计的性能,我们计算克拉美-罗下界,根据 5.5.1 小节的结果,若 $\hat{\theta}_{\mathrm{ML}}$为无偏估计,克拉美-罗不等式为

$$\xi(\hat{\theta}_{\mathrm{ML}})\geqslant E\left\{\left[\frac{\partial \ln f(x(t)\mid\theta)}{\partial\theta}\right]^2\right\}^{-1} \tag{5.6.113}$$

利用观测信号表达式 $x(t)=s(t,\theta)+n(t)$,有 $n(\tau)=x(\tau)-s(\tau,\theta)$,代入(5.6.111)式可得

$$\frac{\partial \ln f(x(t)\mid\theta)}{\partial\theta}=\int_0^T\frac{\partial G(\tau,\theta)}{\partial\theta}n(\tau)\mathrm{d}\tau \tag{5.6.114}$$

于是可得

$$\begin{aligned}E\left\{\left[\frac{\partial \ln f(x(t)\mid\theta)}{\partial\theta}\right]^2\right\}&=E\left\{\int_0^T\int_0^T n(t)n(\tau)\frac{\partial G(t,\theta)}{\partial\theta}\frac{\partial G(\tau,\theta)}{\partial\theta}\mathrm{d}t\mathrm{d}\tau\right\}\\&=\int_0^T\int_0^T R_n(t-\tau)\frac{\partial G(t,\theta)}{\partial\theta}\frac{\partial G(\tau,\theta)}{\partial\theta}\mathrm{d}t\mathrm{d}\tau\end{aligned} \tag{5.6.115}$$

对(5.6.109)式中参量 θ 求偏导,可得

$$\int_0^T R_n(t-\tau)\frac{\partial G(\tau,\theta)}{\partial\theta}\mathrm{d}\tau=\frac{\partial s(t,\theta)}{\partial\theta}\quad(0\leqslant t\leqslant T) \tag{5.6.116}$$

代入(5.6.115)式得

$$E\left\{\left[\frac{\partial \ln f(x(t)\mid\theta)}{\partial\theta}\right]^2\right\}=\int_0^T\frac{\partial G(t,\theta)}{\partial\theta}\frac{\partial s(t,\theta)}{\partial\theta}\mathrm{d}t \tag{5.6.117}$$

将上式代入(5.6.113)式,可得克拉美-罗不等式,为

$$\xi(\hat{\theta}_{\mathrm{ML}})\geqslant\left[\int_0^T\frac{\partial G(t,\theta)}{\partial\theta}\frac{\partial s(t,\theta)}{\partial\theta}\mathrm{d}t\right]^{-1} \tag{5.6.118}$$

以上讨论中的参量 θ,可以分别换成信号的幅度、频率等具体参量,即可得到平稳高斯色噪声中信号参量的最大似然估计,方法与平稳高斯白噪声中参量估计类似,在此就不再详细讨论.

下面将待估计参量推广到多个参量的情况,类似(5.6.112)式,得到平稳高斯色噪声中多参量最大似然估计的似然方程为

$$\int_0^T\frac{\partial G(\tau,\boldsymbol{\theta})}{\partial\boldsymbol{\theta}}[x(\tau)-s(\tau,\boldsymbol{\theta})]\mathrm{d}\tau\bigg|_{\boldsymbol{\theta}=\hat{\boldsymbol{\theta}}_{\mathrm{ML}}}=\mathbf{0} \tag{5.6.119}$$

此时函数 $G(\tau,\boldsymbol{\theta})$定义为

$$G(\tau,\boldsymbol{\theta})=\int_0^T R_n^{-1}(\tau-t)s(t,\boldsymbol{\theta})\mathrm{d}t \tag{5.6.120}$$

为了计算最大似然估计的克拉美-罗下界,需要计算费希尔信息矩阵 $\boldsymbol{J}$,其中的元素表示为

$$J_{ij} = -E\left\{\frac{\partial^2 \ln f(x(t) \mid \boldsymbol{\theta})}{\partial\theta_i \partial\theta_j}\right\} \quad (i, j = 1, 2, \cdots, M) \tag{5.6.121}$$

对数似然函数的一阶、二阶导数分别为

$$\frac{\partial \ln f(x(t) \mid \boldsymbol{\theta})}{\partial\theta_i} = \int_0^T \frac{\partial G(\tau, \boldsymbol{\theta})}{\partial\theta_i}[x(\tau) - s(\tau, \boldsymbol{\theta})]\mathrm{d}\tau \tag{5.6.122}$$

$$\frac{\partial^2 \ln f(x(t) \mid \boldsymbol{\theta})}{\partial\theta_i \partial\theta_j} = \int_0^T \frac{\partial^2 G(\tau, \boldsymbol{\theta})}{\partial\theta_i \partial\theta_j}[x(\tau) - s(\tau, \boldsymbol{\theta})]\mathrm{d}\tau - \int_0^T \frac{\partial G(\tau, \boldsymbol{\theta})}{\partial\theta_i}\frac{\partial s(\tau, \boldsymbol{\theta})}{\partial\theta_j}\mathrm{d}\tau \tag{5.6.123}$$

因为 $n(\tau) = x(\tau) - s(\tau, \boldsymbol{\theta})$ 是零均值的平稳高斯色噪声,则(5.6.123)式中的第一个积分项的数学期望为 0.将(5.6.123)式代入(5.6.121)式可得

$$J_{ij} = \int_0^T \frac{\partial G(\tau, \boldsymbol{\theta})}{\partial\theta_i}\frac{\partial s(\tau, \boldsymbol{\theta})}{\partial\theta_j}\mathrm{d}\tau \quad (i, j = 1, 2, \cdots, M) \tag{5.6.124}$$

令 $\boldsymbol{\Psi} = \boldsymbol{J}^{-1}$,则克拉美-罗不等式可以表示为

$$\xi(\hat{\theta}_{i\mathrm{ML}}) \geqslant \boldsymbol{\Psi}_{ii} \quad (i = 1, 2, \cdots, M) \tag{5.6.125}$$

在实际的信号参量估计中,信号的相位经常是均匀分布的随机变量,例如窄带信号.此时可以采取类似平稳高斯白噪声中频率估计时的方法,对似然函数求统计平均,把相位作为杂散参量去掉,感兴趣的读者可以自行推导.

5.7 最小二乘估计的应用

如 5.2.7 小节所述,最小二乘估计把估计问题作为确定的最优化问题来处理,不需要借助任何先验知识和统计知识,只依靠被估计参量的线性观测信号模型,就可以实现对信号参量的估计,使分析大大简化,因而在处理实际问题时得到了广泛的应用.

本节首先介绍线性最小二乘估计的应用,这种情况下待估计参量和观测信号为线性关系,这是最小二乘估计方法的直接应用.然后介绍非线性最小二乘估计,这种情况下虽然待估计参量与观测信号为非线性关系,但可通过参量代换,用新的参量代替待估计参量,使之与观测信号构成线性关系,应用最小二乘估计方法求得新参量的估计,再解出原待估计参量,这样就可以解决一些非线性估计问题,扩大了最小二乘估计的应用范围.

5.7.1 线性最小二乘估计

当实际观测信号与待估计参量满足线性关系时,可以直接应用最小二乘估计.例如在信号检测中,探测器连续跟踪观测某个目标时,线性观测方程为

$$x_k = Aq^k + n_k \quad (k = 1, 2, \cdots, N) \tag{5.7.1}$$

其中,目标信号的幅度 A 是待估计的参量,q 是信号随时间的衰减因子,且 $0 < q < 1$,n_k 是独立同分布的观测噪声,其均值为 0、方差为 σ_n^2,且与信号不相关.(5.7.1)式的矢量形式为

$$\boldsymbol{x} = \boldsymbol{q}A + \boldsymbol{n} \tag{5.7.2}$$

其中，$\boldsymbol{x}$ 为观测信号矢量，$\boldsymbol{q}$ 为信号矢量，$\boldsymbol{n}$ 为观测噪声矢量.它们分别为

$$\boldsymbol{x} = [x_1,\ x_2,\ \cdots,\ x_N]^{\mathrm{T}} \tag{5.7.3}$$

$$\boldsymbol{q} = [q,\ q^2,\ \cdots,\ q^N]^{\mathrm{T}} \tag{5.7.4}$$

$$\boldsymbol{n} = [n_1,\ n_2,\ \cdots,\ n_N]^{\mathrm{T}} \tag{5.7.5}$$

根据 5.2.7 节的结果可知，此时信号幅度的线性最小二乘估计量为

$$\hat{A}_{\mathrm{LS}} = (\boldsymbol{q}^{\mathrm{T}}\boldsymbol{q})^{-1}\boldsymbol{q}^{\mathrm{T}}\boldsymbol{x} \tag{5.7.6}$$

将(5.7.3)式和(5.7.4)式代入上式，可得

$$\hat{A}_{\mathrm{LS}} = \frac{1}{\sum_{k=1}^{N} q^{2k}} \sum_{k=1}^{N} q^k x_k \tag{5.7.7}$$

下面讨论最小二乘估计的性能，计算估计量 $\hat{A}_{\mathrm{LS}}$的均方误差.

根据给定条件可知，观测噪声 n_k 的概率特性满足

$$\begin{cases} E\{n_k\} = 0 \\ E\{n_k n_j\} = \sigma_n^2 \delta_{kj} \\ E\{A n_k\} = 0 \end{cases} \tag{5.7.8}$$

由(5.7.8)式可得，观测噪声的协方差矩阵为

$$\boldsymbol{C}_n = \begin{bmatrix} \sigma_n^2 & 0 & \cdots & 0 \\ 0 & \sigma_n^2 & \cdots & 0 \\ \vdots & \vdots & \ddots & \vdots \\ 0 & 0 & \cdots & \sigma_n^2 \end{bmatrix} \tag{5.7.9}$$

于是估计量 $\hat{A}_{\mathrm{LS}}$的均方误差为

$$\begin{aligned} \xi(\hat{A}_{\mathrm{LS}}) &= E\{(A - \hat{A}_{\mathrm{LS}})^2\} = (\boldsymbol{q}^{\mathrm{T}}\boldsymbol{q})^{-1}\boldsymbol{q}^{\mathrm{T}}\boldsymbol{C}_n\boldsymbol{q}(\boldsymbol{q}^{\mathrm{T}}\boldsymbol{q})^{-1} \\ &= \frac{1}{\sum_{k=1}^{N} q^{2k}} \sum_{k=1}^{N} q^{2k}\sigma_n^2 \frac{1}{\sum_{k=1}^{N} q^{2k}} = \frac{1}{\sum_{k=1}^{N} q^{2k}}\sigma_n^2 \end{aligned} \tag{5.7.10}$$

若观测噪声独立但并非同分布时，观测噪声的方差为 $\sigma_{n_k}^2$，考虑到观测噪声的不同，使得不同的观测信号对估计精度的影响不同，此时采用加权最小二乘估计，可以提高估计的精度.权重的选择标准，应使噪声大的样本权重小，因此权重取噪声方差的倒数最为合理，加权矩阵为

$$\boldsymbol{W}_{\mathrm{opt}} = \boldsymbol{C}_n^{-1} \tag{5.7.11}$$

利用 5.2.7 节的结果，线性加权最小二乘估计的估计量 $\hat{A}_{\mathrm{WLS}}$为

$$\hat{A}_{\mathrm{WLS}} = (\boldsymbol{q}^{\mathrm{T}}\boldsymbol{W}_{\mathrm{opt}}\boldsymbol{q})^{-1}\boldsymbol{q}^{\mathrm{T}}\boldsymbol{W}_{\mathrm{opt}}\boldsymbol{x} = \frac{1}{\sum_{k=1}^{N} \frac{q^{2k}}{\sigma_{n_k}^2}} \sum_{k=1}^{N} \frac{q^k}{\sigma_{n_k}^2} x_k \tag{5.7.12}$$

估计量 $\hat{A}_{\mathrm{WLS}}$的均方误差为

$$\xi(\hat{A}_{\mathrm{WLS}}) = E\{(A - \hat{A}_{\mathrm{WLS}})^2\} = (\boldsymbol{q}^{\mathrm{T}}\boldsymbol{W}_{\mathrm{opt}}\boldsymbol{q})^{-1} = \frac{1}{\sum_{k=1}^{N} \frac{q^{2k}}{\sigma_{n_k}^2}} \tag{5.7.13}$$

若观测噪声退化为独立同分布的,即 $\sigma_{n_k}^2=\sigma_n^2$,则(5.7.12)式的估计量 $\hat{A}_{\mathrm{WLS}}$和(5.7.13)式中 $\xi(\hat{A}_{\mathrm{WLS}})$的均方误差退化为(5.7.7)式和(5.7.10)式.

5.7.2 非线性最小二乘估计

如前所述,最小二乘估计要求观测信号和待估计参量为线性关系.在实际的信号参量估计中,很多情况下观测信号与待估计参量并不满足线性关系,此时无法直接使用线性最小二乘估计,但是我们通过变量的代换,仍然可以应用最小二乘估计.

以雷达系统为例,假设观测信号为

$$x_k=A\cos(\omega_0 k+\theta)+n_k \quad (k=1,2,\cdots,N) \tag{5.7.14}$$

式中,频率 ω_0已知,幅度 A 和相位$\theta\in[-\pi,\pi)$为待估计参量,n_k为观测噪声.此时,观测信号 x_k与待估计参量A,θ 为非线性关系,无法直接使用最小二乘估计.

利用三角公式,将观测信号 x_k展开为

$$x_k=A\cos(\omega_0 k)\cos\theta-A\sin(\omega_0 k)\sin\theta+n_k \quad (k=1,2,\cdots,N) \tag{5.7.15}$$

令新的待估计量为

$$\begin{cases}\varphi_1=A\cos\theta \\ \varphi_2=-A\sin\theta\end{cases} \quad (-\pi\leqslant\theta<\pi) \tag{5.7.16}$$

则(5.7.15)式可表示为

$$x_k=\cos(\omega_0 k)\varphi_1+\sin(\omega_0 k)\varphi_2+n_k \quad (k=1,2,\cdots,N) \tag{5.7.17}$$

其矢量形式为

$$\boldsymbol{x}=\boldsymbol{H}\boldsymbol{\varphi}+\boldsymbol{n} \tag{5.7.18}$$

式中

$$\boldsymbol{x}=[x_1,x_2,\cdots,x_N]^{\mathrm{T}},\quad \boldsymbol{n}=[n_1,n_2,\cdots,n_N]^{\mathrm{T}}$$

$$\boldsymbol{\varphi}=[\varphi_1,\varphi_2]^{\mathrm{T}},\quad \boldsymbol{H}=\begin{bmatrix}\cos\omega_0 & \sin\omega_0 \\ \cos 2\omega_0 & \sin 2\omega_0 \\ \vdots & \vdots \\ \cos N\omega_0 & \sin N\omega_0\end{bmatrix}$$

应用线性最小二乘估计,可得估计矢量 $\hat{\boldsymbol{\varphi}}_{\mathrm{LS}}$,为

$$\hat{\boldsymbol{\varphi}}_{\mathrm{LS}}=(\boldsymbol{H}^{\mathrm{T}}\boldsymbol{H})^{-1}\boldsymbol{H}^{\mathrm{T}}\boldsymbol{x}=\begin{bmatrix}\sum\limits_{k=1}^{N}\cos^2(\omega_0 k) & \dfrac{1}{2}\sum\limits_{k=1}^{N}\sin(2\omega_0 k) \\ \dfrac{1}{2}\sum\limits_{k=1}^{N}\sin(2\omega_0 k) & \sum\limits_{k=1}^{N}\sin^2(\omega_0 k)\end{bmatrix}^{-1}\begin{bmatrix}\sum\limits_{k=1}^{N}\cos(\omega_0 k)x_k \\ \sum\limits_{k=1}^{N}\sin(\omega_0 k)x_k\end{bmatrix}$$

$$=\frac{\begin{bmatrix}\sum\limits_{k=1}^{N}\sin^2(\omega_0 k)\sum\limits_{k=1}^{N}\cos(\omega_0 k)x_k-\dfrac{1}{2}\sum\limits_{k=1}^{N}\sin(2\omega_0 k)\sum\limits_{k=1}^{N}\sin(\omega_0 k)x_k \\ \sum\limits_{k=1}^{N}\cos^2(\omega_0 k)\sum\limits_{k=1}^{N}\cos(\omega_0 k)x_k-\dfrac{1}{2}\sum\limits_{k=1}^{N}\sin(2\omega_0 k)\sum\limits_{k=1}^{N}\sin(\omega_0 k)x_k\end{bmatrix}}{\left[\sum\limits_{k=1}^{N}\cos^2(\omega_0 k)\sum\limits_{k=1}^{N}\sin^2(\omega_0 k)-\dfrac{1}{4}\sum\limits_{k=1}^{N}\sin(2\omega_0 k)\sum\limits_{k=1}^{N}\sin(2\omega_0 k)\right]} \tag{5.7.19}$$

由上式求得估计矢量 $\hat{\boldsymbol{\varphi}}_{\mathrm{LS}}$，根据参量代换关系，可以求得幅度和相位的非线性最小二乘估计量 $\hat{A}_{\mathrm{LS}}$和 $\hat{\theta}_{\mathrm{LS}}$. 考虑到 $\theta \in [-\pi, \pi)$，则

$$\hat{A}_{\mathrm{LS}} = (\hat{\varphi}_{1\mathrm{LS}}^2 + \hat{\varphi}_{2\mathrm{LS}}^2)^{1/2} \quad (\hat{A}_{\mathrm{LS}} > 0) \tag{5.7.20}$$

$$\begin{cases} \hat{\theta}_{\mathrm{LS}} = \arccos\left(\dfrac{\hat{\varphi}_{1\mathrm{LS}}}{\hat{A}_{\mathrm{LS}}}\right) & (\hat{\varphi}_{2\mathrm{LS}} \leqslant 0) \\ \hat{\theta}_{\mathrm{LS}} = -\arccos\left(\dfrac{\hat{\varphi}_{1\mathrm{LS}}}{\hat{A}_{\mathrm{LS}}}\right) & (\hat{\varphi}_{2\mathrm{LS}} > 0) \end{cases} \tag{5.7.21}$$

在观测噪声不是同分布的情况下，可以采用非线性加权最小二乘估计来提高估计的精度. 方法与前面的讨论类似，在此不再重复，读者可以自行完成.

5.8 稳健估计

5.8.1 稳健估计

前面介绍的信号参量估计方法都是基于准确的信号模型的，如噪声的概率密度函数或数字特征、信号的函数、信号参量的概率密度函数或数字特征、观测方程等. 所获得的估计量在准则的意义上是最佳的. 当实际信号模型偏离假定的信号模型时，估计量性能将显著下降. 若一个估计量在理想模型下是最优的，在该模型附近是接近最优的，则提供这种估计量的估计器被称为稳健估计器.

当信号模型(如噪声的概率密度函数或数字特征、信号的函数、信号参量的概率密度函数或数字特征、观测方程等)在允许的范围内变化，稳健估计器的性能起伏不大，完全可以被接受. 稳健估计器对信号模型具有非敏感性. 限于篇幅，这里仅介绍 M 估计.

5.8.2 M估计

1. M 估计

在稳健估计中，最常用的一类估计是 M 估计，它最早是由 Huber 对最大似然估计准则加以推广得来的，下面给出 **M 估计**的定义.

假设观测样本为 $\boldsymbol{x} = [x_1, x_2, \cdots, x_N]^{\mathrm{T}}$，$x_i (i = 1, 2, \cdots, N)$独立同分布且条件概率密度函数为$f(x|\theta)$，$\theta$ 为待估计的参量. 选定一连续非负函数 $\rho(x, \theta)$，若估计量 $\hat{\theta}_{\mathrm{M}}$满足

$$\hat{\theta}_{\mathrm{M}} = \arg \min_{\theta} \left\{ \sum_{i=1}^{N} \rho(x_i, \theta) \right\} \tag{5.8.1}$$

则称 $\hat{\theta}_{\mathrm{M}}$为 θ 的一个 M 估计.

若函数 $\rho(x, \theta)$ 关于 θ 的导数存在，即 $\varphi(x, \theta) = \dfrac{\partial \rho(x, \theta)}{\partial \theta}$，当 $\hat{\theta}_{\mathrm{M}}$ 满足下式时：

$$\sum_{i=1}^{N} \varphi(x_i, \theta)\Big|_{\theta=\hat{\theta}_{\mathrm{M}}} = 0 \tag{5.8.2}$$

也称 $\hat{\theta}_{\mathrm{M}}$为 θ 的一个 M 估计.

若 $\rho(x, \theta)$取为对数概率密度函数,即 $\rho(x, \theta) = -\ln f(x|\theta)$,则(5.8.1)式和(5.8.2)式变为

$$\hat{\theta}_{\mathrm{M}} = \arg\max_{\theta}\left\{\sum_{i=1}^{N}\ln f(x_i \mid \theta)\right\} \tag{5.8.3}$$

$$\sum_{i=1}^{N} \frac{\partial \ln f(x_i \mid \theta)}{\partial \theta}\Bigg|_{\theta=\hat{\theta}_{\mathrm{M}}} = 0 \tag{5.8.4}$$

此时 M 估计就是前面介绍的最大似然估计. 可见,M 估计是对最大似然估计准则的推广. M 估计用 ρ 函数代替最大似然估计中的似然函数,使之能够适应更加复杂的模型. 当实际模型与假定的理想模型有一定偏差时,可以选取合适的 ρ 函数,抑制该偏差对估计量 $\hat{\theta}_{\mathrm{M}}$的影响. 常用的 ρ 函数是对称、连续、严凸或者在正半轴上非降的函数.

2. *M 估计的选权迭代法*

M 估计有许多种实现方法,在此我们介绍线性估计中的选权迭代法,这种方法类似于线性最小二乘估计,计算简单,易于计算机实现,因而得到了广泛的应用. 对于非线性估计问题,采用适当的参量变换,使之转化为线性估计后仍然适用.

假定线性观测方程为

$$\boldsymbol{x} = \boldsymbol{H\theta} + \boldsymbol{n} \tag{5.8.5}$$

式中,$\boldsymbol{x} = [x_1, x_2, \cdots, x_N]^{\mathrm{T}}$是独立观测样本矢量,$\boldsymbol{H}$ 是观测矩阵,其第 i 行记为 $\boldsymbol{h}_i^{\mathrm{T}}$,$\boldsymbol{\theta} = [\theta_1, \theta_2, \cdots, \theta_M]^{\mathrm{T}}$是待估计的矢量,$\boldsymbol{n} = [n_1, n_2, \cdots, n_N]^{\mathrm{T}}$是观测噪声矢量. 显然

$$\boldsymbol{n} = \boldsymbol{x} - \boldsymbol{H\theta} \tag{5.8.6}$$

(5.8.6)式称为误差方程.

引入观测权矩阵 $\boldsymbol{P}$

$$\boldsymbol{P} = \begin{bmatrix} p_1 & 0 & \cdots & 0 \\ 0 & p_2 & \cdots & 0 \\ \vdots & \vdots & \ddots & \vdots \\ 0 & 0 & \cdots & p_N \end{bmatrix} \tag{5.8.7}$$

结合误差方程和观测权矩阵,将 M 估计的函数 $\rho(x_i, \boldsymbol{\theta})$取为

$$\rho(x_i, \boldsymbol{\theta}) = p_i\rho(n_i) \tag{5.8.8}$$

根据(5.8.1)式定义的 M 估计准则得

$$\min_{\boldsymbol{\theta}}\left\{\sum_{i=1}^{N} p_i\rho(n_i)\right\} = \min_{\boldsymbol{\theta}}\left\{\sum_{i=1}^{N} p_i\rho(x_i - \boldsymbol{h}_i^{\mathrm{T}}\boldsymbol{\theta})\right\} = \sum_{i=1}^{N} p_i\rho(x_i - \boldsymbol{h}_i^{\mathrm{T}}\hat{\boldsymbol{\theta}}_{\mathrm{M}}) \tag{5.8.9}$$

对(5.8.9)式求关于 $\boldsymbol{\theta}$ 的导数,并记 $\varphi(n_i) = \dfrac{\partial \rho(n_i)}{\partial n_i}$,得

$$\sum_{i=1}^{N} p_i\varphi(n_i)\boldsymbol{h}_i\Big|_{\boldsymbol{\theta}=\hat{\boldsymbol{\theta}}_{\mathrm{M}}} = \boldsymbol{0} \tag{5.8.10}$$

将上式改写为

$$\sum_{i=1}^{N} \boldsymbol{h}_i p_i \frac{\varphi(n_i)}{n_i} n_i\Bigg|_{\boldsymbol{\theta}=\hat{\boldsymbol{\theta}}_{\mathrm{M}}} = \boldsymbol{0} \tag{5.8.11}$$

令 $w_i = \dfrac{\varphi(n_i)}{n_i}$ 为权函数，可得稳健权矩阵 $\boldsymbol{W}$

$$\boldsymbol{W} = \begin{bmatrix} w_1 & 0 & \cdots & 0 \\ 0 & w_2 & \cdots & 0 \\ \vdots & \vdots & \ddots & \vdots \\ 0 & 0 & \cdots & w_N \end{bmatrix} = \begin{bmatrix} \dfrac{\varphi(n_1)}{n_1} & 0 & \cdots & 0 \\ 0 & \dfrac{\varphi(n_2)}{n_2} & \cdots & 0 \\ \vdots & \vdots & \ddots & \vdots \\ 0 & 0 & \cdots & \dfrac{\varphi(n_N)}{n_N} \end{bmatrix} \tag{5.8.12}$$

其中，w_i 称为稳健权因子，是相应的误差 n_i 的函数.

在此需要注意，此处的稳健权矩阵 $\boldsymbol{W}$ 与观测权矩阵 $\boldsymbol{P}$ 有所区别：$\boldsymbol{W}$ 是在计算过程中得到的，是后验知识，由具体的观测数据决定，代表观测样本中各个观测值对估计精度的影响；而 $\boldsymbol{P}$ 是观测之前就确定的，是先验的知识.例如，若观测样本是由不同的仪器得到，则 $\boldsymbol{P}$ 可以代表仪器的性能，若观测样本由同一仪器在不同时间得到，则 $\boldsymbol{P}$ 可以代表仪器性能随时间的变化.

为了分析的方便，令 $\bar{p}_i = p_i w_i$，则(5.8.11)式可写为

$$\sum_{i=1}^{N} \boldsymbol{h}_i \bar{p}_i n_i \Big|_{\boldsymbol{\theta}=\hat{\boldsymbol{\theta}}_{\mathrm{M}}} = \boldsymbol{0} \tag{5.8.13}$$

或

$$\boldsymbol{H}^{\mathrm{T}} \bar{\boldsymbol{P}} \boldsymbol{n} \big|_{\boldsymbol{\theta}=\hat{\boldsymbol{\theta}}_{\mathrm{M}}} = \boldsymbol{0} \tag{5.8.14}$$

式中

$$\bar{\boldsymbol{P}} = \begin{bmatrix} p_1 w_1 & \cdots & 0 \\ \vdots & \ddots & \vdots \\ 0 & \cdots & p_N w_N \end{bmatrix} = \begin{bmatrix} p_1 \dfrac{\varphi(n_1)}{n_1} & \cdots & 0 \\ \vdots & \ddots & \vdots \\ 0 & \cdots & p_N \dfrac{\varphi(n_N)}{n_N} \end{bmatrix} \tag{5.8.15}$$

$\bar{\boldsymbol{P}}$ 称为等价权矩阵，其中元素 $\bar{p}_i$ 称为等价权因子，是观测权因子与稳健权因子之积.

将误差方程(5.8.6)式代入(5.8.14)式，可得 M 估计的法式方程，为

$$\boldsymbol{H}^{\mathrm{T}} \bar{\boldsymbol{P}} \boldsymbol{H} \hat{\boldsymbol{\theta}}_{\mathrm{M}} = \boldsymbol{H}^{\mathrm{T}} \bar{\boldsymbol{P}} \boldsymbol{x} \tag{5.8.16}$$

选定 ρ 函数后，就可以确定稳健权矩阵 $\boldsymbol{W}$.由于等价权因子 $\bar{p}_i$ 是误差 n_i 的函数，而在估计之前 n_i 未知，因此需要赋给 n_i 初值.

采用迭代算法估计参量 $\boldsymbol{\theta}$，其算法的迭代过程如下：

(1) 列误差方程(5.8.5)式，令各稳健权因子初值为 1，即 $w_1 = w_2 = \cdots = w_N = 1$，记为 $\boldsymbol{W}^{(0)} = \boldsymbol{I}$，则等价权矩阵 $\bar{P}^{(0)} = P$，P 为观测权矩阵.

(2) 解方程(5.8.16)式，得到参量 $\boldsymbol{\theta}$ 和误差 $\boldsymbol{n}$ 的第一次估值，记为

$$\hat{\boldsymbol{\theta}}^{(1)} = (\boldsymbol{H}^{\mathrm{T}} \bar{\boldsymbol{P}}^{(0)} \boldsymbol{H})^{-1} \boldsymbol{H}^{\mathrm{T}} \bar{\boldsymbol{P}}^{(0)} \boldsymbol{x}$$

$$\boldsymbol{n}^{(1)} = \boldsymbol{x} - \boldsymbol{H} \hat{\boldsymbol{\theta}}^{(1)}$$

(3) 由 $\boldsymbol{n}^{(1)}$ 按 $w_i = \dfrac{\varphi(n_i)}{n_i}$ 确定各观测值新的稳健权因子，按照 $\overline{p}_i = p_i w_i$ 构造新的等价权矩阵 $\overline{\boldsymbol{P}}^{(1)}$，再解方程(5.8.16)式，得到参量 $\boldsymbol{\theta}$ 和误差 $\boldsymbol{n}$ 的第二次估值，记为

$$\hat{\boldsymbol{\theta}}^{(2)} = (\boldsymbol{H}^{\mathrm{T}}\overline{\boldsymbol{P}}^{(1)}\boldsymbol{H})^{-1}\boldsymbol{H}^{\mathrm{T}}\overline{\boldsymbol{P}}^{(1)}\boldsymbol{x}$$

$$\boldsymbol{n}^{(2)} = \boldsymbol{x} - \boldsymbol{H}\hat{\boldsymbol{\theta}}^{(2)}$$

(4) 由 $\boldsymbol{n}^{(2)}$ 再构造新的等价权矩阵 $\overline{\boldsymbol{P}}^{(2)}$，再解方程(5.8.16)式，重复迭代计算，直到前后两次得到的误差的差值小于给定的阈值为止.

(5) 经过 k 次迭代，得到最终的估计结果为

$$\hat{\boldsymbol{\theta}}^{(k)} = (\boldsymbol{H}^{\mathrm{T}}\overline{\boldsymbol{P}}^{(k-1)}\boldsymbol{H})^{-1}\boldsymbol{H}^{\mathrm{T}}\overline{\boldsymbol{P}}^{(k-1)}\boldsymbol{x}$$

$$\boldsymbol{n}^{(k)} = \boldsymbol{x} - \boldsymbol{H}\hat{\boldsymbol{\theta}}^{(k)}$$

由于 $\overline{p}_i = p_i w_i$，$w_i = \dfrac{\varphi(n_i)}{n_i}$，而 $\varphi(n_i) = \dfrac{\partial\rho(n_i)}{\partial n_i}$，因此选取不同的 ρ 函数，构成的等价权矩阵也不同.但稳健权矩阵的权因子 w_i 总是随着误差 n_i 而改变，w_i 和 n_i 的大小成反比，因此经过多次迭代后，异常观测值的权因子会越来越小甚至接近于 0，使其在估计中尽量不起作用.这种方法通过改变观测值在参量估计中的权重来实现估计的稳健性，故称为选权迭代法.

3. ***M* 估计常用的权函数**

在选权迭代法中，选择不同的权函数(由 ρ 函数决定)形成的稳健估计方法也不同.权函数是影响估计性能的一个重要的因素.

通常观测数据分为有效数据、有用数据和有害数据三类.稳健估计要求充分利用有效数据，限制利用有用数据，排除有害数据.相应的权函数也分为正常段、可疑段和淘汰段三段.在正常段，权值保持初始值，一般为 1，它对应于有效数据的充分利用.在可疑段，权值小于初始值，一般小于 1，它对应于有用数据的限制利用.在淘汰段，权值为 0，它对应于有害数据的排除.在实际估计中，应根据观测数据的特点合理设置权函数分段的界限，达到对参量稳健估计的效果.

以下介绍几种经典的权函数，并简单分析其性能.

(1) Huber 估计权函数

$$w(u) = \begin{cases} 1 & (|u| \leqslant c) \\ \dfrac{c}{|u|} & (|u| > c) \end{cases} \tag{5.8.17}$$

(2) Tukey 估计权函数

$$w(u) = \begin{cases} \left(1 - \dfrac{u^2}{c}\right)^2 & (|u| \leqslant c) \\ 0 & (|u| > c) \end{cases} \tag{5.8.18}$$

(3) Hampel 估计权函数

$$w(u) = \begin{cases} 1 & (|u| \leqslant a) \\ \dfrac{a}{|u|} & (a < |u| \leqslant b) \\ \dfrac{c - |u|}{(c-b)|u|} & (b < |u| \leqslant c) \\ 0 & (|u| > c) \end{cases} \tag{5.8.19}$$

以上各式中，$u=n/\sigma$，其中 n 是估计的误差，σ 是其标准差，a, b, c 是常数，其值由具体的观测样本设定.

在选权迭代法中，误差的初值对于估计的性能有很大的影响，因此分析权函数的性能，还必须考虑其对误差初值的敏感性.由权函数表达式可见：① Huber 权函数缺少淘汰段，没有剔除有害数据，因此其对参量估计的精度不高，但具有一致收敛的特点，且不受初始误差的影响.② Tukey 权函数缺少正常段，没有充分利用有效数据.但其适应能力强，适用于有害数据较多的情况.③ Hampel 权函数包括了四个分段，它把可疑段又分为两段，提高了估计的精度.但其计算量较大，且对误差初值比较敏感.

在实际估计中，有时也可以将多种权函数结合起来使用.如在估计卫星轨道参量时，可以先用 Huber 权函数，利用其一致收敛且对误差初值不敏感的特点，获取精度较高的误差初值，然后用 Hampel 权函数，可获取轨道参量的高精度估计.

小　结

本章首先阐述了进行信号参量估计的必要性.接着以单参量估计为前提，介绍了信号参量估计基本理论的概念、方法和估计量的解析表达式，主要有最大后验概率估计、最大似然估计、最小均方误差估计、线性最小均方误差估计、最小平均绝对误差估计、贝叶斯估计、最小二乘估计等，并将这些估计理论进一步推广到对信号多参量的估计中.随后介绍了最小最大误差熵估计方法.针对众多的对信号参量的估计方法，从无偏性、一致性、有效性、充分性四个方面讨论了衡量估计性能的指标，推导了确定单参量、确定多参量、随机单参量、随机多参量四种估计的均方误差下界.然后重点介绍了最大似然估计和最小二乘估计在实际信号分析与处理中的应用，讨论了平稳高斯噪声条件下的信号幅度、相位、频率、时延的估计，还通过实例讨论了线性最小二乘估计和非线性最小二乘估计.最后介绍了稳健估计的基本概念和最常用的 M 估计方法.

读者掌握了本章的基本估计理论后，可以将它与信号检测理论结合起来使用，如进行信号的最大似然检测，分析处理的思路会更宽一些.另外谱估计是现代信号处理领域的一个重要内容，本章没有涉及.谱估计的一些概念和方法在第 7 章的阵列信号处理中将有所体现.希望了解更多谱估计理论的读者请阅读其他文献.

习　题

5-1　若观测方程为 $x_i=s+n_i\,(i=1,2,\cdots,N)$，其中信号 $s\sim N(0,\sigma_s^2)$，噪声 $n_i\sim N(0,\sigma_n^2)\,(i=1,2,\cdots,N)$ 独立同分布，且信号与噪声满足 $E\{sn_i\}=0$.求 s 的最大后验概率估计和最小均方误差估计，并比较两种估计的结果.

5-2　通过一个观测样本 x 来估计信号的随机参量 θ.已知 $f(x|\theta)$ 和 $f(\theta)$ 分别为

$$\begin{cases} f(x|\theta)=\theta\exp(-\theta x) & (\theta\geqslant 0, x\geqslant 0) \\ f(\theta)=2\exp(-2\theta) & (\theta\geqslant 0) \end{cases}$$

求 θ 的最小均方误差估计和最大后验估计.

通过 N 个独立观测样本 $x_k(k=1,2,\cdots,N)$,求 θ 的最大后验概率估计.当 N 足够大且 $\sum_{k=1}^{N} x_k \gg 2$ 时,推导最大后验概率估计量的近似公式.

5-3 设有 100 个样本的数据序列,对前 11 个滞后的自相关序列估计如下:

$$\hat{R}_x(0) = 1,\ \hat{R}_x(1) = 0.05,\ \hat{R}_x(2) = 0.25$$

$$\hat{R}_x(3) = 0.025,\ \hat{R}_x(4) = 0.075,\ \hat{R}_x(5) = 0.25$$

$$\hat{R}_x(6) = 0.125,\ \hat{R}_x(7) = 0.025,\ \hat{R}_x(8) = 0.125$$

$$\hat{R}_x(9) = -0.0125,\ \hat{R}_x(10) = 0$$

若用 $\hat{R}_x(k) = \hat{R}_x(0)\alpha^{|k|}$ 近似表示这些数值,试求 α 的最大似然估计.

5-4 已知观测信号 $x(t) = A\cos(\omega_0 t + \theta) + n(t)(0 \leqslant t \leqslant T)$,式中,$n(t)$ 是零均值、功率谱密度为 $N_0/2$ 的平稳高斯白噪声,θ 是在$[0, 2\pi)$上均匀分布的随机变量.求 A 的最大似然估计和估计量的均方误差.(注:由于 θ 的先验知识已知,可先对 θ 求平均得到 $p(x \mid A)$.)

5-5 考虑时间$[0,T]$内的观测信号 $x(t) = A\cos(\omega_1 t + \theta) + B\sin(\omega_2 t + \varphi) + n(t)$,其中,$A$ 和 B 已知,θ 与 φ 统计独立且均在区间$[0, 2\pi)$上均匀分布,$n(t)$ 是均值为 0、功率谱密度为 $N_0/2$ 的平稳高斯白噪声.设 $\int_{-\infty}^{+\infty} \cos(\omega_1 t + \theta)\sin(\omega_2 t + \varphi)\mathrm{d}t = 0$. 求 ω_1 和 ω_2 的最大似然估计.

5-6 时间$[0,T]$内的观测信号 $x(t) = A[1 + \sin\omega_0(t - \tau)] + n(t)$,其中,$A$ 和 ω_0 已知,$n(t)$ 是均值为 0、功率谱密度为 $N_0/2$ 的平稳高斯白噪声.求信号时延 τ 的最大似然估计.

5-7 观测信号 $x(t) = s(t - \tau)\cos\omega(t - \tau) + n(t)(0 \leqslant t \leqslant T)$,其中,$n(t)$ 是均值为 0、功率谱密度为 $N_0/2$ 的平稳高斯白噪声,当 $s(t) = A\exp\left(\frac{-t^2}{2T}\right)$ 时,求 τ 和 ω 的最大似然估计.

5-8 用不同精度的电流表对同一电流进行三次测量.第一次的测量值为 I_1,误差的方差为 σ_1^2;第二次测量值为 I_2,误差的方差为 σ_2^2;第三次测量值为 I_3,误差的方差为 σ_3^2.设测量误差的均值为 0,求电流的线性最小均方误差估计.

5-9 观测信号样本为

$$x_i = A + Bi + n_i \quad (i = 1,2,\cdots,N)$$

其中,A 和 B 是未知参量,n_i 是均值为 0、方差为 σ_n^2 高斯白噪声.推导估计量 $\hat{A}$ 和 $\hat{B}$ 的克拉美-罗不等式.

5-10 观测样本 $x_i = \alpha + \beta s_i + n_i(i = 1, 2,\cdots, 10)$ 彼此独立.已知:

$$s_i = i(i = 1, 2, \cdots, 10)$$

$$x_1 = 1,\quad x_2 = 2,\quad x_3 = 1,\quad x_4 = 4,\quad x_5 = 6,$$

$$x_6 = 6,\quad x_7 = 8,\quad x_8 = 9,\quad x_9 = 12,\quad x_{10} = 15$$

求 α 和 β 的最小二乘估计.

5-11 假定已知信号:

$$s_1(k) = a_1\cos\omega k + a_2\cos 2\omega k + \cdots + a_p\cos p\omega k$$

$$s_2(k) = b_1\sin\omega k + b_2\sin 2\omega k + \cdots + b_p\sin p\omega k$$

观测信号 $x(k) = s_1(k) + s_2(k) + n(k)$. $n(k)$ 是均值为 0、方差为 1 的平稳高斯噪声.

(1) 对 $a_1, a_2, \cdots, a_p, b_1, b_2, \cdots, b_p$ 作最小二乘估计;

(提示:令 $\boldsymbol{\theta} = [a_1, a_2, \cdots, a_p, b_1, b_2, \cdots, b_p]^{\mathrm{T}}$)

(2) 求 $\hat{\boldsymbol{\theta}}_{\mathrm{LS}}$ 的概率密度函数.

5-12 在乘性噪声和加性噪声中观测随机参数 s 为

$$x = \alpha_1 s + \alpha_2$$

其中

$$f(s) = \frac{1}{\sqrt{2\pi}\sigma_s}\exp\left[-\frac{(s-m_s)^2}{2\sigma_s^2}\right]$$

$$f(\alpha_1) = \frac{1}{\sqrt{2\pi}\sigma_1}\exp\left[-\frac{(\alpha_1-m_1)^2}{2\sigma_1^2}\right]$$

$$f(\alpha_2) = \frac{1}{\sqrt{2\pi}\sigma_2}\exp\left[-\frac{(\alpha_2-m_2)^2}{2\sigma_2^2}\right]$$

求 s 的线性最小均方误差估计,并把结果推广到 N 个观测样本.

5-13　已知观测样本为 $x_i = s + n_i (i = 1, 2, \cdots, N)$,其中,$n_i (i = 1, 2, \cdots, N)$ 为均值为 0、方差为 σ_n^2 且彼此独立的高斯随机变量.同时已知 $E\{s\} = S, E\{(s-S)^2\} = \sigma_s^2$.求 s 的线性最小均方误差估计.

5-14　已知观测样本为 $x_i = s + n_i (i=1, 2, \cdots, N)$,其中,信号 s 为均值为 0、方差为 σ_s^2 的高斯随机变量;噪声 $n_i \sim N(0, \sigma_n^2)(i=1, 2, \cdots, N)$为彼此统计独立的高斯随机变量.每得到一个观测样本都对 s 作一次最小均方误差估计,因而得到一系列估计量 $\hat{s}_{MS}(x_1)$, $\hat{s}_{MS}(x_1, x_2)$, $\cdots$, $\hat{s}_{MS}(x_1, x_2, \cdots, x_N)$,并用 $\sigma_1^2, \sigma_2^2, \cdots, \sigma_N^2$ 表示其相应的估计方差.

(1) 试将 $\hat{s}_{MS}(i)$表示为 $\hat{s}_{MS}(i-1)$,σ_{i-1}^2,及 x_i的函数;

(2) 证明 $\frac{1}{\sigma_i^2} = \frac{1}{\sigma_s^2} + \frac{i}{\sigma_n^2}$.

5-15　在 λ 一定的条件下,随机变量 x 的概率密度函数为

$$f(x \mid \lambda) = \begin{cases} \lambda e^{-\lambda x} & (x \geqslant 0, \lambda \geqslant 0) \\ 0 & (\lambda < 0) \end{cases}$$

若 λ 的先验密度为

$$f(\lambda) = \begin{cases} \frac{\alpha^n}{\Gamma(n)} e^{-\lambda\alpha}\lambda^{n-1} & (\lambda \geqslant 0) \\ 0 & (\lambda < 0) \end{cases}$$

其中 α, n 是常数.

(1) 试求 λ 的最大后验概率估计和估计的方差;

(2) 设 N 次观测下 λ 的估计量用 $\hat{\lambda}_{MAP}(N)$表示,相应的估计方差为 $\sigma^2(N)$,增加新的观测值 x_{N+1},试以 $\hat{\lambda}_{MAP}(N)$,$\sigma^2(N)$,x_{N+1}表示 $\hat{\lambda}_{MAP}(N+1)$.

5-16　已知观测方程 $X_i = H_i\boldsymbol{\theta} + N_i (i = 1, 2, \cdots)$,式中,$\boldsymbol{\theta}$ 为待估计随机矢量,H_i 已知,且若取 $\hat{\boldsymbol{\theta}}_0 = E\{\boldsymbol{\theta}\} = \boldsymbol{\theta}_0$.试求线性最小均方误差估计的递推公式.

5-17　通过两个独立的信道估计随机参数 s,已知 s 是均值为 0、方差为 σ_s^2的高斯随机变量.得到的观测样本为

$$x_1 = s + n_1, \quad x_2 = s + n_2$$

已知 $f(n_i) = \frac{1}{\sqrt{2\pi}\sigma_i}\exp\left(-\frac{n_i^2}{2\sigma_i^2}\right)$,其中,$i = 1, 2$.

(1) 求 $\hat{s}_{MS}$和 $\hat{s}_{MAP}$并计算估计的均方误差;

(2) 如果 s 为非随机实数,求 $\hat{s}_{ML}$,验证该估计值是否为有效估计并计算估计方差.

5-18　若观测方程为

$$x_i = s + n_i \quad (i = 1, 2, \cdots, N)$$

已知 $n_i (i=1, 2, \cdots, N)$是均值为 0、方差为 σ_n^2 的彼此独立高斯噪声,s 是均值为 0、方差为 σ_s^2的高

斯随机变量.

(1) 证明 $\hat{s}_{\mathrm{MAP}}=\hat{s}_{\mathrm{MS}}=\dfrac{\sigma_s^2}{\sigma_s^2+\dfrac{\sigma_n^2}{N}}\left(\dfrac{1}{N}\sum_{i=1}^{N}x_i\right)$;

(2) 判断估计量是否为无偏估计量;

(3) 求估计的方差,判断估计量是否为有效估计量.

5-19 若 $x(t)$为零均值平稳高斯过程,它的前 N 个滞后的相关系数$r(0)$, $r(1)$, …, $r(N-1)$均已知.设现在需要求出 $r(N)$.为此,一种办法是使过程的熵最大,熵的定义为

$$H=-\int f(\boldsymbol{x})\ln f(\boldsymbol{x})\mathrm{d}\boldsymbol{x}$$

式中,$f(\boldsymbol{x})$表示过程的多变量概率密度函数.对于 N 维高斯随机变量,其协方差矩阵为

$$\boldsymbol{R}_N=\begin{bmatrix} r(0) & r(1) & \cdots & r(N-1)\\ r(1) & r(0) & \cdots & r(N-2)\\ \vdots & \vdots & \ddots & \vdots\\ r(N-1) & r(N-2) & \cdots & r(0)\end{bmatrix}$$

试证明使熵最大等效于使下式最大:

$$\ln(2\pi)^{N/2}\det{}^{1/2}\{\boldsymbol{R}_N\}$$

并求出 $r(N)$的值.

5-20 假设用如下的信号模型:

$$s_k=a_1q^{k-1}+a_2q^{2(k-1)}+a_3q^{3(k-1)}\quad(k=1,2,\cdots,N)$$

来描述一个随时间衰减的信号,其中,q 是衰减因子,且满足 $0<q<1$.现通过 N 次直接观测,获得观测矢量 $x=(x_1,x_2,\cdots,x_N)^T$.请用最小二乘估计方法求未知参量$\{a_1,a_2,a_3,q\}$的估计量.

提示:这是一个非线性最小二乘估计的问题.该信号模型与幅度 $\beta=(a_1,a_2,a_3)^T$呈线性关系,而与衰减因子 $a=q$ 呈非线性关系.

计算机作业

5-1 请用计算机模拟方法证明在实践中(5.5.40)式的确是成立的.

5-2 根据习题 5-16 得到的递推公式,编程计算结果.

5-3 在 $\boldsymbol{X}=\boldsymbol{H\theta}+\boldsymbol{N}$ 线性观测方程前提下,对 $\boldsymbol{\theta}$ 作最小二乘估计

$$\hat{\boldsymbol{\theta}}_{\mathrm{LS}}=(\boldsymbol{H}^{\mathrm{T}}\boldsymbol{H})^{-1}\boldsymbol{H}^{\mathrm{T}}\boldsymbol{X}$$

(1) 若实际观测样本 $\boldsymbol{X}=(\boldsymbol{H}+\Delta\boldsymbol{H})\boldsymbol{\theta}+\boldsymbol{N}$, $E\{\boldsymbol{N}\}=\boldsymbol{0}$,而 $\hat{\boldsymbol{\theta}}_{\mathrm{LS}}$ 计算时仍按 $\boldsymbol{H}$ 计算,用计算机模拟方法分析估计量的均方误差与 ΔH 的关系.

(2) 若实际观测样本 $\boldsymbol{X}=\boldsymbol{H\theta}+\boldsymbol{N}'$,$\boldsymbol{N}$不同于$\boldsymbol{N}'$,假定$\boldsymbol{N}'$与$\boldsymbol{N}$相比,$\boldsymbol{N}'=[n_1',n_2',\cdots,n_k',n_{k+1}',\cdots,n_M']$, $\boldsymbol{N}=[n_1,n_2,\cdots,n_k,n_{k+1},\cdots,n_M]$,其中 $n_i'=n_i(i=1,2,\cdots,k)$,而当 $i=k+1,\cdots,M$, n_i'与n_i 相比,其方差发生了变化,请用计算机模拟方法分析 $\hat{\boldsymbol{\theta}}_{\mathrm{LS}}$ 的估计均方误差与上述变化的关系.

(3) 若实际观测样本的上述两种变化因素同时存在,请用计算机模拟方法分析 $\hat{\boldsymbol{\theta}}_{\mathrm{LS}}$的均方误差与这两种变化因素之间的关系.

5-4 利用计算机模拟,生成均值为 10,方差为 1 的一组模拟数据,再在其中添加 5%的均值为 10,方差为

10 的模拟数据，利用选权迭代法，分别选用 5.8.2 小节中的三种权函数，估计模拟数据的均值，并比较三种权函数的估计性能.

参 考 文 献

[1]　景占荣，羊彦. 信号检测与估计[M]. 北京：化学工业出版社，2004.

[2]　王宏禹. 随机数字信号处理[M]. 北京：科学出版社，1988.

[3]　许树声. 信号检测与估计[M]. 北京：国防工业出版社，1985.

[4]　刘有恒. 信号检测与估计[M]. 北京：人民邮电出版社，1989.

[5]　李道本. 信号的统计检测与估计理论[M]. 2 版. 北京：科学出版社，2004.

[6]　张明友，吕明. 信号检测与估计[M]. 2 版. 北京：电子工业出版社，2005.

[7]　沈凤麟，钱玉美. 信号统计分析基础[M]. 合肥：中国科学技术大学出版社，1989.

[8]　沈凤麟，叶中付，钱玉美. 信号统计分析与处理[M]. 合肥：中国科学技术大学出版社，2001.

[9]　赵树杰，赵建勋. 信号检测与估计理论[M]. 北京：清华大学出版社，2005.

[10]　赵树杰，杨宏五，陆仁夏，等. 统计信号处理：检测理论估计和滤波理论及其应用[M]. 西安：西北电讯工程学院出版社，1986.

[11]　茆诗松，王静龙，濮晓龙. 高等数理统计[M]. 北京：高等教育出版社，1998.

[12]　陈希孺，赵林城. 线性模型中的 M 方法[M]. 上海：上海科学技术出版社，1996.

[13]　武汉大学测绘学院测量平差学科组. 误差理论与测量平差基础[M]. 3 版. 武汉：武汉大学出版社，2014.

[14]　费史. 概率论及数理统计[M]. 王福保，译. 上海：上海科学技术出版社，1978.

[15]　McDonough R N，Whalen A D. Detection of Signals in Noise[M]. 2nd ed. San Diego：Academic Press，1995.

[16]　Srinath M D，Rajasekaran P K. 统计信号处理及其应用导论[M]. 朱正中，田立生，译. 北京：国防工业出版社，1982.

第 6 章　最佳线性滤波基本理论——波形估计

6.1　引　　言

上一章所述参量估计仅仅适用于非时变参量(被估计的参量在观测时间$[0,T]$内是不随时间变化的未知的确定量或随机变量)的估计.而在现实世界中,被估计的信号参量往往是随时间变化的,如雷达跟踪一枚变速飞行的机动导弹或一架变速飞行的飞机,其飞行速度必定是随时间变化的.这种时变信号的估计需要借助于信号参量估计以外的理论,这些理论就是本章所要介绍的最佳线性滤波理论,包含**维纳滤波**(Wiener Filter)和**卡尔曼滤波**(Kalman Filter).维纳滤波和卡尔曼滤波都是基于最小均方误差估计准则对广义平稳随机信号进行最佳线性滤波,其实质是:给定信号和加性噪声的混合波形,寻求一种线性运算作用于此混合波形,使信号与噪声实现最佳分离,获得信号波形.因此,这种理论又称为**波形估计**(Waveform Estimation).

上一章介绍的最小均方误差估计准则为本章的基础.本章以实信号为例,首先讨论波形估计的分类,然后分析稳定系统的连续和离散维纳滤波并简介稳健维纳滤波的基本思想,最后从简单的 $\alpha-\beta$ 滤波入手,讨论卡尔曼滤波及其扩展理论.

6.2　波形估计的分类

为了进行波形估计的分类,首先给出一个以时间为变量的信号波形图(即时间信号),如图 6.1 所示,其中 $x(t)=s(t)+n(t)$ 为系统的输入,它是信号与噪声的混合波形,$s(t)$是我们所要估计的信号波形,$s(t)$的估计波形记为 $\hat{s}(t)$.假设当前时刻为 t_0,我们可以利用的 t_0时刻及以前的信号与噪声的混合波形为 $x(t)=s(t)+n(t)(t\leqslant t_0)$,若我们期望估计 t_0时刻的信号 $s(t_0)$,称为滤波,其目的在于滤除噪声而保留有用信号,通信属于该范畴;若期望估计 t_0以后某时刻的信号 $s(t_0+\alpha)(\alpha>0)$,称为预测,导弹轨迹预测属于该范畴;若期望估计 t_0以前某时刻的信号 $s(t_0+\alpha)(\alpha<0)$,称为平滑,事后事故分析属于该范畴.滤波、预测和平滑同属于广义滤波的范畴.

由图 6.1 可以看出,在滤波、预测和平滑这三类估计问题中,平滑使用了 $t_0+\alpha(\alpha<0)$

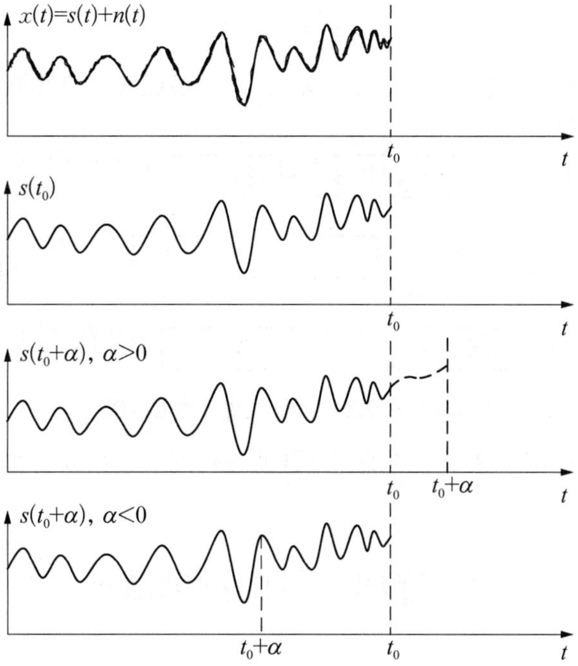

图 6.1　滤波、预测、平滑的关系

时刻以前的全部数据和以后的一段数据，这样就获得了足够多的信息，因此也就能够获得较高的估计精度；滤波仅使用了 $t_0+\alpha(\alpha=0)$ 时刻之前的全部数据，获得的信息较平滑有所减少，因此其估计精度也有所降低；而预测使用的数据仅仅是 $t_0+\alpha(\alpha>0)$ 时刻之前的部分数据，获得的信息最少，因此其估计精度也是三者之中最低的.

我们的目的是选取线性滤波器的冲激响应或传输函数，充分利用观测信号的一阶、二阶统计特征以及估计误差与观测信号正交性原理，使估计的均方误差达到最小.在以后的讨论中，为了分析的简洁，我们将滤波、预测和平滑作为统一的问题来加以讨论，不妨用 $g(t)$ 统一代表线性滤波器的理想输出 $s(t+\alpha)$；相应地，滤波器的实际输出 $y(t)=\hat{g}(t)$ 就对应了它们的估计 $\hat{s}(t+\alpha)$，其中 $\alpha=0$，或者 $\alpha>0$，或者 $\alpha<0$.

结合波形估计的分类，基于最小均方误差估计准则的最佳线性滤波框图如图 6.2 所示.

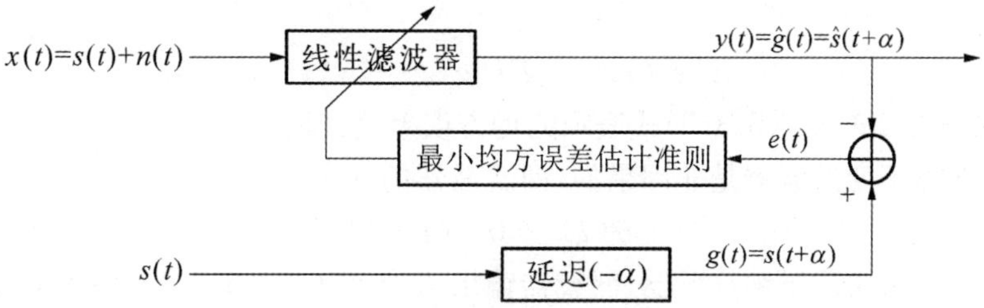

图 6.2　最佳线性滤波框图

还需提醒读者注意，线性滤波器理想输出 $g(t)$ 绝非仅仅为 $s(t+\alpha)$ 这种情况，还可以是 $s(t)$ 的某种函数形式 $g(t)=f(s(t))$，例如

$$g(t)=s'(t+\alpha)$$

或

$$g(t) = \int_0^t s(\tau + \alpha)\mathrm{d}\tau$$

因此对线性滤波器的输出的理解不能过于狭隘.此时的最佳线性滤波框图如图 6.3 所示.

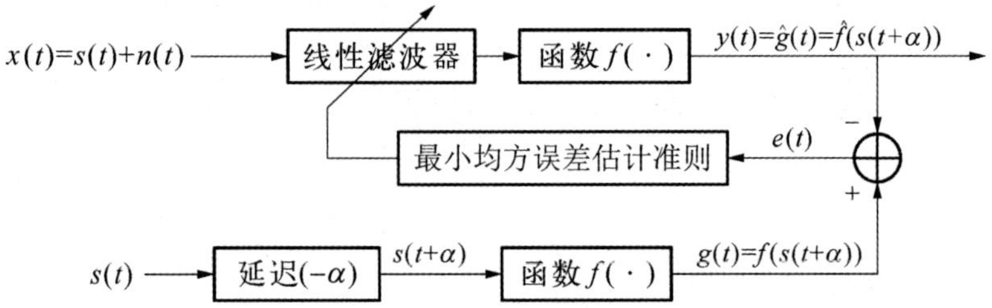

图 6.3　一般形式的最佳线性滤波框图

为了方便,以下均以图 6.2 所示的最佳线性滤波框图来进行维纳滤波的分析.

6.3　连续信号的维纳滤波

我们首先讨论广义平稳连续随机信号的维纳滤波问题.如无特别说明,本章讨论的最优滤波器均在稳定系统的前提下.

6.3.1　广义平稳随机信号的维纳滤波原理

假定信号 $s(t)$和噪声 $n(t)$均为零均值的广义平稳随机过程且互不相关,则观测信号 $x(t) = s(t) + n(t)$ 也是零均值广义平稳随机过程,且和 $g(t)$联合广义平稳.线性时不变滤波器的冲激响应为 $h(t)$,那么滤波器输出信号 $y(t)$为

$$y(t) = \hat{g}(t) = \int_{-\infty}^{+\infty} h(t-\tau)x(\tau)\mathrm{d}\tau \tag{6.3.1}$$

其估计误差为

$$e(t) = g(t) - \hat{g}(t) = g(t) - y(t) \tag{6.3.2}$$

均方误差为

$$E\{e^2(t)\} = E\{[g(t) - y(t)]^2\} \tag{6.3.3}$$

$h(t)$必须保证在 t 时刻,(6.3.3)式表示的均方误差达到最小.

如果线性时不变滤波器是非因果的,即滤波器的冲激响应满足

$$h(t) \neq 0 \quad (t < 0)$$

则称之为物理不可实现维纳滤波器.滤波器输出信号 $y(t)$如(6.3.1)式所示.根据上一章介绍的线性最小均方误差估计的正交性条件,有

$$E\{e(t)x(\tau')\} = 0 \quad (-\infty < \tau' < +\infty) \tag{6.3.4}$$

即

$$E\left\{\left[g(t) - \int_{-\infty}^{+\infty} h(t-\tau)x(\tau)\mathrm{d}\tau\right]x(\tau')\right\} = 0 \quad (-\infty < \tau' < +\infty) \tag{6.3.5}$$

令

$$R_{gx}(t-\tau')=E\{g(t)x(\tau')\} \tag{6.3.6a}$$

$$R_{x}(\tau-\tau')=E\{x(\tau)x(\tau')\} \tag{6.3.6b}$$

则(6.3.5)式可以写为

$$R_{gx}(t-\tau')=\int_{-\infty}^{+\infty}h(t-\tau)R_x(\tau-\tau')\mathrm{d}\tau \tag{6.3.7}$$

上述方程是第一类弗雷德姆积分方程，通常也可称为广义平稳随机过程的非因果维纳-霍夫(Wiener-Hopf)方程.

令 $t-\tau'=\eta, t-\tau=\lambda$，则由(6.3.7)式得

$$R_{gx}(\eta)=\int_{-\infty}^{+\infty}h(\lambda)R_x(\eta-\lambda)\mathrm{d}\lambda \quad (-\infty<\eta<+\infty) \tag{6.3.8}$$

这是广义平稳随机过程的非因果维纳-霍夫方程较为简洁的表达形式.

如果线性时不变滤波器是因果的，即滤波器的冲激响应满足

$$h(t)=0 \quad (t<0)$$

则称之为物理可实现维纳滤波器.滤波器的输出为

$$y(t)=\int_{-\infty}^{t}h(t-\tau)x(\tau)\mathrm{d}\tau \tag{6.3.9}$$

同样，根据线性最小均方误差估计的正交性条件，有

$$E\left\{\left[g(t)-\int_{-\infty}^{t}h(t-\tau)x(\tau)\mathrm{d}\tau\right]x(\tau')\right\}=0 \quad (-\infty<\tau'\leqslant t)$$

则可以得到

$$R_{gx}(\eta)=\int_{0}^{+\infty}h(\lambda)R_x(\eta-\lambda)\mathrm{d}\lambda \quad (0\leqslant\eta<+\infty) \tag{6.3.10}$$

上述方程是广义平稳随机过程的因果维纳-霍夫方程，符合(6.3.8)式和(6.3.10)式的 $h(t)$ 分别称为非因果和因果线性系统的维纳滤波的稳态解，下面就稳定系统分别求其非因果和因果的解.

6.3.2　物理不可实现维纳滤波器的解

对于(6.3.8)式的广义平稳随机过程的非因果维纳-霍夫方程，很容易从频域上求出滤波器的传输函数 $H(\mathrm{j}\omega)$.对积分方程(6.3.8)式两边作傅里叶变换，有

$$S_{gx}(\omega)=H(\mathrm{j}\omega)S_x(\omega) \tag{6.3.11}$$

其中，$S_{gx}(\omega)$为 $g(t)$与 $x(t)$之间的互功率谱密度函数，$H(\mathrm{j}\omega)$为滤波器 $h(t)$的传输函数，$S_x(\omega)$为 $x(t)$的功率谱密度函数.显然，滤波器传输函数可表示为

$$H(\mathrm{j}\omega)=\frac{S_{gx}(\omega)}{S_x(\omega)} \tag{6.3.12}$$

由于 $s(t)$和 $n(t)$互不相关，则

$$S_x(\omega)=S_s(\omega)+S_n(\omega) \tag{6.3.13}$$

其中，$S_s(\omega)$和 $S_n(\omega)$分别是信号和噪声的功率谱密度函数.

当 $g(t)=s(t+\alpha)$时，有

$$S_{gx}(\omega)=S_s(\omega)\mathrm{e}^{\mathrm{j}\omega\alpha} \tag{6.3.14}$$

将(6.3.13)式和(6.3.14)式代入(6.3.12)式，可得

$$H(\mathrm{j}\omega)=\frac{S_s(\omega)\mathrm{e}^{\mathrm{j}\omega\alpha}}{S_s(\omega)+S_n(\omega)} \tag{6.3.15}$$

上式就是非因果维纳-霍夫方程在频域的解,也是物理不可实现维纳滤波器的传输函数,对 $H(\mathrm{j}\omega)$ 作傅里叶反变换,可以得到维纳滤波器的冲激响应 $h(t)$.

物理不可实现维纳滤波器的幅频响应可表示为

$$|H(\mathrm{j}\omega)|=\frac{|S_s(\omega)/S_n(\omega)|}{|S_s(\omega)/S_n(\omega)+1|} \tag{6.3.16}$$

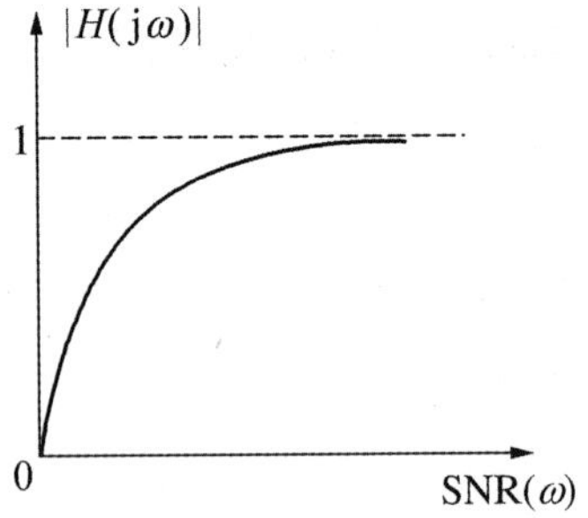

图 6.4 滤波器幅频响应与信噪比的关系示意图

其中,$S_s(\omega)/S_n(\omega)$ 为频点 ω 的信噪比,记为 $\mathrm{SNR}(\omega)$. 滤波器幅频响应 $|H(\mathrm{j}\omega)|$ 随信噪比 $\mathrm{SNR}(\omega)$ 变化的示意图如图 6.4 所示. 由图可见,信噪比 $\mathrm{SNR}(\omega)$ 越大,滤波器幅频响应 $|H(\mathrm{j}\omega)|$ 就越大,信噪比 $\mathrm{SNR}(\omega)$ 越小,滤波器幅频响应 $|H(\mathrm{j}\omega)|$ 也就越小,这就是维纳滤波器能够抑制噪声而复现信号的关键所在.

滤波器冲激响应满足非因果广义平稳维纳-霍夫方程(6.3.8)式或传输函数满足(6.3.15)式时,估计的均方误差(6.3.3)式达到最小值,记为

$$\begin{aligned}E\{e^2(t)\}_{\min}&=R_g(0)-\int_{-\infty}^{+\infty}h(\lambda)R_{gx}(\lambda)\mathrm{d}\lambda\\&=R_g(0)-\int_{-\infty}^{+\infty}h(\lambda)R_{xg}(-\lambda)\mathrm{d}\lambda\end{aligned} \tag{6.3.17}$$

上式为在时域上计算 $y(t)=\hat{g}(t)$ 的估计均方误差公式. 通过引入 $z(\tau)=R_g(\tau)-\int_{-\infty}^{+\infty}h(\lambda)R_{xg}(\tau-\lambda)\mathrm{d}\lambda$ 并对它作傅里叶变换,我们还可以推得 $y(t)$ 在频域上估计均方误差公式

$$\begin{aligned}E\{e^2(t)\}_{\min}&=\frac{1}{2\pi}\int_{-\infty}^{+\infty}[S_g(\omega)-H(\mathrm{j}\omega)S_{xg}(\omega)]\mathrm{d}\omega\\&=\frac{1}{2\pi}\int_{-\infty}^{+\infty}\left[S_g(\omega)-\frac{S_{gx}(\omega)}{S_x(\omega)}S_{xg}(\omega)\right]\mathrm{d}\omega\end{aligned} \tag{6.3.18}$$

根据滤波、平滑、预测问题,将 $g(t)$ 与 $s(t)$ 的关系(即 $g(t)=s(t+\alpha)$ 对应 α 的不同取值)代入(6.3.17)式和(6.3.18)式,可分别得到如下具体计算公式:

$$\begin{aligned}E\{e^2(t)\}_{\min}&=R_s(0)-\int_{-\infty}^{+\infty}h(\lambda)R_{sx}(\alpha+\lambda)\mathrm{d}\lambda\\&=R_s(0)-\int_{-\infty}^{+\infty}h(\lambda)R_s(\alpha+\lambda)\mathrm{d}\lambda\end{aligned} \tag{6.3.19}$$

$$\begin{aligned}E\{e^2(t)\}_{\min}&=\frac{1}{2\pi}\int_{-\infty}^{+\infty}\left[S_s(\omega)-\frac{S_{sx}(\omega)\mathrm{e}^{\mathrm{j}\omega\alpha}}{S_x(\omega)}S_{xs}(\omega)\mathrm{e}^{-\mathrm{j}\omega\alpha}\right]\mathrm{d}\omega\\&=\frac{1}{2\pi}\int_{-\infty}^{+\infty}\left[S_s(\omega)-\frac{S_s^2(\omega)}{S_s(\omega)+S_n(\omega)}\right]\mathrm{d}\omega\\&=\frac{1}{2\pi}\int_{-\infty}^{+\infty}\left[\frac{S_s(\omega)S_n(\omega)}{S_s(\omega)+S_n(\omega)}\right]\mathrm{d}\omega\end{aligned} \tag{6.3.20}$$

(6.3.20)式表明,对于物理不可实现维纳滤波器,无论是平滑、滤波,还是预测,波形估计的均方误差是相同的,都达到了最小. 这可以为后面分析物理可实现维纳滤波器的性能提供度

量标准.

例 6.1　考虑输入 $x(t)$为信号 $s(t)$和噪声 $n(t)$的叠加,假定信号和噪声互不相关,其功率谱密度函数分别为 $S_s(\omega)=\dfrac{3}{1+\omega^2}$ 和 $S_n(\omega)=1$. 求 α 分别取 0、+1 和 −1 时物理不可实现维纳滤波器的冲激响应及最小均方误差.

解　首先求解维纳滤波器的冲激响应 $h(\tau)$.

由于信号和噪声互不相关,可以得到维纳滤波器的传输函数

$$H(\mathrm{j}\omega)=\frac{S_s(\omega)\mathrm{e}^{\mathrm{j}\omega\alpha}}{S_s(\omega)+S_n(\omega)}$$

当 $\alpha=0$ 时,将 $S_s(\omega)$和 $S_n(\omega)$的值代入上式,此时对应的维纳滤波器为

$$H_0(\mathrm{j}\omega)=\frac{3}{4+\omega^2}$$

将上式写成部分分式的形式

$$H_0(\mathrm{j}\omega)=\frac{3}{4}\frac{1}{2+\mathrm{j}\omega}+\frac{3}{4}\frac{1}{2-\mathrm{j}\omega}$$

由上式的第一项和第二项可以分别求出 $h_0(\tau)$的正时间部分和负时间部分,即

$$\begin{aligned}h_0(\tau)&=\frac{3}{4}\mathrm{e}^{-2\tau}u(\tau)+\frac{3}{4}\mathrm{e}^{2\tau}u(-\tau)\\&=\begin{cases}\dfrac{3}{4}\mathrm{e}^{-2\tau} & (\tau\geqslant 0)\\ \dfrac{3}{4}\mathrm{e}^{2\tau} & (\tau<0)\end{cases}\end{aligned}$$

对应于 $h_0(\tau)$的最小均方误差为

$$\begin{aligned}E\{e_0^2(t)\}_{\min}&=R_s(0)-\int_{-\infty}^{+\infty}h_0(\tau)R_{sx}(\alpha+\tau)\mathrm{d}\tau\\&=R_s(0)-\int_{-\infty}^{+\infty}h_0(\tau)R_{sx}(\tau)\mathrm{d}\tau\end{aligned}$$

由于信号和噪声互不相关,则

$$R_{sx}(\tau)=R_s(\tau)$$

由已知条件,可得

$$\begin{aligned}R_s(\tau)&=\frac{1}{2\pi}\int_{-\infty}^{+\infty}S_s(\omega)\mathrm{e}^{\mathrm{j}\omega\tau}\mathrm{d}\tau\\&=\frac{1}{2\pi}\int_{-\infty}^{+\infty}\frac{3}{1+\omega^2}\mathrm{e}^{\mathrm{j}\omega\tau}\mathrm{d}\tau\\&=\frac{3}{2}\mathrm{e}^{-\tau}u(\tau)+\frac{3}{2}\mathrm{e}^{\tau}u(-\tau)\\&=\begin{cases}\dfrac{3}{2}\mathrm{e}^{-\tau} & (\tau\geqslant 0)\\ \dfrac{3}{2}\mathrm{e}^{\tau} & (\tau<0)\end{cases}\end{aligned}$$

那么最小均方误差为

$$E\{e_0^2(t)\}_{\min} = R_s(0) - \int_{-\infty}^{+\infty} h_0(\tau)R_s(\tau)\mathrm{d}\tau = 0.75$$

当 $\alpha \neq 0$ 时,对应的维纳滤波器为

$$H_\alpha(\mathrm{j}\omega) = H_0(\mathrm{j}\omega)\mathrm{e}^{\mathrm{j}\omega\alpha}$$

和

$$\begin{aligned} h_\alpha(t) &= F^{-1}\{H_\alpha(\mathrm{j}\omega)\} = F^{-1}\{H_0(\mathrm{j}\omega)\mathrm{e}^{\mathrm{j}\omega\alpha}\} \\ &= h_0(t) * \delta(t+\alpha) \\ &= h_0(t+\alpha) \end{aligned}$$

并且,

$$R_{sx}(\alpha+\tau) = R_s(\alpha+\tau)$$

此时最小均方误差为

$$\begin{aligned} E\{e_\alpha^2(t)\}_{\min} &= R_s(0) - \int_{-\infty}^{+\infty} h_\alpha(\tau)R_{sx}(\alpha+\tau)\mathrm{d}\tau \\ &= R_s(0) - \int_{-\infty}^{+\infty} h_0(\tau+\alpha)R_s(\alpha+\tau)\mathrm{d}\tau \\ &= R_s(0) - \int_{-\infty}^{+\infty} h_0(\tau)R_s(\tau)\mathrm{d}\tau \\ &= E\{e_0^2(t)\}_{\min} \end{aligned}$$

即无论 α 的取值如何,物理不可实现维纳滤波器的最小均方误差均不会发生变化.

当 $\alpha = 1$ 时,物理不可实现维纳滤波器的冲激响应和最小均方误差分别为

$$\begin{aligned} h_1(\tau) &= h_0(\tau) * \delta(\tau+1) \\ &= \begin{cases} \dfrac{3}{4}\mathrm{e}^{-2(\tau+1)} & (\tau \geqslant -1) \\ \dfrac{3}{4}\mathrm{e}^{2(\tau+1)} & (\tau < -1) \end{cases} \end{aligned}$$

$$E\{e_1^2(t)\}_{\min} = E_0\{e^2(t)\}_{\min} = 0.75$$

当 $\alpha = -1$ 时,物理不可实现维纳滤波器的冲激响应和最小均方误差分别为

$$\begin{aligned} h_{-1}(\tau) &= h_0(\tau) * \delta(\tau-1) \\ &= \begin{cases} \dfrac{3}{4}\mathrm{e}^{-2(\tau-1)} & (\tau \geqslant 1) \\ \dfrac{3}{4}\mathrm{e}^{2(\tau-1)} & (\tau < 1) \end{cases} \end{aligned}$$

$$E\{e_{-1}^2(t)\}_{\min} = E\{e_0^2(t)\}_{\min} = 0.75$$

实际上,对于物理不可实现滤波器,不论 α 的取值如何,滤波所用到的数据均包含估计时刻以前和估计时刻以后的所有数据($-\infty < t < +\infty$),其本质上都是平滑,理应具有同样的性能.例 6.1 也验证了这一结论.

6.3.3 物理可实现维纳滤波器的解

对于(6.3.10)式的广义平稳随机过程的因果维纳-霍夫方程

$$R_{gx}(\eta) = \int_0^{+\infty} h(\lambda)R_x(\eta-\lambda)\mathrm{d}\lambda \quad (0 \leqslant \eta < +\infty)$$

又由于 $\lambda<0$ 时 $h(\lambda)=0$，可改写为如下形式

$$R_{gx}(\eta)=\int_{-\infty}^{+\infty}h(\lambda)R_x(\eta-\lambda)\mathrm{d}\lambda\quad(0\leqslant\eta<+\infty)\tag{6.3.21}$$

由于其仅对于 $\eta\geqslant 0$ 成立，这就使求解变得复杂一些. 维纳-霍夫方程的求解有频谱因式分解法和预白化方法两种，下面分别介绍.

1. *频谱因式分解法*

频谱因式分解法的出发点是去除(6.3.21)式的 $\eta\geqslant 0$ 条件.

首先引入一个新函数 $b(\eta)$

$$b(\eta)=\begin{cases}0 & (\eta\geqslant 0)\\ \text{形式不作具体规定} & (\eta<0)\end{cases}\tag{6.3.22}$$

并将其与(6.3.21)式相加，使如下的等效积分方程成立

$$R_{gx}(\eta)+b(\eta)=\int_{-\infty}^{+\infty}h(\lambda)R_x(\eta-\lambda)\mathrm{d}\lambda\quad(-\infty<\eta<+\infty)\tag{6.3.23}$$

对上式两边分别作双边拉氏变换得

$$S_{gx}(s)+B(s)=H(s)S_x(s)\tag{6.3.24}$$

其中，$S_{gx}(s)$、$B(s)$、$H(s)$ 和 $S_x(s)$ 分别是 $R_{gx}(\tau)$、$b(\eta)$、$h(\eta)$ 和 $R_x(\tau)$ 的拉氏变换.

当 $\lambda<0$ 时有 $h(\lambda)=0$，因此 $H(s)$ 的极点只存在于 s 平面的左半平面内，这就为求解 $H(s)$ 提供了有利条件.

通常假定功率谱密度函数 $S_x(s)$ 为 s 的有理分式，即 $S_x(s)=N(s)/D(s)$，根据维纳-辛钦定理进一步可知实平稳随机过程的功率谱密度函数 $S_x(s)$ 是实函数和偶函数，利用这些特性，可以推断 $S_x(s)$ 的零极点分布具有以下性质：

(1) 由于 $S_x(s)$ 为实函数，所以复数零极点呈共轭对出现，即若 $\sigma_0+\mathrm{j}\omega_0$ 为零点或极点，$\sigma_0-\mathrm{j}\omega_0$ 亦为零点或极点.

(2) 由于 $S_x(s)$ 为偶函数，所以若 $\sigma_0+\mathrm{j}\omega_0$ 为零点或极点，$-\sigma_0-\mathrm{j}\omega_0$ 亦必为零点或极点.

由以上两点可知，复数零极点必然同时对称于 σ 轴及 $\mathrm{j}\omega$ 轴.

(3) 在 $\mathrm{j}\omega$ 轴上不存在极点.

(4) 若在 $\mathrm{j}\omega$ 轴上存在零点，那么，此零点必为偶重根.

根据以上分析，对 $S_x(s)$ 进行因式分解可以得到如下形式：

$$S_x(s)=S_x^+(s)S_x^-(s)\tag{6.3.25}$$

其中，$S_x^+(s)$ 的零极点均在 s 平面的左半面内，对应于正时间函数；$S_x^-(s)$ 的零极点均在 s 平面的右半平面内，对应于负时间函数；所有零极点关于 σ 轴和 $\mathrm{j}\omega$ 轴呈对称分布；在 $\mathrm{j}\omega$ 轴上的偶重零点则对分于 $S_x^+(s)$ 和 $S_x^-(s)$ 中.

将(6.3.25)式代入(6.3.24)式中，可得

$$H(s)S_x^+(s)=\frac{S_{gx}(s)}{S_x^-(s)}+\frac{B(s)}{S_x^-(s)}\tag{6.3.26}$$

其中，$\dfrac{S_{gx}(s)}{S_x^-(s)}$ 用部分分式展开，可得

$$\frac{S_{gx}(s)}{S_x^-(s)}=\left[\frac{S_{gx}(s)}{S_x^-(s)}\right]^+ +\left[\frac{S_{gx}(s)}{S_x^-(s)}\right]^-$$

$\left[\dfrac{S_{gx}(s)}{S_x^-(s)}\right]^+$ 表示极点在 s 的左半面内分量，$\left[\dfrac{S_{gx}(s)}{S_x^-(s)}\right]^-$ 表示极点在 s 的右半平面内分量.

另外，由于 $b(\eta)=0,\eta\geqslant 0$，可知 $B(s)$的极点必在 s 的右半平面内，因此 $\dfrac{B(s)}{S_x^-(s)}$ 的极点亦必然在 s 的右半平面内.

由于 $H(s)$的极点只能出现在 s 平面的左半部分，因此(6.3.26)式两边对应于正时间函数的部分相等，可得

$$H(s)=\frac{1}{S_x^+(s)}\left[\frac{S_{gx}(s)}{S_x^-(s)}\right]^+ \tag{6.3.27}$$

上式就是因果维纳-霍夫方程在复频域的解，也是维纳滤波器的传输函数. 对 $H(s)$作拉式反函数，可以得到维纳滤波器的冲激响应 $h(t)$.

将 $g(t)=s(t+\alpha)$ 代入(6.3.27)式，则

$$H(s)=\frac{1}{S_x^+(s)}\left[\frac{S_{sx}(s)e^{\alpha s}}{S_x^-(s)}\right]^+ \tag{6.3.28}$$

2. 预白化方法

预白化方法的出发点是使(6.3.21)式的自相关函数 $R_x(\eta-\lambda)$变成 δ 函数，易于求解.

前面第 3 章已经提到，对于色噪声环境下的信号检测，可以采用预白化方法进行预处理. 同样，对于信号的波形估计也可以采用这种处理方法. 其预白化方法的基本思想是：先将输入信号进行预白化处理，然后让得到的白化信号通过其对应的维纳滤波器. 其基本思想如图 6.5 所示.

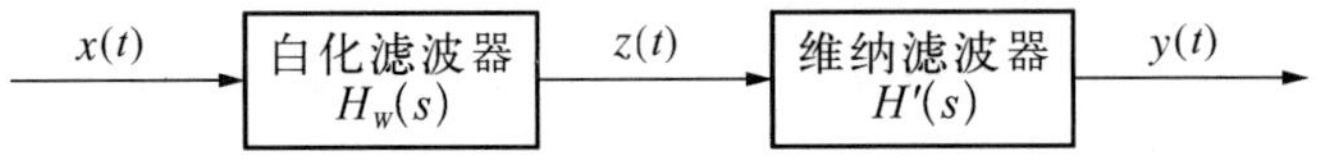

图 6.5　预白化方法

首先考虑对输入信号 $x(t)$的预白化. 由第 3 章所述白化滤波器的知识可知，其白化滤波器 $H_W(s)$为

$$H_W(s)=\frac{1}{S_x^+(s)} \tag{6.3.29}$$

其中 $S_x(s)=S_x^+(s)S_x^-(s)$. 实信号 $x(t)$通过白化滤波器的输出为 $z(t)$，它是实的.

然后考虑对应白输入的维纳滤波器. 假设输入白信号为 $z(t)$，其对应维纳滤波器传输函数为 $H'(s)$.

输入白信号 $z(t)$的自相关函数为 $R_z(\tau)=\delta(\tau)$，这里假定其功率谱密度函数为 1，与 $g(t)=s(t+\alpha)$一起代入(6.3.10)式可得

$$h'(\tau)=\begin{cases}R_{sz}(\alpha+\tau) & (\tau\geqslant 0)\\ 0 & (\tau<0)\end{cases}$$

对上式作拉氏变换，其传输函数为

$$\begin{aligned}H'(s)&=\int_{-\infty}^{+\infty}h'(\tau)e^{-s\tau}d\tau=\int_0^{+\infty}R_{sz}(\alpha+\tau)e^{-s\tau}d\tau\\&=[S_{sz}(s)e^{\alpha s}]^+\end{aligned} \tag{6.3.30}$$

那么对 $x(t)$的维纳滤波器就由白化滤波器 $H_W(s)$和白信号对应的维纳滤波器 $H'(s)$

组成，即

$$H(s)=H_W(s)H'(s)=\frac{1}{S_x^+(s)}[S_{sz}(s)e^{\alpha s}]^+ \tag{6.3.31}$$

下面进一步将 $R_{sz}(s)$ 中 $z(t)$ 的影响转移成 $x(t)$ 的影响.

$$\begin{aligned}R_{sz}(\alpha+\tau)&=E\{s(\alpha+t)z(t-\tau)\}\\&=E\left\{s(\alpha+t)\int_{-\infty}^{+\infty}h_W(v)x(t-\tau-v)dv\right\}\\&=\int_{-\infty}^{+\infty}h_W(v)E\{s(\alpha+t)x(t-\tau-v)\}dv\\&=\int_{-\infty}^{+\infty}h_W(v)R_{sx}(\alpha+\tau+v)dv\end{aligned}$$

其中，$h_W(v)$ 为白化滤波器的冲激响应.

两边作拉氏变换得

$$\begin{aligned}S_{sz}(s)e^{\alpha s}&=\int_{-\infty}^{+\infty}\int_{-\infty}^{+\infty}h_W(v)R_{sx}(\alpha+\tau+v)dv e^{-s\tau}d\tau\\&=\int_{-\infty}^{+\infty}h_W(v)e^{sv}dv\int_{-\infty}^{+\infty}R_{sx}(\alpha+\tau+v)e^{-s(\alpha+\tau+v)}e^{\alpha s}d\tau\\&=H_W(-s)S_{sx}(s)e^{\alpha s}=\frac{S_{sx}(s)e^{\alpha s}}{[S_x^+(-s)]}=\frac{S_{sx}(s)e^{\alpha s}}{S_x^-(s)}\end{aligned} \tag{6.3.32}$$

将(6.3.32)式代入(6.3.31)式可得

$$H(s)=\frac{1}{S_x^+(s)}\left[\frac{S_{sx}(s)e^{\alpha s}}{S_x^-(s)}\right]^+ \tag{6.3.33}$$

上式与频谱因式分解法的结论完全一致.

将维纳滤波器条件代入(6.3.3)式，可得最小均方误差，为

$$E\{e^2(t)\}_{\min}=R_s(0)-\int_0^{+\infty}h(\tau)R_{sx}(\alpha+\tau)d\tau$$

由于 $h(\tau)=0(\tau<0)$，故维纳滤波器的最小均方误差(物理不可实现，物理可实现)可以统一为

$$E\{e^2(t)\}_{\min}=R_s(0)-\int_{-\infty}^{+\infty}h(\tau)R_{sx}(\alpha+\tau)d\tau \tag{6.3.34}$$

例 6.2　对例 6.1 的输入信号，求 α 分别取 0、+1 和 −1 时物理可实现维纳滤波器的冲激响应及最小均方误差.

解　已知物理可实现维纳滤波器的传输函数为

$$H(s)=\frac{1}{S_x^+(s)}\left[\frac{S_{sx}(s)e^{\alpha s}}{S_x^-(s)}\right]^+$$

当 $\alpha=0$ 且信号与噪声互不相关，则

$$S_x(s)=S_s(s)+S_n(s)=\frac{3}{1-s^2}+1=\frac{4-s^2}{1-s^2}$$

$$S_{sx}(s)=S_s(s)=\frac{3}{1-s^2}$$

$$e^{\alpha s}=1$$

首先对 $S_x(s)$ 进行因式分解，得

$$S_x(s) = S_x^+(s)S_x^-(s) = \frac{2+s}{1+s}\cdot\frac{2-s}{1-s}$$

计算

$$\frac{S_{sx}(s)}{S_x^-(s)} = \frac{3}{(2-s)(1+s)} = \frac{1}{1+s} + \frac{1}{2-s}$$

上式中第一项对应于正时间函数,则 $\alpha = 0$ 对应的物理可实现维纳滤波器的传输函数为

$$H_0(s) = \frac{1}{S_x^+(s)}\left[\frac{S_{sx}(s)e^{\alpha s}}{S_x^-(s)}\right]^+ = \frac{1+s}{2+s}\cdot\frac{1}{1+s} = \frac{1}{2+s}$$

其对应的冲激响应为

$$h_0(\tau) = \begin{cases} e^{-2\tau} & (\tau \geqslant 0) \\ 0 & (\tau < 0) \end{cases}$$

由例 6.1 可知

$$R_s(\tau) = \begin{cases} \dfrac{3}{2}e^{-\tau} & (\tau \geqslant 0) \\ \dfrac{3}{2}e^{\tau} & (\tau < 0) \end{cases}$$

由于 $R_{sx}(\tau) = R_s(\tau)$,根据公式可求得最小均方误差为

$$\begin{aligned} E\{e_0^2(t)\}_{\min} &= R_s(0) - \int_{-\infty}^{+\infty} h_0(\tau)R_{sx}(\tau)d\tau \\ &= R_s(0) - \int_{-\infty}^{+\infty} h_0(\tau)R_s(\tau)d\tau \\ &= 1 \end{aligned}$$

当 $\alpha \neq 0$ 时,由前面计算可知

$$\frac{1}{S_x^+(s)} = \frac{1+s}{2+s} \triangleq H_W(s)$$

$$\frac{S_{sx}(s)e^{\alpha s}}{S_x^-(s)} = \frac{3e^{\alpha s}}{(2-s)(1+s)} = \left(\frac{1}{1+s} + \frac{1}{2-s}\right)e^{\alpha s} \triangleq H_r(s)$$

则作拉氏反变换可得

$$\begin{aligned} h_r(t) &= L^{-1}\{H_r(s)\} = L^{-1}\left\{\left(\frac{1}{1+s} + \frac{1}{2-s}\right)e^{\alpha s}\right\} \\ &= [e^{-t}u(t) + e^{2t}u(-t)] * \delta(t+\alpha) \\ &= e^{-(t+\alpha)}u(t+\alpha) + e^{2(t+\alpha)}u(-(t+\alpha)) \end{aligned}$$

取 $h_r(t)$的正时间部分

$$h_r^+(t) = h_r(t)u(t) = [e^{-(t+\alpha)}u(t+\alpha) + e^{2(t+\alpha)}u(-(t+\alpha))]u(t)$$

则作拉氏变换可得

$$H_r^+(s) = \left[\frac{S_{sx}(s)e^{\alpha s}}{S_x^-(s)}\right]^+ = L\{h_r^+(t)\}$$

所以 $\alpha = 0$ 对应的物理可实现维纳滤波器的传输函数为

$$H_\alpha(s) = H_W(s)H_r^+(s) = \frac{1}{S_x^+(s)}\left[\frac{S_{sx}(s)}{S_x^-(s)}\right]^+$$

则对应的冲激响应为

$$h_\alpha(t) = L^{-1}\{H_\alpha(s)\}$$

当 $\alpha = 1$ 时，有

$$h_r^+(t) = [\mathrm{e}^{-(t+1)}u(t+1) + \mathrm{e}^{2(t+1)}u(-(t+1))]u(t) = \mathrm{e}^{-(t+1)}u(t)$$

$$H_r^+(s) = L\{h_r^+(t)\} = \frac{1}{1+s}\mathrm{e}^{-1}$$

$$H_1(s) = H_W(s)H_r^+(s) = \frac{1+s}{2+s}\frac{1}{1+s}\mathrm{e}^{-1} = \frac{1}{2+s}\mathrm{e}^{-1}$$

则物理可实现维纳滤波器的冲激响应和最小均方误差分别为

$$h_1(t) = L^{-1}\{H_1(s)\} = \mathrm{e}^{-2t-1}u(t)$$

$$E\{e_1^2(t)\}_{\min} = R_s(0) - \int_{-\infty}^{+\infty} h_1(\tau)R_s(\tau+1)\mathrm{d}\tau \approx 1.432\,33$$

当 $\alpha = -1$ 时，有

$$\begin{aligned} h_r^+(t) &= [\mathrm{e}^{-(t-1)}u(t-1) + \mathrm{e}^{2(t-1)}u(-(t-1))]u(t) \\ &= \mathrm{e}^{-(t-1)}u(t-1) + \mathrm{e}^{2(t-1)}[u(t) - u(t-1)] \end{aligned}$$

$$H_r^+(s) = L\{h_r^+(t)\} = \frac{\mathrm{e}^s}{1+s} + \frac{\mathrm{e}^{-s} - \mathrm{e}^{-2}}{2-s}$$

$$\begin{aligned} H_{-1}(s) = H_W(s)H_r^+(s) &= \frac{1+s}{2+s}\left(\frac{\mathrm{e}^s}{1+s} + \frac{\mathrm{e}^{-s} - \mathrm{e}^{-2}}{2-s}\right) \\ &= \frac{\mathrm{e}^s}{2+s} + \frac{1+s}{(2+s)(2-s)}(\mathrm{e}^{-s} - \mathrm{e}^{-2}) \\ &= \frac{\mathrm{e}^{-s}}{2+s} - \frac{1}{4}\frac{1}{2+s}(\mathrm{e}^{-s} - \mathrm{e}^{-2}) + \frac{3}{4}\frac{1}{2-s}(\mathrm{e}^{-s} - \mathrm{e}^{-2}) \end{aligned}$$

则物理可实现维纳滤波器的冲激响应和最小均方误差分别为

$$\begin{aligned} h_{-1}(t) &= L^{-1}\{H_{-1}(s)\} \\ &= \frac{1}{4}\mathrm{e}^{-2(t+1)}u(t) + \frac{3}{4}\mathrm{e}^{-2(t-1)}u(t-1) \\ &\quad + \frac{3}{4}\mathrm{e}^{2(t-1)}[u(t) - u(t-1)] \end{aligned}$$

$$E\{e_{-1}^2(t)\}_{\min} = R_s(0) - \int_{-\infty}^{+\infty} h_{-1}(\tau)R_s(\tau-1)\mathrm{d}\tau \approx 0.754\,58$$

比较例 6.1 和例 6.2，可以看到不论 α 如何取值，后者（物理可实现滤波器）的均方误差总是大于前者（物理不可实现滤波器）的，这是由于对后者所加的约束条件多于前者.

6.3.4　最小均方误差

由前面两小节的推导可知，物理不可实现和物理可实现维纳滤波器的最小均方误差可以统一表示为

$$E\{e^2(t)\}_{\min} = R_s(0) - \int_{-\infty}^{+\infty} h(\tau)R_{sx}(\alpha+\tau)\mathrm{d}\tau \tag{6.3.35}$$

对于物理可实现维纳滤波器，由(6.3.30)式和(6.3.31)式，有

$$H(s) = \frac{1}{S_x^+(s)}\int_0^{+\infty} R_{sz}(\alpha+t)\mathrm{e}^{-st}\mathrm{d}t$$

于是可得

$$
\begin{aligned}
h(\tau) &= \frac{1}{2\pi \mathrm{j}}\int_{c-\mathrm{j}\infty}^{c+\mathrm{j}\infty} H(s)\mathrm{e}^{s\tau}\mathrm{d}s \\
&= \frac{1}{2\pi \mathrm{j}}\int_{c-\mathrm{j}\infty}^{c+\mathrm{j}\infty} \frac{1}{S_x^+(s)}\left[\int_0^{+\infty} R_{sz}(\alpha+t)\mathrm{e}^{-st}\mathrm{d}t\right]\mathrm{e}^{s\tau}\mathrm{d}s
\end{aligned}
\tag{6.3.36}
$$

将(6.3.36)式代入(6.3.35)式,得到

$$
\begin{aligned}
E\{e^2(t)\}_{\min} &= R_s(0) - \int_{-\infty}^{+\infty}\left\{\frac{1}{2\pi \mathrm{j}}\int_{c-\mathrm{j}\infty}^{c+\mathrm{j}\infty} \frac{1}{S_x^+(s)}\left[\int_0^{+\infty} R_{sz}(\alpha+t)\mathrm{e}^{-st}\mathrm{d}t\right]\mathrm{e}^{s\tau}\mathrm{d}s\right\}R_{sx}(\alpha+\tau)\mathrm{d}\tau \\
&= R_s(0) - \int_{0}^{+\infty}\left\{\frac{1}{2\pi \mathrm{j}}\int_{c-\mathrm{j}\infty}^{c+\mathrm{j}\infty} \frac{1}{S_x^+(s)}\left[\int_{-\infty}^{+\infty} R_{sx}(\alpha+\tau)\mathrm{e}^{s\tau}\mathrm{d}\tau\right]\mathrm{e}^{-st}\mathrm{d}s\right\}R_{sz}(\alpha+t)\mathrm{d}t \\
&= R_s(0) - \int_{0}^{+\infty}\left[\frac{1}{2\pi \mathrm{j}}\int_{c-\mathrm{j}\infty}^{c+\mathrm{j}\infty} \frac{1}{S_x^+(s)}S_{sx}(-s)\mathrm{e}^{-\alpha s}\mathrm{e}^{-st}\mathrm{d}s\right]R_{sz}(\alpha+t)\mathrm{d}t
\end{aligned}
$$

根据(6.3.32)式,有

$$
S_{sz}(-s)\mathrm{e}^{-\alpha s} = \frac{S_{sx}(-s)\mathrm{e}^{-\alpha s}}{S_x^+(s)} \tag{6.3.37}
$$

利用(6.3.37)式可得

$$
\begin{aligned}
E\{e^2(t)\}_{\min} &= R_s(0) - \int_0^{+\infty} R_{sz}(\alpha+t)R_{sz}(\alpha+t)\mathrm{d}t \\
&= R_s(0) - \int_0^{+\infty} R_{sz}^2(\alpha+t)\mathrm{d}t
\end{aligned}
\tag{6.3.38}
$$

令

$$
\phi(\tau) = R_{sz}(\tau) = E\{s(t)z(t-\tau)\} \tag{6.3.39}
$$

则 $R_{sz}(\alpha+\tau) = \phi(\alpha+\tau)$,(6.3.38)式可表示为

$$
E\{e^2(t)\}_{\min} = R_s(0) - \int_0^{+\infty}\phi^2(\alpha+t)\mathrm{d}t = R_s(0) - \int_\alpha^{+\infty}\phi^2(\tau)\mathrm{d}\tau \tag{6.3.40}
$$

由于 $\phi^2(t)$ 是非负的,因此,最小均方误差随着 α 值的增大而单调地增大.如图 6.6 所示,在预测、滤波和平滑三种情况下 $\int_\alpha^{+\infty}\phi^2(\tau)\mathrm{d}\tau$(由阴影部分面积表示)随 α 变化的情况.

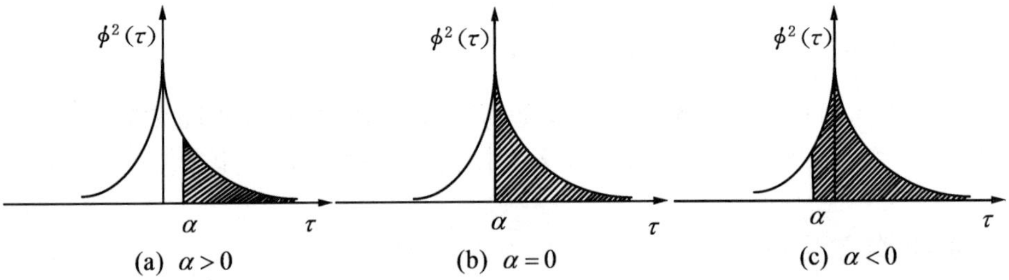

图 6.6 预测、滤波和平滑的估计误差说明

结合图 6.6 来分析(6.3.40)式,可得如下结论:

对于预测问题($\alpha>0$),其均方误差 $E\{e^2(t)\}_{\min}$ 比滤波问题($\alpha=0$)和平滑问题($\alpha<0$)都要大.特别是当 $\alpha\to+\infty$ 时,$E\{e^2(t)\}_{\min}$ 趋于 $R_s(0)$,这是均方误差上界.可以理解为当前时刻的信号与无限未来时刻的信号是不相关的,故而无法用当前的信号来预测无限未来的信号.

对于平滑问题,其均方误差比滤波问题小.特别是当 $\alpha\to-\infty$ 时,均方误差达到下界 $R_s(0)-\int_{-\infty}^{+\infty}\phi^2(\tau)\mathrm{d}\tau$,它的频域表达式为(6.3.20)式.这种情形可以理解为利用了全部输入信号的信息.这种非实时处理的情况相当于物理不可实现滤波器.

6.3.5　非平稳随机信号的维纳滤波

假设观测信号为 $x(t)=s(t)+n(t)$,其中,$s(t)$为待估计信号且为非平稳随机过程,$n(t)$为观测噪声.同样,假设有用信号和噪声均为零均值,即 $E\{s(t)\}=0$ 和 $E\{n(t)\}=0$,则观测信号亦为零均值,即 $E\{x(t)\}=0$.

非平稳条件下的维纳滤波的框图如图 6.7 所示.

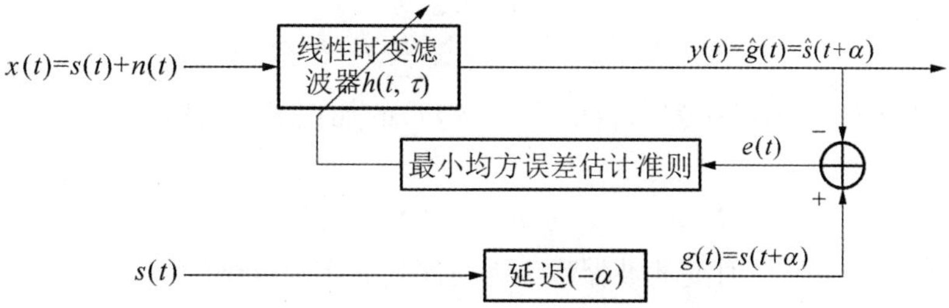

图 6.7　非平稳随机信号的维纳滤波框图

与广义平稳条件下维纳滤波器的不同之处在于,非平稳条件下的维纳滤波器是线性时变的.根据线性系统的原理可知,其输出与输入满足如下关系:

$$y(t)=\int_{-\infty}^{+\infty}h(t,\tau)x(\tau)\mathrm{d}\tau \tag{6.3.41}$$

采用与广义平稳条件下维纳滤波完全相同的分析方法,可得非平稳随机信号的维纳滤波应满足的积分方程,为

$$R_{gx}(t,\tau')=\int_{-\infty}^{+\infty}h(t,\tau)R_x(\tau,\tau')\mathrm{d}\tau\quad(-\infty<\tau'<+\infty) \tag{6.3.42}$$

其中

$$R_{gx}(t,\tau')=E\{g(t)x(\tau')\} \tag{6.3.43}$$

$$R_x(\tau,\tau')=E\{x(\tau)x(\tau')\} \tag{6.3.44}$$

显然,该方程的求解是非常困难的.

如果线性系统为因果系统,则非平稳随机信号的维纳滤波应满足的积分方程变为

$$R_{gx}(t,\tau')=\int_{-\infty}^{t}h(t,\tau)R_x(\tau,\tau')\mathrm{d}\tau \tag{6.3.45}$$

6.4 离散维纳滤波

6.4.1 随机序列的离散维纳滤波原理

假定信号 $s(k)$和噪声 $n(k)$均为零均值的随机序列且互不相关，则观测信号 $x(k)=s(k)+n(k)$也是零均值的随机序列. 离散线性时变滤波器的冲激响应为 $h(k,j)$，那么滤波器的输出为

$$y(k)=\hat{g}(k)=\sum_{j=-\infty}^{+\infty}h(k,j)x(j) \tag{6.4.1}$$

它又可以理解为对输入随机序列做权值为 $h(k,j)$的加权求和. 选取 $h(k,j)$使得 $g(k)$的估计均方误差

$$E\{e^2(k)\}=E\{[g(k)-y(k)]^2\} \tag{6.4.2}$$

达到最小，这时该离散线性时变滤波器称为随机序列的离散维纳滤波器.

6.4.2 广义平稳随机序列的物理不可实现离散维纳滤波器

考虑广义平稳随机序列 $x(k)=s(k)+n(k)$输入到离散线性时不变系统，又考虑系统为非因果的，系统冲激响应为 $h(k)(k=-\infty,\cdots,0,\cdots,+\infty)$，则系统输出为

$$y(k)=h(k)*x(k)=\sum_{j=-\infty}^{+\infty}h(j)x(k-j) \tag{6.4.3}$$

选择最优的 $h(k)$使得估计的均方误差 $E\{e^2(k)\}$达到最小. 这时该离散线性时不变系统称为广义平稳随机序列的物理不可实现离散维纳滤波器.

根据线性最小均方误差估计的正交性条件

$$E\left\{\left[g(k)-\sum_{j=-\infty}^{+\infty}h(k-j)x(j)\right]x(j')\right\}=0 \quad (j'=-\infty,\cdots,0,\cdots,+\infty)$$

展开后可得

$$R_{gx}(k-j')=\sum_{j=-\infty}^{+\infty}h(k-j)R_x(j-j') \tag{6.4.4}$$

其中

$$R_{gx}(k-j')=E\{g(k)x(j')\} \tag{6.4.5}$$

$$R_x(j-j')=E\{x(j)x(j')\} \tag{6.4.6}$$

令 $k-j'=l,k-j=i$，由(6.4.4)式可得

$$R_{gx}(l)=\sum_{i=-\infty}^{+\infty}h(i)R_x(l-i) \tag{6.4.7}$$

上式即为广义平稳随机序列的非因果维纳-霍夫方程.

下面对该非因果维纳-霍夫方程进行求解.

首先,对(6.4.7)式两边进行 Z 变换,令

$$P_{gx}(z) = \sum_{k=-\infty}^{+\infty} R_{gx}(k) z^{-k}$$

$$P_x(z) = \sum_{k=-\infty}^{+\infty} R_x(k) z^{-k}$$

$$H(z) = \sum_{k=-\infty}^{+\infty} h(k) z^{-k}$$

则

$$P_{gx}(z) = H(z) P_x(z) \tag{6.4.8}$$

得

$$H(z) = \frac{P_{gx}(z)}{P_x(z)} \tag{6.4.9}$$

当 $s(k)$与 $n(k)$不相关时,有

$$P_x(z) = P_s(z) + P_n(z)$$

其中, $P_s(z) = \sum_{k=-\infty}^{+\infty} R_s(k) z^{-k}$, $P_n(z) = \sum_{k=-\infty}^{+\infty} R_n(k) z^{-k}$, 那么(6.4.9)式可化为

$$H(z) = \frac{P_{gx}(z)}{P_s(z) + P_n(z)} \tag{6.4.10}$$

对于 $g(k) = s(k+\alpha)$, 有

$$R_{gx}(k) = E\{g(i) x(i-k)\} = R_s(\alpha + k)$$

相应地, $R_{gx}(k)$的 Z 变换为

$$\begin{aligned} P_{gx}(k) &= \sum_{k=-\infty}^{+\infty} R_s(\alpha + k) z^{-k} \\ &= z^{\alpha} \sum_{k=-\infty}^{+\infty} R_s(\alpha + k) z^{-(\alpha+k)} = P_s(z) z^{\alpha} \end{aligned} \tag{6.4.11}$$

此时,(6.4.10)式为

$$H(z) = \frac{P_s(z) z^{\alpha}}{P_s(z) + P_n(z)} \tag{6.4.12}$$

(6.4.12)式即为物理不可实现维纳滤波器的传输函数.

滤波器冲激响应满足非因果维纳-霍夫方程(6.4.7)式或传输函数满足(6.4.12)式时,估计的均方误差(6.4.2)式达到最小值,记为

$$\begin{aligned} E\{e^2(k)\}_{\min} &= E\{[g(k) - y(k)]^2\} = E\left\{\left[g(k) - \sum_{i=-\infty}^{+\infty} h(i) x(k-i)\right]^2\right\} \\ &= R_g(0) - \sum_{i=-\infty}^{+\infty} h(i) R_{gx}(i) \\ &= R_s(0) - \sum_{i=-\infty}^{+\infty} h(i) R_s(i+\alpha) \end{aligned} \tag{6.4.13}$$

6.4.3　广义平稳随机序列的物理可实现离散维纳滤波器

广义平稳随机序列输入到离散线性时不变系统,又考虑系统为因果的,系统冲激响应为

$h(k)(k=0,1,\cdots,+\infty)$，则系统输出为

$$y(k) = h(k) * x(k) = \sum_{j=0}^{+\infty} h(j)x(k-j) \tag{6.4.14}$$

选择最优的 $h(k)$ 使得估计的均方误差 $E\{e^2(k)\}$ 达到最小，这时该离散线性时不变系统称为广义平稳随机序列的物理可实现离散维纳滤波器.

采用同上一小节相同的随机序列 $x(k) = s(k) + n(k)$，并使用类似的分析方法，可得广义平稳随机序列的维纳-霍夫方程

$$R_{gx}(l) = \sum_{i=0}^{+\infty} h(i)R_x(l-i) \quad (0 \leqslant l < +\infty) \tag{6.4.15}$$

该维纳-霍夫方程在 Z 域上的求解可按照以下步骤进行：已知 $h(k) = 0(k<0)$，因此

$$H(z) = h(0) + h(1)z^{-1} + h(2)z^{-2} + \cdots$$

当 $|z|>1$ 时，$H(z)$ 解析. 换言之，若 $H(z)$ 存在极点，则极点必在单位圆内. 利用这一特性，采用与广义平稳因果维纳滤波（连续信号）完全对应的分析方法，可得

$$H(z) = \frac{1}{P_x^+(z)}\left[\frac{P_{gx}(z)}{P_x^-(z)}\right]^+ \tag{6.4.16}$$

其中

$$P_x^+(z)P_x^-(z) = P_x(z) = \sum_{k=-\infty}^{+\infty} R_x(k)z^{-k}$$

$$\frac{P_{gx}(z)}{P_x^-(z)} = \left[\frac{P_{gx}(z)}{P_x^-(z)}\right]^+ + \left[\frac{P_{gx}(z)}{P_x^-(z)}\right]^-$$

$$P_{gx}(z) = \sum_{k=-\infty}^{+\infty} R_{gx}(k)z^{-k}$$

$P_x^+(z)$ 的零、极点位于单位圆内，$P_x^-(z)$ 的零、极点位于单位圆外，$\left[\frac{P_{gx}(z)}{P_x^-(z)}\right]^+$ 的极点位于单位圆内，$\left[\frac{P_{gx}(z)}{P_x^-(z)}\right]^-$ 的极点位于单位圆外.

相应地，$g(k)$ 估计的最小均方误差为

$$E\{e^2(k)\}_{\min} = R_s(0) - \sum_{i=0}^{+\infty} h(i)R_s(i+\alpha) \tag{6.4.17}$$

6.4.4 广义平稳随机序列的有限长度离散维纳滤波器

上一小节介绍的物理可实现离散维纳滤波器是无限冲激响应（IIR）滤波器，当冲激响应为 $h(k)(k=0,1,\cdots,N-1)$ 时，离散维纳滤波器就变为有限冲激响应（FIR）滤波器，滤波器输出为

$$y(k) = \sum_{j=0}^{N-1} h(j)x(k-j) \tag{6.4.18}$$

采用相同方法，得到广义平稳随机序列的维纳-霍夫方程：

$$\sum_{i=0}^{N-1} h(i)R_x(l-i) = R_{gx}(l) \quad (l = 0,1,\cdots,N-1) \tag{6.4.19}$$

若令

$$\boldsymbol{R}_x = \begin{bmatrix} R_x(0) & R_x(-1) & \cdots & R_x(-N+1) \\ R_x(1) & R_x(0) & \cdots & R_x(-N+2) \\ \vdots & \vdots & \ddots & \vdots \\ R_x(N-1) & R_x(N-2) & \cdots & R_x(0) \end{bmatrix}$$

$$\boldsymbol{r}_{gx} = [R_{gx}(0), R_{gx}(1), \cdots, R_{gx}(N-1)]^{\mathrm{T}}$$

$$\boldsymbol{h} = [h(0), h(1), \cdots, h(N-1)]^{\mathrm{T}}$$

则(6.4.19)式可表示为矩阵形式

$$\boldsymbol{R}_x \boldsymbol{h} = \boldsymbol{r}_{gx} \tag{6.4.20}$$

可见,由于 $\boldsymbol{R}_x$ 可逆,可以求解最优滤波的冲激响应,为

$$\boldsymbol{h} = \boldsymbol{R}_x^{-1} \boldsymbol{r}_{gx} \tag{6.4.21}$$

此时,$g(k)$估计均方误差最小,由(6.4.17)式,直接得到

$$E\{e^2(k)\}_{\min} = R_s(0) - \sum_{i=0}^{N-1} h(i) R_s(i+\alpha) \tag{6.4.22}$$

有限长度离散维纳滤波器的框图如图 6.8 所示.

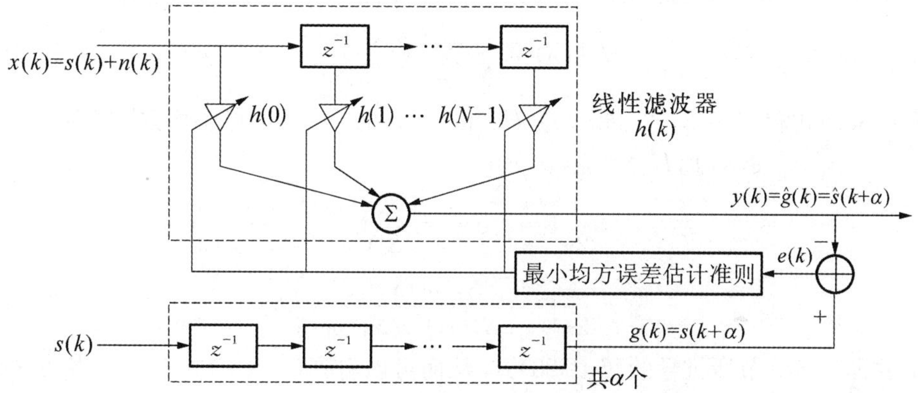

图 6.8　有限长度维纳滤波器的框图

6.5　稳健维纳滤波

传统的维纳滤波在信号和噪声功率谱密度函数已知的情况下,能够实现线性最小均方误差估计.但是,实际设计最佳滤波器的时候,我们假定的功率谱密度函数形式并不一定与其真实形式相同.主要原因有如下两方面:一是无法获得真实功率谱密度函数的精确表示形式,只能借助于近似形式;二是为了使所设计的滤波器易于实现,有意对功率谱密度函数作某种简化或近似.然而,当采用的功率谱密度函数形式哪怕与其真实形式只有细微的差别时,有时也会导致所设计滤波器性能的明显下降,即估计的均方误差远远大于设计的最小值.为了解决这个问题,人们提出了稳健维纳滤波器的概念.滤波器的稳健性指的是其估计的均方误差对于功率谱密度函数形式的某种不确定性具有不敏感性.

在传统的滤波情况下,假设观测信号为 $x(t) = s(t) + n(t)(-\infty < t < +\infty)$,其中

$s(t)$和 $n(t)$分别表示信号和噪声，均为实的零均值广义平稳随机过程，并且互不相关. 假设期望信号为 $g(t)=s(t+\alpha)$，而我们得到的估计信号为$x(t)$通过滤波器的输出 $y(t)$，即有

$$\begin{aligned} y(t) = \hat{g}(t) &= \int_{-\infty}^{+\infty} h(t-\tau)x(\tau)\mathrm{d}\tau \\ &= \int_{-\infty}^{+\infty} h(t-\tau)s(\tau)\mathrm{d}\tau + \int_{-\infty}^{+\infty} h(t-\tau)n(\tau)\mathrm{d}\tau \end{aligned} \tag{6.5.1}$$

其中，$h(t)$表示滤波器的冲激响应.

$y(t)$估计的均方误差表示为

$$\begin{aligned} E\{[g(t)-y(t)]^2\} &= \frac{1}{2\pi}\int_{-\infty}^{+\infty}[\sigma(\omega)\mid \mathrm{e}^{\mathrm{j}\omega\alpha} - H(\mathrm{j}\omega)\mid^2 + v(\omega)\mid H(\mathrm{j}\omega)\mid^2]\mathrm{d}\omega \\ &\triangleq \xi(\sigma, v; H) \end{aligned} \tag{6.5.2}$$

其中，$\sigma(\omega)$和 $v(\omega)$分别为信号和噪声的功率谱密度函数；$H(\mathrm{j}\omega)$为 $h(t)$对应的系统传输函数.

由维纳滤波的相关知识可知，当已知信号和噪声功率谱密度函数为 $\sigma(\omega)=S_s(\omega)$ 和 $v(\omega)=S_n(\omega)$ 的精确形式时，选择维纳滤波器的传输函数 $H_0(\mathrm{j}\omega)$作为所设计滤波器的传输函数 $H(\mathrm{j}\omega)$，(6.5.2)式描述的均方误差就会达到最小. 维纳滤波器 $H_0(\mathrm{j}\omega)$为

$$H_0(\mathrm{j}\omega) = \frac{S_s(\omega)\mathrm{e}^{\mathrm{j}\omega\alpha}}{S_s(\omega)+S_n(\omega)} \tag{6.5.3}$$

则根据(6.5.2)式和(6.5.3)式可得基于 $H_0(\mathrm{j}\omega)$估计的 $\hat{y}_0(t)$的最小均方误差为

$$\begin{aligned} \xi(\sigma, v; H_0) &\triangleq \xi_0(\sigma, v) \\ &= \frac{1}{2\pi}\int_{-\infty}^{+\infty} \mid \mathrm{e}^{\mathrm{j}\omega\alpha}\mid^2 \left[\frac{S_s(\omega)S_n(\omega)}{S_s(\omega)+S_n(\omega)}\right]\mathrm{d}\omega \\ &= \frac{1}{2\pi}\int_{-\infty}^{+\infty}\left[\frac{S_s(\omega)S_n(\omega)}{S_s(\omega)+S_n(\omega)}\right]\mathrm{d}\omega \end{aligned} \tag{6.5.4}$$

(6.5.4)式即为 6.3 节所推导的(6.3.20)式. 从而可以看到(6.5.3)式给出了当功率谱密度函数 $\sigma(\omega)$和 $v(\omega)$精确已知时，从观测信号 $x(t)(-\infty<t<+\infty)$估计 $y(t)$的最佳(最小均方误差)物理不可实现线性滤波器.

然而，当功率谱密度函数 $\sigma(\omega)$和 $v(\omega)$均未精确已知时，上述维纳滤波器就不再适用了. 当真实谱与谱模型的偏差在一定的范围内，若滤波器的性能可以被接受，则称该滤波器为稳健滤波器. 其主要设计思想是：首先，选择两类功率谱模型，分别用以描述信号和噪声功率谱密度函数的某种不确定性. 继而，在这两类谱模型中找出最不利的谱形式，所谓“最不利”是指估计的均方误差在两类谱模型范围内是最大的. 最后，针对这个最不利的谱形式来设计最佳滤波器.

具体做法如下：

假设我们只知道信号和噪声的功率谱密度函数 σ 和 v 分别属于集合 $\mathscr{S}$和 $\mathscr{N}$，即已知 $\sigma\in\mathscr{S}$和 $v\in\mathscr{N}$，且 $\mathscr{S}\cap\mathscr{N}=\varnothing$，但并不知道 σ 和 v 分别具体是 $\mathscr{S}$和 $\mathscr{N}$中的哪个谱，即无法确定 σ 和 v 的具体表达形式. 我们所要设计的稳健维纳滤波器 H_R 是这样的滤波器，它提供了集合 $\mathscr{S}$和 $\mathscr{N}$中所有谱对应的估计均方误差$\xi(\sigma, v; H)$的上界，并且它是此类滤波器中最佳的，即

$$\xi(\sigma, v; H_{\mathrm{R}}) = \min_{H\in\mathscr{H}}\left\{\sup_{(\sigma, v)\in\mathscr{S}\times\mathscr{N}}\{\xi(\sigma, v; H)\}\right\} \tag{6.5.5}$$

其中,sup 函数表示在 $(\sigma, v) \in \mathscr{S} \times \mathscr{N}$ 范围内求上确界,$\mathscr{H}$ 为定义在 $\mathbb{R}$ 上的所有有界的复数值的 Lebesgue 测度函数的集合.

定义 6.5.1　当下式关系成立时,称功率谱密度函数 $(\sigma_L, v_L) \in \mathscr{S} \times \mathscr{N}$ 为对集合 $\mathscr{S}$ 和 $\mathscr{N}$ 维纳滤波的最不利情况:

$$\xi(\sigma, v; H_L) \leqslant \xi(\sigma_L, v_L; H_L) \quad (\sigma \in \mathscr{S}; v \in \mathscr{N}) \tag{6.5.6}$$

其中,H_L 是功率谱密度函数 (σ_L, v_L) 对应的维纳滤波器.

如果 (σ_L, v_L) 是 $\mathscr{S}$ 和 $\mathscr{N}$ 维纳滤波的最不利情况,那么 $[(\sigma_L, v_L), H_L]$ 是(6.5.5)式的鞍点解.这样就有

$$\begin{aligned}
\xi(\sigma, v; H_R) &= \min_{H \in \mathscr{H}} \left\{ \sup_{(\sigma, v) \in \mathscr{S} \times \mathscr{N}} \{\xi(\sigma, v; H)\} \right\} \\
&= \min_{H \in \mathscr{H}} \left\{ \xi(\sigma_L, v_L; H) \right\} \\
&= \xi(\sigma_L, v_L; H_L) \\
&= \sup_{(\sigma, v) \in \mathscr{S} \times \mathscr{N}} \{\xi(\sigma, v; H_L)\}
\end{aligned} \tag{6.5.7}$$

这两个最不利的功率谱密度函数和它们对应的维纳滤波器,就构成了稳健维纳滤波器.它对于最不利的谱形式达到了估计性能的下界,即当信号和噪声的功率谱密度函数随时间或地点等变化时,只要变化范围不超过假定的谱模型,估计性能就不会比最不利谱形式更坏.

6.6　α-β 滤波

前面所述的维纳滤波问题是求滤波器的冲激响应或传输函数,使估计的均方误差达到最小,实际上它是对输入数据的一种最优加权,以确定当前时刻的输出,其权重即为冲激响应.从理论上讲,维纳滤波必须用到无限过去的数据,并且每获得新的数据,就必须与原有数据一起重新计算滤波器的冲激响应,这就使得维纳滤波器非常烦琐,不适合实时处理.下面的例子即可说明问题.

假设某常值信号中混杂了加性噪声,我们利用观测样本来估计该信号的数值,以样本均值作为其估计量.我们每获得一个新的观测样本,便用来更新估计.设观测样本序列表示为 $x_1, x_2, \cdots, x_N$.

一种处理方法是,把每个观测样本都存储起来,然后按照下列步骤来计算样本均值:

(1) 测量 x_1,存储 x_1,样本均值估计量为 $\hat{x}_1 = x_1$;

(2) 测量 x_2,存储 x_2,样本均值估计量为 $\hat{x}_2 = (x_1 + x_2)/2$;

(3) 测量 x_3,存储 x_3,样本均值估计量为 $\hat{x}_3 = (x_1 + x_2 + x_3)/3$;

(4) 依此类推,在第 N 步,测量 x_N,存储 x_N,样本均值估计量为

$$\hat{x}_N = (x_1 + x_2 + \cdots + x_N)/N$$

毫无疑问,这种方法在原理上是完全正确的.然而,随着观测样本数的增多,它所需的存储器数量和算术运算数量也随之增长.当样本数目非常大时,这种算法的复杂程度是可想而知的.

现在考虑另一种算法.其中,每次新的估计仅由上一次的估计和新的观测样本构成,而与过去的观测样本无关.具体步骤如下:

(1) 测量 x_1,样本均值估计量为 $\hat{x}_1 = x_1$,存储 $\hat{x}_1$,清除 x_1;

(2) 测量 x_2,样本均值估计量为 $\hat{x}_2 = \frac{1}{2}\hat{x}_1 + \frac{1}{2}x_2$,存储 $\hat{x}_2$,清除 $\hat{x}_1$和 x_2;

(3) 测量 x_3,样本均值估计量为 $\hat{x}_3 = \frac{2}{3}\hat{x}_2 + \frac{1}{3}x_3$,存储 $\hat{x}_3$,清除 $\hat{x}_2$和 x_3;

(4) 依此类推,在第 N 步,测量 x_N,样本均值估计量为 $\hat{x}_N = \frac{N-1}{N}\hat{x}_{N-1} + \frac{1}{N}x_N$,存储 $\hat{x}_N$,清除 $\hat{x}_{N-1}$和 x_N.

显然,这种算法与第一种算法计算的结果是相同的,但是由于它使用了递推的计算方法,无需存储过去的数据,故更为简洁.

类似地,我们接下来讨论一种简单的递推滤波算法的例子.

我们对一运动目标进行估计,假设目标在 t_k时刻的位移为x_k,采样间隔为 T,并且假设在时间$[t_k,\ t_k+T]$内目标做匀速直线运动.在这种假设下,我们用 t_k时刻目标位移的估计值$\hat{x}_k$来预测 t_{k+1}时刻的位移 x_{k+1},得到其预测值为

$$\hat{x}_{k+1}^- = \hat{x}_k + T\hat{\dot{x}}_k \tag{6.6.1}$$

其中,$\dot{x}_k$是t_k时刻目标的运动速度,$\hat{\dot{x}}_k$是$\dot{x}_k$的估计值.并且,在上述假设下,对速度 $\dot{x}_{k+1}$的预测值为

$$\hat{\dot{x}}_{k+1}^- = \hat{\dot{x}}_k \tag{6.6.2}$$

(6.6.1)式和(6.6.2)式便构成了滤波的基本模型,亦即预测方程.

在取得 t_{k+1}时刻目标位移的测量值 y_{k+1}后,使用如下公式对位移 x_{k+1}和速度 $\dot{x}_{k+1}$的预测值进行更新,得到其新的估计为

$$\hat{x}_{k+1} = \hat{x}_{k+1}^- + \alpha(y_{k+1} - \hat{x}_{k+1}^-) \tag{6.6.3}$$

$$\hat{\dot{x}}_{k+1} = \hat{\dot{x}}_{k+1}^- + \frac{\beta}{T}(y_{k+1} - \hat{x}_{k+1}^-) \tag{6.6.4}$$

其中,α 和β 称为滤波增益系数,它们通常是常数,也可以是随采样序列分段改变的.(6.6.3)式和(6.6.4)式构成了滤波的更新方程.

为了简化上述方程,我们引入以下符号:

$$\hat{\boldsymbol{x}}_k = [\hat{x}_k \quad \hat{\dot{x}}_k]^{\mathrm{T}}$$

$$\hat{\boldsymbol{x}}_{k+1}^- = [\hat{x}_{k+1}^- \quad \hat{\dot{x}}_{k+1}^-]^{\mathrm{T}}$$

$$\boldsymbol{\Phi} = \begin{bmatrix} 1 & T \\ 0 & 1 \end{bmatrix},\quad \boldsymbol{k} = [\alpha \quad \beta/T]^{\mathrm{T}},\quad \boldsymbol{h} = [1 \quad 0]$$

这样,滤波的预测方程和更新方程就可写为矢量矩阵形式的表达式.其中,(6.6.1)式和(6.6.2)式的预测方程写成矢量矩阵形式,为

$$\hat{\boldsymbol{x}}_{k+1}^- = \boldsymbol{\Phi}\hat{\boldsymbol{x}}_k \tag{6.6.5}$$

(6.6.3)式和(6.6.4)式的更新方程写为矢量矩阵形式,为

$$\hat{\boldsymbol{x}}_{k+1} = \hat{\boldsymbol{x}}_{k+1}^- + \boldsymbol{k}(y_{k+1} - \boldsymbol{h}\hat{\boldsymbol{x}}_{k+1}^-) \tag{6.6.6}$$

综合(6.6.5)式和(6.6.6)式，则滤波方程可写为

$$\hat{\boldsymbol{x}}_{k+1} = \boldsymbol{\Phi}\hat{\boldsymbol{x}}_k + \boldsymbol{k}(y_{k+1} - \boldsymbol{h}\boldsymbol{\Phi}\hat{\boldsymbol{x}}_k) \tag{6.6.7}$$

至此，我们得到了矢量矩阵形式的滤波方程，它是一种递推的滤波算法，其递推运算流程如图 6.9 所示. 图 6.9 还给出了一步预测估计.

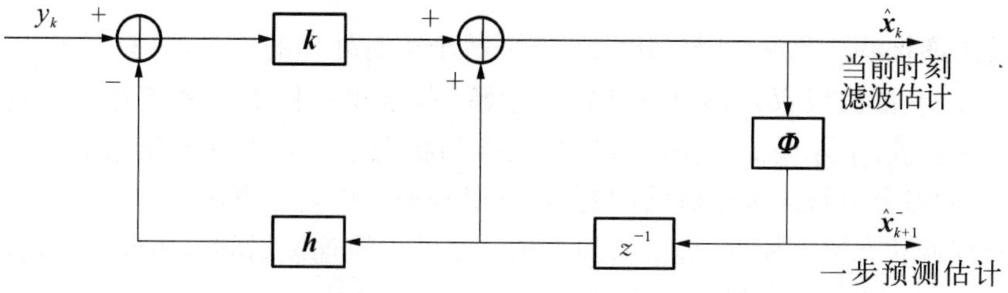

图 6.9　同时实现矢量信号滤波与预测的常增益 α-β 滤波运算流程

我们将(6.6.7)式描述的递推滤波算法称为 $\alpha-\beta$ 滤波，可以看出：它是一种对目标的运动规律做了特殊假设(目标在时间区间内作匀速直线运动)的滤波算法. 一般地，$\alpha-\beta$ 滤波只能处理在观测时间内是均匀变化的信号. $\alpha-\beta$ 滤波的增益矩阵 $\boldsymbol{k}$ 是恒定的.

从本质上讲，$\alpha-\beta$ 滤波是一个二阶定常系统，有 α 和 β 这两个自由参数. 因此可以用线性系统的理论讨论 $\alpha-\beta$ 滤波的性质和选择 α 和 β 的数值. 由(6.6.7)式计算求得位移估计和速度估计的等效传输函数 $H_{\hat{x}}(z)$ 和 $H_{\hat{\dot{x}}}(z)$ 分别为

$$H_{\hat{x}}(z) = \frac{\hat{X}(z)}{Y(z)} = \frac{\alpha z\left(z + \dfrac{\beta - \alpha}{\alpha}\right)}{z^2 - (2 - \alpha - \beta)z + (1 - \alpha)} \tag{6.6.8}$$

$$H_{\hat{\dot{x}}}(z) = \frac{\hat{\dot{X}}(z)}{Y(z)} = \frac{\dfrac{\beta}{T}z(z - 1)}{z^2 - (2 - \alpha - \beta)z + (1 - \alpha)} \tag{6.6.9}$$

由(6.6.8) 式和(6.6.9) 式可以看出，滤波器传输函数的特征方程为

$$z^2 - (2 - \alpha - \beta)z + (1 - \alpha) = 0$$

根据稳定性判据可知，滤波器的稳定区域是由

$$2\alpha + \beta < 4 \quad (0 < \alpha < 2; 0 < \beta < 4)$$

所规定的三角形，如图 6.10 所示. 只要 α 和 β 的取值落在这个区域之内，滤波器就是稳定的.

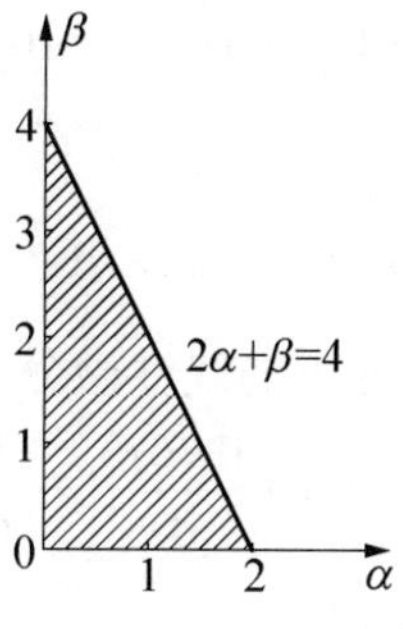

图 6.10　滤波器的稳定区域

6.7 卡尔曼滤波

可以看出递推滤波算法弥补了维纳滤波不适于实时处理的不足，具有巨大的实用价值．前面所述的 $\alpha-\beta$ 滤波仅仅是递推滤波的一个特例，这里我们更加系统地讨论递推滤波问题——卡尔曼滤波．卡尔曼滤波使用信号与噪声的状态空间模型代替维纳滤波使用的相关函数，用时域的微分方程来表示滤波问题，最终得到递推的滤波算法．

下面分别就状态空间模型、离散时间卡尔曼滤波以及连续时间卡尔曼滤波进行介绍．

6.7.1 状态空间模型

1．连续线性时变系统的状态方程与观测方程

下面以图 6.11 所示的 RLC 电路为例，分析该线性系统的状态表示及其状态方程和观测方程的建立过程，借此来介绍状态空间模型．

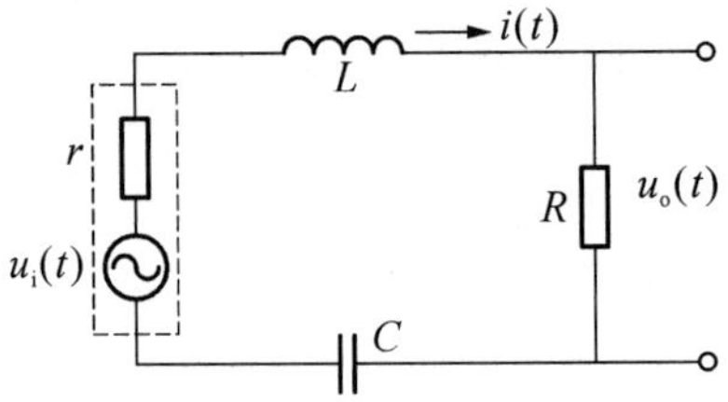

图 6.11　RLC 电路

由基尔霍夫定律，有

$$u_{\mathrm{i}}(t)=(R+r)\cdot i(t)+L\frac{\mathrm{d}i(t)}{\mathrm{d}t}+\frac{1}{C}\int_{-\infty}^{t}i(\tau)\mathrm{d}\tau \tag{6.7.1}$$

$$u_{\mathrm{o}}(t)=R\cdot i(t) \tag{6.7.2}$$

其中，$i(t)=\dfrac{\mathrm{d}q(t)}{\mathrm{d}t}$．显然，有

$$q(t)=\int_{-\infty}^{t}i(\tau)\mathrm{d}\tau$$

设初始时刻为 t_0，则记

$$q(t_0)=\int_{-\infty}^{t_0}i(\tau)\mathrm{d}\tau=C_1$$

于是(6.7.1)式和(6.7.2)式可以写成如下的线性微分方程：

$$L\frac{\mathrm{d}^2q(t)}{\mathrm{d}t^2}+(R+r)\frac{\mathrm{d}q(t)}{\mathrm{d}t}+\frac{1}{C}q(t)=u_{\mathrm{i}}(t) \tag{6.7.3}$$

$$u_{\mathrm{o}}(t)=R\frac{\mathrm{d}q(t)}{\mathrm{d}t} \tag{6.7.4}$$

其初始条件为 $q(t_0)=C_1,\left.\dfrac{\mathrm{d}q(t)}{\mathrm{d}t}\right|_{t=t_0}=C_2$．

进一步令

$$\begin{cases} q(t) = x_1(t) \\ \dfrac{dq(t)}{dt} = \dfrac{dx_1(t)}{dt} = \dot{x}_1(t) = x_2(t) \\ y(t) = u_o(t) \end{cases} \tag{6.7.5}$$

于是(6.7.3)式和(6.7.4)式可以写成如下的一阶线性微分方程组：

$$\begin{cases} \dot{x}_1(t) = x_2(t) \\ \dot{x}_2(t) = -\dfrac{1}{LC}x_1(t) - \dfrac{R+r}{L}x_2(t) + \dfrac{1}{L}u_i(t) \end{cases}$$

$$y(t) = Rx_2(t)$$

进一步整理得

$$\begin{bmatrix} \dot{x}_1 \\ \dot{x}_2 \end{bmatrix} = \begin{bmatrix} 0 & 1 \\ -\dfrac{1}{LC} & -\dfrac{R+r}{L} \end{bmatrix} \begin{bmatrix} x_1(t) \\ x_2(t) \end{bmatrix} + \begin{bmatrix} 0 \\ \dfrac{1}{L} \end{bmatrix} u_i(t) \tag{6.7.6}$$

$$y(t) = \begin{bmatrix} 0 & R \end{bmatrix} \begin{bmatrix} x_1(t) \\ x_2(t) \end{bmatrix} \tag{6.7.7}$$

其初始条件为 $x_1(t_0) = C_1, x_2(t_0) = C_2$.

(6.7.6)式和(6.7.7)式中的 $x_1(t)$和 $x_2(t)$是描述图 6.11 中线性系统所需的数目最少的一组变量,称为该系统的状态变量.只要掌握了 $t = t_0$ 时刻它们的初始值及 $t \geqslant t_0$ 时刻系统的输入 $u_i(t)$,则它们在 $t \geqslant t_0$ 的任何时刻的值就完全确定.(6.7.6)式就是描述该线性系统的状态方程,(6.7.7)式就是该线性系统的观测方程.

对于多输入多输出系统,系统状态方程和观测方程有更一般的形式,可以写为

$$\dot{\boldsymbol{x}}(t) = \boldsymbol{F}(t)\boldsymbol{x}(t) + \boldsymbol{G}(t)\boldsymbol{u}(t) \quad (t \geqslant t_0) \tag{6.7.8}$$

$$\boldsymbol{y}(t) = \boldsymbol{H}(t)\boldsymbol{x}(t) + \boldsymbol{n}(t) \quad (t \geqslant t_0) \tag{6.7.9}$$

其中,$\boldsymbol{x}(t)$为 $p\times 1$ 维系统状态矢量,$\boldsymbol{F}(t)$为 $p\times p$ 维系统矩阵,$\boldsymbol{u}(t)$为 $r\times 1$ 维系统动态噪声矢量,$\boldsymbol{G}(t)$为 $p\times r$ 维系统控制矩阵,$\boldsymbol{y}(t)$为 $q\times 1$ 维观测矢量,$\boldsymbol{H}(t)$为 $q\times p$ 维观测矢量,$\boldsymbol{n}(t)$为 $q\times 1$ 维观测噪声矢量,t_0 为初始时刻,$\boldsymbol{x}(t_0)$为系统状态矢量初始值,记为 $\boldsymbol{x}_0$.

系统的状态方程和观测方程构成状态空间模型.

2. 连续线性系统状态方程的解

(6.7.8)式给出的连续线性系统的状态方程是一个一阶 p 元线性微分方程组,其齐次方程组

$$\dot{\boldsymbol{x}}(t) = \boldsymbol{F}(t)\boldsymbol{x}(t) \tag{6.7.10}$$

有 p 个线性独立的解 $\boldsymbol{x}^1(t), \boldsymbol{x}^2(t), \cdots, \boldsymbol{x}^p(t)$,满足(6.7.10)式的其他解可用这组解表示.这组解构成的非奇异矩阵

$$\boldsymbol{X}(t) = [\boldsymbol{x}^1(t), \boldsymbol{x}^2(t), \cdots, \boldsymbol{x}^p(t)] \tag{6.7.11}$$

称为关于(6.7.10)式的基本解阵.它满足矩阵微分方程

$$\frac{d\boldsymbol{X}(t)}{dt} = \boldsymbol{F}(t)\boldsymbol{X}(t) \tag{6.7.12}$$

定义 6.7.1　对于 $t \geqslant t_0$ 和 $\tau \geqslant t_0$,矩阵

$$\boldsymbol{\Phi}(t,\tau) = \boldsymbol{X}(t)\,\boldsymbol{X}^{-1}(\tau) \tag{6.7.13}$$

为关于(6.7.10)式描述的系统的状态转移矩阵.

状态转移矩阵 $\boldsymbol{\Phi}(t,\tau)$具有如下性质:

① 对于任何 $\tau\geqslant t_0$,有

$$\frac{\partial\boldsymbol{\Phi}(t,\tau)}{\partial t} = \boldsymbol{F}(t)\boldsymbol{\Phi}(t,\tau) \tag{6.7.14}$$

② 对于任何 $t\geqslant t_0$,有

$$\boldsymbol{\Phi}(t,t) = \boldsymbol{I} \tag{6.7.15}$$

③ 对于 $t\geqslant t_0$ 和 $\tau\geqslant t_0$,有

$$\boldsymbol{\Phi}^{-1}(t,\tau) = \boldsymbol{X}(\tau)\,\boldsymbol{X}^{-1}(t) = \boldsymbol{\Phi}(\tau,t) \tag{6.7.16}$$

④ 对于任何 $t_3\geqslant t_0$, $t_2\geqslant t_0$ 和 $t_1\geqslant t_0$,有

$$\begin{aligned}\boldsymbol{\Phi}(t_3,t_2)\boldsymbol{\Phi}(t_2,t_1) &= \boldsymbol{X}(t_3)\,\boldsymbol{X}^{-1}(t_2)\boldsymbol{X}(t_2)\,\boldsymbol{X}^{-1}(t_1)\\ &= \boldsymbol{X}(t_3)\,\boldsymbol{X}^{-1}(t_1) = \boldsymbol{\Phi}(t_3,t_1)\end{aligned} \tag{6.7.17}$$

⑤ 对于任何 $t\geqslant t_0$ 和 $\tau\geqslant t_0$,有

$$\frac{\partial\boldsymbol{\Phi}(t,\tau)}{\partial \tau} = -\boldsymbol{\Phi}(t,\tau)\boldsymbol{F}(\tau) \tag{6.7.18}$$

由此可见,$\boldsymbol{F}(t)$唯一地确定了 $\boldsymbol{\Phi}(t,\tau)$.一般来说,求 $\boldsymbol{\Phi}(t,\tau)$是非常困难的,往往要借助于数值积分法.

现在证明,对于因果系统,(6.7.8)式的解可以利用状态转移矩阵表示为

$$\boldsymbol{x}(t) = \boldsymbol{\Phi}(t,t_0)\boldsymbol{x}(t_0) + \int_{t_0}^{t}\boldsymbol{\Phi}(t,\tau)\boldsymbol{G}(\tau)\boldsymbol{u}(\tau)\mathrm{d}\tau \tag{6.7.19}$$

首先证明(6.7.19)式中的 $\boldsymbol{x}(t)$满足微分方程(6.7.8)式的初始值.将 $t=t_0$ 代入(6.7.19)式,有

$$\boldsymbol{x}(t_0) = \boldsymbol{\Phi}(t_0,t_0)\boldsymbol{x}_0 + \int_{t_0}^{t_0}\boldsymbol{\Phi}(t_0,\tau)\boldsymbol{G}(\tau)\boldsymbol{u}(\tau)\mathrm{d}\tau \tag{6.7.20}$$

利用(6.7.15)式,得

$$\boldsymbol{x}(t_0) = \boldsymbol{x}_0 \tag{6.7.21}$$

现在证明,(6.7.19)式的解满足(6.7.8)式.将(6.7.19)式两侧对 t 求导,得

$$\dot{\boldsymbol{x}}(t) = \frac{\partial\boldsymbol{\Phi}(t,t_0)}{\partial t}\boldsymbol{x}_0 + \boldsymbol{\Phi}(t,t)\boldsymbol{G}(t)\boldsymbol{u}(t) + \int_{t_0}^{t}\frac{\partial\boldsymbol{\Phi}(t,\tau)}{\partial t}\boldsymbol{G}(\tau)\boldsymbol{u}(\tau)\mathrm{d}\tau \tag{6.7.22}$$

进一步利用(6.7.14)式和(6.7.15)式,得

$$\dot{\boldsymbol{x}}(t) = \boldsymbol{F}(t)\boldsymbol{\Phi}(t,t_0)\boldsymbol{x}_0 + \boldsymbol{G}(t)\boldsymbol{u}(t) + \boldsymbol{F}(t)\int_{t_0}^{t}\boldsymbol{\Phi}(t,\tau)\boldsymbol{G}(\tau)\boldsymbol{u}(\tau)\mathrm{d}\tau \tag{6.7.23}$$

最后利用(6.7.19)式,则(6.7.23)式为

$$\dot{\boldsymbol{x}}(t) = \boldsymbol{F}(t)\boldsymbol{x}(t) + \boldsymbol{G}(t)\boldsymbol{u}(t) \tag{6.7.24}$$

这正是(6.7.8)式的系统状态方程,也就是说(6.7.19)式给出的 $\boldsymbol{x}(t)$是该方程的唯一解.通过上面的分析,我们把(6.7.8)式的连续状态方程转化为(6.7.19)式的连续信号模型.

若系统的初始时刻取在 $t_0=0$,则(6.7.19)式为

$$\boldsymbol{x}(t) = \boldsymbol{\Phi}(t,0)\boldsymbol{x}(0) + \int_{0}^{t}\boldsymbol{\Phi}(t,\tau)\boldsymbol{G}(\tau)\boldsymbol{u}(\tau)\mathrm{d}\tau \tag{6.7.25}$$

上式等号右边的第一项为“零输入”解,第二项为“零状态”解.

以上讨论的状态方程(6.7.8)式和观测方程(6.7.9)式中的矩阵 $\boldsymbol{F}(t)$,$\boldsymbol{G}(t)$,$\boldsymbol{H}(t)$都是时变的,它所描述的是线性时变系统.对于线性时不变系统,这些矩阵都是非时变的,退化为常数矩阵 $\boldsymbol{F}$、$\boldsymbol{G}$、$\boldsymbol{H}$,此时

$$\dot{\boldsymbol{x}}(t)=\boldsymbol{F}\boldsymbol{x}(t)+\boldsymbol{G}\boldsymbol{u}(t)\quad(t\geqslant t_0)\tag{6.7.26}$$

$$\boldsymbol{y}(t)=\boldsymbol{H}\boldsymbol{x}(t)+\boldsymbol{n}(t)\quad(t\geqslant t_0)\tag{6.7.27}$$

(6.7.19)式给出的解也退化为

$$\begin{aligned}\boldsymbol{x}(t)&=\boldsymbol{\Phi}(t,t_0)\boldsymbol{x}(t_0)+\int_{t_0}^{t}\boldsymbol{\Phi}(t,\tau)\boldsymbol{G}\boldsymbol{u}(\tau)\mathrm{d}\tau\\&=\boldsymbol{\Phi}(t-t_0)\boldsymbol{x}(t_0)+\int_{t_0}^{t}\boldsymbol{\Phi}(t-\tau)\boldsymbol{G}\boldsymbol{u}(\tau)\mathrm{d}\tau\end{aligned}\tag{6.7.28}$$

其中状态转移矩阵

$$\boldsymbol{\Phi}(t,\tau)=\boldsymbol{\Phi}(t-\tau)=\mathrm{e}^{\boldsymbol{F}(t-\tau)}=\sum_{k=0}^{+\infty}\frac{\boldsymbol{F}^k\ (t-\tau)^k}{k!}\tag{6.7.29}$$

(6.7.28)式的证明可通过对(6.7.26)式等式两边同乘以 $\mathrm{e}^{-\boldsymbol{F}t}$ 并对 t 求导完成.

(3) 线性时变系统的离散状态方程与观测方程

通过对连续时间下的信号模型(6.7.19)式和观测方程(6.7.9)式采样,可得离散的信号模型和观测模型,为

$$\boldsymbol{x}_{k+1}=\boldsymbol{\Phi}_{k+1,k}\boldsymbol{x}_k+\boldsymbol{u}_k\tag{6.7.30}$$

$$\boldsymbol{y}_k=\boldsymbol{H}_k\boldsymbol{x}_k+\boldsymbol{n}_k\tag{6.7.31}$$

其中,$\boldsymbol{x}_k$ 和 $\boldsymbol{x}_{k+1}$分别为 $t_0=t_k$ 和 $t=t_{k+1}$时刻系统的 $p\times1$ 维状态矢量,$\boldsymbol{\Phi}_{k+1,k}=\boldsymbol{\Phi}(t_{k+1},t_k)$ 为 t_k 时刻到t_{k+1}时刻系统的 $p\times p$ 维状态转移矩阵,$\boldsymbol{u}_k=\int_{t_k}^{t_{k+1}}\boldsymbol{\Phi}(t_{k+1},\tau)G(\tau)u(\tau)\mathrm{d}\tau$ 为 t_k 时刻系统的$p\times1$ 维动态噪声矢量,$\boldsymbol{y}_k$ 为 t_k 时刻系统的$q\times1$ 维观测矢量,$\boldsymbol{H}_k$ 为 t_k 时刻系统的 $q\times p$ 维观测矩阵,$\boldsymbol{n}_k$ 为 t_k 时刻的 $q\times1$ 维观测噪声矢量.

6.7.2　离散时间卡尔曼滤波

与维纳滤波相同,卡尔曼滤波也是以最小均方误差作为估计的最佳准则,它利用前一时刻的状态估计值和当前时刻的观测值来共同确定状态当前时刻的估计值,导出了一种递推估计算法.下面我们来讨论矢量卡尔曼滤波递推算法的实现过程,此时由于状态变量是多维的,所以可用于同时估计多个变量.

假设在时刻 t_k,基于 t_k时刻以前所获得的全部知识,对状态变量 $\boldsymbol{x}_k$ 做出一个预测估计,记为 $\hat{\boldsymbol{x}}_k^-$,预测估计的预测误差为

$$\boldsymbol{e}_k^-=\boldsymbol{x}_k-\hat{\boldsymbol{x}}_k^-\tag{6.7.32}$$

预测误差是零均值的,其协方差矩阵为

$$\boldsymbol{C}_k^-=E\{\boldsymbol{e}_k^-\boldsymbol{e}_k^{-\mathrm{T}}\}=E\{(\boldsymbol{x}_k-\hat{\boldsymbol{x}}_k^-)(\boldsymbol{x}_k-\hat{\boldsymbol{x}}_k^-)^{\mathrm{T}}\}\tag{6.7.33}$$

在预测估计 $\hat{\boldsymbol{x}}_k^-$ 的基础上,利用 t_k时刻所获取的新观测数据$\boldsymbol{y}_k$来进一步改善对$\boldsymbol{x}_k$的估计,记为 $\hat{\boldsymbol{x}}_k$,称为更新估计,更新估计通过下式完成:

$$\hat{\boldsymbol{x}}_k=\hat{\boldsymbol{x}}_k^-+\boldsymbol{K}_k(\boldsymbol{y}_k-\boldsymbol{H}_k\hat{\boldsymbol{x}}_k^-)\tag{6.7.34}$$

其中,$\boldsymbol{K}_k$为待定的增益矩阵,称为卡尔曼增益矩阵,$\boldsymbol{K}_k(\boldsymbol{y}_k-\boldsymbol{H}_k\hat{\boldsymbol{x}}_k^-)$ 称为新息,代表由新观

测数据 $\boldsymbol{y}_k$ 获得的新信息.

更新估计的更新误差记为 $\boldsymbol{e}_k$，则有

$$\boldsymbol{e}_k = \boldsymbol{x}_k - \hat{\boldsymbol{x}}_k = \boldsymbol{x}_k - [\hat{\boldsymbol{x}}_k^- + \boldsymbol{K}_k(\boldsymbol{y}_k - \boldsymbol{H}_k\hat{\boldsymbol{x}}_k^-)] \tag{6.7.35}$$

更新误差是零均值的. 矢量卡尔曼滤波的实质就是寻找适当的卡尔曼增益矩阵 $\boldsymbol{K}_k$，使更新估计的均方误差达到最小.

更新估计的均方误差为

$$E\{\boldsymbol{e}_k^{\mathrm{T}}\boldsymbol{e}_k\} = E\{(\boldsymbol{x}_k - \hat{\boldsymbol{x}}_k)^{\mathrm{T}}(\boldsymbol{x}_k - \hat{\boldsymbol{x}}_k)\} \tag{6.7.36}$$

而更新误差的协方差矩阵为

$$\boldsymbol{C}_k = E\{\boldsymbol{e}_k\boldsymbol{e}_k^{\mathrm{T}}\} = E\{(\boldsymbol{x}_k - \hat{\boldsymbol{x}}_k)(\boldsymbol{x}_k - \hat{\boldsymbol{x}}_k)^{\mathrm{T}}\} \tag{6.7.37}$$

比较以上两式可知，更新估计的均方误差 $E\{\boldsymbol{e}_k^{\mathrm{T}}\boldsymbol{e}_k\}$ 为协方差矩阵 $\boldsymbol{C}_k$ 的对角元素之和，因此，要使均方误差最小，就等效于使协方差矩阵对角元素之和最小.

将(6.7.35)式和(6.7.33)式代入上式，可得

$$\boldsymbol{C}_k = (\boldsymbol{I} - \boldsymbol{K}_k\boldsymbol{H}_k)\boldsymbol{C}_k^-(\boldsymbol{I} - \boldsymbol{K}_k\boldsymbol{H}_k)^{\mathrm{T}} + \boldsymbol{K}_k\boldsymbol{R}_k\boldsymbol{K}_k^{\mathrm{T}} \tag{6.7.38}$$

其中 $\boldsymbol{R}_k$ 由下式给出

$$E\{\boldsymbol{n}_k\boldsymbol{n}_i^{\mathrm{T}}\} = \begin{cases} \boldsymbol{R}_k & (i = k) \\ \boldsymbol{0} & (i \neq k) \end{cases} \tag{6.7.39}$$

若令

$$\boldsymbol{D}_k\boldsymbol{D}_k^{\mathrm{T}} = \boldsymbol{H}_k\boldsymbol{C}_k^-\boldsymbol{H}_k^{\mathrm{T}} + \boldsymbol{R}_k$$

将(6.7.38)式展开，并将 $\boldsymbol{D}_k\boldsymbol{D}_k^{\mathrm{T}}$ 代入，得

$$\boldsymbol{C}_k = \boldsymbol{C}_k^- - \boldsymbol{K}_k\boldsymbol{H}_k\boldsymbol{C}_k^- - \boldsymbol{C}_k^-\boldsymbol{H}_k^{\mathrm{T}}\boldsymbol{K}_k^{\mathrm{T}} + \boldsymbol{K}_k\boldsymbol{D}_k\boldsymbol{D}_k^{\mathrm{T}}\boldsymbol{K}_k^{\mathrm{T}} \tag{6.7.40}$$

可见，上式 $\boldsymbol{C}_k$ 中含有 $\boldsymbol{K}_k$ 的二次项和一次项，对其进行配方，得到

$$\boldsymbol{C}_k = \boldsymbol{C}_k^- + (\boldsymbol{K}_k\boldsymbol{D}_k - \boldsymbol{A})(\boldsymbol{K}_k\boldsymbol{D}_k - \boldsymbol{A})^{\mathrm{T}} - \boldsymbol{A}\boldsymbol{A}^{\mathrm{T}} \tag{6.7.41}$$

展开为

$$\begin{aligned} \boldsymbol{C}_k &= \boldsymbol{C}_k^- + \boldsymbol{K}_k\boldsymbol{D}_k\boldsymbol{D}_k^{\mathrm{T}}\boldsymbol{K}_k^{\mathrm{T}} - \boldsymbol{K}_k\boldsymbol{D}_k\boldsymbol{A}^{\mathrm{T}} - \boldsymbol{A}\boldsymbol{D}_k^{\mathrm{T}}\boldsymbol{K}_k^{\mathrm{T}} + \boldsymbol{A}\boldsymbol{A}^{\mathrm{T}} - \boldsymbol{A}\boldsymbol{A}^{\mathrm{T}} \\ &= \boldsymbol{C}_k^- + \boldsymbol{K}_k\boldsymbol{D}_k\boldsymbol{D}_k^{\mathrm{T}}\boldsymbol{K}_k^{\mathrm{T}} - \boldsymbol{K}_k\boldsymbol{D}_k\boldsymbol{A}^{\mathrm{T}} - \boldsymbol{A}\boldsymbol{D}_k^{\mathrm{T}}\boldsymbol{K}_k^{\mathrm{T}} \end{aligned} \tag{6.7.42}$$

比较(6.7.42)式和(6.7.40)式，可得

$$\boldsymbol{A} = \boldsymbol{C}_k^-\boldsymbol{H}_k^{\mathrm{T}}(\boldsymbol{D}_k^{\mathrm{T}})^{-1}$$

观察(6.7.41)式，其第一项和第三项均与增益矩阵 $\boldsymbol{K}_k$ 无关，只有第二项包含 $\boldsymbol{K}_k$. 考虑到 $\boldsymbol{C}_k$ 及第二项为对称矩阵，故其主对角线元素是非负的，若要使 $\boldsymbol{C}_k$ 的主对角线元素之和达到最小，须要求第二项的主对角线元素之和达到最小，即为零. 因此，有

$$\boldsymbol{K}_k\boldsymbol{D}_k - \boldsymbol{A} = \boldsymbol{0}$$

则

$$\begin{aligned} \boldsymbol{K}_k &= \boldsymbol{A}\boldsymbol{D}_k^{-1} = \boldsymbol{C}_k^-\boldsymbol{H}_k^{\mathrm{T}}(\boldsymbol{D}_k^{\mathrm{T}})^{-1}\boldsymbol{D}_k^{-1} \\ &= \boldsymbol{C}_k^-\boldsymbol{H}_k^{\mathrm{T}}(\boldsymbol{H}_k\boldsymbol{C}_k^-\boldsymbol{H}_k^{\mathrm{T}} + \boldsymbol{R}_k)^{-1} \end{aligned} \tag{6.7.43}$$

上式即为使更新估计的均方误差达到最小的卡尔曼增益矩阵 $\boldsymbol{K}_k$.

将(6.7.43)式代入(6.7.38)式，可得更新误差的协方差矩阵

$$\boldsymbol{C}_k = (\boldsymbol{I} - \boldsymbol{K}_k\boldsymbol{H}_k)\boldsymbol{C}_k^- \tag{6.7.44}$$

由上述分析可知，从预测估计 $\hat{\boldsymbol{x}}_k^-$ 和预测误差协方差矩阵 $\boldsymbol{C}_k^-$ 出发，即可求得卡尔曼增益矩阵 $\boldsymbol{K}_k$，然后由新的观测矢量 $\boldsymbol{y}_k$ 计算出新息 $\boldsymbol{K}_k(\boldsymbol{y}_k - \boldsymbol{H}_k\hat{\boldsymbol{x}}_k^-)$，再加上 $\hat{\boldsymbol{x}}_k^-$，就完成了对状态

变量 $\boldsymbol{x}_k$ 的更新估计 $\hat{\boldsymbol{x}}_k$.

为了使上述估计过程能递推地进行,我们还需要由 t_k 时刻的更新估计 $\hat{\boldsymbol{x}}_k$ 及其更新误差的协方差矩阵 $\boldsymbol{C}_k$,来计算 t_{k+1} 时刻的预测估计 $\hat{\boldsymbol{x}}_{k+1}^-$ 及其预测误差的协方差矩阵 $\boldsymbol{C}_{k+1}^-$. 有了 $\hat{\boldsymbol{x}}_{k+1}^-$ 和 $\boldsymbol{C}_{k+1}^-$,就可以重复上述估计过程,进而得到 $\hat{\boldsymbol{x}}_{k+1}$ 和 $\boldsymbol{C}_{k+1}$,完成 t_{k+1} 时刻的更新估计.

对于离散信号模型

$$\boldsymbol{x}_{k+1} = \boldsymbol{\Phi}_{k+1,k}\boldsymbol{x}_k + \boldsymbol{u}_k \tag{6.7.45}$$

若动态噪声 $\boldsymbol{u}_k$ 是零均值,并且不同 t_k 时刻的 $\boldsymbol{u}_k$ 是不相关的,作为对 $\boldsymbol{x}_{k+1}$ 的预测估计 $\hat{\boldsymbol{x}}_{k+1}^-$,忽略 $\boldsymbol{u}_k$ 的作用是合理的,于是取

$$\hat{\boldsymbol{x}}_{k+1}^- = \boldsymbol{\Phi}_{k+1,k}\hat{\boldsymbol{x}}_k \tag{6.7.46}$$

那么 t_{k+1} 时刻的预测误差为

$$\boldsymbol{e}_{k+1}^- = \boldsymbol{x}_{k+1} - \hat{\boldsymbol{x}}_{k+1}^- = (\boldsymbol{\Phi}_{k+1,k}\boldsymbol{x}_k + \boldsymbol{u}_k) - \boldsymbol{\Phi}_{k+1,k}\hat{\boldsymbol{x}}_k = \boldsymbol{\Phi}_{k+1,k}\boldsymbol{e}_k + \boldsymbol{u}_k \tag{6.7.47}$$

注意到 $\boldsymbol{u}_k$ 与 $\boldsymbol{e}_k$ 是互不相关的,那么 t_{k+1} 时刻预测误差的协方差矩阵为

$$\begin{aligned}\boldsymbol{C}_{k+1}^- &= E\{\boldsymbol{e}_{k+1}^-\boldsymbol{e}_{k+1}^{-\mathrm{T}}\} \\ &= E\{(\boldsymbol{\Phi}_{k+1,k}\boldsymbol{e}_k + \boldsymbol{u}_k)(\boldsymbol{\Phi}_{k+1,k}\boldsymbol{e}_k + \boldsymbol{u}_k)^{\mathrm{T}}\} \\ &= \boldsymbol{\Phi}_{k+1,k}\boldsymbol{C}_k\boldsymbol{\Phi}_{k+1,k}^{\mathrm{T}} + \boldsymbol{Q}_k\end{aligned} \tag{6.7.48}$$

其中 $\boldsymbol{Q}_k$ 由下式给出

$$E\{\boldsymbol{u}_k\boldsymbol{u}_i^{\mathrm{T}}\} = \begin{cases}\boldsymbol{Q}_k & (i = k) \\ \boldsymbol{0} & (i \neq k)\end{cases}$$

根据最小均方误差估计准则,可以确定卡尔曼滤波的初始值:

$$\begin{cases}\hat{\boldsymbol{x}}_0 = E\{\boldsymbol{x}_0\} \\ \boldsymbol{C}_0 = \mathrm{Cov}\{\boldsymbol{x}_0, \boldsymbol{x}_0\}\end{cases} \tag{6.7.49}$$

至此,我们完成了矢量卡尔曼滤波算法的推导,总结其递推过程如下:

(1) 建立离散信号模型和离散观测模型,如(6.7.30)式和(6.7.31)式所示

$$\boldsymbol{x}_{k+1} = \boldsymbol{\Phi}_{k+1,k}\boldsymbol{x}_k + \boldsymbol{u}_k$$
$$\boldsymbol{y}_{k+1} = \boldsymbol{H}_{k+1}\boldsymbol{x}_{k+1} + \boldsymbol{n}_{k+1}$$

(2) 设置初始化条件,即 $k = 0$ 时,如(6.7.49)式所示

$$\hat{\boldsymbol{x}}_0 = E\{\boldsymbol{x}_0\}$$
$$\boldsymbol{C}_0 = \mathrm{Cov}\{\boldsymbol{x}_0, \boldsymbol{x}_0\}$$

(3) 预测估计,如(6.7.46)式所示

$$\hat{\boldsymbol{x}}_{k+1}^- = \boldsymbol{\Phi}_{k+1,k}\hat{\boldsymbol{x}}_k$$

(4) 计算预测误差的协方差矩阵,如(6.7.48)式所示

$$\boldsymbol{C}_{k+1}^- = \boldsymbol{\Phi}_{k+1,k}\boldsymbol{C}_k\boldsymbol{\Phi}_{k+1,k}^{\mathrm{T}} + \boldsymbol{Q}_k$$

(5) 计算卡尔曼增益矩阵,如(6.7.43)式所示

$$\boldsymbol{K}_{k+1} = \boldsymbol{C}_{k+1}^-\boldsymbol{H}_{k+1}^{\mathrm{T}}(\boldsymbol{H}_{k+1}\boldsymbol{C}_{k+1}^-\boldsymbol{H}_{k+1}^{\mathrm{T}} + \boldsymbol{R}_{k+1})^{-1}$$

(6) 更新估计,如(6.7.34)式所示

$$\hat{\boldsymbol{x}}_{k+1} = \hat{\boldsymbol{x}}_{k+1}^- + \boldsymbol{K}_{k+1}(\boldsymbol{y}_{k+1} - \boldsymbol{H}_{k+1}\hat{\boldsymbol{x}}_{k+1}^-)$$

(7) 计算更新误差的协方差矩阵,如(6.7.44)式所示

$$\boldsymbol{C}_{k+1} = (\boldsymbol{I} - \boldsymbol{K}_{k+1}\boldsymbol{H}_{k+1})\boldsymbol{C}_{k+1}^-$$

(8) 令 $k = k + 1$,重复步骤(3)~(8)直到估计结束.

根据上述递推过程，画出矢量卡尔曼滤波算法的框图，如图 6.12 所示. 图 6.12 还给出了一步预测估计.

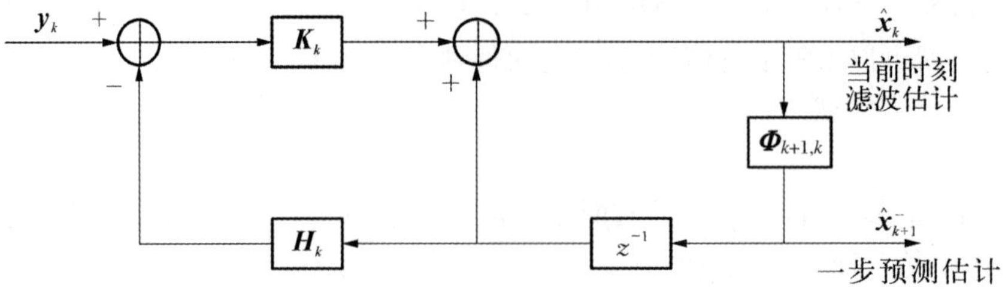

图 6.12　卡尔曼滤波迭代框图

比较图 6.9 和图 6.12 即可看出，$\alpha-\beta$ 滤波实际上是卡尔曼滤波的一个特例，其增益矩阵是恒定的. 图 6.9 表示的是线性时不变系统，图 6.12 表示的是线性时变系统.

例 6.3　飞机相对于雷达做径向直线匀加速运动. 目标与雷达站之间的斜距为 x_k，目标相对于雷达的距离方程、速度方程和加速度方程分别为

$$x_k = x_{k-1} + T\dot{x}_{k-1} + \frac{T^2}{2}\ddot{x}_{k-1}, \quad \dot{x}_k = \dot{x}_{k-1} + T\ddot{x}_{k-1}, \quad \ddot{x}_k = \ddot{x}_{k-1}$$

其中，x_k 为 k 时刻目标的斜距，$\dot{x}_k$ 为 k 时刻目标的径向速度，$\ddot{x}_k$ 为 k 时刻目标的径向加速度，T 为采样时间间隔，$T = 2\,\mathrm{s}$.

已知

$$E\{x_0\} = 0, \quad \mathrm{Var}\{x_0\} = 8$$
$$E\{\dot{x}_0\} = 0, \quad \mathrm{Var}\{\dot{x}_0\} = 10$$
$$E\{\ddot{x}_0\} = 0.2, \quad \mathrm{Var}\{\ddot{x}_0\} = 5$$

且目标未受外界干扰，动态噪声 $u_k = 0$，n_k 是白噪声，其均值和协方差为

$$E\{n_k\} = 0, \quad \mathrm{Cov}\{n_i, n_j\} = 0.15\delta_{ij}$$

n_k 与 x_k，$\dot{x}_k$ 和 $\ddot{x}_k$ 都不相关. 当观测时刻 $k = 1,2,\cdots,10$ 时，斜距的观测值 y_k(km)为 0.30，1.56，3.64，6.44，10.5，14.8，20.0，25.2，32.2，40.4.

求：x_k，$\dot{x}_k$，$\ddot{x}_k$ 的估计以及估计误差的协方差矩阵.

解　求解此题的关键在于根据已知的目标距离方程、速度方程、加速度方程推导出相应的信号模型和观测方程.

令状态矢量为

$$\boldsymbol{x}_k = [x_k, \dot{x}_k, \ddot{x}_k]^{\mathrm{T}}$$

则目标的距离方程、速度方程和加速度方程可以表示为以下的信号模型：

$$\boldsymbol{x}_{k+1} = \boldsymbol{\Phi}_{k+1,k}\boldsymbol{x}_k$$

其中

$$\boldsymbol{\Phi}_{k+1,k} = \begin{bmatrix} 1 & T & \frac{T^2}{2} \\ 0 & 1 & T \\ 0 & 0 & 1 \end{bmatrix} = \begin{bmatrix} 1 & 2 & 2 \\ 0 & 1 & 2 \\ 0 & 0 & 1 \end{bmatrix} \triangleq \boldsymbol{\Phi}$$

观测方程为

$$y_k = \boldsymbol{H}_k\boldsymbol{x}_k + n_k$$

其中

$$H_k = [1 \quad 0 \quad 0] \triangleq H$$

根据给出的条件,得

$$E\{\boldsymbol{x}_0\} = \begin{bmatrix} 0 \\ 0 \\ 0.2 \end{bmatrix}, \quad \mathrm{Cov}\{\boldsymbol{x}_0, \boldsymbol{x}_0\} = \begin{bmatrix} 8 & 0 & 0 \\ 0 & 10 & 0 \\ 0 & 0 & 5 \end{bmatrix}$$

则卡尔曼滤波的初始值为

$$\hat{\boldsymbol{x}}_0 = E\{\boldsymbol{x}_0\} = \begin{bmatrix} 0 \\ 0 \\ 0.2 \end{bmatrix}, \quad \boldsymbol{C}_0 = \mathrm{Cov}\{\boldsymbol{x}_0, \boldsymbol{x}_0\} = \begin{bmatrix} 8 & 0 & 0 \\ 0 & 10 & 0 \\ 0 & 0 & 5 \end{bmatrix}$$

当 $k = 1$ 时

$$\hat{\boldsymbol{x}}_1^- = \boldsymbol{\Phi}\hat{\boldsymbol{x}}_0 = \begin{bmatrix} 1 & 2 & 2 \\ 0 & 1 & 2 \\ 0 & 0 & 1 \end{bmatrix} \begin{bmatrix} 0 \\ 0 \\ 0.2 \end{bmatrix} = \begin{bmatrix} 0.4 \\ 0.4 \\ 0.2 \end{bmatrix}$$

$$\begin{aligned} \boldsymbol{C}_1^- &= \boldsymbol{\Phi}\boldsymbol{C}_0\boldsymbol{\Phi}^{\mathrm{T}} + \boldsymbol{Q}_0 \\ &= \begin{bmatrix} 1 & 2 & 2 \\ 0 & 1 & 2 \\ 0 & 0 & 1 \end{bmatrix} \begin{bmatrix} 8 & 0 & 0 \\ 0 & 10 & 0 \\ 0 & 0 & 5 \end{bmatrix} \begin{bmatrix} 1 & 0 & 0 \\ 2 & 1 & 0 \\ 2 & 2 & 1 \end{bmatrix} + \boldsymbol{0} = \begin{bmatrix} 68 & 40 & 10 \\ 40 & 30 & 10 \\ 10 & 10 & 5 \end{bmatrix} \end{aligned}$$

$$\begin{aligned} \boldsymbol{K}_1 &= \boldsymbol{C}_1^- \boldsymbol{H}^{\mathrm{T}} (\boldsymbol{H}\boldsymbol{C}_1^- \boldsymbol{H}^{\mathrm{T}} + \boldsymbol{R}_1)^{-1} \\ &= \begin{bmatrix} 68 & 40 & 10 \\ 40 & 30 & 10 \\ 10 & 10 & 5 \end{bmatrix} \begin{bmatrix} 1 \\ 0 \\ 0 \end{bmatrix} \left([1 \quad 0 \quad 0] \begin{bmatrix} 68 & 40 & 10 \\ 40 & 30 & 10 \\ 10 & 10 & 5 \end{bmatrix} \begin{bmatrix} 1 \\ 0 \\ 0 \end{bmatrix} + 0.15 \right)^{-1} \\ &= \begin{bmatrix} 0.9978 \\ 0.5869 \\ 0.1467 \end{bmatrix} \end{aligned}$$

$$\begin{aligned} \hat{\boldsymbol{x}}_1 &= \hat{\boldsymbol{x}}_1^- + \boldsymbol{K}_1 (y_1 - \boldsymbol{H}\hat{\boldsymbol{x}}_1^-) \\ &= \begin{bmatrix} 0.4 \\ 0.4 \\ 0.2 \end{bmatrix} + \begin{bmatrix} 0.9978 \\ 0.5869 \\ 0.1467 \end{bmatrix} \left(0.30 - [1 \quad 0 \quad 0] \begin{bmatrix} 0.4 \\ 0.4 \\ 0.2 \end{bmatrix} \right) \\ &= \begin{bmatrix} 0.3002 \\ 0.3413 \\ 0.1853 \end{bmatrix} \end{aligned}$$

$$\begin{aligned} \boldsymbol{C}_1 &= (\boldsymbol{I} - \boldsymbol{K}_1 \boldsymbol{H}) \boldsymbol{C}_1^- \\ &= \left(\begin{bmatrix} 1 & 0 & 0 \\ 0 & 1 & 0 \\ 0 & 0 & 1 \end{bmatrix} - \begin{bmatrix} 0.9978 \\ 0.5869 \\ 0.1467 \end{bmatrix} [1 \quad 0 \quad 0] \right) \begin{bmatrix} 68 & 40 & 10 \\ 40 & 30 & 10 \\ 10 & 10 & 5 \end{bmatrix} \\ &= \begin{bmatrix} 0.1497 & 0.0880 & 0.0220 \\ 0.0880 & 6.5224 & 4.1306 \\ 0.0220 & 4.1306 & 3.5326 \end{bmatrix} \end{aligned}$$

当 $k = 2,3,4,\cdots$ 时,计算步骤同上.

6.7.3 连续时间卡尔曼滤波

线性时变系统的状态方程和观测方程如下：

$$\dot{\boldsymbol{x}}(t)=\boldsymbol{F}(t)\boldsymbol{x}(t)+\boldsymbol{G}(t)\boldsymbol{u}(t) \tag{6.7.50}$$

$$\boldsymbol{y}(t)=\boldsymbol{H}(t)\boldsymbol{x}(t)+\boldsymbol{n}(t) \tag{6.7.51}$$

其中，$\boldsymbol{F}(t)$，$\boldsymbol{G}(t)$和 $\boldsymbol{H}(t)$均为时间函数，$\boldsymbol{u}(t)$和 $\boldsymbol{n}(t)$分别为动态噪声和观测噪声，两者为互不相关的白噪声矢量，其协方差矩阵为

$$E\{\boldsymbol{u}(t)\boldsymbol{u}^{\mathrm{T}}(\tau)\}=\boldsymbol{Q}\delta(t-\tau) \tag{6.7.52}$$

$$E\{\boldsymbol{n}(t)\boldsymbol{n}^{\mathrm{T}}(\tau)\}=\boldsymbol{R}\delta(t-\tau) \tag{6.7.53}$$

$$E\{\boldsymbol{u}(t)\boldsymbol{n}^{\mathrm{T}}(\tau)\}=\boldsymbol{0} \tag{6.7.54}$$

我们通过讨论连续时间卡尔曼滤波与离散时间卡尔曼滤波中部分对应参量之间的关系——首先讨论 $\boldsymbol{Q}$ 与$\boldsymbol{Q}_k$、$\boldsymbol{R}$ 与$\boldsymbol{R}_k$之间的关系，然后推导卡尔曼增益矩阵 $\boldsymbol{K}$ 与$\boldsymbol{K}_k$之间的关系，最终导出连续时间卡尔曼滤波的估计模型，即状态估计方程.

将连续过程(6.7.19)式离散化，即在离散时刻 $t_0,t_1,\cdots,t_k,\cdots$对其进行均匀采样，则系统在 t_{k+1}采样时刻的状态 $\boldsymbol{x}_{k+1}$可由前一时刻 t_k的状态$\boldsymbol{x}_k$表示如下：

$$\boldsymbol{x}_{k+1}=\boldsymbol{\Phi}(t_{k+1},t_k)\boldsymbol{x}_k+\int_{t_k}^{t_{k+1}}\boldsymbol{\Phi}(t_{k+1},\tau)\boldsymbol{G}(\tau)\boldsymbol{u}(\tau)\mathrm{d}\tau \tag{6.7.55}$$

其中，$\boldsymbol{\Phi}(t_{k+1},t_k)$为采样时刻 t_k到下一时刻t_{k+1}的状态转移矩阵，简写为 $\boldsymbol{\Phi}_{k+1,k}$. 当均匀采样时间间隔 Δt 很小时，在 t_k 处进行泰勒展开，有

$$\boldsymbol{\Phi}_{k+1,k}=\boldsymbol{\Phi}(t_{k+1},t_k)=\boldsymbol{\Phi}(t_k,t_k)+F(t_k)\boldsymbol{\Phi}(t_k,t_k)\Delta t\approx\boldsymbol{I} \tag{6.7.56}$$

而 $\boldsymbol{u}_k=\int_{t_k}^{t_{k+1}}\boldsymbol{\Phi}(t_{k+1},\tau)\boldsymbol{G}(\tau)\boldsymbol{u}(\tau)\mathrm{d}\tau$，则

$$\begin{aligned}\boldsymbol{Q}_k&=E\{\boldsymbol{u}_k\boldsymbol{u}_k^{\mathrm{T}}\}\\&=E\left\{\left[\int_{t_k}^{t_{k+1}}\boldsymbol{\Phi}(t_{k+1},\xi)\boldsymbol{G}(\xi)\boldsymbol{u}(\xi)\mathrm{d}\xi\right]\left[\int_{t_k}^{t_{k+1}}\boldsymbol{\Phi}(t_{k+1},\eta)\boldsymbol{G}(\eta)\boldsymbol{u}(\eta)\mathrm{d}\eta\right]^{\mathrm{T}}\right\}\\&=\int_{t_k}^{t_{k+1}}\int_{t_k}^{t_{k+1}}\boldsymbol{\Phi}(t_{k+1},\xi)\boldsymbol{G}(\xi)E\{\boldsymbol{u}(\xi)\boldsymbol{u}^{\mathrm{T}}(\eta)\}\boldsymbol{G}^{\mathrm{T}}(\eta)\boldsymbol{\Phi}^{\mathrm{T}}(t_{k+1},\eta)\mathrm{d}\xi\mathrm{d}\eta\end{aligned} \tag{6.7.57}$$

将 $\boldsymbol{\Phi}(t_{k+1},\xi)\approx\boldsymbol{I}$ (Δt 很小时)代入上式，可得

$$\boldsymbol{Q}_k\approx\int_{t_k}^{t_{k+1}}\int_{t_k}^{t_{k+1}}\boldsymbol{G}(\xi)E\{\boldsymbol{u}(\xi)\boldsymbol{u}^{\mathrm{T}}(\eta)\}\boldsymbol{G}^{\mathrm{T}}(\eta)\mathrm{d}\xi\mathrm{d}\eta \tag{6.7.58}$$

将(6.7.52)式代入上式，当 Δt 的值很小时，有

$$\boldsymbol{Q}_k=\boldsymbol{G}(t_k)\boldsymbol{Q}\boldsymbol{G}^{\mathrm{T}}(t_k)\Delta t \tag{6.7.59}$$

此即 $\boldsymbol{Q}$ 和$\boldsymbol{Q}_k$之间的关系.

下面推导 $\boldsymbol{R}$ 和$\boldsymbol{R}_k$之间的关系. 在连续时间模型中，白噪声 $\boldsymbol{n}(t)$经简单采样得到的随机变量，将具有无限大的方差. 因此，必须采取某种变通的方法，可取观测矢量 $\boldsymbol{y}(t)$在 Δt 间隔上的平均值作为等价的离散时间样本. 其合理性在于，状态变量 $\boldsymbol{x}(t)$不是白过程，在 Δt 间隔上(当 Δt 很小时)可以近似看作常量. 于是

$$\boldsymbol{y}_k=\frac{1}{\Delta t}\int_{t_k}^{t_{k+1}}\boldsymbol{y}(t)\mathrm{d}t=\frac{1}{\Delta t}\int_{t_k}^{t_{k+1}}[\boldsymbol{H}(t)\boldsymbol{x}(t)+\boldsymbol{n}(t)]\mathrm{d}t$$

$$\approx \boldsymbol{H}_k\boldsymbol{x}_k + \frac{1}{\Delta t}\int_{t_k}^{t_{k+1}}\boldsymbol{n}(t)\mathrm{d}t$$
$$= \boldsymbol{H}_k\boldsymbol{x}_k + \boldsymbol{n}_k \tag{6.7.60}$$

离散时间变量 $\boldsymbol{n}_k$ 与连续时间变量 $\boldsymbol{n}(t)$ 之间的关系记为

$$\boldsymbol{n}_k = \frac{1}{\Delta t}\int_{t_k}^{t_{k+1}}\boldsymbol{n}(t)\mathrm{d}t \tag{6.7.61}$$

那么

$$\boldsymbol{R}_k = E\{\boldsymbol{n}_k\boldsymbol{n}_k^{\mathrm{T}}\} = \frac{1}{(\Delta t)^2}\int_{t_k}^{t_{k+1}}\int_{t_k}^{t_{k+1}}E\{\boldsymbol{n}(\xi)\boldsymbol{n}^{\mathrm{T}}(\eta)\}\mathrm{d}\xi\mathrm{d}\eta \tag{6.7.62}$$

将(6.7.53)式代入上式,并考虑到 Δt 很小,可得

$$\boldsymbol{R}_k = \frac{\boldsymbol{R}}{\Delta t} \tag{6.7.63}$$

这就是 $\boldsymbol{R}$ 与 $\boldsymbol{R}_k$ 之间的关系.

再来考虑预测误差的协方差矩阵,将(6.7.48)式重写如下:

$$\boldsymbol{C}_{k+1}^{-} = \boldsymbol{\Phi}_{k+1,k}\boldsymbol{C}_k\boldsymbol{\Phi}_{k+1,k}^{\mathrm{T}} + \boldsymbol{Q}_k \tag{6.7.64}$$

当 $\Delta t \to 0$ 时,由(6.7.56)式和(6.7.59)式可知,$\boldsymbol{\Phi}_{k+1,k} \to \boldsymbol{I}$,$\boldsymbol{Q}_k \to \boldsymbol{0}$,故有

$$\boldsymbol{C}_{k+1}^{-} \to \boldsymbol{C}_k \tag{6.7.65}$$

因此,在连续时间滤波情况下,无需区别预测估计和更新估计的误差协方差矩阵,不妨均用 $\boldsymbol{C}$ 表示.

现在推导在连续时间滤波情况下,卡尔曼增益矩阵的表达式.在离散时间滤波情况下,卡尔曼增益矩阵由(6.7.43)式给出

$$\boldsymbol{K}_k = \boldsymbol{C}_k^{-}\boldsymbol{H}_k^{\mathrm{T}}(\boldsymbol{H}_k\boldsymbol{C}_k^{-}\boldsymbol{H}_k^{\mathrm{T}} + \boldsymbol{R}_k)^{-1}$$

利用(6.7.63)式,当 $\Delta t \to 0$ 时,$\boldsymbol{R}_k \to +\infty$,故上式可以近似为

$$\boldsymbol{K}_k \approx \boldsymbol{C}_k^{-}\boldsymbol{H}_k^{\mathrm{T}}\boldsymbol{R}_k^{-1} = \boldsymbol{C}_k^{-}\boldsymbol{H}_k^{\mathrm{T}}\boldsymbol{R}^{-1}\Delta t \tag{6.7.66}$$

由上式定义连续时间卡尔曼增益矩阵 $\boldsymbol{K}(t)$ 为

$$\boldsymbol{K}(t) = \frac{\boldsymbol{K}_k}{\Delta t} = \boldsymbol{C}_k^{-}\boldsymbol{H}_k^{\mathrm{T}}\boldsymbol{R}^{-1} \tag{6.7.67}$$

现在推导估计误差的协方差矩阵 $\boldsymbol{C}_k$ 应满足的方程.将(6.7.44)式,即

$$\boldsymbol{C}_k = (\boldsymbol{I} - \boldsymbol{K}_k\boldsymbol{H}_k)\boldsymbol{C}_k^{-}$$

代入(6.7.64)式得

$$\begin{aligned}\boldsymbol{C}_{k+1}^{-} &= \boldsymbol{\Phi}_{k+1,k}\boldsymbol{C}_k\boldsymbol{\Phi}_{k+1,k}^{\mathrm{T}} + \boldsymbol{Q}_k \\ &= \boldsymbol{\Phi}_{k+1,k}(\boldsymbol{I} - \boldsymbol{K}_k\boldsymbol{H}_k)\boldsymbol{C}_k^{-}\boldsymbol{\Phi}_{k+1,k}^{\mathrm{T}} + \boldsymbol{Q}_k \\ &= \boldsymbol{\Phi}_{k+1,k}\boldsymbol{C}_k^{-}\boldsymbol{\Phi}_{k+1,k}^{\mathrm{T}} - \boldsymbol{\Phi}_{k+1,k}\boldsymbol{K}_k\boldsymbol{H}_k\boldsymbol{C}_k^{-}\boldsymbol{\Phi}_{k+1,k}^{\mathrm{T}} + \boldsymbol{Q}_k\end{aligned} \tag{6.7.68}$$

现在用 $\boldsymbol{I} + \boldsymbol{F}(t_k)\Delta t$ 来近似 $\boldsymbol{\Phi}_{k+1,k}$,因为(6.7.66)式中的 $\boldsymbol{K}_k$ 是 Δt 的量级,略去 $(\Delta t)^2$ 以上的高阶项后,(6.7.68)式简化为

$$\boldsymbol{C}_{k+1}^{-} = \boldsymbol{C}_k^{-} + \boldsymbol{F}(t_k)\boldsymbol{C}_k^{-}\Delta t + \boldsymbol{C}_k^{-}\boldsymbol{F}^{\mathrm{T}}(t_k)\Delta t - \boldsymbol{K}_k\boldsymbol{H}_k\boldsymbol{C}_k^{-} + \boldsymbol{Q}_k$$

将(6.7.66)式和(6.7.59)式代入上式,移项后得到

$$\frac{\boldsymbol{C}_{k+1}^{-} - \boldsymbol{C}_k^{-}}{\Delta t} = \boldsymbol{F}(t_k)\boldsymbol{C}_k^{-} + \boldsymbol{C}_k^{-}\boldsymbol{F}^{\mathrm{T}}(t_k) - \boldsymbol{C}_k^{-}\boldsymbol{H}_k^{\mathrm{T}}\boldsymbol{R}^{-1}\boldsymbol{H}_k\boldsymbol{C}_k^{-} + \boldsymbol{G}(t_k)\boldsymbol{Q}\boldsymbol{G}^{\mathrm{T}}(t_k)$$

令 $\Delta t \to 0$ 求极限,并考虑(6.7.65)式,得到矩阵微分方程:

$$\dot{\boldsymbol{C}}(t)=\boldsymbol{F}(t)\boldsymbol{C}(t)+\boldsymbol{C}(t)\boldsymbol{F}^{\mathrm{T}}(t)-\boldsymbol{C}(t)\boldsymbol{H}^{\mathrm{T}}(t)\boldsymbol{R}^{-1}\boldsymbol{H}(t)\boldsymbol{C}(t)+\boldsymbol{G}(t)\boldsymbol{Q}\boldsymbol{G}^{\mathrm{T}}(t) \tag{6.7.69}$$

初始条件为

$$\boldsymbol{C}(t_0)=\boldsymbol{C}_0$$

(6.7.69)式即估计误差协方差矩阵应满足的微分方程,称为黎卡提(Ricatti)方程.方程中的右端第三项是 $\boldsymbol{C}_t$ 的二次项,因此黎卡提方程是非线性微分方程.

最后我们来推导连续时间滤波的估计模型.在离散时间情况下,估计模型为(6.7.34)式

$$\hat{\boldsymbol{x}}_k=\hat{\boldsymbol{x}}_k^-+\boldsymbol{K}_k(\boldsymbol{y}_k-\boldsymbol{H}_k\hat{\boldsymbol{x}}_k^-)$$

将 $\hat{\boldsymbol{x}}_k^-=\boldsymbol{\Phi}_{k,k-1}\hat{\boldsymbol{x}}_{k-1}$ 代入上式,得

$$\hat{\boldsymbol{x}}_k=\boldsymbol{\Phi}_{k,k-1}\hat{\boldsymbol{x}}_{k-1}+\boldsymbol{K}_k(\boldsymbol{y}_k-\boldsymbol{H}_k\boldsymbol{\Phi}_{k,k-1}\hat{\boldsymbol{x}}_{k-1})$$

再一次作近似 $\boldsymbol{\Phi}_{k,k-1}\approx\boldsymbol{I}+\boldsymbol{F}(t_{k-1})\Delta t$,代入上式后,由于 $\boldsymbol{K}_k=\boldsymbol{K}(t)\Delta t$,略去$(\Delta t)^2$以上的高阶项,得到

$$\hat{\boldsymbol{x}}_k-\hat{\boldsymbol{x}}_{k-1}=\boldsymbol{F}(t_{k-1})\hat{\boldsymbol{x}}_{k-1}\Delta t+\boldsymbol{K}\Delta t(\boldsymbol{y}_k-\boldsymbol{H}_k\hat{\boldsymbol{x}}_{k-1})$$

两边同除以 Δt,求 $\Delta t\rightarrow 0$ 的极限,最后得到连续时间卡尔曼滤波的估计模型,即状态估计方程

$$\dot{\hat{\boldsymbol{x}}}(t)=\boldsymbol{F}(t)\hat{\boldsymbol{x}}(t)+\boldsymbol{K}(t)[\boldsymbol{y}(t)-\boldsymbol{H}(t)\hat{\boldsymbol{x}}(t)] \tag{6.7.70}$$

(6.7.69)式的黎卡提方程,(6.7.67)式的卡尔曼增益矩阵和(6.7.70)式的状态估计方程一起构成了连续时间卡尔曼滤波算法.

连续时间矢量卡尔曼滤波算法如图 6.13 所示.

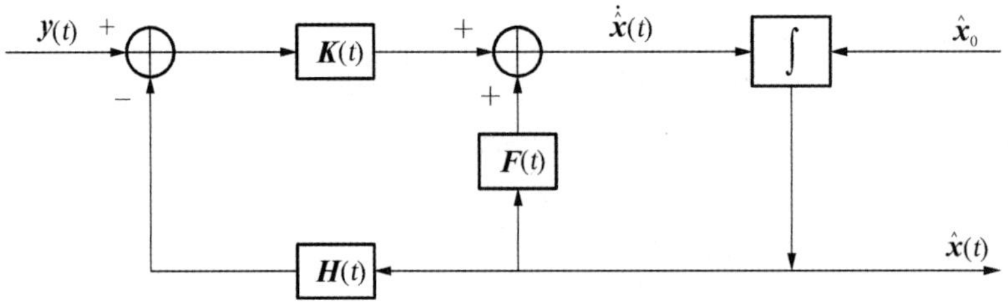

图 6.13 连续时间卡尔曼滤波算法

当在实时处理中应用连续时间卡尔曼滤波时,对于时不变系统,可预先由黎卡提方程求解出 $\boldsymbol{C}$,再由(6.7.67)式计算出卡尔曼增益矩阵 $\boldsymbol{K}(t)$,存储起来待用.在应用过程中要根据观测矢量 $\boldsymbol{y}(t)$实时求解状态估计方程(6.7.70)式,从而得到实时估计 $\hat{\boldsymbol{x}}(t)$.

6.8 稳健卡尔曼滤波

对于连续时间卡尔曼滤波,其状态方程、观测方程和状态估计方程如下:

$$\dot{\boldsymbol{x}}(t)=\boldsymbol{F}(t)\boldsymbol{x}(t)+\boldsymbol{G}(t)\boldsymbol{u}(t) \tag{6.8.1}$$

$$\boldsymbol{y}(t)=\boldsymbol{H}(t)\boldsymbol{x}(t)+\boldsymbol{n}(t) \tag{6.8.2}$$

$$\dot{\hat{\boldsymbol{x}}}(t)=\boldsymbol{F}(t)\hat{\boldsymbol{x}}(t)+\boldsymbol{K}(t)[\boldsymbol{y}(t)-\boldsymbol{H}(t)\hat{\boldsymbol{x}}(t)] \tag{6.8.3}$$

其中，$\boldsymbol{u}(t)$和 $\boldsymbol{n}(t)$分别代表动态噪声和观测噪声矢量，它们是均值为 $\mathbf{0}$ 且互不相关的白噪声矢量，其协方差矩阵为

$$E\{\boldsymbol{u}(t)\boldsymbol{u}^{\mathrm{T}}(\tau)\} = \boldsymbol{Q}\delta(t-\tau) \tag{6.8.4}$$

$$E\{\boldsymbol{n}(t)\boldsymbol{n}^{\mathrm{T}}(\tau)\} = \boldsymbol{R}\delta(t-\tau) \tag{6.8.5}$$

$$E\{\boldsymbol{u}(t)\boldsymbol{n}^{\mathrm{T}}(\tau)\} = \mathbf{0} \tag{6.8.6}$$

上述模型中可能会出现不确定性，主要有两种类型：一种是有关噪声的二阶矩统计特征(功率谱密度函数)的不确定性，如协方差矩阵中 $\boldsymbol{Q}$ 和 $\boldsymbol{R}$ 的不确定性；一种是动态模型自身的不确定性，如矩阵 $\boldsymbol{F}(t)$、$\boldsymbol{G}(t)$和 $\boldsymbol{H}(t)$的不确定性. 对于这两种不同的不确定性，其解决办法也不尽相同.

对于有关噪声的二阶矩概率特性方面的不确定性，可以像稳健维纳滤波那样，采用极小极大解或鞍点解的方法来处理. 即，首先在假定的二阶矩概率特性中找到最不利的情况，然后寻找对应的最佳增益矩阵 $\boldsymbol{K}(t)$，从而构成稳健卡尔曼滤波. 最不利情况的二阶矩特性提供了滤波性能下界，只要二阶矩特性的不确定性不超出预先假定的范围，滤波性能就不会比这个下界更坏.

对于动态模型本身的不确定性，也可以采用极小极大方法来处理，不过问题可能更加复杂，感兴趣的读者可以参考有关文献.

6.9　扩展卡尔曼滤波

如前面章节所述，离散时间卡尔曼滤波用于估计一个用线性随机差分方程描述的离散时间过程. 但如果被估计的过程是非线性的，或观测变量与过程的关系是非线性的，将涉及到非线性系统的滤波问题. 综合考虑这两种非线性情况，假设离散非线性系统的状态方程和观测方程分别为

$$\boldsymbol{x}_{k+1} = \boldsymbol{f}(\boldsymbol{x}_k) + \boldsymbol{u}_k \tag{6.9.1}$$

$$\boldsymbol{y}_k = \boldsymbol{h}(\boldsymbol{x}_k) + \boldsymbol{n}_k \tag{6.9.2}$$

其中，$\boldsymbol{x}_k$ 和 $\boldsymbol{x}_{k+1}$分别为 $t=t_k$ 和 $t=t_{k+1}$时刻系统的 $p\times 1$ 维状态矢量，$\boldsymbol{f}(\cdot):\mathbb{R}^p\rightarrow\mathbb{R}^p$为一个连续的矢量函数且对于 $\boldsymbol{x}$ 至少二次可微，$\boldsymbol{u}_k$ 为 $t=t_k$ 时刻的独立于状态矢量的 $p\times 1$ 维加性零均值高斯白噪声矢量且 $E\{\boldsymbol{u}_k\boldsymbol{u}_i^{\mathrm{T}}\}=\boldsymbol{Q}_k\delta_{ki}$，$\boldsymbol{y}_k$ 为 $t=t_k$ 时刻系统的 $q\times 1$ 维观测矢量，$\boldsymbol{h}(\cdot):\mathbb{R}^p\rightarrow\mathbb{R}^q$为一个连续的矢量函数且对于 $\boldsymbol{x}$ 至少二次可微，$\boldsymbol{n}_k$ 为 $t=t_k$ 时刻的独立于状态矢量的 $q\times 1$ 维加性零均值高斯白噪声矢量且 $E\{\boldsymbol{n}_k\boldsymbol{n}_i^{\mathrm{T}}\}=\boldsymbol{R}_k\delta_{ki}$，$E\{\boldsymbol{u}_k\boldsymbol{n}_i^{\mathrm{T}}\}=\mathbf{0}$.

扩展卡尔曼滤波(Extended Kalman Filter，EKF)的思想是将非线性滤波问题近似为一个线性问题来进行处理，该线性化过程是以泰勒展开来表示的. 对 $\boldsymbol{f}(\boldsymbol{z})$与 $\boldsymbol{h}(\boldsymbol{z})$分别在 $\boldsymbol{z}_0$ 附近作精确到二阶项的泰勒展开，可以得到

$$\boldsymbol{f}(\boldsymbol{z}) \approx \boldsymbol{f}(\boldsymbol{z}_0) + \boldsymbol{F}(\boldsymbol{z}_0)(\boldsymbol{z}-\boldsymbol{z}_0) + \frac{1}{2}\sum_{i=1}^{p}\boldsymbol{\varphi}_i\,(\boldsymbol{z}-\boldsymbol{z}_0)^{\mathrm{T}}\boldsymbol{A}_i(\boldsymbol{z}_0)(\boldsymbol{z}-\boldsymbol{z}_0) \tag{6.9.3}$$

$$\boldsymbol{h}(\boldsymbol{z}) \approx \boldsymbol{h}(\boldsymbol{z}_0) + \boldsymbol{H}(\boldsymbol{z}_0)(\boldsymbol{z}-\boldsymbol{z}_0) + \frac{1}{2}\sum_{j=1}^{q}\boldsymbol{\eta}_j\,(\boldsymbol{z}-\boldsymbol{z}_0)^{\mathrm{T}}\boldsymbol{B}_j(\boldsymbol{z}_0)(\boldsymbol{z}-\boldsymbol{z}_0) \tag{6.9.4}$$

其中，$\boldsymbol{F}(\boldsymbol{z})$定义为 $\boldsymbol{f}(\boldsymbol{z})$的 $p\times p$ 维雅可比矩阵，其第(m_1,m_2)个元素为

$$[\boldsymbol{F}(z)]_{m_1,m_2}=\frac{\partial f_{m_1}(z)}{\partial z_{m_2}}\quad(m_1,m_2=1,2,\cdots,p)\tag{6.9.5}$$

$f_{m_1}(z)$为$\boldsymbol{f}(z)$中的第m_1个函数,$\boldsymbol{A}_i(z)$定义为$f_i(z)$的$p\times p$维海瑟矩阵,其第(m_1,m_2)个元素为

$$[\boldsymbol{A}_i(z)]_{m_1,m_2}=\frac{\partial^2 f_i(z)}{\partial z_{m_1}\partial z_{m_2}}\quad(m_1,m_2=1,2,\cdots,p)\tag{6.9.6}$$

$\{\boldsymbol{\varphi}_1,\boldsymbol{\varphi}_2,\cdots,\boldsymbol{\varphi}_p\}$为$\mathbb{R}^p$上的$p\times 1$维标准基矢量集合,即

$$\boldsymbol{\varphi}_1=\begin{bmatrix}1\\0\\\vdots\\0\end{bmatrix},\quad\boldsymbol{\varphi}_2=\begin{bmatrix}0\\1\\\vdots\\0\end{bmatrix},\quad\cdots,\quad\boldsymbol{\varphi}_p=\begin{bmatrix}0\\0\\\vdots\\1\end{bmatrix}\tag{6.9.7}$$

同理,$\boldsymbol{H}(z)$定义为$\boldsymbol{h}(z)$的$q\times p$维雅可比矩阵,$\boldsymbol{B}_j(z)$定义为$\boldsymbol{h}(z)$中第j个函数$h_j(z)$的$p\times p$维海瑟矩阵,$\{\boldsymbol{\eta}_1,\boldsymbol{\eta}_2,\cdots,\boldsymbol{\eta}_q\}$为$\mathbb{R}^q$上的$q\times 1$维标准基矢量集合.

当忽略(6.9.3)式和(6.9.4)式中的二阶项时,(6.9.1)式和(6.9.2)式所描述的非线性模型退化为线性模型,其卡尔曼滤波过程可以完全参照线性离散卡尔曼滤波的步骤进行.因此,这里考虑对二阶项进行补偿的扩展卡尔曼滤波.假设基于t_k时刻之前所获得的所有知识在t_k时刻所做的预测估计矢量为$\hat{\boldsymbol{x}}_k^-$,并定义卡尔曼增益矩阵为$\boldsymbol{K}_k$,则利用t_k时刻的新观测数据$\boldsymbol{y}_k$所带来的新息后的更新估计为

$$\hat{\boldsymbol{x}}_k=\hat{\boldsymbol{x}}_k^-+\boldsymbol{K}_k[\boldsymbol{y}_k-\boldsymbol{h}(\hat{\boldsymbol{x}}_k^-)]-\boldsymbol{\pi}_k\tag{6.9.8}$$

其中,$\boldsymbol{\pi}_k$为更新估计中的偏差校正矢量.

联合(6.9.2)式与(6.9.8)式可得更新估计误差为

$$\boldsymbol{e}_k=\boldsymbol{x}_k-\hat{\boldsymbol{x}}_k=\boldsymbol{e}_k^--\boldsymbol{K}_k[\boldsymbol{h}(\boldsymbol{x}_k)-\boldsymbol{h}(\hat{\boldsymbol{x}}_k^-)]-\boldsymbol{K}_k\boldsymbol{n}_k+\boldsymbol{\pi}_k\tag{6.9.9}$$

根据(6.9.4)式,将$\boldsymbol{h}(\hat{\boldsymbol{x}}_k)$在$\hat{\boldsymbol{x}}_k^-$附近展开到二阶项并代入(6.9.9)式可得

$$\boldsymbol{e}_k\approx\boldsymbol{e}_k^--\boldsymbol{K}_k\boldsymbol{H}(\hat{\boldsymbol{x}}_k^-)\boldsymbol{e}_k^--\frac{1}{2}\boldsymbol{K}_k\sum_{j=1}^{q}\boldsymbol{\eta}_j\boldsymbol{e}_k^{-\mathrm{T}}\boldsymbol{B}_j(\hat{\boldsymbol{x}}_k^-)\boldsymbol{e}_k^--\boldsymbol{K}_k\boldsymbol{n}_k+\boldsymbol{\pi}_k\tag{6.9.10}$$

假设$\hat{\boldsymbol{x}}_k^-$为$\boldsymbol{x}_k$的无偏估计,即$E\{\boldsymbol{e}_k^-\}=\boldsymbol{0}$.因此,若要使得$\hat{\boldsymbol{x}}_k$为$\boldsymbol{x}_k$的无偏估计,即$E\{\boldsymbol{e}_k\}=\boldsymbol{0}$,则由(6.9.10)式可得

$$\begin{aligned}\boldsymbol{\pi}_k&\approx E\left\{\frac{1}{2}\boldsymbol{K}_k\sum_{j=1}^{q}\boldsymbol{\eta}_j\boldsymbol{e}_k^{-\mathrm{T}}\boldsymbol{B}_j(\hat{\boldsymbol{x}}_k^-)\boldsymbol{e}_k^-\right\}\\&=\frac{1}{2}\boldsymbol{K}_k\sum_{j=1}^{q}\boldsymbol{\eta}_j\mathrm{tr}\{\boldsymbol{B}_j(\hat{\boldsymbol{x}}_k^-)\boldsymbol{C}_k^-\}\end{aligned}\tag{6.9.11}$$

其中,$\boldsymbol{C}_k^-=E\{\boldsymbol{e}_k^-\boldsymbol{e}_k^{-\mathrm{T}}\}$为预测误差$\boldsymbol{e}_k^-$的协方差矩阵.

经过一些简单的运算,进一步可得更新误差$\boldsymbol{e}_k$的协方差矩阵

$$\boldsymbol{C}_k=E\{\boldsymbol{e}_k\boldsymbol{e}_k^{\mathrm{T}}\}=[\boldsymbol{I}-\boldsymbol{K}_k\boldsymbol{H}(\hat{\boldsymbol{x}}_k^-)]\boldsymbol{C}_k^-[\boldsymbol{I}-\boldsymbol{K}_k\boldsymbol{H}(\hat{\boldsymbol{x}}_k^-)]^{\mathrm{T}}+\boldsymbol{K}_k(\boldsymbol{R}_k+\boldsymbol{P}_k)\boldsymbol{K}_k^{\mathrm{T}}\tag{6.9.12}$$

其中,二阶项的协方差矩阵$\boldsymbol{P}_k$定义为

$$\boldsymbol{P}_k=\frac{1}{4}E\left\{\sum_{i=1}^{q}\sum_{j=1}^{q}\boldsymbol{\eta}_i\boldsymbol{\eta}_j^{\mathrm{T}}\mathrm{tr}\{\boldsymbol{B}_i(\hat{\boldsymbol{x}}_k^-)(\boldsymbol{e}_k^-\boldsymbol{e}_k^{-\mathrm{T}}-\boldsymbol{C}_k^-)\}\mathrm{tr}\{\boldsymbol{B}_j(\hat{\boldsymbol{x}}_k^-)(\boldsymbol{e}_k^-\boldsymbol{e}_k^{-\mathrm{T}}-\boldsymbol{C}_k^-)\}\right\}\tag{6.9.13}$$

引入引理6.9.1.

引理 6.9.1　若 s 为服从均值为 $\mathbf{0}$、协方差矩阵为 $\boldsymbol{\Sigma}$ 的高斯分布的 $p\times 1$ 维矢量，且 $\boldsymbol{C}$ 与 $\boldsymbol{D}$ 都为 $p\times p$ 维的对称矩阵，则如下关系式成立：

$$E\{s\operatorname{tr}\{\boldsymbol{C}ss^{\mathrm{T}}\}\}=\mathbf{0} \tag{6.9.14}$$

$$E\{\operatorname{tr}\{\boldsymbol{C}ss^{\mathrm{T}}\boldsymbol{D}ss^{\mathrm{T}}\}\}=E\{\operatorname{tr}\{\boldsymbol{C}ss^{\mathrm{T}}\}\operatorname{tr}\{\boldsymbol{D}ss^{\mathrm{T}}\}\}=2\operatorname{tr}\{\boldsymbol{C\Sigma D\Sigma}\}+\operatorname{tr}\{\boldsymbol{C\Sigma}\}\operatorname{tr}\{\boldsymbol{D\Sigma}\} \tag{6.9.15}$$

通常 $\boldsymbol{e}_k^-$ 渐近服从均值为 $\mathbf{0}$、协方差矩阵为 $\boldsymbol{C}_k^-$ 的高斯分布，则根据引理 6.9.1，可以得到 $\boldsymbol{P}_k$ 的简化形式：

$$\boldsymbol{P}_k=\frac{1}{2}\sum_{i=1}^{q}\sum_{j=1}^{q}\boldsymbol{\eta}_i\boldsymbol{\eta}_j^{\mathrm{T}}\operatorname{tr}\{\boldsymbol{B}_i(\boldsymbol{x}_k^-)\boldsymbol{C}_k^-\boldsymbol{B}_j(\boldsymbol{x}_k^-)\boldsymbol{C}_k^-\} \tag{6.9.16}$$

将(6.9.12)式同离散线性卡尔曼滤波的更新估计协方差矩阵(6.7.38)式比较可得，其差别在于，原来只有观测噪声协方差矩阵 $\boldsymbol{R}_k$ 的地方增加了二阶项协方差矩阵 $\boldsymbol{P}_k$ 的部分，即在扩展卡尔曼滤波中考虑补偿非线性函数二阶项时，其等效线性系统的观测噪声协方差矩阵为 $\boldsymbol{R}_k+\boldsymbol{P}_k$. 因此根据(6.7.43)式，其卡尔曼增益矩阵可以直接写为

$$\boldsymbol{K}_k=\boldsymbol{C}_k^-\boldsymbol{H}^{\mathrm{T}}(\hat{\boldsymbol{x}}_k^-)[\boldsymbol{H}(\hat{\boldsymbol{x}}_k^-)\boldsymbol{C}_k^-\boldsymbol{H}^{\mathrm{T}}(\hat{\boldsymbol{x}}_k^-)+\boldsymbol{R}_k+\boldsymbol{P}_k]^{-1} \tag{6.9.17}$$

同理，将(6.9.17)式代入(6.9.12)式可以得到与(6.7.44)式相同形式的更新误差的协方差矩阵

$$\boldsymbol{C}_k=[\boldsymbol{I}-\boldsymbol{K}_k\boldsymbol{H}(\hat{\boldsymbol{x}}_k^-)]\boldsymbol{C}_k^- \tag{6.9.18}$$

上述分析描述了考虑二阶项时的扩展卡尔曼滤波利用滤波观测矢量 $\boldsymbol{y}_k$ 中的新息将预测估计 $\hat{\boldsymbol{x}}_k^-$ 更新为 $\hat{\boldsymbol{x}}_k$ 的过程. 与线性卡尔曼滤波过程类似，为了递推过程的顺利进行，我们还要由 t_k 时刻的更新估计及更新误差协方差矩阵 $\boldsymbol{C}_k$ 来计算 t_{k+1} 时刻的预测估计 $\hat{\boldsymbol{x}}_{k+1}^-$ 及预测误差协方差矩阵 $\boldsymbol{C}_{k+1}^-$，进而不断迭代下去.

参考状态方程(6.9.1)式，由于 $\boldsymbol{u}_k$ 为加性零均值高斯白噪声矢量且独立于状态矢量，故在预测 $\hat{\boldsymbol{x}}_{k+1}^-$ 时，可以忽略 $\boldsymbol{u}_k$ 的作用. 我们取状态矢量的预测估计为

$$\hat{\boldsymbol{x}}_{k+1}^-=\boldsymbol{f}(\hat{\boldsymbol{x}}_k)+\boldsymbol{\beta}_k \tag{6.9.19}$$

其中，$\boldsymbol{\beta}_k$ 与更新估计中 $\boldsymbol{\pi}_k$ 的作用类似，为预测估计过程中的偏差校正矢量. 则 t_{k+1} 时刻的预测误差为

$$\boldsymbol{e}_{k+1}^-=\boldsymbol{x}_{k+1}-\hat{\boldsymbol{x}}_{k+1}^-=\boldsymbol{f}(\boldsymbol{x}_k)+\boldsymbol{u}_k-\boldsymbol{f}(\hat{\boldsymbol{x}}_k)-\boldsymbol{\beta}_k \tag{6.9.20}$$

参考(6.9.3)式，将 $\boldsymbol{f}(\boldsymbol{x}_k)$ 在 $\hat{\boldsymbol{x}}_k$ 附近进行泰勒展开到二阶项，则(6.9.20)式变为

$$\boldsymbol{e}_{k+1}^-\approx\boldsymbol{F}(\hat{\boldsymbol{x}}_k)\boldsymbol{e}_k+\frac{1}{2}\sum_{i=1}^{p}\boldsymbol{\varphi}_i\boldsymbol{e}_k^{\mathrm{T}}\boldsymbol{A}_i(\hat{\boldsymbol{x}}_k)\boldsymbol{e}_k+\boldsymbol{u}_k-\boldsymbol{\beta}_k \tag{6.9.21}$$

由于更新过程中保证了 $E\{\boldsymbol{e}_k\}=\mathbf{0}$，要使 $\hat{\boldsymbol{x}}_{k+1}^-$ 为无偏估计，则偏差校正矢量 $\boldsymbol{\beta}_k$ 应满足

$$\begin{aligned}\boldsymbol{\beta}_k&\approx\frac{1}{2}\sum_{i=1}^{p}\boldsymbol{\varphi}_iE\{\boldsymbol{e}_k^{\mathrm{T}}\boldsymbol{A}_i(\hat{\boldsymbol{x}}_k)\boldsymbol{e}_k\}\\&=\frac{1}{2}\sum_{i=1}^{p}\boldsymbol{\varphi}_i\operatorname{tr}\{\boldsymbol{A}_i(\hat{\boldsymbol{x}}_k)\boldsymbol{C}_k\}\end{aligned} \tag{6.9.22}$$

根据引理 6.9.1，可以计算出预测误差的协方差矩阵 $\boldsymbol{C}_{k+1}^-$，为

$$\begin{aligned}\boldsymbol{C}_{k+1}^-&=E\{\boldsymbol{e}_{k+1}^-\boldsymbol{e}_{k+1}^{-\mathrm{T}}\}\\&=\boldsymbol{F}(\hat{\boldsymbol{x}}_k)\boldsymbol{C}_k\boldsymbol{F}^{\mathrm{T}}(\hat{\boldsymbol{x}}_k)+\frac{1}{2}\sum_{i=1}^{p}\sum_{j=1}^{p}\boldsymbol{\varphi}_i\boldsymbol{\varphi}_j^{\mathrm{T}}\operatorname{tr}\{\boldsymbol{A}_i(\hat{\boldsymbol{x}}_k)\boldsymbol{C}_k\boldsymbol{A}_j(\hat{\boldsymbol{x}}_k)\boldsymbol{C}_k\}+\boldsymbol{Q}_k\end{aligned} \tag{6.9.23}$$

综上，我们将考虑二阶项补偿的扩展卡尔曼滤波的预测-更新递归过程总结如下：

(1) 建立非线性状态方程与观测方程,如(6.9.1)式与(6.9.2)式所示:

$$\boldsymbol{x}_{k+1} = \boldsymbol{f}(\boldsymbol{x}_k) + \boldsymbol{u}_k$$

$$\boldsymbol{y}_k = \boldsymbol{h}(\boldsymbol{x}_k) + \boldsymbol{n}_k$$

(2) 计算 $\boldsymbol{f}(\cdot)$的雅可比矩阵 $\boldsymbol{F}(\boldsymbol{x})$与海瑟矩阵 $\boldsymbol{A}_i(\boldsymbol{x})(i=1,2,\cdots,p)$以及 $\boldsymbol{h}(\cdot)$的雅可比矩阵 $\boldsymbol{H}(\boldsymbol{x})$与海瑟矩阵 $\boldsymbol{B}_j(\boldsymbol{x})(j=1,2,\cdots,q)$,如(6.9.5)式与(6.9.6)式所示:

$$[\boldsymbol{F}(\boldsymbol{z})]_{m_1,m_2} = \frac{\partial f_{m_1}(\boldsymbol{z})}{\partial \boldsymbol{z}_{m_2}} \quad (m_1, m_2 = 1,2,\cdots,p)$$

$$[\boldsymbol{A}_i(\boldsymbol{z})]_{m_1,m_2} = \frac{\partial^2 f_i(\boldsymbol{z})}{\partial \boldsymbol{z}_{m_1} \partial \boldsymbol{z}_{m_2}} \quad (m_1, m_2 = 1,2,\cdots,p)$$

(3) 根据最小均方误差估计准则,确定卡尔曼滤波的初始值,即 $k=0$ 时,

$$\hat{\boldsymbol{x}}_0 = E\{\boldsymbol{x}_0\}$$

$$\boldsymbol{C}_0 = \mathrm{Cov}\{\boldsymbol{x}_0, \boldsymbol{x}_0\}$$

(4) 根据 $\hat{\boldsymbol{x}}_k$ 预测估计 t_{k+1}时刻的状态矢量 $\hat{\boldsymbol{x}}_{k+1}^-$,如(6.9.19)式所示:

$$\hat{\boldsymbol{x}}_{k+1}^- = \boldsymbol{f}(\hat{\boldsymbol{x}}_k) + \frac{1}{2}\sum_{i=1}^{p} \boldsymbol{\varphi}_i \mathrm{tr}\{\boldsymbol{A}_i(\hat{\boldsymbol{x}}_k)\boldsymbol{C}_k\}$$

(5) 计算预测误差协方差矩阵 $\boldsymbol{C}_{k+1}^-$,如(6.9.23)式所示:

$$\boldsymbol{C}_{k+1}^- = \boldsymbol{F}(\hat{\boldsymbol{x}}_k)\boldsymbol{C}_k\boldsymbol{F}^{\mathrm{T}}(\hat{\boldsymbol{x}}_k) + \frac{1}{2}\sum_{i=1}^{p}\sum_{j=1}^{p} \boldsymbol{\varphi}_i\boldsymbol{\varphi}_j^{\mathrm{T}} \mathrm{tr}\{\boldsymbol{A}_i(\hat{\boldsymbol{x}}_k)\boldsymbol{C}_k\boldsymbol{A}_j(\hat{\boldsymbol{x}}_k)\boldsymbol{C}_k\} + \boldsymbol{Q}_k$$

(6) 计算卡尔曼增益矩阵 $\boldsymbol{K}_{k+1}$,如(6.9.17)式所示:

$$\boldsymbol{K}_{k+1} = \boldsymbol{C}_{k+1}^-\boldsymbol{H}^{\mathrm{T}}(\hat{\boldsymbol{x}}_{k+1}^-)\Big[\boldsymbol{H}(\hat{\boldsymbol{x}}_{k+1}^-)\boldsymbol{C}_{k+1}^-\boldsymbol{H}^{\mathrm{T}}(\hat{\boldsymbol{x}}_{k+1}^-) + \boldsymbol{R}_{k+1} + \frac{1}{2}\sum_{i=1}^{q}\sum_{j=1}^{q} \boldsymbol{\eta}_i\boldsymbol{\eta}_j^{\mathrm{T}} \mathrm{tr}\{\boldsymbol{B}_i(\hat{\boldsymbol{x}}_{k+1}^-)\boldsymbol{C}_{k+1}^-\boldsymbol{B}_j(\hat{\boldsymbol{x}}_{k+1}^-)\boldsymbol{C}_{k+1}^-\}\Big]^{-1}$$

(7) 更新估计 $\hat{\boldsymbol{x}}_{k+1}$,如(6.9.8)式所示:

$$\hat{\boldsymbol{x}}_{k+1} = \hat{\boldsymbol{x}}_{k+1}^- + \boldsymbol{K}_{k+1}\Big[\boldsymbol{y}_{k+1} - \boldsymbol{h}(\hat{\boldsymbol{x}}_{k+1}^-) - \frac{1}{2}\sum_{j=1}^{q} \boldsymbol{\eta}_j \mathrm{tr}\{\boldsymbol{B}_j(\hat{\boldsymbol{x}}_{k+1}^-)\boldsymbol{C}_{k+1}^-\}\Big]$$

(8) 计算更新误差协方差矩阵 $\boldsymbol{C}_{k+1}$,如(6.9.18)式所示:

$$\boldsymbol{C}_{k+1} = [\boldsymbol{I} - \boldsymbol{K}_{k+1}\boldsymbol{H}(\hat{\boldsymbol{x}}_{k+1}^-)]\boldsymbol{C}_{k+1}^-$$

(9) 令 $k=k+1$,重复步骤(4)～(9)直到估计结束.

上述递推过程仍然可以用类似图 6.12 所示的框图来表示,然而这里需要注意的是,由于 $\boldsymbol{F}(\hat{\boldsymbol{x}}_k)$,$\boldsymbol{A}_i(\hat{\boldsymbol{x}}_k)$,$\boldsymbol{H}(\hat{\boldsymbol{x}}_{k+1}^-)$与 $\boldsymbol{B}_j(\boldsymbol{x}_{k+1}^-)$都是时变的,因此不同于线性卡尔曼滤波系统,卡尔曼增益矩阵$\boldsymbol{K}_{k+1}$无法通过事先的单独推算存储于系统中,只能实时进行计算.另外,很多非线性系统中的非线性函数不能保证其连续且二次可导,因此其在实际应用中会受到一定限制.近年来,使用无味变换(Unscented Transform)的无味卡尔曼滤波(UKF)受到了广泛关注,这种方法避免了求取一阶和二阶微分方程的显式形式,并能够适用于非连续的非线性系统.感兴趣的读者可以查阅相关文献以了解详细内容.

小　结

本章介绍的最佳线性滤波基本理论所解决的问题是:对于给定有用信号和加性噪声的

混合波形,寻求线性运算作用于此混合波形,提取出信号波形.换言之,就是将信号与噪声实现最佳分离.维纳滤波和卡尔曼滤波都是基于有用信号和观测噪声的二阶统计量,以线性最小均方误差估计准则解决随机信号的波形估计问题,但是两者也存在明显差异.维纳滤波需要给出有用信号和观测噪声的有理功率谱密度函数(自相关函数);卡尔曼滤波则需要建立状态模型.维纳滤波通常用于平稳信号的波形估计;卡尔曼滤波则可以用于非平稳信号的波形估计.维纳滤波适用于白噪声和色噪声;卡尔曼滤波原则上只适用于白噪声.维纳滤波一般只适用于单信号的波形估计;卡尔曼滤波则可以同时估计多个信号的波形.维纳滤波原则上必须用到无限过去的数据,不适用于实时处理;卡尔曼滤波采用递推算法,适用于实时和计算机处理.

本章还简要讨论了稳健维纳滤波器、稳健卡尔曼滤波器的基本概念和设计思路,提供了滤波性能的下界.此外,还对非线性系统模型进行线性化近似,扩展了卡尔曼滤波的应用.但总的来说,对于非平稳和非线性情况下的滤波问题涉及较少,随着研究工作的深入、应用领域的拓宽以及数字计算技术的提高,最佳滤波理论还在不断发展,这些内容均请读者予以关注.

习　题

6-1　设观测信号为 $x(t)=s(t)+n(t)$,其中,信号 $s(t)$和噪声 $n(t)$互不相关,且它们的自相关函数分别为 $R_s(\tau)=\dfrac{1}{2}e^{-|\tau|}$ 和 $R_n(\tau)=\delta(\tau)$.求对 $s(t)$进行估计的物理不可实现维纳滤波器,并计算最小均方误差.

6-2　设观测信号为 $x(t)=s(t)+n(t)$,其中,$x(t)$仅在 $-\infty$ 到当前时刻有值,信号 $s(t)$和噪声 $n(t)$互不相关,且它们的功率谱密度函数分别为 $S_s(\omega)=\dfrac{2a}{\omega^2+a^2}$ 和 $S_n(\omega)=1$.求对 $s(t+\alpha)(\alpha>0)$ 进行估计的维纳滤波器.

6-3　设观测信号为 $x(t)=s(t)+n(t)$,其中,信号 $s(t)$和噪声 $n(t)$互不相关且均值均为 0,它们的自相关函数分别为 $R_s(\tau)=e^{-\alpha\tau}(\alpha>0)$ 和 $R_n(\tau)=\dfrac{N_0}{2}\delta(t)$.求对 $s(t)$进行最优估计的物理不可实现滤波器的冲激响应和估计的均方误差.

6-4　假设对所有时间 t,观测信号为 $x(t)=s(t)+n(t)$,其中,信号 $s(t)$和噪声 $n(t)$均值均为零.

(1) 求对 $s(t)$的一阶导数 $\dot{s}(t)$进行线性最小均方误差估计的滤波器的结构;

(2) 若已知 $s(t)$和 $n(t)$互不相关,且它们的自相关函数分别为 $R_s(\tau)=e^{-\alpha\tau^2}(\alpha>0)$ 和 $R_n(\tau)=k\delta(\tau)(k>0)$.当 $k^2\alpha>\pi$ 时,求上述滤波器的冲激响应 $h(t)$.

6-5　观测信号为 $x(t)=s(t)+n(t)$,$x(t)$仅在 $-\infty$ 到当前时刻有值.

(1) 若信号 $s(t)$和噪声 $n(t)$互不相关,且它们的功率谱密度函数分别为 $S_s(\omega)=\dfrac{1}{1+\omega^2}$ 和 $S_n(\omega)=1$.求对 $\dfrac{ds(t)}{dt}$ 进行估计的维纳滤波器.

(2) 请问:$\dfrac{ds(t)}{dt}=\dfrac{d\hat{s}(t)}{dt}$ 是否成立?

6-6　观测信号为 $x(t)=s(t)+n(t)$,$x(t)$ 仅在 $-\infty$ 到当前时刻有值,$s(t)$为窄带随机信号,其自相关

函数为 $R_s(\tau)=Ae^{-\alpha|\tau|}\cos\omega_0\tau(\omega_0\gg\alpha)$，$n(t)$ 为高斯白噪声，其功率谱密度函数为 $N_0/2$. 求对 $s(t)$ 进行估计的维纳滤波器.

6-7 考虑维纳预测与平滑问题. 设信号 $s(t)$ 和噪声 $n(t)$ 都是零均值的广义平稳随机过程，二者互不相关，它们的自相关函数分别为 $R_s(\tau)=\dfrac{7}{12}e^{-|\tau|/2}$ 和 $R_n(\tau)=\dfrac{5}{6}e^{-|\tau|}$. 在求估计波形 $\hat{s}(t+\alpha)$ 及其估计均方误差的过程中，对物理可实现的维纳滤波器，估计的均方误差为

$$\begin{aligned}E\{e^2(t)\}_{\min}&=R_s(0)-\int_0^{+\infty}\varphi^2(t)\mathrm{d}t\\&=R_s(0)-f(\alpha)\end{aligned}$$

其中

$$\varphi(t+\alpha)=\frac{1}{2}e^{-(t+\alpha)/2}\quad(\alpha>0)$$

$$\varphi(t+\alpha)=\begin{cases}\dfrac{1}{9}e^{2(t+\alpha)/3} & (0<t\leqslant|\alpha|)\\[2mm] \dfrac{1}{2}e^{-(t+\alpha)/2} & (t>|\alpha|)\end{cases}\quad(\alpha<0)$$

(1) 求函数 $\varphi(t+\alpha)$ 的拉氏变换 $[\Phi(s)e^{\alpha s}]^+$.

(2) 求对波形 $s(t+\alpha)$ 进行最优估计的均方误差.

6-8 在 6-5 题的条件下，若期望信号为 $g(t)=\int_t^{t+\alpha}s(\tau)\mathrm{d}\tau(\alpha>0)$. 求对 $g(t)$ 进行估计的维纳滤波器.

6-9 考虑离散情况下的维纳滤波. 已知观测信号为 $x(k)=s(k)+n(k)$，信号 $s(k)$ 及噪声 $n(k)$ 均为广义平稳序列，且 $s(k)$ 和 $n(k)$ 互不相关，它们的离散功率谱密度函数分别为 $P_s(z)=\dfrac{0.36}{(1-0.8z^{-1})(1-0.8z)}$ 和 $P_n(z)=1$. 求对波形 $s(k)$ 估计的物理可实现及物理不可实现的维纳滤波器，并计算估计的最小均方误差.

6-10 观测信号为 $x(t)=s(t)+n(t)$，其中，信号 $s(t)$ 的功率谱密度函数为

$$S_s(\omega)=\begin{cases}A\dfrac{\omega+\omega_c}{\omega_c} & (-\omega_c\leqslant\omega<0)\\[2mm] A\dfrac{\omega-\omega_c}{\omega_c} & (0\leqslant\omega\leqslant\omega_c)\\[2mm] 0 & (\text{其他})\end{cases}$$

$n(t)$ 为高斯白噪声，其功率谱密度函数为 $S_n(\omega)=N_0/2$，且 $s(t)$ 与 $n(t)$ 互不相关. $x(t)$ 经过滤波器的输出信号为 $y(t)$. 求对 $s(t)$ 进行估计的物理不可实现的维纳滤波器的传输函数.

6-11 滤波器的输入信号为 $x(t)=s(t)+n(t)$，其中，$n(t)$ 为平稳高斯白噪声，其功率谱密度函数为 $S_n(\omega)=N_0/2(-\infty<\omega<+\infty)$，$s(t)$ 为零均值平稳随机过程，其自相关函数为 $R_s(\tau)=\sigma_s^2e^{-\alpha|\tau|}\cos\omega_0\tau(\omega_0\gg\alpha)$，$s(t)$ 与 $n(t)$ 统计独立. 滤波器输出信号为 $y(t)$，它是 $s(t)$ 的估计. 求基于最小均方误差估计准则的最佳线性滤波器的传输函数，并计算相应的最小均方误差 $E\{e^2(t)\}_{\min}=E\{[y(t)-s(t)]^2\}$.

6-12 观测信号为 $x(t)=s(t)+n(t)$，其中，信号 $s(t)$ 和噪声 $n(t)$ 互不相关，且它们的功率谱密度函数分别为 $S_s(\omega)=\dfrac{-\omega^2}{(1-\omega^2)^2}$ 和 $S_n(\omega)=\dfrac{1}{2}$. 求对 $s(t)$ 进行估计的最佳线性滤波器.

6-13 若离散系统的状态转移矩阵为

$$\boldsymbol{\Phi}(t,t_0)=\begin{bmatrix}e^{2t-2t_0}\cos(t-t_0) & -e^{2t-t_0}\sin(t-t_0)\\ e^{t-2t_0}\sin(t-t_0) & e^{t-t_0}\cos(t-t_0)\end{bmatrix}$$

请验证 $\boldsymbol{\Phi}(t,t_0)$ 的性质：

$$\boldsymbol{\Phi}(t,t_0)=\boldsymbol{\Phi}(t,t_1)\boldsymbol{\Phi}(t_1,t_0)$$

$$\boldsymbol{\Phi}(t,t_0)=\boldsymbol{\Phi}^{-1}(t_0,t)$$

$$\boldsymbol{\Phi}(t_0,t_0)=\boldsymbol{I}$$

6-14　设有一系统，其信号模型与观测模型分别为

$$x_{k+1}=(-1)^{2k+1}x_k$$

$$y_{k+1}=x_{k+1}+n_{k+1}$$

其中，x_0 是方差为 V_{x_0} 的零均值高斯随机变量 $n_{k+1}(k\geqslant 0)$ 是方差为 $V_{n_{k+1}}$ 的零均值白噪声序列，且与 x_0 不相关. 试求 $\hat{x}_k$.

6-15　有如下常系数系统：

$$x_{k+1}=\Phi x_k+u_k$$

$$y_{k+1}=x_{k+1}+n_{k+1}$$

设 x_0 是方差为 V_{x_0} 的零均值高斯分布随机变量，$u_k(k\geqslant 0)$ 和 $n_k(k\geqslant 0)$ 是方差为 Q 和 R 的零均值高斯白噪声序列，且它们与 x_0 独立. 试求 $\hat{x}_k$ 的表达式，并且在 $\Phi=1$，$V_{x_0}=50$，$Q=25$，$R=10$ 和 $y_1=10$，$y_2=20$，$y_3=30$，$y_4=40$ 的条件下，求 $\hat{x}_1$，$\hat{x}_2$ 和 $\hat{x}_3$.

6-16　假设有一部雷达从 $k=1$ 秒开始，对一个运动目标的距离进行跟踪测量，若观测的间隔为 1 秒钟；雷达到运动目标的距离为 x_k；$\dot{x}_k=$ 常数；$E\{x_0\}=0$，$\mathrm{Var}\{x_0\}=V_{x_0}=10(\mathrm{km})^2$，$E\{\dot{x}_k\}=0$，$\mathrm{Var}\{\dot{x}_0\}=V_{\dot{x}_0}=10(\mathrm{km/s})^2$，$\mathrm{Cov}\{x_0,\dot{x}_0\}=0$，观测误差 $\{n_k,k\geqslant 1\}$ 是与 x_0 和 $\dot{x}_0$ 均不相关的白噪声序列，并且有 $E\{n_k\}=0$，$\mathrm{Var}\{n_k,n_j\}=V_{n_k}\delta_{kj}=0.1\delta_{kj}(\mathrm{km})^2$，则在获得了观测数据：$y_1=1.1(\mathrm{km})$，$y_2=2(\mathrm{km})$，$y_3=3.2(\mathrm{km})$，$y_4=3.8(\mathrm{km})$ 的情况下，利用卡尔曼滤波方法求距离 x_k 的最佳估计及其估计均方误差.

6-17　设有系统方程为

$$\boldsymbol{x}_{k+1}=\boldsymbol{\Phi}\boldsymbol{x}_k+\boldsymbol{u}_k$$

$$y_{k+1}=\boldsymbol{H}\boldsymbol{x}_{k+1}+n_{k+1}$$

其中

$$\boldsymbol{\Phi}=\begin{bmatrix}1 & 1\\0 & 1\end{bmatrix},\quad \boldsymbol{H}=[1,0];$$

$\{\boldsymbol{u}_k,k\geqslant 0\}$ 和 $\{n_{k+1},k\geqslant 0\}$ 是均值为零的白噪声序列且与 $\boldsymbol{x}_0$ 独立，并有

$$\mathrm{Cov}\{\boldsymbol{u}_k,\boldsymbol{u}_k\}=\boldsymbol{Q}=\begin{bmatrix}1 & 0\\0 & 1\end{bmatrix},\quad \mathrm{Var}\{n_{k+1}\}=2+(-1)^{k+1}$$

而初始状态的方差矩阵 $\boldsymbol{V}_{\boldsymbol{x}_0}=\begin{bmatrix}5 & 0\\0 & 10\end{bmatrix}$. 求卡尔曼增益矩阵 $\boldsymbol{K}_k$.

6-18　在 6-6 题的条件下，分别用 x_k，s_k，n_k 表示信号 $x(t)$，$s(t)$，$n(t)$ 在 $t=k$ 时刻的值 $x(k)$，$s(k)$，$n(k)$. 若已知 $\hat{s}_{-1}=0$，$C_0=\mathrm{Var}\{s_0\}=1$，从 $k=0$ 时刻开始观察信号 $x_k(x_k=s_k+n_k)$. 试用卡尔曼滤波的公式求 $\hat{s}_k$ 并将计算结果与 6-6 题的维纳滤波的结果进行比较.

6-19　设信号满足的运动方程及观测方程分别为

$$\boldsymbol{x}_{k+1}=\begin{bmatrix}1 & 1\\0 & 1\end{bmatrix}\boldsymbol{x}_k+\boldsymbol{u}_k$$

$$y_k=[1\quad 0]\boldsymbol{x}_k+n_k$$

式中，$\boldsymbol{u}_k$ 为动态噪声，其协方差矩阵为 $\boldsymbol{V}_{\boldsymbol{u}_k}=\begin{bmatrix}0 & 0\\0 & 1\end{bmatrix}$；$n_k$ 为观测噪声，其方差为 $V_{n_k}=2+(-1)^k$.

若假定估计误差的协方差矩阵起始条件为 $\boldsymbol{C}_0=\boldsymbol{V}_{\boldsymbol{x}_0}=\begin{bmatrix}10 & 0\\0 & 10\end{bmatrix}$. 试计算卡尔曼增益矩阵.

6-20 系统的状态方程和观测方程为

$$\boldsymbol{x}_{k+1} = \begin{bmatrix} 0.9 & 0.1 \\ -0.1 & 0.8 \end{bmatrix} \boldsymbol{x}_k + \begin{bmatrix} 1 \\ 0 \end{bmatrix} u_k$$

$$y_k = [0 \quad 1] \boldsymbol{x}_k + n_k$$

其中，$u_k(k \geqslant 0)$和 $n_{k+1}(k \geqslant 0)$是均值为零的白噪声序列，且

$$E\{u_k\} = 0, \quad E\{u_j u_k\} = \sigma_{u_k}^2 \delta_{jk},$$

$$E\{n_k\} = 0, \quad E\{n_j n_k\} = \sigma_{n_k}^2 \delta_{jk},$$

$$E\{u_j n_k\} = 0(j,k = 1,2,\cdots)$$

初始状态 $\boldsymbol{x}_0$ 的统计特征为

$$E\{\boldsymbol{x}_0\} = \boldsymbol{\mu}_{x_0}, \quad E\{(\boldsymbol{x}_0 - \boldsymbol{\mu}_{x_0})(\boldsymbol{x}_0 - \boldsymbol{\mu}_{x_0})^{\mathrm{T}}\} = \boldsymbol{C}_{x_0}$$

且 $\boldsymbol{x}_0$ 与 u_k 和n_k 互不相关，即

$$\boldsymbol{C}_{x_0 u_k} = \boldsymbol{0}, \quad \boldsymbol{C}_{x_0 n_k} = \boldsymbol{0}$$

如果已知

$$\boldsymbol{\mu}_{x_0} = \begin{bmatrix} 3 \\ -3 \end{bmatrix}, \quad \boldsymbol{C}_{x_0} = \begin{bmatrix} 4 & 0 \\ 0 & 1 \end{bmatrix}$$

$$\sigma_{u_k}^2 = 1, \quad \sigma_{n_k}^2 = 1$$

求状态估计值 $\hat{\boldsymbol{x}}_1$ 及其估计误差的协方差矩阵 $\boldsymbol{C}_{x_1}$.

计算机作业

6-1 将维纳滤波应用于图像恢复，假设退化图像为一加性高斯白噪声污染的图像，试用逆滤波方法和维纳滤波方法恢复图像，并比较其效果；查阅文献，尝试使用迭代维纳滤波的方法进一步提高效果，注意构建正确的修正项.

6-2 将卡尔曼滤波应用于图像恢复，假设图像尺寸为 $N \times N$，扫描是自左而右地逐行重复，直至扫完一帧图像.请提供一种有效的卡尔曼滤波算法，在计算机上实现图像恢复，并与迭代维纳滤波算法进行比较.

6-3 试在计算机上利用卡尔曼滤波算法完成习题 6-16，并观察卡尔曼增益矩阵的变化情况.

6-4 已知观测信号 $x(k) = s(k) + n(k)$，其中，$s(k)$与 $n(k)$互不相关，$R_s(l) = 2 \times (0.8)^l$，$R_n(l) = 2\delta(l)$，试在计算机上实现对 $s(k)$进行估计的维纳滤波器，规定滤波器的离散冲激响应为 $h(0)$，$h(1)$，$h(2)$，并求出估计的均方误差.

参 考 文 献

[1] 沈凤麟，叶中付，钱玉美. 信号统计分析与处理[M]. 合肥：中国科学技术大学出版社，2001.

[2] 刘有恒. 信号检测与估计[M]. 北京：人民邮电出版社，1989.

[3] 张明友，吕明. 信号检测与估计[M]. 2 版. 北京：电子工业出版社，2005.

[4] 许树声. 信号检测与估计[M]. 北京：国防工业出版社，1985.

[5] 张有为. 维纳与卡尔曼滤波理论导论[M]. 北京：人民教育出版社，1980.

[6] 贾沛璋,朱征桃. 最优估计及其应用[M]. 北京:科学出版社,1984.

[7] Srinath M D,Rajasekaran P K. 统计信号处理及其应用导论[M]. 朱正中,田立生,译. 北京:国防工业出版社,1982.

[8] Grewal M S, Andrews A P. Kalman Filtering: Theory and Practice Using MATLAB[M]. 2nd ed. New York: John Wiley & Sons, 2001.

[9] Poor H V. On Robust Wiener Filtering[J]. IEEE Transactions on Automatic Control, 1980, 25(3): 531-536.

[10] Vastola K, Poor H V. Robust Wiener-Kolmogorov Theory[J]. IEEE Transactions on Information Theory, 1984, 30(2): 316-327.

[11] Kassam S A, Poor H V. Robust Techniques for Signal Processing: A Survey[J]. Proceedings of the IEEE, 1985, 73(3): 433-481.

[12] Athans M, Wishner R P, Bertolini A. Suboptimal State Estimation for Continuous-Time Nonlinear Systems from Discrete Noisy Measurements[J]. IEEE Transactions on Automatic Control, 1968, 3(5): 504-514.

[13] Gustafsson F, Hendeby G. Some Relations Between Extended and Unscented Kalman Filters[J]. IEEE Transactions on Signal Processing, 2012, 60(2): 545-555.

[14] 姚旭晨. 卡尔曼滤波器介绍[EB/OL]. https://www.docin.com/p-6921935.html, 2007-1-8.

[15] Ribeiro M I. Kalman and Extended Kalman Filters: Concept, Derivation and Properties[J]. Institute for Systems and Robotics, 2004, 43(46):3736-3741.

[16] Welch G, Bishop G. An Introduction to the kalman filter[Z]. Department of Computer Science University of North Carolinaat Chapel Hill Chapel Hill, 2006, NC27599-3175.

第 7 章　阵列信号处理

7.1　引　　言

阵列信号处理(Array Signal Processing)是现代信号处理的一个重要研究分支,广泛应用于雷达、声呐、通信、地震勘探、射电天文和医学成像等众多领域.所谓阵列信号处理,就是将多个传感器(如天线、水听器、超声探头、X 射线检测器等)安置在空间不同的位置,组成阵列用以接收空间信号并进行处理.阵列信号处理包括**数字波束形成**(Digital Beamforming)和**测向**(Direction Finding)两个主要研究方向.与传统的单个传感器相比,传感器阵列具有灵活的波束控制、高的信号增益、极强的干扰抑制能力以及高的空间分辨能力等优点.

本章从阵列信号模型入手,引入阵列方向图概念,介绍数字波束形成和测向的主要方法.

7.2　阵列信号模型

7.2.1　信号

多个传感器在空间的位置通常是根据应用需求和使用环境设计的,可以排列在一条直线上,也可以排列在二维平面或三维体面上;可以是均匀排列的,也可以是非均匀排列的.按照排列的形式,可以分为线性阵列(简称线阵)、二维阵列和三维阵列,也可以分为均匀阵列和非均匀阵列.均匀阵列可以进一步分为均匀线阵、均匀圆阵等.阵列中的传感器称为阵元,选择作为参考点的某一传感器称为参考阵元.为了方便起见,本章中的传感器选用天线来进行分析.

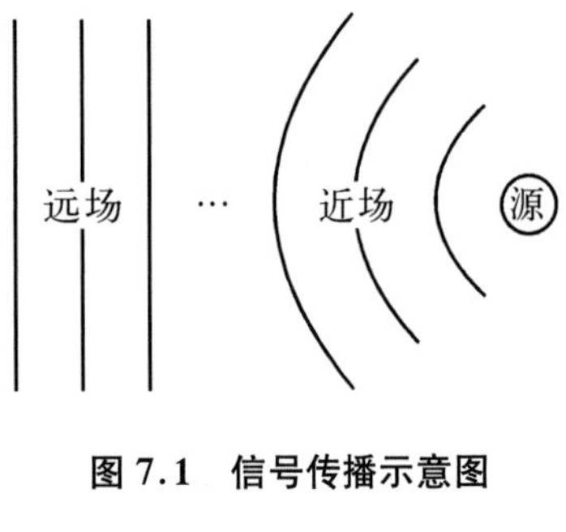

图 7.1　信号传播示意图

辐射或反射电磁波的空间目标称为目标源,简称源.源发出的电磁信号通过非色散媒质进行传播并被阵列接收,如图 7.1 所示.如果源离阵列较近,称为近场源;如果远离阵列,称为远场源.从波的传播理论可知,近场源信号到达阵列的波前是均匀球面波，远场源信号到达阵列的波前近似是均匀平面波.

对于参考阵元，接收的相位调制载波信号表示为

$$u_{\mathrm{r}}(t)=\sqrt{P}\cos[\omega_0 t+\phi(t)+\theta]=\sqrt{P}\cos[2\pi f_0 t+\phi(t)+\theta] \tag{7.2.1}$$

其中，P 是接收信号的瞬时功率，f_0是接收信号的载频（又称中心频率），$\phi(t)$是调制相位，θ 是随机相位.表示成复信号形式为

$$\tilde{u}(t)=\sqrt{P}\mathrm{e}^{\mathrm{j}[\omega_0 t+\phi(t)+\theta]} \tag{7.2.2}$$

则有如下关系式成立：

$$u_{\mathrm{r}}(t)=\mathrm{Re}\{\tilde{u}(t)\} \tag{7.2.3}$$

其中，$\mathrm{Re}\{\cdot\}$表示取实部算子，$\sqrt{P}\mathrm{e}^{\mathrm{j}[\phi(t)+\theta]}$ 是实信号 $u_{\mathrm{r}}(t)$的基带复包络，用$u(t)$表示，一般来说，只有它才能携带信号的信息并用于信息的传递.

当阵元接收不止一个信号时，需要用两个信号的相关系数来描述信号之间的相互关系，由于信号是零均值的，信号 $u_i(t)$和 $u_j(t)$之间的相关系数 ρ_{ij}为

$$\rho_{ij}=\frac{E\{u_i(t)u_j^*(t)\}}{\sqrt{E\{|u_i(t)|^2\}}\sqrt{E\{|u_j(t)|^2\}}} \tag{7.2.4}$$

$\rho_{ij}=0,0<|\rho_{ij}|<1,|\rho_{ij}|=1$ 分别表示信号 $u_i(t)$和 $u_j(t)$是互不相关、相关、相干的.

信号还可以进一步分为窄带、宽带和超宽带信号.

7.2.2　阵列信号模型

图 7.2 给出了二元阵列接收一个窄带远场信号源时的平面波的传播示意图，其中右侧阵元为参考阵元.在时刻 t，信号到达参考阵元的复表示为 $\tilde{u}(t)$，到达第二阵元的复表示为 $\tilde{v}(t)$.两阵元间距为 d，信号入射方向为 $\theta(\theta\in[-90^\circ, 90^\circ])$.如图所示，信号到达第二阵元的时间比到达参考阵元有延迟，延迟时间（简称时延）为 τ

$$\tau=\frac{d\sin\theta}{c} \tag{7.2.5}$$

其中，c 为光的传播速度.因此

$$\tilde{v}(t)=\tilde{u}(t-\tau) \tag{7.2.6}$$

对于窄带信号，时延意味着相移，即有 $\tilde{u}(t-\tau)=\tilde{u}(t)\exp(-\mathrm{j}\omega_0\tau)$，那么

$$\tilde{v}(t)=\tilde{u}(t)\exp\left(-\mathrm{j}\frac{\omega_0 d\sin\theta}{c}\right)=\tilde{u}(t)\exp\left(-\mathrm{j}\,2\pi\frac{d\sin\theta}{\lambda_0}\right) \tag{7.2.7}$$

其中，λ_0 为窄带信号的波长，于是基带复包络

$$v(t)=u(t)\exp\left(-\mathrm{j}\,2\pi\frac{d\sin\theta}{\lambda_0}\right) \tag{7.2.8}$$

可见，这个相移依赖于阵元间距和信号方向，而与时间变量没有关系.

对于宽带信号，由于 $\tilde{v}(t)=\tilde{u}(t-\tau)$，对两边分别作傅里叶变换可得

$$\begin{aligned}\tilde{V}(f)&=\tilde{U}(f)\exp(-\mathrm{j}2\pi f\tau)=\tilde{U}(f)\exp\left(-\mathrm{j}\,2\pi f\frac{d\sin\theta}{c}\right)\\&=\tilde{U}(f)\exp\left(-\mathrm{j}\,2\pi f\frac{d\sin\theta}{\lambda_0 f_0}\right)\end{aligned} \tag{7.2.9}$$

其中，f 和 f_0分别为信号的频率和中心频率.从(7.2.9)式可知：宽带信号的相移是频率的函

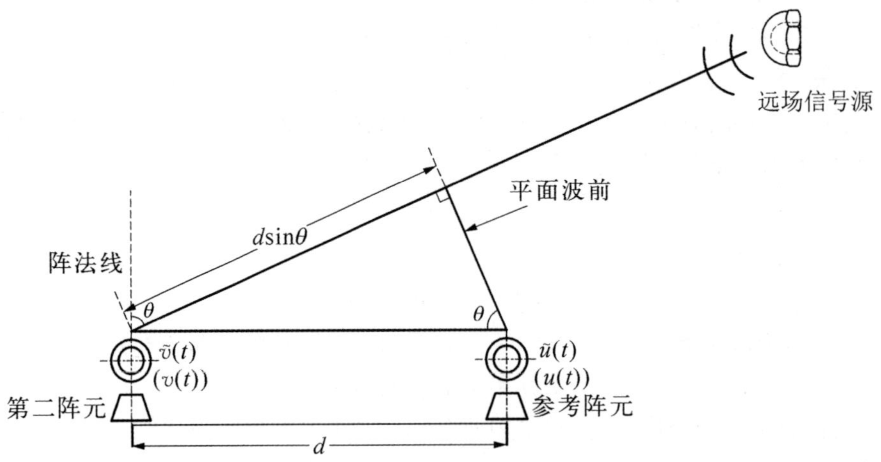

图 7.2 远场信号源的传播示意图

数.以下讨论中只涉及窄带远场信号.

上面分析了二元阵列接收一个信号源的情况.现在假设空间有 K 个来自不同方向 θ_1，θ_2，…，θ_K 的窄带远场信号源 $s_1(t)$，$s_2(t)$，…，$s_K(t)$ 入射到 M 元均匀线阵上(获得的结论有些可以推广到其他形式的阵列)，其中均匀阵列中的阵元间距为 d.一般情况下，信号与噪声是均值为 0 的广义平稳随机过程，信号与噪声互不相关，各阵元噪声(高斯型)之间也互不相关且具有相同的功率.若以右侧第一个阵元为参考阵元(下同)，则第 m 个阵元的接收信号为

$$x_m(t) = \sum_{k=1}^{K} s_k(t)\exp\left[-\mathrm{j}\,2\pi\frac{(m-1)d\sin\theta_k}{\lambda_0}\right] + n_m(t) \quad (m = 1, 2, \cdots, M) \tag{7.2.10}$$

上式可以写为矢量和矩阵的形式

$$\boldsymbol{x}(t) = \boldsymbol{A}\boldsymbol{s}(t) + \boldsymbol{n}(t) \tag{7.2.11}$$

其中，$\boldsymbol{x}(t)$ 为阵列接收信号矢量，$\boldsymbol{s}(t)$ 为信号源矢量，$\boldsymbol{n}(t)$ 为噪声矢量，$\boldsymbol{A}$ 为阵列方向矩阵，它们分别为

$$\boldsymbol{x}(t) = [x_1(t), x_2(t), \cdots, x_M(t)]^{\mathrm{T}} \tag{7.2.12}$$

$$\boldsymbol{s}(t) = [s_1(t), s_2(t), \cdots, s_K(t)]^{\mathrm{T}} \tag{7.2.13}$$

$$\boldsymbol{n}(t) = [n_1(t), n_2(t), \cdots, n_M(t)]^{\mathrm{T}} \tag{7.2.14}$$

$$\boldsymbol{A} = [\boldsymbol{a}(\theta_1), \boldsymbol{a}(\theta_2), \cdots, \boldsymbol{a}(\theta_K)] \tag{7.2.15}$$

其中

$$\boldsymbol{a}(\theta_k) = \left[1, \exp\left(-\mathrm{j}\,2\pi\frac{d}{\lambda_0}\sin\theta_k\right), \cdots, \exp\left[-\mathrm{j}\,2\pi\frac{(M-1)d}{\lambda_0}\sin\theta_k\right]\right]^{\mathrm{T}} \tag{7.2.16}$$

$\boldsymbol{a}(\theta_k)$ 为第 k 个信号源的方向矢量.(7.2.11)式就是均匀线阵信号的连续模型.

对 $\boldsymbol{x}(t)$ 进行时间采样，可以获得阵列信号的离散模型.在阵列信号处理中通常将采样样本称为快拍，样本数称为快拍数.一般情况下将阵列信号的连续模型和阵列信号的离散模型统称为阵列信号模型.

同理也可以写出其他结构的阵列信号模型.

7.2.3　空间采样与时间采样

由于计算机等数字处理系统的广泛使用,常常在时间域对信号采样后再进行处理.均匀采样的采样间隔为

$$\tau_s = \frac{1}{f_s} \tag{7.2.17}$$

其中,f_s为采样频率.当f_s大于等于二倍的信号最高频率时,信号可以被无失真地恢复.这就是著名的奈奎斯特采样定理.

下面以均匀线阵为例分析空间采样问题.在均匀线阵中,利用不同空间位置的传感器对同一时刻的信号分别进行接收,这样就得到了空间采样.空间采样间隔(阵元间距)为d时所导致的时间采样间隔为τ,如(7.2.5)式所示.为了保证信号可以被无失真恢复,由奈奎斯特采样定理可知τ必须满足以下关系:

$$\frac{1}{\tau} \geqslant 2f_0 \quad \Rightarrow \quad \frac{c}{d\,|\sin\theta|} \geqslant 2f_0 \tag{7.2.18}$$

为保证(7.2.18)式的成立,这里需要满足$\dfrac{c}{d} \geqslant 2f_0$,因此,有

$$\frac{c}{d} \geqslant \frac{2c}{\lambda_0} \quad \Rightarrow \quad d \leqslant \frac{1}{2}\lambda_0 \tag{7.2.19}$$

这就是为什么均匀线阵阵元间距d通常取为半波长的原因.

7.3　波束形成

在许多应用中,人们往往只对来自某一特定入射方向上的信号(称为期望信号)感兴趣,要求在有利于期望信号接收的同时尽可能地抑制来自其他入射方向上的信号(称为干扰)和传感器内部噪声.**波束形成**(beamforming)就是能够实现这一目的的一种技术,它通过对传感器阵列接收信号矢量进行加权处理完成上述特定入射方向信号的接收.从本质上讲,波束形成器是一种空域滤波器.波束形成器输出的是增强后的期望信号.

7.3.1　阵列方向图

由天线理论的基本知识可知,阵列接收信号矢量加权和的绝对值与入射方向之间的关系称为阵列方向图(又称阵因子).下面考虑均匀线性阵列的方向图.

由M个全向(又称无方向性)天线组成阵元距离为d的均匀线阵,期望信号$s_d(t)$的入射方向为θ,那么第m个阵元相对于参考点阵元的时延为

$$\tau_m = \frac{(m-1)d}{c}\sin\theta \tag{7.3.1}$$

在忽略噪声的条件下，第 m 个阵元的接收信号基带复包络为

$$x_m(t) = s_d(t)\exp\left[-\mathrm{j}\,2\pi d\,\frac{(m-1)\sin\theta}{\lambda_0}\right] = s_d(t)\mathrm{e}^{-\mathrm{j}\beta(m-1)} \tag{7.3.2}$$

式中，$\beta = 2\pi\dfrac{d\sin\theta}{\lambda_0}$，$\lambda_0$ 为信号的波长.

设第 m 个阵元的权值为 w_m，那么所有阵元接收信号加权求和为

$$y(t) = \sum_{m=1}^{M} w_m^* x_m(t) = \sum_{m=1}^{M} w_m^* s_d(t)\mathrm{e}^{-\mathrm{j}\beta(m-1)} \tag{7.3.3}$$

这种对空间阵元信号的加权处理称为波束形成，$y(t)$称为波束形成器的输出.

当 $w_m = 1(m = 1, 2, \cdots, M)$ 时，(7.3.3)式可以进一步简化为

$$y(t) = \sum_{m=1}^{M} s_d(t)\mathrm{e}^{-\mathrm{j}\beta(m-1)} = Ms_d(t)\mathrm{e}^{-\mathrm{j}\left(\frac{M-1}{2}\beta\right)}\,\frac{\sin\left(\frac{M\beta}{2}\right)}{M\sin\left(\frac{\beta}{2}\right)} \tag{7.3.4}$$

对上式取绝对值并归一化后可得到均匀线阵的方向图，记为 $G(\theta)$

$$G(\theta) = \left|\frac{\sin\left(\frac{M\beta}{2}\right)}{M\sin\left(\frac{\beta}{2}\right)}\right| \tag{7.3.5}$$

取 $M = 16$ 阵元，阵元间距 d 分别取 $0.5\lambda_0$ 和 $1.25\lambda_0$ 时的方向图如图 7.3 和图 7.4 所示.

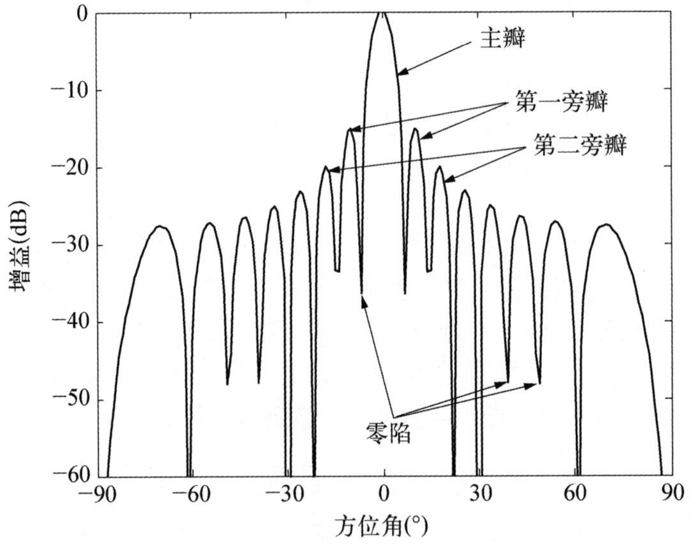

图 7.3 阵列方向图 $M = 16, d = 0.5\lambda_0$

(7.3.4)式是典型的离散傅里叶变换表达式，只是用空间采样值取代了常见的时间采样值，因此所获的傅里叶谱也就由频谱变成了空间谱（又称角谱），系统传输函数经过取绝对值并归一化后变成了方向图，系统传输函数的频率滤波变成了方向图的空间方向滤波. 这就是通常将波束形成器称为空域滤波器的原因.

下面介绍 M 元均匀线阵方向图的主要性能.

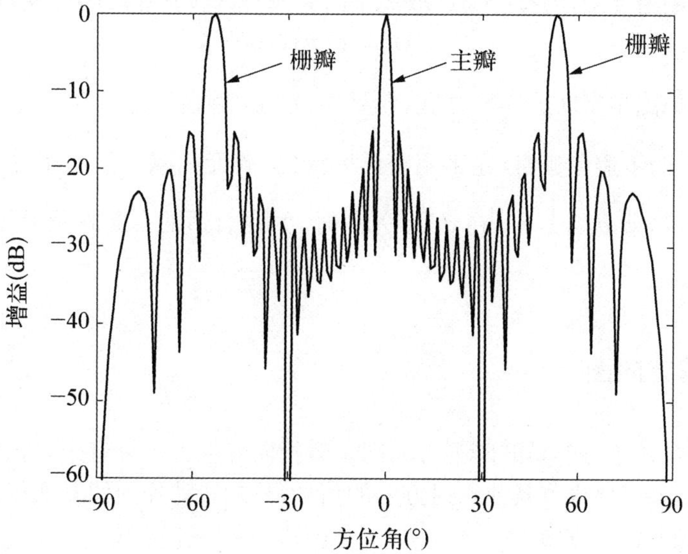

图 7.4　阵列方向图 $M = 16, d = 1.25\lambda_0$

(1) 最大增益所在的波束称为主瓣波束(简称主瓣),最大增益方向位于 $\theta = 0^\circ$,称为主瓣指向,这意味着只有在 $\theta = 0^\circ$ 附近方向的信号得到了最佳接收.

(2) 主瓣零点波束宽度(主瓣两侧第一个零点之间的角度间隔) $BW_0 = 2\arcsin\left(\dfrac{\lambda_0}{Md}\right)$.

(3) 主瓣半功率点波束宽度(主瓣半功率点之间的角度间隔)$BW_{0.5}$可由 $G(\theta) = \dfrac{\sqrt{2}}{2}$ 求出. 当 $Md \gg \lambda_0$,$BW_{0.5} \approx 0.886\dfrac{\lambda_0}{Md}$.

(4) 第一旁瓣(主瓣两侧第一个波束)高度随着阵元数 M 的增大而逐步降低,当 $M \to +\infty$ 时,其极限高度约为 -13.3 dB.

(5) 零点(或称零陷)是指阵列方向图中增益的极小点 ($G(\theta) = 0$),共有 $M - 1$ 个.

(6) 与主瓣高度相同的旁瓣称为栅瓣. 栅瓣的出现使人们无法分辨出真正的主瓣,也就无法确定信号从哪个方向入射阵列. 避免出现栅瓣的条件是阵元间距 $d \leqslant \dfrac{\lambda_0}{2}$.

回过来再看(7.3.3)式,可以写为矢量形式:

$$y(t) = s_d(t)\boldsymbol{w}^{\mathrm{H}}\boldsymbol{a}(\theta) \tag{7.3.6}$$

其中,$\boldsymbol{w} = [w_1, w_2, \cdots, w_M]^{\mathrm{T}}$ 是权矢量,$\boldsymbol{a}(\theta) = \left[1, \mathrm{e}^{-\mathrm{j}2\pi\frac{d}{\lambda_0}\sin\theta}, \cdots, \mathrm{e}^{-\mathrm{j}2\pi\frac{(M-1)d}{\lambda_0}\sin\theta}\right]^{\mathrm{T}}$ 是方向矢量,由(7.3.5)式所给出的阵列方向图 $G(\theta)$(需要归一化)可以表示为

$$G(\theta) = |\boldsymbol{w}^{\mathrm{H}}\boldsymbol{a}(\theta)| = |\boldsymbol{a}^{\mathrm{H}}(\theta)\boldsymbol{w}| = |\boldsymbol{a}^{\mathrm{H}}(\theta)\boldsymbol{a}(0^\circ)| \tag{7.3.7}$$

其中,$\boldsymbol{w} = [1, 1, \cdots, 1]^{\mathrm{T}} = \boldsymbol{a}(0^\circ)$ 是权矢量,它确定了主瓣指向,而 $\boldsymbol{a}(\theta)$是方向扫描矢量.

主瓣波束宽度(主瓣零点波束宽度或半功率点波束宽度的简称)越窄,阵列的方向性越好,说明阵列分辨空间信号的能力越强. 旁瓣高度越低,阵列滤除来自非主瓣方向的干扰的能力越强. 零点对于来自特定入射方向的干扰有最强的滤除能力;而栅瓣对于来自其波束内的干扰有与信号相同的增强能力,严重影响信号的接收.

当采用方向图为 $g(\theta)$ 的有向天线取代全向天线时，均匀线阵的方向图具有如下形式：

$$G_d(\theta) = g(\theta)G(\theta) \tag{7.3.8}$$

产生栅瓣的原因是空间采样率过低，即 $d > \frac{1}{2}\lambda_0$，频谱发生重叠，由空间采样不可能无失真地恢复信号.为了避免栅瓣，在采用全向阵元时，阵元间隔必须小于等于信号最高频率所对应波长的一半，即 $d \leqslant \frac{1}{2}\lambda_0$；在 $d > \frac{1}{2}\lambda_0$ 时，采用合适的有向阵元可以抑制掉 $G(\theta)$ 中的栅瓣.

7.3.2 相控阵方向图

由上一小节(7.3.5)式可知，阵列方向图主瓣指向 $\theta = 0°$，只有来自该入射方向的信号才能被最佳接收.如果要接收其他入射方向的信号，只能转动阵列使其法线对准期望信号的入射方向，这样做非常不方便.

(7.3.3)式中的 $w_m = 1(m = 1, 2, \cdots, M)$ 时，主瓣指向 0°是因为当 $\theta = 0°$ 时信号得到同向相加.如果要使阵列主瓣指向 θ_d，须取 $w_m = e^{-j\beta_d(m-1)}(m = 1, 2, \cdots, M)$，其中，$\beta_d = 2\pi\frac{d\sin\theta_d}{\lambda_0}$，则在方向 θ_d 上信号得到同向相加，这一点同样可以由(7.3.7)式解释.

加权有两种方法，一种是在第 m 个阵元后插入相位为 $e^{-j\beta_d(m-1)}$ 的移相器硬件来完成，通过控制移相器的相位改变阵列主瓣指向，称为相位控制阵列(简称相控阵).只要控制 θ_d 取值范围在[-90°, 90°]变化，可实现阵列指向的电扫描.另一种是在数字域对阵列信号进行相位补偿，称为**数字波束形成**(Digital Beam Forming, DBF).以下仅讨论数字波束形成理论.

对于上一小节讨论的 M 阵元均匀线阵，如果要求阵列主瓣指向 θ_d，则第 m 个阵元信号的权值取为 $w_m = e^{-j\beta_d(m-1)}(m = 1, 2, \cdots, M)$，此时数字波束形成器的输出为

$$\begin{aligned} y(t) &= \sum_{m=1}^{M} w_m^* s_d(t)e^{-j\beta(m-1)} = \sum_{m=1}^{M} e^{j\beta_d(m-1)} s_d(t)e^{-j\beta(m-1)} \\ &= Ms_d(t)e^{-j\left[\frac{M-1}{2}(\beta-\beta_d)\right]}\frac{\sin\left[\frac{M}{2}(\beta-\beta_d)\right]}{M\sin\left[\frac{1}{2}(\beta-\beta_d)\right]} \end{aligned} \tag{7.3.9}$$

对上式取绝对值并归一化后，可得阵列的方向图 $G(\theta)$，为

$$G(\theta) = \left|\frac{\sin\left[\frac{M}{2}(\beta-\beta_d)\right]}{M\sin\left[\frac{1}{2}(\beta-\beta_d)\right]}\right| \tag{7.3.10}$$

其主瓣指向 θ_d.

取阵元数 $M = 16$，阵元间距 $d = \frac{\lambda_0}{2}$，$\theta_d = 30°$，由(7.3.10)式形成的阵列方向图如图 7.5 所示，可见主瓣指向 30°.只有入射方向为 30°的信号才能被最佳接收.

值得一提的是零点波束宽度 BW_0 与主瓣指向 θ_d 有如下关系：

$$BW_0 = 2\arcsin\left(\frac{\lambda_0}{Md} + \sin\theta_d\right) \tag{7.3.11}$$

由(7.3.9)式也可以给出方向图 $G(\theta)$(需要归一化)

$$G(\theta) = |\boldsymbol{w}^{\mathrm{H}}\boldsymbol{a}(\theta)| = |\boldsymbol{a}^{\mathrm{H}}(\theta)\boldsymbol{w}| = |\boldsymbol{a}^{\mathrm{H}}(\theta)\boldsymbol{a}(\theta_d)| \tag{7.3.12}$$

其中，$\boldsymbol{w} = \left[1, \mathrm{e}^{-\mathrm{j}2\pi\frac{d}{\lambda_0}\sin\theta_d}, \cdots, \mathrm{e}^{-\mathrm{j}2\pi\frac{(M-1)d}{\lambda_0}\sin\theta_d}\right]^{\mathrm{T}} = \boldsymbol{a}(\theta_d)$ 是加权矢量. 同(7.3.7)式一样，$\boldsymbol{w} = \boldsymbol{a}(\theta_d)$ 确定了主瓣指向，$\boldsymbol{a}(\theta)$是方向扫描矢量.

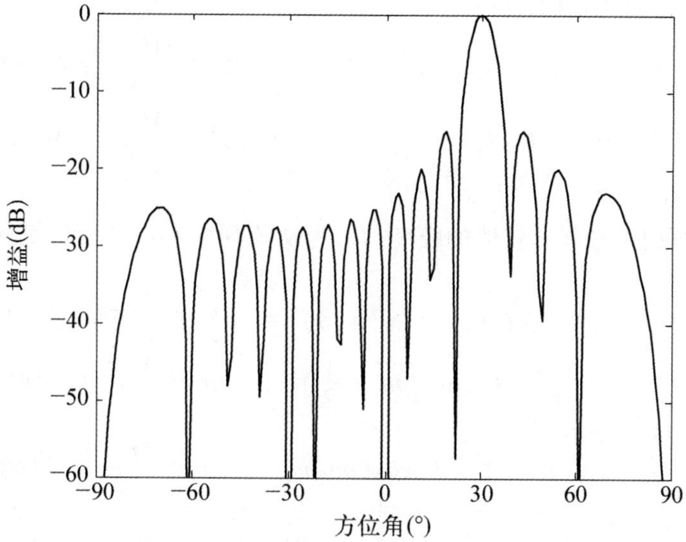

图 7.5　阵列方向图 $M = 16$，主瓣指向 30°

7.3.3　切比雪夫加权阵列方向图

前面已经指出主瓣波束宽度越窄，阵列分辨空间信号和空间滤波的能力越强；旁瓣高度越低，阵列滤除来自于非主瓣方向干扰的能力越强. 切比雪夫(Dolph-Chebyshev)权值就是一种能兼顾主瓣波束宽度和旁瓣高度的数字波束形成器的最优权值. 它的特点是：在给定的旁瓣高度下能提供最窄的主瓣波束，在给定的主瓣波束宽度下能提供最低的旁瓣高度.

1. 切比雪夫多项式简介

切比雪夫多项式是微分方程 $(1-x^2)\frac{\mathrm{d}^2T_n(x)}{\mathrm{d}x^2} - x\frac{\mathrm{d}T_n(x)}{\mathrm{d}x} + n^2T_n(x) = 0$ 的解，其 n 阶多项式可以表示为

$$\begin{cases} T_n(x) = \cos(n\cos^{-1}x) & (|x| \leqslant 1) \\ T_n(x) = \mathrm{ch}(n\,\mathrm{ch}^{-1}x) & (x > 1) \\ T_n(x) = (-1)^n\mathrm{ch}(n\,\mathrm{ch}^{-1}(-x)) & (x < -1) \end{cases} \tag{7.3.13}$$

将切比雪夫多项式按照适当的形式展开，表现出以下三个特征：

(1) 当 x 的取值变化范围在 ±1 之间时，无论哪一阶，多项式 $T_n(x)$的值均在 +1 和 −1 之间变动，并具有振动的特性.

(2) 多项式的根，即 $T_n(x) = 0$ 时 x 的值均位于 ±1 之间，并分布在对称于 $x = 0$ 的位置上，根的个数与多项式的阶数 n 相同.

(3) 当 $x>1$ 时,所有 $T_n(x)$ 的值都是无限增加的.对应于 $T_n(x_0)=R$ 可得 $x_0=\mathrm{ch}\left(\frac{1}{n}\mathrm{ch}^{-1}R\right)$,即 $x_0=\mathrm{ch}\left[\frac{1}{M-1}\ln(R+\sqrt{R^2-1})\right]$.

下面简要对一种切比雪夫加权天线阵的设计方法进行介绍.

2. 切比雪夫加权阵列

对于阵元间距为 d 的 M 元均匀线阵,主瓣指向 θ_d,主瓣高度与旁瓣高度比(简称主旁瓣比)为 R,切比雪夫加权矢量可以表示为 $\boldsymbol{w}=\mathrm{diag}\{\boldsymbol{a}(\theta_d)\}\boldsymbol{w}_A$,其中 $\boldsymbol{w}_A$ 为加权矢量的幅度矢量,并且具有中心对称结构,即

$$\boldsymbol{w}_A=\begin{cases}[I_{Q+1},\cdots,I_2,I_1,I_1,I_2,\cdots,I_{Q+1}]^{\mathrm{T}} & \left(Q=\dfrac{M-2}{2},\ M\text{ 为偶数}\right)\\[2ex] [I_Q,\cdots,I_1,I_0,I_1,\cdots,I_Q]^{\mathrm{T}} & \left(Q=\dfrac{M-1}{2},\ M\text{ 为奇数}\right)\end{cases}\tag{7.3.14}$$

其中,I_0 为奇数阵列中心阵元权值的幅度,I_m 为从阵列中心向两边数第 m 个阵元的权值幅度.

切比雪夫加权阵列方向图 $G(\theta)=|\boldsymbol{w}^H\boldsymbol{a}(\theta)|=|\boldsymbol{a}^H(\theta)\boldsymbol{w}|$ 简化后可以表示为

$$G(\theta)=f(\varphi)=\begin{cases}2\sum\limits_{m=1}^{n}I_m\cos\left[\left(m-\dfrac{1}{2}\right)\varphi\right] & \left(n=\dfrac{M}{2},\ M\text{ 为偶数}\right)\\[2ex] I_0+2\sum\limits_{m=1}^{n}I_m\cos(m\varphi) & \left(n=\dfrac{M-1}{2},\ M\text{ 为奇数}\right)\end{cases}\tag{7.3.15}$$

其中,$\varphi=\frac{2\pi}{\lambda_0}d\sin\theta-\frac{2\pi}{\lambda_0}d\sin\theta_d=\beta-\beta_d$,$\beta=2\pi\frac{d\sin\theta}{\lambda_0}$,$\beta_d=2\pi\frac{d\sin\theta_d}{\lambda_0}$,$\theta$ 扫描范围为 $[-90^\circ,90^\circ]$,β_d 为控制主瓣指向的参数.进一步,$\beta_0=\frac{2\pi}{\lambda_0}$为相移常数.

下面考虑如何求解切比雪夫加权矢量的幅度矢量.

基于(7.3.13)式及其特征,由 $\cos((M-1)\cos^{-1}x)=0$ 可以得到切比雪夫多项式的零点 x_m

$$x_m=\cos\frac{2m-1}{2(M-1)}\pi\quad(m=1,2,\cdots,Q)$$

引入切比雪夫多项式与切比雪夫加权阵列的对应关系 $x=\gamma\cos\frac{\varphi}{2}(\gamma>1)$,其中 $\gamma=\mathrm{ch}\left[\frac{1}{M-1}\ln(R+\sqrt{R^2-1})\right]$,$R$ 为主旁瓣比,可以得出切比雪夫加权阵列的零点值为

$$\varphi_m=2\cos^{-1}\left\{\frac{1}{\gamma}\cos\left[\frac{(2m-1)\pi}{2(M-1)}\right]\right\}\quad(m=1,2,\cdots,Q)\tag{7.3.16}$$

当阵元数为偶数并给定主旁瓣比 R 时,由切比雪夫加权阵列方向图的零点(7.3.16)式形成含有 $Q+1$ 个电流幅度 $I_1,I_2,\cdots,I_{Q+1}$的 Q 个方程,先设定 I_{Q+1}为任意正值,其余的 Q 个电流幅度可以由下面的矩阵得到:

$$\begin{bmatrix} I_1 \\ I_2 \\ \vdots \\ I_Q \end{bmatrix} = -I_{Q+1}\boldsymbol{A}^{-1}\begin{bmatrix} \cos\left[\left(Q+\frac{1}{2}\right)\varphi_1\right] \\ \cos\left[\left(Q+\frac{1}{2}\right)\varphi_2\right] \\ \vdots \\ \cos\left[\left(Q+\frac{1}{2}\right)\varphi_Q\right] \end{bmatrix} \tag{7.3.17}$$

其中

$$\boldsymbol{A} = \begin{bmatrix} \cos(\varphi_1/2) & \cos(3\varphi_1/2) & \cdots & \cos[(2Q-1)\varphi_1/2] \\ \cos(\varphi_2/2) & \cos(3\varphi_2/2) & \cdots & \cos[(2Q-1)\varphi_2/2] \\ \vdots & \vdots & & \vdots \\ \cos(\varphi_Q/2) & \cos(3\varphi_Q/2) & \cdots & \cos[(2Q-1)\varphi_Q/2] \end{bmatrix} \tag{7.3.18}$$

当阵元数为奇数并给定主旁瓣比 R 时，类似地先设定 I_0 为任意正值，其余的 Q 个电流幅度可以由下列矩阵得到

$$\begin{bmatrix} I_1 \\ I_2 \\ \vdots \\ I_Q \end{bmatrix} = -\frac{1}{2}I_0\boldsymbol{B}^{-1}\begin{bmatrix} 1 \\ 1 \\ \vdots \\ 1 \end{bmatrix} \tag{7.3.19}$$

其中

$$\boldsymbol{B} = \begin{bmatrix} \cos(\varphi_1) & \cos(2\varphi_1) & \cdots & \cos(Q\varphi_1) \\ \cos(\varphi_2) & \cos(2\varphi_2) & \cdots & \cos(Q\varphi_2) \\ \vdots & \vdots & & \vdots \\ \cos(\varphi_Q) & \cos(2\varphi_Q) & \cdots & \cos(Q\varphi_Q) \end{bmatrix} \tag{7.3.20}$$

3. 切比雪夫加权的波束形成分析

切比雪夫加权阵列方向图可以在给定的旁瓣高度下获得波束宽度最窄的主瓣，在给定的主瓣波束宽度下获得最低的旁瓣高度.

切比雪夫加权阵列方向图的主瓣半功率点记为 θ_h. 当主瓣指向 0°($\beta_d=0$)时，在阵列方向图主瓣中存在 2 个半功率点，它们分别分布于 0°的两边. 考虑到 $\theta_h>0$，则对于上述情况时的半功率波束宽度为 $\mathrm{HBPW}=2\theta_h$. 当主瓣指向 ±90° ($\beta_d=\pm\beta_0 d$)，此时的阵列方向图主瓣中只存在一个半功率点. 当主瓣指向 −90°时，半功率波束宽度为 $\mathrm{HBPW}=\pi/2+\theta_h$；当主瓣指向 90°时，半功率波束宽度为 $\mathrm{HBPW}=\pi/2-\theta_h$. 假设 $\theta=\theta_h$ 时 $\varphi=\varphi_h$，那么

$$\varphi_h = \beta_0 d\sin(\theta_h) \quad (\beta_d = 0) \tag{7.3.21}$$

$$\varphi_h = \beta_0 d[\sin(\theta_h)-1] \quad (\beta_d = \beta_0 d) \tag{7.3.22}$$

在给定旁瓣高度和阵元数的前提下，对于不同的阵元间距其所能实现的主瓣波束宽度是不同的. 当阵元间距满足一定的选取条件时，我们可以得到在给定旁瓣高度和阵元数前提下的主瓣最窄波束宽度，此时的阵元间距称为最优阵元间距 d_{opt}. 这里不加推导地给出最优的阵元间距 d_{opt}.

对于阵列方向图中存在 2 个半功率点的情况

$$d_{\mathrm{opt}} = \lambda_0\left[1-\frac{\cos^{-1}(1/\gamma)}{\pi}\right] \tag{7.3.23}$$

对于阵列方向图中存在 1 个半功率点的情况

$$d_{\mathrm{opt}} = \frac{\lambda_0}{2}\left[1 - \frac{\cos^{-1}(1/\gamma)}{\pi}\right] \tag{7.3.24}$$

在获得最优的阵元间距 d_{opt} 以后，可以利用下式计算出所需的最小阵元数

$$\cos\left(\frac{\varphi_h}{2}\right)\mathrm{ch}\left[\frac{1}{M-1}\,\mathrm{ch}^{-1}(R)\right] - \mathrm{ch}\left[\frac{1}{M-1}\,\mathrm{ch}^{-1}\left(\frac{\sqrt{2}}{2}R\right)\right] = 0 \tag{7.3.25}$$

对于阵元间距为半波长的 16 阵元均匀线阵，若主旁瓣比为 40 dB、主瓣指向为 30°，其切比雪夫加权阵列方向图如图 7.6 所示.

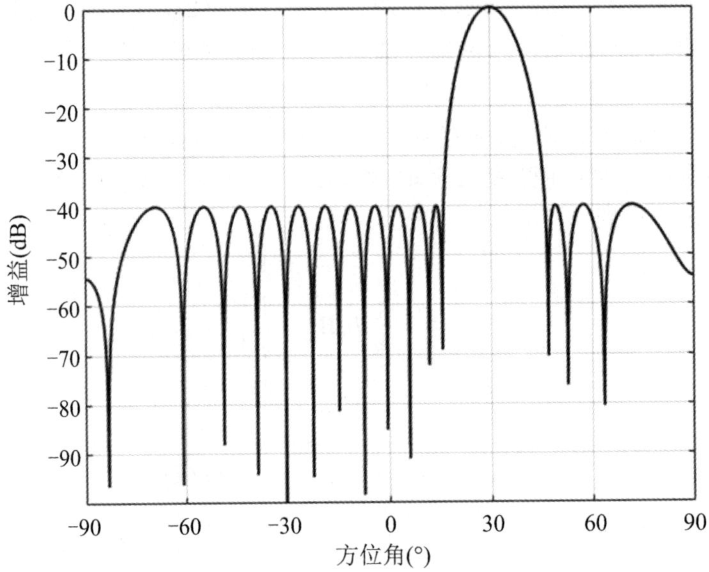

图 7.6　切比雪夫加权阵列方向图 $M = 16$，主瓣指向 30°

其他条件不变，若主瓣指向为 90°，其切比雪夫加权阵列方向图如图 7.7 所示.

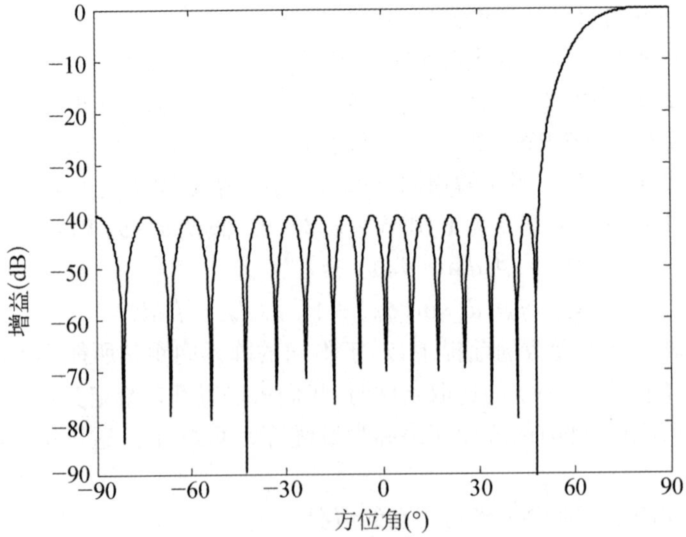

图 7.7　切比雪夫加权阵列方向图 $M = 16$，主瓣指向 90°

从图 7.6 和图 7.7，可见按照切比雪夫加权的波束形成达到了设计要求.

7.3.4　数字波束形成器的优势

考虑 M 元线阵,各阵元与参考阵元的距离分别为 $d_1, d_2, \cdots, d_M$,其中 $d_1 = 0$,各阵元的噪声 $n_1(t), n_2(t), \cdots, n_M(t)$互不相关且功率为 σ_n^2,则第 m 个阵元的接收信号

$$x_m(t) = s(t)\mathrm{e}^{-\mathrm{j}2\pi\frac{d_m\sin\theta}{\lambda_0}} + n_m(t) \tag{7.3.26}$$

其输入信噪比为

$$\mathrm{SNR_{in}} = \frac{E\{|s(t)|^2\}}{E\{|n_m(t)|^2\}} = \frac{\sigma_s^2}{\sigma_n^2} \tag{7.3.27}$$

对各阵元接收信号进行权值为 $w_m = \mathrm{e}^{-\mathrm{j}2\pi\frac{d_m\sin\theta}{\lambda_0}}$ 加权求和,数字波束形成器的输出为

$$\begin{aligned} y(t) &= \sum_{m=1}^{M} w_m^* x_m(t) \\ &= \sum_{m=1}^{M}\mathrm{e}^{\mathrm{j}2\pi\frac{d_m\sin\theta}{\lambda_0}} x_m(t) \\ &= Ms(t) + \sum_{m=1}^{M} n_m(t)\mathrm{e}^{\mathrm{j}2\pi\frac{d_m\sin\theta}{\lambda_0}} \\ &\triangleq s_M(t) + n(t) \end{aligned} \tag{7.3.28}$$

那么数字波束形成器的输出信噪比为

$$\mathrm{SNR_{out}} = \frac{E\{|s_M(t)|^2\}}{E\{|n(t)|^2\}} = M\cdot\mathrm{SNR_{in}} \tag{7.3.29}$$

由上式可得,采用数字波束形成器对信号进行接收处理能明显提高信噪比,提高的程度与阵元数 M 成正比.

以上考虑的仅是噪声中的信号接收问题,而在实际环境中还存在干扰,且通常情况下干扰功率是远远大于信号功率的,即信号干扰比(简称信干比)往往远小于 -10 dB. 这时用数字波束形成器接收信号就变得复杂一些. 当干扰落在方向图的零点时,干扰可以被自动滤掉;当干扰落在方向图的旁瓣上时,干扰只在一定程度上被抑制;当干扰落在主瓣波束区内时,干扰与信号一样得到显著增强,严重影响对信号的接收. 如果始终将方向图的零点对准干扰入射方向,那么就能够在最大的程度上自动滤除干扰,这就是下面介绍的自适应数字波束形成器的目标.

7.4　自适应数字波束形成器

为了在最大的程度上自动滤除干扰,数字波束形成器方向图的零点必须始终对准干扰入射方向,也就是说数字波束形成器的权值能够随信号和干扰环境自动调整,具有这种功能的数字波束形成器被称为**自适应数字波束形成器**(Adaptive DBF, ADBF),其原理图如图 7.8 所示.

现在假设期望信号 $s_d(t)$来自入射方向 θ_d,空间还有 $K(K \leqslant M-1)$ 个来自不同入射

方向 θ_1, θ_2, …, θ_K的窄带远场干扰源$i_1(t)$, $i_2(t)$, …, $i_K(t)$.依据7.2.2节的阵列信号模型,阵列接收信号矢量可以表示为

$$\boldsymbol{x}(t) = \boldsymbol{a}(\theta_d)s_d(t) + \boldsymbol{A}\boldsymbol{i}(t) + \boldsymbol{n}(t) \tag{7.4.1}$$

其中,$\boldsymbol{a}(\theta_d)$为期望信号方向矢量,$\boldsymbol{A}$ 为干扰方向矩阵,$\boldsymbol{i}(t) = [i_1(t), i_2(t), \cdots, i_K(t)]^{\mathrm{T}}$为干扰矢量,$\boldsymbol{n}(t)$为噪声矢量.

由图7.8可知,自适应数字波束形成器的输出 $y(t)$为

$$y(t) = \sum_{m=1}^{M} w_m^* x_m(t) = \boldsymbol{w}^{\mathrm{H}}\boldsymbol{x}(t) \tag{7.4.2}$$

其中, $\boldsymbol{w} = [w_1, w_2, \cdots, w_M]^{\mathrm{T}}$. 下面的任务是:在给定的信号和干扰环境中,依据最优准则自适应地确定最优权矢量.常用的最优滤波准则包括最大输出信干噪比准则、最小均方误差准则、最大似然准则、最小噪声方差准则.

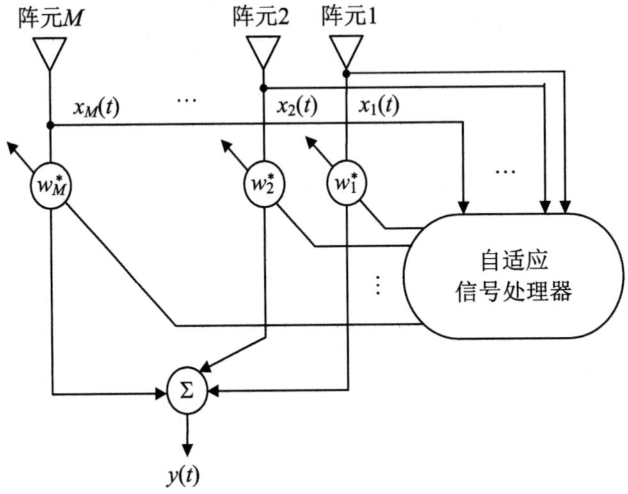

图7.8 自适应数字波束形成器的原理图

7.4.1 基于最大输出信干噪比准则的自适应数字波束形成器

1. 最优权矢量

自适应数字波束形成器输出的信干噪比(SINR)定义为

$$\mathrm{SINR_{out}} = \frac{P_s}{P_i + P_n} \tag{7.4.3}$$

其中,P_s、P_i和P_n分别是波束形成器输出中的信号、干扰和噪声功率.

最大输出信干噪比准则是使自适应数字波束形成器输出的信干噪比达到最大的一种准则.在这里仍然像前一节中一样采用 M 元均匀线阵作为研究对象.

在 t 时刻,自适应数字波束形成器输出中的信号及其平均功率分别为

$$y_s(t) = \sum_{m=1}^{M} w_m^* s_d(t)\mathrm{e}^{-\mathrm{j}(m-1)\beta_d} = s_d(t)\boldsymbol{w}^{\mathrm{H}}\boldsymbol{a}(\theta_d) \tag{7.4.4}$$

$$P_s = E\{|y_s(t)|^2\} = \sigma_s^2\boldsymbol{w}^{\mathrm{H}}\boldsymbol{a}(\theta_d)\boldsymbol{a}^{\mathrm{H}}(\theta_d)\boldsymbol{w} \tag{7.4.5}$$

其中，$\sigma_s^2 = E\{|s_d(t)|^2\}$ 为入射阵列的信号功率，$\boldsymbol{a}(\theta_d) = [1, \mathrm{e}^{-\mathrm{j}\beta_d}, \cdots, \mathrm{e}^{-\mathrm{j}(M-1)\beta_d}]^{\mathrm{T}}$.

同理，波束形成器输出中的干扰加噪声及其功率分别为

$$y_{i+n}(t) = \boldsymbol{w}^{\mathrm{H}}\boldsymbol{A}\boldsymbol{i}(t) + \boldsymbol{w}^{\mathrm{H}}\boldsymbol{n}(t) \tag{7.4.6}$$

$$P_{i+n} = E\{|y_{i+n}(t)|^2\} = \boldsymbol{w}^{\mathrm{H}}\boldsymbol{R}_i\boldsymbol{w} + \boldsymbol{w}^{\mathrm{H}}\boldsymbol{R}_n\boldsymbol{w} = \boldsymbol{w}^{\mathrm{H}}\boldsymbol{R}_{i+n}\boldsymbol{w} \tag{7.4.7}$$

其中，$\boldsymbol{R}_i$、$\boldsymbol{R}_n$ 分别为阵列的干扰、噪声协方差矩阵，且 $\boldsymbol{R}_{i+n} = \boldsymbol{R}_i + \boldsymbol{R}_n$. 自适应数字波束形成器输出的信干噪比为

$$\mathrm{SINR_{out}} = \frac{\sigma_s^2\boldsymbol{w}^{\mathrm{H}}\boldsymbol{a}(\theta_d)\boldsymbol{a}^{\mathrm{H}}(\theta_d)\boldsymbol{w}}{\boldsymbol{w}^{\mathrm{H}}\boldsymbol{R}_{i+n}\boldsymbol{w}} \tag{7.4.8}$$

现在的目的是寻找最优权矢量来最大化 $\mathrm{SINR_{out}}$，下面进行分析.

首先，由于矩阵 $\boldsymbol{R}_{i+n}$ 是一个正定的厄米特矩阵，可以分解为

$$\boldsymbol{R}_{i+n} = \boldsymbol{L}\boldsymbol{L}^{\mathrm{H}} \tag{7.4.9}$$

定义 $\tilde{\boldsymbol{w}} = \boldsymbol{L}^{\mathrm{H}}\boldsymbol{w}$ 和 $\tilde{\boldsymbol{a}}(\theta_d) = \boldsymbol{L}^{-1}\boldsymbol{a}(\theta_d)$，则

$$\mathrm{SINR_{out}} = \frac{\sigma_s^2\tilde{\boldsymbol{w}}^{\mathrm{H}}\tilde{\boldsymbol{a}}(\theta_d)\tilde{\boldsymbol{a}}^{\mathrm{H}}(\theta_d)\boldsymbol{w}}{\|\tilde{\boldsymbol{w}}\|^2} = \frac{\sigma_s^2|\tilde{\boldsymbol{w}}^{\mathrm{H}}\tilde{\boldsymbol{a}}(\theta_d)|^2}{\|\tilde{\boldsymbol{w}}\|^2} \tag{7.4.10}$$

其中，$\|\tilde{\boldsymbol{w}}\|^2 = \tilde{\boldsymbol{w}}^H\tilde{\boldsymbol{w}}$. 从矩阵 $\tilde{\boldsymbol{a}}(\theta_d)\tilde{\boldsymbol{a}}^{\mathrm{H}}(\theta_d)$ 出发，根据特征分解关系，有

$$\tilde{\boldsymbol{a}}(\theta_d)\tilde{\boldsymbol{a}}^{\mathrm{H}}(\theta_d)\boldsymbol{e}_{\max} = \lambda_{\max}\boldsymbol{e}_{\max} \tag{7.4.11}$$

其中，$\lambda_{\max}$ 和 $\boldsymbol{e}_{\max}$ 为 $\tilde{\boldsymbol{a}}(\theta_d)\tilde{\boldsymbol{a}}^{\mathrm{H}}(\theta_d)$ 的最大特征值及相应的特征矢量. 如果 $\boldsymbol{e}_{\max} = \tilde{\boldsymbol{w}}$，则(7.4.10)式取得最大值

$$(\mathrm{SINR_{out}})_{\max} = \frac{\sigma_s^2\tilde{\boldsymbol{w}}^{\mathrm{H}}\lambda_{\max}\tilde{\boldsymbol{w}}}{\|\tilde{\boldsymbol{w}}\|^2} = \sigma_s^2\lambda_{\max} \tag{7.4.12}$$

由于 $\tilde{\boldsymbol{a}}(\theta_d)\tilde{\boldsymbol{a}}^{\mathrm{H}}(\theta_d)$ 的秩为 1，故 $\boldsymbol{e}_{\max}$ 是矩阵 $\tilde{\boldsymbol{a}}(\theta_d)\tilde{\boldsymbol{a}}^{\mathrm{H}}(\theta_d)$ 的唯一非零特征值所对应的特征矢量. 又因为

$$\tilde{\boldsymbol{a}}(\theta_d)\tilde{\boldsymbol{a}}^{\mathrm{H}}(\theta_d)\tilde{\boldsymbol{a}}(\theta_d) = \lambda\tilde{\boldsymbol{a}}(\theta_d) \tag{7.4.13}$$

其中，$\lambda = \tilde{\boldsymbol{a}}^{\mathrm{H}}(\theta_d)\tilde{\boldsymbol{a}}(\theta_d)$，故 $\tilde{\boldsymbol{a}}(\theta_d)$ 也称 $\tilde{\boldsymbol{a}}(\theta_d)\tilde{\boldsymbol{a}}^{\mathrm{H}}(\theta_d)$ 的特征矢量，即 $\boldsymbol{e}_{\max}$ 可以表示为

$$\boldsymbol{e}_{\max} = \alpha\tilde{\boldsymbol{a}}(\theta_d) = \alpha\boldsymbol{L}^{-1}\boldsymbol{a}(\theta_d) \tag{7.4.14}$$

其中，α 为一常数. 那么由 $\boldsymbol{w} = \boldsymbol{L}^{-\mathrm{H}}\tilde{\boldsymbol{w}}$ 和 $\tilde{\boldsymbol{w}} = \boldsymbol{e}_{\max}$ 可以导出使(7.4.8)式取得最大值的最优权矢量

$$\boldsymbol{w}_{\mathrm{opt}} = \alpha(\boldsymbol{L}^{\mathrm{H}})^{-1}\boldsymbol{L}^{-1}\boldsymbol{a}(\theta_d) = \alpha\boldsymbol{R}_{i+n}^{-1}\boldsymbol{a}(\theta_d) \tag{7.4.15}$$

将(7.4.15)式代入(7.4.4)式，有

$$\begin{aligned} y_s(t) &= \boldsymbol{w}_{\mathrm{opt}}^{\mathrm{H}}\boldsymbol{a}(\theta_d)s_d(t) \\ &= [\alpha\boldsymbol{R}_{i+n}^{-1}\boldsymbol{a}(\theta_d)]^{\mathrm{H}}\boldsymbol{a}(\theta_d)s_d(t) \\ &= \alpha^*\boldsymbol{a}^{\mathrm{H}}(\theta_d)\boldsymbol{R}_{i+n}^{-1}\boldsymbol{a}(\theta_d)s_d(t) \end{aligned} \tag{7.4.16}$$

取 $\alpha = 1$，结合(7.4.8)式，这时波束形成器输出的最大信干噪比为

$$(\mathrm{SINR_{out}})_{\max} = \sigma_s^2\boldsymbol{a}^{\mathrm{H}}(\theta_d)\boldsymbol{R}_{i+n}^{-1}\boldsymbol{a}(\theta_d) \tag{7.4.17}$$

2. 阵列方向图

由(7.4.15)式的最优权矢量可以得到阵列的方向图

$$G(\theta) = |\boldsymbol{w}_{\mathrm{opt}}^{\mathrm{H}}\boldsymbol{a}(\theta)| = |\alpha^*\boldsymbol{a}^{\mathrm{H}}(\theta_d)\boldsymbol{R}_{i+n}^{-1}\boldsymbol{a}(\theta)| \tag{7.4.18}$$

现在从阵列的方向图入手，分析采用最大输出信干噪比准则的自适应数字波束形成器

接收信号和抑制干扰的能力.

(1) 单干扰源情况

假定只有一个来自入射方向 θ_i 的干扰，阵列的干扰加噪声的协方差矩阵为

$$\boldsymbol{R}_{i+n} = \boldsymbol{R}_i + \boldsymbol{R}_n = \sigma_i^2 \boldsymbol{a}(\theta_i)\boldsymbol{a}^{\mathrm{H}}(\theta_i) + \sigma_n^2 \boldsymbol{I}_M \tag{7.4.19}$$

其中，$\boldsymbol{I}_M$ 表示单位阵. 根据矩阵求逆(1.3.28)式，得

$$\begin{aligned}\boldsymbol{R}_{i+n}^{-1} &= \frac{1}{\sigma_n^2}\boldsymbol{I}_M - \frac{\dfrac{1}{\sigma_n^2}\sigma_i^2\boldsymbol{a}(\theta_i)\boldsymbol{a}^{\mathrm{H}}(\theta_i)\dfrac{1}{\sigma_n^2}}{1+\dfrac{\sigma_i^2}{\sigma_n^2}\boldsymbol{a}^{\mathrm{H}}(\theta_i)\boldsymbol{a}(\theta_i)} \\ &= \frac{1}{\sigma_n^2}\left[\boldsymbol{I}_M - \frac{\sigma_i^2\boldsymbol{a}(\theta_i)\boldsymbol{a}^{\mathrm{H}}(\theta_i)}{\sigma_n^2 + M\sigma_i^2}\right]\end{aligned} \tag{7.4.20}$$

方向图函数为

$$\begin{aligned}G(\theta) &= \left|\frac{\alpha^* \boldsymbol{a}^{\mathrm{H}}(\theta_d)}{\sigma_n^2}\left[\boldsymbol{I}_M - \frac{\sigma_i^2\boldsymbol{a}(\theta_i)\boldsymbol{a}^{\mathrm{H}}(\theta_i)}{\sigma_n^2 + M\sigma_i^2}\right]\boldsymbol{a}(\theta)\right| \\ &= \left|\frac{\alpha^*}{\sigma_n^2}\left[\boldsymbol{a}^{\mathrm{H}}(\theta_d)\boldsymbol{a}(\theta) - \sigma_i^2\frac{\boldsymbol{a}^{\mathrm{H}}(\theta_d)\boldsymbol{a}(\theta_i)\boldsymbol{a}^{\mathrm{H}}(\theta_i)\boldsymbol{a}(\theta)}{\sigma_n^2 + M\sigma_i^2}\right]\right|\end{aligned} \tag{7.4.21}$$

① 当 $\theta = \theta_d$ 并且 $\sigma_i^2 \gg \sigma_n^2$ 时，$G(\theta)$ 可以表述成一种近似的形式

$$\begin{aligned}G(\theta_d) &= \left|\frac{\alpha^*}{\sigma_n^2}\left[M - \sigma_i^2\frac{\boldsymbol{a}^{\mathrm{H}}(\theta_d)\boldsymbol{a}(\theta_i)\boldsymbol{a}^{\mathrm{H}}(\theta_i)\boldsymbol{a}(\theta_d)}{\sigma_n^2 + M\sigma_i^2}\right]\right| \\ &\approx \left|\frac{\alpha^*}{\sigma_n^2}\left[M - \frac{|\boldsymbol{a}^{\mathrm{H}}(\theta_d)\boldsymbol{a}(\theta_i)|^2}{M}\right]\right|\end{aligned} \tag{7.4.22}$$

进一步展开得

$$G(\theta_d) \approx \left|\frac{\alpha^*}{\sigma_n^2}\left\{M - \frac{\sin^2\left[\dfrac{M\pi d}{\lambda_0}(\sin\theta_d - \sin\theta_i)\right]}{M\sin^2\left[\dfrac{\pi d}{\lambda_0}(\sin\theta_d - \sin\theta_i)\right]}\right\}\right| \tag{7.4.23}$$

若干扰入射方向 θ_i 和信号入射方向 θ_d 相差较大(干扰不在阵列主瓣波束内)时，下式近似成立

$$|\boldsymbol{a}^{\mathrm{H}}(\theta_d)\boldsymbol{a}(\theta_i)|^2 \approx 0 \tag{7.4.24}$$

那么(7.4.22)式可以进一步近似为

$$G(\theta_d) \approx \left|\frac{M\alpha^*}{\sigma_n^2}\right| \tag{7.4.25}$$

② 当 $\theta = \theta_i$ 并且 $\sigma_i^2 \gg \sigma_n^2$ 时

$$\begin{aligned}G(\theta_i) &\approx \left|\frac{\alpha^*}{\sigma_n^2}\left[\boldsymbol{a}^{\mathrm{H}}(\theta_d)\boldsymbol{a}(\theta_i) - \frac{\boldsymbol{a}^{\mathrm{H}}(\theta_d)\boldsymbol{a}(\theta_i)\boldsymbol{a}^{\mathrm{H}}(\theta_i)\boldsymbol{a}(\theta_i)}{M}\right]\right| \\ &= \left|\frac{\alpha^*}{\sigma_n^2}\left[\boldsymbol{a}^{\mathrm{H}}(\theta_d)\boldsymbol{a}(\theta_i) - \boldsymbol{a}^{\mathrm{H}}(\theta_d)\boldsymbol{a}(\theta_i)\right]\right| = 0\end{aligned} \tag{7.4.26}$$

(7.4.25)式和(7.4.26)式表明，若 θ_i 不在阵列主瓣波束内，阵列方向图主瓣指向 θ_d 并

在 θ_i 处形成零点. 自适应数字波束形成器的目标得以实现. 但当 θ_i 落在阵列主瓣波束内,即 $|\sin\theta_d - \sin\theta_i| \ll \dfrac{\lambda_0}{M\pi d}$ 时

$$G(\theta_d) \approx \left|\frac{\alpha^* M}{\sigma_n^2}\left\{1 - \frac{\sin^2\left[\dfrac{M\pi d}{\lambda_0}(\sin\theta_d - \sin\theta_i)\right]}{M^2\sin^2\left[\dfrac{\pi d}{\lambda_0}(\sin\theta_d - \sin\theta_i)\right]}\right\}\right| \approx 0 \tag{7.4.27}$$

主瓣指向不在方向 θ_d 上,但在 θ_i 处仍能形成零点. 这意味着虽能有效滤除干扰,主瓣却发生分裂,严重影响信号的接收. 为了防止主瓣分裂,国内外学者提出了具有主瓣保护作用的自适应数字波束形成方法,限于篇幅,这里不作介绍,读者可以参阅有关文献.

(2) 多干扰源情况

假定有 $K(K < M)$ 个来自不同入射方向 $\theta_1, \theta_2, \cdots, \theta_K$ 的互不相关的干扰,对阵列的干扰加噪声的协方差矩阵 $\boldsymbol{R}_{i+n}$ 进行特征值分解,并将特征值按降序排列:

$$\lambda_1 \geqslant \lambda_2 \geqslant \cdots \geqslant \lambda_K > \lambda_{K+1} = \cdots = \lambda_M = \sigma_n^2 \tag{7.4.28}$$

与它们相对应的特征向量分别为 $\boldsymbol{e}_1, \boldsymbol{e}_2, \cdots, \boldsymbol{e}_M$,其中 $\boldsymbol{e}_i(i = 1, 2, \cdots, K)$ 称为干扰特征矢量,$\boldsymbol{e}_i(i = K+1, K+2, \cdots, M)$ 称为噪声特征矢量,且噪声特征矢量与干扰方向矢量正交. 则干扰加噪声的协方差矩阵及其逆矩阵表示为

$$\boldsymbol{R}_{i+n} = \sum_{i=1}^{M}\lambda_i\boldsymbol{e}_i\boldsymbol{e}_i^{\mathrm{H}} = \sum_{i=1}^{K}\lambda_i\boldsymbol{e}_i\boldsymbol{e}_i^{\mathrm{H}} + \sum_{i=K+1}^{M}\sigma_n^2\boldsymbol{e}_i\boldsymbol{e}_i^{\mathrm{H}} \tag{7.4.29}$$

$$\boldsymbol{R}_{i+n}^{-1} = \sum_{i=1}^{K}\frac{1}{\lambda_i}\boldsymbol{e}_i\boldsymbol{e}_i^{\mathrm{H}} + \sum_{i=K+1}^{M}\frac{1}{\sigma_n^2}\boldsymbol{e}_i\boldsymbol{e}_i^{\mathrm{H}} \tag{7.4.30}$$

将(7.4.30)式代入(7.4.15)式,可以得到最优权矢量

$$\boldsymbol{w}_{\mathrm{opt}} = \alpha\left(\sum_{i=1}^{K}\frac{1}{\lambda_i}\boldsymbol{e}_i\boldsymbol{e}_i^{\mathrm{H}} + \sum_{i=K+1}^{M}\frac{1}{\sigma_n^2}\boldsymbol{e}_i\boldsymbol{e}_i^{\mathrm{H}}\right)\boldsymbol{a}(\theta_d) \tag{7.4.31}$$

阵列方向图为

$$\begin{aligned} G(\theta) &= |\boldsymbol{w}_{\mathrm{opt}}^{\mathrm{H}}\boldsymbol{a}(\theta)| \\ &= \left|\alpha^*\boldsymbol{a}^{\mathrm{H}}(\theta_d)\left(\sum_{i=1}^{K}\frac{1}{\lambda_i}\boldsymbol{e}_i\boldsymbol{e}_i^{\mathrm{H}} + \frac{1}{\sigma_n^2}\sum_{i=K+1}^{M}\boldsymbol{e}_i\boldsymbol{e}_i^{\mathrm{H}}\right)\boldsymbol{a}(\theta)\right| \end{aligned} \tag{7.4.32}$$

当不存在干扰时,方向图函数记为

$$G_s(\theta) = \left|\alpha^*\boldsymbol{a}^{\mathrm{H}}(\theta_d)\left(\sum_{i=1}^{M}\frac{1}{\sigma_n^2}\boldsymbol{e}_i\boldsymbol{e}_i^{\mathrm{H}}\right)\boldsymbol{a}(\theta)\right| = \left|\frac{\alpha^*}{\sigma_n^2}\boldsymbol{a}^{\mathrm{H}}(\theta_d)\boldsymbol{a}(\theta)\right| \tag{7.4.33}$$

与(7.3.12)式形式是一致的.

当存在干扰并且干扰功率远远大于噪声功率,则有 $\lambda_i \gg \sigma_n^2(i = 1, 2, \cdots, K)$,考虑到噪声特征矢量与干扰方向矢量的正交性,(7.4.32)式可以近似表示

$$G(\theta_j) \approx \left|\frac{\alpha^*}{\sigma_n^2}\sum_{i=K+1}^{M}\boldsymbol{a}^{\mathrm{H}}(\theta_d)\boldsymbol{e}_i\boldsymbol{e}_i^{\mathrm{H}}\boldsymbol{a}(\theta_j)\right| = 0 \quad (j = 1, 2, \cdots, K) \tag{7.4.34}$$

这就可以保证干扰总是处于方向图的零点位置上. 下面我们举两个例子进行说明,其中 $\boldsymbol{R}_{i+n}$ 由有限快拍阵列接收信号矢量估计得出.

例 7.1　对于一个 $M = 16$ 阵元的均匀线阵,阵元间距为半波长,快拍数为 1 000,接收一个信号和两个干扰,其中,信号入射方向为 20°,信号功率为 0 dB;干扰入射方向分别为

-40°和 60°，干扰功率都为 20 dB. 阵元噪声都是功率为 0 dB 的高斯白噪声. 此时基于最大输出信干噪比准则的自适应数字波束形成器的方向图如图 7.9 所示.

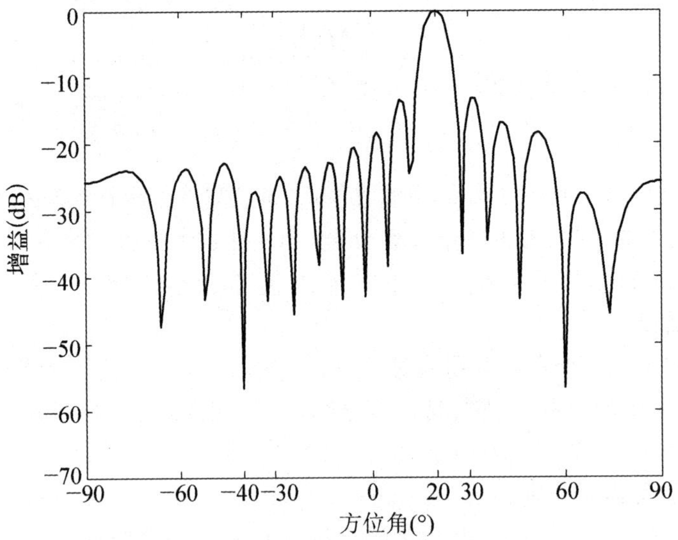

图 7.9　自适应数字波束形成器的方向图

例 7.2　对于一个 $M=16$ 阵元的均匀线阵，阵元间距为半波长，快拍数为 1000，接收一个信号和两个干扰，其中，信号入射方向为 0°，信号功率为 0 dB；干扰入射方向分别为 -40° 和 40°，干扰功率分别为 30 dB 和 20 dB. 阵元噪声都是功率为 0 dB 的高斯白噪声. 此时基于最大输出信干噪比准则的自适应数字波束形成器的方向图如图 7.10 所示.

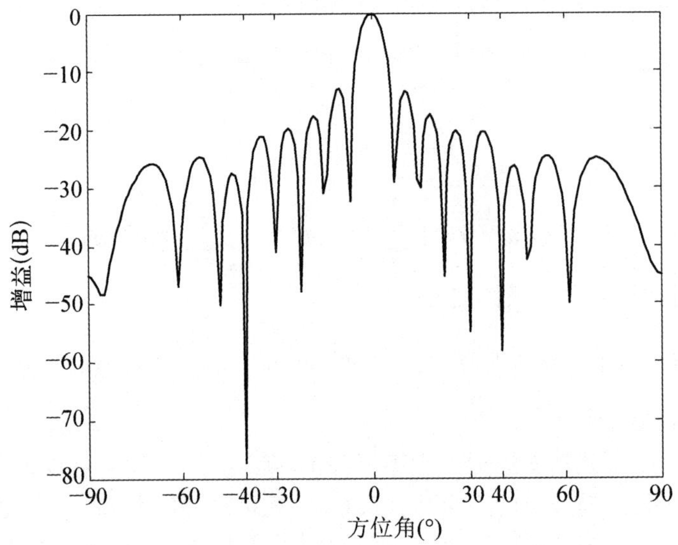

图 7.10　自适应数字波束形成器的方向图

从图 7.9 和图 7.10 可见，基于(7.4.15)式的最优权矢量能够在保证主瓣指向的同时自动地将零点对准干扰入射方向，且干扰功率越大，零点深度越低.

7.4.2　基于最小均方误差准则的自适应数字波束形成器

若 $s_d(t)$表示期望信号，那么期望信号与波束形成器输出之差为

$$e(t) = s_d(t) - \boldsymbol{w}^{\mathrm{H}}\boldsymbol{x}(t) \tag{7.4.35}$$

均方误差为

$$\begin{aligned} E\{|e(t)|^2\} &= E\{|s_d(t)|^2\} - \boldsymbol{w}^{\mathrm{H}}E\{\boldsymbol{x}(t)s_d^*(t)\} \\ &\quad - E\{s_d(t)\boldsymbol{x}^{\mathrm{H}}(t)\}\boldsymbol{w} + \boldsymbol{w}^{\mathrm{H}}E\{\boldsymbol{x}(t)\boldsymbol{x}^{\mathrm{H}}(t)\}\boldsymbol{w} \\ &= E\{|s_d(t)|^2\} - \boldsymbol{w}^{\mathrm{H}}\boldsymbol{r}_{xd} - \boldsymbol{r}_{xd}^{\mathrm{H}}\boldsymbol{w} + \boldsymbol{w}^{\mathrm{H}}\boldsymbol{R}_x\boldsymbol{w} \end{aligned} \tag{7.4.36}$$

式中，$\boldsymbol{r}_{xd} = E\{\boldsymbol{x}(t)s_d^*(t)\}$ 和 $\boldsymbol{R}_x = E\{\boldsymbol{x}(t)\boldsymbol{x}^{\mathrm{H}}(t)\}$ 分别是阵列接收信号矢量与期望信号的互协方差矢量和阵列接收信号矢量的协方差矩阵.

最小均方误差准则(MMSE)是使期望信号与自适应数字波束形成器输出的均方误差达到最小的一种准则.

现在的目的是寻找最优权矢量来最小化均方误差，下面进行分析.

将(7.4.36)式对 $\boldsymbol{w}^*$ 求导并令其为零，有

$$\frac{\partial E\{|e(t)|^2\}}{\partial \boldsymbol{w}^*} = \boldsymbol{R}_x\boldsymbol{w} - \boldsymbol{r}_{xd} = \boldsymbol{0} \tag{7.4.37}$$

易得最优权矢量

$$\boldsymbol{w}_{\mathrm{MMSE}} = \boldsymbol{R}_x^{-1}\boldsymbol{r}_{xd} \tag{7.4.38}$$

假设期望信号与干扰以及噪声互不相关，则

$$\boldsymbol{r}_{xd} = E\{\boldsymbol{x}(t)s_d^*(t)\} = \sigma_s^2\boldsymbol{a}(\theta_d) = \alpha'\boldsymbol{a}(\theta_d) \tag{7.4.39}$$

其中，α'为一常数. 代入(7.4.38)式，则最优权矢量变为

$$\boldsymbol{w}_{\mathrm{MMSE}} = \boldsymbol{R}_x^{-1}\boldsymbol{r}_{xd} = \alpha'\boldsymbol{R}_x^{-1}\boldsymbol{a}(\theta_d) \tag{7.4.40}$$

而阵列接收信号矢量的协方差矩阵 $\boldsymbol{R}_x$ 与噪声加干扰协方差矩阵 $\boldsymbol{R}_{i+n}$ 的关系为

$$\boldsymbol{R}_x = \sigma_s^2\boldsymbol{a}(\theta_d)\boldsymbol{a}^{\mathrm{H}}(\theta_d) + \boldsymbol{R}_{i+n} \tag{7.4.41}$$

根据矩阵求逆(1.3.28)式可以求得干扰加噪声协方差矩阵 $\boldsymbol{R}_{i+n}$ 的逆矩阵

$$\begin{aligned} \boldsymbol{R}_{i+n}^{-1} &= [\boldsymbol{R}_x - \sigma_s^2\boldsymbol{a}(\theta_d)\boldsymbol{a}^{\mathrm{H}}(\theta_d)]^{-1} \\ &= \boldsymbol{R}_x^{-1} + \frac{\sigma_s^2\boldsymbol{R}_x^{-1}\boldsymbol{a}(\theta_d)\boldsymbol{a}^{\mathrm{H}}(\theta_d)\boldsymbol{R}_x^{-1}}{1 - \sigma_s^2\boldsymbol{a}^{\mathrm{H}}(\theta_d)\boldsymbol{R}_x^{-1}\boldsymbol{a}(\theta_d)} \end{aligned} \tag{7.4.42}$$

可知由最大输出信干噪比准则得到的最优权矢量 $\boldsymbol{w}_{\mathrm{opt}}$ 为

$$\begin{aligned} \boldsymbol{w}_{\mathrm{opt}} &= \alpha\boldsymbol{R}_{i+n}^{-1}\boldsymbol{a}(\theta_d) \\ &= \alpha\left[\boldsymbol{R}_x^{-1} + \frac{\sigma_s^2\boldsymbol{R}_x^{-1}\boldsymbol{a}(\theta_d)\boldsymbol{a}^{\mathrm{H}}(\theta_d)\boldsymbol{R}_x^{-1}}{1 - \sigma_s^2\boldsymbol{a}^{\mathrm{H}}(\theta_d)\boldsymbol{R}_x^{-1}\boldsymbol{a}(\theta_d)}\right]\boldsymbol{a}(\theta_d) \\ &= \frac{\alpha\boldsymbol{R}_x^{-1}\boldsymbol{a}(\theta_d)}{1 - \sigma_s^2\boldsymbol{a}^{\mathrm{H}}(\theta_d)\boldsymbol{R}_x^{-1}\boldsymbol{a}(\theta_d)} \\ &= \mu\alpha'\boldsymbol{R}_x^{-1}\boldsymbol{a}(\theta_d) \\ &= \mu\boldsymbol{w}_{\mathrm{MMSE}} \end{aligned} \tag{7.4.43}$$

其中，$\mu = \dfrac{\alpha}{\alpha'[1 - \sigma_s^2\boldsymbol{a}^{\mathrm{H}}(\theta_d)\boldsymbol{R}_x^{-1}\boldsymbol{a}(\theta_d)]}$.

结合(7.4.15)式，此时基于最小均方误差准则的自适应数字波束形成器输出的信号分量为

$$\begin{aligned} y_s(t) &= \boldsymbol{w}_{\mathrm{MMSE}}^{\mathrm{H}} \boldsymbol{a}(\theta_d) s_d(t) \\ &= \frac{1}{\mu^*} \boldsymbol{w}_{\mathrm{opt}}^{\mathrm{H}} \boldsymbol{a}(\theta_d) s_d(t) \\ &= \frac{\alpha^*}{\mu^*} \boldsymbol{a}^{\mathrm{H}}(\theta_d) \boldsymbol{R}_{i+n}^{-1} \boldsymbol{a}(\theta_d) s_d(t) \end{aligned} \tag{7.4.44}$$

波束形成器输出的最小均方误差为

$$E\{|e(t)|^2\} = E\left\{\left| s_d(t) - \frac{\alpha^*}{\mu^*} \boldsymbol{a}^{\mathrm{H}}(\theta_d) \boldsymbol{R}_{i+n}^{-1} \boldsymbol{x}(t) \right|^2\right\} \tag{7.4.45}$$

7.4.3 基于最大似然准则的自适应数字波束形成器

对于一个阵列来说，其数字波束形成器输出的平均功率为

$$P = \boldsymbol{w}^{\mathrm{H}} E\{\boldsymbol{x}(t)\boldsymbol{x}^{\mathrm{H}}(t)\} \boldsymbol{w} = \boldsymbol{w}^{\mathrm{H}} \boldsymbol{R}_x \boldsymbol{w} \tag{7.4.46}$$

如果(7.4.46)式中 $\boldsymbol{w} = \boldsymbol{a}(\theta)$，那么它就是常规波束形成器，即

$$P(\theta) = \boldsymbol{a}^{\mathrm{H}}(\theta) \boldsymbol{R}_x \boldsymbol{a}(\theta) \tag{7.4.47}$$

一个直观的想法是：保证来自主瓣指向的信号被正常接收的同时最大限度地抑制其他入射方向的干扰以及噪声，也就是说在主瓣指向的增益不变的条件下，使阵列输出平均功率极小化，即

$$\min_{\boldsymbol{w}} \boldsymbol{w}^{\mathrm{H}} \boldsymbol{R}_x \boldsymbol{w} \quad \text{s.t.} \quad \boldsymbol{w}^{\mathrm{H}} \boldsymbol{a}(\theta_d) = 1 \tag{7.4.48}$$

这是一个含约束条件的最优化问题，可以采用拉格朗日乘数法求解上式. 令目标函数为

$$L(\boldsymbol{w}) = \boldsymbol{w}^{\mathrm{H}} \boldsymbol{R}_x \boldsymbol{w} - \eta[\boldsymbol{w}^{\mathrm{H}} \boldsymbol{a}(\theta_d) - 1] \tag{7.4.49}$$

上述目标对 $\boldsymbol{w}^*$ 求导，并令其为零

$$\frac{\partial L}{\partial \boldsymbol{w}^*} = \boldsymbol{R}_x \boldsymbol{w} - \eta \boldsymbol{a}(\theta_d) = \boldsymbol{0}$$

易得最优权矢量

$$\boldsymbol{w}_{\mathrm{ML}} = \eta \boldsymbol{R}_x^{-1} \boldsymbol{a}(\theta_d) \tag{7.4.50}$$

再利用(7.4.48)式的约束条件：$\boldsymbol{w}_{\mathrm{ML}}^{\mathrm{H}} \boldsymbol{a}(\theta_d) = \eta^* \boldsymbol{a}^{\mathrm{H}}(\theta_d) \boldsymbol{R}_x^{-1} \boldsymbol{a}(\theta_d) = 1$，则

$$\eta = \frac{1}{\boldsymbol{a}^{\mathrm{H}}(\theta_d) \boldsymbol{R}_x^{-1} \boldsymbol{a}(\theta_d)}$$

将 η 的值代入(7.4.50)式，可求出满足(7.4.48)式的最优权矢量

$$\boldsymbol{w}_{\mathrm{ML}} = \frac{\boldsymbol{R}_x^{-1} \boldsymbol{a}(\theta_d)}{\boldsymbol{a}^{\mathrm{H}}(\theta_d) \boldsymbol{R}_x^{-1} \boldsymbol{a}(\theta_d)} \tag{7.4.51}$$

此时波束形成器输出的信号分量为

$$\begin{aligned} y_s(t) &= \boldsymbol{w}_{\mathrm{ML}}^{\mathrm{H}} \boldsymbol{a}(\theta_d) s_d(t) \\ &= \frac{\boldsymbol{a}^{\mathrm{H}}(\theta_d) \boldsymbol{R}_x^{-1}}{\boldsymbol{a}^{\mathrm{H}}(\theta_d) \boldsymbol{R}_x^{-1} \boldsymbol{a}(\theta_d)} \boldsymbol{a}(\theta_d) s_d(t) \\ &= s_d(t) \end{aligned} \tag{7.4.52}$$

波束形成器输出的平均功率为

$$P = \boldsymbol{w}_{ML}^{H}\boldsymbol{R}_{x}\boldsymbol{w}_{ML} = \frac{1}{\boldsymbol{a}^{H}(\theta_d)\boldsymbol{R}_{x}^{-1}\boldsymbol{a}(\theta_d)} \tag{7.4.53}$$

但是在实际应用中由于不能确切知道信号的来向 θ_d，所以只能通过对 $P(\theta)$

$$P(\theta) = \frac{1}{\boldsymbol{a}^{H}(\theta)\boldsymbol{R}_{x}^{-1}\boldsymbol{a}(\theta)} \tag{7.4.54}$$

进行角度 θ 扫描得到谱曲线来确定信号的入射方向. 当阵列主瓣正对信号入射方向的时候，阵列输出的功率最大. (7.4.54)式是最大似然谱估计，实际上是一种误称. 它是由 Capon 首先提出的，所以通常称基于(7.4.51)式的技术为 Capon 自适应波束形成器，称基于(7.4.54)式的测向技术为 Capon 最小功率估计器.

7.4.4　基于最小噪声方差准则的自适应数字波束形成器

最小噪声方差(MV)准则是已知期望信号及其入射方向时，通过最小化输出噪声(干扰)方差的一种准则. 就是在保证所需方向的信号增益为一常数的条件下，使阵列输出噪声加干扰的平均功率极小化，即

$$\min_{\boldsymbol{w}} \boldsymbol{w}^{H}\boldsymbol{R}_{i+n}\boldsymbol{w} \quad \text{s.t.} \quad \boldsymbol{w}^{H}\boldsymbol{a}(\theta_d) = 1 \tag{7.4.55}$$

这也是一个含约束条件的最优化问题，令目标函数为 $L(\boldsymbol{w})$

$$L(\boldsymbol{w}) = \boldsymbol{w}^{H}\boldsymbol{R}_{i+n}\boldsymbol{w} - \gamma[\boldsymbol{w}^{H}\boldsymbol{a}(\theta_d) - 1]$$

采用拉格朗日乘数法求解上式，可以很容易求出最优权矢量

$$\boldsymbol{w}_{MV} = \gamma\boldsymbol{R}_{i+n}^{-1}\boldsymbol{a}(\theta_d) \tag{7.4.56}$$

其中，γ 为常数.

基于最小噪声方差准则设计的自适应波束形成器又称为**最小方差无畸变响应**(Minimum Variance Distortionless Response，MVDR)自适应波束形成器.

7.4.5　各种最优准则的权矢量的关系

从(7.4.15)式、(7.4.40)式、(7.4.43)式、(7.4.50)式以及(7.4.56)式可知，$\boldsymbol{w}_{opt}$、$\boldsymbol{w}_{LMS}$、$\boldsymbol{w}_{ML}$ 和 $\boldsymbol{w}_{MV}$ 的表达式是相同的且都是由稳态维纳解给出，只是系数存在差异. 而系数的差别并不影响方向图形状，因此四种权矢量在理论上是等价的. 从以上分析可以得到如下结论：在相同的阵列和信号环境中选择上述哪一种准则进行波束形成不是最重要的，而选择什么样的自适应算法来快速获得最优权矢量却十分重要.

7.4.6　色噪声环境下的自适应波束形成

在前面这些方法中，我们只考虑了在白噪声条件下的自适应波束形成方法. 在实际环境中，色噪声的存在会引起主瓣偏移和旁瓣升高，从而导致波束畸变. 传统的波束形成方法在色噪声的条件下不是十分有效，会造成自适应零点变浅，甚至消失. 在这一小节中，我们将对色噪声条件下的自适应波束形成进行讨论.

假定只有一个来自入射方向 θ_i 的干扰，在色噪声环境下，阵列的干扰加噪声协方差矩阵 $\boldsymbol{R}_{i+n}$ 表示为

$$\boldsymbol{R}_{i+n} = \boldsymbol{R}_i + \boldsymbol{R}_{cn} = \sigma_i^2 \boldsymbol{a}(\theta_i)\boldsymbol{a}^{\mathrm{H}}(\theta_i) + \boldsymbol{R}_{cn} \tag{7.4.57}$$

其中，$\boldsymbol{R}_{cn} = E\{\boldsymbol{n}_c(t)\boldsymbol{n}_c^{\mathrm{H}}(t)\}$ 为色噪声 $\boldsymbol{n}_c(t)$的协方差矩阵.根据矩阵求逆(1.3.28)式可得

$$\boldsymbol{R}_{i+n}^{-1} = \boldsymbol{R}_{cn}^{-1} - \frac{\sigma_i^2 \boldsymbol{R}_{cn}^{-1}\boldsymbol{a}(\theta_i)\boldsymbol{a}^{\mathrm{H}}(\theta_i)\boldsymbol{R}_{cn}^{-1}}{1 + \sigma_i^2 \boldsymbol{a}^{\mathrm{H}}(\theta_i)\boldsymbol{R}_{cn}^{-1}\boldsymbol{a}(\theta_i)} \tag{7.4.58}$$

由于前面小节所介绍的各种准则的最优权矢量是与噪声背景无关的，将(7.4.58)式代入(7.4.15)式得

$$\begin{aligned} \boldsymbol{w}_{\mathrm{opt}} &= \alpha\left[\boldsymbol{R}_{cn}^{-1} - \frac{\sigma_i^2 \boldsymbol{R}_{cn}^{-1}\boldsymbol{a}(\theta_i)\boldsymbol{a}^{\mathrm{H}}(\theta_i)\boldsymbol{R}_{cn}^{-1}}{1 + \sigma_i^2 \boldsymbol{a}^{\mathrm{H}}(\theta_i)\boldsymbol{R}_{cn}^{-1}\boldsymbol{a}(\theta_i)}\right]\boldsymbol{a}(\theta_d) \\ &= \alpha \boldsymbol{R}_{cn}^{-1}\left[\boldsymbol{I}_M - \frac{\sigma_i^2 \boldsymbol{a}(\theta_i)\boldsymbol{a}^{\mathrm{H}}(\theta_i)\boldsymbol{R}_{cn}^{-1}}{1 + \sigma_i^2 \boldsymbol{a}^{\mathrm{H}}(\theta_i)\boldsymbol{R}_{cn}^{-1}\boldsymbol{a}(\theta_i)}\right]\boldsymbol{a}(\theta_d) \end{aligned} \tag{7.4.59}$$

方向图函数为

$$\begin{aligned} G(\theta) &= \left|\alpha^* \boldsymbol{a}^{\mathrm{H}}(\theta_d)\left[\boldsymbol{I}_M - \frac{\sigma_i^2 \boldsymbol{R}_{cn}^{-1}\boldsymbol{a}(\theta_i)\boldsymbol{a}^{\mathrm{H}}(\theta_i)}{1 + \sigma_i^2 \boldsymbol{a}^{\mathrm{H}}(\theta_i)\boldsymbol{R}_{cn}^{-1}\boldsymbol{a}(\theta_i)}\right]\boldsymbol{R}_{cn}^{-1}\boldsymbol{a}(\theta)\right| \\ &= \left|\alpha^* \boldsymbol{a}^{\mathrm{H}}(\theta_d)\boldsymbol{R}_{cn}^{-1}\left[\boldsymbol{I}_M - \frac{\sigma_i^2 \boldsymbol{a}(\theta_i)\boldsymbol{a}^{\mathrm{H}}(\theta_i)\boldsymbol{R}_{cn}^{-1}}{1 + \sigma_i^2 \boldsymbol{a}^{\mathrm{H}}(\theta_i)\boldsymbol{R}_{cn}^{-1}\boldsymbol{a}(\theta_i)}\right]\boldsymbol{a}(\theta)\right| \end{aligned} \tag{7.4.60}$$

从(7.4.60)式中可以看出，在干扰功率较大时，仍有

$$\begin{aligned} G(\theta_i) &\approx \left|\alpha^* \boldsymbol{a}^{\mathrm{H}}(\theta_d)\boldsymbol{R}_{cn}^{-1}\left[\boldsymbol{I}_M - \frac{\sigma_i^2 \boldsymbol{a}(\theta_i)\boldsymbol{a}^{\mathrm{H}}(\theta_i)\boldsymbol{R}_{cn}^{-1}}{\sigma_i^2 \boldsymbol{a}^{\mathrm{H}}(\theta_i)\boldsymbol{R}_{cn}^{-1}\boldsymbol{a}(\theta_i)}\right]\boldsymbol{a}(\theta_i)\right| \\ &= 0 \end{aligned} \tag{7.4.61}$$

上式说明自适应处理在干扰方向上仍可以形成零点，而在其他方向上，由于 $\boldsymbol{R}_{cn}^{-1}$ 的加权，使得波束形状与白噪声条件下的有所不同，会造成波束畸变.

对干扰加噪声的协方差矩阵 $\boldsymbol{R}_{i+n}$进行特征分解

$$\boldsymbol{R}_{i+n} = \sum_{i=1}^{M} \lambda_i \boldsymbol{e}_i \boldsymbol{e}_i^{\mathrm{H}} \tag{7.4.62}$$

在色噪声环境下，特征值分布偏离了白噪声环境下的特征值分布，与由系统误差造成的特征值扰动类似，小特征值的相对扰动量远远大于大特征值的相对扰动量.

在有些实际应用场合中，色噪声的协方差矩阵可以预先得到或通过其他的方法进行预测和估计.例如：当不存在信号和干扰时，阵列接收的就全是噪声数据$\hat{\boldsymbol{n}}_c(t)$，由 N 次采样数据$\hat{\boldsymbol{n}}_c(t)$ $(t=1, 2, \cdots, N)$可以估计出色噪声的协方差矩阵

$$\hat{\boldsymbol{R}}_{cn} = \frac{1}{N}\sum_{t=1}^{N} \hat{\boldsymbol{n}}_c(t)\, \hat{\boldsymbol{n}}_c^{\mathrm{H}}(t) \tag{7.4.63}$$

从前面的分析我们知道，波束畸变是由色噪声协方差矩阵非单位阵造成，若对阵列的干扰加噪声协方差矩阵做如下处理：

$$\boldsymbol{R}'_{i+n} = \boldsymbol{R}_{cn}^{-1}\boldsymbol{R}_{i+n} \tag{7.4.64}$$

则可以抵消掉(7.4.60)式中色噪声协方差矩阵的影响.因此可以解决波束畸变问题.这时最优权矢量为

$$\boldsymbol{w}'_{\mathrm{opt}} = \alpha \boldsymbol{R}'^{-1}_{i+n}\boldsymbol{a}(\theta_d) = \alpha \boldsymbol{R}_{i+n}^{-1}\boldsymbol{R}_{cn}\boldsymbol{a}(\theta_d) \tag{7.4.65}$$

例 7.3 对于一个 $M = 16$ 阵元的均匀线阵，阵元间距为半波长，快拍数为 1 000，接收一个信号和两个干扰，其中信号入射方向为 0°，信号功率为 0 dB；干扰入射方向为 −20°，

30°,干扰功率都为 20 dB.噪声为高斯色噪声,它是由噪声功率为 $\sigma_n^2=1$ 的高斯白噪声通过二阶 AR 滤波器产生的,其中,AR 滤波器的系数为 0.9 和 0.435 9,高斯色噪声的空间相关矩阵的形式为 $\boldsymbol{R}_{cn}(m,n)=\sigma_n^2 0.7^{|m-n|}$. 运用 7.4.1 小节和本节方法分别进行处理,此时自适应数字波束形成器的方向图如图 7.11 所示.

从图 7.11 可见,色噪声会对自适应波束形成器的性能产生影响,通过对其进行处理,我们可以获得更低的旁瓣高度和更深的零陷.

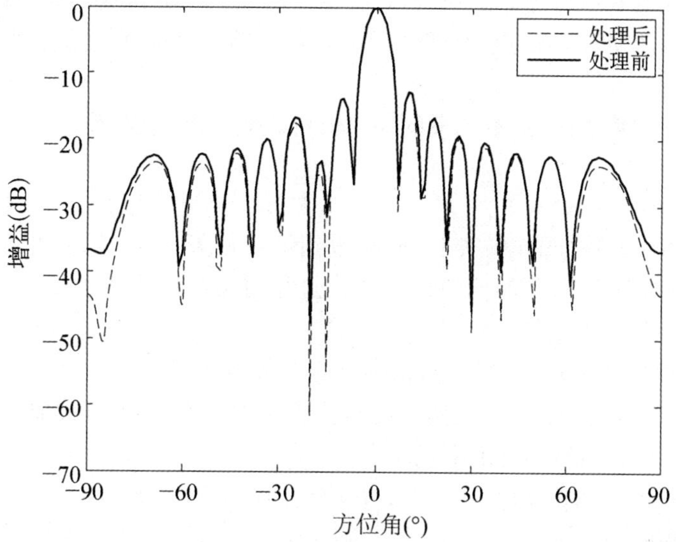

图 7.11　自适应数字波束形成器的方向图

7.5　自适应算法

Widrow, Howells, Applebaum, Frost 等人在 20 世纪 60 年代和 70 年代初的有关工作奠定了空域自适应滤波算法的基础.经过 40 多年的研究,已经发展出一系列自适应数字波束形成算法.比较典型的有 LMS 算法、Howells-Applebaum 算法、最小二乘算法、递推最小二乘(RLS)算法、采样矩阵求逆(SMI)算法和正交投影算法等.下面对其中的部分算法进行介绍.

7.5.1　最小均方算法

最小均方算法(Least Mean Square,LMS)是由 Widrow 和 Hoff(1960)引入的,由于其简单性、运算高效性和稳定性而被广泛应用.我们先给出在第 n 时刻波束形成器输出信号(权矢量为 $\boldsymbol{w}(n-1)$)与期望信号之间的误差

$$e(n)=d(n)-\boldsymbol{w}^{\mathrm{H}}(n-1)\boldsymbol{x}(n) \tag{7.5.1}$$

其中,$\boldsymbol{w}(n-1)=[w_1(n-1),w_2(n-1),\cdots,w_M(n-1)]^{\mathrm{T}}$,$\boldsymbol{x}(n)=[x_1(n),x_2(n),\cdots,x_M(n)]^{\mathrm{T}}$.

LMS 算法是以输出信号与期望信号之间误差的均方值最小为准则，可以认为是从最陡下降法引入的.均方误差 $\xi(n) = E\{|e(n)|^2\}$ 为权值 $\boldsymbol{w}$ 的二次型函数，其最佳点为一碗形曲面碗底所对应的点，最陡下降法是对权值 $\boldsymbol{w}$ 作逐步的更新.更新的方法是：从当时碗形曲面上的工作点，沿与梯度相反的方向移动，直至到达碗底的最佳点为止，其运动过程可用数学形式表述为

$$\boldsymbol{w}(n) = \boldsymbol{w}(n-1) - \mu\nabla[\xi(n)] \tag{7.5.2}$$

这里 μ 是控制稳定性和收敛速率的系数，它决定了对权矢量更新时变化步长的大小，通常称为步长因子.可见，LMS 迭代过程有两个参量需要选择，它们分别是步长因子 μ 和共轭梯度 $\nabla[\xi(n)]$.

当迭代次数无限增加时，加权向量的期望值可收敛至维纳解，其条件是

$$0 < \mu < \frac{2}{\lambda_{\max}} \tag{7.5.3}$$

其中，$\lambda_{\max}$ 是 $\boldsymbol{R}_x$ 的最大特征值.事实上，$\boldsymbol{w}$ 收敛到最优权矢量 $\boldsymbol{w}_{\mathrm{opt}}$ 的速度由比值 $\lambda_{\max}/\lambda_{\min}$ 决定，该比值称为谱动态范围.小的比值说明迭代过程将会较快收敛到最优权，大的比值说明要花费很长的时间才会收敛到最优权.

由于共轭梯度 $\nabla[\xi(n)]$ 一般未知，精确计算共轭梯度 $\nabla[\xi(n)]$ 是十分困难的. Widrow 等人提出的 LMS 算法是用其估计共轭梯度替代真实共轭梯度，即直接取 $e(n)^2$ 作为均方误差 $\xi(n)$ 的估计值.估计共轭梯度由下式所定义：

$$\nabla[\xi(n)] = \nabla[|e(n)|^2] = -e^*(n)\boldsymbol{x}(n) \tag{7.5.4}$$

由此 LMS 算法递推公式为

$$\boldsymbol{w}(n) = \boldsymbol{w}(n-1) + \mu e^*(n)\boldsymbol{x}(n) \tag{7.5.5}$$

在这里我们可以设置一个门限 η，当误差值 $|e(n)|$ 小于等于门限 η 时，迭代终止.

LMS 算法的主要优点是：能稳定收敛，结构简单，实现方便.它的主要缺点是：对阵列信号协方差矩阵的特征值分布敏感，当特征值范围较大（即存在一个强干扰及其一些较弱信号）时，算法收敛速度很慢.

7.5.2 递归最小二乘算法

递归最小二乘算法（Recursive Least Square，RLS）采用了最小二乘准则，它类似于卡尔曼滤波的数据加权.该算法也需要参考信号，目的在于使波束形成器每一快拍的输出与参考信号差的平方和最小.作为指数加权的最小二乘算法，该算法使用指数加权的误差平方和作为代价函数.考虑到阵列的新快拍比旧快拍更重要，代价函数 $\rho(n)$ 定义如下：

$$\rho(n) = \sum_{i=0}^{n}\lambda^{n-i}\,|d(i) - \boldsymbol{w}^{\mathrm{H}}(n)\boldsymbol{x}(i)|^2 \tag{7.5.6}$$

其中，λ 为遗忘因子，通常取 $0 < \lambda < 1$，其作用是逐步减小旧的快拍对当前估计的影响.由

$$\frac{\partial\rho(n)}{\partial\boldsymbol{w}^*(n)} = \boldsymbol{0} \tag{7.5.7}$$

可得

$$\boldsymbol{w}(n) = \boldsymbol{R}^{-1}(n)\boldsymbol{r}(n) \tag{7.5.8}$$

其中

$$\boldsymbol{R}(n)=\sum_{i=0}^{n}\lambda^{n-i}\boldsymbol{x}(i)\boldsymbol{x}^{\mathrm{H}}(i)=\lambda\boldsymbol{R}(n-1)+\boldsymbol{x}(n)\boldsymbol{x}^{\mathrm{H}}(n) \tag{7.5.9}$$

$$\boldsymbol{r}(n)=\sum_{i=0}^{n}\lambda^{n-i}\boldsymbol{x}(i)d^{*}(i)=\lambda\boldsymbol{r}(n-1)+\boldsymbol{x}(n)d^{*}(n) \tag{7.5.10}$$

下面定义一个新的矩阵 $\boldsymbol{P}(n)=\boldsymbol{R}^{-1}(n)$，并利用矩阵之和的求逆公式(1.3.29)式，得到

$$\begin{aligned}\boldsymbol{P}(n)&=\frac{1}{\lambda}\left[\boldsymbol{P}(n-1)-\frac{\boldsymbol{P}(n-1)\boldsymbol{x}(n)\boldsymbol{x}^{\mathrm{H}}(n)\boldsymbol{P}(n-1)}{\lambda+\boldsymbol{x}^{\mathrm{H}}(n)\boldsymbol{P}(n-1)\boldsymbol{x}(n)}\right]\\&=\frac{1}{\lambda}\left[\boldsymbol{P}(n-1)-\boldsymbol{k}(n)\boldsymbol{x}^{\mathrm{H}}(n)\boldsymbol{P}(n-1)\right]\end{aligned} \tag{7.5.11}$$

其中

$$\boldsymbol{k}(n)=\frac{\boldsymbol{P}(n-1)\boldsymbol{x}(n)}{\lambda+\boldsymbol{x}^{\mathrm{H}}(n)\boldsymbol{P}(n-1)\boldsymbol{x}(n)} \tag{7.5.12}$$

将(7.5.10)式和(7.5.11)式代入(7.5.8)式，得到

$$\boldsymbol{w}(n)=\boldsymbol{w}(n-1)+e^{*}(n)\boldsymbol{k}(n) \tag{7.5.13}$$

权矢量 $\boldsymbol{w}(n)$在计算过程中可以随着时刻 n 进行更新，具体更新过程如下：

第一，设置初始化条件，$n=0$，$\boldsymbol{w}(0)=\boldsymbol{0}$，$\boldsymbol{P}(0)=\varepsilon^{-1}\boldsymbol{I}_M$，其中 ε 是一个很小的随机数.

第二，令 $n+1\rightarrow n$，利用(7.5.1)式计算 $e(n)$.

第三，利用(7.5.12)式计算一个中间矢量 $\boldsymbol{k}(n)$

$$\boldsymbol{k}(n)=\frac{\boldsymbol{P}(n-1)\boldsymbol{x}(n)}{\lambda+\boldsymbol{x}^{\mathrm{H}}(n)\boldsymbol{P}(n-1)\boldsymbol{x}(n)}$$

第四，利用(7.5.11)式计算 $\boldsymbol{P}(n)$

$$\boldsymbol{P}(n)=\frac{1}{\lambda}\left[\boldsymbol{P}(n-1)-\boldsymbol{k}(n)\boldsymbol{x}^{\mathrm{H}}(n)\boldsymbol{P}(n-1)\right]$$

第五，利用(7.5.13)式更新计算 $\boldsymbol{w}(n)$

$$\boldsymbol{w}(n)=\boldsymbol{w}(n-1)+e^{*}(n)\boldsymbol{k}(n)$$

计算出 $\boldsymbol{w}(n)$后，再回到第二步，如此反复.在 $\boldsymbol{w}(n)$的更新过程中，$\boldsymbol{k}(n)$和 $\boldsymbol{P}(n)$也是通过递推方式不断更新.将 RLS 权矢量更新方程(7.5.13)式整理后与(7.5.5)式对比，可看出 LMS 算法简单地利用输入矢量乘上常数 μ 作增益系数，而 RLS 算法的增益系数 $\boldsymbol{k}(n)$要复杂得多.

RLS 算法的主要优点是：收敛速率对阵列信号协方差矩阵的特征值分布不敏感；当以所需快拍数来衡量时，该算法具有较快的收敛速度，特别是在阵元数少且干扰功率的动态范围较大时，RLS 算法显现出比 LMS 算法较大的优越性.它的主要缺点是：计算量较大；具有数值不稳定性，容易引起权值发散，导致不能稳定收敛.

7.5.3　采样矩阵求逆算法

在实际环境中，真实的信号、干扰和噪声都是先验未知的，且信号环境是变化的.因此，自适应处理器必须连续地更新权矢量以适应变化的信号环境.在缺少先验信息的情况下，只能用有限快拍数据来估计阵列接收信号的协方差矩阵 $\boldsymbol{R}_x$ 以达到更新权矢量的目的.**采样矩阵求逆算法**(Sample Matrix Inversion，SMI)是基于最大似然准则的一种算法.而根据最大

似然准则，采集信号矢量 $\boldsymbol{x}(t)$的 n 次快拍，可构成 $\boldsymbol{R}_x$的最优估计$\hat{\boldsymbol{R}}_x(n)$

$$\hat{\boldsymbol{R}}_x(n) = \frac{1}{n}\sum_{i=1}^{n}\boldsymbol{x}(i)\boldsymbol{x}^{\mathrm{H}}(i) \tag{7.5.14}$$

式中，$\hat{\boldsymbol{R}}_x(n)$通常称为采样协方差矩阵．以$\hat{\boldsymbol{R}}_x(n)$代替 $\boldsymbol{R}_x$求解 $\boldsymbol{w}_{\mathrm{opt}}$，就构成了 SMI 算法，此时，有

$$\boldsymbol{w}_{\mathrm{opt}}(n) = \alpha\hat{\boldsymbol{R}}_x^{-1}(n)\boldsymbol{a}(\theta_d) \tag{7.5.15}$$

下面对$\hat{\boldsymbol{R}}_x(n)$进行递推分析．

由于

$$\hat{\boldsymbol{R}}_x(n+1) = \hat{\boldsymbol{R}}_x(n) + \frac{1}{n+1}[\boldsymbol{x}(n+1)\boldsymbol{x}^{\mathrm{H}}(n+1) - \hat{\boldsymbol{R}}_x(n)] \tag{7.5.16}$$

定义

$$\boldsymbol{H}(n) = \frac{1}{n+1}[\boldsymbol{x}(n+1)\boldsymbol{x}^{\mathrm{H}}(n+1) - \hat{\boldsymbol{R}}_x(n)] \tag{7.5.17}$$

利用矩阵求逆公式(1.3.29)式可得

$$\hat{\boldsymbol{R}}_x^{-1}(n+1) = \hat{\boldsymbol{R}}_x^{-1}(n) - \boldsymbol{Z}(n) \tag{7.5.18}$$

其中

$$\boldsymbol{Z}(n) = \hat{\boldsymbol{R}}_x^{-1}(n)\boldsymbol{H}(n)[\boldsymbol{I}_M + \boldsymbol{H}(n)\hat{\boldsymbol{R}}_x^{-1}(n)]^{-1}\hat{\boldsymbol{R}}_x^{-1}(n) \tag{7.5.19}$$

最终，由(7.5.15)式可以得到

$$\boldsymbol{w}_{\mathrm{opt}}(n+1) = \boldsymbol{w}_{\mathrm{opt}}(n) - \alpha\boldsymbol{Z}(n)\boldsymbol{a}(\theta_d) \tag{7.5.20}$$

综上，SMI 算法分三步：首先用阵列的 n 次快拍数据计算采样协方差矩阵$\hat{\boldsymbol{R}}_x(n)$；其次求解(7.5.15)式所示的线性方程组得到权矢量 $\boldsymbol{w}_{\mathrm{opt}}(n)$，并把得到的权矢量 $\boldsymbol{w}_{\mathrm{opt}}(n)$作用于接收阵列系统中；最后由(7.5.18)式更新得到 $\hat{\boldsymbol{R}}_x(n+1)$，利用(7.5.19)式和(7.5.20)式更新 $\boldsymbol{w}_{\mathrm{opt}}(n+1)$．如此循环反复$\hat{\boldsymbol{R}}_x$和 $\boldsymbol{w}_{\mathrm{opt}}$的更新迭代，只要更新计算权矢量 $\boldsymbol{w}_{\mathrm{opt}}$的计算时间能适应外界环境的变化速率，SMI 算法就是有效的．

SMI 算法的优点是：收敛速度快，干扰抑制效果好．它的主要缺点是：运算量较大；当快拍数较少时，会影响自适应波束的旁瓣性能，不能有效抑制干扰和噪声，严重时会引起自适应波束的主瓣畸变．对于 SMI 算法存在的有限个快拍引起的波束畸变问题，其本质是小特征值的扰动问题．

7.6　不相关信号源的测向

与波束形成不同，测向是通过对阵列接收信号进行统计处理以实现对空间信号的方向参数的估计．测向又称**波达方向**(Direction of Arrival，DOA)估计，或空间谱估计．

空间信号测向的早期方法之一是采用机械扫描的方法，这种方法无论在速度上和精度上都满足不了实际的需要．采用电扫描的波束形成技术给测向带来了方便，但它很难分辨出

入射角之差小于波束宽度的两个信号源,这就是所谓的瑞利限.1979年以后提出的**多重信号分类**(Multiple Signal Classification,MUSIC)、**借助旋转不变技术的信号参数估计**(Estimation of Signal Parameters via Rotational Invariance Technique,ESPRIT)等方法利用特征子空间的特性,测向分辨率突破了瑞利限的限制,故又称超分辨测向.

基于前面介绍的均匀线阵模型,本节介绍波束形成器、Capon最小功率估计器、最大似然估计、MUSIC、ESPRIT等主要测向方法,并进一步作如下假设:

(1) 阵元数 M 大于信号源数 K,快拍数 N 大于阵元数 M;

(2) 各阵元的噪声是高斯分布且互不相关,噪声功率均为 σ_n^2;

(3) 信号都是窄带远场信号且每个信号的入射方向均不同,即 $\boldsymbol{A}$ 是一个列满秩矩阵;

(4) 信号源互不相关,即信号协方差矩阵 $\boldsymbol{R}_s$ 是正定的(非奇异).

7.6.1　波束形成器测向方法

波束形成(BF)技术的基本思想是通过将各阵元接收信号进行加权求和,将天线阵列波束"导向"到期望信号入射方向上,这种"导向"作用是通过调整加权系数来完成的.

对于阵列接收信号矢量 $\boldsymbol{x}(t)$,若权矢量取为

$$\boldsymbol{w} = \frac{1}{\sqrt{M}}\left[1,\ \mathrm{e}^{-\mathrm{j}\frac{2\pi d\sin\theta}{\lambda_0}},\ \cdots,\ \mathrm{e}^{-\mathrm{j}\frac{2\pi(M-1)d\sin\theta}{\lambda_0}}\right]^{\mathrm{T}} \tag{7.6.1}$$

并记为 $\boldsymbol{w}_B(\theta)$,则波束形成器输出的平均功率为

$$P_B(\theta) = \boldsymbol{w}_B^{\mathrm{H}}(\theta)\boldsymbol{R}_x\boldsymbol{w}_B(\theta) \tag{7.6.2}$$

当 θ 由 -90° 至 90° 进行扫描,由(7.6.2)式形成空间谱图,其极大值所对应的角度即为信号入射方向.

例7.4　$M = 8$ 阵元均匀线阵,阵元间距 d 取为半波长,快拍数为100,有三个信噪比为5 dB的复高斯信号分别由 -20°,30° 和 60° 入射到阵列,噪声为高斯白噪声.根据(7.6.2)式,波束形成器测向方法的空间谱图如图7.12所示.

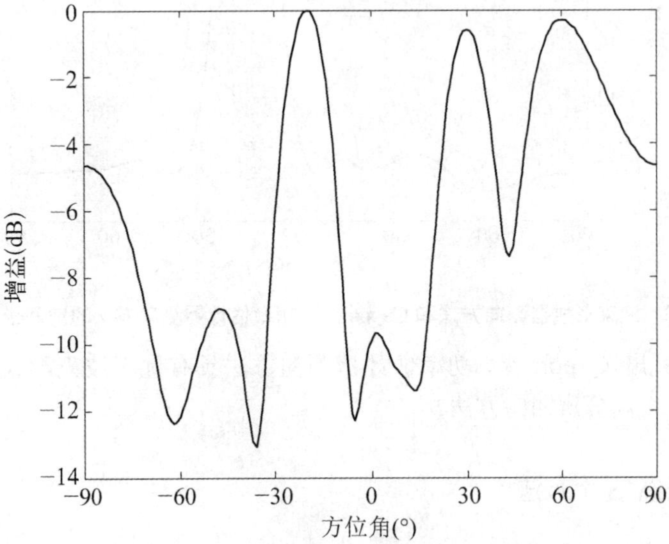

图7.12　波束形成器测向方法的空间谱图

7.6.2 Capon 最小功率估计器测向方法

Capon 最小功率估计器测向方法利用权矢量的一个自由度在期望信号入射方向上形成主瓣,剩余自由度在其他信号(视为干扰)入射方向上形成零点,这样估计器可以在保持期望信号入射方向上的信号增益不变的同时,使噪声和来自其他入射方向的信号贡献的功率最小,这样有利于提高测向分辨率.将(7.4.48)式重写如下:

$$\min E\{|y(t)|^2\} = \min_{w} \boldsymbol{w}^{\mathrm{H}}\boldsymbol{R}_x\boldsymbol{w} \quad \text{s.t.} \quad \boldsymbol{w}^{\mathrm{H}}\boldsymbol{a}(\theta) = 1 \tag{7.6.3}$$

可得最优权矢量 $\boldsymbol{w}_{\mathrm{opt}}$ 为

$$\boldsymbol{w}_{\mathrm{opt}} = \frac{\boldsymbol{R}_x^{-1}\boldsymbol{a}(\theta)}{\boldsymbol{a}^{\mathrm{H}}(\theta)\boldsymbol{R}_x^{-1}\boldsymbol{a}(\theta)} \tag{7.6.4}$$

此时 Capon 最小功率估计器输出功率为

$$P_{\mathrm{C}}(\theta) = \frac{1}{\boldsymbol{a}^{\mathrm{H}}(\theta)\boldsymbol{R}_x^{-1}\boldsymbol{a}(\theta)} \tag{7.6.5}$$

当 θ 由 $-90^\circ \sim 90^\circ$ 进行扫描,由(7.6.5)式形成空间谱图,其极大值所对应的角度即为信号入射方向.

例 7.5 $M = 8$ 阵元均匀线阵,阵元间距 d 取为半波长,快拍数为 100,有两个信噪比为 5 dB 的信号源分别由 10° 和 22° 入射到阵列,噪声为高斯白噪声.波束形成器测向方法和 Capon 最小功率估计器测向方法的空间谱图如图 7.13 所示.

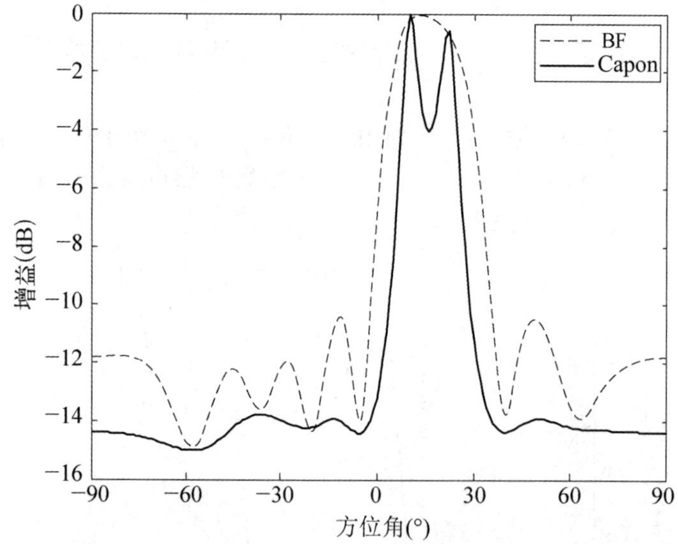

图 7.13 波束形成器测向方法和 Capon 最小功率估计器测向方法的空间谱图比较

从图中可以看出,Capon 最小功率估计器测向方法具有优于波束形成器测向方法的测向分辨率,它是一个高分辨测向方法.

7.6.3 最大似然估计方法

第 5 章已经介绍最大似然估计(ML)是有效的一致性估计,它是一种多变量非线性最优的求解方法.在高斯白噪声假定下,基于最大似然的估计方法是一种最优估计.

由信号模型可知,$\boldsymbol{x}(t)$是均值为$\boldsymbol{0}$、协方差矩阵为$\boldsymbol{R}_x$的高斯随机过程,它的似然函数包含待估计参数:信号入射方向矢量$\boldsymbol{\theta}=[\theta_1,\ \theta_2,\ \cdots,\ \theta_K]$,噪声功率$\sigma_n^2$和信号的协方差矩阵$\boldsymbol{R}_s=E\{\boldsymbol{s}(t)\boldsymbol{s}^{\mathrm{H}}(t)\}$.对于$\boldsymbol{x}(t)$的$N$个相互独立的快拍,其似然函数为

$$f(\boldsymbol{x}(1),\boldsymbol{x}(2),\ \cdots,\ \boldsymbol{x}(N))=\prod_{i=1}^{N}\frac{1}{\pi^M(\det\{\boldsymbol{R}_x\})}\exp[-\boldsymbol{x}^{\mathrm{H}}(i)\boldsymbol{R}_x^{-1}\boldsymbol{x}(i)] \quad (7.6.6)$$

其中,$\det\{\cdot\}$表示矩阵的行列式.对(7.6.6)式两边同时取对数,可得对数似然函数$L(\boldsymbol{\theta},\ \sigma_n^2,\ \boldsymbol{R}_s)$为

$$L(\boldsymbol{\theta},\ \sigma_n^2,\ \boldsymbol{R}_s)=C-N\ln(\det\{\boldsymbol{R}_x\})-\sum_{i=1}^{N}\boldsymbol{x}^{\mathrm{H}}(i)\boldsymbol{R}_x^{-1}\boldsymbol{x}(i) \quad (7.6.7)$$

其中,C为与待估参数无关的常数项,去除该常数项后,有

$$L(\boldsymbol{\theta},\ \sigma_n^2,\ \boldsymbol{R}_s)=-N\ln(\det\{\boldsymbol{R}_x\})-N\mathrm{tr}\{\boldsymbol{R}_x^{-1}\hat{\boldsymbol{R}}_x\} \quad (7.6.8)$$

其中,$\mathrm{tr}\{\cdot\}$表示矩阵的迹,$\hat{\boldsymbol{R}}_x=\dfrac{1}{N}\sum\limits_{i=1}^{N}\boldsymbol{x}(i)\boldsymbol{x}^{\mathrm{H}}(i)$是协方差矩阵的估计.

首先,求解$\boldsymbol{R}_s$的估计.由于

$$\boldsymbol{R}_x=\boldsymbol{A}\boldsymbol{R}_s\boldsymbol{A}^{\mathrm{H}}+\sigma_n^2\boldsymbol{I}_M=\sum_{i=1}^{K}\sum_{j=1}^{K}r_{ij}\boldsymbol{a}_i(\theta)\boldsymbol{a}_j^{\mathrm{H}}(\theta)+\sigma_n^2\boldsymbol{I}_M \quad (7.6.9)$$

其中,r_{ij}为$\boldsymbol{R}_s$中对应的第i行、j列元素,$\boldsymbol{a}_i(\theta)$为$\boldsymbol{A}$的第i列.当$\boldsymbol{\theta}$、σ_n^2给定时,对(7.6.8)式求导

$$\begin{aligned}\frac{\partial\ln(\det\{\boldsymbol{R}_x\})}{\partial r_{ij}}&=\mathrm{tr}\left\{\left[\frac{\partial\ln(\det\{\boldsymbol{R}_x\})}{\partial\boldsymbol{R}_x}\right]^{\mathrm{T}}\frac{\partial\boldsymbol{R}_x}{\partial r_{ij}}\right\}\\&=\mathrm{tr}\{\boldsymbol{R}_x^{-1}\boldsymbol{a}_i(\theta)\boldsymbol{a}_j^{\mathrm{H}}(\theta)\}\\&=\boldsymbol{a}_j^{\mathrm{H}}(\theta)\boldsymbol{R}_x^{-1}\boldsymbol{a}_i(\theta)\end{aligned} \quad (7.6.10)$$

另外还可得到

$$\frac{\partial\mathrm{tr}\{\boldsymbol{R}_x^{-1}\hat{\boldsymbol{R}}_x\}}{\partial r_{ij}}=-\boldsymbol{a}_j^{\mathrm{H}}(\theta)\boldsymbol{R}_x^{-1}\hat{\boldsymbol{R}}_x\boldsymbol{R}_x^{-1}\boldsymbol{a}_i(\theta) \quad (7.6.11)$$

因此

$$\frac{\partial L(\boldsymbol{\theta},\ \sigma_n^2,\ \boldsymbol{R}_s)}{\partial r_{ij}}=-N[\boldsymbol{a}_j^{\mathrm{H}}(\theta)\boldsymbol{R}_x^{-1}\boldsymbol{a}_i(\theta)-\boldsymbol{a}_j^{\mathrm{H}}(\theta)\boldsymbol{R}_x^{-1}\hat{\boldsymbol{R}}_x\boldsymbol{R}_x^{-1}\boldsymbol{a}_i(\theta)] \quad (7.6.12)$$

若上式对每一个r_{ij}的导数均等于零,则

$$\boldsymbol{A}^{\mathrm{H}}(\boldsymbol{R}_x^{-1}\hat{\boldsymbol{R}}_x\boldsymbol{R}_x^{-1}-\boldsymbol{R}_x^{-1})\boldsymbol{A}=\boldsymbol{0} \quad (7.6.13)$$

或

$$\boldsymbol{A}^{\mathrm{H}}\boldsymbol{R}_x^{-1}(\hat{\boldsymbol{R}}_x-\boldsymbol{R}_x)\boldsymbol{R}_x^{-1}\boldsymbol{A}=\boldsymbol{0} \quad (7.6.14)$$

由于$\boldsymbol{R}_x$是非奇异的,则

$$\boldsymbol{R}_x^{-1}=\frac{1}{\sigma_n^2}[\boldsymbol{I}_M-\boldsymbol{A}(\boldsymbol{R}_s\boldsymbol{A}^{\mathrm{H}}\boldsymbol{A}+\sigma_n^2\boldsymbol{I}_K)^{-1}\boldsymbol{R}_s\boldsymbol{A}^{\mathrm{H}}] \quad (7.6.15)$$

$$\boldsymbol{R}_x^{-1}\boldsymbol{A}=\boldsymbol{A}(\boldsymbol{R}_s\boldsymbol{A}^{\mathrm{H}}\boldsymbol{A}+\sigma_n^2\boldsymbol{I}_K)^{-1} \quad (7.6.16)$$

综合(7.6.14)式和(7.6.16)式,可得

$$(\boldsymbol{A}^{\mathrm{H}}\boldsymbol{A}\boldsymbol{R}_s + \sigma_n^2\boldsymbol{I}_K)^{-1}\boldsymbol{A}^{\mathrm{H}}(\hat{\boldsymbol{R}}_x - \boldsymbol{R}_x)\boldsymbol{A}(\boldsymbol{R}_s\boldsymbol{A}^{\mathrm{H}}\boldsymbol{A} + \sigma_n^2\boldsymbol{I}_K)^{-1} = \boldsymbol{0} \tag{7.6.17}$$

或

$$\boldsymbol{A}^{\mathrm{H}}(\hat{\boldsymbol{R}}_x - \boldsymbol{R}_x)\boldsymbol{A} = \boldsymbol{0} \tag{7.6.18}$$

将 $\boldsymbol{R}_x = \boldsymbol{A}\boldsymbol{R}_s\boldsymbol{A}^{\mathrm{H}} + \sigma_n^2\boldsymbol{I}_M$ 代入(7.6.18)式，则 $\boldsymbol{R}_s$的最大似然估计式为

$$\hat{\boldsymbol{R}}_s = (\boldsymbol{A}^{\mathrm{H}}\boldsymbol{A})^{-1}\boldsymbol{A}^{\mathrm{H}}(\hat{\boldsymbol{R}}_x - \sigma_n^2\boldsymbol{I}_M)\boldsymbol{A}(\boldsymbol{A}^{\mathrm{H}}\boldsymbol{A})^{-1} \tag{7.6.19}$$

其次，将$\hat{\boldsymbol{R}}_s$代入(7.6.8)式，可以求得 σ_n^2的最大似然估计，为

$$\hat{\sigma}_n^2 = \frac{1}{M-K}\mathrm{tr}\{\boldsymbol{P}_A^{\perp}\hat{\boldsymbol{R}}_x\} \tag{7.6.20}$$

其中，$\boldsymbol{P}_A^{\perp}$是在$\boldsymbol{A}$ 的零空间投影矩阵，满足

$$\begin{aligned} \boldsymbol{A}^{\dagger} &= (\boldsymbol{A}^{\mathrm{H}}\boldsymbol{A})^{-1}\boldsymbol{A}^{\mathrm{H}} \\ \boldsymbol{P}_A &= \boldsymbol{A}\boldsymbol{A}^{\dagger}, \quad \boldsymbol{P}_A^{\perp} = \boldsymbol{I}_M - \boldsymbol{P}_A \end{aligned} \tag{7.6.21}$$

最后，令 $\boldsymbol{R}'_x = \boldsymbol{A}\hat{\boldsymbol{R}}_s\boldsymbol{A}^{\mathrm{H}} + \hat{\sigma}_n^2\boldsymbol{I}_M$，易知 $\boldsymbol{R}'_x$又可表示为$\boldsymbol{R}'_x = \boldsymbol{G}\hat{\boldsymbol{R}}_x\boldsymbol{G}^{\mathrm{H}} + \hat{\sigma}_n^2(\boldsymbol{I}_M - \boldsymbol{G})$，其中 $\boldsymbol{G} = \boldsymbol{A}\boldsymbol{A}^{\dagger}$. 利用(7.6.8)式，将 $\boldsymbol{R}'_x$替换$\boldsymbol{R}_x$并舍去式中的常数项，就可以得到 $\boldsymbol{\theta}$ 的最大似然估计式，为

$$\hat{\boldsymbol{\theta}} = \arg\min_{\boldsymbol{\theta}}\left\{\ln[\det\{\boldsymbol{G}\hat{\boldsymbol{R}}_x\boldsymbol{G} + \hat{\sigma}_n^2(\boldsymbol{I}_M - \boldsymbol{G})\}] - \frac{1}{\hat{\sigma}_n^2}\mathrm{tr}\{\boldsymbol{G}\hat{\boldsymbol{R}}_x\}\right\} \tag{7.6.22}$$

当快拍数趋于无穷大时，估计误差趋于零，但是由于实际中快拍数是有限的，估计精度会受到影响. 由(7.6.22)式目标函数可知，它是一个关于入射方向 θ_1，θ_2，…，θ_K的非线性函数，直接进行多维搜索的运算量大，但可以采用数值方法求解. 例如，首先给出一个合适的初始值，然后利用 Gauss-Newton 法进行迭代计算，其中初始值的选取读者可以参阅相关书籍，这里不作讨论. 当我们得到入射角度的估计值以后，就可以根据(7.6.20)式和(7.6.19)式来对$\hat{\sigma}_n^2$和$\hat{\boldsymbol{R}}_s$进行估计.

7.6.4 多重信号分类方法

多重信号分类方法的基本思想是将阵列输出的协方差矩阵进行特征分解，根据特征值的大小将特征空间划分为信号子空间和噪声子空间，然后利用这两个子空间的正交性来估计信号的方向参数. 这一方法开创了超分辨测向研究的新时代.

基于前面介绍的阵列信号模型以及假设条件，阵列接收信号矢量的协方差矩阵为

$$\boldsymbol{R}_x = \boldsymbol{A}\boldsymbol{R}_s\boldsymbol{A}^{\mathrm{H}} + \sigma_n^2\boldsymbol{I} \tag{7.6.23}$$

基于假设条件，$\boldsymbol{R}_s$和$\boldsymbol{A}$ 的秩均为K，因此 $\boldsymbol{A}\boldsymbol{R}_s\boldsymbol{A}^{\mathrm{H}}$是秩为 K 的厄米特半正定矩阵，其 K 个非零正特征值按大小排列为$\mu_1 \geqslant \mu_2 \geqslant \cdots \geqslant \mu_K > 0$. 由(7.6.23)式可知 $\boldsymbol{R}_x$为厄米特正定矩阵，其 M 个非零正特征值按大小排列满足：

$$\lambda_k = \begin{cases} \mu_k + \sigma_n^2 & (k = 1, 2, \cdots, K) \\ \sigma_n^2 & (k = K+1, K+2, \cdots, M) \end{cases} \tag{7.6.24}$$

对应的特征矢量分别为 $\boldsymbol{e}_1$，$\boldsymbol{e}_2$，…，$\boldsymbol{e}_K$，$\boldsymbol{e}_{K+1}$，…，$\boldsymbol{e}_M$，则

$$\boldsymbol{R}_x = \sum_{k=1}^{K}\lambda_k\boldsymbol{e}_k\boldsymbol{e}_k^{\mathrm{H}} + \sum_{k=K+1}^{M}\lambda_k\boldsymbol{e}_k\boldsymbol{e}_k^{\mathrm{H}} \tag{7.6.25}$$

对于所有 $i > K$，由特征分解性质可得

$$R_x e_i = \lambda_i e_i = \sigma_n^2 e_i \quad (i > K) \tag{7.6.26}$$

由(7.6.23)式，故

$$A R_s A^H e_i = \mathbf{0} \quad (i > K) \tag{7.6.27}$$

这意味着

$$a^H(\theta_k) e_i = 0 \quad (k = 1, 2, \cdots, K; i = K+1, K+2, \cdots, M) \tag{7.6.28}$$

上式说明最小特征值所对应的特征矢量与信号方向矢量正交. 从几何空间上来解释，对于 M 维空间，其正交基矢量为 $e_1, e_2, \cdots, e_K, e_{K+1}, \cdots, e_M$，根据特征值大小将其划分为两个子空间(本质上是信源数判断问题，实际中可利用 AIC、MDL 准则估计). K 个大特征值所对应的特征矢量 $e_1, e_2, \cdots, e_K$ 张成一个子空间，由剩余的 $M-K$ 相等的小特征值所对应的特征矢量 $e_{K+1}, e_{K+2}, \cdots, e_M$ 张成另一个子空间. 由于这两个子空间正交，并考虑到(7.6.28)式，故知前者是和入射信号有关，称为信号子空间；后者是信号子空间的补空间，称为噪声子空间.

由(7.6.28)式建立如下函数：

$$P_{\text{MUSIC}}(\theta) = \frac{1}{\sum_{i=K+1}^{M} |a^H(\theta) e_i|^2} \tag{7.6.29}$$

当对 θ 进行扫描时，其 K 个峰值将与信号方向相对应.

例 7.6　$M = 8$ 阵元均匀线阵，阵元间距 d 取为半波长，快拍数为 100，有两个信噪比为 10 dB 的高斯复信号分别由 10° 和 16° 入射到阵列，噪声为高斯白噪声. MUSIC 以及 Capon 最小功率估计器测向方法的空间谱图如图 7.14 所示.

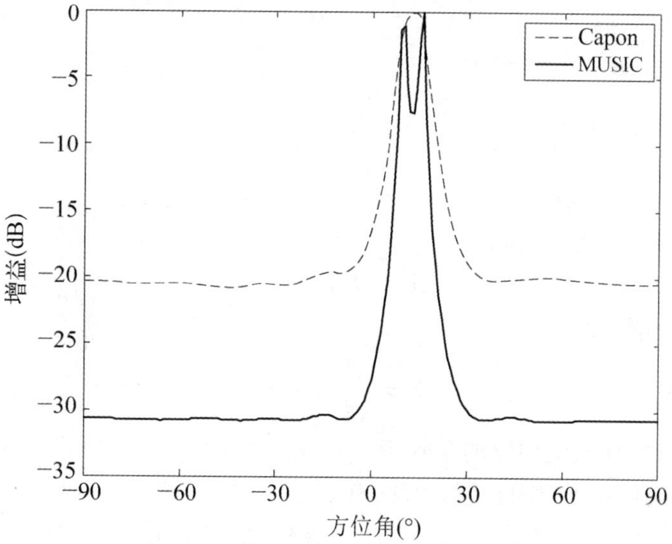

图7.14　Capon 最小功率估计器测向方法与 MUSIC 方法的空间谱图比较

从图中我们可以看出，MUSIC 方法比 Capon 最小功率估计器测向方法具有更好的测向分辨率和精度.

7.6.5 借助旋转不变技术的信号参数估计方法

借助旋转不变技术的信号参数估计方法(ESPRIT)同前面介绍的MUSIC方法一样也需要对阵列输出的协方差矩阵进行特征分解.但两者存在明显的不同,MUSIC方法利用了阵列输出的协方差矩阵的噪声子空间与信号子空间的正交特性,而ESPRIT方法则利用了阵列信号子空间的旋转不变特性.

ESPRIT方法最基本的假设是存在阵形完全相同的两个子阵列,两个阵列之间有不为零的平移量且是已知的.对于一个阵元间距为 d 的 $M+1$ 元均匀线阵,我们可以划分这样两个子阵,第一个子阵由第1个到第 M 个阵元组成,第二个子阵由第2个到第 $M+1$ 个阵元组成,两个子阵的平移量为 d,这样的划分使得阵列阵元得到了充分利用.由于两个子阵的结构完全相同,对于同一个信号而言,两个子阵的输出矢量存在一个相位差.根据前面所述的阵列模型可知,第一个子阵和第二个子阵的阵列接收信号矢量分别为

$$\boldsymbol{x}_1(t) = [\boldsymbol{a}(\theta_1), \cdots, \boldsymbol{a}(\theta_K)]\boldsymbol{s}(t) + \boldsymbol{n}_1(t) = \boldsymbol{A}\boldsymbol{s}(t) + \boldsymbol{n}_1(t) \tag{7.6.30}$$

$$\boldsymbol{x}_2(t) = \boldsymbol{A}\boldsymbol{B}\boldsymbol{s}(t) + \boldsymbol{n}_2(t) \tag{7.6.31}$$

其中

$$\boldsymbol{B} = \mathrm{diag}\{\nu_1, \nu_2, \cdots, \nu_K\} \quad \left(\nu_k = \mathrm{e}^{-\mathrm{j}2\pi\frac{d\sin\theta_k}{\lambda_0}}; k = 1, 2, \cdots, K\right) \tag{7.6.32}$$

是两个子阵间的旋转不变关系.依据 $\boldsymbol{B}$ 就可以方便地计算信号入射方向参数.

将(7.6.30)式和(7.6.31)式合并,得到

$$\overline{\boldsymbol{x}}(t) = \begin{bmatrix} \boldsymbol{x}_1(t) \\ \boldsymbol{x}_2(t) \end{bmatrix} = \begin{bmatrix} \boldsymbol{A} \\ \boldsymbol{A}\boldsymbol{B} \end{bmatrix} \boldsymbol{s}(t) + \begin{bmatrix} \boldsymbol{n}_1(t) \\ \boldsymbol{n}_2(t) \end{bmatrix} = \overline{\boldsymbol{A}}\boldsymbol{s}(t) + \overline{\boldsymbol{n}}(t) \tag{7.6.33}$$

其中,$\overline{\boldsymbol{A}} = \begin{bmatrix} \boldsymbol{A} \\ \boldsymbol{A}\boldsymbol{B} \end{bmatrix}$,$\overline{\boldsymbol{n}}(t) = \begin{bmatrix} \boldsymbol{n}_1(t) \\ \boldsymbol{n}_2(t) \end{bmatrix}$.则得协方差矩阵

$$\boldsymbol{R}_{\overline{x}} = E\{\overline{\boldsymbol{x}}(t)\overline{\boldsymbol{x}}^{\mathrm{H}}(t)\} = \overline{\boldsymbol{A}}\boldsymbol{R}_s\overline{\boldsymbol{A}}^{\mathrm{H}} + \boldsymbol{R}_{\overline{n}} \tag{7.6.34}$$

当 $\boldsymbol{R}_{\overline{n}}$ 已知时,从 $\boldsymbol{R}_{\overline{x}}$ 中减去 $\boldsymbol{R}_{\overline{n}}$,得

$$\overline{\boldsymbol{R}} = \boldsymbol{R}_{\overline{x}} - \boldsymbol{R}_{\overline{n}} \tag{7.6.35}$$

对上式进行特征分解可得

$$\overline{\boldsymbol{R}} = \sum_{k=1}^{K} \lambda_k \boldsymbol{e}_k \boldsymbol{e}_k^{\mathrm{H}} \tag{7.6.36}$$

由非零特征值对应特征矢量构成的矩阵 $\boldsymbol{E}_s = [\boldsymbol{e}_1, \boldsymbol{e}_2, \cdots, \boldsymbol{e}_K]$ 所张成的信号子空间和由方向矩阵 $\overline{\boldsymbol{A}}$ 张成的信号子空间相同,因此,有

$$\boldsymbol{E}_s = \overline{\boldsymbol{A}}\boldsymbol{T} \tag{7.6.37}$$

其中,$\boldsymbol{T}$ 为 $K \times K$ 的满秩变换矩阵.将 $\boldsymbol{E}_s$ 分成上下结构的两个相等维数的子矩阵,显然有

$$\boldsymbol{E}_s = \begin{bmatrix} \boldsymbol{E}_{s1} \\ \boldsymbol{E}_{s2} \end{bmatrix} = \begin{bmatrix} \boldsymbol{A}\boldsymbol{T} \\ \boldsymbol{A}\boldsymbol{B}\boldsymbol{T} \end{bmatrix} \tag{7.6.38}$$

定义一个新的矩阵 $\boldsymbol{U} = [\boldsymbol{E}_{s1}, \boldsymbol{E}_{s2}]$,通过 $\boldsymbol{U}$ 构造 $2K \times 2K$ 维矩阵 $\boldsymbol{F} = \boldsymbol{U}^{\mathrm{H}}\boldsymbol{U}$.对 $\boldsymbol{F}$ 进行特征分解我们可以得到矩阵 $\boldsymbol{F}$ 的噪声子空间 $\boldsymbol{F}_N$,其中 $\boldsymbol{F}_N = [\boldsymbol{F}_{N1}^{\mathrm{T}}, \boldsymbol{F}_{N2}^{\mathrm{T}}]^{\mathrm{T}}$ 是由 $\boldsymbol{F}$ 的 K 个零特

征值对应的特征矢量所组成.从而

$$\boldsymbol{U}\boldsymbol{F}_N = [\boldsymbol{E}_{s1},\ \boldsymbol{E}_{s2}]\begin{bmatrix}\boldsymbol{F}_{N1}\\ \boldsymbol{F}_{N2}\end{bmatrix} = \boldsymbol{E}_{s1}\boldsymbol{F}_{N1} + \boldsymbol{E}_{s2}\boldsymbol{F}_{N2} = \boldsymbol{0} \tag{7.6.39}$$

将(7.6.38)式代入(7.6.39)式可得

$$\boldsymbol{A}\boldsymbol{T}\boldsymbol{F}_{N1} + \boldsymbol{A}\boldsymbol{B}\boldsymbol{T}\boldsymbol{F}_{N2} = \boldsymbol{0} \tag{7.6.40}$$

由于 $\boldsymbol{A}$ 为列满秩矩阵,所以(7.6.40)式又可以写为

$$-\boldsymbol{F}_{N1}\boldsymbol{F}_{N2}^{-1} = \boldsymbol{T}^{-1}\boldsymbol{B}\boldsymbol{T} \tag{7.6.41}$$

我们可以看到 $-\boldsymbol{F}_{N1}\boldsymbol{F}_{N2}^{-1}$ 的特征值等于矩阵 $\boldsymbol{B}$ 的特征值,而矩阵 $\boldsymbol{T}^{-1}$ 的各列就是矩阵 $-\boldsymbol{F}_{N1}\boldsymbol{F}_{N2}^{-1}$ 的特征矢量.所以一旦得到上述的旋转不变关系矩阵 $-\boldsymbol{F}_{N1}\boldsymbol{F}_{N2}^{-1}$,就可以通过特征分解并由特征值得到两个子阵间的旋转不变关系 $\boldsymbol{B}$,有了 $\boldsymbol{B}$ 就可以按(7.6.42)式计算信号的入射方向参数了.

$$\theta_k = \arcsin\left[-\frac{\lambda_0}{2\pi d}\mathrm{ang}(\nu_k)\right] \quad (k = 1,\ 2,\ \cdots,\ K) \tag{7.6.42}$$

其中,ang(·)为取相位角算子.

例 7.7　$M = 8$ 阵元均匀线阵,阵元间距 d 取为半波长,快拍数为 100,有两个信噪比为 10 dB 的高斯复信号分别由 10°和 32°入射到阵列,噪声为高斯白噪声.ESPRIT 方法的结果以极坐标表示如图 7.15 所示.

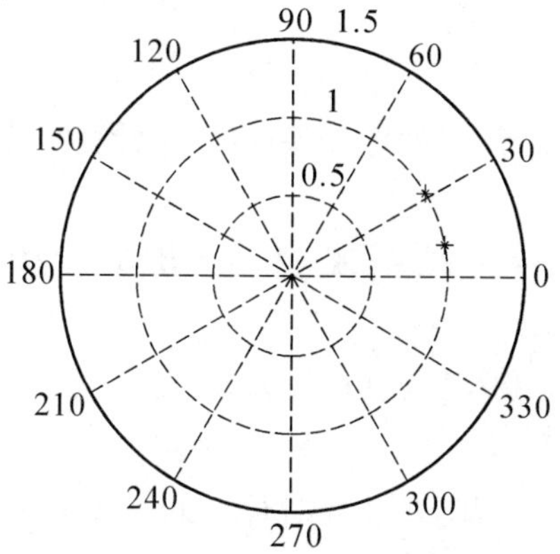

图 7.15　ESPRIT 极坐标图

ESPRIT 方法无须采用搜索办法就可得到信号入射方向,与 MUSIC 方法相比,计算量和存储量都明显减少.

7.6.6　信号子空间特征矢量生成广义特征值方法

上节介绍的 ESPRIT 方法避免了参数空间的搜索,算法运算量少.它既使用了两个平移子阵列的信号子空间又使用了噪声子空间.而信号子空间特征矢量生成广义特征值方法(Generalized Eigenvalues utilizing Signal Subspace Eigenvectors, GEESE)只利用阵列输出协方差矩阵的信号子空间特征矢量处理后产生的广义特征值就可估计出信号的入射方向参数,既保留了计算的简单性又不降低估计的性能.

GEESE方法的最基本假设与ESPRIT方法一致，是一个阵列可以划分为阵形完全相同的两个子阵，两个子阵之间有不为零的平移量且是已知的. 我们以阵元间距为 d 的 M 元均匀线阵来进行讨论.

将(7.6.23)式阵列接收信号矢量的协方差矩阵重写于此

$$\boldsymbol{R}_x = \boldsymbol{A}\boldsymbol{R}_s\boldsymbol{A}^{\mathrm{H}} + \sigma_n^2\boldsymbol{I}_M \tag{7.6.43}$$

对该协方差矩阵进行特征分解，由大特征值所对应的 K 个信号特征矢量构成的矩阵 $\boldsymbol{E}_s = [\boldsymbol{e}_1, \boldsymbol{e}_2, \cdots, \boldsymbol{e}_K]$ 与方向矩阵 $\boldsymbol{A}$ 满足

$$\boldsymbol{E}_s = \boldsymbol{A}\boldsymbol{T} \tag{7.6.44}$$

用 $\boldsymbol{E}_s$ 的前 q 行和第2到 $q+1$ 行构造矩阵 $\boldsymbol{E}_{s1}$ 和 $\boldsymbol{E}_{s2}$，即

$$\begin{aligned} \boldsymbol{E}_{s1} &= [\boldsymbol{I}_q \mid \boldsymbol{0}_{q,\,M-q}]\boldsymbol{E}_s \\ \boldsymbol{E}_{s2} &= [\boldsymbol{0}_{q,\,1} \mid \boldsymbol{I}_q \mid \boldsymbol{0}_{q,\,M-q-1}]\boldsymbol{E}_s \end{aligned} \quad (K \leqslant q \leqslant M-1) \tag{7.6.45}$$

其中，$\boldsymbol{I}_q$ 是 $q \times q$ 阶单位矩阵，$\boldsymbol{0}_{q,\,M-q}$ 是 $q \times (M-q)$ 阶零矩阵.

由(7.6.44)式和(7.6.45)式可以看出

$$\boldsymbol{E}_{s1} = \boldsymbol{A}_1\boldsymbol{T}, \quad \boldsymbol{E}_{s2} = \boldsymbol{A}_2\boldsymbol{T} \tag{7.6.46}$$

其中，$\boldsymbol{A}_1 = \begin{bmatrix} 1 & 1 & \cdots & 1 \\ \nu_1 & \nu_2 & \cdots & \nu_K \\ \vdots & \vdots & \ddots & \vdots \\ \nu_1^{q-1} & \nu_2^{q-1} & \cdots & \nu_K^{q-1} \end{bmatrix}$，$\boldsymbol{A}_2 = \begin{bmatrix} \nu_1 & \nu_2 & \cdots & \nu_K \\ \nu_1^2 & \nu_2^2 & \cdots & \nu_K^2 \\ \vdots & \vdots & \ddots & \vdots \\ \nu_1^q & \nu_2^q & \cdots & \nu_K^q \end{bmatrix} = \boldsymbol{A}_1\boldsymbol{B}$.

令 γ_k 表示矩阵对 $\{\boldsymbol{E}_{s1}^{\mathrm{H}}\boldsymbol{E}_{s1}, \boldsymbol{E}_{s1}^{\mathrm{H}}\boldsymbol{E}_{s2}\}$ 的广义特征值，由计算矩阵对 $\{\boldsymbol{E}_{s1}^{\mathrm{H}}\boldsymbol{E}_{s1}, \boldsymbol{E}_{s1}^{\mathrm{H}}\boldsymbol{E}_{s2}\}$ 的广义特征值可知

$$|\boldsymbol{E}_{s1}^{\mathrm{H}}\boldsymbol{E}_{s1} - \gamma_k\boldsymbol{E}_{s1}^{\mathrm{H}}\boldsymbol{E}_{s2}| = |\boldsymbol{T}^{\mathrm{H}}\boldsymbol{A}_1^{\mathrm{H}}\boldsymbol{A}_1(\boldsymbol{I} - \gamma_k\boldsymbol{B})\boldsymbol{T}| = \boldsymbol{0} \quad (k = 1, 2, \cdots, K) \tag{7.6.47}$$

由于 $\mathrm{rank}\{\boldsymbol{A}_1\} = \mathrm{rank}\{\boldsymbol{T}\} = K$，因此由(7.6.47)式可得

$$|\boldsymbol{I}_K - \gamma_k\boldsymbol{B}| = 0 \tag{7.6.48}$$

由(7.6.48)式可以看出，矩阵对 $\{\boldsymbol{E}_{s1}^{\mathrm{H}}\boldsymbol{E}_{s1}, \boldsymbol{E}_{s1}^{\mathrm{H}}\boldsymbol{E}_{s2}\}$ 的广义特征值为

$$\gamma_k = \nu_k^* \quad (k = 1, 2, \cdots, K) \tag{7.6.49}$$

利用(7.6.49)式的 γ_k 就可以求出各信号的入射方向参数

$$\theta_k = \arcsin\left[\frac{\lambda_0}{2\pi d}\mathrm{ang}(\gamma_k)\right] \quad (k = 1, 2, \cdots, K) \tag{7.6.50}$$

(7.6.45)式中 $K \leqslant q \leqslant M-1$，显然当 $q = M-1$ 时，算法充分利用了整个阵列的信息，因此测向性能最好.

例 7.8 $M = 8$ 阵元均匀线阵，阵元间距 d 取为半波长，快拍数为100，有两个信噪比为10 dB的高斯复信号分别由 10°，32° 入射到阵列，噪声为高斯白噪声. 选取 $q = 7$ 时GEESE方法的结果以极坐标表示如图7.16所示.

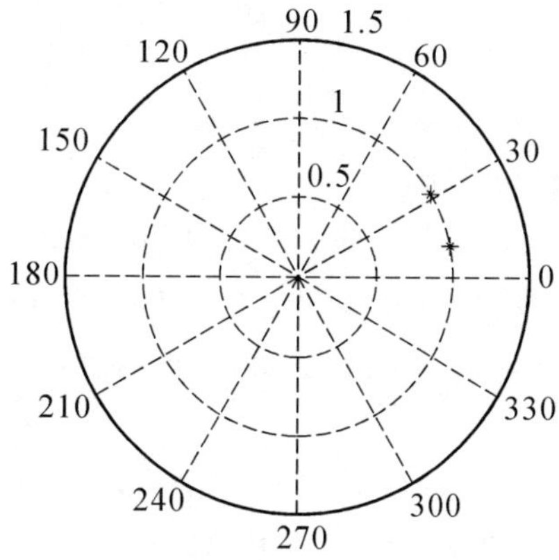

图 7.16　GEESE 极坐标图

7.7　相干信号源的测向

在实际电磁环境中，同一信号源经多径传输是经常发生的现象，由于经多径传输的各路径信号是相干或高度相关的，因此信号源的协方差矩阵 $\boldsymbol{R}_s$ 将不再是满秩的. 在这种情况下，我们无法正确估计信号源的个数，即无法正确地划分信号子空间和噪声子空间. 上一节介绍的方法一般不能直接用于相干信号源的测向.

为了在有相干信号源的条件下进行测向，我们需要解决的核心问题是使信号协方差矩阵的秩有效恢复到信号源（每条多径信号视为一个信号源）的个数，以保证信号子空间和噪声子空间的正确划分. 常用的解决问题方法是在测向前先进行一些预处理来提升信号协方差矩阵的秩，而后再用不相关源的测向方法进行测向. 下面介绍几种典型的预处理方法，包括空间平滑方法、基于信号特征矢量方法和基于信号特征矢量的通用差分方法.

7.7.1　相干信号源模型

考虑阵元间距为 d 的 M 元均匀线阵，设有 K 个来自 $\theta_1,\ \theta_2,\ \cdots,\ \theta_K$ 的平面波信号 $s_1(t),\ s_2(t),\ \cdots,\ s_K(t)$ 入射到该阵列，其中，θ_k 为第 k 个窄带平面波信号的传播方向与线阵法线方向的夹角. 假设前 N_u 个信号是不相关的，功率分别为 $\sigma_k^2(k=1,\ 2,\ \cdots,\ N_u)$，其余的 $K-N_u=N_c$ 个信号为完全相干的信号源（一组相干源），即

$$s_k(t)=\alpha_k s_{N_u+1}(t)\quad (k=N_u+1,\ \cdots,\ K)\tag{7.7.1}$$

其中 $\alpha_k(k=N_u+1,\ \cdots,\ K)$ 表示第 k 个信号 $s_k(t)$ 相对于信号 $s_{N_u+1}(t)$ 的复衰减系数，信号 $s_{N_u+1}(t)$ 的功率为 $\sigma_{N_u+1}^2$. 为讨论方便，这里假设信号矢量 $\boldsymbol{s}(t)$ 是零均值广义平稳随机过程，噪声为高斯白噪声，并且不相关信号与相干信号之间、噪声之间、信号与噪声之间是不相关的.

在这种条件下，阵列接收信号矢量可以写为如下形式：

$$\begin{aligned}\boldsymbol{x}(t) &= \sum_{k=1}^{N_u}\boldsymbol{a}(\theta_k)s_k(t) + \sum_{k=N_u+1}^{K}\boldsymbol{a}(\theta_k)\alpha_k s_k(t) + \boldsymbol{n}(t)\\ &= \boldsymbol{A}_u\boldsymbol{s}_u(t) + \boldsymbol{A}_c\boldsymbol{s}_c(t) + \boldsymbol{n}(t)\\ &= \boldsymbol{A}\boldsymbol{s}(t) + \boldsymbol{n}(t)\end{aligned} \tag{7.7.2}$$

其中，$\boldsymbol{A}_u = [\boldsymbol{a}(\theta_1), \cdots, \boldsymbol{a}(\theta_{N_u})]$是不相关信号源的阵列方向矩阵，$\boldsymbol{A}_c = [\boldsymbol{a}(\theta_{N_u+1}), \cdots, \boldsymbol{a}(\theta_K)]$是相干信号源的阵列方向矩阵，$\boldsymbol{A} = [\boldsymbol{A}_u, \boldsymbol{A}_c]$，$\boldsymbol{s}_u(t) = [s_1(t), \cdots, s_{N_u}(t)]^{\mathrm{T}}$，$\boldsymbol{\alpha} = [\alpha_{N_u+1}, \cdots, \alpha_K]^{\mathrm{T}}$，$\boldsymbol{s}_c(t) = s_{N_u+1}(t)\boldsymbol{\alpha}$，$\boldsymbol{s}(t) = [\boldsymbol{s}_u^{\mathrm{T}}(t), \boldsymbol{s}_c^{\mathrm{T}}(t)]^{\mathrm{T}}$. 这时阵列的协方差矩阵为

$$\begin{aligned}\boldsymbol{R}_x &= E\{\boldsymbol{x}(t)\boldsymbol{x}^{\mathrm{H}}(t)\} = \boldsymbol{A}\boldsymbol{R}_s\boldsymbol{A}^{\mathrm{H}} + \sigma_n^2\boldsymbol{I}_M\\ &= \boldsymbol{A}_u\boldsymbol{R}_u\boldsymbol{A}_u^{\mathrm{H}} + \boldsymbol{A}_c\boldsymbol{R}_c\boldsymbol{A}_c^{\mathrm{H}} + \sigma_n^2\boldsymbol{I}_M\end{aligned} \tag{7.7.3}$$

其中，$\boldsymbol{R}_s = \begin{bmatrix}\boldsymbol{R}_u & 0\\ 0 & \boldsymbol{R}_c\end{bmatrix}$为信号源的协方差矩阵，$\boldsymbol{R}_u = \mathrm{diag}\{\sigma_1^2, \sigma_2^2, \cdots, \sigma_{N_u}^2\}$为对应于不相关源 $\boldsymbol{s}_u(t)$的信号源协方差矩阵. $\boldsymbol{R}_c = \sigma_{N_u+1}^2\boldsymbol{\alpha}\boldsymbol{\alpha}^{\mathrm{H}}$为对应于相干信号源 $\boldsymbol{s}_c(t)$的信号协方差矩阵，$\sigma_n^2\boldsymbol{I}_M$为高斯白噪声的协方差矩阵，此时 $\boldsymbol{R}_s$的秩 $\mathrm{rank}\{\boldsymbol{R}_s\} = N_u + 1$.

对 $\boldsymbol{R}_x$进行特征分解，得到其特征值为 $\lambda_1 \geqslant \cdots \geqslant \lambda_{N_u+1} > \lambda_{N_u+2} = \cdots = \lambda_M = \sigma_n^2$. 从这里可以看到相干源的存在导致了信号子空间的维数小于信号源数，使得信号源的个数无法得到正确的估计.

为方便起见，这里先讨论信号源全相干并且功率 $\sigma_1^2 = 1$ 的情况，此时信号源的协方差矩阵 $\boldsymbol{R}_s = \boldsymbol{\alpha}\boldsymbol{\alpha}^{\mathrm{H}}$ 并且 $\mathrm{rank}\{\boldsymbol{R}_s\} = 1$. 对 $\boldsymbol{R}_x$进行特征分解，可以得到其特征值为 $\lambda_1 > \lambda_2 = \cdots = \lambda_M = \sigma_n^2$.

7.7.2 空间平滑方法

对于 M 阵元的均匀线阵，首先将其划分为相互交叠的 P 个子阵，每个子阵所含的阵元数为 m，即有 $M = P + m - 1$. 以阵元$\{1, 2, \cdots, m\}$构成第一个子阵，阵元$\{2, 3, \cdots, m+1\}$构成第二个子阵，以此类推，阵元$\{M-m+1, M-m+2, \cdots, M\}$构成最后一个(第 P 个)子阵，如图 7.17 所示. 为了区别于后面介绍的子阵划分方案，我们称上述子阵为前向子阵，并以 $\boldsymbol{x}_p^f(t)$($p=1, 2, \cdots, P$)表示第 p 个前向子阵的输出矢量.

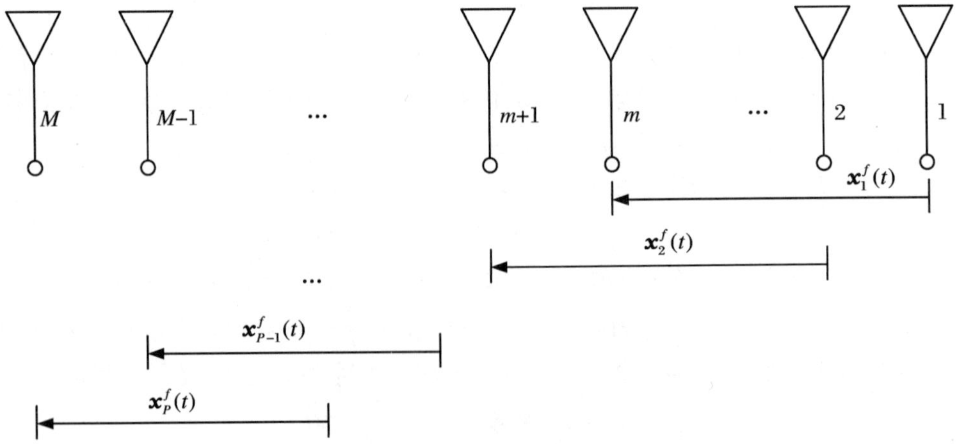

图 7.17 前向空间平滑原理示意图

因而第 p 个子阵的接收信号矢量可以表示为

$$\begin{aligned}\boldsymbol{x}_p^f(t) &= [x_p(t),\ x_{p+1}(t),\ \cdots,\ x_{p+m-1}(t)]^{\mathrm{T}} \\ &= \boldsymbol{A}_1\boldsymbol{B}^{p-1}\boldsymbol{s}(t) + \boldsymbol{n}_p(t) \quad (p = 1,\ 2,\ \cdots,\ P)\end{aligned} \tag{7.7.4}$$

其中，$\boldsymbol{A}_1$是由 $\boldsymbol{A}$ 的前 m 行元素所构成的子矩阵，它表示第一个子阵的阵列方向矩阵，$\boldsymbol{B}$ 在(7.6.32)式中定义. 第 p 个子阵接收信号的协方差矩阵可以写为

$$\boldsymbol{R}_p^f = E\{\boldsymbol{x}_p^f(t)[\boldsymbol{x}_p^f(t)]^{\mathrm{H}}\} = \boldsymbol{A}_1\boldsymbol{B}^{p-1}\boldsymbol{R}_s(\boldsymbol{B}^{p-1})^{\mathrm{H}}\boldsymbol{A}_1^{\mathrm{H}} + \sigma_n^2\boldsymbol{I}_m \tag{7.7.5}$$

对信号源的协方差矩阵秩的恢复是通过将所有前向子阵的协方差矩阵取平均来实现的，称为前向空间平滑，前向空间平滑处理后的协方差矩阵 $\boldsymbol{R}^f$ 为

$$\begin{aligned}\boldsymbol{R}^f &= \frac{1}{P}\sum_{p=1}^{P}\boldsymbol{R}_p^f \\ &= \boldsymbol{A}_1\left[\frac{1}{P}\sum_{p=1}^{P}\boldsymbol{B}^{p-1}\boldsymbol{R}_s(\boldsymbol{B}^{p-1})^{\mathrm{H}}\right]\boldsymbol{A}_1^{\mathrm{H}} + \sigma_n^2\boldsymbol{I}_m \\ &= \boldsymbol{A}_1\boldsymbol{R}_s^f\boldsymbol{A}_1^{\mathrm{H}} + \sigma_n^2\boldsymbol{I}_m\end{aligned} \tag{7.7.6}$$

其中

$$\boldsymbol{R}_s^f = \frac{1}{P}\sum_{p=1}^{P}\boldsymbol{B}^{p-1}\boldsymbol{R}_s(\boldsymbol{B}^{p-1})^{\mathrm{H}} \tag{7.7.7}$$

由于 $\boldsymbol{R}_s = \boldsymbol{\alpha}\boldsymbol{\alpha}^{\mathrm{H}}$，因而 $\boldsymbol{R}_s^f$可以写成如下形式：

$$\begin{aligned}\boldsymbol{R}_s^f &= \frac{1}{P}[\boldsymbol{\alpha},\ \boldsymbol{B}\boldsymbol{\alpha},\ \boldsymbol{B}^2\boldsymbol{\alpha},\ \cdots,\ \boldsymbol{B}^{P-1}\boldsymbol{\alpha}][\boldsymbol{\alpha},\ \boldsymbol{B}\boldsymbol{\alpha},\ \boldsymbol{B}^2\boldsymbol{\alpha},\ \cdots,\ \boldsymbol{B}^{P-1}\boldsymbol{\alpha}]^{\mathrm{H}} \\ &= \frac{1}{P}\boldsymbol{C}_f\boldsymbol{C}_f^{\mathrm{H}}\end{aligned} \tag{7.7.8}$$

其中

$$\begin{aligned}\boldsymbol{C}_f &= [\boldsymbol{\alpha},\ \boldsymbol{B}\boldsymbol{\alpha},\ \boldsymbol{B}^2\boldsymbol{\alpha},\ \cdots,\ \boldsymbol{B}^{P-1}\boldsymbol{\alpha}] \\ &= \begin{bmatrix}\alpha_1 & 0 & \cdots & 0 \\ 0 & \alpha_2 & \cdots & 0 \\ \vdots & \vdots & \ddots & \vdots \\ 0 & 0 & \cdots & \alpha_K\end{bmatrix}\begin{bmatrix}1 & \nu_1 & \nu_1^2 & \cdots & \nu_1^{P-1} \\ 1 & \nu_2 & \nu_2^2 & \cdots & \nu_2^{P-1} \\ \vdots & \vdots & \vdots & \ddots & \vdots \\ 1 & \nu_K & \nu_K^2 & \cdots & \nu_K^{P-1}\end{bmatrix} \\ &= \mathrm{diag}\{\boldsymbol{\alpha}\}\boldsymbol{V}\end{aligned} \tag{7.7.9}$$

对于一个矩阵，它的秩和这个矩阵乘以其本身共轭转置矩阵所得矩阵的秩是相等的. 从(7.7.8)式中我们可以看到 $\boldsymbol{R}_s^f$的秩和 $\boldsymbol{C}_f$的秩是相等的. 由于 $\boldsymbol{C}_f = \mathrm{diag}\{\boldsymbol{\alpha}\}\boldsymbol{V}$，且方阵 $\mathrm{diag}\{\boldsymbol{\alpha}\}$是满秩的，所以矩阵 $\boldsymbol{C}_f$的秩与 $\boldsymbol{V}$ 的秩是相等的. 因为 $\boldsymbol{V}$ 是一个 $K \times P$ 维范德蒙矩阵，所以 $\mathrm{rank}\{\boldsymbol{V}\} = \min\{K,\ P\}$，其中 $\min\{x_1,\ x_2\}$表示 x_1和 x_2中的较小值. 当 $P = M - m + 1 \geqslant K$，即 $M \geqslant m + K - 1$ 的情况下，$\mathrm{rank}\{\boldsymbol{V}\} = K$.

$\boldsymbol{R}^f$与不相关条件下的阵列的协方差矩阵具有完全相同的形式，将前面介绍的不相关源测向方法(例如：MUSIC、ESPRIT)应用于 $\boldsymbol{R}^f$，可以实现对相干信号源的测向. 但是这时均匀线阵中至少要含有 $m + K - 1$个阵元，而且每个子阵列的阵元的数目 m 也至少为$K + 1$，所以至少需要 $2K$ 个阵元才能实现对K 个相干信号的测向. 这意味着损失了约一半的阵列孔径.

我们还可以按照图 7.18 的方案划分子阵，这样的子阵称为后向子阵，并且以$\boldsymbol{x}_p^b(t)$表示

第 p 个后向子阵的接收信号矢量表示为

$$\boldsymbol{x}_p^b(t) = [x_{M-p+1}^*(t), x_{M-p}^*(t), \cdots, x_{M-m-p+2}^*(t)]^{\mathrm{T}} \tag{7.7.10}$$

比较(7.7.4)式和(7.7.10)式,显然有

$$\boldsymbol{x}_{P-p+1}^b(t) = \boldsymbol{J}[\boldsymbol{x}_p^f(t)]^* \tag{7.7.11}$$

其中,$\boldsymbol{J} = \begin{bmatrix} 0 & \cdots & 0 & 1 \\ 0 & \cdots & 1 & 0 \\ \vdots & \iddots & \vdots & \vdots \\ 1 & \cdots & 0 & 0 \end{bmatrix}$ 为 m 维的反向单位矩阵.

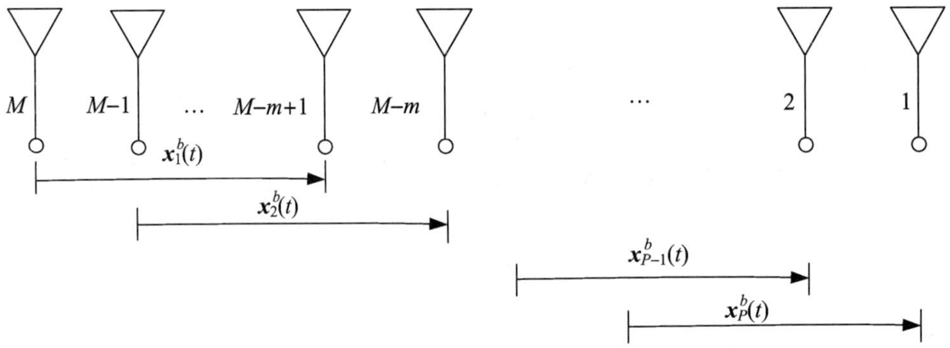

图 7.18 后向空间平滑原理示意图

仿照(7.7.4)式,$\boldsymbol{x}_p^b(t)$可以重新表示为

$$\boldsymbol{x}_p^b(t) = \boldsymbol{A}_1\boldsymbol{B}^{p-1}[\boldsymbol{B}^{M-1}\boldsymbol{s}(t)]^* + \tilde{\boldsymbol{n}}_p^*(t) \quad (p = 1, 2, \cdots, P) \tag{7.7.12}$$

其中,$\tilde{\boldsymbol{n}}_p^*(t) = \boldsymbol{J}\boldsymbol{n}_{P-p+1}^*(t)$. 该后向子阵的协方差矩阵为

$$\boldsymbol{R}_p^b = E\{\boldsymbol{x}_p^b(t)[\boldsymbol{x}_p^b(t)]^{\mathrm{H}}\} = \boldsymbol{A}_1\boldsymbol{B}^{p-1}\boldsymbol{R}_{\bar{s}}(\boldsymbol{B}^{p-1})^{\mathrm{H}}\boldsymbol{A}_1^{\mathrm{H}} + \sigma_n^2\boldsymbol{I}_m \tag{7.7.13}$$

其中

$$\begin{aligned}\boldsymbol{R}_{\bar{s}} &= \boldsymbol{B}^{-(M-1)}E\{\boldsymbol{s}^*(t)\boldsymbol{s}^{\mathrm{T}}(t)\}[\boldsymbol{B}^{-(M-1)}]^{\mathrm{H}} \\ &= \boldsymbol{B}^{-(M-1)}\boldsymbol{R}_s^*[\boldsymbol{B}^{-(M-1)}]^{\mathrm{H}}\end{aligned} \tag{7.7.14}$$

同样我们可以进行后向空间平滑,后向空间平滑处理后的协方差矩阵 $\boldsymbol{R}^b$ 为

$$\begin{aligned}\boldsymbol{R}^b &= \frac{1}{P}\sum_{p=1}^{P}\boldsymbol{R}_p^b = \boldsymbol{A}_1\left[\frac{1}{P}\sum_{p=1}^{P}\boldsymbol{B}^{p-1}\boldsymbol{R}_{\bar{s}}(\boldsymbol{B}^{p-1})^{\mathrm{H}}\right]\boldsymbol{A}_1^{\mathrm{H}} + \sigma_n^2\boldsymbol{I}_m \\ &= \boldsymbol{A}_1\boldsymbol{R}_s^b\boldsymbol{A}_1^{\mathrm{H}} + \sigma_n^2\boldsymbol{I}_m\end{aligned} \tag{7.7.15}$$

其中

$$\boldsymbol{R}_s^b = \frac{1}{P}\sum_{p=1}^{P}\boldsymbol{B}^{p-1}\boldsymbol{R}_{\bar{s}}(\boldsymbol{B}^{p-1})^{\mathrm{H}} \tag{7.7.16}$$

$$\boldsymbol{R}_{\bar{s}} = \boldsymbol{\delta}\boldsymbol{\delta}^{\mathrm{H}}, \quad \boldsymbol{\delta} = [\delta_1, \delta_2, \cdots, \delta_K]^{\mathrm{T}} \quad (\delta_k = \alpha_k^*\nu_k^{-(M-1)}; k = 1, 2, \cdots, K) \tag{7.7.17}$$

进一步有

$$\begin{aligned}\boldsymbol{R}_s^b &= \frac{1}{P}\sum_{p=1}^{P}\boldsymbol{B}^{p-1}\boldsymbol{\delta}\boldsymbol{\delta}^{\mathrm{H}}(\boldsymbol{B}^{p-1})^{\mathrm{H}} \\ &= \frac{1}{P}[\boldsymbol{\delta}, \boldsymbol{B}\boldsymbol{\delta}, \boldsymbol{B}^2\boldsymbol{\delta}, \cdots, \boldsymbol{B}^{P-1}\boldsymbol{\delta}][\boldsymbol{\delta}, \boldsymbol{B}\boldsymbol{\delta}, \boldsymbol{B}^2\boldsymbol{\delta}, \cdots, \boldsymbol{B}^{P-1}\boldsymbol{\delta}]^{\mathrm{H}}\end{aligned}$$

$$= \frac{1}{P}\boldsymbol{C}_b\boldsymbol{C}_b^{\mathrm{H}} \tag{7.7.18}$$

这里

$$\begin{aligned}\boldsymbol{C}_b &= [\boldsymbol{\delta},\ \boldsymbol{B\delta},\ \boldsymbol{B}^2\boldsymbol{\delta},\ \cdots,\ \boldsymbol{B}^{P-1}\boldsymbol{\delta}] \\ &= \begin{bmatrix}\delta_1 & 0 & \cdots & 0\\ 0 & \delta_2 & \cdots & 0\\ \vdots & \vdots & \ddots & \vdots\\ 0 & 0 & \cdots & \delta_K\end{bmatrix}\begin{bmatrix}1 & \nu_1 & \nu_1^2 & \cdots & \nu_1^{P-1}\\ 1 & \nu_2 & \nu_2^2 & \cdots & \nu_2^{P-1}\\ \vdots & \vdots & \vdots & \ddots & \vdots\\ 1 & \nu_K & \nu_K^2 & \cdots & \nu_K^{P-1}\end{bmatrix} \\ &= \mathrm{diag}\{\boldsymbol{\delta}\}\boldsymbol{V}\end{aligned} \tag{7.7.19}$$

与前面的推导过程相似，当 $P \geqslant K$ 时，$\boldsymbol{R}_s^b$ 为非奇异矩阵，后向空间平滑后的协方差矩阵 $\boldsymbol{R}^b$ 为满秩矩阵.当然也至少需要 $2K$ 个阵元才能实现对 K 个相干信号的测向.

由于单独进行前向空间平滑或后向空间平滑处理，阵列的孔径损失很大，这在实际应用中是难以容忍的.研究表明同时运用前向空间平滑与后向空间平滑处理可以减少阵列的孔径损失.定义前后向空间平滑后的协方差矩阵 $\tilde{\boldsymbol{R}}$ 为 $\boldsymbol{R}^f$ 和 $\boldsymbol{R}^b$ 的均值，即

$$\tilde{\boldsymbol{R}} = \frac{\boldsymbol{R}^f + \boldsymbol{R}^b}{2} \tag{7.7.20}$$

将(7.7.6)式、(7.7.8)式、(7.7.15)式和(7.7.18)代入式(7.7.20)式可以得到

$$\tilde{\boldsymbol{R}} = \boldsymbol{A}_1\left[\frac{1}{2P}(\boldsymbol{C}_f\boldsymbol{C}_f^{\mathrm{H}} + \boldsymbol{C}_b\boldsymbol{C}_b^{\mathrm{H}})\right]\boldsymbol{A}_1^{\mathrm{H}} + \sigma_n^2\boldsymbol{I}_m = \boldsymbol{A}_1\tilde{\boldsymbol{R}}_s\boldsymbol{A}_1^{\mathrm{H}} + \sigma_n^2\boldsymbol{I}_m \tag{7.7.21}$$

其中

$$\tilde{\boldsymbol{R}}_s = \frac{\boldsymbol{R}_s^f + \boldsymbol{R}_s^b}{2} = \frac{1}{2P}(\boldsymbol{C}_f\boldsymbol{C}_f^{\mathrm{H}} + \boldsymbol{C}_b\boldsymbol{C}_b^{\mathrm{H}}) = \frac{1}{2P}\boldsymbol{C}\boldsymbol{C}^{\mathrm{H}} \tag{7.7.22}$$

矩阵 $\boldsymbol{C}$ 具有如下的结构：

$$\begin{aligned}\boldsymbol{C} &= [\boldsymbol{\alpha},\ \boldsymbol{B\alpha},\ \boldsymbol{B}^2\boldsymbol{\alpha},\ \cdots,\ \boldsymbol{B}^{P-1}\boldsymbol{\alpha},\ \boldsymbol{\delta},\ \boldsymbol{B\delta},\ \boldsymbol{B}^2\boldsymbol{\delta},\ \cdots,\ \boldsymbol{B}^{P-1}\boldsymbol{\delta}] \\ &= [\mathrm{diag}\{\boldsymbol{\alpha}\}\boldsymbol{V},\ \mathrm{diag}\{\boldsymbol{\delta}\}\boldsymbol{V}] \\ &= \mathrm{diag}\{\boldsymbol{\alpha}\}[\boldsymbol{V},\ \mathrm{diag}\{\boldsymbol{\varepsilon}\}\boldsymbol{V}]\end{aligned} \tag{7.7.23}$$

其中

$$\mathrm{diag}\{\boldsymbol{\varepsilon}\} = \mathrm{diag}\{\varepsilon_1,\ \varepsilon_2,\ \cdots,\ \varepsilon_K\} \quad \left(\varepsilon_k = \frac{\delta_k}{\alpha_k};k = 1,\ 2,\ \cdots,\ K\right) \tag{7.7.24}$$

可以证明当 $2P \geqslant K$ 并且满足一个较为宽松的限制条件($\varepsilon_k(k=1,\ 2,\ \cdots,\ K)$中相等元素的最大数目小于等于 P)时，前后向空间平滑后的协方差矩阵 $\tilde{\boldsymbol{R}}_s$ 是秩为 K 的满秩矩阵.这样前后向空间平滑方法所需均匀线阵至少含有 $m+\lceil K/2\rceil$ 个阵元，由于每个子阵列的阵元数目 m 也至少为 $K+1$，所以只要总阵元的数目 $M=\lceil 3K/2\rceil$ 时就可以使(7.7.22)式的 $\tilde{\boldsymbol{R}}_s$ 得以恢复到秩为 K，其中$\lceil x\rceil$表示大于 x 的最小整数.

将不相关源的测向方法应用于前后向空间平滑后的协方差矩阵 $\tilde{\boldsymbol{R}}$ 可以实现相干信号源的测向.当同时存在不相关信号源以及多组相干信号源的时候，前后向空间平滑的方法同样适用.

7.7.3 信号特征矢量法

信号特征矢量法同前后向空间平滑预处理要求的阵型是一样的,但在预处理的途径上是不同的,它是通过对信号特征矢量进行特殊的运算来恢复信号源协方差矩阵的秩.下面就对这种方法进行简单的介绍.

由阵列接收信号矢量重新定义一个新的矩阵 $\boldsymbol{R}'_x$:

$$\boldsymbol{R}'_x = \frac{1}{2}E\{\boldsymbol{x}(t)\boldsymbol{x}^{\mathrm{H}}(t) + \tilde{\boldsymbol{x}}(t)\tilde{\boldsymbol{x}}^{\mathrm{H}}(t)\} \tag{7.7.25}$$

其中,$\tilde{\boldsymbol{x}}(t) = \boldsymbol{J}\boldsymbol{x}^*(t) = [x_M^*(t),\ x_{M-1}^*(t),\ \cdots,\ x_1^*(t)]^{\mathrm{T}}$,$\boldsymbol{J}$ 为反向单位矩阵.那么 $\boldsymbol{R}'_x$可以进一步写为如下形式:

$$\begin{aligned}\boldsymbol{R}'_x &= \boldsymbol{A}\left\{\frac{1}{2}[\boldsymbol{R}_s + \boldsymbol{B}^{-(M-1)}\boldsymbol{R}_s^*\boldsymbol{B}^{M-1}]\right\}\boldsymbol{A}^{\mathrm{H}} + \sigma_n^2\boldsymbol{I}_M \\ &= \boldsymbol{A}\boldsymbol{R}'_s\boldsymbol{A}^{\mathrm{H}} + \sigma_n^2\boldsymbol{I}_M\end{aligned} \tag{7.7.26}$$

这里 $\boldsymbol{R}'_s = \frac{1}{2}[\boldsymbol{R}_s + \boldsymbol{B}^{-(M-1)}\boldsymbol{R}_s^*\boldsymbol{B}^{M-1}]$,$\boldsymbol{B}$ 在(7.6.32)式中定义.

在信号源全相干的条件下,将 $\boldsymbol{R}_s = \boldsymbol{\alpha}\boldsymbol{\alpha}^{\mathrm{H}}$ 代入 $\boldsymbol{R}'_s$,那么 $\boldsymbol{R}'_s$可以表示为

$$\begin{aligned}\boldsymbol{R}'_s &= \frac{1}{2}[\boldsymbol{\alpha}\boldsymbol{\alpha}^{\mathrm{H}} + \boldsymbol{B}^{-(M-1)}\boldsymbol{\alpha}^*\boldsymbol{\alpha}^{\mathrm{T}}\boldsymbol{B}^{M-1}] \\ &= \frac{1}{2}[\boldsymbol{\alpha},\ \boldsymbol{B}^{-(M-1)}\boldsymbol{\alpha}^*][\boldsymbol{\alpha},\ \boldsymbol{B}^{-(M-1)}\boldsymbol{\alpha}^*]^{\mathrm{H}} \\ &= \frac{1}{2}\boldsymbol{G}\boldsymbol{G}^{\mathrm{H}}\end{aligned} \tag{7.7.27}$$

其中,$\boldsymbol{G} = [\boldsymbol{\alpha},\ \boldsymbol{B}^{-(M-1)}\boldsymbol{\alpha}^*]$.

从(7.7.27)式中我们可以看到,$\mathrm{rank}\{\boldsymbol{R}'_s\} = \mathrm{rank}\{\boldsymbol{G}\}$. 由于信号来自不同的方向,因此矩阵 $\boldsymbol{G}$ 的秩等于 2,那么 $\boldsymbol{R}'_s$和$\boldsymbol{A}\boldsymbol{R}'_s\boldsymbol{A}^{\mathrm{H}}$的秩也都为 2.用 $\lambda'_1 \geqslant \lambda'_2$ 代表 $\boldsymbol{A}\boldsymbol{R}'_s\boldsymbol{A}^{\mathrm{H}}$的两个最大的特征值,那么 $\boldsymbol{R}'_x$的特征值为$\lambda_1 = \lambda'_1 + \sigma_n^2$,$\lambda_2 = \lambda'_2 + \sigma_n^2$,$\lambda_3 = \cdots = \lambda_M = \sigma_n^2$,其所对应的特征矢量为 $\boldsymbol{e}_1,\ \boldsymbol{e}_2,\ \cdots,\ \boldsymbol{e}_M$.

由于特征矢量 $\boldsymbol{e}_1$和 $\boldsymbol{e}_2$张成的子空间为信号子空间,它同时也是由阵列方向矩阵 $\boldsymbol{A}$ 产生的,因此 $\boldsymbol{A}$ 与信号特征矢量$\boldsymbol{e}_1$和 $\boldsymbol{e}_2$之间存在如下关系:

$$[\boldsymbol{e}_1,\ \boldsymbol{e}_2] = \boldsymbol{A}\boldsymbol{T} \tag{7.7.28}$$

其中 $\boldsymbol{T}$ 为$K\times 2$ 的列满秩变换矩阵.利用信号特征矢量 $\boldsymbol{e}_1$和 $\boldsymbol{e}_2$,可以构造一个 $m\times 2P$ 的矩阵 $\boldsymbol{E}_e$,如下所示:

$$\boldsymbol{E}_e = [\boldsymbol{E}_{e1},\ \boldsymbol{E}_{e2},\ \cdots,\ \boldsymbol{E}_{eP}] \tag{7.7.29}$$

其中

$$\boldsymbol{E}_{ek} = \begin{bmatrix} \boldsymbol{e}_1(k) & \boldsymbol{e}_2(k) \\ \boldsymbol{e}_1(k+1) & \boldsymbol{e}_2(k+1) \\ \vdots & \vdots \\ \boldsymbol{e}_1(k+m-1) & \boldsymbol{e}_2(k+m-1) \end{bmatrix} \quad (k = 1,\ 2,\ \cdots,\ P) \tag{7.7.30}$$

$\boldsymbol{e}_i(l)$为 $\boldsymbol{e}_i$的第 l 个元素.进一步利用矩阵 $\boldsymbol{E}_e$构造一个厄米特矩阵$\boldsymbol{F}_e$来完成对相干信号的

解相干处理

$$F_e = E_e E_e^{\mathrm{H}} = A R_{se} A^{\mathrm{H}} \tag{7.7.31}$$

通过运用类似于前后向空间平滑证明方法可以证明当 $m \geqslant K$，$2P \geqslant K$ 时，由(7.7.31)式生成的厄米特矩阵 F_e 的秩为 K. 通过细致的比较发现，这里 m 的数值相当于前后向空间平滑中子阵所含的阵元数目，而 P 的数值相当于前后向空间平滑中子阵的个数. 因此信号特征矢量方法的估计性能与空间平滑方法基本相同.

将不相关源的测向方法应用于矩阵 F_e 可以实现相干信号源测向. 当同时存在不相关信号源以及多组相干信号源的时候，信号特征矢量方法同样适用.

7.7.4　基于信号特征矢量的通用差分方法

对于接收阵列是均匀线阵的情况，当信号源互不相关时，线阵接收信号矢量协方差矩阵为厄米特托普利兹矩阵；当信号源全相干时，线阵接收信号矢量协方差矩阵仅是厄米特矩阵. 当一部分信号源不相关、另一部分信号源全相干时，线阵接收信号矢量的协方差矩阵可以写成

$$R_x = A R_s A^{\mathrm{H}} + \sigma_n^2 I = R_T + R_{NT} + \sigma_n^2 I_M \tag{7.7.32}$$

其中，R_T 为托普利兹矩阵，是由不相关信号源所形成的阵列接收信号矢量协方差矩阵；R_{NT} 为非托普利兹矩阵，是由相干信号源所形成的阵列接收信号矢量协方差矩阵. 它们分别包含有不相关信号源和相干信号源的信息.

对于托普利兹矩阵 R_T，有 $J R_T^{\mathrm{T}} J = R_T$，其中 J 为反向单位矩阵. R. Rajapopal 和 P. R. Rao 根据上述特点提出了一种处理相干信号源的差分方法. 差分方法可以对不相关信号与相干信号分开测向，不相关源的测向前面已经论述，下面我们对差分方法进行简单介绍.

首先对均匀线阵接收信号矢量协方差矩阵 R_x 进行一阶差分运算，得到一阶空间差分矩阵 R^{D}.

$$R^{\mathrm{D}} = R_x - J R_x^{\mathrm{T}} J = R_{NT} - J R_{NT}^{\mathrm{T}} J \tag{7.7.33}$$

从上面的操作可以看到不相关信号源的信息已经全部被去除掉了，在一阶空间差分矩阵 R^{D} 中只剩下相干信号源的信息.

我们可以将一阶空间差分矩阵 R^{D} 表示为另外一种形式：

$$\begin{aligned} R^{\mathrm{D}} &= R_x - J R_x^{\mathrm{T}} J \\ &= A(R_s - B^{1-M} R_s^{\mathrm{T}} B^{M-1}) A^{\mathrm{H}} \\ &= A R_s^{\mathrm{D}} A^{\mathrm{H}} \end{aligned} \tag{7.7.34}$$

其中，$R_s^{\mathrm{D}} = R_s - B^{1-M} R_s^{\mathrm{T}} B^{M-1}$. 令第一个相干源的功率 $\sigma_1^2 = 1$，将 $R_s = \boldsymbol{\alpha}\boldsymbol{\alpha}^{\mathrm{H}}$ 代入 R_s^{D}，那么 R_s^{D} 可以表示为

$$R_s^{\mathrm{D}} = [\boldsymbol{\alpha},\ B^{-(M-1)}\boldsymbol{\alpha}^*][\boldsymbol{\alpha},\ -B^{-(M-1)}\boldsymbol{\alpha}^*]^{\mathrm{H}} \tag{7.7.35}$$

由于空间差分矩阵 R^{D} 的秩为 2，对空间差分矩阵 R^{D} 进行特征分解，我们可以得到它的特征值 $|\lambda_1| \geqslant |\lambda_2| > |\lambda_3| = \cdots = |\lambda_M| = 0$，其所对应的特征矢量为 $e_1, e_2, \cdots, e_M$. 将 R^{D} 的两个绝对值最大的特征值所对应的特征矢量表示为 e_1 和 e_2，我们称其为信号特征矢量. 类似于信号特征矢量法，运用信号特征矢量 e_1 和 e_2 可以构造一个 $m \times 2P$ 维的矩阵 E_d

$$E_d = [E_{d1},\ E_{d2},\ \cdots,\ E_{dP}] \tag{7.7.36}$$

其中

$$\boldsymbol{E}_{dk}=\begin{bmatrix}\boldsymbol{e}_1(k) & \boldsymbol{e}_2(k)\\ \boldsymbol{e}_1(k+1) & \boldsymbol{e}_2(k+1)\\ \vdots & \vdots\\ \boldsymbol{e}_1(k+m-1) & \boldsymbol{e}_2(k+m-1)\end{bmatrix}\quad (k=1,2,\cdots,P) \tag{7.7.37}$$

$\boldsymbol{e}_i(l)$为 $\boldsymbol{e}_i$的第 l 个元素. 进一步有

$$\boldsymbol{F}_d=\boldsymbol{E}_d\boldsymbol{E}_d^{\mathrm{H}}=\boldsymbol{A}\boldsymbol{R}_{sd}\boldsymbol{A}^{\mathrm{H}} \tag{7.7.38}$$

同样可以证明当 $m\geqslant K, 2P\geqslant K$ 时, $\boldsymbol{F}_d$ 的秩为K.

将不相关信号源的测向方法应用于矩阵 $\boldsymbol{F}_d$可以实现相干信号源的测向. 值得注意的是当同时存在不相关信号源以及相干信号源的时候,不相关信号源需要单独进行处理.

假设除了 N_c个相干信号源以外还存在N_u个不相关信号源, 当 $N_u+1<M$时, 我们对$\boldsymbol{R}_x$进行特征分解可以得到特征值$\lambda_1\geqslant\lambda_2\geqslant\cdots\geqslant\lambda_{N_u+1}>\lambda_{N_u+2}=\cdots=\lambda_M=\sigma_n^2$ 及其对应的特征矢量 $\boldsymbol{u}_1, \boldsymbol{u}_2, \cdots, \boldsymbol{u}_{N_u+1}, \boldsymbol{u}_{N_u+2}, \cdots, \boldsymbol{u}_M$. 这时有

$$\boldsymbol{R}_x=\boldsymbol{U}_s\boldsymbol{\Lambda}_s\boldsymbol{U}_s^{\mathrm{H}}+\boldsymbol{U}_n\boldsymbol{\Lambda}_n\boldsymbol{U}_n^{\mathrm{H}} \tag{7.7.39}$$

其中, $\boldsymbol{U}_s=[\boldsymbol{u}_1,\cdots,\boldsymbol{u}_{N_u+1}]$, $\boldsymbol{\Lambda}_s=\mathrm{diag}\{\lambda_1,\cdots,\lambda_{N_u+1}\}$, $\boldsymbol{U}_n=[\boldsymbol{u}_{N_u+2},\cdots,\boldsymbol{u}_M]$, $\boldsymbol{\Lambda}_n=\mathrm{diag}\{\lambda_{N_u+2},\cdots,\lambda_M\}$. $\boldsymbol{U}_s$的列矢量张成的空间为信号子空间,它是 $\boldsymbol{A}_u$和$\boldsymbol{A}_c$联合张成空间的一个子集;$\boldsymbol{U}_n$的列矢量张成的空间为噪声子空间. 由于信号子空间和噪声空间是相互正交的,因此

$$\|(\boldsymbol{A}_c\boldsymbol{\alpha})^{\mathrm{H}}\boldsymbol{U}_n\|^2=0 \tag{7.7.40}$$

$$\gamma(\theta)\triangleq\|\boldsymbol{a}^{\mathrm{H}}(\theta)\boldsymbol{U}_n\|^2=0\quad(\theta=\theta_k;k=1,2,\cdots,N_u) \tag{7.7.41}$$

由于相干信号源的阵列方向矩阵 $\boldsymbol{A}_c$是一个范德蒙矩阵,它的列矢量的线性组合也就是信号方向矢量的线性组合并不能产生一个新的信号方向矢量. 所以,相干信号源并不能在MUSIC 谱中形成峰值,只有不相关信号源的信号入射方向可以被$\mu(\theta)=1/\gamma(\theta)$的峰值所定位,并且峰值的个数为 N_u.

下面通过一个具体的例子来对上述几种处理相干信号源的方法进行比较.

例 7.9 一个阵元间距为半波长的 $M=8$ 阵元均匀线阵接收 4 个复高斯信号,其中 1 个为不相关源,3 个为完全相干源,不相关源入射方向为 -40°,3 个完全相干源入射方向为 0°、30°和 50°. 信号的信噪比均为 10 dB,3 个全相干信号的衰减系数分别为 $-0.0686+0.9976\mathrm{j}$、$-0.8398+0.3237\mathrm{j}$ 和 $-0.6451+0.4732\mathrm{j}$,噪声为高斯白噪声. 对于前后向空间平滑方法、信号特征矢量法和基于信号特征矢量的通用差分算法中 P 的值统一取为 3,m 的值统一取为 6,我们用 20 个快拍来估计阵列输出协方差矩阵,同时将 MUSIC 方法应用于预处理以后的矩阵进行测向,结果如图 7.19 所示.

值得注意的是,这里我们所做的仅仅是这些测向方法的一次实现. 考虑到信号以及噪声的随机性,这一次结果并不能反映出算法的优劣. 在计算机仿真上我们一般利用的是一种叫做蒙特卡罗(Monte Carlo)的统计处理方法来对算法的优劣进行判断,其基本思想是对同一实验条件的多次试验结果取统计意义上的平均.

蒙特卡罗方法进行仿真的步骤是:

(1) 设置实验条件,确定衡量估计性能的准则(例如均方误差);

(2) 在实验条件保持不变的条件下产生 N 组相互独立的实验数据;

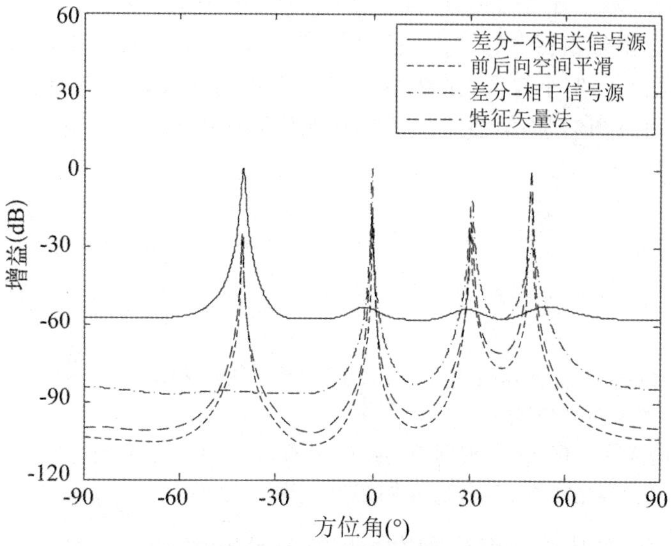

图 7.19　几种相干源测向方法空间谱示意图

(3) 用每一组数据分别进行算法流程处理,并将实验结果进行记录;

(4) 根据选定的衡量估计性能的准则,对同一实验条件下的 N 次试验结果取统计平均,该平均值可以用来衡量方法性能.

小　　结

本章主要介绍了阵列信号处理的基本模型、波束形成、自适应算法以及信号源测向的几种典型方法.

我们首先对均匀线性阵列的信号模型进行了简单介绍.由于在许多应用中,人们往往只对来自某一特定入射方向上的信号感兴趣,我们接着介绍了波束形成器的概念,波束形成器可以通过对传感器阵列接收信号矢量进行加权处理来完成对特定方向信号的接收.为了在最大的程度上自动滤除干扰,数字波束形成器方向图的零点必须始终对准干扰方向,在此基础上我们又讨论了自适应数字波束形成器.自适应数字波束形成器的权值可以随信号和干扰环境自动调整,从而可以在最大的程度上自动滤除干扰.随后我们又对几种常用的自适应算法进行了介绍.

与波束形成不同,测向是通过对阵列接收信号进行统计处理实现对空间信号入射方向参数的估计.我们先对不相关信号源的测向问题进行了介绍,总的来说,ESPRIT 和 GEESE 方法的测向精度低于 MUSIC 方法.ESPRIT 和 GEESE 方法的优点在于实时性,一般情况下只要两个子阵满足旋转不变性,就可以用 ESPRIT 和 GEESE 方法实现,且实现速度优于 MUSIC 这种谱搜索方法.由于相干信号源会造成信号源协方差矩阵秩的损失,对相干信号源的测向需要采取一些预处理.空间平滑方法通过对子阵的协方差矩阵取平均来恢复信号协方差矩阵的秩,信号特征矢量方法通过对信号特征矢量进行操作来恢复信号协方差矩阵的秩,这类方法的缺点是阵列孔径有所损失.基于信号特征矢量的通用差分方法能够将不相关信号源和相干信号源分开进行估计，能够达到估计更多的信号源的目的.

限于篇幅，还有很多内容没有介绍，包括阵列校准、盲波束形成、稳健波束形成、信源数估计、性能分析、克拉美-罗下界等.虽然本章是基于均匀线阵讨论的，但是有些方法和结论可以推广到其他阵列，当然，均匀线阵以外的其他阵列还可能有其特殊的测向方法和结论.

习　题

7-1 考虑一个空间传播速度为光速的传播信号，此信号从与线阵法线夹角 30° 的方向入射到一个阵元间距为 d，含 5 个阵元的均匀线阵.

(1) 设信号到达第一个传感器的时间为 $t=0$，那么信号在什么时间到达第四个传感器？

(2) 在这两个传感器之间的任何其他角度能产生相同的时延吗？

7-2 在本章 7.2 节开始的时候，关于线阵的传播延迟时间 τ 的表达式已经给出：$\tau=\dfrac{d\sin\theta}{c}$. 对于平面阵和均匀圆阵而言，阵元间的延迟时间表达式则大为不同.

(1) 对于平面阵，设阵元的位置为 $(x_k, y_k)(k=1,2,\cdots,M)$，以原点为参考点，另假设信号入射方向参数为 $(\varphi_i, \theta_i)(i=1,2,\cdots,N)$，分别表示方位角与俯仰角.请将阵元间的延迟时间 τ_{ki} 表达式写出来；

(2) 对于均匀圆阵，设以均匀圆阵的圆心为参考点，圆阵半径为 r.请将阵元间的延迟时间 τ_{ki} 表达式写出来.

7-3 阵列的静态方向图在阵元间距 $d>\dfrac{1}{2}\lambda_0$ 时出现的与主瓣高度相同的旁瓣称为栅瓣.对接收方向图来说，当不同方向上出现两个很大输出的时候，人们就无法确定信号的来向，所以又称为模糊瓣.避免出现模糊瓣的条件是 $d\leqslant\dfrac{1}{2}\lambda_0$. 试从数学上对于栅瓣出现的原因以及避免栅瓣的方法给予解释.

7-4 针对切比雪夫加权阵列方向图，推导最优阵元间距表达式(7.3.23)式和(7.3.24)式.

7-5 讨论各种最优准则下的权矢量之间的关系，以及当噪声环境为色噪声时对自适应数字波束形成有什么影响.

7-6 对于 M 阵元均匀线阵，接收信号如(7.2.11)式，若信号源与噪声均为零均值高斯随机过程，对阵列输出矢量 $\boldsymbol{x}(t)$ 进行采样，获得 N 个独立样本矢量 $\boldsymbol{x}(1), \boldsymbol{x}(2), \cdots, \boldsymbol{x}(N)$. 试采用最大似然估计方法由 $\boldsymbol{x}(1), \boldsymbol{x}(2), \cdots, \boldsymbol{x}(N)$ 估计线阵的协方差矩阵.

7-7 通过分析(7.6.2)式和(7.6.5)式，说明 *Capon* 最小功率估计器测向方法的空间分辨率高于常规波束形成器测向方法.

7-8 推导 MUSIC 方法的克拉美—罗下界.

7-9 本章节中在描述 MUSIC 方法时，考虑的是在高斯白噪声的背景(噪声协方差矩阵为单位阵).试想若噪声背景为非均匀噪声(噪声协方差矩阵为对角阵，但对角元素值不一样)或色噪声(噪声协方差矩阵不为对角阵)，MUSIC 方法是否适用，并简单论述原因.

7-10 在以下的情况中，假设传感器的噪声是相互独立的，并且具有单位功率.

(1) 在只有一个信号的情况下，讨论信号子空间的特征矢量与信号方向矢量的一致性.

(2) 在存在两个相关信号的时候，其中相关系数为 α，利用信号参数以及 α 来获得信号子空间的特征值和特征矢量.

7-11 对于 2 组相干信号源，证明经过前后向空间平滑预处理后的阵列协方差矩阵的秩等于信号源个数.

7-12　考虑两个具有相同功率且完全相干的信号入射到一个具有 M 个阵元且阵元间距为 $d\left(d \leqslant \frac{\lambda_0}{2}\right)$ 的均匀线阵上.

(1) 经过一次前向平滑操作,计算信号的互相关系数;

(2) 经过一次前后向平滑操作,计算信号的互相关系数.

7-13　当存在多组相干信号时,其中各组间的信号互不相关,讨论分别利用前向空间平滑、前后向空间平滑、信号特征矢量法、通用差分方法,对信号协方差矩阵的秩进行恢复所满足的条件.

7-14　本章在处理相干信号源所考虑的都是在白噪声的环境下,考虑在非均匀噪声的环境下(噪声协方差矩阵为对角阵,但对角元素值不一样)如何有效地消除噪声的影响,例如:通过类似差分的操作去掉噪声.

7-15　分析当对信号源的数目估计出现偏差时,对基于特征子空间的方法所产生的影响及原因.

计算机作业

7-1　通过计算机模拟产生阵列接收数据.

7-2　设计自适应阵列处理的各种准则,验证自适应波束形成、自适应零陷干扰.

7-3　通过计算机仿真验证最小均方算法、递推最小二乘算法和采样矩阵求逆算法的有效性,讨论其优缺点.

7-4　运用 MUSIC、ESPRIT 和 GEESE 方法进行不相关信号源的计算机仿真测向,比较各种方法的性能.

7-5　运用信号特征矢量法、空间平滑技术和差分技术进行相干信号源的计算机仿真测向,并在相同阵列与信号环境下比较各种方法的性能.

参 考 文 献

[1]　沈凤麟,叶中付,钱玉美. 信号统计分析与处理[M]. 合肥:中国科学技术大学出版社,2001.

[2]　张贤达. 现代信号处理[M]. 北京:清华大学出版社,1995.

[3]　王永良,陈辉,彭应宁,等. 空间谱估计理论与算法[M]. 北京:清华大学出版社,2004.

[3]　Manolakis D G,Ingle V K,Kogon S M. 统计与自适应信号处理[M]. 周正,译. 北京:电子工业出版社. 2003.

[4]　Pillai S U, Burrus C S. Array Signal Processing[M]. New York: Springer-Verlag, 1989.

[5]　叶中付. 超分辨阵列信号处理[D]. 合肥:中国科学技术大学,1995.

[6]　Dolph C L. A Current Distribution for Broadside Arrays Which Optimizes the Relationship between Beam Width and Side-Lobe Level[J]. Proceedings of the IRE, 1946, 34(6): 335-348.

[7]　Safaai-Jazi A. A New Formulation for the Design of Chebyshev Arrays[J]. IEEE Transactions on Antennas and Propagation, 1994, 42(3): 439-443.

[8]　Capon J. High-Resolution Frequency-Wavenumber Spectrum Analysis[J]. Proceedings of the IEEE, 1969, 57(8): 1408-1418.

[9]　Widrow B, Mantey P E, Griffiths L J, Goode B B. Adaptive Antenna Systems[J]. Proceedings of the IEEE, 1967, 55(12): 2143-2159.

[10] Schmidt R O. Multiple Emitter Location and Signal Parameter Estimation[J]. IEEE Transactions on Antennas and Propagation，1986，34(3)：276-280.

[11] Roy R，Paulraj A，Kailath T. Direction-of-Arrival Estimation by Subspace Rotation Methods-ESPRIT[C]//ICASSP'86. IEEE International Conference on Acoustics，Speech，and Signal Processing. IEEE，1986，11：2495-2498.

[12] Pillai S U，Kwon B H. GEESE (Generalized Eigenvalues Utilizing Signal Subspace Eignevectors)-A New Technique for Direction Finding[C]//Twenty-Second Asilomar Conference on Signals，Systems and Computers. IEEE，1988，2：568-572.

[13] Viberg M，Ottersten B. Sensor Array Processing Based on Subspace Fitting[J]. IEEETransactions on Signal Processing，1991，39(5)：1110-1121.

[14] Evans J E. High Resolution Angular Spectrum Estimation Technique for Terrain Scattering Analysis and Angle of Arrival Estimation[C]//1st IEEE ASSP Workshop Spectral Estimation，McMaster Univ.，Hamilton，Ont.，Canada，1981. 1981：134-139.

[15] Shan T J，Wax M，Kailath T. On Spatial Smoothing for Direction-of-Arrival Estimation of Coherent Signals[J]. IEEE Transactions on Acoustics，Speech，and Signal Processing，1985，33(4)：806-811.

[16] Pillai S U，Kwon B H. Forward/Backward Spatial Smoothing Techniques for Coherent Signal Identification[J]. IEEE Transactions on Acoustics，Speech，and Signal Processing，1989，37(1)：8-15.

[17] Cadzow J A. A High Resolution Direction-of-Arrival Algorithm for Narrow-Band Coherent and Incoherent Sources[J]. IEEE Transactions on Acoustics，Speech，and Signal Processing，1988，36(7)：965-979.

[18] Rajagopal R，Rao P R. Generalised Algorithm for DOA Estimation in a Passive Sonar[J]. Radar and Signal Processing，IEE Proceedings F，1993，140(1)：12-20.

[19] Thompson J S，Grant P M，Mulgrew B. Generalized Algorithm for DOA Estimation in a Passive Sonar[J]. IEE Proceedings. Part F，1993，140(5)：339-340.

[20] 叶中付. 一种改进的信号特征矢量法[J]. 数据采集与处理，1996，11(4)：249-253.

[21] 叶中付. 一种新的相干信号源的波达方向估计方法：信号特征矢量重排法[J]. 电子测量与仪器学报，1996，10(3)：1-8.

[22] 叶中付，沈凤麟. 基于空间差分技术的测向方法[J]. 电子学报，1996，24(7)：38-43.

[23] 叶中付. 空间平滑差分方法[J]. 通信学报，1997，18(9)：1-7.

[24] Qi Chongying，Wang Yongliang，Zhang Yongshun，et al. Spatial Difference Smoothing for DOA Estimation of Coherent Signals[J]. IEEE Signal Processing Letters，2005，12(11)：800-802.

[25] Xu Xu，Ye Zhongfu，Zhang Yufeng，et al. A Deflation Approach to Direction of Arrival Estimation for Symmetric Uniform Linear Array[J]. IEEE Antennas and Wireless Propagation Letters，2006，5：486-489.

[26] Ye Zhongfu，Xu Xu. DOA Estimation by Exploiting the Symmetric Configuration of Uniform Linear Array[J]. IEEE Transactions on Antennas and Propagation，2007，55(12)：3716-3720.